Takeshi Endo
遠藤 剛 [編]

Mitsuo Sawamoto
澤本光男 [著]

Masami Kamigaito
上垣外正己 [著]

Kotaro Satoh
佐藤浩太郎 [著]

Sadahito Aoshima
青島貞人 [著]

Shokyoku Kanaoka
金岡鐘局 [著]

Akira Hirao
平尾 明 [著]

Kenji Sugiyama
杉山賢次 [著]

高分子の合成(上)
Polymer Synthesis

ラジカル重合・カチオン重合・アニオン重合

講談社

編　者

遠藤　剛　　　　　近畿大学　分子工学研究所　教授

執筆者一覧

第Ⅰ編　ラジカル重合
上垣外　正己　　　名古屋大学　大学院工学研究科　教授
佐藤　浩太郎　　　名古屋大学　大学院工学研究科　准教授
澤本　光男（監修）京都大学　大学院工学研究科　教授

第Ⅱ編　カチオン重合
青島　貞人　　　　大阪大学　大学院理学研究科　教授
金岡　鐘局　　　　大阪大学　大学院理学研究科　准教授
澤本　光男（監修）京都大学　大学院工学研究科　教授

第Ⅲ編　アニオン重合
平尾　明　　　　　東京工業大学　大学院理工学研究科　教授
杉山　賢次　　　　法政大学　生命科学部　教授

発刊にあたって

　この度，高分子合成の基本であるラジカル重合，カチオン重合，アニオン重合，開環重合，重縮合，配位重合の成書を講談社から発刊することになりました．

高分子の合成（上）
　第Ⅰ編　ラジカル重合　　　上垣外　正己・佐藤　浩太郎 著，澤本　光男 監修
　第Ⅱ編　カチオン重合　　　青島　貞人・金岡　鐘局 著，澤本　光男 監修
　第Ⅲ編　アニオン重合　　　平尾　明・杉山　賢次 著

高分子の合成（下）
　第Ⅳ編　開環重合　　　　　遠藤　剛・須藤　篤 著
　第Ⅴ編　重縮合　　　　　　上田　充・木村　邦生・横澤　勉 著
　第Ⅵ編　配位重合　　　　　塩野　毅・中山　祐正・蔡　正国 著

　現在まで大抵の高分子は上述した6つの方法で合成され今日の高分子材料が活躍する分野を構築してきたことはご承知のとおりである．
　高分子合成は3つの反応から成っている．すなわち，開始反応，生長反応，停止反応である．そこには多くの副反応が起こる可能性があり，分子量分布も乱れ，多分子性を示す．さらにシークエンスコントロールも困難で，ましてや立体規則性の制御も大きな問題である．
　約10年前から高分子の精密に制御したものを合成したいという気風が高まり，高分子合成化学者は有機化学，触媒化学の基盤に立ちいわゆる"精密重合"に関する研究が国内外で活発に行われ，大きな成果を生み出してきた．
　しかしながら，まだ精密化された高分子合成は十分な域に達しているとは言い難い．若い諸君!!　この度発刊された全6編を読破し高分子化学の基本をマスターして新しい概念を導入し，超精密化された高分子を設計してその機能を追求してほしい．
　高分子の概念が提出されてからたかだか約80年である．その間，石油化学をバックに多くの高分子が生み出され，我々の生活を豊かにしてきた一方，"エネルギー問題""環境問題"が大きな問題となってきたのが現状である．
　21世紀に生きる若い諸君，本書の高分子合成法を読みながら豊かな自然環境の形成と明るい材料科学を構築しようではありませんか．

近畿大学副学長
近畿大学分子工学研究所所長
遠藤　剛

目　次

発刊にあたって………………………………………………………………………iii

第Ⅰ編　ラジカル重合………………………………………………………………1

1章　ラジカル重合とは………………………………………………………………3
2章　ラジカル重合に用いられるモノマーと得られるポリマー……………………7
  2.1　エチレン………………………………………………………………………7
  2.2　一置換エチレン………………………………………………………………7
  2.3　1,1-二置換エチレン…………………………………………………………10
  2.4　1,2-二置換エチレン…………………………………………………………11
  2.5　その他の置換エチレン………………………………………………………12
  2.6　ジエン化合物…………………………………………………………………12
  2.7　その他のラジカル重合性モノマー…………………………………………13
  2.8　共重合体………………………………………………………………………14
3章　フリーラジカル重合の素反応…………………………………………………17
  3.1　開始反応………………………………………………………………………17
    3.1.1　開始剤……………………………………………………………………19
    3.1.2　開始反応速度と末端基の検出…………………………………………26
  3.2　生長反応………………………………………………………………………27
    3.2.1　生長反応速度定数の決定………………………………………………27
    3.2.2　種々のモノマーの生長反応速度定数…………………………………28
    3.2.3　生長反応の熱力学的平衡………………………………………………30
    3.2.4　立体規則性………………………………………………………………32
    3.2.5　頭-頭付加および頭-尾付加……………………………………………35
    3.2.6　共役ジエンの生長反応…………………………………………………36
    3.2.7　生長ラジカルの転位・異性化…………………………………………37
    3.2.8　特殊な生長反応…………………………………………………………38
  3.3　停止反応………………………………………………………………………39
    3.3.1　生長反応と停止反応……………………………………………………40
    3.3.2　不均化と再結合…………………………………………………………42
    3.3.3　不均一系における停止反応……………………………………………44
    3.3.4　重合の禁止と抑制………………………………………………………44
    3.3.5　重合の禁止とリビング重合……………………………………………46

目次

- 3.4 連鎖移動反応　47
  - 3.4.1 モノマーおよびポリマーに対する連鎖移動反応　48
  - 3.4.2 開始剤に対する連鎖移動反応　50
  - 3.4.3 溶媒に対する連鎖移動反応　51
  - 3.4.4 連鎖移動剤　51
  - 3.4.5 付加－開裂型連鎖移動反応　53
  - 3.4.6 触媒的連鎖移動反応　55
  - 3.4.7 連鎖移動定数の決定と分子量　55
  - 3.4.8 連鎖移動反応とリビング重合　57

4章　ラジカル共重合　59
- 4.1 共重合の分類　59
- 4.2 ランダム共重合　60
- 4.3 共重合組成曲線とモノマー反応性比　63
- 4.4 モノマー反応性比の決定　65
- 4.5 交互共重合　68
- 4.6 種々のモノマー反応性の予測　69

5章　種々の反応場における重合反応およびポリマー製造プロセス　73
- 5.1 塊状重合　74
- 5.2 溶液重合　74
- 5.3 懸濁重合　75
- 5.4 乳化重合　76
- 5.5 沈殿重合，分散重合　77
- 5.6 固相重合　78
- 5.7 その他の重合方法　78

6章　リビングラジカル重合　81
- 6.1 リビングラジカル重合の概念　81
- 6.2 リビングラジカル重合の方法　84
- 6.3 ニトロキシドを用いた重合　87
- 6.4 遷移金属触媒を用いた重合　89
- 6.5 ジチオエステルを用いた重合　95
- 6.6 その他のリビングラジカル重合系　98

7章　リビングラジカル重合を用いた精密高分子合成　99
- 7.1 末端官能性ポリマー　100
  - 7.1.1 開始剤法　100
  - 7.1.2 停止剤法あるいは末端基変換法　102

7.2	ランダム共重合体およびグラジエント共重合体	104
7.3	ブロック共重合体	105
7.4	グラフトポリマー	108
7.5	星型ポリマー	110
7.6	リビングラジカル重合の精密高分子合成へのその他の展開	113

8章 ラジカル重合における立体構造の制御：立体特異性ラジカル重合 ………………… 115
  8.1 拘束空間内での重合 …………………………………………………………… 115
    8.1.1 結晶状態での重合 …………………………………………………… 115
    8.1.2 包接重合 ……………………………………………………………… 116
    8.1.3 多孔性物質内での重合 ……………………………………………… 118
    8.1.4 テンプレート重合 …………………………………………………… 118
  8.2 モノマー設計に基づく立体構造制御 ………………………………………… 119
    8.2.1 かさ高いモノマーの重合 …………………………………………… 119
    8.2.2 キラル補助基をもつモノマーの重合 ……………………………… 122
    8.2.3 自己会合性基をもつモノマーの重合 ……………………………… 123
  8.3 溶媒および添加物に基づく立体構造制御 …………………………………… 123
    8.3.1 溶媒による立体特異性ラジカル重合 ……………………………… 124
    8.3.2 ルイス酸による立体特異性ラジカル重合 ………………………… 126
    8.3.3 イオン相互作用を用いた立体特異性ラジカル重合 ……………… 127
    8.3.4 多重水素結合を用いた立体特異性ラジカル重合 ………………… 128

9章 まとめと展望 ………………………………………………………………………… 131
参考書・文献 ……………………………………………………………………………… 135

第II編　カチオン重合 …………………………………………………………………… 147

1章 カチオン重合とは …………………………………………………………………… 149
2章 カチオン重合の基礎 ………………………………………………………………… 155
  2.1 カチオン重合の特徴と他の重合系との比較 ………………………………… 155
    2.1.1 求電子付加反応とカチオン重合 …………………………………… 155
    2.1.2 カチオン重合の素反応 ……………………………………………… 156
    2.1.3 ラジカル重合およびアニオン重合との違い ……………………… 156
  2.2 カチオン重合で用いられるモノマー ………………………………………… 158
    2.2.1 カチオン重合で使用されるビニルモノマー ……………………… 158
    2.2.2 各種モノマーの反応性 ……………………………………………… 159

- 2.2.3 ビニルモノマーの構造と反応性 ················· 161
- 2.2.4 多置換不飽和化合物の構造と反応性 ············· 161
- 2.3 カチオン重合で用いられる開始剤と開始反応 ··········· 163
  - 2.3.1 プロトン酸 ································· 163
  - 2.3.2 ハロゲン化金属 ····························· 165
  - 2.3.3 ハロゲン ··································· 170
  - 2.3.4 光・熱潜在性触媒：光照射や加熱によるカチオン重合 ····· 171
  - 2.3.5 その他の開始剤系 ··························· 173
- 2.4 生長反応 ··· 174
  - 2.4.1 カルボカチオンと生長種の解離状態 ··········· 174
  - 2.4.2 ポリマーの構造 ····························· 177
  - 2.4.3 異性化重合 ································· 178
  - 2.4.4 ポリマーの立体構造 ························· 181
  - 2.4.5 共重合 ····································· 183
- 2.5 停止反応 ··· 186
  - 2.5.1 カチオン重合における停止反応 ··············· 187
  - 2.5.2 停止反応を考慮したカチオン重合の速度式 ····· 188
- 2.6 連鎖移動反応 ····································· 189
  - 2.6.1 連鎖移動反応とは ··························· 189
  - 2.6.2 連鎖移動反応の機構 ························· 192
  - 2.6.3 連鎖移動反応の速度論：連鎖移動定数比 ······· 193
- 2.7 選択的オリゴメリゼーションとそれを用いたポリマー合成 ··· 194
  - 2.7.1 石油樹脂 ··································· 195
  - 2.7.2 選択的2量化および選択的オリゴマー生成 ····· 195
  - 2.7.3 連鎖移動反応を利用した高分子合成 ··········· 197

3章 リビングカチオン重合 ································· 201
- 3.1 リビングカチオン重合の反応機構の概略 ············· 201
  - 3.1.1 開始反応 ··································· 201
  - 3.1.2 生長反応 ··································· 202
- 3.2 リビングカチオン重合の方法論 ····················· 203
  - 3.2.1 求核性の強い対アニオン＋比較的弱いルイス酸 ····· 203
  - 3.2.2 求核性の強い対アニオン＋強いルイス酸＋添加物 ··· 203
  - 3.2.3 その他の開始剤系 ··························· 204
- 3.3 リビング重合の開始剤系 ··························· 205
  - 3.3.1 ビニルエーテル ····························· 205

        3.3.2　イソブテン……………………………………………………………………215
        3.3.3　スチレン類……………………………………………………………………220
        3.3.4　リビング重合発見までの経緯………………………………………………226
    3.4　リビング重合のまとめと展望………………………………………………………232
4章　新しいモノマーのカチオン重合…………………………………………………………235
    4.1　自然界に存在する化合物およびその誘導体…………………………………………235
    4.2　ジエン類…………………………………………………………………………………236
    4.3　種々の官能基を有するビニルエーテル，スチレン誘導体…………………………237
        4.3.1　官能基を有するビニルエーテル……………………………………………237
        4.3.2　官能基を有するスチレン誘導体……………………………………………239
5章　刺激応答性ポリマー………………………………………………………………………241
    5.1　温度応答性ポリマー……………………………………………………………………242
    5.2　刺激応答性ブロック共重合体…………………………………………………………246
6章　ブロック共重合体…………………………………………………………………………249
    6.1　ブロック共重合体の合成法……………………………………………………………249
        6.1.1　ビニルエーテルを有するブロック共重合体………………………………250
        6.1.2　イソブテンを有するブロック共重合体……………………………………252
    6.2　重合末端変換によるブロック共重合体合成…………………………………………253
        6.2.1　ラジカル重合…………………………………………………………………253
        6.2.2　アニオン重合，グループトランスファー重合……………………………255
        6.2.3　開環重合………………………………………………………………………257
    6.3　分子量分布とシークエンスの制御されたポリマーの合成：連続重合を用いた方法……258
        6.3.1　分子量分布の制御……………………………………………………………258
        6.3.2　組成分布の制御：グラジエント共重合体の合成…………………………260
    6.4　新規多分岐ポリマーの合成……………………………………………………………261
7章　末端官能性ポリマー………………………………………………………………………263
    7.1　官能基を有する開始剤を用いる方法…………………………………………………263
    7.2　官能基を有する停止剤を用いたキャッピング法……………………………………264
    7.3　テレケリックポリマーの合成…………………………………………………………267
8章　官能基を有する星型ポリマーの精密合成………………………………………………269
    8.1　精密構造を有する星型ポリマーの高選択的合成……………………………………269
    8.2　ナノカプセルとしての星型ポリマー…………………………………………………272
    8.3　ナノ反応場としての星型ポリマー：触媒金属微粒子の担持………………………273
9章　まとめと展望………………………………………………………………………………275
参考書・文献………………………………………………………………………………………277

目 次

第 III 編　アニオン重合 …………………………………………………… 297

1章　アニオン重合とは ………………………………………………… 299
2章　アニオン重合に用いられるモノマー，開始剤，および溶媒 …… 303
2.1　モノマーの分類 ……………………………………………… 303
2.1.1　ビニルモノマー ……………………………………… 303
2.1.2　ヘテロ多重結合を有するモノマー ………………… 310
2.1.3　環状モノマー ………………………………………… 313
2.2　開始剤の分類 ………………………………………………… 316
2.3　溶媒の選択 …………………………………………………… 319
3章　アニオン重合の素反応 …………………………………………… 321
3.1　開始反応 ……………………………………………………… 321
3.2　生長反応 ……………………………………………………… 325
3.3　停止反応 ……………………………………………………… 327
3.4　連鎖移動反応 ………………………………………………… 331
4章　ポリマーの構造規制と立体制御 ………………………………… 335
4.1　1,3-ブタジエンとイソプレンのアニオン重合 …………… 335
4.2　メタクリル酸メチルの立体規則性重合 …………………… 339
5章　アニオン重合の工業的利用 ……………………………………… 343
6章　リビングアニオン重合 …………………………………………… 345
6.1　リビング重合とは …………………………………………… 345
6.2　炭化水素系モノマー類 ……………………………………… 348
6.3　極性モノマー類 ……………………………………………… 353
6.4　官能基を有するモノマー類 ………………………………… 357
6.5　環状モノマー類 ……………………………………………… 366
6.6　リビングアニオン重合の特色とまとめ …………………… 368
7章　リビングアニオン重合を用いた architectural polymer の精密合成 …… 371
7.1　architectural polymer 合成とは …………………………… 371
7.2　末端官能性ポリマー ………………………………………… 374
7.3　ブロック共重合体 …………………………………………… 381
7.4　グラフトポリマー …………………………………………… 387
7.5　櫛型ポリマー ………………………………………………… 390
7.6　環状ポリマー ………………………………………………… 393
7.7　星型ポリマー ………………………………………………… 395
7.8　樹木状多分岐ポリマー ……………………………………… 402

7.9　混合型分岐ポリマー………………………………………………………………409
8 章　ポリマーの表面構造………………………………………………………………415
　8.1　親水性セグメントと疎水性セグメントからなるブロック共重合体……………416
　8.2　パーフルオロアルキルセグメントを有するブロック共重合体……………………418
9 章　ミクロ相分離構造を利用したナノ材料…………………………………………425
　9.1　異相系ポリマーのミクロ相分離構造………………………………………………425
　9.2　ミクロ相分離構造を利用したナノ多孔質材料……………………………………431
　9.3　ミクロ相分離構造とナノ微細加工を用いたナノ物質……………………………433
10 章　まとめと展望………………………………………………………………………441
参考書・文献………………………………………………………………………………445

目次

下巻目次

第IV編　開環重合
　1章　開環重合とは
　2章　開環重合の概要
　3章　カチオン開環重合
　4章　アニオン開環重合
　5章　ラジカル開環重合
　6章　遷移金属触媒を用いた開環重合
　7章　開環重合の特長を生かした材料設計
　8章　まとめと展望

第V編　重縮合
　1章　重縮合とは
　2章　重縮合の基礎
　3章　各種重縮合
　4章　重縮合の重合プロセス
　5章　重縮合による高分子の精密重合
　6章　重縮合で生成するポリマーは線状か
　7章　重付加
　8章　付加縮合
　9章　まとめと展望

第VI編　配位重合
　1章　配位重合とは
　2章　オレフィン重合触媒の基礎
　3章　均一系Ziegler–Natta触媒によるオレフィン重合
　4章　スチレンの重合
　5章　共役ジエンの重合
　6章　共役系極性モノマーの重合
　7章　アセチレンの重合
　8章　まとめと展望

第Ⅰ編　ラジカル重合

1章　ラジカル重合とは
2章　ラジカル重合に用いられるモノマーと得られるポリマー
3章　フリーラジカル重合の素反応
4章　ラジカル共重合
5章　種々の反応場における重合反応およびポリマー製造プロセス
6章　リビングラジカル重合
7章　リビングラジカル重合を用いた精密高分子合成
8章　ラジカル重合における立体構造の制御：立体特異性ラジカル重合
9章　まとめと展望

1章 ラジカル重合とは

　ラジカル重合は，活性の高い中性のラジカル種を生長種とし，多様なビニル化合物の重合を可能とする最も一般的な重合法であり，工業的にも広く用いられている．ラジカル種は，基本的に水やイオン性物質とは反応せず，ビニル化合物の二重結合へ速やかに付加反応を起こすため，厳密に極性物質などの不純物を除去する必要がなく，水中でも重合を行うことが可能である．これに対して，イオン重合や配位重合は，一般的に生長種が水や極性基などに対して不安定であるとともに，生長種の電子的な要因が重合反応性に大きく影響するため，重合可能なビニルモノマーの種類に限度がある点で大きく異なる．

　ラジカル重合は，アゾ化合物や過酸化物などのラジカル発生剤を重合開始剤として重合が開始される（図1.1）．ラジカル発生剤は，熱や光などにより徐々に分解してラジカルを与えるが，いったん生じたラジカルは反応性が高いため，速やかにモノマーに付加して，ラジカル重合の開始種を与える（開始反応）．そして，生成したラジカル種は速やかな付加反応を連続的に起こして，一気に高分子量のポリマーを与える（生長反応）．ラジカル種は中性であるため，生長種どうしで反応すること（カップリング反応）による再結合反応や，ラジカル種が他の生長ラジカル種の β 水素を引き抜くことによる不均化反応などにより反応が停止する（停止反応）．あるいは，ラジカル種が溶媒やモノマーなどの他の分子から水素原子などを引き抜き，自らの生長反応は停止するが，新たなラジカル種を生成して別のポリマー鎖を与える（連鎖移動反応）．このような開始反応，生長反応，停止反応あるいは連鎖移動反応の過程を経て，1本のポリマー鎖が生成するが，重合反応中は，常に遅い開始反応と速い生長反応，それに続く停止反応あるいは連鎖移動反応が起こることにより，次々と新しいポリマー鎖が生成している．このため，通常のラジカル重合では，反応系には高分子量のポリマーと未反応のモノマーが存在し，一般的にポリマーの分子量は重合を通じてほぼ一定か，反応の進行に伴いモノマー濃度が減少するため，分子量が少しずつ低下する傾向が見られる．このようにビニル化合物のラジカル重合では，いわゆる，連鎖機構に特徴的な重合反応が進行する．

　スチレンや塩化ビニルなどのビニル化合物から低分子化合物とは異なる粘稠性をもつ物質が得られることは，すでに19世紀前半から認められていたが，これが現在の高分子化合物として認められるようになったのは，1920年代のStaudingerらによる高分子化合物の実証以降である．さらに，1930年代になってFloryにより，ラジカル重合が，上述のような開始反応，生長反応，停止反応，連鎖移動反応の素反応により進行することが提案された．現在では，非常に広範囲のビニルモノマー，たとえば，エチレン，スチレン，塩

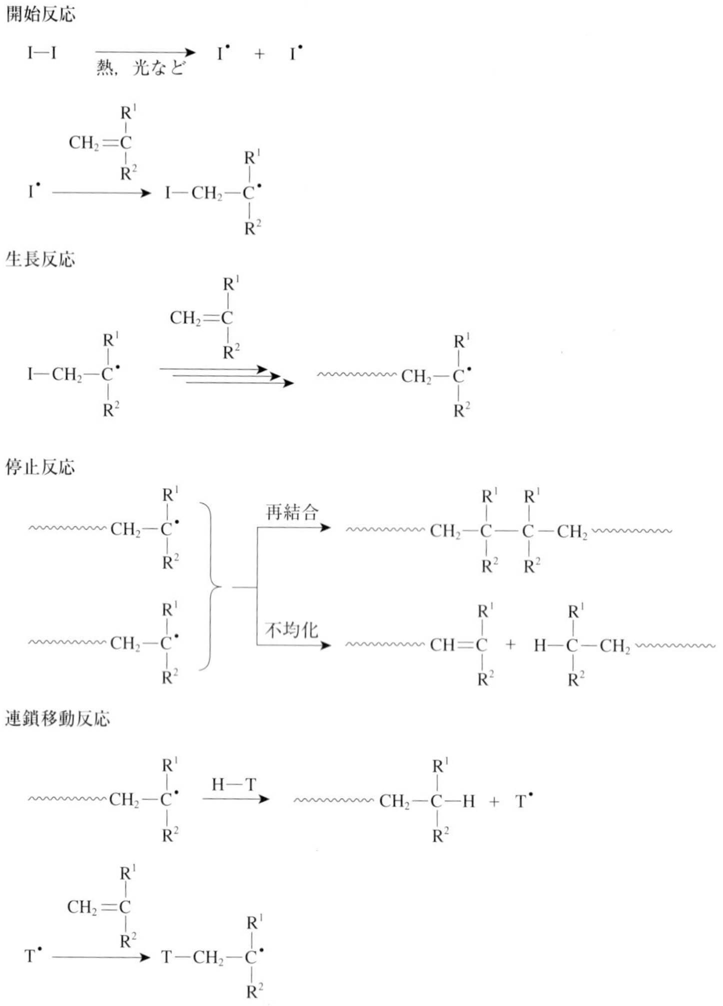

第I編　ラジカル重合

開始反応

$$I-I \xrightarrow{熱, 光など} I^\bullet + I^\bullet$$

$$I^\bullet + CH_2=C\begin{smallmatrix}R^1\\R^2\end{smallmatrix} \longrightarrow I-CH_2-C^\bullet\begin{smallmatrix}R^1\\R^2\end{smallmatrix}$$

生長反応

$$I-CH_2-C^\bullet\begin{smallmatrix}R^1\\R^2\end{smallmatrix} + CH_2=C\begin{smallmatrix}R^1\\R^2\end{smallmatrix} \Longrightarrow \sim\!\!\sim\!\!\sim CH_2-C^\bullet\begin{smallmatrix}R^1\\R^2\end{smallmatrix}$$

停止反応

再結合／不均化による二分子停止

連鎖移動反応

$$\sim\!\!\sim\!\!\sim CH_2-C^\bullet\begin{smallmatrix}R^1\\R^2\end{smallmatrix} + H-T \longrightarrow \sim\!\!\sim\!\!\sim CH_2-C-H\begin{smallmatrix}R^1\\R^2\end{smallmatrix} + T^\bullet$$

$$T^\bullet + CH_2=C\begin{smallmatrix}R^1\\R^2\end{smallmatrix} \longrightarrow T-CH_2-C^\bullet\begin{smallmatrix}R^1\\R^2\end{smallmatrix}$$

図 1.1 ラジカル重合における素反応

化ビニル，ブタジエン，アクリル酸エステル，メタクリル酸エステル，アクリロニトリル，酢酸ビニルを，ラジカル重合機構により単独重合あるいは共重合することでさまざまな工業製品が得られている．ラジカル重合は，このように多様なモノマーの共重合を可能とすることもその一つの大きな特徴であり，石油化学とともに大きな発展を遂げてきた．モノマーの種類は，単独重合および共重合のいずれにおいても，重合速度や重合反応性，さらには生成ポリマーの構造に影響を及ぼす．その影響は，各モノマーの置換基に起因する二

重結合の性質および生成するラジカル生長種の性質の違いから理解されている．

　さらに上述したように，ラジカル生長種の反応性は非常に高いため，さまざまな条件下での重合反応を可能とする点もその発展に寄与した大きな要因である．たとえば，溶媒を用いない塊状重合（バルク重合）やモノマーおよび生成ポリマーが溶解する溶媒中で行う溶液重合が可能である．さらに，水を媒体とした懸濁重合や乳化重合も可能である．反応温度の制御しやすさおよび生成物が直接利用できるという利点があるため，工業的にも広く用いられている．また，固体状態にあるモノマーに紫外線やγ線などを照射してラジカルを発生することによる固相重合も可能である．

　以上のように，ラジカル重合は，モノマー，反応条件などの多様性から広く発展してきた．しかし，その高い反応性ゆえ，生長反応の制御が難しく，停止反応や連鎖移動反応を含まないリビング重合や立体特異的な付加反応を進行させる立体規則性重合は，長年の間困難とされており，ポリマー構造の精密制御には不向きであるとされていた．そして，この点がイオン重合や配位重合に比べたときの唯一の弱点とされていた．しかし，1990年代以降のリビングラジカル重合あるいは制御ラジカル重合の発展により，ラジカル重合においても分子量の精密制御が可能となり，ブロックポリマーや星型ポリマーなどの構造が制御されたポリマーの合成が盛んに行われるようになってきている．これらの重合系においては，活性の高いラジカル生長種を速い交換反応により，一時的にドーマント種とよばれる共有結合種に変換して，ラジカル種濃度を抑制するとともに速い生長反応を可逆的に停止させることが，反応制御のポイントとなっている．この重合においては，生成ポリマーの分子量が重合の進行に伴い増加する，いわゆるリビング重合に特徴的な挙動が見られている．この制御／"リビング"ラジカル重合とよばれる重合系は，ラジカル重合の多様性も相まって，劇的な進化を遂げている．また，ラジカル重合における"聖杯"とされてきた立体構造制御に関しても，いくつかの方法により克服されつつある．

　本編では，ラジカル重合における基礎的な内容から，特に近年における精密制御ラジカル重合の進展に重点を置いて，ラジカル重合全般を概説する．

2章 ラジカル重合に用いられるモノマーと得られるポリマー

　1章で述べたように，ラジカル重合においては，反応性の高い活性種を反応中間体として多様なビニル化合物の重合を可能とする．共重合を含めるとほとんどの炭素－炭素二重結合を有する化合物に対して活性であり，ポリマーを与える．
　モノマーの構造としては一置換エチレンおよび1,1-二置換エチレンが一般的である．モノマーの性質に与える置換基の影響は大きく，一般に共役性の置換基を有するものほど高分子量のポリマーを与えやすい．これは，非常に反応性の高い生長ラジカルが置換基によって安定化されるために，副反応である水素引き抜き反応および連鎖移動反応が生じにくくなるためであると考えられる．また，単独重合においては，立体効果のため一置換および1,1-二置換エチレン以外のモノマーが高分子量のポリマーを与える例は限られている．

2.1 ◆ エチレン

　置換基をもたないエチレンは最も単純な構造のモノマーであり，常温・常圧の温和な条件下では，ラジカル重合はほとんど進行しない．エチレンをラジカル重合させるためには高圧の反応条件（一般に100〜350 MPa）が必要とされる．生成ポリマーは3.2.7項で述べるように，多くの分岐を有することから結晶性が低く，低密度ポリエチレン（low density polyethylene：LDPE）といわれる[1]．このようにラジカル重合によって得られるLDPEは，比較的柔軟性に富んでおり，一般的な配位重合によって得られる直鎖状の高密度ポリエチレン（high density polyethylene：HDPE）と区別されて用いられている．LDPE，HDPEは，後述のラジカル重合によって得られるポリスチレン（GPPSおよびHIPS），ポリ塩化ビニル（PVC），配位重合で製造されるポリプロピレン（PP）とともに5大汎用高分子の一つに数えられている．また，共重合においては，比較的温和な条件下においても重合体を与えることが知られている．

2.2 ◆ 一置換エチレン

　一置換エチレンは，いわゆるビニル化合物とよばれるモノマーであり，ラジカル重合に

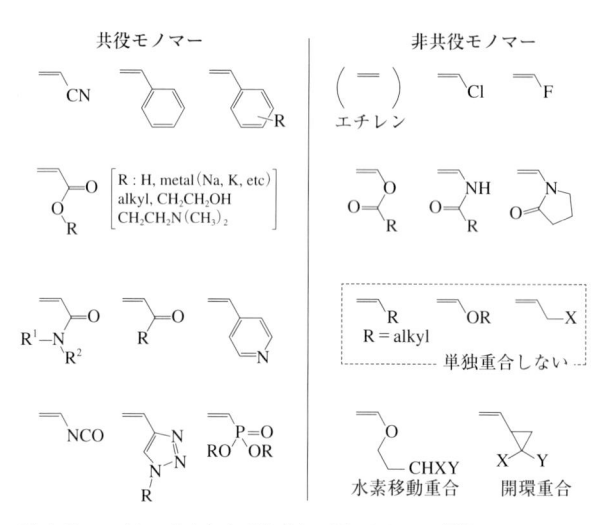

図 1.2 ラジカル重合および共重合に用いられる一置換エチレンの例

おいては，その多くが単独重合体を与える（図 1.2）．ラジカル重合性のビニル化合物は，ラジカル重合の反応性が共鳴効果の影響を大きく受けることから，共鳴安定化効果のある置換基を有する共役モノマーと共鳴安定化に寄与しない置換基を有する非共役モノマーに大別される．

共役モノマーとしては，スチレン誘導体やアクリル酸エステル，アクリロニトリル，アクリルアミド誘導体などが挙げられる．スチレンは，エチルベンゼンの脱水素反応によって製造される電子供与性を有する共役モノマーであり，ラジカル重合，カチオン重合，アニオン重合，配位重合のすべての連鎖重合が可能である．アクリロニトリルは，プロピレンとアンモニアをモリブデン触媒などを用いて酸化的条件下，高温で反応させる方法やアセチレンと青酸を用いた方法などで製造されている．アクリル酸エステルは，アクリロニトリルの加アルコール分解やプロピレンの直接酸化によって製造されている．アクリロニトリルやアクリル酸エステルは電子受容性を有する共役モノマーであり，ラジカル重合の他にアニオン重合をすることがよく知られている．これらの共役モノマーの重合においては，生長ラジカルが置換基の共鳴によって安定化されるために連鎖移動反応などを起こしにくく，高分子量のポリマーを生成しやすい．また，上述のようにラジカル種は基本的に水やイオン性物質とは反応しないので，水酸基，カルボキシル基，アミノ基などのさまざまな官能基を有するモノマーの重合も可能である．特にアクリル酸誘導体や後述のメタクリル酸誘導体はモノマー設計が容易であるために，種々の官能基含有モノマーが合成され，直接ラジカル重合によりポリマーが得られている．

材料として用いられる共役モノマーの重合体としては，非晶性で透明材料として用いら

れるポリスチレン（GPPS：general purpose polystyrene）やアクリル繊維として用いられ，熱処理によって炭素繊維としても用いられるポリアクリロニトリル（PAN）などが挙げられる．また，官能基を有するアクリル酸およびその金属塩は架橋剤とともに重合され，高吸水性ポリマーとして用いられている．

一方で，非共役モノマーとしては，塩化ビニルなどのハロゲン化ビニルや酢酸ビニルなどのビニルエステル，N-ビニルピロリドンなどのN-ビニルアミドが代表的なものとして挙げられる．塩化ビニルは主に1,2-ジクロロエタンの分解によって合成され，酢酸ビニルは主にエチレンと酢酸から酸化的条件下でパラジウム触媒を用いて合成されている．このような極性基を有する非共役モノマーは，通常ラジカル重合でのみポリマーが得られる．非共役モノマー自身は共鳴安定化効果のない低反応性モノマーであるが，同様に安定化効果がない生長ラジカルは反応性が非常に高いので，重合がいったん開始すると反応性の低いモノマーへの付加反応も進行する．そのため，生長速度は非共役モノマーのほうが共役モノマーよりも大きい場合が多い．しかし，このような反応性に富んだ生長ラジカルは，頭－頭結合や分岐などの生長反応（3.2.5項）や水素引き抜きなどによる連鎖移動反応（3.2.7項および3.4.1項）を生じやすく，直鎖状の高分子量体を得にくい場合も多い．また，非共役モノマーの中にはα-オレフィン，ビニルエーテル，アリル化合物などの単独重合しないものも多く存在する．しかし，これらのモノマーについても，電子受容性モノマーなどとの組み合わせによっては共重合体を与えるものも多い（4.5節参照）．電子供与性の置換基を有するモノマーであるビニルエーテルは代表的なカチオン重合性モノマーであり，カチオン重合によって高分子量の単独重合体が得られる（「第II編 カチオン重合」参照）．α-オレフィンは配位重合によって単独重合が可能である（下巻「第VI編 配位重合」参照）．

非共役モノマーから得られるポリマーも同様に，材料として多岐にわたって使用されている．ポリ塩化ビニル（PVC）は，硬質材料として上下水道用のパイプなどに用いられるだけではなく，フタル酸エステルなどを可塑剤として添加することで，軟質材料としてもフィルム・シートや被覆材として用いられる．ポリ酢酸ビニル（PVAc）は，チューインガムや粘着剤として用いられる．また，PVAcを加水分解して得られるポリビニルアルコール（PVAまたはPVOH）は，水のりや分散安定剤，偏光膜などとして広く使用されているポリマーである．

一置換エチレンのなかには，通常のビニル重合以外の生長反応によってポリマーを生成するものもある．たとえば，単独重合性のないビニルエーテル類の中でも分子内水素引き抜き反応が生じるものは，見かけ上水素移動重合を生じて，主鎖にエーテル結合を有するポリマーを生成する（3.2.7項参照）．また，ビニルシクロプロパン誘導体では，生長ラジカルがβ開裂により開環し，開環ラジカル重合が進行する．

2.3 ◆ 1,1-二置換エチレン

　いわゆるビニリデン化合物であるが，ラジカル重合において単独重合性を有するものが多く，ビニル化合物と区別されないことも多い．代表的なものとして，メタクリル酸エステル，メタクリルアミド誘導体，塩化ビニリデン，フッ化ビニリデン，α-メチルスチレンなどが挙げられる（図1.3）．なかでもメタクリル酸メチル（MMA）は最も代表的なモノマーであり，ラジカル重合以外にもアニオン重合や配位重合のモノマーとして用いられ，重合研究がなされている．これらのモノマーのラジカル重合においては，一置換エチレンと同様に共鳴効果がその重合性に大きく影響し，アルキル基のみを有するイソブテンは単独重合性はなく，N,N-ジアルキルメタクリルアミドも，側鎖の立体的な効果により共鳴安定化構造をとりにくいために単独重合が進行しないとされている[2]．また，一置換エチレンとは異なり，立体的な効果が生長反応に大きく影響する場合がある．α-メチルスチレンや1,1-ジフェニルエチレンなどのように立体的にかさ高いモノマーの重合においては，3.2.3項で述べる天井温度が低く，通常の温和な条件下において高分子量体を得ることが困難な場合が多い．さらに，置換基の構造によっては，生長ラジカルがβ開裂を起こしやすく，付加-開裂型連鎖移動（3.4.5項）を生じるために高分子量体が得られな

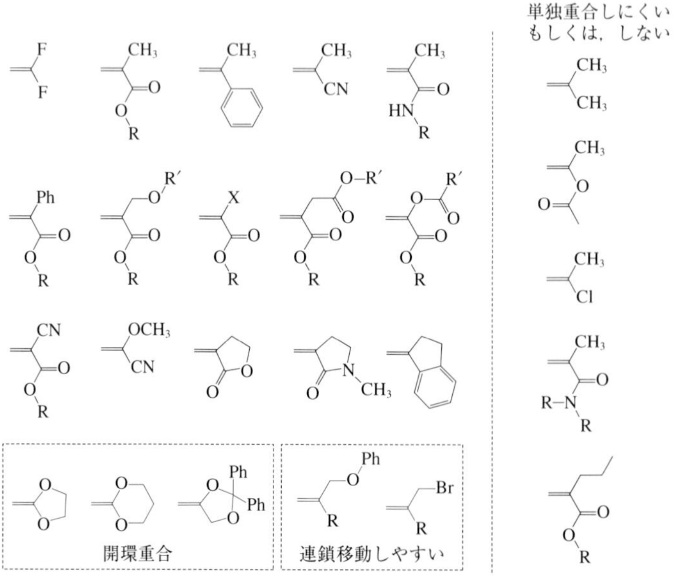

図 1.3　ラジカル重合および共重合に用いられる 1,1-二置換エチレンの例

いものもある．

　1,1-二置換エチレンの単独ラジカル重合から得られる代表的な高分子材料として，ポリ塩化ビニリデン（PVDC）やポリメタクリル酸メチル（PMMA）が挙げられる．PVDCは，その高い酸素遮断性や密着性から食品や医薬品包材用フィルム（ラップ）として用いられている．PMMAは，厳密には解重合防止のために少量のアクリル酸エステルなどが共重合されている場合が多いが，高い透明性を有していることから光学材料や透明材料として広く使用されている．

　1,1-二置換エチレンの中には，エキソメチレン基を有する環状化合物も含まれる．このようなモノマーは，相当する非環状モノマーがN,N-ジアルキルメタクリルアミドのような単独重合性を示さない場合においても重合が容易に進行し，環状骨格を有する比較的ガラス転移温度が高いポリマーを与える[3]．立体障害が小さく生長ラジカルが付加しやすいことと生長反応によるsp^2混成軌道からsp^3混成軌道への軌道変化による環ひずみの解消が駆動力と考えられている．この種のモノマーには，チューリップの花・葉・茎の汁に含まれるチュリパリンA（α-メチレンブチロラクトン）なども含まれ，新しいバイオベースポリマーの原料としての研究もなされている[4,5]．

　また，エキソメチレン環状化合物の中には，二重結合に生長ラジカルが付加した後にβ開裂により開環し，開環ラジカル重合が進行するものがある．代表的な構造として，2-もしくは4-メチル-1,3-ジオキシラン誘導体が挙げられる．開環ラジカル重合についての詳細は下巻「第IV編 開環重合」に記述されている．

2.4 ◆ 1,2-二置換エチレン

　1,2-二置換エチレン（図1.4）は，置換基の立体効果のために単独でのラジカル重合の例は限られている．E体の二置換エチレンの中で，アクリルアミド，スチレン，ビニルエステルと同様の置換基を有する対称な環状モノマーであるN-アルキル置換マレイミド，アセナフチレン，ビニレンカーボネートは単独重合性を示し，特にマレイミド誘導体は高重合度のポリマーを与える．同様にアクリル酸エステルに対応する無水マレイン酸は単独重合性は低いが，共重合においては非常によく用いられるモノマーである．

　非環状の1,2-二置換エチレンであるZ体のフマル酸エステルおよびフマル酸アミドは単独重合しポリマーを与え，かさ高い置換基を有するものほど生長速度や重合度が大きいことが大津らによって示されている．E体のマレイン酸エステルの重合においては，フマル酸エステルに異性化して重合が進行することが示唆されている[6]．フマル酸アミド誘導体の場合では，E体，Z体ともに高重合体が直接生成する．一方で，Z体の$trans$-スチルベンや非対称なβ-メチルスチレン誘導体およびクロトン酸エステルなどは，単独重合の

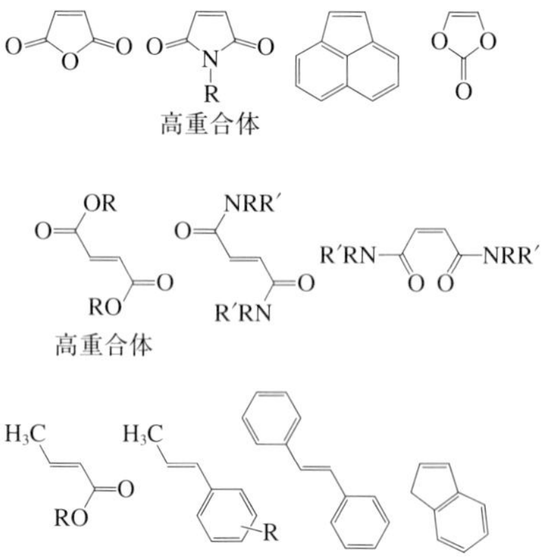

図 1.4 ラジカル重合および共重合に用いられる 1,2-二置換エチレンの例

例はないが，共重合ではポリマーを与えることが知られている．

2.5 ◆ その他の置換エチレン

　三置換以上のエチレンの重合例はほとんどないが，例外として原子半径の小さいフッ素が置換されたテトラフルオロエチレンやヘキサフルオロプロピレンなどの単独重合はよく知られている．ポリテトラフルオロエチレン（PTFE）は，代表的なフッ素系ポリマーであり，耐熱劣化性，耐薬品性，潤滑性，非粘着性，撥水性・撥油性などの性質をもつことから，コーティング剤などとしてさまざまな用途で用いられている．また，一部の三置換エチレンの共重合については報告例がある[7]．

2.6 ◆ ジエン化合物

　共役した 1,3-ジエン誘導体は，イオン重合と同様に容易にラジカル重合し，ポリマーが得られる．1,3-ブタジエン，イソプレン，クロロプレンなどが代表的な例であり，これらのポリマーは工業的にもブタジエンゴム（BR），イソプレンゴム（IR），クロロプレンゴムもしくはネオプレンゴム（CR）のエラストマー原料として用いられている．その他にもエステル基やアミド基などさまざまな置換基を有する誘導体のラジカル重合が知られている（図 1.5）．生成ポリマーの構造は，3.2.6 項で述べるようにさまざまな繰り返し単位構造を有する．たとえば，イソプレンのラジカル重合においては，cis-1,4-結合が 0 〜

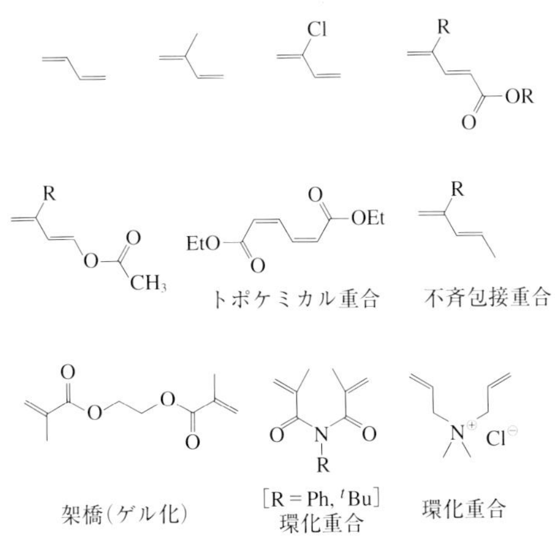

図1.5 ラジカル重合および共重合に用いられるジエンモノマーの例

40%, *trans*-1,4-結合が50〜90%, 1,2-結合と3,4-結合が数%ずつ不規則に含まれている. バッチでの反応を高重合率まで行うと側鎖二重結合との架橋反応が進行してしまうために, 工業的には重合途中でポリマーを取り出し, モノマーを回収および再利用している.

また, 一部のムコン酸エステル誘導体やソルビン酸誘導体などは, γ線や紫外線照射により結晶状態のモノマーから高分子単結晶となるトポケミカル重合が進行し, 位置選択性, 立体規則性が高度に制御されたポリマーを与える（5.6項, 8.1.1項参照）[8,9]. また, キラル化合物からなるホスト分子に包接した状態でγ線や紫外線を照射しラジカル重合させることにより, キラルなポリマーを与える共役ジエンモノマーもある（8.1.2項参照）[10].

ラジカル重合性の二重結合を分子内に2つ有するジメタクリル酸エステルやジビニルベンゼンなどのジエン化合物は, 重合するとポリマー鎖間での架橋反応が進行して不溶性のゲルを生じるので架橋剤として用いられる. メタクリル酸ビニルなど二重結合の反応性が大きく異なる一部のジエンに関しては重合初期には可溶性のポリマーが得られる. 一方で, かさ高い置換基を有するジメタクリルアミドは, 環化反応が優先して生じるために可溶性のポリマーが得られる[11]. また, 3.2.8項で述べるようにジアリルアンモニウム塩やノルボルナジエンなどの一部の非共役ジエンもラジカル重合により環状骨格を形成しながら生長し, ポリマーを与えることが知られている.

2.7 ◆ その他のラジカル重合性モノマー

炭素-炭素二重結合を有する化合物の付加重合の他にもラジカルを中間体としてポリ

マーを与える種々の重合がある（反応式 (1.1) ～ (1.4)）.

$$\text{ROOC-C(=C}_6\text{H}_4\text{=C)-COOR} \xrightarrow{\text{光照射または加熱}} [\text{-C(COOR)}_2\text{-C}_6\text{H}_4\text{-C(COOR)}_2\text{-}]_n \tag{1.1}$$

$$\text{2,6-dimethylphenol} \xrightarrow[\text{酸素}]{\text{銅触媒／アミン}} [\text{-O-C}_6\text{H}_2(\text{CH}_3)_2\text{-}]_n \tag{1.2}$$

$$\text{CF}_3\text{CHO} \xrightarrow{\text{ラジカル開始剤}} [\text{-CF}_3\text{CH-O-}]_n \tag{1.3}$$

$$\text{bicyclo-COOR} \xrightarrow{\text{ラジカル開始剤}} [\text{cyclobutane-COOR}]_n \tag{1.4}$$

p-キシリレン型のキノジメタン誘導体は光照射や加熱により，芳香環形成を駆動力としてビラジカル機構を経由し，容易に重合することが知られている．炭素－炭素二重結合に対するラジカルの付加がない点において，通常の炭素－炭素二重結合を有するモノマーのラジカル重合とは異なる．また，テトラキス（アルコキシカルボニル）キノジメタンのように p-キノジメタンの中には，トポケミカル重合が可能なものも報告されている[12]．

フェノールやアニリン，ピロール，チオフェンといった化合物は，ラジカルカップリング反応による酸化的なラジカル重合が進行する[13]．

トリフルオロアセトアルデヒドは，炭素－酸素二重結合がラジカルの付加を受けポリアセタールを与える[14]．同様にヘキサフルオロアセトンや一酸化炭素は，単独重合性はないが，オレフィンと共重合してエーテル骨格やケトン骨格を主鎖に有するポリマーを与えることが知られている．

シアノ基やカルボキシル基など共役性の置換基を有するビシクロ[1.1.0]ブタン誘導体は環ひずみの解消を伴ってビニルモノマー同様のラジカル重合が進行し，主鎖にシクロブタン環をもつポリマーを与える[15]．

2.8 ◆ 共重合体

ラジカル重合においては，非常に多様な組み合わせにおいて共重合体を得ることができる．反応の詳細は 4 章で述べるが，イオン重合とは違い，ラジカル重合においてはモノマー

の共重合反応性は上述の単独重合性とはまったく異なっており，単独重合性の低いモノマーでも共重合においては容易にポリマーを与えることがある．共鳴効果や立体効果も影響するが，それぞれのモノマーの極性の効果が最も大きい．共重合によって得られるポリマーは，各々のモノマーの単独重合体やそれらのブレンド混合物とは異なる性質を有しており，その多様性から単独重合体よりも多くのポリマーが実用的にも用いられている[16,17]．汎用的ないくつかの例を以下に挙げる．

エチレンは極性モノマーとラジカル共重合することで，一般に極性モノマーの導入量の低い共重合体が得られる．エチレン−酢酸ビニル共重合体（EVA）やエチレン−メタクリル酸メチル共重合体（EMMA）は，エチレンに比べて柔軟性や接着性に富んでおり，フィルムや粘着剤などに用いられている．また，EVAを加水分解することで得られるエチレン−ビニルアルコール共重合体（EVOH）は，ガス遮断性が良く，包装用バリヤー材として用いられている．

アクリロニトリルも広く共重合体が利用されているモノマーである．アクリル酸エステルとの共重合体はアクリル繊維として用いられる．アクリロニトリルとブタジエンから得られる共重合体はアクリロニトリル由来の耐油性に優れたゴム（NBR）であり，パッキング材料としてさまざまな用途に用いられている．アクリロニトリル−スチレン共重合体（AS）は，ポリスチレンの透明性に加えて，機械的強度や耐油性などを有する．さらにブタジエンが加わったアクリロニトリル−ブタジエン−スチレン共重合体（ABS）は，均一な共重合体ではなく，主としてポリブタジエン存在下での共重合や溶融ブレンドで得られる．このような条件下での共重合では，生長ラジカルの一部がポリブタジエン中の二重結合に付加もしくは連鎖移動することで，一部がグラフト化し，ゴム相が相分離したモルフォロジーをもった共重合体である．ABS樹脂は，高強度で耐衝撃性を備えた材料であり，建築部材，自動車部材，家電などに用いられている[18]．

ABSと同様に，ポリブタジエン存在下でのスチレンの単独重合では，耐衝撃性に優れたポリスチレン（HIPS：high impact polystyrene）が得られる．HIPSは透明性はないものの耐衝撃性に優れており，ヨーグルトなどの食品容器に用いられている．スチレンとブタジエンを乳化重合して得られる均一な共重合体（styrene-butadiene rubber：SBR）は，耐摩耗性，耐老化性に優れているために自動車用のタイヤなどに使用されているゴムであり，最も多く生産されている合成ゴムである．スチレン−メタクリル酸メチル共重合体（MS）は，透明性や成形加工性の高いプラスチックとして，光学用部材などに用いられている．

以上のように，ラジカル重合によって得られるさまざまなポリマーが実用的にも用いられている．現在では，共重合におけるモノマーの組み合わせだけではなく，7章で述べるように精密重合の発展によりさまざまな骨格を有するポリマーの合成が可能で，さらに多様な高分子の設計ができるようになってきている．

3章 フリーラジカル重合の素反応

　ラジカル重合は，図 1.1 に示したような四つの素反応からなる連鎖重合である．通常，アゾ化合物や過酸化物などのラジカル開始剤から活性の非常に高い中性のラジカル種が生成する開始反応を経て，ラジカル種がモノマーに次々と付加する非常に速い生長反応が進行し，分子量の大きなポリマーを効率的に与える．ラジカル重合では，ラジカル生長種が開始反応，生長反応のようなポリマーの連鎖を伸ばす反応以外に，中性の生長末端ラジカルどうしの再結合や不均化による停止反応や，活性の高いラジカルが溶媒など他の分子から水素などを引き抜くことに伴う連鎖移動反応などの連鎖生長を妨げる反応が起こる．活性の高い中性のラジカル種により重合が進行するために，モノマーや反応媒体の適応性が高いという利点の反面，活性の高いラジカル種ゆえに反応の制御が困難であるという問題がある場合が多い．停止反応，連鎖移動反応が抑制され，反応制御を可能とするいわゆるリビングラジカル重合については 6 章で詳細に述べるが，本章ではまず，従来用いられてきた古典的なフリーラジカル重合について考える．

3.1 ◆ 開始反応

　ラジカル重合は熱，光，放射線および電気化学的作用によって開始されるが，一般的にラジカルを発生させるいわゆる"開始剤"を用いることが多い（反応式 (1.5))．

$$
\text{I–I} \xrightarrow{k_\text{d}} \text{I}^\bullet + \text{I}^\bullet
$$

$$
\text{I}^\bullet + \text{CH}_2=\underset{R^2}{\overset{R^1}{\text{C}}} \xrightarrow{k_\text{i}} \text{I–CH}_2-\underset{R^2}{\overset{R^1}{\text{C}}}^\bullet
\tag{1.5}
$$

　開始剤には大別して二つのタイプがある．一つは熱や光によってホモリティックに開裂しやすい結合を有する化合物で，単一開始剤あるいは単に開始剤とよばれる．代表的な単一開始剤としては，アゾ化合物や過酸化物が挙げられる．もう一つは，2 分子間あるいはそれ以上で一電子移動反応を起こしてラジカルを生成する開始剤系で，2 元系開始剤あるいはレドックス開始剤とよばれる．代表的な 2 元系開始剤には，過酸化物やハロゲン化アルキルと金属塩などの還元剤を組み合わせた系が挙げられる．

　図 1.6 に示すように，開始剤のホモリティックな開裂には，その活性化エネルギーによっ

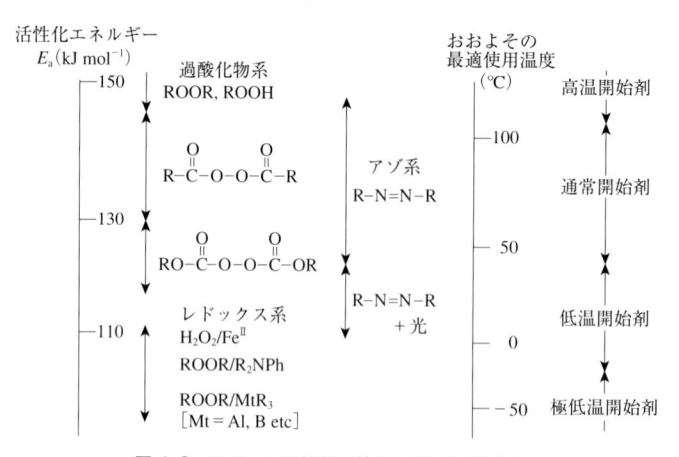

図 1.6　ラジカル開始剤の種類と最適な使用温度

てそれぞれの開始剤に最適な使用温度が存在する[19]．通常，開始剤の開裂は一次の反応式で表され，その速度定数はアレニウス式

$$k_\mathrm{d} = A\exp[-E_\mathrm{a}/RT] \qquad [1.1]$$

で表される．ここで，A は頻度因子，E_a は活性化エネルギーである．一般には，反応の時間スケールの取り扱いやすさから，開始剤開裂の10時間半減期温度（10時間で初期濃度の半分が開裂する温度）がその目安となる場合も多い．ラジカル重合をはじめ連鎖重合反応は，不飽和化合物であるモノマーが飽和なポリマーへと変化する発熱を伴った化学反応であるので，発熱と除熱のバランスのとりやすさから，工業的には室温よりもやや高い温度から100℃程度までが最適使用温度である開始剤がよく用いられる．

　開始剤の開裂は一般には可逆反応であり，開裂した一次ラジカルどうしが再結合を起こすことも可能である．有機溶媒中で開裂したラジカルは，拡散との速度差で確率論的に再結合および開始反応を起こす．つまり，ある一定の範囲はあるが，反応系においてより拡散したほうが重合を開始しやすくなる．この現象は，かご効果（cage effect）とよばれている．アゾ化合物などでは，脱窒素を伴ってラジカルが生成するため，再結合や不均化が起こると開始反応に関与しないので，この現象は生じない．また，一次ラジカルが β 開裂などで分解し，重合の開始に関与せずに再結合や不均化が生じると，実質的に作用する開始剤分子の数が少なくなる．開始剤として作用する分子の割合を開始剤効率（f）といい，その値も開始剤の種類によって異なることがよく知られている．

3.1.1 ◆ 開始剤

A. 過酸化物系開始剤

過酸化物のO−O結合の活性化エネルギーは120〜210 kJ mol^{-1}程度で，酸素ラジカルを生成する．図1.7に過酸化物系開始剤の例を示す．一般に使用される過酸化物系開始剤としては，過酸化ベンゾイル（BPO）やジクミルペルオキシドなどの油溶性のものと，過酸化水素や$K_2S_2O_8$などの水溶性のものがある．通常，過酸化物は，摩擦などの刺激によって爆発の危険性があるために取り扱いには注意が必要である．特に，金属との接触によって，急激な分解が生じる可能性がある．過酸化物は，しばしば還元剤と併用され，C. 項で述べる低温で使用可能なレドックス開始剤としても用いられる．一般に過酸化物を用いた場合，かご効果により開始効率は，後述のアゾ化合物に比べると高い場合が多いが，誘発分解による連鎖移動反応も生じやすい．

最も代表的な過酸化物系開始剤としては過酸化ベンゾイルが挙げられる．一般に溶液中では，過酸化ベンゾイル自身の一次分解と誘発分解が同時に進行し，誘発分解が溶媒によって異なるために，重合速度の顕著な溶媒依存性が観測される．過酸化ベンゾイルを開始剤として用いたスチレンの重合の例を図1.8に示す．モノマーが存在しない場合は，一次分解によって生じるベンゾイルオキシラジカルの一部が脱炭酸してフェニルラジカルを生成するが，スチレンが存在するときの開始末端への導入は1%程度である．ベンゾイルオキシラジカルは非常に反応性に富む酸素ラジカルであり，炭素−炭素二重結合への付加以外にも異なった開始反応や副反応を生じる．後述のアゾ系開始剤による開始がほぼ100%所

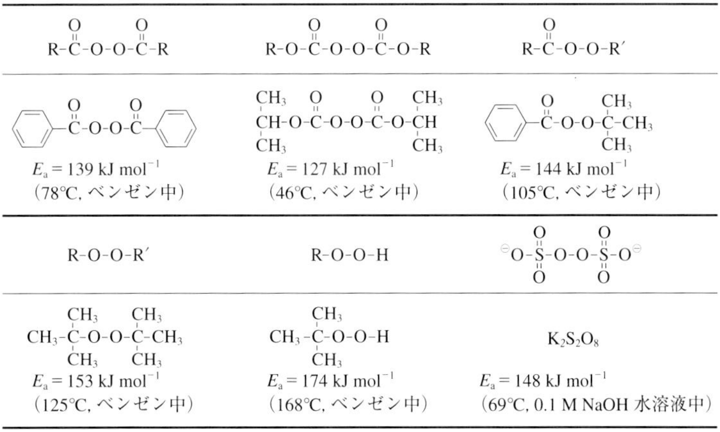

図1.7 代表的な過酸化物系開始剤の例
（ ）の値は10時間半減期温度．

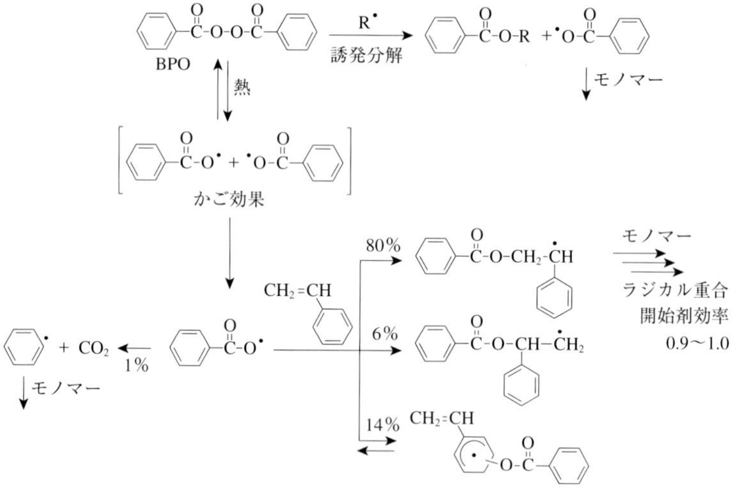

図 1.8　過酸化ベンゾイルによるスチレンの重合反応

望の炭素−炭素二重結合へのマルコフニコフ型付加であるのに対して，過酸化ベンゾイルによる重合では炭素−炭素二重結合への逆付加（6%）に加えて，約14%が芳香族環への可逆的置換反応となる．一般に，酸素ラジカルによる水素引き抜き反応も進行しやすく，α-メチル基を有するメタクリル酸メチルの場合，開始反応は酸素ラジカルからではなく，α-メチル基から水素が引き抜かれたアリルラジカルからである場合も多く含まれるとともに，フェニルラジカルからの開始も観測され，末端構造がより複雑になる[20]．

また，ポリマーからも水素引き抜き反応を起こしやすいために，異種のポリマーと混合して，加熱，重合することで，グラフト共重合体が生成しやすいという特徴をもつ．この方法は，リビングラジカル重合が開発される以前には，グラフト共重合体の合成手法としても研究され，現在でも工業的には簡便で有用な手法である[21]．

B. アゾ系開始剤

アゾ化合物の結合活性化エネルギーは110〜150 kJ mol^{-1}程度で，熱により容易に分解し，脱窒素を伴って炭素ラジカルを生じる．一般に使用されるアゾ系開始剤は，ほとんどが対称型のジアルキルジアゼン化合物である．置換基の構造によって活性化エネルギーは異なり，最適な使用温度も異なる．また，水溶性開始剤としては，オニウム塩や水酸基，カルボキシル基を導入したものが用いられる．図1.9にアゾ系開始剤の例を示す．

アゾ系開始剤の最も代表的なものは，α,α'-アゾビスイソブチロニトリル（AIBN）である．アゾ化合物の開裂機構については，さまざまな議論がなされているが，重合の温度条件下では分解速度が溶媒粘度に依存せず，かご効果が観測されないことから，2つのC−N結

合の協奏的な開裂であると考えられている（図1.10）．そのため，一般に生成ラジカルの約40％は生じたラジカルの再結合や不均化によって失活する．すなわち，モノマーの種類によって若干異なるが，実際の重合の開始剤効率は約0.6となる．生成ラジカルは，重合の生長活性種と同様の炭素ラジカルであるため，スチレンなどとの開始反応においては，ほぼ100％所望の炭素-炭素二重結合へのマルコフニコフ型付加をする．

$E_a = 115$ kJ mol^{-1}
(30℃, トルエン中)

AIBN
$E_a = 132$ kJ mol^{-1}
(65℃, ベンゼン中)

$E_a = 124$ kJ mol^{-1}
(66℃, ベンゼン中)

$E_a = 149$ kJ mol^{-1}
(88℃, トルエン中)

$E_a = 129$ kJ mol^{-1}
(56℃, 水中)

図1.9 代表的なアゾ系開始剤の例
（ ）の値は10時間半減期温度．

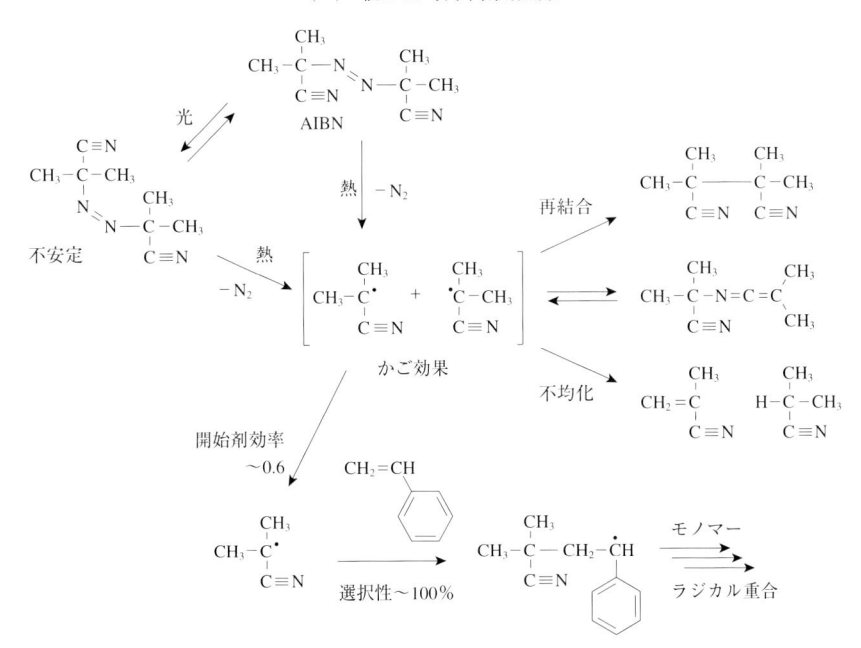

図1.10 アゾビスイソブチロニトリル（AIBN）の開裂機構

アゾ系開始剤を用いた場合も，重合は紫外線照射により加速される．これは，アゾ化合物が trans 体から熱的に不安定で活性化エネルギーの低い cis 体に異性化されるためであると考えられている[22]．

C. レドックス開始剤

酸化性のある物質は，還元性物質の存在下では一電子移動反応が生じて急速に分解し，ラジカルを生成する[23]．このような2元系の開始剤はレドックス開始剤といい，非水性のものと水溶性のものに大別される．常温以下での重合も可能となることから低温重合開始剤として用いられることが多い．

たとえば，過酸化水素に還元剤である2価の鉄イオンを加えると，鉄は3価に酸化され，ヒドロキシルラジカルを生じる（図1.11）．この組み合わせは，有機化合物の酸化反応などにおける簡便なラジカルの発生法として古くから用いられており，フェントン試薬とよばれている．

$$H_2O_2 + Fe^{2+} \longrightarrow [HO \dot{-} OH]^{\ominus} Fe^{3+} \longrightarrow HO^{\bullet} + HO^{\ominus} + Fe^{3+}$$

図1.11 レドックス開始剤によるラジカル発生機構（フェントン試薬）

非水性のレドックス開始剤の酸化剤としては，過酸化ベンゾイルなどの過酸化物がよく用いられ，還元剤としては，第三級アミン，ナフテン酸塩，チオール，有機金属化合物（アルキルアルミニウム，アルキルボラン，アルキル亜鉛など）が使用される．また酸素，酸化性金属塩（4価セリウム塩など），有機ハロゲン化合物などを酸化剤として組み合わせることでラジカル重合が開始される．特に，酸素や過酸化物と有機金属化合物の組み合わせは，-20℃以下でも重合を開始し，極低温開始剤としても有用である．4価セリウム塩は，水素引き抜きによりラジカルを生成する．特に酸素に隣接する炭素上の水素を引き抜きやすいことから，酸素を含有するポリマーからのグラフト共重合の開始剤系として研究がなされている．

また，ゼロ価金属カルボニルやラネーニッケルなどの低酸化状態の金属化合物は，有機ハロゲン化合物の存在下でラジカル重合を開始することがBamfordや大津らによって1960年代にすでに報告されている（反応式(1.6)）[24~26]．

$$R-X + Mt^n \longrightarrow R^{\bullet} \quad X^{\ominus}[Mt^{n+1}]^{\oplus} \xrightleftharpoons[\text{ラジカル重合}]{\text{モノマー}} \tag{1.6}$$

[Mt = Ni, Co, Fe, Mn, Cr, Mo, W]

この開始反応において，トリクロロ酢酸エステル部位を開始点として用いることで，ブロック共重合体やグラフト共重合体が一部生成することも知られている．この開始反応では，

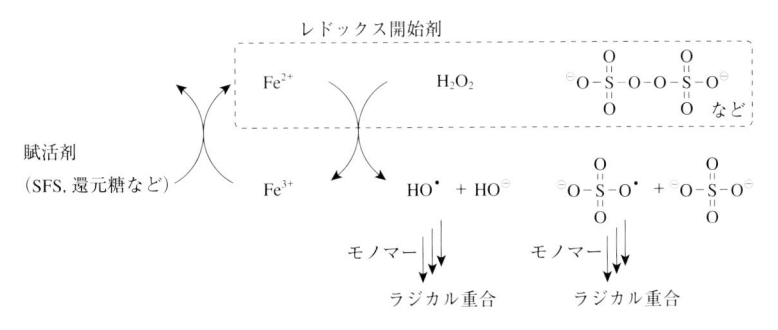

図 1.12 工業的な乳化重合におけるレドックス開始剤系の例

金属からの一電子移動反応によって炭素ラジカルを生成し、重合が開始する。すなわち、6.4節で述べる遷移金属錯体を用いたリビングラジカル重合（原子移動ラジカル重合：ATRPともいう）の開始反応と同様であるが、鎖長や末端などが明確であるポリマーを得るために必要な生長反応が制御されたリビング重合を達成するためには、有機配位子の設計などによる生長末端における可逆的なラジカル生成が重要となる。

水溶性のレドックス開始剤の酸化剤としては、過硫酸塩、過酸化水素、アルキルヒドロペルオキシドのような過酸化物があり、水溶性の無機還元剤（2価の鉄塩などの金属塩や亜硫酸ナトリウムなど）あるいは有機系還元剤（アルコール、ポリアミンなど）と組み合わせて用いられる。工業的にも、高温では分岐構造が生成しやすいジエンなどの乳化重合における低温開始剤として用いられている。金属系レドックス開始剤系にホルムアルデヒドスルホン酸ナトリウム（SFS）や D-グルコースをはじめとする還元糖を高酸化状態の金属イオンの還元剤（賦活剤）として併用することで金属の低減や反応活性の向上が図られる（図 1.12）。この概念もまた遷移金属錯体を用いたリビングラジカル重合においても応用されている（6.4節参照）。

D. 光重合（光増感重合）開始剤

ビニルモノマーが吸収する波長の光や γ 線などの高エネルギーの電磁波を照射したとき、モノマーは励起され光重合が進行する。光重合のエネルギーは非常に高いので、種々の化学結合の切断などを含む複雑な機構で反応は進行する。一方、紫外線や可視光線などの照射によりラジカルを生成し、ビニルモノマーの重合を開始する化合物を光開始剤もしくは増感剤という。光開始剤には、ベンゾイン誘導体などの開裂型のものと、ベンゾフェノン誘導体のような水素引き抜き型のものがある（反応式 (1.7), (1.8)）。また、上述の熱開始剤でもある過酸化物やアゾ化合物も含まれる。このような光重合は、表面加工などに用いられる反応性オリゴマーの塊状重合である紫外線硬化反応に有用である。

開裂型光開始剤

$$\text{ベンゾインエーテル} \xrightarrow{\text{光}} \text{ベンゾイルラジカル} + \text{α-アルコキシベンジルラジカル} \quad (1.7)$$

引き抜き型光開始剤

$$\text{ベンゾフェノン} + \text{第三級アミン} \; R_2N\text{-}CH_2R' \xrightarrow{\text{光}} [\text{中間体}] \longrightarrow \text{ケチルラジカル} + R_2N\text{-}\dot{C}HR' \quad (1.8)$$

ジチオカルバメート誘導体やジスルフィド，ジセレニドなどは，光照射下で開裂してラジカルを生成する（反応式 (1.9) 〜 (1.11)）．これらの化合物から生成するラジカルは，連鎖移動能や一次ラジカル停止能が高く，両末端に開始剤切片が結合したポリマーが生成する．このような重合は，大津らによって見出され，イニファータ（initiator-transfer agent-terminator, iniferter）重合と名付けられた[27]．この重合により得られるポリマーの分子量分布は広いが，両末端官能性ポリマー（テレケリックポリマー）やブロック共重合体，グラフト共重合体などが得られ，6章で述べるリビングラジカル重合の可能性が示された．特に，これらの類似の化合物であるジチオエステルやテルル化合物を用いることで，連鎖移動速度が向上して可逆的連鎖移動型のリビングラジカル重合となる（6.5，6.6節参照）．

$$\begin{array}{c}\text{R}\\\text{N-C-S-S-C-N}\\\text{R} \quad \text{S} \quad \text{S} \quad \text{R}\end{array} \xrightarrow{\text{光}} 2 \begin{array}{c}\text{R}\\\text{N-C-S}^{\bullet}\\\text{R} \quad \text{S}\end{array} \xrightarrow[\text{イニファータ重合}]{\text{モノマー}} \begin{array}{c}\text{R} \quad \quad \quad \quad \text{R}\\\text{N-C-S} \sim\sim\sim \text{S-C-N}\\\text{R} \quad \text{S} \quad \quad \quad \text{S} \quad \text{R}\end{array} \quad (1.9)$$

$$R'\text{-S-C-N} \begin{array}{c}R\\R\end{array} \xrightarrow{\text{光}} R'^{\bullet} + {}^{\bullet}\text{S-C-N} \begin{array}{c}R\\R\end{array} \xrightarrow[\text{イニファータ重合}]{\text{モノマー}} R' \sim\sim\sim \text{S-C-N} \begin{array}{c}R\\R\end{array} \quad (1.10)$$

$$\text{Ph-Se-Se-Ph} \xrightarrow{\text{光}} 2\,\text{Ph-Se}^{\bullet} \xrightarrow[\text{イニファータ重合}]{\text{モノマー}} \text{Ph-Se}\sim\sim\sim\text{Se-Ph} \quad (1.11)$$

E. その他の開始剤

熱開始剤の中にもイニファータ重合を可能にするものがあり，それらは熱イニファータといわれている．2分子のトリフェニルメチルラジカルやテトラフェニルエタン誘導体はラジカルの状態と共有結合した状態が解離平衡にあり，モノマーが挿入され両末端に開始剤切片が結合したポリマーが生成する（反応式 (1.12), (1.13)）．

(1.12)

(1.13)

[X = Et, CN, OPh, etc]

上述の炭素や酸素，硫黄ラジカル以外にも重合開始能のあるラジカルとして，リンラジカルやケイ素ラジカルなども報告されている．

また，上述のアゾ化合物や過酸化物の結合を主鎖に1個または複数個含む高分子は，それ自身が高分子開始剤となる．このような高分子開始剤は，アゾ化合物または過酸化物を含む重縮合や重付加反応によって合成される．高分子開始剤を用いて重合を行うと，（マルチ）ブロック共重合体の合成が可能となる．また，アゾ基やジチオカルバメート基を側鎖に有するモノマーを用いると，グラフト（共）重合体が得られる．

F. 熱による重合の開始

ビニルモノマーの多くは開始剤を加えなくても，加熱するだけで重合する場合があり，これを熱重合や自発的重合という．スチレンの熱重合について開始機構は古くから研究がなされている．実験的には，見かけの速度がモノマー濃度に対する三次反応であることから，開始過程における3分子のモノマーの関与が示され，(1) 電荷移動によるジラジカルを経由する機構と (2) Diels-Alder 付加体を経由する機構の二つの説が提唱されている．(2) の機構では，スチレン2分子からなる Diels-Alder 付加体とスチレン1分子から芳香族環の形成を伴って反応する．Diels-Alder 付加体は単離されていないが，アミノキシルラジ

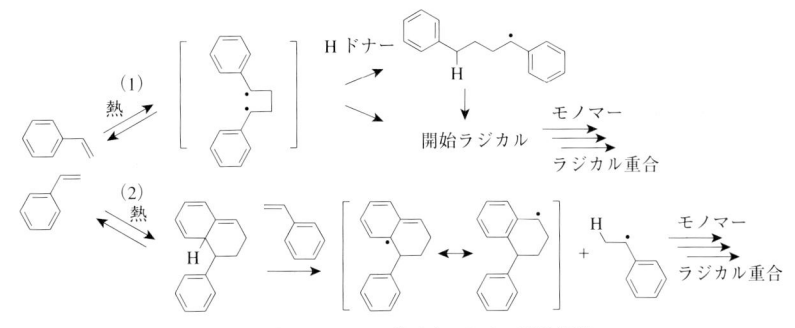

図 1.13 スチレンの熱重合における開始機構

カルによる捕捉から (2) の機構が支持されている（図 1.13）.

3.1.2 ◆ 開始反応速度と末端基の検出

ラジカル重合の開始反応（反応式 (1.5)）における開始反応速度 R_i は，生長ラジカルが生成する速度である．モノマーに付加する一次ラジカルの割合，すなわち開始剤効率を f とすると，式 [1.2] の関係が成立する．ここでは 1 分子の開始剤から 2 つのラジカルが生成したと仮定している．

$$R_i = 2k_d f[\text{I–I}] \quad (k_i > k_d) \qquad [1.2]$$

f は開始剤の分解速度定数 k_d が既知のときに，R_i を測定することによって求めることができる．すでに述べたように，通常の条件下では多くのモノマーについて，AIBN で $f = 0.5 \sim 0.7$，過酸化ベンゾイルで $f = 0.9 \sim 1.0$ と得られている．この差はかご効果から理解される．

R_i を求める方法としては，捕捉剤を用いて直接一次ラジカルの生成速度を測定する方法などがある．ラジカル捕捉剤としては，ニトロソ化合物のようにスピン捕捉により電子常磁性共鳴（EPR）で観測されるもの（反応式 (1.14)），2 価の銅や 3 価の鉄のような遷移金属イオン，水素化アルキルスズのような金属ハイドライド，ニトロキシドやジフェニルピクリルヒドラジルのような有機系のラジカル禁止剤（3.3 節参照）などが使用される．これらの捕捉剤はかごから拡散してモノマーと反応できる一次ラジカルと定量的に反応するので，捕捉剤の減少速度，あるいは重合の誘導期間から直接 R_i が求まる．

$$\text{CH}_3\text{-C(CH}_3)(\text{CH}_3)\text{-N=O} \xrightarrow{R^\bullet} \text{(CH}_3)_3\text{C-N(R)-O}^\bullet \qquad (1.14)$$

開始剤由来の末端基の検出には，種々の分光学的な手法を用いることができる．たとえば，紫外・可視分光法，赤外分光法，核磁気共鳴分光法（NMR）を用いることができる．また，マトリックス支援レーザー脱離イオン化飛行時間型質量分析法（MALDI-TOF MS）を用いれば，生成ポリマー鎖の末端構造を詳細に解析することができる[28]．また，ラベルした開始剤を用いても，開始剤由来の末端の検出ができる．古典的には，放射性同位体でラベルした開始剤を用いて重合を行い，その含有率から動力学的平均鎖長を測定する方法がある．動力学的平均鎖長は生長反応速度 R_p と R_i の比によって決定されるので，生長反応速度と鎖長が求まれば，R_i が算出される．

3.2 ◆ 生長反応

　フリーラジカル重合の生長反応では，開始反応で生成した生長ラジカルが連鎖移動反応や停止反応を起こすまで，モノマーの二重結合への付加を繰り返して進行する（反応式(1.15)）．ここで，使用する開始剤の濃度は通常 $10^{-1} \sim 10^{-3}$ mol L^{-1} であるが，定常状態における生長ラジカル濃度は，$10^{-7} \sim 10^{-9}$ mol L^{-1} にすぎない．また，生長反応はモノマー中のエネルギーの高い不飽和結合が飽和結合へと変化してポリマーを生成する反応であるので，反応のスケールによっては非常に大きな発熱を伴う反応である．

$$\sim\sim\sim CH_2-\underset{R^2}{\overset{R^1}{C}}{}^{\bullet} \ + \ CH_2=\underset{R^2}{\overset{R^1}{C}} \ \xrightarrow{k_p} \ \sim\sim\sim CH_2-\underset{R^2}{\overset{R^1}{C}}-CH_2-\underset{R^2}{\overset{R^1}{C}}{}^{\bullet} \qquad (1.15)$$

　生長反応過程は，生成ポリマーの立体規則性や位置特異性を決定するとともに，連鎖移動反応や停止反応が同時に起こることで，分子量や分岐構造など，生成ポリマーのさまざまな一次構造を決める段階である．

3.2.1 ◆ 生長反応速度定数の決定

　生長反応の速度定数 k_p は，電子スピン共鳴法（electron spin resonance：ESR）（あるいは電子常磁性共鳴法（electron paramagnetic resonance：EPR）ともいう），パルスレーザー重合（pulsed-laser polymerization：PLP）法，回転セクター法などによって決定される．

　古典的には回転セクター法が用いられていた．この方法では，スリット付の円盤を回転し，断続的に照射される光による重合を行い，連続照射したときの重合との速度差から生長ラジカルの平均寿命を見積もって k_p を決定する．この方法は，精密な実験操作や数値解析が煩雑なため，現在ではあまり使われていない．

　ESR は，生長ラジカルの ESR スペクトルを直接観測し，そのシグナル強度から生長ラジカル濃度を決定する方法であり，現在では，重合条件下での定常状態や非定常状態での測定も可能となってきている．ラジカル濃度は標準試料である安定ラジカルとの相対比から見積もられる．重合速度と生長ラジカル濃度，あるいはその時間変化の様子から，重合反応率や温度に関係なく k_p や停止反応速度定数 k_t を求めることができる．また，ESR の大きな特徴として，重合の活性種である生長ラジカルを観測するのでコンホメーションなどの構造に関する情報も得られる点がある[29,30]．

　PLP 法は光開始剤を含むモノマーもしくはその溶液に短いパルス間隔でレーザー光を照射したときに生成するポリマーの分子量分布をサイズ排除クロマトグラフィー（SEC；ゲ

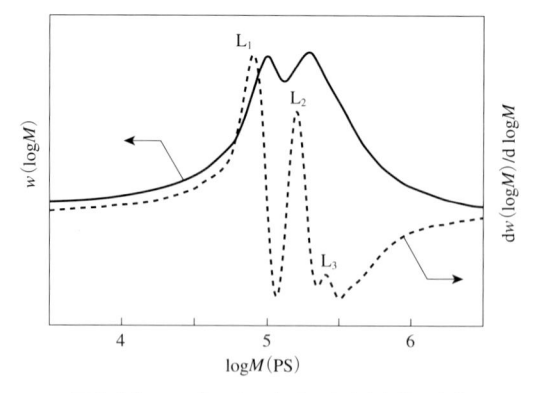

図 1.14 PLP 法による生長反応速度定数の決定

ル浸透クロマトグラフィー（GPC）ともいう）によって解析して k_p を決定する（図 1.14）. この方法を用いて，1990 年以降，信頼性の高い k_p や k_t の値が決定されてきている[31〜39].

PLP 法では，まずレーザー光が照射されると開始剤から一次ラジカルが瞬時に発生し，重合を開始する．パルスレーザーが照射されない時間では，開始反応は起こらず，生長反応が主に進行する．しかし，次のパルスレーザー照射により再びラジカルが大量に発生し，ラジカルが高濃度になり，その一部は一次ラジカルと再結合して停止する．これが繰り返されて，パルス間隔に相当する時間 t_0 に生長したポリマーの長さ，すなわち重合度 X_0 の分ずつ解離した多峰性の分子量分布をもったポリマーが SEC によって測定される．得られる SEC 溶出曲線を微分し，そのピークトップ（低分子量側の変曲点）間を生長した数平均重合度に近似して計算が行われている．このように，パルス間隔とポリマーの重合度から k_p が直接求められる．また，シングルパルスもしくは PLP シークエンスの結果と組み合わせると k_t も決定される．

$$X_0 = k_p[M]t_0 \tag{1.3}$$

PLP 法を種々のモノマーに適応する場合，正確な重合度の決定が最も重要である．SEC ではポリスチレンなどの標準サンプルとの排除体積の相対的な違いから重合度が決定され，標準サンプルと構造の異なるポリマーに関しては誤差が大きく，正確な生長反応速度定数を決定する場合，種々の検出器や解析装置との組み合わせなども検討する必要がある．

3.2.2 ◆ 種々のモノマーの生長反応速度定数

k_p も反応温度に依存し，アレニウス式で表される．

3章　フリーラジカル重合の素反応

$$k_\mathrm{p} = A\exp[-E_\mathrm{a}/RT] \qquad [1.4]$$

もしくは

$$\ln k_\mathrm{p} = \ln A - \frac{E_\mathrm{a}}{RT} \qquad [1.5]$$

ここで，A は化学反応の速度には衝突回数を規定する「頻度因子」であり，E_a は反応を起こすのに必要なエネルギー（活性化エネルギー）であり，これらは速度パラメーターとよばれる．k_p の対数を $1/T$ に対してプロットすることにより（アレニウスプロット），それぞれのモノマーに対する速度パラメーターを求めることができる．

　表1.1に種々のモノマーの k_p および速度パラメーターを示す[31]．k_p は生長ラジカルとモノマーの反応速度定数であり，これらの反応性によって決まる．一般に，モノマーの k_p 値は生長ラジカルの反応性の順序と一致することが多い．スチレンやメタクリル酸エステルなどの共役モノマーは，置換基の共鳴安定化効果によって，モノマーの反応性は高いが，生長ラジカルも同様に安定化されるために，反応性に乏しい．しかし，共役モノマーの中でも α 置換基をもたないアクリル酸エステルやアクリルアミドは，後述のラジカルの転位反応により生長反応が複雑となるが，モノマーの高い反応性の寄与が大きく，高い k_p 値をもつことが PLP 測定からわかりつつある．また，置換スチレンなどにおいては，置換基が電子求引性であるほど k_p は大きくなり，電子的効果も重要となることもわかりつつある．塩化ビニルや酢酸ビニルなど安定性が低い非共役モノマーは，モノマーの反応性

表 1.1　代表的なモノマーの生長反応速度定数と速度パラメーター

モノマー	$k_\mathrm{p}(30℃)$ (L mol^{-1}s^{-1})	$A \times 10^7$ (L mol^{-1}s^{-1})	E_a (kJ mol^{-1})	$\Delta V^\ddagger$ (cm^3 mol^{-1})
エチレン	16	1.88	34.3	-27
1,3-ブタジエン	57	8.05	35.7	—
スチレン	106	4.3	32.5	-11.7
メタクリロニトリル	20	0.27	29.7	—
クロロプレン	500	2.0	26.6	—
イタコン酸ジメチル	11	0.02	24.9	—
メタクリル酸エステル	390 ～ 900	0.19 ～ 0.60	20.2 ～ 22.9	-16
ビニルエステル	3000 ～ 4000	1.3 ～ 2.0	20.5 ～ 22.2	-10.7
アクリル酸エステル	15000 ～ 24000	1.6 ～ 1.9	17.4	-11.7

は低いが，生長ラジカルの反応性が高いため，k_p は大きくなる．

また，k_p は圧力によっても変化する．一般的な化学反応と同様に，一定温度において，

$$\frac{d\ln k}{dP} = -\frac{\Delta V^{\ddagger}}{RT} \qquad [1.6]$$

の関係にある．$\Delta V^{\ddagger}$ は活性化体積，すなわち，遷移状態への体積変化で負の値である．つまり，圧力が高いほど k_p は大きくなる．古くから，停止反応は圧力によって抑制され，一般に分子量の高いポリマーが生成することが知られている．これは停止反応や連鎖移動反応の活性化体積も同様に圧力の上昇とともに小さくなるが，圧力効果は重合系の粘度を見かけ上高めるために二分子停止反応が拡散律速となり，また連鎖移動反応への影響よりも生長反応への影響が大きいためである．6章で述べるリビングラジカル重合においても，高圧下で超高分子量のリビングポリマーが同様に得られている．

フリーラジカルは，通常，電気的には中性であり，反応活性種から遷移状態への極性変化が小さいので，イオン重合の場合に比べて，反応に対する溶媒の影響ははるかに小さく，生長反応速度の溶媒依存性については，あまり考慮されない場合が多い．しかし，種々のラジカル重合系において，顕著な溶媒効果が観測される．特にビニルエステル類の重合における k_p の変化は大きく，芳香環を有する溶媒中では極端に k_p が低下する．このような k_p の変化は，電子求引性モノマーであるメタクリル酸エステルでは逆の傾向にあり，生長ラジカルと溶媒の錯形成が原因であると考えられている．

溶媒の粘度が上がると，見かけ上のモノマー消費速度 R_p は大きくなる．これは，生長ラジカルどうしの2分子反応である停止反応が抑制されたためであり，生長反応は，ラジカルとモノマーの反応であるので，溶媒の粘度による効果は停止反応ほど大きくない（ゲル効果あるいは Norrish-Trommsdorff 効果という）．しかし，重合系の粘度が極端に大きくなった場合は，生長反応も拡散律速となり，k_p は小さくなる．

その他にも k_p は，無機塩などのルイス酸の添加によっても変化する．ラジカル重合系にルイス酸を加えると，開始反応や停止反応に作用せずに重合速度や共重合性，あるいは生成ポリマーの分子量や立体規則性などに影響を及ぼす場合がある．特にルイス酸と極性モノマーの間では，錯形成が期待され，電荷移動重合あるいは交互共重合などについて古くから研究がなされている．極性共役モノマーの重合においては，生長反応速度は一般に加速される[40]．

3.2.3 ◆ 生長反応の熱力学的平衡

ほとんどのラジカル重合では，生長反応は大きな発熱を伴って容易に進行し，重合に伴う発熱量 ΔH_p やエンタルピー変化 ΔS_p は，モノマーとポリマーの平衡，もしくは，熱量

分析から求めることができる．一般にビニルモノマーの生長反応は，-80 kJ mol^{-1} 前後のエンタルピー変化を伴う発熱反応である．

重合の生長反応は，一般の化学反応と同様に逆反応（解重合）を伴う可逆反応である．通常，ビニルモノマーの重合を行う反応条件においては，逆反応は無視できるが，かさ高い置換基を有するモノマーの重合などでは逆反応は無視できなくなり，ある濃度で重合と解重合が平衡に達する（反応式 (1.16)）．平衡状態においては生長反応は進行しなくなる．平衡状態つまりポリマーが得られなくなる状態におけるモノマーの濃度を平衡モノマー濃度 [M]$_e$，その温度を天井温度 T_c とよぶ．一般に天井温度のみが議論される場合，バルク状態もしくは仕込みモノマー濃度が [M]$_0$ = 1.0 mol L^{-1} のときであり，モノマー濃度と関連していることに注意が必要である．

$$\text{P}_n^{\bullet} + \text{M} \underset{k_{dp}}{\overset{k_p}{\rightleftarrows}} \text{P}_{n+1}^{\bullet} \qquad (1.16)$$

平衡状態では，重合反応の自由エネルギーの変化がないことから，

$$\Delta G = \Delta G^{\circ} + RT \ln K = 0 \qquad [1.7]$$

となる．また，平衡状態では，平衡定数は k_p と k_{dp} の比から求めることができ，

$$K = \frac{[\text{P}_{n+1}^{\bullet}]}{[\text{P}_n^{\bullet}][\text{M}]} = \frac{1}{[\text{M}]} \qquad [1.8]$$

となるので，平衡モノマー濃度 [M]$_e$ および温度 T_c は，

$$\ln[\text{M}]_e = \frac{\Delta G^{\circ}}{RT_c} = \frac{\Delta H^{\circ}}{RT_c} - \frac{\Delta S^{\circ}}{R} \qquad [1.9]$$

で表される．このように各重合温度の逆数に対して平衡モノマー濃度をプロットすることにより，標準状態での重合におけるエントロピー変化 ΔH° やエンタルピー変化 ΔS° を見積もることもできる．これらはいずれも負の値である．一般に，α-置換基の導入によりエントロピー変化は，少なくとも 20 kJ mol^{-1} は上昇する．これは第三級炭素ラジカルの反応性の低さが原因であると考えられている．また，エンタルピー変化も，生成ポリマーが自由度の小さい剛直もしくは規則構造をとりやすいため，20 J mol^{-1}K^{-1} 以上も減少する．具体的には，α-メチル基を有するメタクリル酸メチルや α-メチルスチレンの重合で

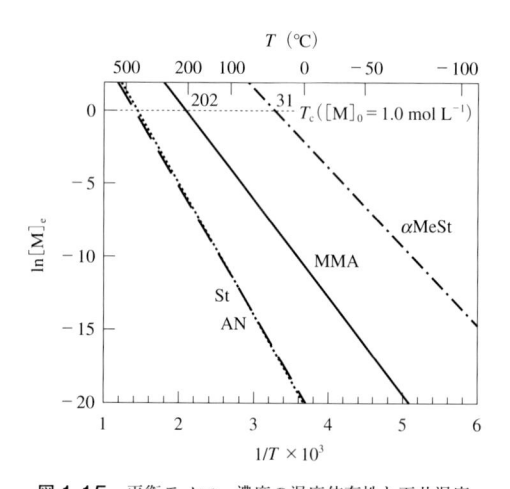

図1.15 平衡モノマー濃度の温度依存性と天井温度
図中，ANはアクリロニトリル，αMeStはα-メチルスチレン，MMAはメタクリル酸メチル，Stはスチレン．

は，天井温度は低く，バルク状態での平衡温度はそれぞれ220℃および61℃である．一般的に，仕込みモノマー濃度が$1.0\ \mathrm{mol\ L^{-1}}$のときの平衡温度を天井温度とする場合も多く，図1.15に示したように，メタクリル酸メチルやα-メチルスチレンの重合では，それぞれ202℃および31℃である．すなわち，α-メチルスチレンの単独重合では，室温以上では，高分子量体を得ることは困難であることがわかる．これに関連して，高温で成形加工されるPMMAでは高分子鎖中での熱分解による解重合を妨げるために，一般に5〜10%程度アクリル酸エステルを含有した共重合体が用いられている．

3.2.4 ◆ 立体規則性

ビニルモノマーの重合においては，繰り返しモノマー単位の立体配置の異なるさまざまな立体規則性を有するポリマーが得られる場合がある．立体配置が高度に規則的なポリマーを立体規則性ポリマーとよぶ．立体配置は，生長反応におけるビニルモノマーの付加により決定される．生長反応においては，生長末端がsp^2混成軌道を有しているので，次のモノマーの付加によって前末端と末端基との立体配置が決まる[41]．

一般に，ビニルモノマーの重合の場合，生成ポリマーの置換基に隣接する炭素は，ポリマー鎖が短い場合は不斉炭素として扱うことができるが，ポリマー鎖が長くなるとそれぞれの不斉炭素に結合した両端のメチレン基の差異が無視できるためポリマーに擬似対称面が存在してしまい，キラルではなくなる（擬不斉）．そのために，高分子における立体規則性は隣接する置換基どうしの関係，すなわち，ジアステレオ選択性によって区分される．

ただし，1,2-二置換モノマーの（交互）共重合体やA－B－C3元交互共重合体などにおける開始末端と生長末端の方向，すなわち，高分子鎖の方向が明確に区別できるようになった場合は，不斉炭素として扱うことができる．

ポリマー鎖中の主鎖を平面ジグザグ構造で示したとき，連続する2組の繰り返し単位の置換基Xに着目し，これらが同じ面にある場合をメソ2連子（*meso* diad），異なる面にある場合をラセモ2連子（*racemo* diad）とよび，それぞれ*m*と*r*で表す．ポリマー鎖が*m*のみからなる場合をイソタクチック（isotactic），*r*のみからなる場合をシンジオタクチック（syndiotactic），*m*と*r*が交互になる場合をヘテロタクチック（heterotactic）といい，3組の繰り返し単位の組み合わせ，*mm*，*rr*，*mr*がそれぞれの規則性に対応する．実際のポリマーでは，すべての繰り返し単位が同じ立体規則性であることはないので，立体規則性の尺度としてタクチシチー（tacticicty）を用いる．まったく規則性のないポリマーは，ギリシア語で否定の接頭語である「a」を用いて，アタクチック（atactic）という（図1.16）．

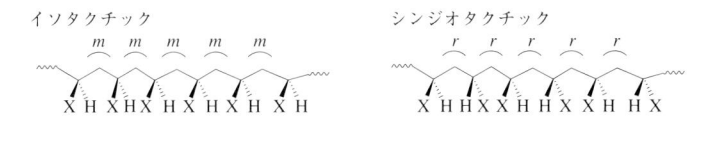

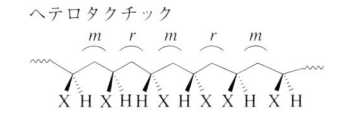

図 1.16　ビニルポリマーの立体規則性

立体規則性の分析は，上述のジアステレオメリックな連鎖の解析であるので，高分解能NMRスペクトル測定が有力な手段となる．主鎖メチレン基の解析から，2連子（diad），4連子（tetrad），6連子（hexad），側鎖の置換基から3連子（triad），5連子（pentad），7連子（heptad）の解析が原理的には可能となるが，装置の分解能からこれ以上の解析は困難である（図1.17）．

一般に，生長反応の立体選択性は，2連子の割合，すなわち図1.18に示すように生長末端における*m*（あるいは*r*）付加の確率P_m（あるいはP_r）を用いて議論される．

$$P_m = \frac{k_m}{k_m + k_r} \qquad [1.10]$$

一般にα位に置換基をもたないビニルモノマーのラジカル重合の場合，$P_m = 0.45 \sim 0.52$となり，ほぼアタクチックなポリマーが得られる．メタクリル酸メチルなどの重合においては$P_m = 0.1 \sim 0.4$程度であり，生長反応でシンジオタクチックに付加しやすいことを示

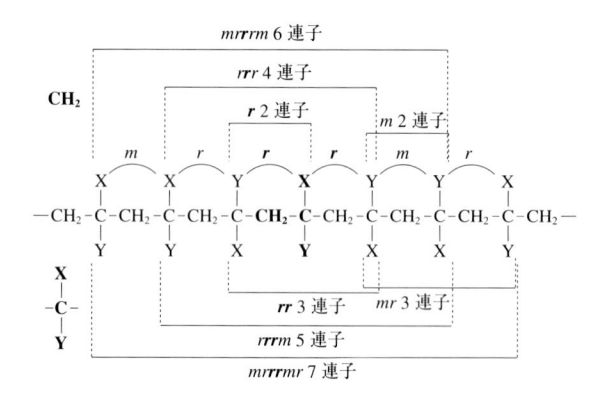

図 1.17 ビニルポリマーの立体規則性の解析

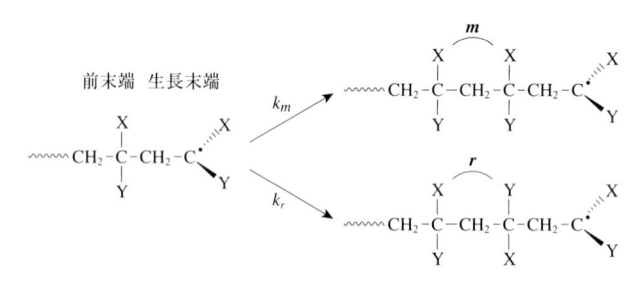

図 1.18 ラジカル重合における 2 連子立体規則性

している．メタクリル酸エステルの重合では，置換基が非常にかさ高くなると，イソタクチック構造に富んだポリマーが得られる．

前末端より前に存在する，すでに決定されている立体配置が P_m に影響を及ぼさない場合は，ベルヌーイ統計が適用され，3 連子以降の立体規則性も P_m の関数として表すことができる．ラジカル重合においては，これに従う場合が多い．

$$mm = P_m^2 \tag{1.11}$$

$$mr = rm = 2P_m P_r = 2P_m(1-P_m) \tag{1.12}$$

$$rr = P_r^2 = (1-P_m)^2 \tag{1.13}$$

かさ高い置換基を有するモノマーや溶媒などとの相互作用が大きい場合は，前々末端と

前末端の立体配置が影響を及ぼす場合，ベルヌーイ統計は適用できず，一次マルコフ統計に従う．さらに，影響を受ける末端の立体配置が増えると二次マルコフ統計となる．

ラジカル重合では，立体規制は主に生長ラジカル末端とモノマーの立体的な要因に依存し，モノマーの構造で生成するポリマーの立体規則性が決まることが多い．しかし，ラジカル重合においても，重合温度や溶媒，反応場の効果，テンプレートの影響，ルイス酸などの添加剤存在下での重合などにより，立体規則性を変化させることが可能となっている．詳細については 8 章において述べる．

3.2.5 ◆ 頭－頭付加および頭－尾付加

生長ラジカルとビニルモノマーが反応するとき，α 炭素に付加する場合（頭－頭結合）と，β 炭素に付加する場合（頭－尾結合）があり，それによって 2 種類の生長ラジカル種が生成する可能性がある．一般に反応は，安定な生成物を生じる方向に進行するので，頭－尾結合のほうが生成しやすい．これは，末端ラジカルと置換基（R^1 および R^2）との共鳴安定化のためである．したがって，R^1 および R^2 がラジカルと共鳴しやすい場合は，頭－尾結合の形で規則正しく進行する．実際に，スチレン誘導体や（メタ）アクリル酸エステルなどの共役モノマーの重合においては，環化重合などの特殊な場合を除いて，ほとんどが頭－尾結合である．しかし，酢酸ビニルや塩化ビニルなどの非共役モノマーの重合では，置換基による生成ラジカルの安定化効果が小さいため，少量の頭－頭結合および尾－尾結合を含むポリマーが生成する（図 1.19）．

酢酸ビニルのラジカル重合においては，約 1～2% の頭付加が含まれる．このことは，ポリ酢酸ビニルを加水分解して得られたポリビニルアルコール中の 1,2-グリコール結合を分解する化学的な方法や ^{13}C-NMR による直接観察によって確認される．^{13}C-NMR による観測から，頭－頭結合と尾－尾結合の含有量が同じであることも示されている．頭－頭結合の割合は，重合溶媒や温度などの反応条件に依存する．

同様に非共役モノマーである塩化ビニルの重合においても，頭付加が含まれると考えられるが，実際には，生成ポリマー中にほとんど頭－頭結合は含まれない．これは，頭付加

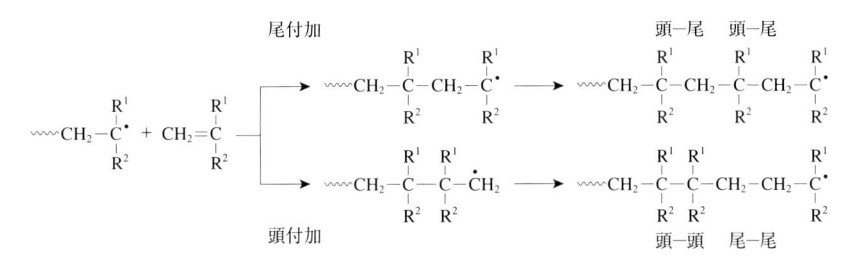

図 1.19 生長反応における位置選択性

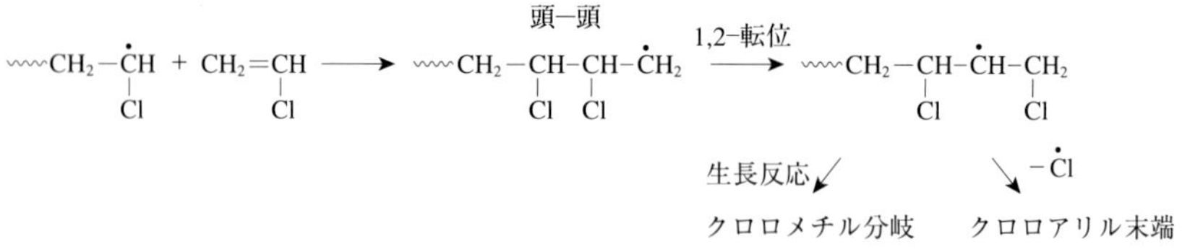

が生じて生成するラジカルがすぐに隣接の塩素原子の1,2-転位を生じるためであると考えられている（図1.20）．

図1.20 塩化ビニルの重合における頭-頭結合生成

3.2.6 ◆ 共役ジエンの生長反応

1,3-ブタジエンやイソプレン，クロロプレンは代表的なラジカル重合性ジエンモノマーであり，工業的にも乳化重合による合成ゴムラテックスの製造などにおいて，ラジカル重合が用いられている．一般的な共役ジエンの反応と同様に，ラジカル重合においても，さまざまな繰り返し単位構造を有するポリマーを生成する生長反応が進行する．

1,3-ブタジエンの重合で生成するポリマーには，*cis* 構造および *trans*-1,4-構造と *trans*-1,2-構造がある．2位に置換基を有するイソプレンやクロロプレンの場合，これに加えて，4,3-構造（慣用的に3,4-構造ともいう）と1,4-構造と付加の方向が異なる4,1-構造が存在する．共役ジエンの重合においては，上述の頭付加に相当する2,1-付加や3,4-付加は生成ラジカルが非共役となるため観測されていないので，4,1-付加および4,3-付加を頭付加（head addition），1,4-付加および1,2-付加が尾付加（tail addition）と区別される（図1.21）．

アニオン重合や配位重合においては，これらの構造は開始剤や溶媒，温度などの反応条件により劇的に変化するが，ラジカル重合においてはさほど変化しない．いずれのモノマー

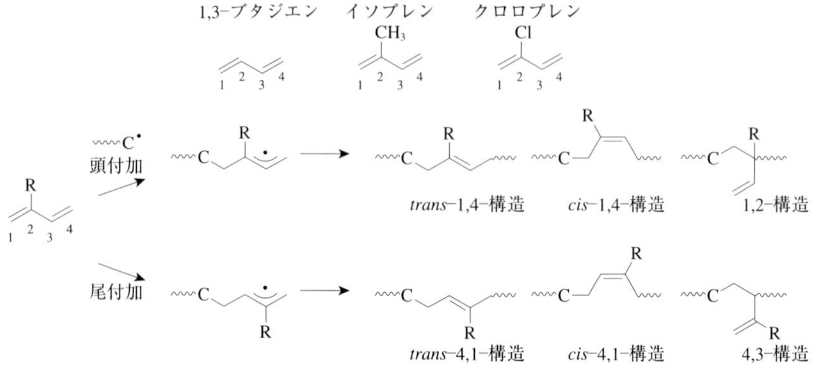

図1.21 共役ジエンの重合における位置選択性

も1,4-構造（もしくは4,1-構造）が支配的であり，低温での重合ほど trans 構造が多く含まれ，温度の上昇とともに cis 構造の割合は増加する．1,2-構造や4,3-構造の割合は温度ではほとんど変化しない．ミクロ構造の温度依存性からは，それぞれの付加の活性化パラメーターを計算できる．

また，ラジカル重合においては，生成したポリマー中に残存する非共役二重結合も反応性は低いものの生長反応に取り込まれ，重合後期においては，分子間架橋反応が進行する．そのため，直鎖状のポリマーを得るためには，一般に重合率を高くすることはできない．

3.2.7 ◆生長ラジカルの転位・異性化

生長ラジカルは，1分子内で異性化を起こす場合が多く見られる．分子内での連鎖移動反応に相当するが，生成ポリマー鎖数は変わらないことから，分子量は変化しない．生長ラジカルの1,5-シフト（あるいは1,6-シフト）であり，いわゆる"バックバイティング (back biting) 反応"である．低分子の有機反応におけるシグマトロピー転位と同様に，生長ラジカルは6員環（あるいは7員環）遷移状態を経て，分子内の δ (ε) 位の水素原子を引き抜く．

低密度ポリエチレンの製造プロセスであるエチレンの高圧重合においては，このバックバイティング反応により，ブチル基およびエチル基の短鎖分岐を生じる（図1.22）．このような分岐は，重合温度が高いほど，また圧力が低いほど生じやすい．

塩化ビニル，酢酸ビニル，アクリル酸エステルなどのビニルモノマーにおいては，前々末端の α 水素の引き抜きが起こる．アクリル酸エステルの場合は，1,5-シフトに続く β 開裂も生じるため，ポリマー鎖数を増加する連鎖移動反応も起こる（図1.23）．酢酸ビニルの場合，バックバイティング反応は，前々末端の α 水素（1,5-シフト）に加えて，前末端の側鎖アシル基の α 水素（1,6-シフト）でも生じる．

ビニルエーテルは通常のラジカル重合では，単独重合は進行しないが，エーテル側鎖を設計することで，分子内水素引き抜き反応を伴って，生長ラジカルは1,5-シフトし，主鎖にエーテル結合を有するポリマーが得られる（反応式 (1.17)）．また，チオシアナートエチルビニルエーテルでは，CN 基が移動し，ポリマーを与える．

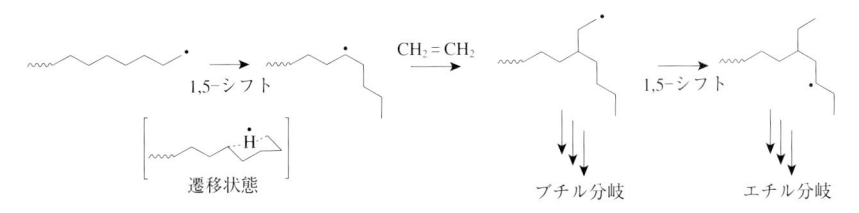

図 1.22 エチレンの重合におけるバックバイティング反応

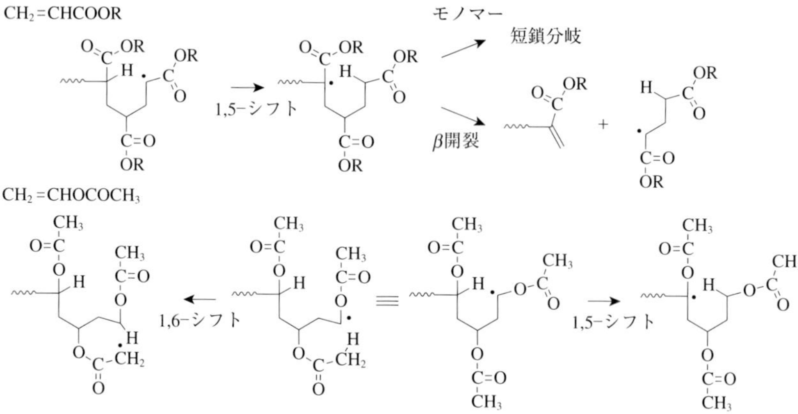

図 1.23　極性モノマーの重合におけるバックバイティング反応

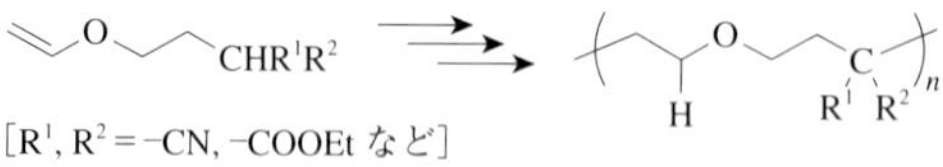

$$[R^1, R^2 = -CN, -COOEt\ \text{など}] \tag{1.17}$$

3.2.8 ◆ 特殊な生長反応

　一部の1,6-ジエンは，生長反応において，環状構造を形成しながら生長反応が進行する（環化重合）（反応式 (1.18)）．構造は5員環もしくは6員環構造であり，これはラジカル反応特有である．ジアリルアンモニウム塩などの重合では，アリル基が非共役で反応性が低いにもかかわらず，不安定な第一級ラジカルを中間体として，5員環構造を形成して重合する．これは，「sp²混成炭素上での環化の遷移状態において，109°に近いラジカルの進入角度をとることのできる5員環形成（5-*exo-trig*）のほうが有利で，速度論的に反応が進行する」という，ラジカル反応の経験則（Baldwin則）によって説明される[42]．*N,N*-ジメタクリルアミド誘導体なども，置換基がかさ高い場合は，ほぼ100% 5員環を形成する．環外に共役した置換基やかさ高い置換基を有する場合や環内に酸素原子などが存在する場合は，6員環も形成しやすくなる[11]．

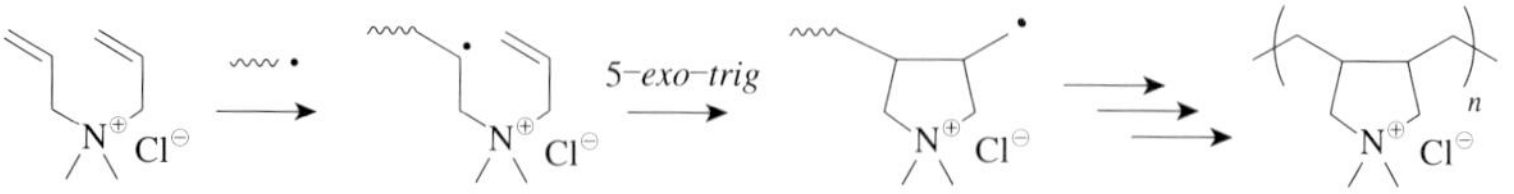

$$\tag{1.18}$$

　ノルボルナジエン誘導体は開環メタセシス重合が可能な代表的なモノマーであるが，ラ

ジカル重合においては2つの二重結合のπ軌道が重なりやすく，3員環を形成しながら生長する（反応式 (1.19)）．このような重合を渡環（トランスアニュラ）重合という．また，ジビニルエーテルは2分子で環状構造をとりながら単独重合もしくは無水マレイン酸などとラジカル共重合する（反応式 (1.20)）．

(1.19)

(1.20)

その他にもラジカル特有の反応として，β 開裂反応がある．モノマーとして環状化合物を用いて，二重結合に生長ラジカルが付加した段階で，β 開裂により開環するように設計するとラジカル開環重合が可能となる．詳細は下巻「第IV編 開環重合」に記述されている．

3.3 ◆ 停止反応

生長ラジカルが重合系中の他の化学種と反応し，その活性を失う過程を停止反応という．ラジカル重合の停止反応において，最も起こりやすいのが，生長ラジカルどうしの2分子反応である．これは，速度論的に重合速度が開始剤濃度もしくは光の強度の0.5次に比例することから示され，一分子停止反応や一次ラジカルによる停止反応が多く生じる場合は，この関係性は失われる．また，重合禁止剤など他の化学種と反応し，生長末端が炭素ラジカル以外の化学種となって重合活性が失われる場合も停止反応とよぶ．

低分子のラジカル反応と同様に，二分子停止反応は，再結合（combination）と不均化（disproportionation）の二つの形式で起こる（図 1.24）．これらの反応の起こりやすさは，生成ポリマーの末端構造，分子量および分子量分布に影響する．連鎖移動反応が無視できる場合は，停止反応が再結合だけであれば，生成ポリマーの数平均分子量は2倍になり，ポリマー鎖の再結合部位に1つの頭－頭結合ができる．一方，不均化のみが進行した場合は，数平均分子量は変わらずに，水素末端および二重結合末端を有するポリマーがそれぞれ等量できる．

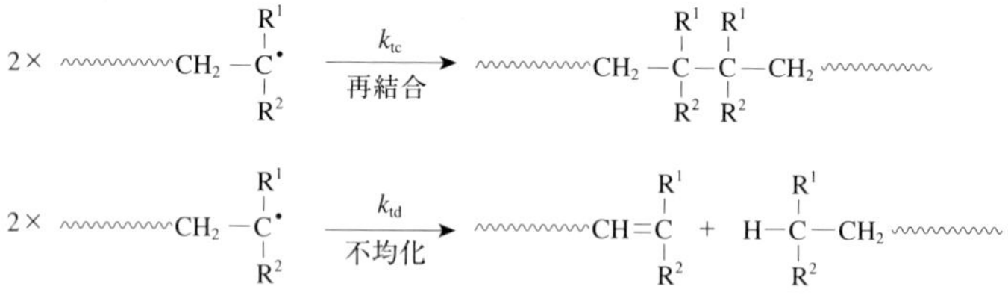

図 1.24　ラジカル重合における停止反応

3.3.1 ◆ 生長反応と停止反応

ラジカル重合速度論において重合速度すなわちモノマーの消費速度に関わるのは，素反応のうち開始反応，生長反応，停止反応である．連鎖移動反応は，再開始反応が十分に速ければ，見かけ上ラジカルの数が変わらないので反応速度には影響しないとみなせる．古典的には，ラジカル重合の速度論解析においては活性種濃度が一定であるという，いわゆる定常状態を仮定し，その速度式を議論する（図 1.25）．

開始反応

$I_2 \xrightarrow{k_d} 2\,I^\bullet \qquad R_i = 2k_d f\,[I_2]$

$I^\bullet + M \xrightarrow{k_i} P_1^\bullet \qquad k_i > k_d$

生長反応

$P_n^\bullet + M \xrightarrow{k_p} P_{n+1}^\bullet \qquad R_p = k_p[M][P^\bullet]$

停止反応

$P_n^\bullet + P_m^\bullet \xrightarrow{k_{tc}} P_{n+m} \qquad R_t = 2k_t[P^\bullet]^2$

$P_n^\bullet + P_m^\bullet \xrightarrow{k_{td}} P_n + P_m \qquad k_t = k_{tc} + k_{td}$

図 1.25　ラジカル重合における各素反応の反応速度式

定常状態においては，開始反応によるラジカルの生成と停止反応によるラジカルの消失が等しく，ラジカル濃度は一定であるので，

$$\frac{d[P^\bullet]}{dt} = R_i - R_t = 2k_d f[I_2] - 2k_t[P^\bullet]^2 = 0 \qquad [1.14]$$

となり，ラジカル濃度は，

$$[\text{P}^\bullet] = \left(\frac{k_\text{d} f}{k_\text{t}}\right)^{0.5} [\text{I}_2]^{0.5} \qquad [1.15]$$

で表される．よって，見かけの生長反応速度は，

$$R_\text{p} = -\frac{\text{d}[\text{M}]}{\text{d}t} = k_\text{p}[\text{M}][\text{P}^\bullet] = k_\text{p}\left(\frac{k_\text{d} f}{k_\text{t}}\right)^{0.5} [\text{I}_2]^{0.5} [\text{M}] \qquad [1.16]$$

と表される．このように，停止反応速度定数 k_t は k_p と密接な関係があり，古くから，重合速度 R_p と別途求めた開始剤の分解速度 k_d を用いて式 [1.16] から k_p^2/k_t を算出し，非定常状態で求まる k_p/k_t と組み合わせて見積もる方法や回転セクター法によって得られるデータ解析から算出する方法が用いられていた．

しかし，k_t の値は素反応の中で最も複雑である．一般に k_t の値は，(1) 反応系の粘度，(2) 生長ポリマーラジカルの鎖長，(3) 温度，(4) 圧力，(5) 重合率などの要因が密接に関係して，$10^2 \sim 10^3$ のオーダーで変化する．1990年以降から正確と思われる値が得られるようになってきており，現在では，k_t を求めるためのさまざまな手法が IUPAC の委員会によって提案されている[38,39]．従来から提唱されていた PLP 法を用いた間接的な手法，ESR を用いた直接的な手法などに加えて，分子量や分子量分布から見積もる方法，6章で述べるリビングラジカル重合を組み合わせた手法などが挙げられている[44]．分子量分布から見積もる場合は，理論計算によりフィッティングを行う．すなわち，再結合反応のみで停止する場合は，重合度が大きくなるにつれて分子量分布が 1.5 に近づくのに対して，不均化反応や連鎖移動反応によって分子量が決定されると分子量分布は 2.0 に近づく．

k_t 値が影響を受けやすい因子のなかで，反応系の粘度については，特に古くから拡散律速の効果としてよく知られている．k_t もアレニウス式に従うが，拡散定数の小さな生長ラジカルどうしの反応である二分子停止反応においては，通常の反応では無視されている拡散項の影響が大きくなり，拡散律速の反応となる．物質の拡散定数は粘度および物質の半径に反比例する．したがって，重合の進行とともにポリマーが生成し，重合系の粘度が増大した場合や，あらかじめ高粘度媒体中で重合を行った場合などにおいては停止反応が拡散律速となり，k_t は小さくなる．特に，塊状重合などにおいて重合の進行とともに反応系が増粘し，重合速度が増大する効果が，上述のゲル効果あるいは Norrish–Trommsdorff 効果である（3.2.2項参照）．

より厳密に停止反応を議論する場合，生長ポリマーラジカルの鎖長依存性についても考慮する場合がある．この場合，全体もしくは平均の停止反応速度定数 $\langle k_\text{t} \rangle$ が，それぞれの鎖長における速度定数の加重平均で定義される[44,45]．

表 1.2 生長反応速度定数と停止反応速度定数の関係(40°C, 1000 bar)
[M. Buback *et al.*, *Macromol. Chem. Phys.*, **203**, 2570 (2002), C. Barner-Kowollik *et al*, *Prog. Polym. Sci.*, **30**, 605 (2005) を基に作成]

モノマー	$\log k_p$ / $L\,mol^{-1}\,s^{-1}$	$\log k_t$ / $L\,mol^{-1}\,s^{-1}$
スチレン	2.4	7.7
メタクリル酸メチル	3.0	7.5
メタクリル酸 n-ブチル	3.1	6.9
アクリル酸メチル	4.5	8.1
アクリル酸 n-ブチル	4.6	7.5

$$\langle k_t \rangle = \sum_i \sum_j k_t^{i,j} \frac{[P_i^\bullet][P_j^\bullet]}{[P^\bullet]^2} \quad \left[k_t^{i,j} = k_t^0 \bar{X}_n^{-\alpha} \right] \tag{1.17}$$

ここで，$k_t^{i,j}$ は重合度 i および j の生長ラジカルどうしの停止反応速度定数，[P$^\bullet$] は生長ラジカル全体の濃度である．重合率が低いときは，停止反応速度はポリマーラジカルのセグメント運動と重心の拡散に支配され，数平均重合度の α 乗に反比例して小さくなることが提唱されている（式 [1.17]）．α の値は，実際に種々のモノマーについて調べられており，通常のモノマーであれば 0.15～0.25，高重合率の場合や大きな置換基を有するモノマーの場合はそれより大きくなる．

表 1.2 にいくつかのモノマーの具体的な生長反応速度定数 k_p と停止反応速度定数 k_t の値を示す．この表からも明らかなように，k_t は k_p に比べてはるかに大きい．これは，生長反応が生長ラジカルとモノマーの間の反応であるのに対して，停止反応は非常に反応性の高いラジカルどうしの反応であるためである．しかし，ラジカル濃度に比べてモノマー濃度のほうがはるかに高いため，停止反応が起こるまでに，生長反応は十分に進行してポリマーとなる．言い換えると，ラジカル濃度をさらに低下することができれば，停止反応はさらに起こりにくくなり，重合の制御が可能となることがわかる．

3.3.2 ◆ 不均化と再結合

一般に 2 分子反応の反応速度は拡散によって決定されるが，停止反応の様式の選択性がないこととは関係ない．低分子の反応でさえも，再結合と不均化は生じる．再結合が生じると生成ポリマーの分子量は 2 倍になり，開始剤由来の末端を 1 分子内に 2 つ有するポリマーが生成する．一方，不均化が生じると，分子量は変化しないが，開始剤由来の末端を 1 分子内に 2 つ有し，もう一方の末端構造が水素末端および二重結合末端であるポリマーがそれぞれ等量できる．このように，停止反応は分子量分布と末端構造を決定する反応で

もある．また，二重結合末端を有するポリマーは，それ自身がマクロモノマーとして作用すれば長鎖分岐を有するポリマーとなり，また，連鎖移動剤としても作用する（3.4.5項参照）．

不均化と再結合の割合（k_{td}/k_{tc}）については，さまざまな手法を用いて研究がなされている．低分子化合物を用いたモデル反応の解析を行う手法や生成ポリマーの末端構造解析および生成ポリマーの分子量分布から見積もる方法などがある[38,39]．特に，末端構造の解析については，分析機器の進歩とともにより詳細な解析が可能となってきている．モデル反応を用いる場合は，単量体などの低分子では，ラジカル近傍の立体障害がポリマー鎖末端の生長ラジカルと大きく異なる．モデル反応によると再結合は不均化に比べて立体的な影響が大きいため，k_{td}/k_{tc}値がモノマー構造に依存する傾向は見られるが，低分子の反応と実際の重合の停止反応との完全な一致は難しい．

高分解能 NMR や MALDI-TOF MS などの手法を用いた生成ポリマーの末端構造解析から，より信頼性の高いデータが得られるようになってきている．スチレンの重合については，古くは100%が再結合停止であるとされてきたが，さまざまな解析から，k_{td}/k_{tc} = 0.06 ～ 0.2 程度であり，およそ80～95%が再結合反応であることが示されている（反応式(1.21)）．また，メタクリル酸メチルの重合の場合，k_{td}/k_{tc} = 1.5 ～ 4.5 程度であり，およそ60～80%で不均化が優勢であることがわかっている．

$$ (1.21) $$

このように，不均化と再結合の割合はモノマーの構造によって大きく異なり，一般に次のような傾向がある．

(1) α位に置換基をもたないビニルモノマーの重合においては再結合が優勢である．
(2) α-メチル基を有するモノマーの重合においては，再結合と不均化が競争的に生じる．これは，生長ラジカルのかさ高さによる立体障害が大きいため，および，β水素の数が多いためである．
(3) 不均化によるβ水素の引き抜きは，α-メチル基からの引き抜きが優勢で，exo-ビニル構造を形成する．

(4) ラジカルの安定化効果の高い置換基を有するモノマーほど，再結合の割合が多くなり，k_{td}/k_{tc} は小さくなる．
(5) また，この値は重合温度よっても変化し，一般に，低温で重合を行ったときのほうが再結合の割合が多くなり，k_{td}/k_{tc} は小さくなる．

3.3.3 ◆ 不均一系における停止反応

5章で述べる不均一系における重合では，均一系とは異なった速度論が適用される場合がある．たとえば，乳化重合における，水相で生成したラジカルが水相に溶け出したモノマーと反応してミセルを形成し，そこへモノマーが次々に入って重合が進行する粒子成長型の反応である．このときの停止反応は，生長ラジカルと新たにミセル内に入り込んだ一次ラジカルとの反応で，水相のラジカル濃度とは無関係な一次ラジカル停止反応と考えられる．二分子停止には別のラジカルがミセルに入り込む必要があるので，停止反応は生じにくくなり，重合速度が大きくなり分子量の大きなポリマーが得られる．

沈殿重合や分散重合においては，生成ポリマーが反応系に不溶であるので，生長ポリマーラジカルも生成ポリマーとともに凝集し，生長ラジカルの拡散は起こらなくなる．このような状態にあると生長ラジカルはポリマーの沈殿もしくは粒子の中に埋め込まれて，モノマーが凝集体中に拡散してこない場合は，生長反応は停止する．このような停止の形態は一分子停止といわれ，生長ラジカルは活性な状態，すなわちリビング状態であるとも考えられ，停止反応ではない．代表的な例として，アクリロニトリルの非極性溶媒を用いた重合や塊状重合，N-メチルメタクリルアミドのベンゼン中での分散重合などがある．このような反応系における閉じ込められた生長ラジカルは，ESRによって直接観測されている．同様の現象が，メタクリル酸メチルなどの塊状重合を生成ポリマーのガラス転移温度以下で行った場合の重合後期，すなわち反応系がガラス状に固化した後にも認められる．また，このような一分子停止は，メソポーラスゼオライトや金属錯体などの多孔質材料の細孔内での重合においても観測され，生長ラジカルの存在がESRによって確認されている．

3.3.4 ◆ 重合の禁止と抑制

重合系に生長ラジカルと反応する化学種（Z）が存在する場合，重合は停止する（反応式(1.22)）．完全に重合を停止するものを禁止剤，重合を遅らせるものを抑制剤という．これらは，生長ラジカルとの反応速度（停止反応速度）と生長反応速度の相対的な速度差によって，見かけ上区別されている．すなわち，生長ラジカルに対する付加反応がきわめて速く，ラジカルが消失するか，あるいは新たに生じたラジカルにモノマーを付加する能力がまったくない場合には禁止剤とよばれる．理想的な禁止剤を加えた場合には，禁止剤が完全に消費されるまでまったく重合が起こらない誘導期間（induction period）が存在し，それを過ぎると何も加えていない場合と同様の速度で重合は進行する．禁止剤や抑制剤は，モ

ノマーの貯蔵や精製プロセスにおける安定化剤として用いられているほかに，重合反応の調節や速度論解析に用いられる．

$$\mathrm{I}^{\bullet}\ \text{or}\ \mathrm{P}_n^{\bullet} + \mathrm{Z} \xrightarrow{k_z} \mathrm{I{-}Z}\ \text{or}\ \mathrm{P}_n\mathrm{{-}Z} \tag{1.22}$$

停止剤（禁止剤および抑制剤）は，一般に，

(1) 2,2,6,6-テトラメチル-4-ピペリジン-1-オキシル（TEMPO）のようにそれ自身が安定ラジカルとして存在し，再結合や不均化を生じるもの

(2) 酸素，ニトロ／ニトロソ化合物，ベンゾキノン類，一部のビニルモノマーなど，ラジカルが付加して低反応性のラジカル種を生成するもの

(3) ヒドロキノン類，フェノール類のようにラジカルが連鎖移動を起こし，安定なラジカル種を生成するもの

(4) 遷移金属の塩のような一電子移動により安定な結合を生じるもの

に大別できる．

安定ラジカルとしては，TEMPO や 1,1-ジフェニル-2-ピクリルヒドラジル（DPPH），ガルビノキシル，1,3,5-トリフェニルフェルダジルなどが挙げられる（図 1.26）．安定ラジカルは特定のラジカルとの選択的な反応性を示す．たとえば，TEMPO のようなアミノキシルラジカルは，酸素ラジカルは捕捉しないが，炭素ラジカルとは高い反応性を示す．一方で，DPPH は効果的な禁止剤であるが，選択性はほとんど示さない．

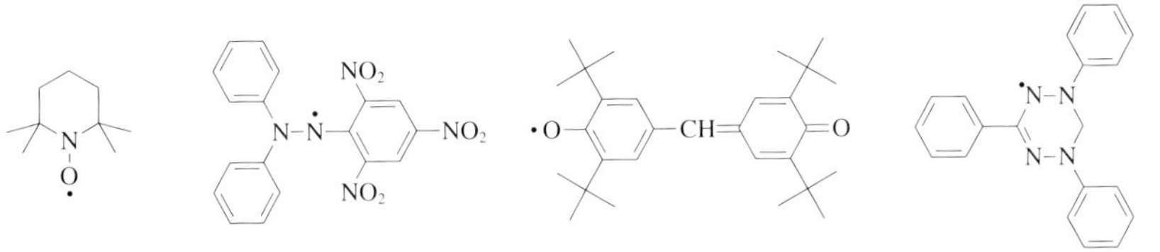

TEMPO　　DPPH　　galvinoxyl　　1,3,5-triphenylverdazyl

図 1.26　安定ラジカルの例

ニトロ／ニトロソ化合物は，効率的にラジカルを捕捉して安定ラジカルを生成するため，ESR を用いてラジカル反応を解析する際のスピン捕捉剤として用いられる．ニトロソ化合物は 1 分子で 2 分子のラジカルを，芳香族ニトロ化合物は 1 分子で 4 分子のラジカルを捕捉可能である（反応式 (1.23), (1.24)）．

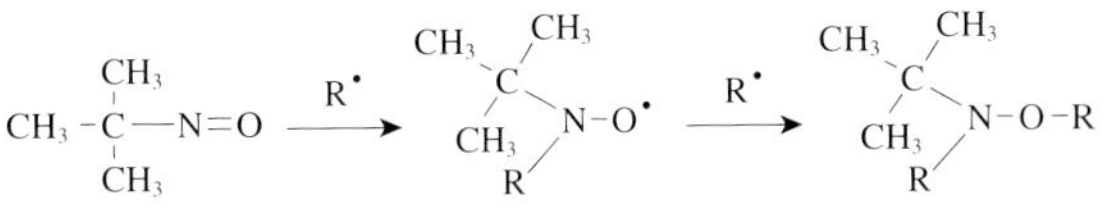

(1.23)

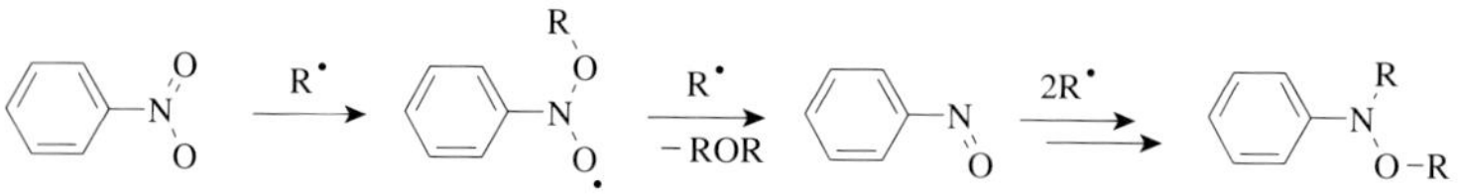

$$\text{PhNO}_2 \xrightarrow{R^\bullet} \text{Ph-N(R)(O)(O}^\bullet\text{)} \xrightarrow{R^\bullet}_{-ROR} \text{Ph-N=O} \xrightarrow{2R^\bullet} \text{Ph-N(R)-O-R} \quad (1.24)$$

ヒドロキノン類やフェノール類は，連鎖移動反応により安定なフェノキシラジカルを形成し，重合を禁止する（図 1.27）．一般に，市販モノマーの重合禁止剤として貯蔵の際に添加されているのに加えて，かさ高い置換基を有するフェノール類は，酸化防止剤としてポリマーの成形加工時の劣化防止や一般の食品添加物にもよく用いられる．

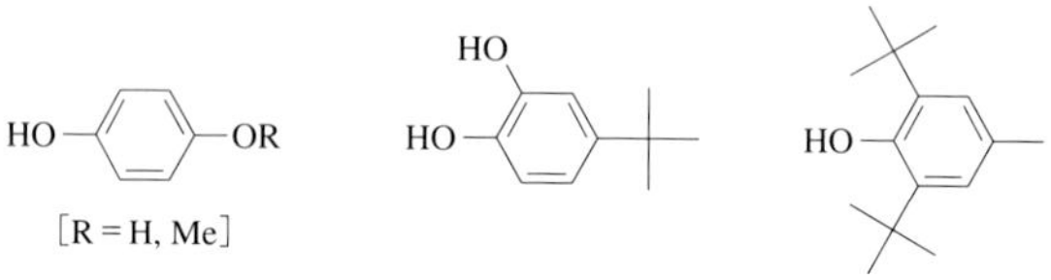

図 1.27 フェノール性重合禁止剤(抑制剤)

3 価の鉄や 2 価の銅塩など，ある種の高原子価金属塩は生長ラジカルとの一電子移動反応により，重合を停止する（反応式 (1.25)）．特に，スチレンの生長ラジカルと塩化鉄 (III) の反応は定量的であり，開始速度の決定などに用いられてきた．この反応の速度定数 k_z は，生長反応の速度定数 k_p に比べて $10^3 \sim 10^6$ 倍程度大きく，金属種や金属塩の陰イオンの構造によっても変化する．

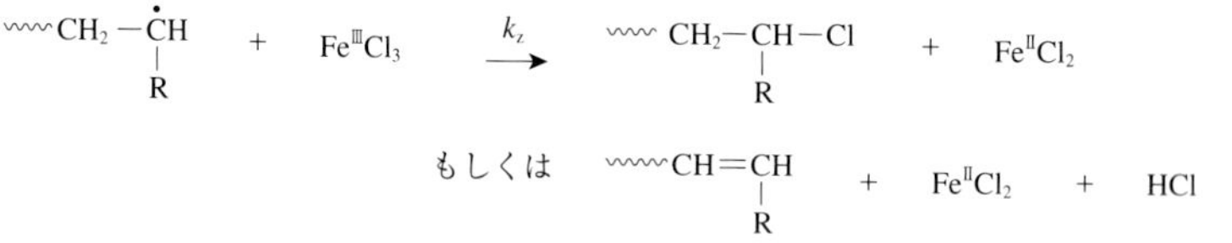

$$\sim\text{CH}_2\text{-}\overset{\bullet}{\text{CH}}(R) + \text{Fe}^{III}\text{Cl}_3 \xrightarrow{k_z} \sim\text{CH}_2\text{-CH(R)-Cl} + \text{Fe}^{II}\text{Cl}_2$$
$$\text{もしくは} \quad \sim\text{CH=CH(R)} + \text{Fe}^{II}\text{Cl}_2 + \text{HCl} \quad (1.25)$$

3.3.5 ◆ 重合の禁止とリビング重合

上述の重合の禁止反応は，6 章で述べるいくつかのリビングラジカル重合系と密接に関係している．すなわち，禁止剤や抑制剤として考えられてきた安定ラジカルや金属塩を用いて，ラジカル重合反応の制御が可能となり，分子量と分子量分布，末端構造の規制などが容易に行えるようになっている．いずれの場合も，停止反応と再開始反応が生じて，可逆的に生長ラジカルを生成することで反応系内のラジカル濃度が低く保たれるためにリビング的な重合挙動が得られる．

安定ラジカルとの反応によって生じた結合が，熱などの刺激により，再びホモリティックに開裂してラジカルが生じれば，重合の停止反応と再開始が繰り返されてポリマーは生長していく（反応式 (1.26)）．このような反応は，解離－結合機構（6.3.1 項参照）で進行するリビング重合法であり，TEMPO のようなニトロキシドやフェルダジルラジカルを用いて可能となっている．また，ニトロソ化合物によるラジカルの捕捉は，熱によって解離可能なリビングラジカル重合の開始剤を合成する反応としても用いられる．

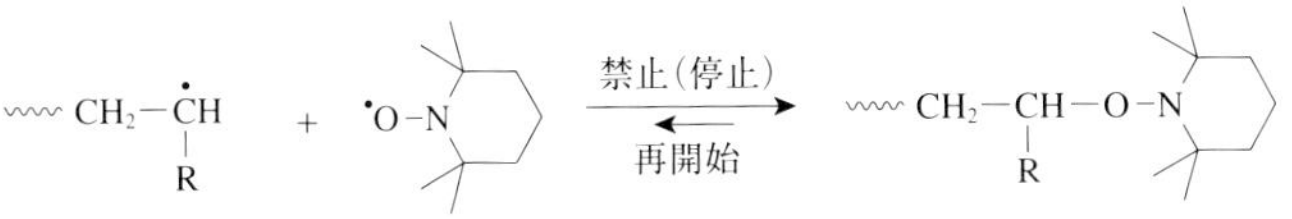

$$\sim\sim CH_2-\overset{\bullet}{\underset{R}{C}}H \; + \; \overset{\bullet}{O}-N\diagup \underset{\text{再開始}}{\overset{\text{禁止（停止）}}{\rightleftarrows}} \sim\sim CH_2-\underset{R}{C}H-O-N\diagup \quad (1.26)$$

高原子価金属塩を用いた禁止反応は，原子移動機構で進行する遷移金属錯体を用いたリビングラジカル重合（6.3.3 項）と関連している．この場合，3.1.1 項 C. で述べた低原子価金属塩を用いたレドックス開始剤による開始反応（および再開始）と高原子価金属塩による停止反応が可逆的に生じることでリビング重合が可能となる（反応式 (1.27)）．

$$\sim\sim CH_2-\overset{\bullet}{\underset{R}{C}}H \; + \; Mt^{n+1}X_{n+1}L_x \underset{\text{再開始}}{\overset{\text{禁止（停止）}}{\rightleftarrows}} \sim\sim CH_2-\underset{R}{C}H-X \; + \; Mt^{n}X_{n}L_x \quad (1.27)$$

[L：配位子]

3.4 ◆ 連鎖移動反応

停止反応と同様に，生長ラジカルが重合系中の他の化学種と反応し，生長ラジカルの移動および再開始を伴う場合に，その過程を連鎖移動反応という（図 1.28）．また，このとき連鎖移動反応を生じさせる化学種（X－Y）を連鎖移動剤とよぶ．

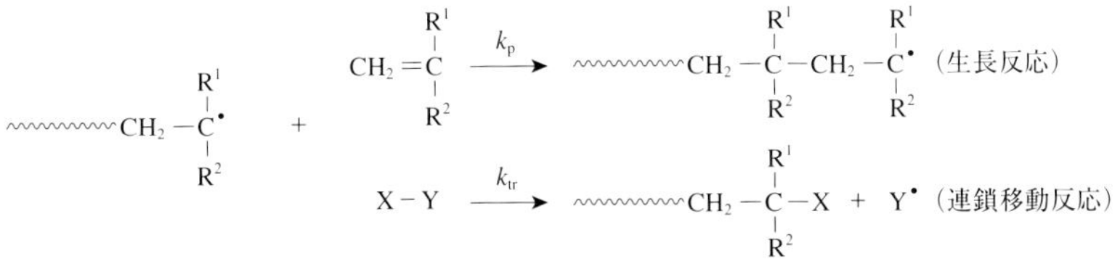

図 1.28 ラジカル重合における生長反応と連鎖移動反応

ラジカル重合の場合，生長種であるラジカルの反応性が高いため，溶媒，開始剤，モノマー，生成したポリマーなど重合系内に存在するすべての物質は，連鎖移動剤として作用すると考えられる．この反応は，常に生長反応と競争して生じるので，一般に連鎖移動反応の起こりやすさを議論するために，連鎖移動速度定数k_{tr}と生長反応速度定数k_pの比によって定義される連鎖移動定数C_{tr}（もしくはCで表される）を用いる．一般にすべての化学種に対する連鎖移動反応において，C_{tr}の大きさは，生長ラジカルの性質に強く依存することが多く，酢酸ビニルなど非共役な重合活性種を生じる場合に大きい値を示す．

$$C_{tr} = \frac{k_{tr}}{k_p} \qquad [1.18]$$

連鎖移動反応が生じると生長活性種の数は変わらず，ポリマー鎖数のみが増大する．すなわち数平均分子量の低下を生じることになる．連鎖移動反応の様式によって異なるが，一般的には，生成ポリマーの分子量を測定することから3.4.7項で述べるMayo式により連鎖移動定数は決定される．

また，重合系に対して積極的に連鎖移動剤を加えることにより，生成ポリマーの分子量や末端構造をある程度制御可能となるだけではなく，重合速度や重合系の粘度の制御も可能となる．このことから，フリーラジカル重合を用いたポリマー製造においては，反応系内での連鎖移動反応を把握することは非常に重要である．

3.4.1 ◆ モノマーおよびポリマーに対する連鎖移動反応

連鎖移動反応の起こりやすさは，モノマーおよびそれに由来する生長活性種の反応性に大きく依存し，一般に非共役モノマーの場合，連鎖移動定数は大きい値を示す．重合反応において不可欠な化学種であるモノマー自身や生成したポリマーに対する連鎖移動についても同様である．このときの連鎖移動定数をそれぞれC_MおよびC_Pで表す．代表的なモノマーのラジカル重合における，モノマーに対する連鎖移動定数を表1.3にまとめる．

表1.3 代表的なモノマーへの連鎖移動定数 C_M (60〜70°C)

モノマー	反応温度(°C)	$C_M \times 10^4$
スチレン	60	0.6
メタクリル酸メチル	60	0.1
アクリル酸メチル	60	0.4
アクリロニトリル	60	0.3
酢酸ビニル	60	1.8
塩化ビニル	100	50
酢酸アリル	80	1600

3章　フリーラジカル重合の素反応

　一般にモノマーへの連鎖移動反応は，生長炭素ラジカルの β 水素がモノマーへ付加する反応として形式上は考えることができる（反応式 (1.28)）．

$$\sim\sim\sim CH_2-\overset{R^1}{\underset{R^2}{C}}^{\bullet} + CH_2=\overset{R^1}{\underset{R^2}{C}} \longrightarrow \sim\sim\sim CH=\overset{R^1}{\underset{R^2}{C}} + CH_3-\overset{R^1}{\underset{R^2}{C}}^{\bullet} \tag{1.28}$$

　共役モノマーの重合の場合では，生長ラジカルが比較的安定であるために，水素引き抜きなどの連鎖移動反応は生じにくい．一方で，非共役な重合活性種を生じる酢酸ビニルや塩化ビニルなどのいわゆる非共役モノマーの場合，モノマーやポリマーへの連鎖移動反応も多く生じる．例外的に共役モノマーであるスチレンの重合では，反応条件によって C_M は対応するエチルベンゼンの値より大きくなる．これは，熱重合開始に関与する Diels–Alder 付加体への連鎖移動反応が原因であると考えられている（3.1.1 項 F. 参照）．
　また，酢酸ビニルのような非共役モノマーが，モノマー中に連鎖移動を起こしやすい置換基を含む場合，置換基への連鎖移動反応がすべての連鎖移動反応の中で最も起こりやすくなる場合がある（反応式 (1.29)）．このような場合，連鎖移動によって生じるポリマーの末端には反応性の二重結合を含むため，マクロモノマーとして重合に関与すると，ポリマー鎖数は連鎖移動反応の前後で見かけ上は変化しなくなり，その解析は複雑である．

$$\sim\sim\sim CH_2-\overset{\bullet}{\underset{\underset{CH_3}{C=O}}{\underset{O}{|}}}CH + CH_2=\underset{\underset{CH_3}{C=O}}{\underset{O}{|}}CH \longrightarrow \sim\sim\sim CH_2-\underset{\underset{CH_3}{C=O}}{\underset{O}{|}}CH_2 + CH_2=\underset{\underset{\overset{\bullet}{CH_2}}{C=O}}{\underset{O}{|}}CH \tag{1.29}$$

　また，アリル基やイソプロペニル基を有する非共役モノマーの場合は，水素ラジカルの引き抜きによって安定なアリルラジカルが生じる（反応式 (1.30)）．安定なアリルラジカルからはラジカル重合が再開始しないため，これは破壊的な連鎖移動反応となり，重合速度は小さく，低分子量のオリゴマーのみ得られる．これは，イソプロペニル基を有する共役モノマーであるメタクリル酸エステルから高分子量体が得られることとは対照的である．

$$\sim\sim\sim CH_2-\overset{\bullet}{\underset{\underset{R}{CH_2}}{C}}H + CH_2=\underset{\underset{R}{CH_2}}{C}H \longrightarrow \sim\sim\sim CH_2-\underset{\underset{R}{CH_2}}{C}H_2 + CH_2=\underset{\underset{R}{\overset{\bullet}{CH}}}{C}H \tag{1.30}$$

　同様に連鎖移動反応は生成ポリマーに対しても生じるが，連鎖移動定数は，生成ポリマーの解析が困難であるため，容易に決定することはできない．分子内での連鎖移動反応は，生長反応におけるラジカルの転位・異性化として 3.2.7 項で述べたが，分子間でも同様の

反応が生じて,生成ポリマー中の分岐構造などが増加する.このとき,反応系内のポリマー鎖数は同様に変わらないが,一方のポリマーは活性種を失うので,分子量分布の増加につながる.酢酸ビニルの重合の場合,ポリマー側鎖アセチル基への連鎖移動が主反応であり,この分岐構造は生成ポリマーの加水分解により解析を行うことができる.一方で,主鎖メチン水素の引き抜きによって生じる分岐については^{13}C-NMRなどを用いて解析されるが,短鎖分岐と長鎖分岐の区別や反応が分子間によるものか分子内でのものかに関しては,溶液粘度や光散乱など生成ポリマーの溶液物性とともに評価される.アクリル酸やアクリル酸エステルは共役モノマーであるが,同様にポリマーへの連鎖移動反応が主鎖中のメチン水素の引き抜きによって生じ,分岐構造や次いで起こる再結合による架橋構造を有するポリマーが生成することが示されている.

3.4.2 ◆ 開始剤に対する連鎖移動反応

過酸化物やアゾ化合物などフリーラジカル重合に用いる開始剤に対しても連鎖移動反応が起こる.特に,過酸化物を用いた場合,開始剤に対する連鎖移動反応を起こしやすく,誘発分解が生じる(反応式 (1.31)).開始剤に対する連鎖移動定数 C_i は,非共役モノマーの場合に大きい値を示すだけではなく,過酸化物に対しては,スチレンのように電子供与性の置換基を有するモノマーの重合のときに大きくなり,極性の効果も見られる.一方で,AIBNなどのアゾ化合物を用いた場合,いずれのモノマーの場合も連鎖移動定数は小さく,直接連鎖移動するのではなく,一次再結合によって生じるケテンイミンに対して連鎖移動反応が生じることが示唆されている(反応式 (1.32)).

3.4.3 ◆ 溶媒に対する連鎖移動反応

　溶液重合においては，反応系内に最も多く存在する化学種として溶媒が挙げられ，それに対する連鎖移動反応も無視することはできない（表1.4）．溶媒に対する連鎖移動定数は数多く報告されているが，反応条件による差異や分子量測定の誤差によって，大きなばらつきが生じている．しかし，連鎖移動反応の起こしやすさが，生長ラジカルの性質に依存していることは明らかである．

　一般的な有機溶媒への連鎖移動反応の多くは，水素引き抜き反応によって進行する．トルエンなどのベンジル水素を有する炭化水素系化合物については，ベンジル位の水素引き抜きが起こりやすいことは明らかである．また，アリル水素を有する炭化水素についても同様である．同様にして，ケトンやカルボン酸エステル，エーテルなどでは，α位の水素が引き抜かれやすい．このような連鎖移動反応の起こる位置は，置換基効果に関する実験や同位体でラベルした連鎖移動剤を用いる実験で明らかになる．

表 1.4　各種モノマーに対する代表的な溶媒の連鎖移動定数 C_S(60 ～ 70℃)

連鎖移動剤	$C_S \times 10^4$			
	MMA	MA	St	VAc
ベンゼン	0.04	0.3	0.02	3.0
トルエン	0.20	2.7	0.12	21
アセトン	0.20	0.23	0.32	12
2-ブタノン	0.45	3.2	5.0	74
酢酸エチル	0.15	—	5.7	3.0
トリエチルアミン	8.3	400	7.1	370

MMA：メタクリル酸メチル，MA：アクリル酸メチル，St：スチレン，VAc：酢酸ビニル．

3.4.4 ◆ 連鎖移動剤

　連鎖移動定数の大きい物質を，添加剤（連鎖移動剤）として積極的に反応系へ添加すると，生成ポリマーの分子量は極端に低くなる．ここで，添加剤を加えない場合に十分高い分子量が得られている場合，すなわち，生長反応が停止反応に比べて十分に速く，モノマーやポリマーに対する連鎖移動が少ないとき，生成ポリマーの分子量や末端構造の制御がある程度可能となる（図1.29）．このような化合物の代表例として，チオールやジスルフィドのような硫黄含有化合物やハロゲン化炭化水素などが挙げられる（表1.5）．

　チオール（メルカプタン）は，古典的なラジカル重合において最もよく用いられてきた連鎖移動剤である．生長炭素ラジカルは，チオールからの水素引き抜き反応を伴って容易に反応し，水素末端のポリマーと硫黄ラジカルを生成する．この硫黄ラジカルからの再開始により連鎖移動反応となる．ここで，連鎖移動剤を過剰に用いると，ほとんどの生成ポ

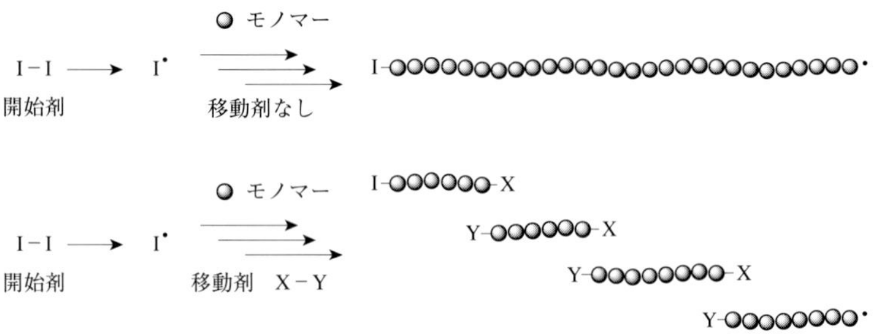

第I編　ラジカル重合

図1.29 連鎖移動反応による分子量の低下

表1.5 各種モノマーに対する代表的な連鎖移動剤の連鎖移動定数 C_{tr} (60～70℃)

連鎖移動剤	C_{tr} MMA	MA	St	VAc
$^nC_4H_9SH$	0.67	1.7	22	48
$HOCOCH_2CH_2SH$	0.38	—	9.4	—
$^nC_4H_9SSC_4H_9^n$	—	—	0.0024	1.0
$CH_3OC(=S)S-SC(=S)OCH_3$	1.1	4.9	3.1	—
CBr_4	0.27	—	0.22	740
CCl_4	0.00024	—	0.013	0.96

MMA：メタクリル酸メチル，MA：アクリル酸メチル，St：スチレン，VAc：酢酸ビニル．

リマーの末端が連鎖移動剤由来の残基を有するので，たとえば，チオグリコール酸のように官能基を有するチオールを用いることで，高効率で末端官能性ポリマーを得ることができる（反応式 (1.33)）．

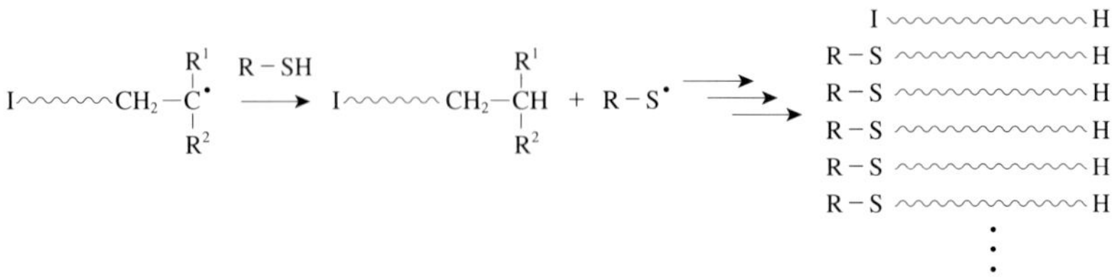

$$(1.33)$$

同様に，多くのジスルフィド化合物も連鎖移動定数が大きく，古くから連鎖移動剤として分子量の調整などに用いられている．特に，連鎖移動剤と同じ官能基を有するアゾ化合物を開始剤として用いる方法が，テレケリックポリマーの簡便な合成手法として有用であ

る．たとえば，ジチオグリコール酸を連鎖移動剤として用い，4,4′-アゾビス-4-シアノ吉草酸を開始剤として組み合わせた重合では，両末端にカルボキシル基を有するポリマーが得られる（反応式 (1.34)）．

$$(1.34)$$

一般的な有機化学反応において溶媒として用いられる四塩化炭素やクロロホルム，ブロモトリクロロメタンのようなハロゲン化炭化水素は，ラジカル重合においては，種々のモノマーに対して連鎖移動定数が大きく，連鎖移動剤として古くから研究がなされている．これらのハロゲン化炭化水素（テロゲン）を用いて，低分子量重合体（テロマー）を得る手法をテロメル化（telomerization）ともいう．この手法は，生長ラジカルによるポリハロメタンからのハロゲン原子引き抜き反応が起こりやすいことに起因する．この場合，生成するポリマーの開始末端にポリハロメチル基が，生長末端にはハロゲン原子が導入されたポリマーが得られる（反応式 (1.35)）．

$$(1.35)$$

3.4.5 ◆ 付加-開裂型連鎖移動反応

炭素-炭素二重結合を有する化合物の中には，生長ラジカルによる付加を受けた後に，β開裂を伴うことで，連鎖移動反応を生じるものがある．このような反応を付加-開裂型連鎖移動という（反応式 (1.36)）．

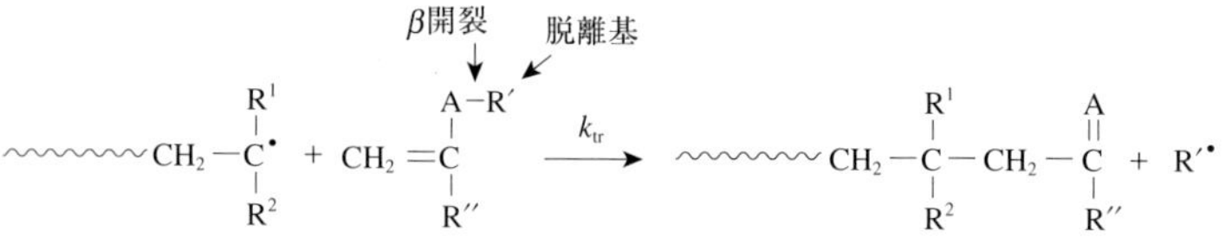

$$\sim\sim\sim CH_2-\overset{R^1}{\underset{R^2}{C}}{}^\bullet + CH_2=\overset{A-R'}{\underset{R''}{C}} \xrightarrow{k_{tr}} \sim\sim\sim CH_2-\overset{R^1}{\underset{R^2}{C}}-CH_2-\overset{A}{\underset{R''}{C}} + R'^\bullet \quad (1.36)$$

（β開裂、脱離基のラベル付き）

　ここで，付加-開裂型の連鎖移動となるためには，β開裂を生じやすい脱離能の高い置換基を有するオレフィンを用いる必要がある．このような化合物としては，ベンジルビニルエーテル，アリルスルフィド，アリルスズ，アリルシラン，アリルハライド誘導体などが挙げられる（図1.30）．
　また，α-メチルスチレン2量体や3.4.6項に述べる触媒的連鎖移動反応によって得られるメタクリル酸エステルのオリゴマーなどのα-メチル置換ビニルモノマーから得られる*exo*-オレフィンを有するオリゴマー（もしくはポリマー）も，β開裂により生長種と同様の骨格のラジカルを生成するため，付加-開裂型の連鎖移動反応を起こす（図1.31）．特に，このようなポリマー存在下において，異種のモノマーの重合を行うことで，生成物中に一部ブロック共重合体が含まれることも知られている．
　炭素-炭素二重結合以外にもラジカルによる付加を受けて，β開裂型の連鎖移動反応を生じるものがある．チオエステルやその類縁体は，炭素-硫黄二重結合に対して生長炭素ラジカルの付加を受けやすく，同様のβ開裂により連鎖移動反応を生じることが知られている（反応式(1.37), (1.38)）．

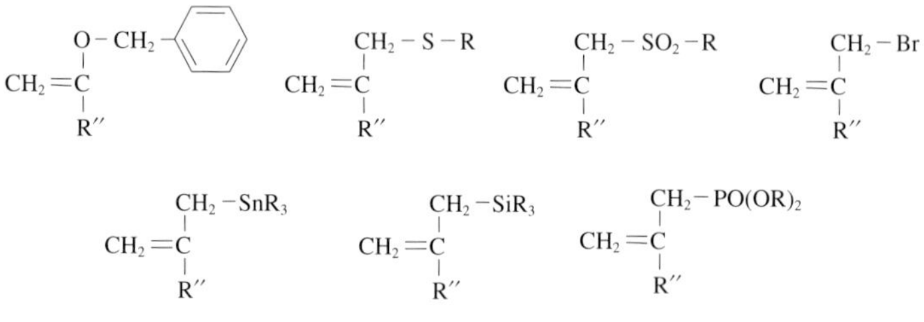

図1.30 β開裂を起こしやすいオレフィン化合物の例

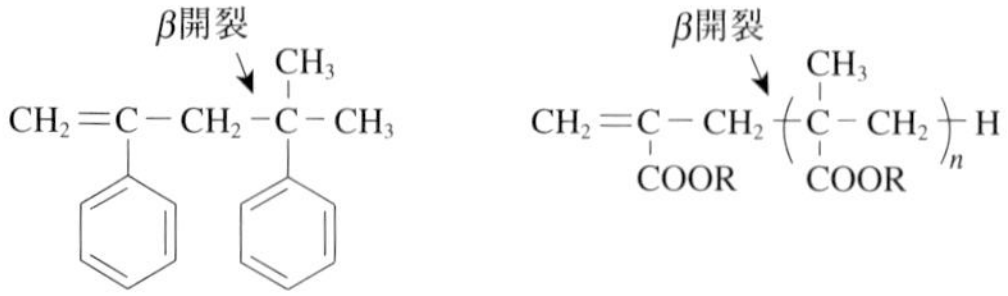

図1.31 付加-開裂型連鎖移動を生じるオリゴマー

$$\sim\sim\sim CH_2-\overset{R^1}{\underset{R^2}{C^\bullet}} + \overset{O-CH_2-C_6H_5}{\underset{Z}{S=C}} \xrightarrow{k_{tr}} \sim\sim\sim CH_2-\overset{R^1}{\underset{R^2}{C}}-S-\overset{O}{\underset{Z}{C}} + {}^\bullet CH_2-C_6H_5 \quad (1.37)$$

$$\sim\sim\sim CH_2-\overset{R^1}{\underset{R^2}{C^\bullet}} + \text{(N-(acyloxy)thiopyridone)} \xrightarrow{k_{tr}} \sim\sim\sim CH_2-\overset{R^1}{\underset{R^2}{C}}-S-\text{Py} + {}^\bullet O-\overset{O}{C}-C_6H_5 \quad (1.38)$$

類似の連鎖移動反応にアリルパーオキサイド誘導体を用いた付加置換－開裂型連鎖移動反応がある．この場合には，過酸化物のγ開裂が生じて連鎖移動反応となる（反応式(1.39)）．

$$\sim\sim\sim CH_2-\overset{R^1}{\underset{R^2}{C^\bullet}} + CH_2=\overset{CH_2-O-OR'}{\underset{R''}{C}} \xrightarrow{k_{tr}} \sim\sim\sim CH_2-\overset{R^1}{\underset{R^2}{C}}-CH_2-\overset{CH_2}{\underset{R''}{\overset{|}{C}}}\overset{O}{\diagdown} + R'O^\bullet \quad (1.39)$$

3.4.6 ◆ 触媒的連鎖移動反応

ある種の2価の有機コバルト錯体は，ラジカル重合開始剤存在下での重合反応において効果的な連鎖移動触媒として作用し，極少量の添加でも効果的に分子量を低下させる．この反応では，生長ラジカルがコバルト錯体の酸化を伴って炭素－コバルト結合を生成するが，炭素－コバルト結合は可逆的かつホモリティックに開裂するために再び生長反応も進行する．ここで，α-メチル基などのかさ高さをもったモノマーの重合の場合，見かけ上β水素脱離を生じて不飽和末端を有するポリマーとコバルトヒドリド錯体を生じるが，ヒドリド錯体はモノマーに付加して新たなポリマー鎖を形成する．コバルト錯体が触媒的に連鎖移動反応を促進するので，このような反応を触媒的連鎖移動（catalytic chain transfer : CCT）という[46]．この反応で生じるポリマー（オリゴマー）の末端は常に不飽和結合を有しているので，この方法は効果的な末端官能性ポリマーの合成法となる．このような反応を可能にする錯体としてはコバルトポルフィリンやコバロキシムなどがあり，メタクリル酸エステルの反応では条件を選択することで，2量体や3量体を効果的に合成できる（図1.32）．

3.4.7 ◆ 連鎖移動定数の決定と分子量

ここまでに述べたように，ラジカル重合は四つの素反応から成り立っており，得られるポリマーの分子量は素反応式より概ね決定される．3.3節で述べたように開始反応から生

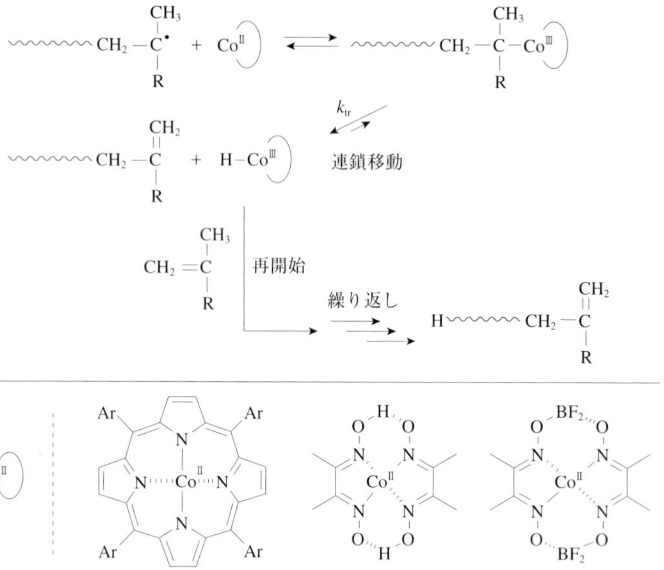

図 1.32 触媒的連鎖移動反応および反応を促進するコバルト錯体

じるラジカル濃度と停止反応によって消滅するラジカル濃度が等しい，いわゆる定常状態においては，生成するポリマーの数平均重合度（$\bar{X}_n$）は，「単位時間当たりに生長反応によって消費されるモノマーの数」と「単位時間当たりに生成するポリマー鎖の数」の比によって決定される．これらはそれぞれ生長反応速度と停止反応速度および連鎖移動速度で表すことができ，不均化停止の割合を x，連鎖移動反応を生じる物質を Y すると，

$$\bar{X}_n = \frac{R_p}{(1+x)/2 R_t + R_{tr}} = \frac{k_p[P][M]}{(1+x)/2 k_t[P^\bullet]^2 + \sum k_{tr}[P^\bullet][Y]] \quad [1.19]$$

$$\frac{1}{\bar{X}_n} = \frac{(1+x)/2 R_t}{R_p} + \frac{\sum k_{tr}[Y]}{k_p[M]} = \frac{1}{\bar{X}_{n0}} + C_M + C_I \frac{[I]}{[M]} + C_S \frac{[S]}{[M]} + C_{X-Y} \frac{[X-Y]}{[M]} \quad [1.20]$$

と表される．ここで，$\bar{X}_{n0}$ は連鎖移動をまったく生じないときに得られるポリマーの重合度である．連鎖移動定数の決定に用いることができる式 [1.19] を Mayo 式という．上述のように，連鎖移動反応を生じる化学種としては，溶媒やモノマー，開始剤，連鎖移動剤のすべてが考えられるが，それぞれの濃度を変えて重合を行い，生成ポリマーの重合度を分

子量から決定し，$1/\bar{X}_n$ をそれぞれの連鎖移動反応を生じる化学種とモノマーの濃度比 [Y]/[M] に対してプロットすることで（Mayo プロット），直線の傾きから連鎖移動定数 C_{tr} が求まる．連鎖移動定数の大きい連鎖移動剤存在下での重合においては，他の連鎖移動反応がほとんど無視でき，重合度の調節が容易であることがわかる．

連鎖移動剤が存在しない場合には，溶媒やモノマー，開始剤への連鎖移動反応が考えられる．しかし，一般にスチレンやメタクリル酸エステルのような共役モノマーは，上述のように連鎖移動定数が小さい．すなわち，これらのモノマーの重合においては，重合度が数百程度までの場合には，生成ポリマーの重合度は概ね P_{n0} に支配され，開始剤濃度と停止反応の様式が数平均重合度の決定に重要となる．一方で，酢酸ビニルのような非共役モノマーの重合においては，生長ラジカルの反応性が高いために，連鎖移動反応がすべての化学種に対して起こりやすい．特に，溶液重合においては，濃度が最も高い溶媒への連鎖移動反応が生成ポリマーの数平均重合度を支配しやすい．

3.4.8 ◆ 連鎖移動反応とリビング重合

連鎖移動反応もまた，6 章で述べるリビングラジカル重合系と密接に関係している．そのような反応としては，付加‐開裂型の連鎖移動反応を生じる化合物の中でも，開裂した残基が再び付加‐開裂型の連鎖移動剤と同様の構造となる可逆的付加‐開裂型連鎖移動（RAFT）重合や，ハロゲン化炭化水素の中で連鎖移動定数が大きいヨウ素化合物を用いるヨウ素移動重合が挙げられる．このような重合系のように，連鎖移動反応が可逆性をもっている場合，リビング重合的な重合挙動が得られる．このような系では，アゾ化合物などのラジカル発生剤の存在が不可欠であり，反応系内においては，常に極少量のフリーラジカル開始反応と二分子停止反応が起こっており，厳密な意味でのリビング重合とはなっていない．しかし，それらの副反応の割合はきわめて少なく，生成するポリマーの両方の末端構造はほとんどが連鎖移動剤に由来し，生長反応に比べて連鎖移動反応が十分に速ければ分子量分布の狭いポリマーが得られる（反応式 (1.40), (1.41)）．

$$\sim\sim CH_2-\overset{\cdot}{\underset{R}{CH}} + \underset{Z}{\overset{S-R}{\underset{\|}{S=C}}} \xrightleftharpoons[\text{連鎖移動}]{\text{可逆的}} \sim\sim CH_2-\underset{R}{\overset{}{CH}}-S-\underset{Z}{\overset{S}{\underset{\|}{C}}} + R^{\cdot} \qquad (1.40)$$

$$\sim\sim CH_2-\overset{\cdot}{\underset{R}{CH}} + I-R \xrightleftharpoons[\text{連鎖移動}]{\text{可逆的}} \sim\sim CH_2-\underset{R}{\overset{}{CH}}-I + R^{\cdot} \qquad (1.41)$$

また，3.4.6項で述べたコバルト錯体を用いた触媒的連鎖移動反応においてモノマーとしてアクリル酸エステルを用いると，連鎖移動反応を生じることなく生長ラジカルの可逆的な生成のみが起こり，リビング重合が進行する．この系にラジカル発生剤が存在すると水素脱離を伴わない可逆的な連鎖移動反応剤として作用し，酢酸ビニルなどのビニルエステルのリビングラジカル重合が可能となるという報告例もある．

4章 ラジカル共重合

　共重合とは，2種類以上のモノマーを重合し，これらのモノマー単位を含む共重合体を得る重合法である．異なる性質をもったモノマーを共重合することにより，各々のモノマーの単独重合体やそれらのブレンド混合物とは異なる物性をもった高分子を合成することができる．さらに，少量の機能性モノマーを共重合することにより，極性や反応性，耐熱性，安定性などさまざまな機能を付与できることから，工業的にも古くから多くの高分子材料の製造に共重合が用いられている．特に，イオン重合とは異なり，ラジカル共重合においては，官能基を有するモノマーの共重合を簡便に行うことが可能で，モノマーの単純な反応性だけではなく，モノマーの組み合わせによりさまざまな特異的な共重合が進行するために，広く共重合が用いられている[47～49]．

4.1 ◆ 共重合の分類

　2種類以上のモノマー単位（A，B）を含む重合体を共重合体（コポリマー；copolymer）とよぶ．共重合体は配列分布や構造の違いなどからいくつかの種類に分類される．

　(1) ランダム共重合体（random copolymer）
モノマー混合物を重合して1段階で得られる共重合体で，そのモノマーの配列は速度論に完全に従う．それぞれのモノマーとその生長ラジカルに反応選択性がない場合を除いて，厳密な意味での「ランダム」ではないために統計共重合体（statistical copolymer）ともよばれる．

$$-AABAABBBABABABBBABABABABAA-$$

　(2) 交互共重合体（alternating copolymer）
ラジカル共重合では，特定のモノマーの組み合わせや反応条件下においてモノマーユニットが交互にポリマー鎖に導入された共重合体が生成する．このポリマーを交互共重合体という．

$$-ABABABABABABABABABABABA-$$

(3) グラジエント共重合体（gradient copolymer）

フリーラジカル共重合では生成し得ないが，6章で述べるリビングラジカル重合においては，開始反応が見かけの生長反応よりも非常に速く，すべてのポリマー鎖が均等に生長する．そのため，消費速度が異なるモノマー間での共重合においては，瞬間的な両モノマーの濃度から確率論的にモノマーユニットがポリマー鎖に分配されて生長反応が進行し，結果としてポリマー鎖間での組成分布が小さく，1本のポリマー鎖の中で徐々に組成が変化するグラジエント共重合体が生成する．

-AAAABAABAABABABBABBABBB-

(4) ブロック共重合体（block copolymer），グラフト共重合体（graft copolymer）

通常は多段階での反応によって合成される単一もしくは異なるモノマー組成からなるセグメントがポリマー鎖内で主鎖方向に結合しているものをブロック共重合体，側鎖方向に結合しているものをグラフト共重合体もしくは櫛型共重合体という．これらの特殊構造を有する共重合体は，リビング重合を用いると簡便に合成が可能であるが，末端官能性ポリマーや高分子反応などを利用しても一部合成することが可能である．

```
-AAAAAAAAAAABBBBBBBBBBB-
   -AAAAAAAAAAA-
    |          |
    BBBBBB     BBBBB
```

　その他にも，高分子鎖が多数の分岐をもった多分岐共重合体や樹木状に分岐するデンドリマー，複数の高分子鎖が1点で連結された星型共重合体などの特殊構造共重合体がある．詳細は7章で述べる．

4.2 ◆ ランダム共重合

　フリーラジカル共重合では，開始剤から生成したラジカルから瞬時に生長反応が進行し，停止反応によって共重合体が形成されるため，瞬間的な両モノマーの濃度から確率論的に組成が決定する．すなわち，消費速度が異なるモノマー間での共重合においては，両モノマーの消費率の変化に伴って徐々に組成の異なる共重合体を生成し，重合の初期と後期においてはまったく異なった組成のポリマー鎖が生成する．このように，一般的なバッチ重合による古典的フリーラジカル共重合から得られる共重合体の組成は平均値としてのみ決定される．組成のばらつきは相分離を生じ，材料として用いた際には強度や透明性の低下につながることもある．工業的には，このような組成のばらつきを低減するために，組成

の異なるモノマーを連続して供給する手法などが採られる場合もある.

いま，バッチ系でのモノマー M_1 と M_2 のランダム共重合を考える．生長ラジカルの性質がモノマーユニット単位によってのみ決定され，前末端の影響を受けないと仮定した場合，このランダム共重合は図 1.33 に示す4つの式だけで生長反応を表すことができる（末端基モデル）．

$$\sim\sim\sim M_1^\bullet + M_1 \xrightarrow{k_{11}} \sim\sim\sim M_1^\bullet \qquad R_{11} = k_{11}[\sim M_1^\bullet][M_1]$$

$$\sim\sim\sim M_1^\bullet + M_2 \xrightarrow{k_{12}} \sim\sim\sim M_2^\bullet \qquad R_{12} = k_{12}[\sim M_1^\bullet][M_2]$$

$$\sim\sim\sim M_2^\bullet + M_1 \xrightarrow{k_{21}} \sim\sim\sim M_1^\bullet \qquad R_{21} = k_{21}[\sim M_2^\bullet][M_1]$$

$$\sim\sim\sim M_2^\bullet + M_2 \xrightarrow{k_{22}} \sim\sim\sim M_2^\bullet \qquad R_{22} = k_{22}[\sim M_2^\bullet][M_2]$$

図 1.33 末端基モデルにおける生長反応

これらの式から，モノマー M_1 と M_2 の消費速度は，

$$-\frac{d[M_1]}{dt} = k_{11}[\sim M_1^\bullet][M_1] + k_{21}[\sim M_2^\bullet][M_1] \qquad [1.21]$$

$$-\frac{d[M_2]}{dt} = k_{12}[\sim M_1^\bullet][M_2] + k_{22}[\sim M_2^\bullet][M_2] \qquad [1.22]$$

となるので，

$$\frac{d[M_1]}{d[M_2]} = \frac{k_{11}[\sim M_1^\bullet][M_1] + k_{21}[\sim M_2^\bullet][M_1]}{k_{12}[\sim M_1^\bullet][M_2] + k_{22}[\sim M_2^\bullet][M_2]} \qquad [1.23]$$

が得られる．さらに，生長ラジカル濃度について，ラジカル濃度が一定である定常状態を仮定すると，$\sim M_1^\bullet$ と $\sim M_2^\bullet$ の変化量が等しい（$R_{12} = R_{21}$）ことから，

$$k_{12}[\sim M_1^\bullet][M_2] = k_{21}[\sim M_2^\bullet][M_1] \qquad [1.24]$$

が成り立つ．この関係を用いて式 [1.23] を変形し，さらに $r_1 = k_{11}/k_{12}$ および $r_2 = k_{22}/k_{21}$ を定義すると，

$$\frac{d[M_1]}{d[M_2]} = \frac{[M_1]}{[M_2]} \left(\frac{r_1[M_1]+[M_2]}{[M_1]+r_2[M_2]} \right) \qquad [1.25]$$

が導かれる．この式は，あるモノマー濃度 [M$_1$] および [M$_2$] において生成する共重合体に取り込まれる瞬間的な M$_1$ モノマーと M$_2$ モノマーの割合（d[M$_1$]/d[M$_2$]）を表していることから，共重合組成式もしくは Mayo-Lewis 式とよばれる．ここで定義した r_1 および r_2 は，このモノマーの組み合わせにおけるモノマー反応性比（monomer reactivity ratio）とよばれ，両モノマーの共重合のしやすさを示す尺度となる．すなわち，この値が大きいほど生長炭素ラジカルが同じモノマーと反応しやすく，小さいほど他方のモノマーと反応しやすいことを示す．後述するが，実験的にモノマー反応性比を求める場合，古典的には，共重合組成式の値を共重合のごく初期における生成共重合体中の組成と仕込みモノマー濃度に近似して計算する．

末端基モデルにおいては，生長ラジカルの反応選択性が末端のモノマー単位によってのみ決定されている．それに対して，立体的にかさ高い置換基や静電的な効果が大きい置換基を有するモノマーの共重合においては，生長末端ラジカルより前のモノマー単位（前末端基）が生長ラジカルの反応選択性に影響を及ぼす場合があり，図 1.34 に示す 8 つの式からなる前末端基モデルを用いる必要がある．

この場合，モノマー反応性比として，$r_{11} = k_{111}/k_{112}$，$r_{21} = k_{211}/k_{212}$，$r_{22} = k_{222}/k_{221}$，$r_{12} = k_{122}/k_{121}$ の 4 つを定義することで，共重合組成式は，

〜〜M$_1$M$_1$• + M$_1$ $\xrightarrow{k_{111}}$ 〜〜M$_1$M$_1$• $\quad R_{111} = k_{111}[$〜〜M$_1$M$_1$•$][M_1]$

〜〜M$_1$M$_1$• + M$_2$ $\xrightarrow{k_{112}}$ 〜〜M$_1$M$_2$• $\quad R_{112} = k_{112}[$〜〜M$_1$M$_1$•$][M_2]$

〜〜M$_2$M$_1$• + M$_1$ $\xrightarrow{k_{211}}$ 〜〜M$_1$M$_1$• $\quad R_{211} = k_{211}[$〜〜M$_2$M$_1$•$][M_1]$

〜〜M$_2$M$_1$• + M$_2$ $\xrightarrow{k_{212}}$ 〜〜M$_1$M$_2$• $\quad R_{212} = k_{212}[$〜〜M$_2$M$_1$•$][M_2]$

〜〜M$_1$M$_2$• + M$_1$ $\xrightarrow{k_{121}}$ 〜〜M$_2$M$_1$• $\quad R_{121} = k_{121}[$〜〜M$_1$M$_2$•$][M_1]$

〜〜M$_1$M$_2$• + M$_2$ $\xrightarrow{k_{122}}$ 〜〜M$_2$M$_2$• $\quad R_{122} = k_{122}[$〜〜M$_1$M$_2$•$][M_2]$

〜〜M$_2$M$_2$• + M$_1$ $\xrightarrow{k_{221}}$ 〜〜M$_2$M$_1$• $\quad R_{221} = k_{221}[$〜〜M$_2$M$_2$•$][M_1]$

〜〜M$_2$M$_2$• + M$_2$ $\xrightarrow{k_{222}}$ 〜〜M$_2$M$_2$• $\quad R_{222} = k_{222}[$〜〜M$_2$M$_2$•$][M_2]$

図 1.34 前末端基モデルにおける生長反応

$$\frac{d[\mathrm{M}_1]}{d[\mathrm{M}_2]} = \frac{1 + r_{21}([\mathrm{M}_1]/[\mathrm{M}_2])(r_{11}[\mathrm{M}_1]/[\mathrm{M}_2]+1)/(r_{21}[\mathrm{M}_1]/[\mathrm{M}_2]+1)}{1 + r_{12}([\mathrm{M}_2]/[\mathrm{M}_1])(r_{22}+[\mathrm{M}_1]/[\mathrm{M}_2])/(r_{12}+[\mathrm{M}_1]/[\mathrm{M}_2])} \qquad [1.26]$$

で表され，末端基モデルと同様の反応の解析が可能となる．このように前末端モデルは複雑であるが，詳細に見ると前末端基が影響している場合でも，組成のみを扱う共重合組成曲線はほとんど変わらず，実際には末端基モデルに近似して取り扱える場合が多い．さらに前々末端までを考慮したモデルも考案することができ，その場合は末端の立体規則性による反応性を考慮することも理論的には可能である．その他にも，生長反応の平衡を加味したモデルやモノマー錯体形成を仮定したモデルなども提唱されている[49]．

4.3 ◆ 共重合組成曲線とモノマー反応性比

仕込みモノマー混合物のモノマー M_1 の割合に対して生成したポリマー中に組み込まれた M_1 の割合をプロットした曲線を共重合組成曲線という．図 1.35 に末端基モデルにおけるさまざまなモノマー反応性比（r_1 および r_2）で得られる共重合組成曲線を示す．

(a) $r_1 = r_2 = 1$ の場合

生長炭素ラジカルの反応性が 2 つのモノマーに対して同じなので，常に仕込みモノマー組成と同じ平均組成の共重合体が生成する．これを理想共重合とよぶ．

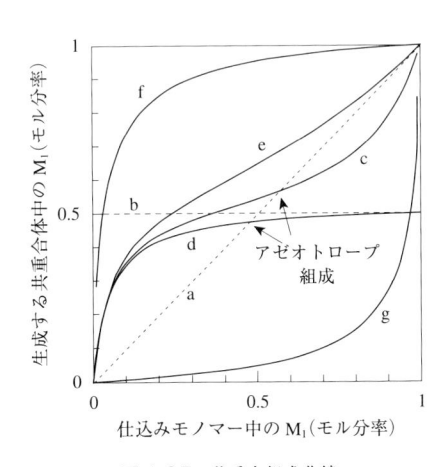

図 1.35 共重合組成曲線

a : $r_1 = r_2 = 1$, b : $r_1 = r_2 = 0$, c : $r_1 = 0.3, r_2 = 0.1$, d : $r_1 = 0, r_2 = 0.1$, e : $r_1 = 1, r_2 = 0.1$, f : $r_1 = 20, r_2 = 0.02$, g : $r_1 = 0.02, r_2 = 20$.

(b) $r_1 = r_2 = 0$ の場合

いずれの生長ラジカルも他方のモノマーとのみ反応するため，交互共重合が進行し，仕込みモノマー組成によらず常に50%の組成の共重合体が生成する．

(c) $r_1 < 1$, $r_2 < 1$ の場合

いずれの生長ラジカルも他方のモノマーとの反応性が高いため，交互的な共重合が進行し，仕込みモノマー組成比よりも50%の組成に近い共重合体が生成する．すなわち2つの反応性比が小さいほど組成曲線は理想共重合の直線（a）から交互重合の直線（b）に近づく．ラジカル共重合においては，このような反応性比を与える組み合わせが特に多い．このように，$r_1 < 1$, $r_2 < 1$ の場合，共重合組成曲線は必ず理想共重合の直線と1点で交差し，その仕込みモノマー比は共重合体の組成比と等しい．つまり実際の共重合においても重合率にかかわらず終始同じ組成の共重合体が得られる．その組成を共沸になぞらえてアゼオトロープ組成という．

(d) $r_1 = 0$, $r_2 < 1$ の場合

(c) と同様にモノマー反応性比がいずれも1より小さく，50%の組成に近い共重合体が生成するが，M_1 のみ単独重合性がないために，M_1 の仕込み比が大きくなっても共重合体中の M_1 が50%を超えることはない．逆に，$r_2 = 0$ のときは，M_2 の仕込み比が小さいときでも共重合体中の M_2 は50%以下にはならない．

(e) $r_1 = 1$, $r_2 < 1$ の場合

M_2 ラジカルからは M_1 への反応性が高いが，M_1 ラジカルからの反応選択性がない．この場合，いずれの仕込み比においても，共重合体中の M_1 導入量が仕込み分率よりも高くなり，アゼオトロープ組成はなくなる．

(f) $r_1 > 1$, $r_2 < 1$ の場合

いずれの生長ラジカルも M_1 への反応性が高いため，あらゆる仕込み比において，M_1 の導入量が高い共重合体が生成する．

(g) $r_1 < 1$, $r_2 > 1$ の場合

(f) とは逆にいずれも M_2 への反応性が高いため，M_2 の導入量が高い共重合体が生成する．

(f) や (g) はモノマーの反応性と活性種の反応性の傾向が等しいイオン重合においては一般的である．ラジカル共重合においては，酢酸ビニル，N-ビニルピロリドン，塩化ビニルなどの非共役極性モノマーとスチレンや（メタ）アクリル酸エステルなどの共役極性モノマーの組み合わせにおける共重合などがこれに相当する．

一般に，ラジカル共重合は重合温度や溶媒などの影響を受けにくく，モノマーの組み合わせのみでモノマー反応性比は決まることが多い．そのため，モノマー反応性比が既知であれば，あらかじめ共重合体中の組成の予測もある程度可能である．表1.6にいくつかの

表 1.6 モノマー反応性比（r_1 および r_2）の例

モノマー1	モノマー2	r_1	r_2
スチレン	メタクリル酸メチル	0.52	0.46
スチレン	アクリル酸メチル	0.75	0.20
スチレン	アクリロニトリル	0.40	0.04
スチレン	イソプレン	0.44	1.98
スチレン	酢酸ビニル	22	0.02
アクリル酸メチル	メタクリル酸メチル	0.50	1.91
アクリル酸メチル	酢酸ビニル	7.3	0.04
アクリル酸メチル	ブチルビニルエーテル	3.7	0.01
アクリロニトリル	メタクリル酸メチル	0.15	1.22
アクリロニトリル	ブチルビニルエーテル	0.98	0
無水マレイン酸	アクリル酸メチル	0.011	2.8
無水マレイン酸	スチレン	0.015	0.04
無水マレイン酸	イソブテン	0.065	0.012

モノマーの組み合わせにおける r_1 および r_2 を示す．モノマー反応性比の組み合わせについては，*Polymer Handbook* にまとめられているので参照されたい[19]．

4.4 ◆ モノマー反応性比の決定

末端基モデルにおけるモノマー反応性比（r_1 および r_2）を実験的に決定する方法は古くから数多く検討されている．一般的には，共重合の初期において，式 [1.25] の共重合組成式（Mayo-Lewis式）中のモノマー濃度の比（$[M_1]/[M_2] = F$）を仕込み濃度比，生成共重合体中の組成比を取り込まれるモノマー比（$d[M_1]/d[M_2] = f$）と近似して計算を行う．このようにすると，共重合組成式は，

$$f = F\left(\frac{r_1 F + 1}{F + r_2}\right) \quad [1.27]$$

と表される．このとき，反応速度はモノマー濃度に対して独立ではないため，重合率が低いほど式 [1.27] は正確な値に近い．実験的にモノマー反応性比を決定する際は，重合率 5% ないしは 10% 以下程度が一般に受け入れられている．重合率が高い場合は，上の近似が

まったく成り立たないので，速度論の解析や積分値からモノマー反応性比が算出される．また，f の決定は実験誤差が生じやすいので重合率から求めるのではなく，生成共重合体中の組成比を NMR などにより直接解析することで求める必要がある．以下では，モノマー反応性比を決定する方法について具体的に見ていく．

(1) 直線交差法および Fineman-Ross 法（図 1.36(a)）
式 [1.27] を変形して，

$$\frac{F(f-1)}{f} = \frac{F^2}{f}r_1 - r_2 \qquad [1.28]$$

を得る．ここで，r_2 を r_1 の関数とすると，それぞれの仕込み比で得られる F および f から，仕込み比1つに対して r_1 が x 軸，r_2 が y 軸の一次式（直線）が1つ得られる．得られる直線をグラフ上に引き，それらの交点の範囲から r_1 と r_2 を見積もる方法が直線交差法である．一方で，この式の左辺を F^2/f の関数と考え，それぞれの仕込み比で得られる $F(f-1)/f$ を y 軸とし，x 軸の F^2/f に対してプロットして直線近似を行うことで，直線の傾き r_1 と切片 $-r_2$ が求まる．この方法を Fineman-Ross 法という．この方法では，F^2/f が大きい領域，すなわち組成比が極端に違う実験により得られるプロットの間隔が広くなり実験誤差を生じやすい．

(2) Kelen-Tüdös 法（図 1.36(b)）
Fineman-Ross 法が改良された方法に Kelen-Tüdös 法がある．種々のモノマー仕込み比において f, F を算出し，そのときの F^2/f の最大値と最小値をそれぞれ $(F^2/f)_{\max}$ および $(F^2/f)_{\min}$ とする．ここで，3つのパラメーター

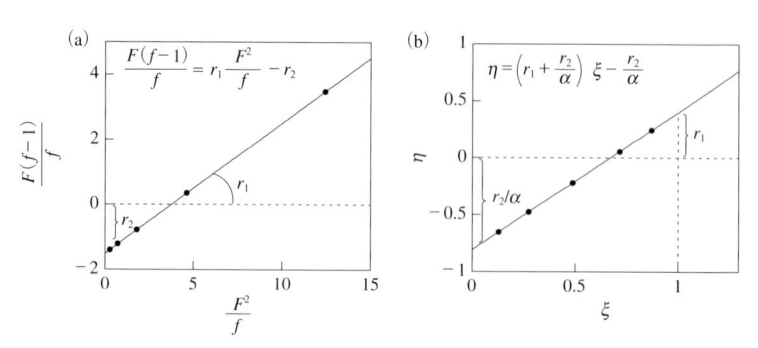

図 1.36 Fineman-Ross 法(a)および Kelen-Tüdös 法(b)による r_1 および r_2 の決定（$r_1 = 0.4$, $r_2 = 1.5$ の場合）

$$\alpha = \sqrt{\left(\frac{F^2}{f}\right)_{\max}\left(\frac{F^2}{f}\right)_{\min}} \qquad [1.29]$$

$$\eta = \frac{\dfrac{F(f-1)}{f}}{\alpha + \dfrac{F^2}{f}} \qquad [1.30]$$

$$\xi = \frac{\dfrac{F^2}{f}}{\alpha + \dfrac{F^2}{f}} \qquad [1.31]$$

をおくことで,Mayo–Lewis 式は,

$$\eta = \left(r_1 + \frac{r_2}{\alpha}\right)\xi - \frac{r_2}{\alpha} \qquad [1.32]$$

と表される.この ξ に対し η をプロットし直線近似を行うことで,y 切片 $-r_2/\alpha$ および $\xi=1$ のときの $\eta=r_1$ より,r_1 と r_2 を決定する.この方法では,α を用いることで誤差の大きい領域が緩和されるため,Fineman–Ross 法よりも誤差が生じにくい.

(3) 曲線合致法

共重合によって得られる F および f をプロットし,適当な r_1 および r_2 を代入した共重合組成式に合致するように決定する方法である.末端基モデル以外のものについても組成式を導くことで適用でき,近年ではグラフ解析ソフトによるシミュレーションを用いて詳細に解析ができる.

以上のような古典的な線形方程式での決定法やフィッティング法に加えて,より厳密な非線形でのさまざまな解析法が提唱されており,近年ではソフトウェアを用いた解析も可能となっている.しかし,厳密には誤差が含まれるものの,現在でもなお Fineman–Ross 法や Kelen–Tüdös 法などの線形法が最も広く受け入れられている.

4.5 ◆ 交互共重合

　ラジカル共重合においては，モノマーの組み合わせによっては r_1 および r_2 がともに 0 に近くなり，このような場合，交互共重合体が生成する．交互共重合を示す反応系の例として，電子受容性モノマーと電子供与性モノマーの組み合わせがある．最も交互性の高い共重合を生成する系は，単独重合性がないもしくは低いモノマーどうしの組み合わせである．イオン重合では，単独重合性がないモノマーが共重合する例は立体的な要因によるものが多いが，ラジカル重合においては，生長ラジカルとモノマーの反応性が要因である場合が多い．特に単独重合性の低いモノマーどうしの組み合わせとして，強い電子受容性モノマーとして無水マレイン酸，フマル酸エステル，フマロニトリル，マレイミド誘導体などの二置換モノマー，電子供与性モノマーとしてビニルエーテル誘導体，ビニルスルフィド，脂肪族オレフィン類などを用いた例が挙げられる（反応式 (1.42)）．このような組み合わせの場合，両モノマーを混合し，自発的もしくは開始剤の存在下で交互重合が進行することが知られている．また，単独重合性を示すスチレンなどの強い電子供与性モノマーは，上述の強い電子受容性モノマーと組み合わせた場合には単独重合しにくくなり，交互重合が進行しやすい[50]．

$$\text{（反応式 1.42）}\tag{1.42}$$

　このような交互重合系においては，電子受容性モノマーと電子供与性モノマーの強い相互作用すなわち錯体形成が強く関与していると示唆されている．反応機構としては，生長素反応式において，2分子の同時挿入反応を組み込んだモデルが用いられる．実際に，スチレンと無水マレイン酸の組み合わせなど，いくつかの共重合系においては，このようなモデルが実験結果との最も良い一致を示す．

　また，（メタ）アクリル酸エステルやアクリロニトリルなどのように，上の例よりも比較的弱い電子受容性モノマーの場合，ルイス酸などの添加剤を用いることにより交互共重合が進行する場合がある．ルイス酸としては，一般的な $ZnCl_2$，$SnCl_4$，$EtAlCl_2$ などが用いられ，電子供与性モノマーとして単独重合性の低いオレフィンやビニルエーテルに加えて，スチレンやブタジエンとの共重合においても交互規制が発現する．この場合も，ルイス酸が電子受容性モノマーに配位するだけの生長機構と，さらに電子供与性モノマーとの3分子からなる電荷移動錯体が形成されて交互重合が進行するモデルが提唱されている．ルイス酸以外にも交互生長の割合の増加は，一部のプロトン酸によっても発現することが報告されている．また，このような強いルイス酸を用いた場合では，電子供与性モノマー

がビニルエーテルのようにカチオン重合性が高いと，ラジカル共重合と同時にカチオン重合が生じてしまい，連鎖移動反応による単独重合体であるオリゴマーが副生する[40, 51, 52]．

　また，ルイス酸添加による交互共重合において，生成する共重合体の立体構造も同時に制御される場合がある．スチレンとメタクリル酸メチルの共重合において，種々のルイス酸は交互共重合体を与えるが，なかでも BCl_3 を用いると高いコヘテロタクチック構造を与える（反応式 (1.43)）[53, 54]．このときスチレン中心とメタクリル酸メチル中心の3連子タクチシチーはそれぞれ $I:H:S = 1\%:89\%:10\%$ と $4\%:85\%:11\%$ となり，いずれもコヘテロタクチック3連子の割合が高いことがわかる．8.3.2項で述べるが，ルイス酸の添加により，アクリルアミド誘導体のラジカル重合ではイソタクチック構造に富んだポリマーが生成する．共重合においても，ルイス酸として $Sc(OTf)_3$ 存在下，かさ高いキラルなオキサゾリン基を有するアクリルアミド誘導体とイソブテンの共重合を行うと，高い交互性とイソタクチシチーをもった共重合体が得られる（$m:r = 95\%:5\%$，反応式 (1.44)）[55]．

$$(1.43)$$

$$(1.44)$$

$[R = H, Me, {}^iPr, CH_2Ph, Ph]$

　交互共重合体は，工業的には，無水マレイン酸のスチレンやオレフィンとの交互共重合体などが多く製造されている．この共重合体は粘接着剤やバインダー，乳化安定剤，エアゾールヘアスプレーなどに利用されている．

4.6 ◆ 種々のモノマー反応性の予測

　ラジカル重合におけるモノマーの反応性は，共鳴効果と極性効果，立体効果によって決定される．共重合の交差生長反応を用いて，共鳴効果を Q 値，極性効果を e 値とした経験的な指標として表すことができる（Alfrey–Price の Q–e スキームという）．
　図 1.37 で表される交差生長反応において，速度定数が，

$$\sim\sim\sim\sim M_1^{\bullet} \;+\; M_2 \xrightarrow{k_{12}} \sim\sim\sim\sim M_2^{\bullet} \qquad R_{12} = k_{12}[\sim\sim M_1^{\bullet}][M_2]$$

図 1.37　交差生長反応

$$k_{12} = P_1 Q_2 \exp[-e_1 e_2] \tag{1.33}$$

と示すことができると仮定する．ここで，P_1 および Q_2 は M_1 生長ラジカル（〜 $M_1^{\bullet}$）およびモノマー M_2 の共鳴安定化の程度であり，一般的な反応性の指標となる．また，e_1 および e_2 はそれらの相対的な荷電の尺度すなわち極性を示す．このように表される速度定数を図 1.33 に示した末端基モデルで示される共重合反応のすべてに当てはめることで，モノマー反応性比は，

$$r_1 = \frac{k_{11}}{k_{12}} = \frac{Q_1}{Q_2} \exp[-e_1(e_1 - e_2)] \tag{1.34}$$

$$r_2 = \frac{k_{22}}{k_{21}} = \frac{Q_2}{Q_1} \exp[-e_2(e_2 - e_1)] \tag{1.35}$$

となる．このように仮定される Q 値および e 値は，スチレンを基準（$Q = 1.00$，$e = -0.80$）とした相対値として，種々の共重合から得られる値を基にさまざまなモノマーに対して決定される．

　Q 値および e 値の例を表 1.7 に示す．共鳴安定化の程度を表す Q 値が大きいほど，共役系の長いモノマーであることを示す．ラジカル重合性だけではなく，アニオン重合性の指標にもなる．共役モノマーであるスチレン誘導体やジエン類，（メタ）アクリル酸エステルなどが大きい値を示し，非共役モノマーである酢酸ビニル，エチレンなどは小さい値を示す．また，極性を示す e 値は電子供与性モノマーでは負の値，電子受容性モノマーでは正の値を示し，その度合いが大きいほど絶対値が大きくなる．一般に，e 値はラジカル重合やアニオン重合にはあまり影響せず，カチオン重合においては e 値が負である電子供与性モノマーにのみ重合が可能であることがわかる．

　このような反応性の予測としては，Q–e スキームの他にも Bamford，Jenkins らによって提唱された溶媒として用いたトルエンからの水素引き抜き反応速度定数 k_T を共鳴効果，Hammett の σ 値を極性効果として用いた方法などがある．この仮定においては，

表 1.7　種々のモノマーの Q 値および e 値の例

モノマー	Q	e
ブタジエン	1.7	-0.50
p-メトキシスチレン	1.53	-1.40
p-クロロスチレン	1.33	-0.64
スチレン（基準）	1	-0.80
無水マレイン酸	0.86	3.69
メタクリル酸メチル	0.78	0.4
アクリル酸メチル	0.5	-1.40
アクリロニトリル	0.48	1.23
アクリル酸メチル	0.45	0.64
塩化ビニル	0.056	0.16
ブチルビニルエーテル	0.038	-1.50
酢酸ビニル	0.026	-0.88
イソブテン	0.023	-1.20
エチレン	0.016	0.05
1-ブテン	0.007	-0.06

$$\log k_{tr} = \log k_T + \alpha\sigma + \beta \qquad [1.36]$$

を考える．ここで，α および β は連鎖移動剤に固有の極性因子および共鳴因子である．この方法では，共重合を用いるのではなく異なったモノマーに対して単独重合を行い，その連鎖移動反応から反応性を予測するパラメーターが算出できる．

　このように，共重合を用いて得られる経験的なパラメーターを用いることで，共重合反応性だけではなく，モノマー特有の値として，重合反応，共重合性，および種々の連鎖移動剤や停止剤との反応などさまざまな反応の予測を行うことができる．これらのパラメーターについても，多くのモノマーについて *Polymer Handbook* にまとめられているので参照されたい[19]．

5章 種々の反応場における重合反応およびポリマー製造プロセス

　フリーラジカル重合は，反応活性種であるラジカルの反応性が高いため，実際の製造プロセスにおいては，反応熱の除去などを適切に制御することが重要となる．一般にラジカル重合は，塊状重合や溶液重合のような均一系での重合と，懸濁重合，乳化重合，分散重合のような不均一系での重合に大別される（表1.8）．そのうち，懸濁重合や乳化重合は水を媒体とした重合であり，活性種が極性基に安定であるというラジカル重合特有の性質を利用した重合法である．不均一系での重合系では，さまざまな大きさや形状をもつポリマー粒子が直接得られる[56〜58]．

表1.8　さまざまな重合法とその特徴

	重合方法	モノマー	開始剤	溶媒	生成ポリマー	代表的な特徴
均一系（1相系）	塊状重合	液体	モノマーに可溶	なし	高分子量 分散度大	比較的高分子量かつ高純度のポリマーが生成．除熱が困難．
	溶液重合	溶媒に可溶	溶媒に可溶	水や有機溶媒	低分子量 分散度小	重合反応の解析に有用．揮発性有機化合物（VOC）の残存．
不均一系（2相系）	懸濁重合	水に不溶もしくは難溶	モノマーに可溶	水	パール状または微粒子	モノマー液滴中での重合反応．除熱が容易．分散安定剤が必要．
	乳化重合	水に不溶もしくは難溶	水溶性	水	高分子量 微粒子	ミセル内での重合反応．除熱が容易．乳化安定剤が必要．
	沈殿重合（分散重合）	溶媒に可溶	溶媒に可溶	ポリマーのみ不溶な溶媒	微粒子または沈殿	ポリマーが不溶．安定剤存在下で分散重合が可能（均一微粒子が生成）．
その他	固相重合	固体，結晶	光，放射線	光，放射線	なし	高分子単結晶，立体特異性ポリマーが得られる．

5.1 ◆ 塊状重合

　モノマーだけをそのままあるいは少量の開始剤とともに加熱するか，光もしくは放射線を照射しながら重合する方法を塊状重合（bulk polymerization）という．この方法では，重合中に発生する反応熱を取り除くことが困難で，局所的な発熱が生じてしまうことがある．しかし，溶媒などを用いないことから純度は高く，また，反応系の粘度が増大していくことから，二分子停止反応が起こりにくくなり，比較的高分子量のポリマーが得られる．
　成形体の鋳型の中で反応を行うと，生成ポリマーが文字どおり比較的大きなかたまりとして得られる．たとえば，1対の強化ガラスからなる鋳型の間で反応を行うとそのままの形の高純度の成形体となる．この方法は有機ガラスとして知られるポリメタクリル酸メチル（メタクリル樹脂）の製造に用いられている．
　また，高温の押し出し機を用いる連続プロセスも実用的に用いられ，この場合，ペレット形状のポリマーが直接得られる．主にスチレンの重合および共重合などに用いられ，特に少量のポリブタジエン存在下で重合することによる耐衝撃性ポリスチレン（HIPS）の製造が有名である[18]．この重合では，ポリブタジエン鎖にスチレンがグラフト化および一部架橋しながら重合するために，得られるポリマーはポリスチレンをマトリックスとした海島構造のモルフォロジーを有する不透明な白色のポリマーとなる．HIPSはヨーグルトなどの食品容器として用いられている．
　その他にも工業的に有用な塊状重合としては，多官能性モノマーとマクロモノマーからなる膜を光重合開始剤存在下，光照射して重合する方法がある(紫外線硬化)．この方法は，表面加工や製版などに有用である[59]．

5.2 ◆ 溶液重合

　モノマーを有機溶媒中で，塊状重合と同様に重合する方法が溶液重合（solution polymerization）である．この場合，重合熱が発散されるために反応速度論解析などが容易であるとともに，生成ポリマーが溶液で得られるために取り出しが簡便である．このため実験室でのラジカル重合の研究にはよく用いられる．特に，後述のリビングラジカル重合のような生長末端の化学反応を精密に制御する反応の研究には有用な方法である．
　工業的には，有機溶媒の除去などポリマー回収プロセスが複雑になるためあまり用いられないが，溶液をそのまま塗料や接着剤に用いる場合や，少量のエチルベンゼン中でのスチレンの重合，メタノール中での酢酸ビニルの重合などに用いられている．近年は，揮発性有機化合物（VOC）の規制により，生成ポリマー中の有機溶剤の残渣が特に問題にな

りやすい．

　溶液重合は末端官能性ポリマーやブロック共重合体などリビング重合により構造が明確な機能性高分子を製造する場合に用いられる．実験室での研究はバッチプロセスで行うのに対して，工業的には溶媒の回収も含めた連続プロセスやセミバッチプロセスも多く研究されている．

5.3 ◆ 懸濁重合

　水に不溶なモノマーあるいはモノマー溶液を水中に強くかき混ぜて分散（懸濁）させ，モノマーに可溶なアゾ化合物や過酸化物などの熱開始剤を加えて加熱し，モノマーの液滴中でラジカル重合を行う方法を懸濁重合（suspension polymerization）という．重合の速度論は塊状重合や溶液重合と同様である．懸濁重合では，液滴を小さな反応槽とみなすことができ，その周りの水相が反応熱を吸収・分散するため，温度の調節が容易である．通常，ミセルを形成しにくい保護コロイド剤などの界面活性剤を加えて重合を行うことで液滴が安定化され，最終的にビーズ状やパール状のポリマー粒子が直径数十 μm ～数 mm で得られる．得られる粒子はろ過などの操作によって回収される．粒子の形状やモルフォロジーは，モノマーおよびポリマーの液滴中への溶解性によって決まる．ポロジェンとよばれる多孔質化剤を加えることによって多孔性の粒子などを得ることもできる．

　懸濁重合では，静電的安定剤としてドデシルベンゼンスルホン酸のナトリウム塩やリン酸カルシウム塩，非イオン性安定剤としてポリビニルアルコールなどが用いられる．スチレンや塩化ビニル，メタクリル酸メチルの重合など，特に成形材料用途のポリマーを得るために工業的にも広く用いられている方法である．

　イオン性界面活性化剤存在下，炭化水素系アルコールを共安定化剤として用いてモノマーを分散させると，直径 10 ～ 30 nm のナノサイズのミセル状液滴となる．この液滴中で重合を行うと重合速度は大きく，また，液滴が光の波長よりも小さいため透明な状態で重合が進行するため，光化学反応を用いることができる．この重合法をマイクロエマルション重合（micro-emulsion polymerization）という[58]．また，ホモジナイザーなどの分散機あるいは共乳化剤を使用してモノマー液滴をあらかじめ 1 μm 以下，直径 50 ～ 500 nm 程度にして液滴中で重合を行い，ポリマー粒子を得る方法もある．この方法をミニエマルション重合（mini-emulsion polymerization）という[58]．これらの方法は，後述の乳化重合と混合しやすく，また，液滴中においてすべてのモノマーが重合していないという場合もあり，明確な区分は難しいが，基本的には液滴中での重合であるので，懸濁重合の一種であると考えることができる．

　あらかじめ直径 0.1 ～ 10 μm の均一なモノマー液滴を調製する方法として，多孔質シリ

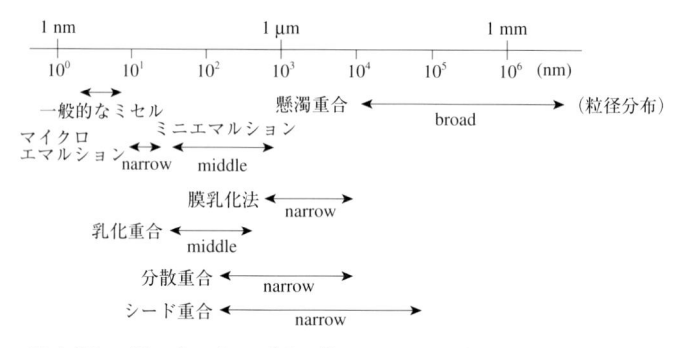

図 1.38 不均一系ラジカル重合で得られるポリマー粒子のサイズと粒径分布

カなどからの吐出を利用する膜乳化法がある．この方法は，ポリマー微粒子の合成だけでなく食品や化粧品分野などで利用されている．
　このように種々の重合法を用いることでさまざまなサイズのポリマー粒子を得ることが可能となっている（図1.38）．

5.4 ◆ 乳化重合

　水媒体中で，臨界ミセル濃度以上の界面活性剤（乳化剤）を用い，水溶性開始剤により水に不溶あるいは難溶なモノマーを重合する方法を乳化重合（emulsion polymerization）という．懸濁重合と同様，水－有機相の2相系での不均一重合であるが，モノマーの液滴中で反応が進行しないことから反応機構が異なる（図1.39）[60,61]．乳化重合では速度論から重合を次の三つの期間に分けて考えられている．
① 水相に生じたラジカルがモノマーの液滴から水相に溶け出した微量のモノマーあるいは小さなミセルを形成したモノマーに付加し，ポリマー（オリゴマー）ミセルを生じる期間．この期間では，ポリマーミセル数は増え続け，それに伴って重合速度は増大する．
② ポリマー粒子数が一定となり，重合速度がほぼ一定となる期間．ここでは，モノマーはモノマー液滴から水相，水相からポリマーミセル内に溶け込み，粒子が生長する．
③ モノマー液滴がなくなり，重合速度が低下していく期間．
　最終的に得られるポリマー粒子は懸濁重合よりもずっと小さく，直径約50 nm～数百 nmのものが得られる．一般に乳化重合では，ポリマー粒子内のラジカル数が非常に少なく，二分子停止反応が起こりにくいために高分子量のポリマーが得られる．
　生成ポリマーは巨視的には均一な乳濁液（ラテックスともよばれる）として得られるた

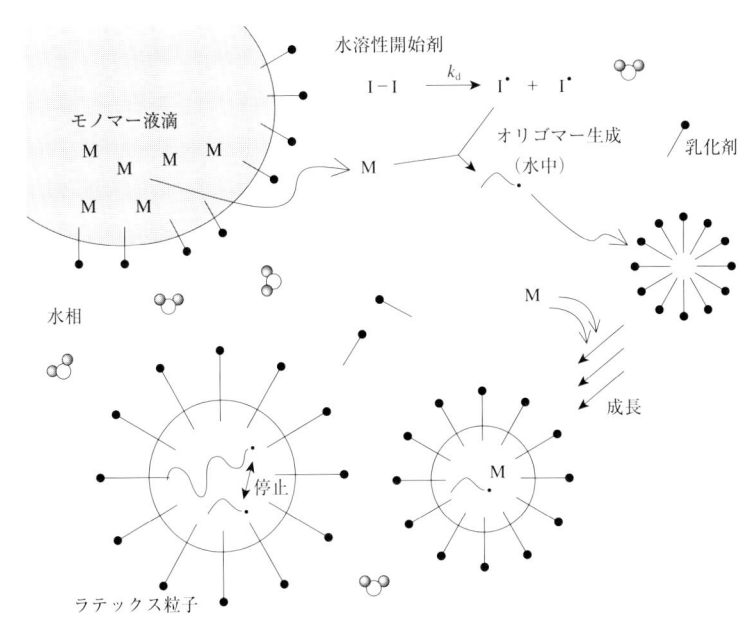

図 1.39　乳化重合の模式図

め，工業的には接着剤や塗料などとしてそのまま用いる場合が多い．また，1,3-ブタジエンやイソプレンなどのジエンの重合による合成ゴムのラテックス製造もよく知られている．合成ゴムの中でも最も生産量の多いスチレン–ブタジエン共重合体（SBR）は，ラジカル乳化共重合もしくはアニオン共重合による溶液重合によって生産されている．乳化重合SBRのほとんどは低温（5〜10℃）で重合されたコールドラバーであり，反応ではレドックス系開始剤が用いられている．

乳化剤は生成ポリマーの性能を低下させる原因になることもあり，反応性乳化剤や水溶性オリゴマーを用いたソープフリー乳化重合も研究され，比較的直径の大きい粒子が得られている．

5.5 ◆ 沈殿重合，分散重合

モノマーは溶媒に可溶であるが，生成ポリマーが溶媒に不溶であるとき，重合の進行とともに沈殿が生じる．これを沈殿重合（precipitation polymerization）という．ポリマーの溶解性が低いアクリロニトリルの重合などがこれに当たる[58]．

このとき，分散安定剤を用いてポリマーの凝集沈殿を防ぐと単分散の微粒子が生成する場合がある．この重合方法を分散重合（dispersion polymerization）という．重合が進行すると，まずポリマーが凝集して一次粒子を形成し，さらにこの一次粒子どうしが凝集していくと，安定な二次粒子となる．最終的に得られるポリマー粒子は，懸濁重合と乳化重合の中間である直径が約数百 nm ～数十 μm である μm オーダーの単分散粒子である．分散重合の安定剤としては，溶媒に可溶な他のホモポリマーやブロック共重合体，反応性のマクロモノマーなどを用いることができる．モノマーのみ水に可溶である場合は，水中での分散重合も可能となる．

5.6 ◆ 固相重合

固体のモノマーを直接重合することを固相重合（solid-state polymerization）という．なかでも結晶状態のモノマーに光などを照射し，重合を行う光固相重合の場合，一部のジアセチレンや 1,3-ジエン誘導体などは結晶構造を保ったまま重合が進行し，高分子からなる単結晶が得られる．これを特にトポケミカル重合（topochemical polymerization）ともいう（図 1.40）[9]．この場合，生成ポリマーの分子量は他の重合に比べて非常に高く，高度に立体規則性が保たれている．詳細は 8.1.1 項で述べる．

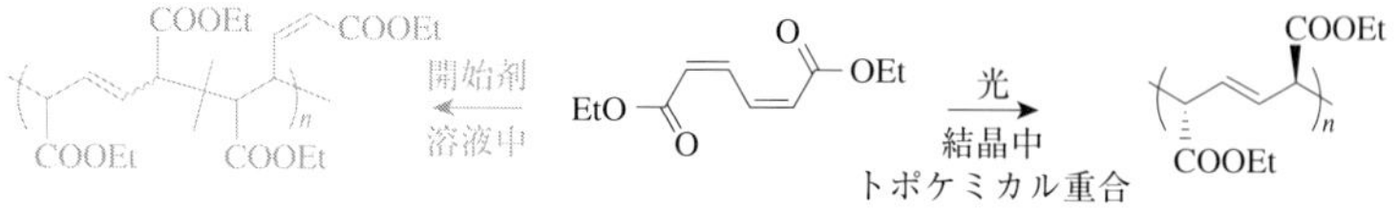

図 1.40 トポケミカル重合の例

5.7 ◆ その他の重合方法

ラジカル重合を用いて古くから生産されている最も代表的なポリマーは低密度ポリエチレン（LDPE）である．LDPE は，配位重合によって得られる高密度ポリエチレン（HDPE）や直鎖状低密度ポリエチレン（LLDPE）とは異なり，超高圧高温下（100 ～ 350 MPa，100 ～ 300℃）で，酸素や過酸化物を開始剤としたエチレンのラジカル重合によって得られる．このような反応条件下では，常温・常圧において気体であるエチレンのようなラジカル重合性の低いモノマーでも重合が進行する．生長反応の際に水素引き抜きなどの移動反応が頻繁に生じるので，結晶化を妨げる分岐が多く低密度の比較的軟質なポリエチレンが得られる．LDPE は，現在でも包装フィルムや電線被覆など需要は大きい．また，極性

モノマーとの共重合体も多く用いられている.

μmサイズの均一粒子を得ることのできる上述以外の方法に, 多段階でのシード重合 (seeded polymerization) がある[62]. 乳化重合などで調製された微小なポリマー粒子をモノマーで膨潤し, 新たな粒子が生成しないように, 元の粒子を成長させる方法である. 重合核の粒径と粒径分布, 量（個数）を調節して重合することにより, 望みの粒径と粒径分布ができる. この方法を用いると, 異種ポリマーからなるコア・シェル型の粒子や中空粒子など種々の異形微粒子の合成が可能となる.

上述の固相重合とは別に, 限られた反応空間を利用したラジカル重合が報告されている. 包接化合物の結晶中など, 隔離された反応空間をホストとし, 空間内でのゲスト分子であるモノマーを重合させる方法であり, このような重合を包接重合 (inclusion polymerization) という[10]. また, 液晶中や多孔質材料中での重合についても研究がなされている. このような限られた空間内での重合においては, 生成ポリマーの立体規則性が特異的に変化する. また, 二分子停止反応が起こらないあるいは起こりにくくなり, ラジカル重合においても比較的長寿命のポリマーが得られることが知られている.

水を媒体とした不均一重合など, ラジカル重合では揮発性有機化合物（VOC）を含まない重合系が可能である. しかし, 排水の問題などがあり, 現実的に完全な環境適応型のプロセス設計は容易ではない. さらなる低環境負荷型の重合系として, フッ素系ポリマーを分散安定剤に用いた超臨界二酸化炭素中での分散重合やイオン液体中での重合についても研究がなされている[63,64].

6章 リビングラジカル重合

> ラジカル重合では，生長種が反応性の高い中性のラジカル種であるため，さまざまな副反応や生長末端どうしの停止反応が起こるため，リビングラジカル重合は困難と考えられてきた．しかし，1990年代半ば以降，リビングラジカル重合の研究は急速に発展し，さまざまなビニルモノマーの重合における分子量制御を可能にするとともに，ブロックポリマー，グラフトポリマー，星型ポリマーなど形態が制御されたさまざまな高分子の精密合成が行われるようになり，現在では非常に広い研究分野で高分子の精密合成のための一つのツールとして用いられるようになってきた．本章では，リビングラジカル重合を実現するための概念，リビングラジカル重合の特徴，種々のリビングラジカル重合法について述べる．

6.1 ◆ リビングラジカル重合の概念

リビング重合は，1956年に，M. Szwarc教授らによりスチレンのアニオン重合において初めて見出された（「第III編 アニオン重合」参照）[65〜67]．スチレンやイソプレンなどの炭化水素系共役モノマーから生成する炭素アニオン（カルボアニオン）は，共役多重結合により安定化されており，それ自身では副反応を起こしにくい．このため，真空ラインなどを用いてモノマーや溶媒を高度に精製し，重合系から水分や酸素などの不純物を厳密に除くことで，末端が失活することなくその寿命を保ち続けた状態で重合を進行させる，いわゆるリビング重合が可能となる．厳密には，リビング重合は「開始反応と生長反応のみからなり，停止反応や連鎖移動反応のない重合」と定義される．

ここで，リビング重合が進行した場合に見られる特徴を以下に列記する[68]．
(1) 開始反応が生長反応に比べて十分に速く起こる場合には，生成ポリマーの数平均分子量（$\bar{M}_n$）はモノマーの反応率に比例して直線的に増加する．
(2) 重合を通じて生長種濃度が一定であり，モノマー濃度の対数は時間に対して直線的に減少する．
(3) 開始反応が非常に速く進行すると，分子量分布の非常に狭いポリマーが生成する．
(4) 重合がいったん終了した系に，新たに別のモノマーを加えると，ブロック共重合体が得られる．
(5) 開始末端（α末端）と停止末端（ω末端）に特定の官能基が導入された末端官能性ポリマーを得ることが可能である．

以上のうちのある一つの特徴が見られても，その重合は必ずしもリビング重合とはいえない．たとえば，(1) は停止反応があっても連鎖移動反応がなければ達成される．一方，(2) はその逆である．したがって，(1) と (2) の両方が達成されることをリビング重合の根拠とする場合がある．(3) に関しては，リビング重合でなくても分子量分布の狭いポリマーが得られる場合があるので，重合の進行に伴い分子量が増加することを確かめる必要がある．一方，元来のリビング重合の定義では，開始反応が生長反応に比べて速いことを必ずしも限定しておらず，(1) の現象が見られなくても末端の寿命は保たれている場合がある．しかし，実際には (1) 〜 (5) のような特徴がなければ，精密高分子合成上の利点があまりないため，このような特徴が見られるものをリビング重合とすることが一般的に受け入れられている[69]．

では，ラジカル重合においてリビング重合は可能なのであろうか．ラジカル重合の生長種は中性のラジカル種であるため，上述のように，生長ラジカル種どうしの再結合・不均化などの停止反応や，溶媒分子などからの水素引き抜きに伴う連鎖移動反応などが起こる．ラジカル重合でリビング重合を達成するためには，活性の高いラジカル種によって引き起こされるこれらの反応を抑える必要があるが，ラジカルが中性であるという性質上，その実現は困難と考えられていた．

しかし，一方では，ラジカル重合の高い汎用性から，リビングラジカル重合が実現された場合の利用価値は非常に大きいと予想され，その実現が強く期待されていた．1980年代になると，リビングラジカル重合の可能性が大津らにより提案されたイニファータ重合により示唆されるとともに (3.1.1項 D. 参照)[70〜72]，それまで難しいとされていたカチオン重合[73〜77]や極性モノマーのアニオン重合[78〜82]においてもリビング重合が可能となったことなどから，さらにその機運は高まっていた．

このようななか，1990年代に，上記 (1) 〜 (5) のようなリビング重合の特徴を示すラジカル重合系が次々と見出された．図1.41には，これらの代表例で，現在広く用いられている重合系であるニトロキシドによる重合[83]，金属触媒による重合[84,85]，チオカルボニル化合物による重合[86]の3種類を示した．いずれの場合も活性の高い中性のラジカル種が，平衡により一時的に共有結合のドーマント種に変換されていることが共通する特徴である（ドーマントとは「一時的に寝ている」の意であり，ドーマント種は一時的に生長を停止しているが，可逆的に活性化され再び生長種となる．一般に共有結合種のことをいう）．このようなラジカル種とドーマント種の平衡により，ラジカル濃度が低く保たれるため，ラジカルどうしの二分子反応である停止反応 ($R_t \propto [P_n^\bullet]^2$) が，ラジカル種に対して一次反応である生長反応 ($R_t \propto [P_n^\bullet]$) に比べて相対的に抑制されて重合がリビング的に進行する．さらに，いったん生成したラジカル種がすぐにドーマント種に戻ることにより，ある特定の鎖のみが生長が抑えられ，すべてのポリマー鎖に対して同じような確率で生長する機会が与えられるため，各ポリマー鎖の分子量が揃うようになる．特に分子量分布の狭い

6章　リビングラジカル重合

```
────C─Y  ⇌(熱, 光, 触媒など / 可逆的, 速い交換)  ────C• •Y
ドーマント種                                    活性種
                                                ↓ 生長反応
                                                ポリマー
```

ニトロキシドによる重合

$$\text{────C-O-N}\begin{smallmatrix}R^1\\R^2\end{smallmatrix} \xrightleftharpoons{\text{熱}} \text{────C}^\bullet + {}^\bullet\text{O-N}\begin{smallmatrix}R^1\\R^2\end{smallmatrix}$$

遷移金属触媒による重合

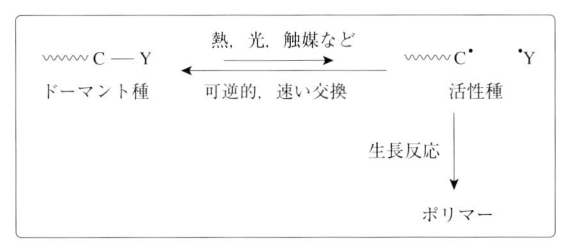

$$\text{────C-X} \xrightleftharpoons{Mt^nX_nL_x} \text{────C}^\bullet + XMt^{n+1}X_nL_x$$

チオカルボニル化合物による重合

$$\text{────C-S-C-Z}\ (\|S) \xrightleftharpoons{R^\bullet} \text{────C}^\bullet + S=C-Z\ (|S-R)$$

図 1.41 リビングラジカル重合の代表例

ポリマーが得られる重合系では，交換反応が重合反応に比べて非常に速く起こっていると考えられている．このようなことから，これらのラジカル重合はリビング重合の特徴を示すこととなり，一般的にリビングラジカル重合とよばれるようになっている．

しかし，これらのリビングラジカル重合は，厳密にいうと停止反応や連鎖移動反応がまったく起こらない重合ではなく，ドーマント種とラジカル生長種との平衡によって停止反応がある程度抑制され，可逆的な交換反応によって分子量制御が可能となっている重合反応であり，炭化水素系共役モノマーのアニオンリビング重合のような真のリビング重合とは異なる[69]．この点から，これらの重合は制御／"リビング"ラジカル重合（controlled/"living" radical polymerization）とよばれることが多く，最近のIUPAC命名法によると，"reversible-deactivation radical polymerization"が正式な呼称として推奨されている[87]．しかし，本編ではこのような呼称による混乱を避けるため，これらの重合を単にリビングラジカル重合として扱うことにする．一方，上述のように，エマルションなどの粒子や，無機化合物および有機化合物の固体結晶などの空間内に生長ラジカルポリマー鎖を閉じ込めることで，ラジカル生長種どうしの反応を抑制し，ラジカルを長寿命化したリビングラジカル重合が古くから可能となっている[88,89]．しかしこれらの重合では，反応条件やモノマーの種類が限定されており，本章では特に扱わないこととする．

6.2 ◆ リビングラジカル重合の方法

リビングラジカル重合を可能にする重合系および反応試剤は多種多様であるが，これらの重合機構は，速度論的に以下の三つに分けられると福田らによって報告されている（図1.42）[90]．

(1) 解離−結合（dissociation-combination）機構

ドーマント種の共有結合が熱などの物理的刺激により1分子的に解離して，ラジカル種の可逆的な生成を経て重合が進行する機構である．最も代表的な例は安定ラジカルであるニトロキシドを用いた重合である．この反応では，アルコキシアミンの炭素−酸素結合が熱的に解離して炭素ラジカルとニトロキシドが生成し，重合が進行するとともに，生長炭素ラジカルはニトロキシドにより可逆的にすばやくキャッピングされることで再びドーマント種に戻り，重合反応が制御される[83]．このような機構で重合が進行する系には，他に，コバルトポルフィリン錯体などを用いた系があり，この場合は炭素−コバルト (I) 結合が熱的に解離する機構で重合が進行する[91,92]．

(2) 原子移動（atom-transfer）機構

ドーマント種の共有結合に金属錯体などが触媒的に作用する2分子的な活性化により，生長炭素ラジカル種が生成する．この際，ドーマント種に存在するハロゲンなどの原子が金属によって引き抜かれることで重合が進行するが，引き抜かれたハロゲンは再び末端に

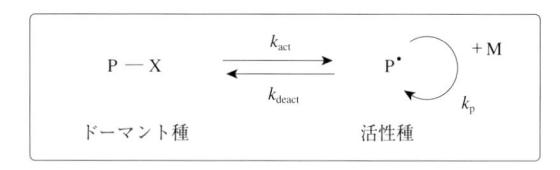

$$P - X \underset{k_{deact}}{\overset{k_{act}}{\rightleftarrows}} P^{\bullet} \overset{+M}{\circlearrowright} \quad k_p$$

ドーマント種　　　活性種

(1) 解離−結合機構

$$P - X \underset{k_c}{\overset{k_d}{\rightleftarrows}} P^{\bullet} + X^{\bullet}$$

(2) 原子移動機構

$$P - X + A \underset{k_{da}}{\overset{k_a}{\rightleftarrows}} P^{\bullet} + XA$$

(3) 交換連鎖移動機構

$$P - X + P'^{\bullet} \underset{k_{ex}'}{\overset{k_{ex}}{\rightleftarrows}} P^{\bullet} + X - P'$$

図 1.42　速度論的解析に基づくリビングラジカル重合機構の分類

移動してドーマント種が再生する．代表例としては，ルテニウム (II) や銅 (I) などの低原子価の金属錯体を用いた重合系が挙げられる[84, 85]．このような金属種は，炭素－ハロゲン結合に対して触媒的に働き，一電子酸化還元機構によりハロゲンの引き抜きと戻しを可逆的に行うことで，ラジカル種と共有結合種の速い交換反応を可能とし，重合がリビング的に進行する．

(3) 交換連鎖移動（degenerative chain transfer）機構

生長炭素ラジカルが別のポリマー鎖のドーマント末端に作用し，解離基を引き抜いて自らはドーマント種になる一方で，相手のポリマー末端が生長炭素ラジカルとなることで重合が進行する．ポリマー末端間でのラジカル種とドーマント種との交換反応による可逆的な連鎖移動が速く起こることで，すべてのポリマー鎖が同じように生長する機会が与えられて，分子量の制御が可能となる．代表的な例には，チオカルボニル化合物を用いた可逆的付加－開裂型連鎖移動（reversible addition fragmentation chain transfer, RAFT）重合[86]や，ヨウ素移動重合[93]，テルル化合物を用いた重合[94, 95]がある．

リビングラジカル重合は，速度論的な解析などにより以上の三つの機構のいずれか，あるいはこれらの機構が混在する系に分類できることが知られている．しかし，いずれの機構においても，ラジカル生長種と共有結合ドーマント種が可逆的な交換反応を起こしていることが共通する特徴である．特に，交換反応が生長反応に比べて速く起こることが，分子量制御に重要な因子となっている．

さらに，(1) と (2) の機構では，生長炭素ラジカル間でわずかに起こる停止反応により，重合系中に持続ラジカル（X•や XA）とよばれる安定ラジカル種が蓄積し，これにより炭素ラジカルのキャッピングが効果的に起こり，反応制御が厳密に行われていると考えられている[96]．重合の生長種の性質に関しては，ポリマーの立体構造がフリーラジカル重合により得られるポリマーの立体構造と変わらないことや，速度論的にもフリーなラジカル種がドーマント種から可逆的に生成することを仮定することでリビングラジカル重合の種々の挙動が説明可能であることなどから，これらのリビングラジカル重合の生長種はフリーラジカル種であると考えるのが妥当であるとされている．

さて，このような交換反応に基づく一般式は，図 1.43 のように表される．ここで，停止反応および連鎖移動反応が無視できるほど少ない場合，分子量および分子量分布は以下の式 [1.36] および [1.37] で決定される．ここで，$[M]_0$ はモノマーの初濃度，$[R-X]_0$ は開始剤の初濃度，m_M はモノマーの分子量，m_{R-X} は開始剤の分子量，c はモノマーの重合率，$\overline{X}_n$ は数平均重合度である．なお，ここでは，$k'_{act} = k_{act}$，$k'_{deact} = k_{deact}$ と仮定した．

$$\overline{M}_n = \frac{[M]_0}{[R-X]} cm_M + m_{R-X} \qquad [1.36]$$

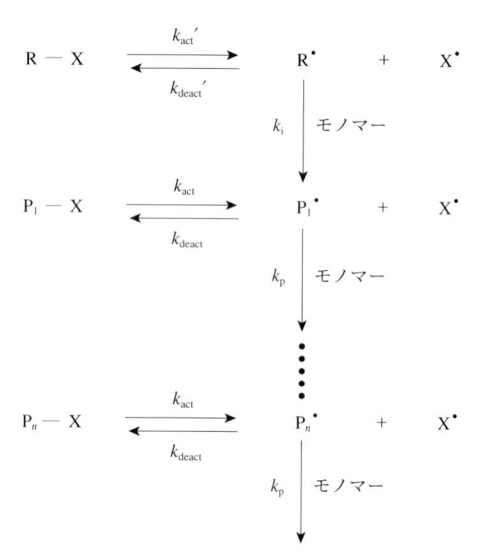

```
R―X  ⇄ (k'_act / k'_deact)  R• + X•
                                    ↓ k_i モノマー
P₁―X ⇄ (k_act / k_deact)    P₁• + X•
                                    ↓ k_p モノマー
                                    ⋮
P_n―X ⇄ (k_act / k_deact)   P_n• + X•
                                    ↓ k_p モノマー
```

図 1.43 共有結合の活性化に基づくリビングラジカル重合

$$\frac{\bar{M}_\mathrm{w}}{\bar{M}_\mathrm{n}} = 1 + \frac{1}{\bar{X}_\mathrm{n}} + \left(\frac{2-c}{c}\right)\frac{k_\mathrm{p}}{k_\mathrm{deact}}[\mathrm{R-X}]_0 \qquad [1.37]$$

この式からわかるように，ポリマーの数平均分子量 $\bar{M}_\mathrm{n}$ はモノマーと開始剤の仕込み比およびモノマーの重合率によって決定される．これはリビングアニオン重合などと同じ関係式である．一方，分子量分布は重合率および重合度が高くなるにつれて狭くなり，1に近づく．また，交換速度定数（実際にはドーマント種に戻る速度定数：k_deact）が生長反応速度定数 k_p に比べて大きいことが，分子量分布を狭くする要因であることがわかる．特に，k_deact が非常に大きくなると，式 [1.37] の第3項は無視できるようになり，従来のリビング重合で認められているポアソン分布の式となる．一方，分子量の式（式 [1.36]）において，開始反応が遅い場合には，分母は $[\mathrm{R-X}]_0 - [\mathrm{R-X}] = [\mathrm{R-X}]_0(1-\exp[-k_\mathrm{act} t])$ となり，分子量の直線的な増加は認められなくなる．このように，開始反応，交換反応が生長反応に比べて速く起こることが分子量の制御には必須であり，これらを満たす重合系の設計が重合の精密な制御には重要であることが示唆される．

以下では，より具体的に，(1) ニトロキシドによる重合，(2) 金属触媒による重合，(3) ジチオエステルによる重合の3種類について，これらの発展を述べるとともに重合系の設計や特徴などを概説する．

6.3 ◆ ニトロキシドを用いた重合

ニトロキシド（あるいはアミノキシルラジカル）は安定な酸素中心ラジカルであり、それどうしではカップリング反応を起こさず、炭素−炭素二重結合にも付加反応を起こさない。しかし、炭素ラジカルに対してはほぼ拡散律速で反応し、有効な炭素ラジカル捕捉剤として働くため、古くから重合禁止剤やポリマー安定化剤として用いられてきた（3.3.4項参照）。また、この性質を利用して、重合反応の開始ラジカルの捕捉に用い、生成物を解析することで、ラジカル重合の開始反応の解明にも利用されていた[97,98]。このようにニトロキシドはラジカル重合を"阻害"するものとして一般的に理解されていたが、1986年に Solomon, Rizzardo らはこの安定な結合をブロックポリマーなどの合成に利用することが可能であることを報告した[99]。

その後 1993 年に、Georges らによって過酸化ベンゾイルによるスチレンのラジカル重合において、代表的な安定ニトロキシドである TEMPO を添加して非常に高温（123°C）とすることで、分子量分布の狭いポリスチレンが得られることが報告された（図 1.44）[100]。TEMPO は過酸化ベンゾイルによる通常のラジカル重合温度（100°C 以下）では重合禁止剤として働くが（3.3.4 項参照）、このように非常に高温とすることで安定なアルコキシアミン共有結合が熱的に解離して、炭素ラジカル種が再生してポリマーが得られ

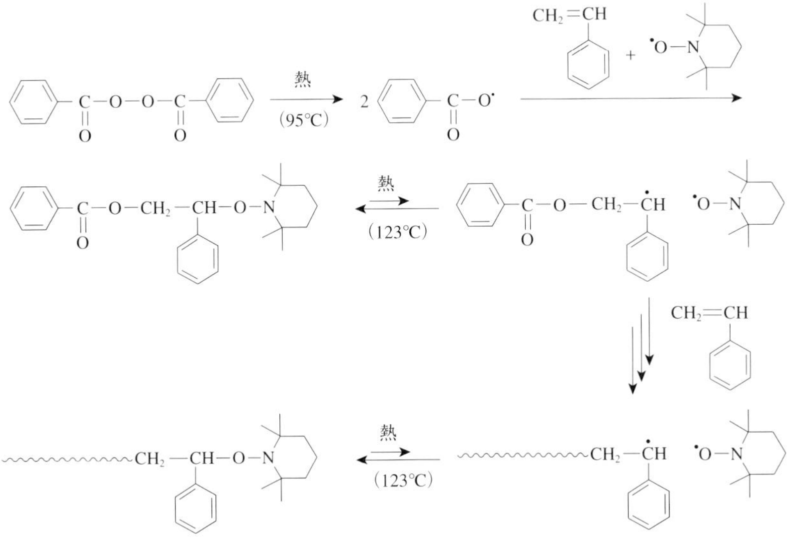

図 1.44 TEMPO によるスチレンのリビングラジカル重合

ることが明らかとなった．しかも，TEMPO による生長ポリスチレンラジカルのキャッピングがすばやく可逆的に起こるため，生成ポリマーの分子量分布は狭いものとなった．この重合は，ニトロキシドが炭素ラジカル生長種を可逆的にキャッピングする形で重合の制御が行われるため，ニトロキシドによる重合（nitroxide-mediated polymerization: NMP）あるいは安定フリーラジカル重合（stable free radical polymerization: SFRP）などと現在ではよばれている．

この後すぐに，過酸化ベンゾイルとスチレンと TEMPO からなるアルコキシアミン型の付加体が Hawker らにより単離され，これを開始剤として用いると加熱するだけで，炭素-酸素結合が可逆的に解離して，スチレンの重合が進行し，さらにこのような付加体をあらかじめ合成して重合に用いることで，分子量の制御が向上することが報告された[101]．その後，アルコキシアミンのさまざまな合成法が検討，報告されている[83, 102]．

TEMPO および類似の環状ニトロキシドを用いた重合は，主にスチレン系モノマーの重合制御において発展を遂げた．ニトロキシドを用いた重合では，C−ON 結合の結合解離エネルギーが，k_{act} および k_{deact}，さらには平衡定数 K の値を大きく左右し，重合反応に大きな影響を与える．ニトロキシド周りの置換基がかさ高くなるにつれて，あるいは5員環型<6員環型<開環ジ *tert*-ブチル型<7員環型の順に k_{act} および K の値が大きくなる（図 1.45）．これらのニトロキシドは他のビニルモノマーの重合制御にはあまり有効ではないが，DEPN（または SG1, *N*−*tert*−ブチル−*N*−(1−ジエチルホスフォノ−2,2−ジメチルプロピル)−*N*−オキシ)[103]，TIPNO（2,2,5−トリメチル−4−フェニル−3−アザヘキサン−3−オキシ)[104]，BESN（*N*−*tert*−ブチル−*N*−(1−*tert*−ブチル−2−エチルスルフィニル）プロピル−*N*−オキシ)[105]などの新たな安定ラジカルの開発により，スチレンの 100℃ 以下でのリビングラジカル重合や，アクリル酸エステル，アクリルアミド類，アクリロニトリル，さらにはイソプレンなどのジエン類の重合制御が可能となった．

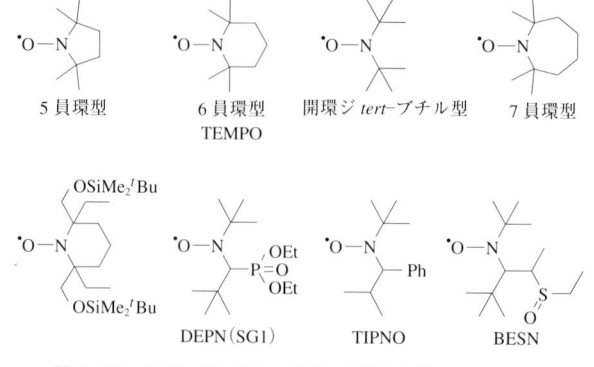

図 1.45　リビングラジカル重合に有効な各種ニトロキシド

一般的にα水素をもつニトロキシドは非常に不安定ですぐに分解してしまう．一方，TIPNOのようなニトロキシドはかさ高い置換基のためα水素が引き抜かれにくく，かなり安定であるが，徐々に分解反応を起こすと考えられている[106]．このようなα水素をもつかさ高いニトロキシドが重合の制御に対して有効に働くのは，そのかさ高さによりドーマント結合が解離しやすいことに加え，わずかな停止反応によりニトロキシドが生じても，これが適度に分解することで系中に過度に蓄積することが抑えられ，重合を極度に停止することがないためと考えられている．

また，ニトロキシドによる重合では，メタクリル酸エステルの単独重合の制御が難しく，メタクリルモノマーに起因する生長末端のα-メチル基からニトロキシルラジカルが水素を引き抜く不可逆的な停止反応が起こることや，第三級のメタクリルラジカルへのキャッピングが有効に起こらないことが問題とされている．これを改善するため，少量のスチレンをメタクリル酸エステルの重合系に加えることで，重合の制御が可能となる例が報告されている[93]．

6.4 ◆ 遷移金属触媒を用いた重合

四塩化炭素などの有機ハロゲン化合物が，過酸化物の存在下で炭素-炭素二重結合へラジカル的に付加し，1:1の付加体を与えることがKharaschらにより見出され（Kharasch付加）[107,108]，その後，鉄，銅，ルテニウムなどの金属塩および金属錯体の存在下で同様なラジカル付加反応が起こることが報告された[109～111]．この金属触媒によるラジカル付加反応では，炭素-ハロゲン結合に遷移金属が作用し，一電子酸化を受けると同時にハロゲンを引き抜いて炭素ラジカルが生成し，オレフィンへ付加反応を起こす．この後，付加により生じたラジカル種に，高酸化状態にある金属からハロゲン原子が移動することで，炭素-ハロゲン結合を有する付加体が生成する．この付加反応では金属は炭素-ハロゲン結合に対して触媒として作用し，一電子酸化還元反応を起こすことでラジカル種を生成し，ハロゲン原子が移動するように付加反応が進行するので，原子移動ラジカル付加（atom transfer radical addition : ATRA）反応ともよばれている．

ラジカル重合において有機ハロゲン化合物は，古くからテロマーとして分子量調節のために用いられ（3.4.4項参照）[112]，また，Bamfordらにより金属カルボニルなどと組み合わせることで有効な炭素ラジカル源となることが見出されていた[113]．さらに，後述するように，炭素-ヨウ素結合をもつフッ素化合物をラジカル開始剤の存在下で用いることで，テトラフルオロエチレンのようなフッ素系モノマーの分子量制御に有効であることが建元らにより報告されていた（ヨウ素移動重合，6.6節参照）[114,115]．一方，カチオン重合では，炭素-ハロゲン結合をドーマント結合として用いて，これをルイス酸で活性化して炭素カ

チオン（カルボカチオン）を可逆的に生成させることで，リビングカチオン重合が可能となっていた（「第II編 カチオン重合」参照）[73~75]．

このようななか，澤本らは$RuCl_2(PPh_3)_3$のようなルテニウム錯体を用いて，四塩化炭素およびこれから生成する炭素-塩素結合を可逆的に活性化してラジカルを生成させることで，メタクリル酸メチルのリビングラジカル重合が可能となることを1995年に初めて報告した[116]．この後すぐに，Matyjaszewskiらによって$CuCl$とビピリジンを用いて同様に炭素-塩素結合を活性化することでスチレンの重合が報告され，原子移動ラジカル重合（atom transfer radical polymerization : ATRP）と名付けられた[117]．Percecらも同年，塩化スルホニルが$CuCl$／ビピリジンの存在下で優れた開始剤として働き，スチレンのリビングラジカル重合が進行することを報告した[118]．その後，このように遷移金属錯体が触媒として主に炭素-ハロゲン結合を可逆的に活性化することで，メタクリル酸エステル，スチレン，アクリル酸エステル，アクリルアミド，アクリロニトリルなど多様な共役モノマーの重合制御が可能となっている．これらの重合は，金属触媒リビングラジカル重合（metal-catalyzed living radical polymerization）ともよばれ，急速な発展を遂げている（図1.46）[84,85]．

触媒となる中心金属は，上述のルテニウム，銅に加え，鉄，ニッケル，パラジウム，ロジウム，コバルト，レニウム，マンガン，モリブデンなど多岐にわたり，基本的にドーマント結合に作用して一電子酸化還元反応を行い，可逆的に炭素ラジカルを生成するものが有効である（図1.47）[84,85,119~121]．有効な配位子は金属により異なるが，銅では多座アミンやピリジン系，ルテニウムではホスフィンやシクロペンタジエン系の配位子がよく用いら

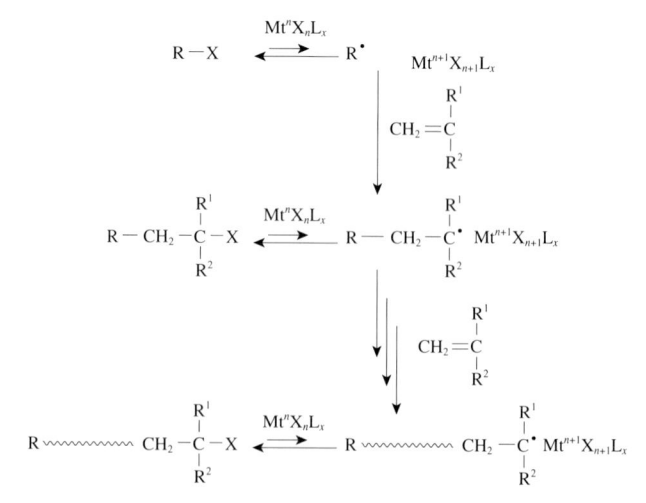

図1.46 遷移金属触媒によるリビングラジカル重合

れている．遷移金属触媒による重合系の特徴は，これらの配位子により金属触媒の活性を制御することが可能な点である．たとえば，電子供与性の配位子を導入し，金属の酸化電位を低下させることで，触媒の活性の向上およびモノマーに対する適応性の向上が可能となる[122,123]．金属触媒の活性は酸化還元電位とある程度の相関があるが，それだけで決まるのではなく，金属のハロゲン親和性も重要であるといわれている[124]．

酢酸ビニル[125,126]，塩化ビニル[127]などの非共役モノマーは，不安定な炭素ラジカル生長種を生じるとともに，より強い炭素−ハロゲン結合のドーマント種を生成するため重合の制御は困難であったが，金属や配位子の選択による金属触媒の高活性化により，重合の制御が可能となっている．また，エチレンやヘキセンなどの単独重合性の低い非極性オレフィンとアクリル酸エステルとのラジカル共重合に対しても，高活性な金属触媒重合系は有効であり，少量の非極性オレフィンユニットが導入されかつ，分子量の制御された共重合体が得られている[128,129]．

開始剤の設計も重合制御に重要であり，特にモノマーの種類に応じて重合を開始する炭素ラジカル部分の設計を行う必要がある（図1.48）．分子量制御には重合の開始反応が生長反応より速く起こる必要があり，ポリマー生長末端と類似した化合物や生長末端より反応性のやや高い炭素−ハロゲン結合をもつ化合物が開始剤として用いられる．あまりに反応性の高い炭素−ハロゲン結合をもつ化合物を用いると，ラジカルが反応初期に多量に発生してしまうなどの原因により，重合制御がうまく行われない場合がある．スチレンやアクリル酸エステルの重合では，炭素−ハロゲン結合を有するそれぞれの単量体型の化合物

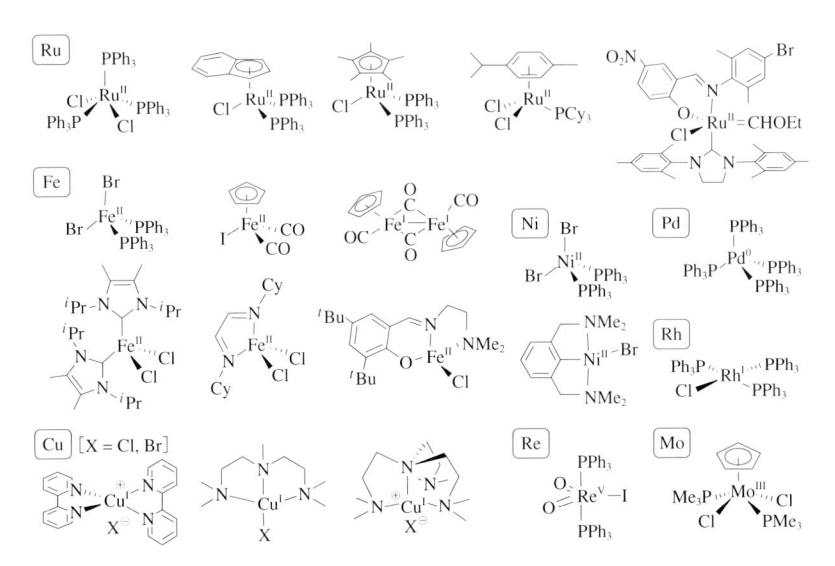

図 1.47　リビングラジカル重合に有効な遷移金属錯体触媒の例

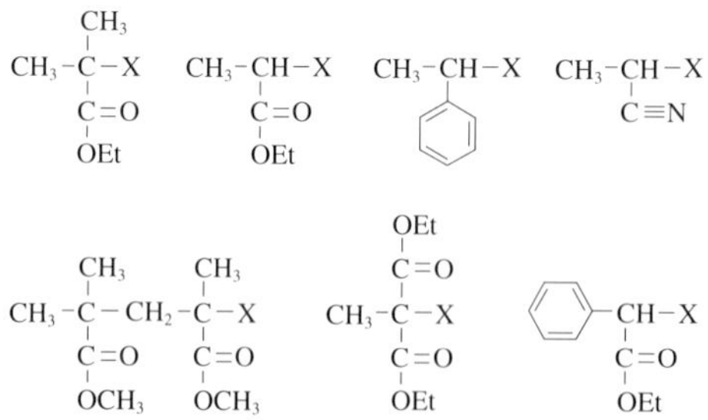

第Ⅰ編　ラジカル重合

図1.48　金属触媒によるリビングラジカル重合に有効な開始剤の例

で十分な重合制御がなされている．一方，メタクリル酸エステルなどのビニリデン型モノマーの重合では，重合生長末端のドーマント種と立体的なかさ高さの面で類似した構造である2量体型の化合物により分子量のより精密な制御が可能となる[130, 131]．また，フェニル基とカルボニル基の両方を有するハロゲン化合物も開始剤として有効である．このように有効な開始剤は，主にカルボニル基や芳香環に隣接した炭素－ハロゲン結合をもつ化合物であり，これらの置換基によって生成ラジカルが安定化されている．

一般にC(R)－X型の開始剤の反応性は，RがCN>C(O)R′>C(O)OR′>Ph>Cl>OCOR′>Meの順に低下する[131]．四塩化炭素やクロロホルムなどのポリハロゲン化物も開始剤として使用可能であるが，複数の炭素－ハロゲン結合が存在するため，多官能性開始剤として働くことや副反応が起こることが報告されている．一方，ハロゲンについては，塩素，臭素，ヨウ素が用いられ，この順に炭素－ハロゲン結合の反応性は増加するが，安定性は低下するため，重合後期ではドーマント末端のハロゲン導入量が低下する．また，ヨウ素化合物を用いた場合には，6.6節において述べるヨウ素移動ラジカル重合機構によっても重合が進行する可能性がある．

金属触媒による重合では，高酸化状態にある金属をAIBNなどのラジカル重合開始剤とともに用いて行う重合系（reverse ATRP）が報告されている（図1.49）[132]．この重合系では，重合初期に系内においてラジカル重合開始剤より生成した炭素ラジカルが，$CuBr_2$のような高酸化状態にある金属と反応してCuBrへと還元するとともに，安定な炭素－臭素結合をもつ化合物が生成する．その後はこのように生じた炭素－臭素結合を，CuBrが可逆的に活性化することでATRP機構による重合が進行する．酸化に対して安定な高原子価の金属種を出発物質として用いており，反応の取り扱いやすさなどの利点がある．

このように高原子価の金属種を出発物質として用いるほかの重合系として，炭素－ハロゲン結合をもつ化合物を開始剤とする系があるが，還元剤として2価のスズ，糖，アスコルビン酸などをともに用いることで，重合系内において低原子価の金属種を生成する方法（activator generated by electron transfer：AGET）も報告されている[133]．

6章　リビングラジカル重合

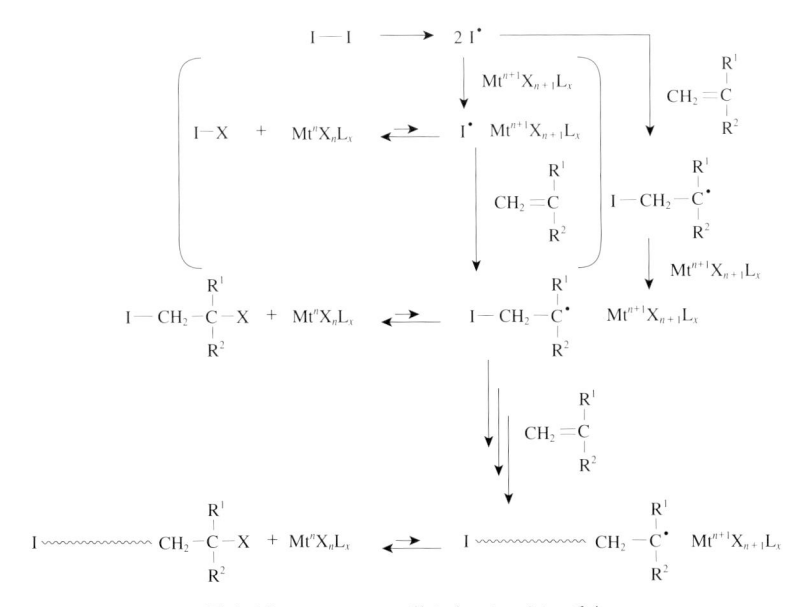

図 1.49　reverse ATRP 型リビングラジカル重合

　さらに，リビングラジカル重合に関する定義の部分で述べたように，金属触媒を用いたリビングラジカル重合においてもラジカル生長種どうしの停止反応がわずかに起こり，その頻度は条件に依存するが，不可避であるといわれている．金属触媒を用いた系では，停止反応が起こると高酸化状態にある金属種が重合系中に蓄積し，重合反応が遅くなる，さらには停止したりする．このように重合の途中で生成してくる高原子価の金属種を，還元剤を用いて再び低原子価に戻すことで，活性な状態にある金属種を再生し重合を進行させることも可能である．このような目的として，低原子価の金属触媒を出発物質として用いる系に，同様な還元剤を添加する系（activator regenerated by electron transfer : ARGET）（図 1.50）[134]や，アゾ化合物などのラジカル開始剤を還元剤として加える系（initiators for continuous activator regeneration : ICAR）[135]が報告されている．これらの重合系では，触媒量を劇的に低減させることが可能であり，数十 ppm 〜数 ppm 程度の金属触媒でも重合が進行し重合の制御が可能となっている．

　一方，0価の銅を触媒として用いた系も非常に高い活性を示し，極少量の触媒でも室温で高速のリビングラジカル重合を，（メタ）アクリル酸エステル，塩化ビニルに対して可能とすることが報告されている．ATRP では，電子移動とハロゲンの引き抜きが協奏的に起こる内圏一電子移動機構によりラジカル種が生成するが，0価の銅を用いた系では，まず金属から炭素−ハロゲン結合への一電子移動が起こりラジカルアニオンを生成した後

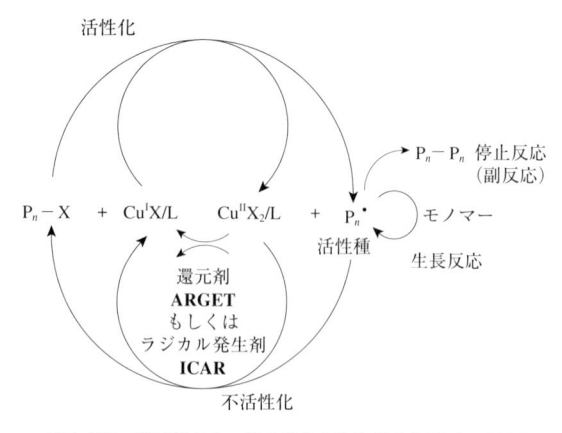

図 1.50 還元剤あるいはラジカル発生剤存在下でのATRP

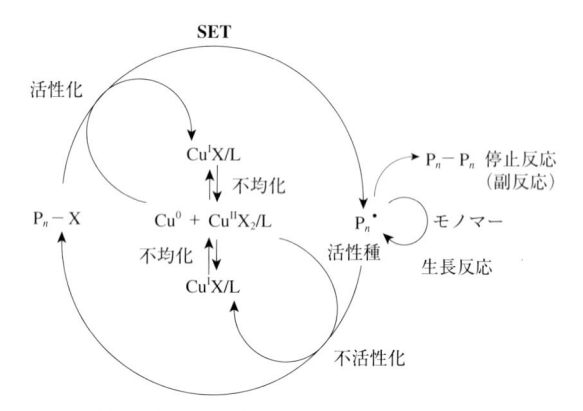

図 1.51 0価の銅によるリビングラジカル重合

に，ハロゲンアニオンが抜けることでラジカル種が生成する外圏一電子移動によりリビングラジカル重合が進行すると考えられている（SET-LRP）（図1.51）[136,137]．

　遷移金属触媒によるリビングラジカル重合の実用化に向けての大きな問題点は，重合終了後の触媒除去の難しさである．生成ポリマー中の金属触媒残渣は製品の安全性や性能に支障をきたすとして問題視されている．このような問題点は，上述のように極少量で働く高活性触媒系の開発による触媒量の低減や，イオン交換樹脂や吸着剤の開発，触媒の担持[138]や水溶性配位子の使用などによる効果的な触媒除去[139]により解決可能であると期待されている．一方，毒性が低く豊富に存在する鉄触媒を用いた重合も，実用的な観点から注目されている[140～143]．

6.5 ◆ ジチオエステルを用いた重合

　硫黄化合物のラジカル反応への利用は古くから知られている．たとえば，ジチオエステルへの付加−開裂型の反応を有機反応に用いた例として，アルコール（ROH）からキサンテート（ROC(S)SMe）を経由して，アルカンへ変換する反応（Barton−McCombie プロセス）がある[144]．この反応では，R 基が Me 基より安定なラジカルとなるため，炭素−酸素結合の開裂を伴うラジカル反応であるが，その後 1988 年に Zard らによりキサンテートの構造を変えることで，炭素−硫黄結合の開裂を伴う反応が報告され，有機合成に用いられている[145, 146]．

　一方，ラジカル重合においては，チオールなどの硫黄化合物が強力な連鎖移動剤として知られており，分子量調節剤として広く用いられていた（3.4.4 項参照）．さらに 1982 年に大津らは，ジチオカルバメート（RSC(S)NR′2）の炭素−硫黄結合を光によって可逆的に切断することにより，スチレンのリビングラジカル重合が進行することを報告した[70~72]．この重合はイニファータ重合とよばれる（3.1.1 項 D. 参照）．この反応では，ジチオカルバメートの炭素−硫黄結合が光により可逆的に切断することで，開始ラジカルおよび生長ラジカルが生成するとともに，C＝S 二重結合への連鎖移動によっても同様なラジカルが生成することで，分子量の制御が可能となることが提案されており，そのためこのような命名がなされている（図 1.52）．この重合では，反応の進行に伴い分子量の増加が報告され，リビング重合の挙動が見られるが，分子量分布がやや広い，重合が遅いなどの点が問題とされていた．

　これに対し，ジチオカルボキシレート（RSC(S)R′）を連鎖移動剤とし，AIBN などのラジカル発生剤をともに用いることで，非常に広範囲のビニル化合物の重合において精密な分子量制御が達成されることが，Moad，Rizzardo，Thang らによって 1998 年に報告された[147]．この重合においては，ラジカル発生剤から生成したラジカルがモノマーに付加してオリゴマーラジカルを生成し，これが連鎖移動剤の C＝S 二重結合へ付加し，中間体ラジカルを経由して，炭素−硫黄結合が解離して炭素ラジカル種（R•）と連鎖移動剤と類似の構造をもつジチオエステルが生成する（図 1.53）[86]．この炭素ラジカル種はモノマーに付加して重合を進行させるが，ジチオエステルと反応することでドーマント種に戻ることが可能である．すなわち，炭素ラジカルは中間体ラジカルを経由して，ドーマント種であるジチオエステルと速い交換反応を起こしており，これによりすべてのポリマー鎖が同じような確率で生長し，分子量の制御が可能となる（交換連鎖機構）．また，ポリマーの分子量はモノマーと連鎖移動剤の仕込み比によって制御することが可能である．交換連鎖反応が生長反応に比べてどれだけ速く起こるかが分子量制御の鍵であり，後で述べるようにモノマーの構造に応じた硫黄化合物の設計が重要である．このように硫黄化合物は付加−

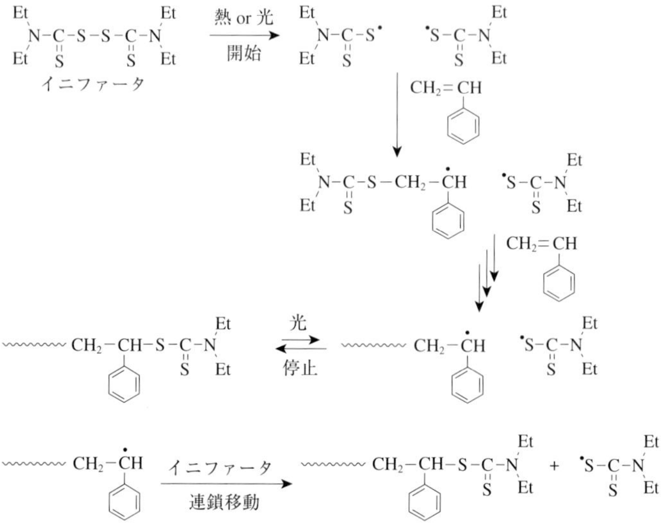

図 1.52 ジチオカルバメート系光イニファータによるスチレンのリビングラジカル重合

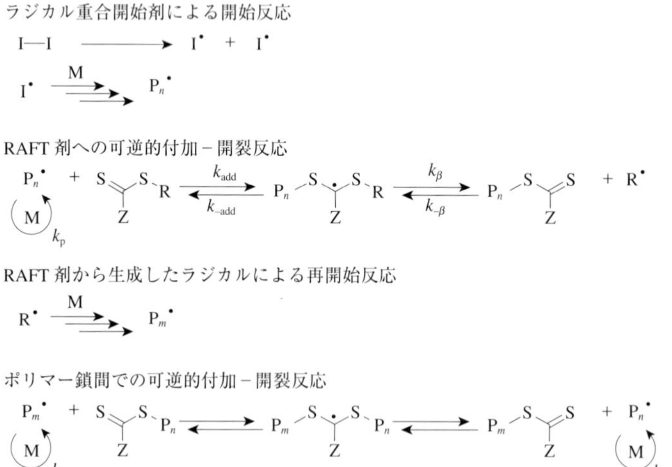

図 1.53 チオカルボニル化合物による RAFT 重合

開裂型の可逆的連鎖移動剤（reversible addition-fragmentation chain transfer agent）として働いているため，この重合は一般的に RAFT 重合とよばれている．

　RAFT 剤の構造は，付加－開裂反応によりラジカルを生じる部分（R）とチオカルボニル基に隣接する部分（Z）からなり（R－SC(S)Z），さまざまな構造の RAFT 剤およびその

合成経路が報告されている[86,148]．RAFT剤は，生長炭素ラジカルの付加をC=S二重結合に受けるが，そのとき生成する中間体ラジカルは，速やかに開裂してR•を生じ，R•はモノマーに付加して重合を速やかに再開する必要がある．このため，R部分はラジカルを安定化し重合を開始しやすい，ニトリル基，芳香環，カルボニル基などの置換基が炭素に隣接しているものが用いられる．図1.54に示すように，Rの構造が各速度定数にどのような影響を与えるか，また各モノマーにどのようなRが適しているかがわかっている．

一方，Z部分は中間体ラジカルの安定性に大きな影響を及ぼし，ラジカルの付加速度および開裂速度はZの構造に大きく依存する．図1.55に示すように，置換基Zに対する各速度定数の依存性が調べられており，各モノマーに適した置換基が明らかとなっている．Zの構造によりジチオカルボキシレート（Z=R），トリチオカーボネート（Z=SR），キサンテート（Z=OR），ジチオカオルバメート（Z=NR$_2$）とその名称は異なり，ラジカルの付加速度および連鎖移動速度定数はおおよそこの順に減少する．メタクリル酸エステル，アクリル酸エステル，スチレンなどの共役モノマーの重合には，Z=R，SRが適しており，一方，酢酸ビニルやビニルアミドなどの非共役モノマーの重合にはZ=OR，NR$_2$が適している．キサンテートを用いた系は，MADIX（macromolecular design by interchange of xanthate）ともよばれている[149,150]．また，RAFT重合においては，RAFT剤の種類や重合条件により誘導期が認められるので注意が必要である．

図1.54 置換基RがRAFT剤に及ぼす影響とモノマーの適用性

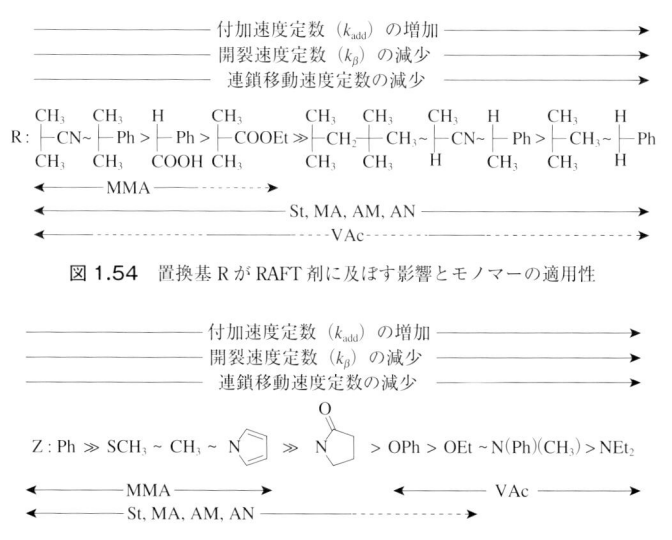

図1.55 置換基ZがRAFT剤に及ぼす影響とモノマーの適用性

MMAはメタクリル酸メチル，Stはスチレン，MAはアクリル酸メチル，AMはアクリルアミド，ANはアクリロニトリル，VAcは酢酸ビニル．

RAFT重合は，適したRAFT剤を用いることで非常に広範囲のモノマーの重合制御を可能とするのみならず，水やイオン性物質の影響を受けにくい重合系であるため，官能基をもつモノマーや水系での重合にも比較的容易に適用可能である．ただし，RAFT剤を分解する第一級および第二級アミンやチオールの存在は不可である．RAFT剤の合成法にはさまざまな合成経路があり，比較的容易に合成可能である．しかし，問題点は硫黄化合物特有の臭いであり，特にポリマー末端にチオカルボニル基が結合しているため，着色や分解に伴う臭いの発生が問題とされており，重合終了後にいかにチオカルボニル基を除去するかも重要である．

6.6 ◆ その他のリビングラジカル重合系

上記の主な三つの重合系以外にも，多数のリビングラジカル重合系が報告されており，優れた重合制御や適応性を示すものがある．

たとえば，ニトロキシドと同じく解離−結合機構に属する重合系として，炭素−コバルト結合[91,92]，炭素−モリブデン結合[151]，炭素−チタン結合[152]，炭素−クロム結合[153]などの炭素−金属結合をドーマント種とするリビングラジカル重合系も報告されている．特に$Co(acac)_2$を用いる系は酢酸ビニルの重合制御に非常に有効である[92]．このような炭素−金属結合を介するリビングラジカル重合では，金属はポリマー末端に対し触媒的に働いておらず，末端には1分子の金属錯体が存在するという点で，金属錯体が炭素−ハロゲン結合を触媒的に活性化する原子移動機構とは異なる．しかし，金属触媒の酸化還元電位によってはこれらの異なる2種類の重合が同時に進行する可能性もあり，お互いに密接な関係がある[154]．

また，RAFT重合と同じく交換連鎖移動機構に分類される重合系では，炭素−ヨウ素結合を用いたヨウ素移動重合[93]や，テルルやアンチモン化合物を用いた重合[94,95]が報告されている．ヨウ素移動重合は，1980年代に建元らによりフッ化ビニリデンなどのフッ素系モノマーの重合において，分子量制御に有効であることが報告された[114,115]．その後，酢酸ビニルなどの通常のビニルモノマーの重合制御にも用いられている[155]．また，結合解離エネルギーの低い炭素−テルル結合および炭素−アンチモン結合をドーマント種とした重合は，共役モノマーおよび非共役モノマーの広範囲のモノマーの重合制御に有効であることが山子らにより報告されている[94,95]．

以上のように，非常に多種多様なリビングラジカル重合系が報告されているので，これらを使用するにあたっては，モノマーの種類，重合条件，生成ポリマーの使用目的，試薬の入手のしやすさなどのいろいろな要因を考えて，最適な重合系を選択することが重要であると考えられる．

7章 リビングラジカル重合を用いた精密高分子合成

　上述したように，リビングラジカル重合は，さまざまなタイプのビニルモノマーに加えて，極性官能基を有するモノマーの重合においても精密な分子量制御を可能とする．さらに，重合系に極性物質や極性基が存在しても重合の制御が可能であるため，リビングイオン重合や配位重合のように水分の混入を気にすることなく，非常に容易に重合反応を行うことができる．しかしラジカルによる反応であるため，重合系からは空気，特に酸素を除く必要があるが，開始剤やポリマーの生長末端に存在する共有結合のドーマント種は一般に空気中でも安定に取り扱えるため，精製時などの実験操作も容易であるとともにさまざまな応用へと展開できる．このようなさまざまな優位点を利用して，末端官能性ポリマー，ブロックポリマー，グラフトポリマー，星型ポリマー，および，これらの制御構造を複数有する複雑な構造を有する多種多様な高分子の精密合成に広く使用されている（図1.56）[83〜86]．本章では詳細は省略するが，上記に加え既存のポリマー，他の重合法により得られたポリマー，天然高分子あるいは生体高分子とのブロックポリマー化や，さらには無機化合物や金属など異種材料の表面からリビングラジカル重合を行うことなどにより，さまざまな材料との融合が図られている．

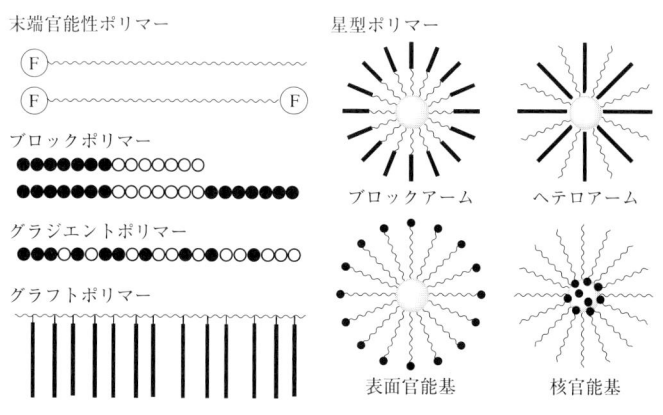

図1.56　リビングラジカル重合により合成可能な種々の精密制御構造高分子

7.1 ◆ 末端官能性ポリマー

　末端官能性ポリマーは，ポリマーの末端に官能基を有するポリマーであり，通常，リビングイオン重合では開始剤法と停止剤法の二つの方法により合成可能である（図1.57）．前者は，開始剤中でモノマーに付加して重合を開始する部分に官能基を導入する方法，後者は，生成ポリマーの生長末端を停止する際に官能基をもつ停止剤を加えて末端を封止する方法である．同様にリビングラジカル重合においても，両方法により末端官能性ポリマーの合成が可能である．開始剤法には，すべてのポリマー鎖が官能基をもつ開始剤から生成すれば非常に高い官能基導入率が達成されるが，他のラジカル種からポリマー鎖が生成するとその導入率は低下するという問題がある．一方，停止剤法では，重合を停止するまでに末端が失活しないこと，特にリビングラジカル重合においては，安定なドーマント末端を効率的に官能基を有する末端に変換する方法を見出すことが重要となる．

　以下では，前章で述べた三つの代表的なリビングラジカル重合系である，ニトロキシドを用いた重合，遷移金属触媒を用いた重合，ジチオエステルを用いた重合における方法のそれぞれについて具体例を挙げて説明する．

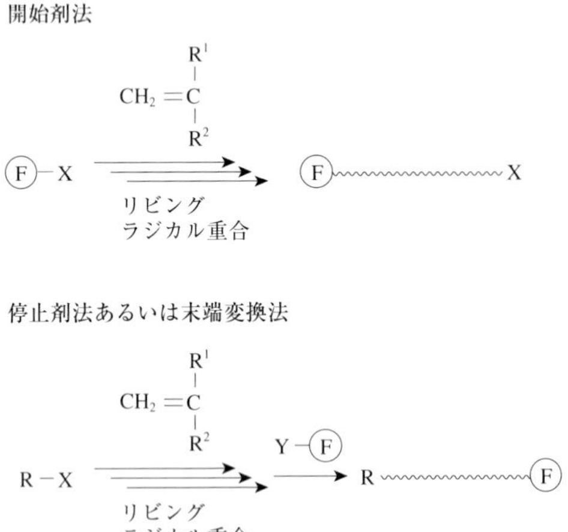

図 1.57　リビングラジカル重合による末端官能性ポリマーの合成法

7.1.1 ◆ 開始剤法

　ニトロキシドによる重合では，開始剤となるアルコキシアミンにおいて炭素ラジカルを発生する側の側鎖に，ハロゲン，水酸基，アミノ基，ビニル基，エポキシ基などさまざま

7章　リビングラジカル重合を用いた精密高分子合成

な置換基を導入することで，末端官能性ポリマーの合成が可能となっている．そのような開始剤の一例を図1.58(a) に示した[99,156〜160]．これらの開始剤は，1-フェニルエチル基の芳香環上あるいはアルコキシアミンのβ炭素上に種々の置換基が導入されている．一般にこれらの位置に置換基を導入しても，重合の開始反応に悪影響を及ぼさないことが報告されている．

遷移金属触媒を用いた重合では，炭素‐臭素，炭素‐塩素結合を有する化合物や，塩化スルホニル化合物に種々の官能基を導入することで，末端官能性ポリマーが合成されてい

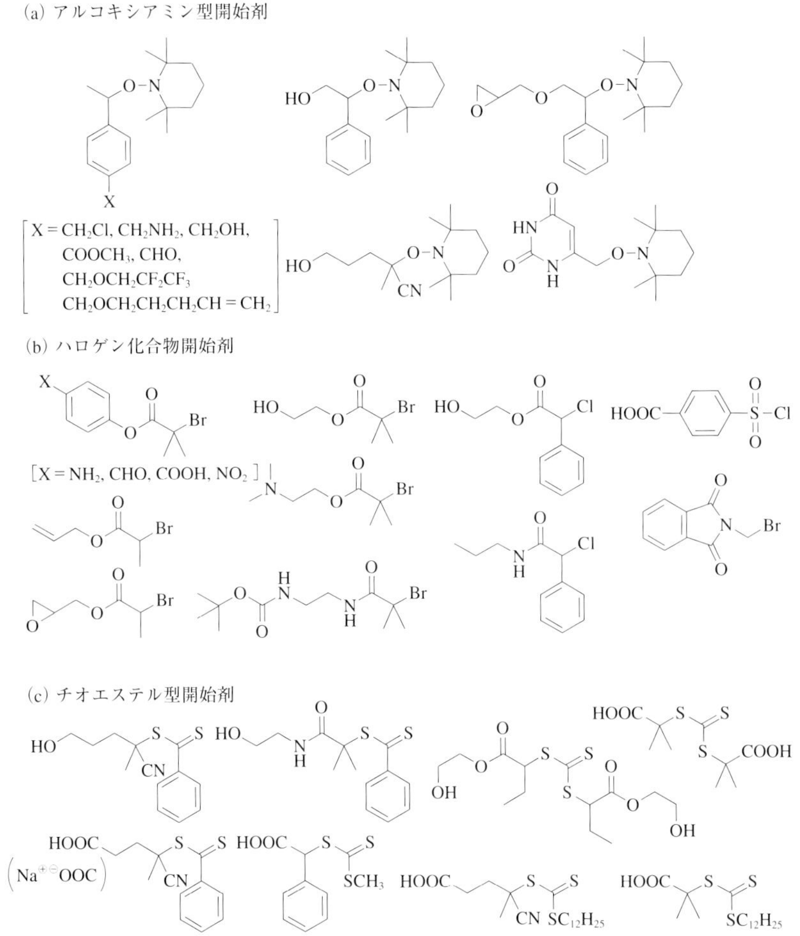

図1.58　リビングラジカル重合における末端官能性開始剤の例

る（図 1.58(b)）[161〜166]．官能基は，ビニル基，水酸基，第三級アミノ基，エポキシ基，アミド基など多岐にわたる．カルボン酸や第一級のアミノ基は金属錯体に対して触媒毒となることが多いが，錯体や反応条件によっては導入可能な場合もある．これらの開始剤の多くは，対応する炭素－ハロゲン結合を有する酸ハロゲン化物と官能基を有するアルコールから容易に合成可能である．

RAFT 重合は，他の重合系に比べて官能基に対する耐性が高いことが特徴であり，水酸基，カルボン酸，ナトリウム塩など，種々の極性置換基を有する RAFT 剤が合成され，その有効性が示されている（図 1.58(c)）[167〜172]．しかし，第一級や第二級のアミノ基は，チオカルボニル部位と反応してしまうため，フタルイミド基などの形で保護してからの導入が必要となる．

7.1.2 ◆ 停止剤法および末端基変換法

上で述べたように，リビングラジカル重合において停止末端側に官能基を導入するには，安定な共有結合種を効率的に変換する方法の開発が必要である．リビングアニオン重合などのイオン重合では，生長末端であるイオン種と極性反応を行う化合物を加えて重合を停止させることで，容易に末端官能性ポリマーの合成が可能となっている．一方，リビングラジカル重合では，このような効率的かつ迅速な停止反応を行うことは共有結合ドーマント末端の高い安定性のために難しく，種々の置換基を導入する目的に対して，停止剤法はあまり広く使用されない．しかし，停止剤法は，適切な方法が見つかれば，リビングラジカル重合の停止時に化合物を加えるだけで官能基の導入が容易に可能となるため，特に実用的な見地から有用であると期待されており，いくつかの方法が報告されている．

ニトロキシドを用いた重合では，チオールやジチウラムジスルフィドをニトロキシルアミン末端のポリマーに加えることで，それぞれ，水素およびジチオカルバメート末端のポリマーへと変換可能である（図 1.59(a)）[99,173,174]．また，単独重合性のないマレイミドを添加することで，ニトロキシドが脱離した形でマレイミド末端の導入が可能である．

遷移金属錯体を用いた重合では，重合の停止剤として単独重合性のないビニル化合物を添加し反応させることで末端の変換が行われている[175〜179]．特に，フェニル基を有するシリルエノールエーテルでは，ビニル基へのラジカル末端の付加とともに，ハロゲンとシリル基の脱離が起こり，末端にケトンが導入されたポリマーが生成する（図 1.59(b)）．また，アリル化合物の使用も有用である．さらに，アジド，第一級アミン，チオール，カルボン酸などによる炭素－臭素末端の求核的置換反応を用いることでも，末端基の変換が可能である[180〜183]．

RAFT 剤を用いた重合では，上述したように末端にチオカルボニル基が結合したポリマーが得られ，着色や臭いなどが問題となる場合があるが，これを避けるための変換方法がいくつか報告されている（図 1.59(c)）[171,184,185]．たとえば，アミンや水素化ホウ素ナト

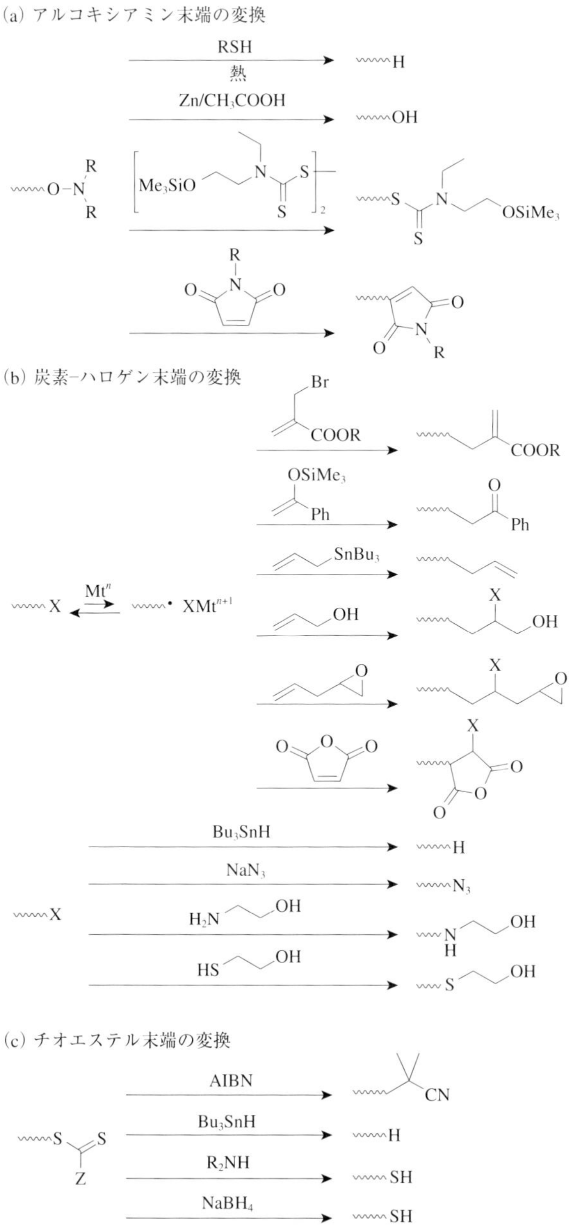

7章　リビングラジカル重合を用いた精密高分子合成

(a) アルコキシアミン末端の変換

(b) 炭素-ハロゲン末端の変換

(c) チオエステル末端の変換

図 1.59 リビングラジカル重合における末端変換法の例

リウムなどの還元剤と反応させることでチオールへ，水素化トリブチルスズとの反応により水素末端への変換などが行われている．また，生成ポリマーを過剰量のAIBNなどのアゾ系開始剤と反応させることで，停止末端側にもアゾ化合物由来の置換基が導入され，白色のポリマーが得られる[184]．

7.2 ◆ ランダム共重合体およびグラジエント共重合体

　上述のように，ラジカル重合は，他のイオン重合と比べて非常に多様なビニルモノマーの重合を可能にし，さらにこれらのモノマーを共重合できることが大きな特徴である（4章参照）．ラジカル共重合では，モノマーおよびモノマーから生成する生長ラジカル種により決定されるモノマー反応性比に従ってモノマーが消費されるが，モノマー反応性比は，厳密にはポリマーの分子量に依存することが知られている．リビングラジカル重合においては，重合初期において特に生成ポリマーの分子量が低く，またドーマント種とラジカル生長種との交換反応があるため，これらの因子がモノマー反応性比に若干の影響を及ぼすと考えられている．しかし，基本的には，リビングラジカル共重合におけるモノマー反応性比は通常のラジカル共重合におけるものと大差はなく，リビングラジカル共重合で得られるポリマー全体中のモノマー組成比は，通常のラジカル共重合におけるものと大きな違いはない．

　一方，リビングラジカル重合を共重合に用いると，全ポリマー鎖の開始反応が重合初期に起こり，全ポリマー鎖が同じように伸びていくため，ポリマー鎖間でのモノマー組成分布がほぼ同じであるポリマー鎖を得ることが可能となる．これに対し，通常のラジカル共重合では，反応初期においては，反応性の高いモノマーが多く含まれるポリマー鎖が得られ，反応後期では反応性の低いモノマー組成が高いポリマー鎖が得られるため，鎖間での組成分布があり，"均一な"ポリマー鎖を得ることは困難である．さらに，リビングラジカル共重合を用いると，モノマー反応性比に応じて，長さの揃ったランダム（統計的）共重合体のみならず，徐々に一方の成分が増加するグラジエント共重合体や，交互共重合体と単独共重合体からなるブロックポリマーを得ることが可能である（図1.60）．このような制御された共重合体を得るためには，一般的には，両モノマーの単独重合において分子量制御を可能とする開始剤系を使用することが望ましい．

　以下にリビングラジカル共重合による，制御された共重合体の合成例を紹介する．たとえば，アクリル酸メチルとメタクリル酸メチルの共重合では，両モノマーはほぼ同時に消費され，両者の単独重合において分子量分布の狭いポリマーを与える共通の遷移金属触媒 $[RuCp^*Cl(PPh_3)_2]$（Cp^*＝ペンタメチルシクロペンタジエニル）を用いると，非常に分子量分布の狭いランダム（統計的）共重合体が得られる[119]．一方，$RuCl_2(PPh_3)_3$のように

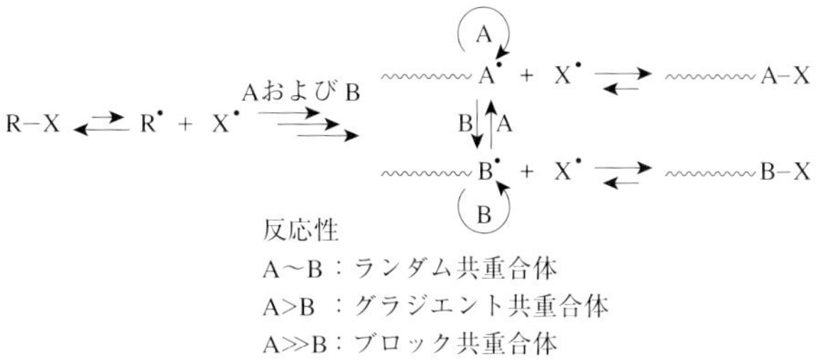

```
                            A
        AおよびB      A•  +  X•  ⇌  ～～A-X
R-X ⇌ R• + X•       B↕A
                     B•  +  X•  ⇌  ～～B-X
                            B
         反応性
         A～B  : ランダム共重合体
         A>B   : グラジエント共重合体
         A≫B  : ブロック共重合体
```

図 1.60 リビングラジカル共重合による共重合体の合成

アクリル酸エステルの重合制御にあまり有効でない錯体をこの共重合に用いると，アクリル酸エステルの仕込み量が増えるにつれ，分子量分布が広くなる．

モノマーの反応性が大きく異なるアクリル酸エステルと酢酸ビニルの共重合では，反応性の高いアクリル酸エステルが酢酸ビニルより速く消費される[186]．この共重合において，両モノマーの重合制御に有効な RAFT 剤やマンガン錯体を用いると，ポリマー鎖には，最初はアクリル酸エステル含有量が多く反応の進行に伴い酢酸ビニル含有量が増加するグラジエント構造と，酢酸ビニルの単独重合体構造からなるブロック的な構造が導入されるとともに，分子量の制御も可能となる．

さらに，スチレンと少量の無水マレイン酸との共重合においては，交互共重合体構造とスチレンの単独重合体構造からなるブロック共重合体が合成可能であることが，ニトロキシドによる重合系や RAFT 重合系において報告されている[187,188]．また，非極性オレフィンとアクリル酸エステルの共重合において，共重合反応性を変化させるルイス酸やプロトン性化合物を重合系に添加することで，オレフィン含有量が多く分子量の制御されたポリマーを得ることが可能である[129]．

7.3 ◆ ブロック共重合体

リビングラジカル重合の大きな利点の一つは，さまざまなモノマー，特に極性官能基を有するモノマーの重合制御が可能となることである．リビングイオン重合では，極性官能基は生長イオン種と反応を起こし重合を停止してしまうため，保護基を用いて重合中は保護し，重合後に脱保護を行うなどの操作が必要であるが，リビングラジカル重合では，このような煩雑な操作を必要としない．この特徴を生かして，各種モノマーを組み合わせることで，これまでのリビング重合では得られなかった多種多様なブロックポリマーの合成が可能となっている．

制御されたブロックポリマーの合成に際して，モノマーを添加する形で行う場合には，

ブロックするそれぞれのモノマーの単独リビングラジカル重合を可能にする共通の重合系を用いることが必要である．この方法では，リビングイオン重合によるブロックポリマーの合成と同様に，1段目のモノマーの重合がほぼ完了した時点で2段目のモノマーを添加することでブロックポリマーの合成が可能となる．しかし，リビングラジカル重合においては，重合の後期になると生長末端どうしの停止反応が生長反応に比べて無視できなくなるため，モノマーが完全に消費されてから2段目のモノマーを添加すると，失活したホモポリマーが多く副生する問題が起こる．このため，この方法では，1段目のモノマーが完全に消費される前に，2段目のモノマーを加える必要があるが，その場合，2段目のブロック鎖には残存した1段目のモノマーが共重合する形で若干含まれることになり，厳密には完全なブロックポリマーを得ることは難しい．

　これを避けるために，リビングラジカル重合では多くの場合，1段目の重合途中で重合を停止し，プレポリマーを再沈殿などにより単離・精製してから，マクロ開始剤として2段目のモノマーの重合に用いるという手法が採られる（図1.61）．この方法は，リビングラジカル重合における生長末端のドーマント種が，安定な共有結合種であり，多くの場合，空気中でも安定に取り扱えるという，リビングラジカル重合のドーマント種の性質を有効に利用した方法である．すなわち，重合途中にポリマーを取り出すことで，末端の失活を実質上回避することができ，その後のブロック効率の向上にもつながる．さらに，プレポリマー単離後に末端を変換するなどの方法により，2段目のモノマーの重合に適した重合系へと変換することができるため，合成可能なブロック共重合体の範囲をより広げることが可能となる．

　ニトロキシドを用いた重合では，TEMPOがスチレンの重合制御に有効であるため，特にスチレンを1段目に重合し，その後に他のモノマーを重合することで種々のブロックポリマーを合成できる．しかし，より精密に制御された各種ブロックポリマーの合成には，モノマーに対する適応性の高いTIPNOやSG1を用いた重合系が適している．また，プレポリマーを単離してから2段目のモノマーの重合を行うことで，スチレン系モノマーとアクリル酸エステル，アクリロニトリル，ジエン類などさまざまなブロック共重合体が高収率で得られている[104, 189]．

　金属触媒を用いた重合では，炭素－ハロゲン結合を有するプレポリマーを，触媒を含む重合溶液から再沈殿させることで単離・精製した後，2段目のモノマー溶液に不活性ガス

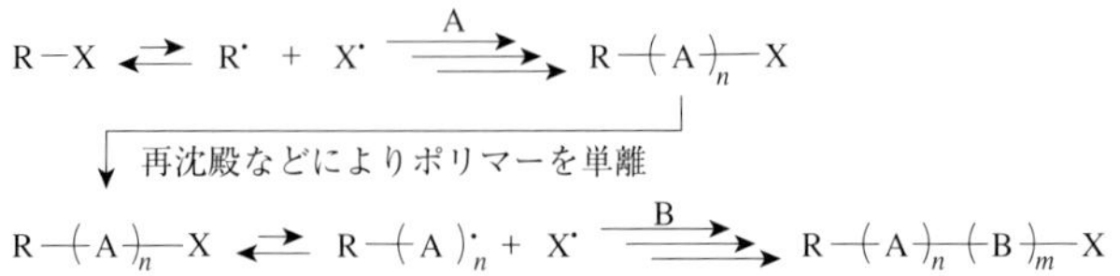

図1.61 リビングラジカル重合によるブロック共重合体の合成方法の例

雰囲気下で溶解し，再び金属触媒を加えて重合を行うことでブロックポリマーの合成が可能となる[85]．銅触媒を用いた重合系では，アクリロニトリル，メタクリル酸エステル，スチレン，アクリル酸エステル，アクリルアミド類など多様なモノマーを用いたブロックポリマーの合成が行われている．この系では，炭素−ハロゲン結合の反応性の問題から，モノマーの重合を図 1.62 に示すような順で行うと収率良くブロックポリマーが得られることがわかっている[131]．また，アクリル酸エステルからメタクリル酸エステルのように，逆の順序で重合を行う場合には，たとえば，炭素−臭素末端をもつプレポリマーに対して，CuCl を触媒として用いてハロゲン交換を起こすことでブロック効率の高い共重合体の合成が可能となっている．一方，リビング性が高い重合系を用いる場合は，プレポリマーを単離することなく，モノマーの重合率が 90％付近に達した点で 2 段目のモノマーを添加することでブロック共重合が可能となるが，ブロック後のセグメントには 1 段目のモノマーユニットが少し含まれることは上述のように不可避である[190]．

　RAFT 重合はモノマーの適応性と官能基耐性が高いため，異なる種類のモノマーや，特にアクリル酸やアクリルアミドなどの親水性官能基をもつモノマーを成分とするさまざまなブロックポリマーの合成に広く用いられている．ブロック重合の際には，生長末端の炭素−硫黄結合が解離しやすいという点から，RAFT 重合においてもモノマーを重合する順番が重要であり，特にメタクリル酸エステルとアクリル酸エステル，あるいはメタクリル酸エステルとスチレンのブロック共重合においては，メタクリル酸エステルを先に重合する必要がある[86]．また RAFT 重合においては，ブロック重合においても，高分子量体のマクロ RAFT 剤に AIBN などのラジカル重合開始剤を加える必要があり，ラジカル重合開始剤から生成するホモポリマー鎖が少量含まれることに注意する必要がある．

　上で少し述べたように，リビングラジカル重合で得られたポリマーの末端を，別のリビングラジカル重合の末端に変換することでブロックポリマーの合成が行われている．たとえば，遷移金属触媒によるリビングラジカル重合で得られた炭素−ハロゲン末端はRAFT 末端に変換可能である．

　さらには，既存のポリマーや他のリビング重合系で得られたポリマーの末端を，リビングラジカル重合に適した末端に変換してリビングラジカル重合を行うことで，ラジカル重合では得ることのできないセグメントを有するブロック共重合体の合成が可能となる．特に，末端に水酸基を有するポリマーは，水酸基と炭素−ハロゲン結合を有する酸ハロゲン

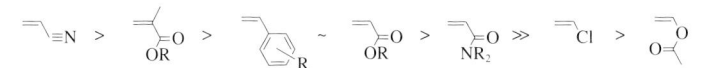

図 1.62　各モノマーから生じる末端炭素−ハロゲン結合の反応性の順序

化物と反応させることにより，末端に炭素−ハロゲン結合の導入が可能となり，これを遷移金属触媒によるリビングラジカル重合の開始点とすることで，多種多様なブロックポリマーの合成が可能となっている．

　リビングラジカル重合で合成されたブロック共重合体は，界面活性剤や分散剤，相溶化剤などの用途や，バイオマテリアル，ドラッグデリバリー，ナノコンポジットなど多岐にわたる用途が期待されている．たとえば，ブロック共重合体の側鎖に親水性やイオン性，温度応答性の官能基を導入することで，特殊な性質をもつミセルや[191]，ミセルのシェル部分を架橋させ安定化した粒子[192]への展開などさまざまな応用例がある．また，ハード−ソフト−ハード型のABA型トリブロック共重合体も合成され[119]，熱可塑性樹脂としての性質も検討されている[193]．

7.4 ◆ グラフトポリマー

　グラフトポリマーの合成には，(1) マクロモノマーを共重合する方法（grafting through 法），(2) 末端官能性ポリマーの反応性基を利用して他のポリマー鎖に結合させる方法（grafting to 法），(3) ポリマー側鎖の重合開始点から別のポリマー鎖を生やす方法（grafting from 法）があり，リビングラジカル重合においてもいずれの方法も使用可能である（図1.63）．

　マクロモノマーを共重合させる方法 (1) では，末端に重合性官能基としてメタクリル酸エステルを有するポリメタクリル酸エステル，ポリアクリル酸エステル，ポリエチレングリコール，ポリシロキサンなどが，金属触媒やRAFT剤による重合で，単独重合あるいは共重合により，櫛型ポリマーやグラフトポリマーへと変換されている（図1.64）[183, 194〜196]．特に共重合において，通常のラジカル重合を用いる場合には，マクロモノマーは拡散が生長反応に比べて遅いため共重合反応性が低いことが知られているが，リビングラジカル重合を用いると，ラジカル生長種がドーマント種に戻っている間にマクロモノマーが拡散できるため，共重合反応性が低下せず，しかも，リビング重合であるためポリマー鎖間で組成分布の少ないグラフトポリマーが得られる．

　グラフト鎖を結合させる方法 (2) は，立体的にかさ高いポリマーを，ポリマー反応により別のポリマー鎖と反応させることに基づくため反応効率が悪く，ほとんど用いられていない．

　一方，グラフト鎖をポリマー側鎖のリビングラジカル重合開始点から生やす方法 (3) は，長さの揃ったポリマーを非常に高密度で生やすことができるため，広く用いられている．アルコキシアミン，炭素−臭素結合，チオエステル骨格を側鎖に有するモノマーを，側鎖から重合を開始しない条件でまず重合し，得られたポリマーの側鎖からそれぞれのリビン

(1) grafting through 法

マクロモノマー　重合

(2) grafting to 法

高分子反応

(3) grafting from 法

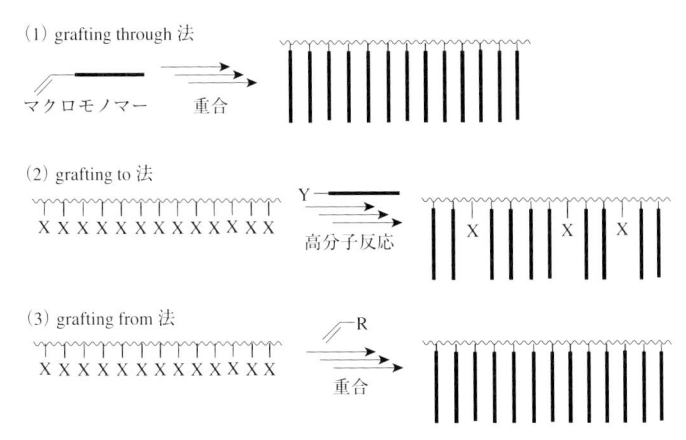

重合

図 1.63　グラフトポリマーの合成法

図 1.64　リビングラジカル重合に用いられたマクロモノマーの例

図 1.65　側鎖にリビングラジカル重合点をもつモノマーの例

グラジカル重合を行うことで，グラフトポリマーが生成する（図 1.65）[99,197]．

　さらに，たとえば金属錯体を用いたリビングラジカル重合を幹および枝の合成の両方に用いると，それぞれ鎖長の揃ったグラフトポリマーの合成が可能となる．このためには，たとえばメタクリル酸 2-ヒドロキシエチルあるいはその水酸基がシリル基で保護されたモノマーを用いたリビングラジカル共重合をまず行い，幹部分を合成した後，水酸基あるいは側鎖シリル基に対して炭素－ハロゲン結合を有する酸ハロゲン化物を反応させることでグラフト重合の開始点を導入し，再び遷移金属錯体を用いたリビングラジカル重合を行

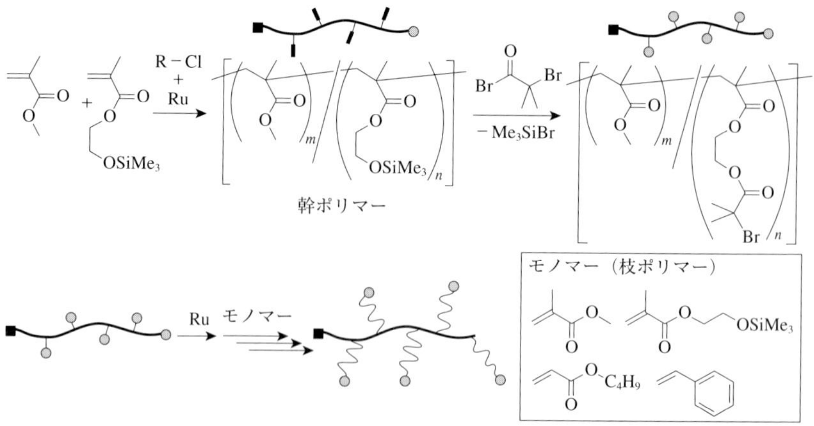

図 1.66 幹と枝の長さが制御されたグラフトポリマーの合成例

うことで長さの揃った枝を合成することが可能である（図 1.66）[198]．

特に，非常に密な状態で枝鎖が生えたポリマーはブラシポリマーとよばれ，AFM による単分子観測やその性質の解析が行われている[199]．

7.5 ◆ 星型ポリマー

星型ポリマーは核から多数の枝が生えたポリマーであり，リビング重合を用いることによりその精密合成が可能となる．その合成法としては一般に，(1) 多官能性開始剤を用いる方法，(2) 多官能性停止剤を用いる方法，(3) ジビニル化合物によるリンキング反応を用いる方法がある（図 1.67）．リビングラジカル重合では上述したように，ドーマント種の高い安定性のため，効率的な停止反応あるいは末端基変換反応を行うことが困難なため，(2) による方法はほとんど用いられていない．

多官能性開始剤を用いる方法では，重合開始点の数が厳密に決まった低分子化合物を合成し，これを開始剤としてリビングラジカル重合を行うことで，腕の本数と長さが決まった星型ポリマーの合成が可能となる．ニトロキシド，金属触媒，RAFT 重合のいずれの場合も複数の重合開始点を有する低分子化合物が合成され，さまざまな本数（3～12 本）をもつ星型ポリマーの合成が可能となっている（図 1.68）[84, 200〜209]．核の部分には，多置換芳香環，糖，カリックスアレン，デンドリマーなどの有機化合物，環状シロキサンやリンアミドのような無機化合物，中心に金属を有する多座金属錯体などが用いられている．RAFT 重合においては，核部分が Z 基になるような RAFT 剤を設計することで，核の側で

(1) 多官能性開始剤法

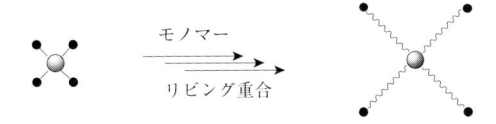

(2) 多官能性停止剤法

(3) ジビニル化合物によるリンキング法

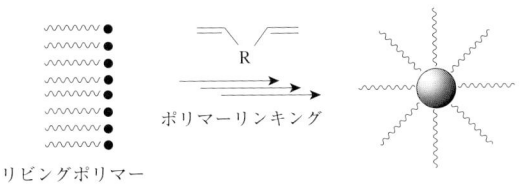

図 1.67 リビング重合を用いた星型ポリマーの合成法

ポリマーの交換連鎖反応が起こるタイプの星型ポリマーも合成可能である[202].

一方，ジビニル化合物によるリンキング反応を用いる方法では，あらかじめそれぞれの重合法で直鎖状のリビングポリマーを合成しておき，ここにジビニル化合物を加えてポリマー鎖間のリンキング反応を行うことで，ミクロゲル核からなり比較的多数の枝（10〜100 本）をもつ数 nm〜数十 nm サイズの星型ポリマーが得られる（図 1.69）[210]．この方法では，核の生成は統計的に起こるリンキング反応に伴って進行するため，枝の本数はある程度の分布をもつ．しかし，複雑な多官能性開始剤を合成しなくても，市販のジビニル化合物を用いて多数の枝をもつ星型ポリマーを簡便に得ることができるため，(1) の方法より実用的である．リビングラジカル重合では，重合後期に停止反応が顕著となるため，あらかじめ腕ポリマーをリビングラジカル重合により合成して単離し，その後ジビニル化合物を加えてリンキング反応を行う方法を採ることが多い．この方法を用いると，異なる枝を有する腕ポリマーを合成しておき，これらをリンキング反応させることで，ヘテロアーム星型ポリマーの合成が可能となる[211]．

さらに，開始剤法による末端官能性ポリマー合成を組み合わせると，星型ポリマーの表面側への官能基の導入が可能になる[212]．一方，リンキング反応の際に官能基を有するジビニル化合物を用いるか，ジビニル化合物とともに官能基をもつビニル化合物を加えるこ

第Ⅰ編　ラジカル重合

図 1.68　リビングラジカル重合における多官能性開始剤の例

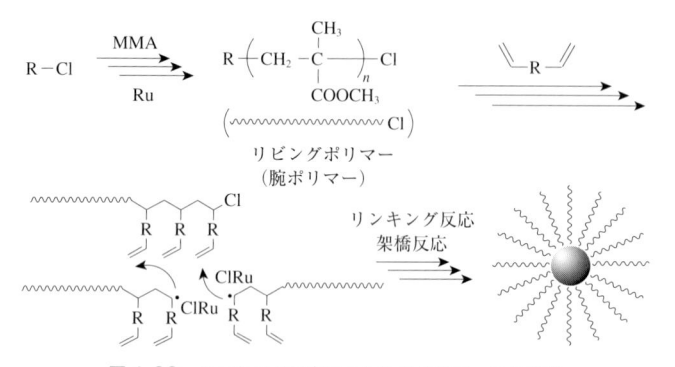

図 1.69　リンキング反応による星型ポリマーの合成例

とで，ミクログル核部分に官能基を有する星型ポリマーの合成が可能となる[213]．また，腕部分の合成にブロック共重合を用いると，ブロックポリマー鎖を腕とする星型ポリマー

の合成が可能となり，特に，親水性モノマーと疎水性モノマーをブロック共重合させることで内側と外側の溶解性が異なる星型ポリマーを合成できる．このようにリビングラジカル重合を用いると，星型ポリマーのさまざまな部分に官能基の導入が可能となる．

また，上記以外の簡便な星型ポリマーの合成法として，マクロモノマーを少量のリビングラジカル重合開始剤とジビニル化合物の存在下でリンキングさせる方法や[214,215]，先にジビニル化合物をリビングラジカル重合によりリンキングしてミクロゲルを合成し，その開始点から腕部分のモノマーを重合させる方法[216]なども報告されている．

7.6 ◆ リビングラジカル重合の精密高分子合成へのその他の展開

上で述べてきたように，リビングラジカル重合では，比較的温和な重合条件で，さまざまな官能基を有するモノマーを，開始剤となる安定な共有結合部分から効率的に重合することができる．この方法は長さの揃ったポリマーを得るうえで非常に有用である．また，この特徴はさまざまな異種材料との複合化にも非常に有効である．すなわち，他の材料表面にドーマント種となる安定な共有結合を導入し，表面からリビングラジカル重合を行うことにより，さまざまな材料の表面修飾およびハイブリッド化を行うことができる[217]．これまでに，シリコン，シリカゲル，金属，金属酸化物，セルロース，フラーレン，カーボンナノチューブ，タンパク質などの表面に，共有結合や配位結合によりドーマント結合が導入され複合化が行われている[218,219]．表面リビンググラフト重合では，従来のグラフト法より高密度でポリマー鎖を均一に生やすことが可能であり，このようにして生成したグラフト鎖は伸びきり鎖に近い状態にあることが調べられており，ポリマーブラシとよばれこれまでにない表面特性を創出することが可能となることが，福田，辻井らによって報告されている[217]．

また，リビングラジカル重合に後述の立体特異性ラジカル重合を組み合わせることで，分子量と立体構造が制御されたポリマーが得られている[220,221]．さらにこの立体特異性リビングラジカル重合を利用することで，ステレオブロックポリマーや，ステレオグラジエントポリマーの合成も可能となっており，高分子の一次構造のさらなる精密制御へと展開がなされている．

8章 ラジカル重合における立体構造の制御：立体特異性ラジカル重合

　ポリマーの立体規則性は，溶解性，結晶性，融点，ガラス転移温度，力学的強度などポリマーのさまざまな性質に影響を及ぼすため，立体構造の制御はポリマー設計において重要な課題である．ラジカル重合における立体規則性は，前末端の立体規則性が関与せずに1つのパラメーターのみによって決定されるベルヌーイ統計におおよそ従うが，厳密には一次あるいは二次マルコフ統計に精度良く一致するといわれている[222,223]．

　ラジカル重合における立体構造制御は，配位重合やイオン重合に比べて非常に難しく，一般的な一置換ビニルモノマーのラジカル重合では，アタクチック構造のポリマーあるいはわずかにシンジオタクチック構造に偏ったポリマーが得られる（3.2.4項参照）．これは，生長種はフリーなラジカル種であり，末端の自由回転が可能で，sp^2炭素状の平面的な構造をとっているため，立体規制が困難であることによる．しかし，ラジカル重合は工業的にも広く用いられており，ラジカル重合においてポリマーの立体構造制御が可能となれば，優れた物性を有するポリマーが容易に合成可能となると期待されるため，ラジカル重合における立体構造制御がさまざまな方法により古くから検討されてきた[220]．現在ではまだ，配位重合のように，高度な立体規則性を有するポリマーの汎用性の高い合成法の確立には至っていないが，ラジカル重合の多様性を生かした種々の立体規制の方法が提案されている．以下では，拘束された空間など特殊な反応場を用いた重合や，モノマーの構造に起因する立体構造制御，溶媒や添加物による立体構造制御に分けてラジカル重合における立体構造制御について述べる．

8.1 ◆ 拘束空間内での重合

　結晶状態，包接化合物，多孔性物質，テンプレートなどの反応場を利用して，拘束された空間内でラジカル生長反応を行うことにより，生長末端の自由回転や拡散を抑制することで立体構造の制御が検討されている．これらの方法は，特定のモノマーや特殊な反応条件など制約があるが，高度な立体規則性が発現する例も報告されている．

8.1.1 ◆ 結晶状態での重合
　モノマーを結晶化させ，固体状態のまま紫外線，X線，γ線などを照射して結晶格子を崩さない状態で重合させることで，立体規則性の高いポリマーが得られている（2.6節，5.6

第 I 編　ラジカル重合

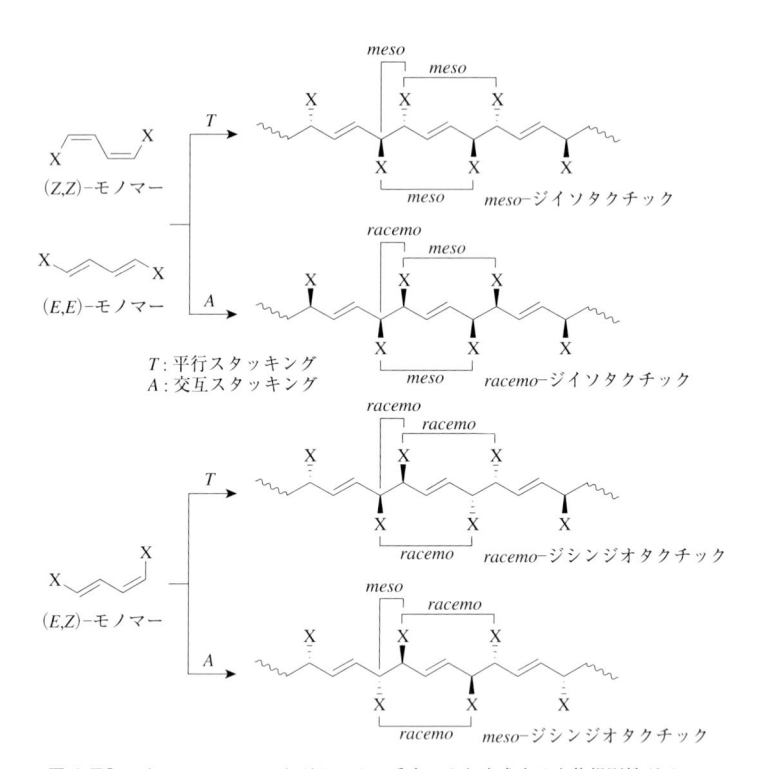

図 1.70　ジエンモノマーのトポケミカル重合により生成する立体規則性ポリマー

節参照).このようなトポケミカル重合は,1,3-ジアセチレン誘導体や1,3-ジエン誘導体などの共役モノマーにおいて有効である.松本らは,特に,ムコン酸エステルやアンモニウム塩において,その置換基と共役二重結合の位置（E および Z）により結晶構造を設計することで,可能な4種類すべての立体構造が完全に制御されたポリマーが得られることを報告している（図 1.70）[8, 224, 225].これらは,モノマー置換基間の水素結合,芳香環のスタッキング,CH/π 相互作用やハロゲン原子相互作用などの弱い分子間相互作用により,それぞれの立体規則性ポリマーを与えるのに適した結晶構造を構築することで達成されている.しかし,一般的なビニルモノマーの重合では結晶格子を保ったまま重合させることは困難であり,立体規則性ポリマーは得られていない.

8.1.2 ◆ 包接重合

包接重合は,ホストとして尿素,チオ尿素,ステロイド骨格をもつ酸などの有機化合物と,ゲストとしてジエンなどのモノマーがつくる包接化合物中で,モノマーの重合が進行する固相重合の一種である（2.6 節,5.7 節参照）[10, 226].ホスト分子の設計とゲストモノマー

の選択により，立体規則性ポリマーや長寿命ラジカル生長種が得られることが竹本，宮田らにより報告されている．モノマーは，ホスト分子がつくる 1 nm 以下の微小な空間内に取り込まれ，この包接化合物に γ 線を照射することでラジカルが発生し，配向したままの状態でゲストモノマーが重合することで，立体規則性ポリマーが得られる（反応式 (1.45)）．

$$\text{ゲストモノマー + ホスト分子} \xrightarrow[\gamma 線]{\text{包接重合}} \text{立体規則性ポリマー} \tag{1.45}$$

このような重合過程は，X 線などの解析から明らかとなっている．図 1.71 にホストとなる有機分子の例を示した．特にブタジエンなどのさまざまなジエン化合物から *trans*-1,4-骨格をもつ立体規則性ポリマーが得られている．ビニルモノマーに関しては，尿素をホストとすることで，塩化ビニルからシンジオタクチック構造[227]，アクリロニトリルからはイソタクチック構造に富むポリマー[228]が得られることが報告されている．キラル化合物であるホスト分子を用いてジエンの重合を行うと，キラルな立体規則性ポリマーが得られることも報告されている[229]．生長種が長寿命のラジカルであることが ESR スペクトル

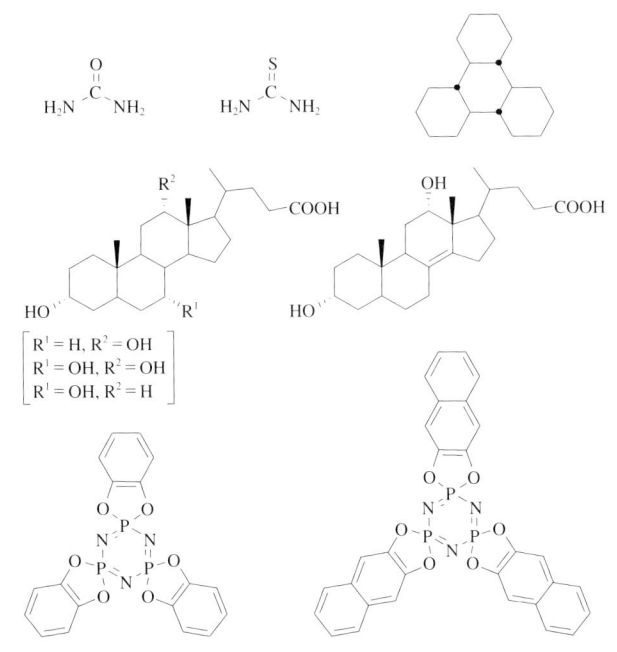

図 1.71 包接重合に利用されるホスト分子の例

によって確認されている．スペクトルの形状はホスト分子に依存し，生長炭素ラジカル鎖のコンホメーションが，ホストのつくる拘束空間に依存することが明らかとなっている．分子量の制御に関しては，分子量の増加する系もあるが，重合の開始反応の制御が困難であることなどの原因により，一般に分子量分布は広く，精密な分子量制御はなされていない．

8.1.3 ◆ 多孔性物質内での重合

包接重合の反応場より大きい空間として，多孔性の無機化合物のチャンネルを利用した重合が報告されている．たとえば，内径 2.4 nm のチャンネルをもつメソポーラスゼオライトである MCM-41 を反応場とし，アゾ化合物などのラジカル重合開始剤を用いてメタクリル酸メチルの重合が行われている[230]．立体構造への影響はほとんどないが，長寿命ラジカル種の生成が確認され，モノマーと開始剤の仕込み比により分子量の制御が可能であることが報告されている．近年，金属イオンと有機配位子によって形成される 1 nm 程度の規則的な多孔性配位空間を利用したラジカル重合が北川，植村らにより研究されている[231]．長寿命ラジカル種の生成や，メタクリル酸メチル，スチレン，酢酸ビニルなどの重合において，イソタクチック構造の含率が増加することが報告されている．

8.1.4 ◆ テンプレート重合

テンプレート重合においては，生長反応はテンプレートとなる親ポリマーの近傍で起こるため，テンプレートポリマーによる立体構造や分子量の制御が可能となると期待される[232~234]．メタクリル酸（MAA）の重合において，テンプレートとしてポリエチレングリコールやポリビニルピリジンを用いるとシンジオタクチック構造に富むポリマーが得られ[235]，一方，天然キラル高分子であるキトサンを用いると，イソタクチック構造に富み，キラリティーを有するポリマーが得られることが報告されている[236]．最近，明石，芹澤らは *iso*-PMAA と *syn*-PMAA がステレオコンプレックスを組むことを利用したテンプレート重合を報告した[237~239]．この方法では，立体規則性リビングアニオン重合により合成した分子量分布の狭いそれぞれの立体規則性ポリマーを，交互積層法を用いてステレオコンプレックスを形成するようにフィルムを作製する．そして，溶解性の差を利用して一方のポリマー，たとえば *syn*-PMAA を除き，*iso*-PMAA のみからなるテンプレートポリマーフィルムへと変換する．その後，メタクリル酸を加えてポリマーフィルム中でテンプレートラジカル重合することで，シンジオタクチシチーが非常に高く分子量の制御された PMAA が得られている（図 1.72）．

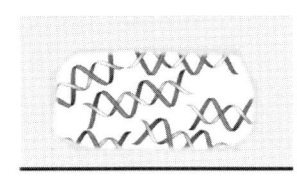

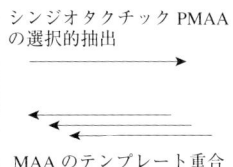

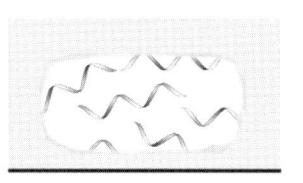

ステレオコンプレックスフィルム　　　　　　　　　　イソタクチック PMAA フィルム

図 1.72　ステレオコンプレックス形成を利用したテンプレート重合
[K.-I. Hamada *et al.*, *Macromolecules*, **38**, 6759 (2005). Fig. 1]

8.2 ◆ モノマー設計に基づく立体構造制御

　一般に重合反応においては，ポリマー主鎖の立体構造は，モノマー側鎖置換基の立体構造の影響を受ける．ラジカル重合においては，生長反応時におけるモノマー置換基のかさ高さに起因する立体反発を用いたり，置換基にキラル補助基を導入することでポリマーの立体規則性を制御することが広く検討されている．

8.2.1 ◆ かさ高いモノマーの重合

　メタクリル酸エステル，メタクリルアミド，アクリル酸エステル，ビニルエステルなどのエステル基を有するモノマーについて，側鎖のかさ高さなどの構造がポリマーの立体構造に及ぼす影響が詳しく調べられている．

　メタクリル酸エステルに関しては，多種類の置換基をもつモノマーに対して種々の条件で重合が行われ，立体規則性が測定されている．以下にこれらのうちのいくつかのモノマーの構造を示す．また，表 1.9 にそれぞれのモノマーについて得られたポリマーの立体規則性を 3 連子の割合で示した．

　メタクリル酸メチル **1** のような置換基の小さいメタクリル酸エステルでは，シンジオタクチック構造に富むポリマーが生成する．温度を下げると，さらにシンジオタクチシチーの割合は増加する[240]．一方，メタクリル酸エステルの置換基をかさ高くすると，一般的にシンジオタクチシチーは低下し，イソタクチシチーが増加する．特に，トリフェニルメチル基のような非常にかさ高い置換基をもつモノマー **8** では，イソタクチシチーは mm = 60％ 以上となる[241]．このモノマーの立体規則性はモノマー濃度に大きく依存し，低い濃度で重合を行うとさらに上昇する[242]．岡本らは，**11** のような 2 つのフェニル基がエチレン鎖でつながれたモノマーでは，イソタクチック構造が 100％ に近いポリマーがラジカル重合でも得られることを見出した[243]．このように，メタクリル酸エステルの重合では，モノマーの置換基を変えることにより，かなりの広範囲で立体規則性を変化させることが

表1.9 種々のメタクリル酸エステルのラジカル重合における立体規則性

モノマー	重合温度(°C)	溶媒	タクチシチー(%) mm	mr	rr
1	60	ベンゼン	3	34	63
1	20	トルエン	2	29	69
1	−78	トルエン	∼0	11	89
2	70	バルク	8	27	65
3	60	トルエン	7	37	56
4	60	トルエン	13	47	40
5	60	トルエン	19	49	32
6	50	n-ヘキサン	58	24	18
7	60	トルエン	1	10	89
8	60	トルエン [a]	64	24	12
8	60	トルエン [b]	98.2	1.7	0.1
9	60	トルエン	76	19	5
10	60	トルエン	86	11	3
11	60	トルエン	99.9	0.1	0
12	60	トルエン	33	49	18

[a] $[M]_0 = 0.95$ mol L^{-1}, [b] $[M]_0 = 0.12$ mol L^{-1}.

可能なことがわかっている.

　図1.73には，これらの重合における各3連子立体規則性（*mm*, *mr*, *rr*）をメソ2連子

8章　ラジカル重合における立体構造の制御：立体特異性ラジカル重合

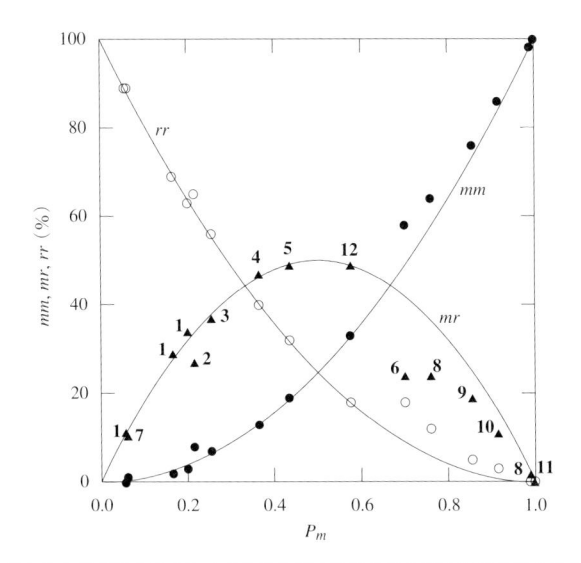

図 1.73　異なるかさ高さを有するメタクリル酸エステルのラジカル重合における立体規則性

の割合またはその確率 P_m に対してプロットした．図中の実線はベルヌーイ統計に従うとした理論線であるが，多くのモノマーではこの理論線に一致していることがわかる（3.2.4項参照）．このように，一般的なメタクリル酸エステルのラジカル重合では，末端と前末端の連鎖の立体構造が，末端とモノマーとの付加反応の立体規則性にほとんど影響を及ぼさないことがわかる．これに対して，非常にかさ高い一連のモノマーではこの理論線から外れており，前末端さらには前々末端などの立体構造が，立体規則性に影響を及ぼしていることが推察される．これらのモノマーの重合における高い立体規則性は，生長鎖がらせん状の構造をとっていることと関連している．さらに，**11** のモノマーでは，キラルな開始剤や連鎖移動剤を用いることで，片方のらせんが優先的に生じ，生成ポリマーがキラリティーを示すことが報告されている[244, 245]．

メタクリルアミドについても，同様にトリフェニルメチル基などのかさ高い置換基を導入することで，イソタクチシチーの非常に高いポリマーが得られている[246, 247]．これらのかさ高いモノマーを（−）-メントールなどのキラルな溶媒中で重合を行うと，らせん構造が片方巻きに偏ったキラリティーを有するポリマーが得られている．

一置換モノマーであるアクリル酸エステルは，メタクリル酸エステルとは異なり，ほぼアタクチックなポリマーを与える．立体規則性は置換基によって若干変化し，置換基をかさ高くすることにより，シンジオタクチシチーが増加する．ビニルエステルにおいても同様な傾向が見られ，*tert*-ブチル基を有するピバル酸ビニルはシンジオタクチック構造に富むポリマーを与える（$mm:mr:rr$ = 11%：49%：39%）[248]．ポリビニルエステルは，重

合後にエステル基を脱離させることによりポリビニルアルコール（PVA）へと容易に変換できる．このことを利用すると，モノマーのかさ高さにより立体規則性を変化させたポリビニルエステルをPVAへと変換することで，融点の異なるPVAを得ることが可能である．

8.2.2 ◆ キラル補助基をもつモノマーの重合

側鎖にキラル部位をもつモノマーは，重合の生長反応時にポリマー主鎖の立体規則性に影響を及ぼすことがある（図 1.74）．たとえば，環状骨格をもつアクリル系モノマーの重合において，キラルな R 体からは，ラセミ体から得られるポリマーよりも溶解性が低く，高いイソタクチシチーのポリマーが得られることが報告されている[249]．また，Porterらはキラルなピロリジンやオキサゾリン骨格を有するアクリルアミドモノマーの重合においては，イソタクチック構造に富んだポリマー（$m = 88 \sim 92\%$）が得られることを報告している[250,251]．この重合においては，立体構造制御は生長ラジカルへのモノマーの付加がエナンチオ面選択的に起こり，主鎖の不斉炭素の絶対配置がキラルな側鎖の影響で制御されることによるものとされている．

また，キラル部位を有するジビニルモノマーの重合も横田，覚知らにより検討されており，主鎖にキラリティーをもつポリマーが得られている[252,253]．たとえば，キラルな補助基をもつジビニル型のメタクリル酸エステルから得られるポリマーは，キラル補助基を除いて PMMA に変換した後もキラリティーを示すこと報告されている．また，キラル部位をもつジビニル型モノマーの環化重合では，立体規則性に関しても通常のビニル化合物の重合とは異なるものが得られており，キラル部位や分子内環化反応が立体規則性に影響を与えていると考えられている[254]．

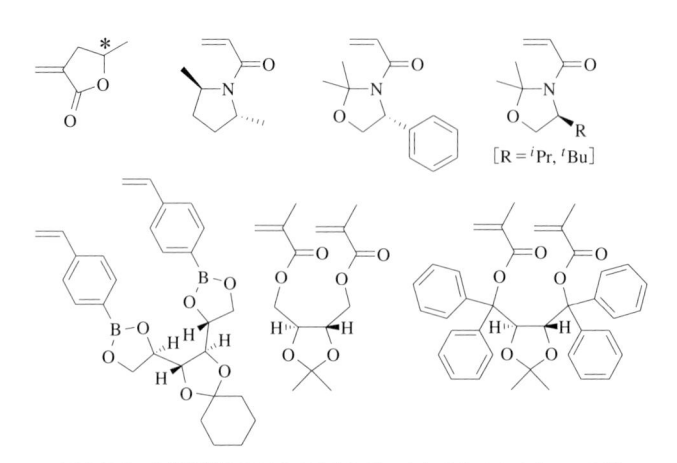

図 1.74 立体特異性ラジカル重合に用いられるキラルモノマーの例

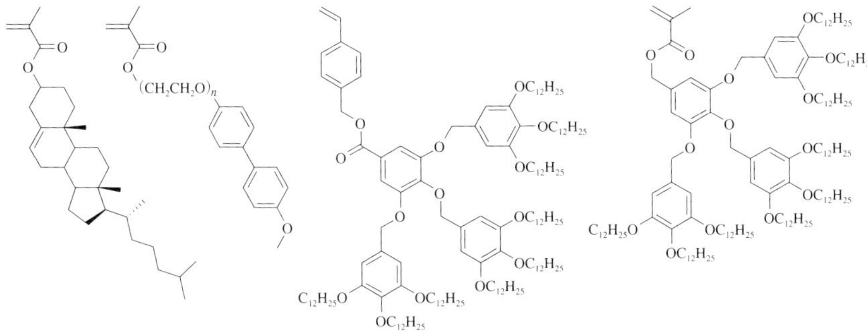

図 1.75 立体特異性ラジカル重合に用いられる液晶性および自己会合性モノマーの例

8.2.3 ◆ 自己会合性基をもつモノマーの重合

側鎖に液晶のメソゲンとなる置換基を有するモノマーの重合が行われており，メソゲンとビニル基とのスペーサーの長さが立体構造に及ぼす影響が調べられている（図1.75）．たとえば，ビフェニル基をもち一連のオキシエチレンスペーサーをもつメタクリル酸エステルでは，スペーサーが短くなるにつれてイソタクチシチーが増加する（$mm = 11 \sim 20\%$）ことが報告されている[255]．また，デンドロン骨格を側鎖に有するスチレン型やメタクリル酸エステル型のモノマーの重合も調べられている[256]．これらの重合では，拘束された空間内での重合と同様に，リビング的な重合が進行する．また，得られるポリマーの形が重合度に依存することが報告されている．

8.3 ◆ 溶媒および添加物に基づく立体構造制御

モノマーの設計に基づく立体構造制御では特殊な構造のモノマーを用いる必要があり，汎用モノマーには適応できないという制約がある．このため，汎用モノマーの重合を固相などの特殊な反応場を用いずに行い，立体構造制御を可能とする重合系が，特に工業化の面から望まれている．従来，ラジカル重合においては，イオン重合に比べて重合速度や生成ポリマーの立体構造が溶媒などの影響を受けにくいとされており，溶液重合においてはこのような制御は困難とされてきた．しかし最近，極性モノマーの置換基と水素結合などを介して相互作用するような特殊な溶媒を用いることで，ラジカル重合においても立体構造制御が可能となってきた．また，置換基への配位結合などによりモノマー置換基と相互作用するルイス酸を添加することでも立体特異性ラジカル重合が可能となっている．以下では，溶液中の均一重合における，このような溶媒や添加物による立体構造制御の例について述べる．

8.3.1 ◆ 溶媒による立体特異性ラジカル重合

水素結合を起こしやすい特殊なプロトン性モノマーであるメタクリル酸の重合においては，2-プロパノールや2-メチルシクロヘキサノールのようなかさ高いアルコールを用いるとシンジオタクチック構造に富んだポリマーが得られることが報告されていた[257,258]。しかし，このような酸の部位をもたないモノマーの重合においては，溶媒による立体構造制御は難しいとされていた。

岡本，中野らは，溶媒としてかさ高いフルオロアルコールを用いることにより，ビニルエステルやメタクリル酸エステルの重合において立体特異性が発現することを見出している（表1.10）[259,260]。たとえば，酢酸ビニルの重合においては，バルクやメタノール中ではほぼアタクチックなポリマーが得られるが，溶媒をフルオロアルコールとして，そのトリフルオロメチル置換基の数を増やしてかさ高くすることにより，シンジオタクチシチーが徐々に増加する（図1.76）。特に$(CF_3)_3COH$を用いて-78℃で重合を行うことで，$r=$ 73%のポリマーが得られている。このシンジオタクチックポリマーをPVAへと変換することで，通常のアタクチックなポリマーに比べて高い融点をもつPVAが得られる（$T_m=$

表1.10 ラジカル重合における立体規則性に対する溶媒の影響

モノマー	溶媒または添加物	温度(℃)	mm	mr	rr	m	r
VAc	バルク	20	23	49	28	47	53
VAc	メタノール	20	22	50	28	47	53
VAc	CF_3CH_2OH	20	20	50	30	45	55
VAc	$(CF_3)_2CHOH$	20	17	50	33	42	58
VAc	$(CF_3)_3COH$	20	13	49	38	38	62
VAc	$(CF_3)_3COH$	-78	5	45	50	27	73
VPi	バルク	-40	11	48	41	35	65
VPi	$(CF_3)_3COH$	-40	21	61	18	51	49
MMA	メタノール	20	3	32	66	19	81
MMA	$(CF_3)_3COH$	20	1	24	75	13	87
MMA	$(CF_3)_3COH$	-98	0	7	93	3	97
NIPAM	トルエン	-40	28	53	19	54	46
NIPAM	$(CF_3)_3COH$ [a]	-40	14	75	11	51	49
NIPAM	HMPA [a]	-60	—	—	—	28	72
NIPAM	3,5-dimethylpyridine-N-oxide [a]	-60	—	—	—	68	32

[a] トルエンとの混合溶媒（30〜40 vol%）。

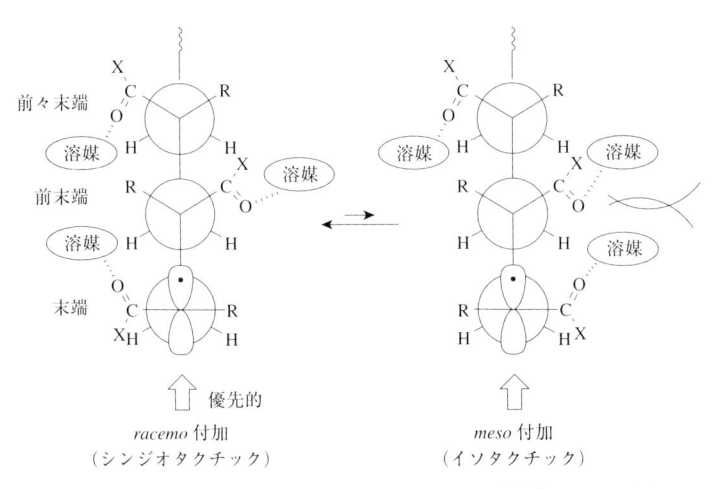

図 1.76 かさ高い溶媒を用いたシンジオタクチック特異性ラジカル重合

269℃（シンジオタクチック）に対して T_m = 225℃（アタクチック））．一方，このようなフルオロアルコールは，かさ高いビニルエステルであるピバル酸ビニル（VPi）に対しては，ヘテロタクチック構造に富んだポリマーを与える．このように，ビニルエステルの置換基によって，フルオロアルコールは異なる立体規則性を有するポリマーを与える．フルオロアルコールはビニルエステルと水素結合を介して 1 : 1 の会合体を形成し，その会合定数は 10^0 〜 10^1 M^{-1} 程度であることが調べられている．このようにフルオロアルコールは，モノマーや生長末端のカルボニル基に水素結合することで，立体反発などにより特殊な立体構造をもつポリマーを生成すると考えられている．

メタクリル酸メチルの重合においても，かさ高いフルオロアルコールはシンジオタクチック構造を増加させる[261]．特に − 98℃で重合を行うことで，メタクリル酸メチルの重合では最も高いシンジオタクチシチーをもつポリマーが得られている．

（メタ）アクリルアミド類の重合においても，フルオロアルコールが立体規則性に及ぼす影響が佐藤，平野らにより調べられている．特に感温性ポリマーとなる N-イソプロピルアクリルアミド（NIPAM）の重合においては，$(CF_3)_3COH$ を用いることでヘテロタクチック構造に富んだポリマーが得られている[262]．また N-イソプロピルアクリルアミドの重合では，非プロトン性の極性溶媒であるヘキサメチルホスホアミド（HMPA）はシンジオタクチック構造に[263]，一方，3,5-ジメチルピリジン-N-オキシドはイソタクチック構造に富んだポリマーを与える[264]．N-イソプロピルアクリルアミドのような一置換アクリルアミドには，水素結合を起こす部位として，カルボニル基（C = O）に加えアミドプロトン（N − H）が存在しており，これらにより種々の溶媒と特殊な相互作用が生じて立体規則性の異なるポリマーが生成すると考えられている．

8.3.2 ◆ ルイス酸による立体特異性ラジカル重合

ルイス酸はモノマーのカルボニル基へ配位などを起こすことにより，ラジカル重合における重合の加速や，ラジカル共重合における反応性の変化などの効果があることが知られている．松本らは，メタクリル酸メチルの重合において MgBr$_2$ を添加することによりイソタクチシチーが増加することを見出している（表 1.11）[265]．添加した MgBr$_2$ に生長末端と前末端のユニットのカルボニル基がキレート的に配位し，置換基が同じ側に向いた立体構造が優先することで，イソタクチック特異的な重合が進行するものと考えられている．岡本，中野，幅上らはさらに，ルイス酸として希土類トリフラート（希土類トリフルオロメタンスルホン酸塩）を添加することで，よりイソタクチック構造に富んだポリマーの合成を可能としている（図 1.77）[259, 266, 267]．希土類トリフラートは，電子求引性のトリフルオロメタンスルホン酸基によりルイス酸性が高く，また，その大きな原子半径により多座配位が可能であり，さらに水やアルコールに対しても耐性の高いルイス酸として知られている．

メタクリル酸メチルの重合では，Sc(OTf)$_3$ が最も効果的に働き，イソタクチシチーが最も高いポリマーが得られる[266]．アクリルアミド類の重合においては，希土類トリフラー

表 1.11 ラジカル重合における立体規則性に対するルイス酸の影響

モノマー	ルイス酸	[ルイス酸]$_0$/[モノマー]$_0$	温度 (°C)	溶媒	タクチシチー 3連子 (%) mm	mr	rr	2連子 (%) m	r
MMA	none	—	60	トルエン	3	34	63	20	80
MMA	MgBr$_2$	0.05	80	ベンゼン	8	41	51	29	71
MMA	Sc(OTf)$_3$	0.375	60	トルエン	21	48	31	45	55
AM	none	—	0	CH$_3$OH	22	49	29	46	54
AM	Yb(OTf)$_3$	0.10	0	CH$_3$OH	65	29	6	80	20
DMAM	none	—	0	CH$_3$OH	—	—	—	49	51
DMAM	Yb(OTf)$_3$	0.10	0	CH$_3$OH	—	—	—	88	12
NIPAM	none	—	60	CHCl$_3$	—	—	—	45	55
NIPAM	Y(OTf)$_3$	0.08	60	CHCl$_3$	—	—	—	62	38
NIPAM	none	—	60	CH$_3$OH	—	—	—	45	55
NIPAM	Sc(OTf)$_3$	0.08	60	CH$_3$OH	—	—	—	62	38
NIPAM	Y(OTf)$_3$	0.08	60	CH$_3$OH	—	—	—	80	20
NIPAM	Yb(OTf)$_3$	0.08	60	CH$_3$OH	—	—	—	82	18
NIPAM	Lu(OTf)$_3$	0.08	60	CH$_3$OH	—	—	—	84	16
NIPAM	Y(OTf)$_3$	0.21	−20	CH$_3$OH	—	—	—	92	8

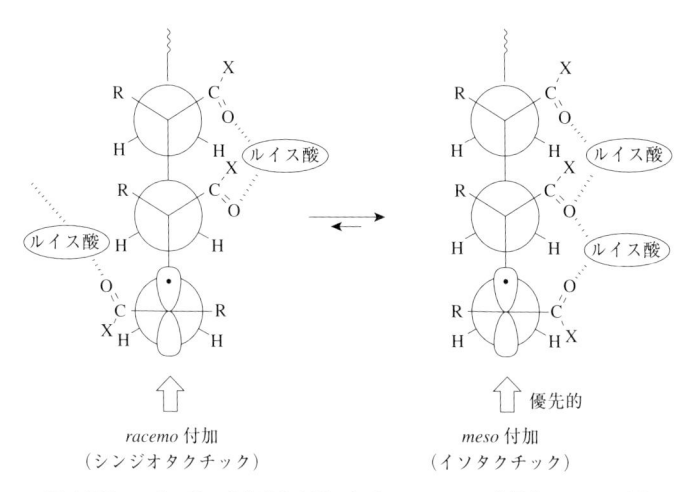

図 1.77 ルイス酸の多座配位を用いたイソタクチック特異性ラジカル重合

racemo 付加（シンジオタクチック）

meso 付加（イソタクチック）優先的

トを添加することでさらにイソタクチシチーが高いポリマーが得られる．モノマーの置換基によって最適な金属は異なり，無置換のアクリルアミド（AM）やジメチルアクリルアミド（DMAM）では Yb(OTf)$_3$ が，N-イソプロピルアクリルアミドに対しては Y(OTf)$_3$ や Lu(OTf)$_3$ が最も有効に働き，m = 80%を超えるポリマーが得られている[267]．また，溶媒の選択も重要であり，N-イソプロピルアクリルアミドの重合ではメタノールを用いて，-20°C で重合を行うことで，m = 92%のポリマーが得られる．希土類ルイス酸塩はアクリルアミドモノマーに対して 10 mol%以下の量でも十分に高い立体規則性を発現し，モノマーに対して触媒的に働くことが知られている．これは，ルイス酸がポリマー主鎖のアミド基より末端に存在するアミド基により優先的に作用するためと考えられ，モデル反応においてもそれを支持する結果が得られている．poly(NIPAM) は体温に近い 34°C 付近で相転移を示す感温性ポリマーとして知られているが，このようにラジカル重合で合成した一連のポリマーに対して，イソタクチック構造の増加に伴い相転移温度が低下し，m = 70%以上のポリマーは水に不溶となることが報告されている[268]．

8.3.3 ◆ イオン相互作用を用いた立体特異性ラジカル重合

酸部位をもつモノマーであるメタクリル酸に対しては，金属塩やアンモニウム塩と変換し，強いイオン結合やイオン相互作用を用いて立体構造を変化させることが可能となる（図 1.78）．このような塩のモノマーでは，対カチオンのかさ高さ，静電的な反発，多座配位などの効果により種々の立体構造のポリマーが得られる．たとえば，テトラエチルアンモニウム塩のモノマーを水中で重合すると，高いシンジオタクチシチーのポリマーが得られる（$mm : mr : rr$ = 0.3% : 7.7% : 92%，5°C）[269]．一方，ジアミンから誘導されるアンモニ

図 1.78 イオン相互作用により立体特異性を発現するモノマーの例

ウム塩モノマーでは，イソタクチシチーが増加する（$mm:mr:rr = 16\% : 49\% : 35\%$）[270]．金属塩を用いた重合では，コバルトのアンミン錯体モノマーを用いると，さらにイソタクチシチーが高いポリマーが得られている（$mm:mr:rr = 23\% : 38\% : 39\%$）[271]．また，2価のカチオンであるカルシウム塩を用いてトルエン／DMF混合溶媒中で重合すると，生長反応末端のキレート構造の影響により，インタクチック構造に富んだポリマーが得られる（$mm:mr:rr = 65\% : 29\% : 6\%$）[272]．

8.3.4 ◆ 多重水素結合を用いた立体特異性ラジカル重合

多重水素結合は，相互作用として強いことおよび選択的な相互作用であることにより，自然界に存在する天然高分子の構造構築に重要な役割を果たしている．近年，重合反応における立体構造の構築にも多重水素結合を活用する例が報告されつつある．

たとえば，図1.79に示すアクリルアミドモノマーは，プロトン供与部位（D）と受容部位（A）をDADの配列で有するモノマーである．クロロホルム中のラジカルでは，$r =$

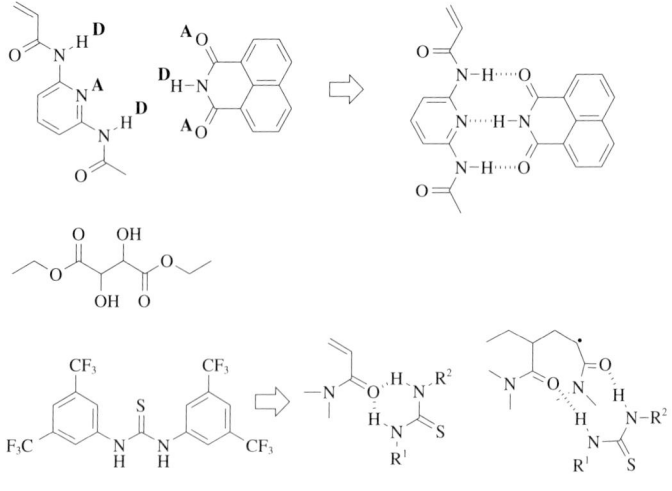

図 1.79 多重水素結合による立体特異性ラジカル重合

43%のほぼアタクチックなポリマーを与えるが，これと相補的な多重水素結合部位（ADA）をもつかさ高い環状イミドを添加すると，60℃と比較的高温でも$r=72$%のポリマーを与える[273]．これは，かさ高い添加物が強い相互作用によりモノマー置換基と多重水素結合を介して配位することで，モノマーおよび生長末端が立体的にかさ高くなり，シンジオタクチシチーが増加したと考えられる．

また，N,N-ジメチルアクリルアミドのようなモノマーの重合においては，二重水素結合を形成する酒石酸エステルを添加すると，シンジオタクチシチーが増加することが報告されている[274]．立体規則性は酒石酸エステルの光学純度に依存する．一方，N,N-ジメチルアクリルアミドやN-イソプロピルアクリルアミドの重合にチオウレア誘導体を添加するとイソタクチシチーが増加することも報告されている[275]．これは，チオウレア誘導体が生長末端付近にキレート的な相互作用をしているためと考えられ，モデル反応からもそれが示唆されている．

9章 まとめと展望

　以上，本編では重合反応において最も古い学問分野であるラジカル重合の素反応の基礎から，工業的にも有用な共重合および不均一系での重合，そして最近急速に発展してきたリビングラジカル重合，さらにそれを用いた精密高分子合成，また今後の展開が期待されるラジカル重合における立体構造制御について述べた．

　ラジカル反応は，有機合成においてもそうであるように，反応の選択性が低く，反応の予測や解析が難しく，特に精密合成を必要とする分野において敬遠されがちな学問であった．しかし工業的にはラジカル重合反応は，安易な条件下で安価なビニルモノマーから大量のポリマーを与えることができるという大きな利点をもっており，これまで石油化学工業の発展に必要とされ，それとともに発展してきた学問でもある．このように実用性は高いが扱いにくく，また石油化学工業の成熟に伴い古い学問となりつつあったが，近年の計測解析技術の進歩，特にESR，NMR，TOF-MS，コンピューター化学などの発展により，ラジカル重合反応の真相がより明確にわかるようになり，新たな視点からのラジカル反応の理解とその応用が可能になってきている．さらに，最近の有機合成反応においても，ラジカル機構で進む反応が利用されるようになるのと時をほぼ同じくして，ラジカル重合反応においても，新しいラジカル試薬や反応を利用して，重合反応の制御や高分子の精密合成に用いる機運が高まってきている．このようにラジカル重合は，大量のポリマーを容易に得るための手法から，何が起きているかを精密に解析してラジカルの本質を理解するとともに，ラジカル反応を制御して構造の制御された高分子をいかにきれいに作るか，またきれいな高分子をいかに利用するかの精密高分子合成の分野の研究にシフトしつつある．

　上述したように，特に，1990年代以降に見出された新しいリビングラジカル重合の発展により，ラジカル重合の概念が大きく変わったことは明らかである．現在2010年においては，リビングラジカル重合に関連するキーワードで文献検索を行うと，年間1000報近くの学術論文が世界中で発表されており，その内容は多岐にわたっている．たとえば基礎的な分野では，リビングラジカル重合の制御能の向上，適応モノマーの拡大，乳化重合などの水系重合系への応用を目的とした制御剤や触媒の設計・改良など，重合反応系の開発に関するものや，速度論や分光学的解析による重合機構の解明などが挙げられる．また，これらの重合反応を用いることにより，末端官能性ポリマー，ブロックポリマー，グラジエントポリマー，グラフトポリマー，星型ポリマーやさらなる特殊形態高分子の合成が，通常のビニルモノマーやさまざまな官能基を含むモノマーに対しても可能となってきている．さらにこの手法は，単にラジカル重合で作ることできるポリマーに止まらず，イオン

重合や重縮合などで合成される合成高分子，またタンパク質など生体や自然が作る天然高分子とのブロック化，グラフト化などにも利用可能である．また，結びつける相手は有機高分子化合物にこだわらず，シリカ，金属などの無機化合物へも応用可能であり，容易にナノ構造の制御されたハイブリッド化が可能となる．このようにリビングラジカル重合で合成されたブロックポリマーは，ミクロ相分離構造やミセル，高分子微粒子などの高分子集合体を構築する明確な一次構造を有する精密制御高分子として，基礎研究に用いられているのみならず，応用面でも利用価値が高い．特に末端官能性ポリマー，ブロックポリマー，グラジェントポリマー，グラフトポリマー，星型ポリマーは，工業的には，接着剤，シーラント剤，熱可塑性エラストマー，分散剤，レジスト材料，高分子固体電解質など光・電気・電子材料などさまざまな応用が期待されている．また，光，熱，pH，溶媒などさまざまな環境に応答する官能基を高分子の特定の部位に導入することで，刺激に応じて機能を発現する種々の刺激応答性高分子への利用もなされている．さらに，生体高分子と合成高分子のバイオコンジュゲーションは，診断や治療など医用分野への応用も期待されている．一方，シリカ微粒子，金属微粒子，シリコンウェハなど球状や平板状などさまざまな固体表面から，リビングラジカル重合を利用して高密度で高分子鎖を生やしたポリマーブラシは，さまざまな材料の表面特性を劇的に変えることが可能である．これは，近年，材料開発の局面からも注目されている分野であり，リビングラジカル重合の発展が大きく寄与しているが新しい学問分野の一つといえる．

　このように，リビングラジカル重合は，さまざまな分野へ絶大な波及効果があり，精密な高分子さらには目的とするさまざまな材料を作るためのツールとすでになっている．これは，通常のラジカル重合と同じような簡単な条件下で容易に精密重合を行うことができ，従来のリビングイオン重合のように特殊なテクニックを必要とせず，高分子合成を専門としない科学者でも容易に使うことができることも，大きな一つの要因となっている．すなわち，ラジカル重合は，ポリスチレンのように従来の単体として大量に使用するポリマーを工業的に合成する領域から，少量で機能を有する精密な高分子を合成する手段を提供する領域にも十分に広がりつつあることを示している．もちろん，より広い工業化には，より有効かつ安価で生成物に悪影響を及ぼさない反応試剤の開発などプロセス的な面を考慮した発展も今後重要である．

　ラジカル重合において，今後，大きなブレークスルーが必要とされる分野は，立体構造制御，さらには共重合におけるモノマーシークエンスの制御と考えられる．立体構造制御は，ラジカル重合における"聖杯"ともいわれているが，ポリマーの物性を制御するうえで非常に重要な因子であり，たとえば配位重合におけるポリプロピレンの立体規則性がその物性ひいては用途に大きな影響を与えていることからも，工業的にも重要であることは明らかである．立体構造制御に関しては，従来から近年に及ぶまで，さまざまな手法が考案され，ある特殊な条件下で非常に高い立体規制を可能とするものや，安易な条件下であ

る程度の立体規制を可能とするものなど見出されているが，その制御は配位重合には及ばず，さらなる発展には新しい概念が必要と考えられる．一方，ラジカル重合は非常に多くのビニルモノマーの共重合を可能とするため，特にモノマーシークエンスの制御が可能となると，その波及効果は計り知れないと予想される．モノマーシークエンスの制御は，ラジカル重合を含めた付加重合などの連鎖重合では，重合反応の機構的な面から原理上困難であり，さらには重縮合などの逐次重合も含めて合成高分子全般における最大の課題である．タンパク質やDNAなどの生体高分子と同じように，モノマーシークエンスの制御が可能となれば，合成高分子の性質・機能・用途は格段に変わると期待される．これには，新しい重合反応のみならず新しい概念が必要なことはいうまでもない．

　以上のようにラジカル重合は，今なお我々の生活を支えるうえではなくてはならない重合法であるが，まだまだ，さまざまな局面から大いなる発展の可能性があり，それにより我々の生活をさらに豊かにするものと期待される．

参考書

- 蒲池幹治, 遠藤剛監修, ラジカル重合ハンドブック―基礎から新展開まで―, エヌ・ティー・エス (1999)
- K. Matyjaszewski, T. P. Davis eds., *Handbook of Radical Polymerization*, Wiley-Interscience, New York (2002)
- G. Moad, D. H. Solomon, *The Chemistry of Free Radical Polymerization Second Fully Revised Ed.*, Elsevier, Oxford (2006)
- H. Morawetz, *Polymers. The Origins and Growth of a Science, Dover*, New York (1995)
- 大津隆行, 改訂 高分子合成の化学 第2版, 化学同人 (1979)
- 伊勢典夫, 今西幸男, 川端季雄, 砂本順三, 東村敏延, 山川裕巳, 山本雅英, 新高分子化学序論, 化学同人 (1995)
- 村橋俊介, 小高忠男, 蒲池幹治, 則末尚志編, 高分子化学 第5版, 共立出版 (2007)
- 野瀬卓平, 中浜精一, 宮田清蔵編, 大学院高分子科学, 講談社 (1997)
- 高分子学会編, 基礎高分子科学, 東京化学同人 (2006)
- 高分子学会編, 新高分子実験学 2：高分子の合成・反応 (1), 共立出版 (1995)
- G. Odian, *Principles of Polymerization 4th Ed.*, Wiley-Interscience, New York (2004)
- 大津隆行, 講座 重合反応論 1：ラジカル重合 I, 化学同人 (1971)

文 献

1) R. A. Meyers ed., *Handbook of Petrochemicals Production Processes*, McGraw-Hill, New York (2005)
2) X. Xie, T. E. Hogen-Esch, *Macromolecules*, **29**, 1746 (1996)
3) M. Ueda, M. Takahashi, T. Suzuki, Y. Imai, and C. U. Pittman, Jr., *J. Polym. Sci., Polym. Chem. Ed*, **21**, 1139 (1983)
4) M. K. Akkapeddi, *Macromolecules*, **12**, 546 (1979)
5) R. Mullin, *Chem. Eng. News*, **82**(45), 29 (2004)
6) A. Matsumoto and T. Otsu, *Macromol. Symp.*, **98**, 139 (1995)
7) H. K. Hall, Jr. and A. B. Padias, *J. Polym. Sci., Part A: Polym. Chem.*, **42**, 2845 (2004)
8) A. Matsumoto, *Polym. J.*, **35**, 93 (2003)
9) 松本章一, 有機合成化学協会誌, **66**, 43 (2008)
10) M. Miyata (C. M. Paleos ed.), *Polymerization in Organized Media*, Gordon and Breach Science Publishers, Philadelphia (1992), pp.327–367
11) T. Kodaira, *Prog. Polym. Sci.*, **25**, 627–676 (2000)
12) T. Ito, S. Nomura, T. Uno, M. Kubo, K. Sada, and M. Miyata, *Angew. Chem., Int. Ed.*, **41**, 4306 (2002)

13) S. Kobayashi and H. Higashimura, *Prog. Polym. Sci.*, **28**, 1015–1048 (2003)
14) W. K. Busfied and R. W. Humphrey, *J. Polym. Sci., Part A-1*, **8**, 2923 (1970)
15) H. K. Hall, Jr. and P. Ykman, *J. Polym. Sci., Part D: Macromol. Rev.*, **11**, 1 (1976)
16) 井上祥平，宮田清蔵，高分子材料の化学 第2版，丸善 (1993)
17) 井手文雄，実用高分子材料，工業調査会 (2002)
18) 高分子学会編，先端高分子材料シリーズ3：高性能ポリマーアロイ，丸善 (1991)
19) J. Brandrup, E. H. Immergut, E. A. Grulke eds., *Polymer Handbook, 4th Ed.*, Wiley-Interscience, New York (1999)
20) K. Hatada, T. Kitayama, K. Ute, Y. Terawaki and T. Yanagida, *Macromolecules*, **30**, 6754 (1997)
21) 秋山三郎編，プラスチックの相溶化剤と開発技術，シーエムシー出版 (1999)
22) P. S. Engel, *Chem. Rev.*, **80**, 99 (1980)
23) A. S. Sarac, *Prog. Polym. Sci.*, **24**, 1149–1204 (1999)
24) C. H. Bamford, *J. Polym. Sci., Part C: Polym. Symp.*, **4**, 1571 (1963)
25) C. H. Bamford (A. D. Jenkins, A. Ledwith, eds.), *Reactivity, Mechanism and Structure in Polymer Chemistry*, Wiley-Interscience, New York (1974), pp.52–116
26) T. Otsu, M. Yamaguchi, Y. Takemura, Y. Kusuki, and S. Aoki, *J. Polym. Sci., Part B*, **5**, 697 (1967)
27) T. Otsu and A. Matsumoto, *Adv. Polym. Sci.*, **136**, 75–137 (1998)
28) M. D. Zammit, T. P. Davis, D. M. Haddleton, and K. G. Suddaby, *Macromolecules*, **30**, 1915 (1997)
29) B. Yamada, D. G. Westmoreland, S. Kobatake, and O. Konosu, *Prog. Polym. Sci.*, **24**, 565–630 (1999)
30) M. Kamachi, *J. Polym. Sci., Part A: Polym. Chem.*, **40**, 269 (2002)
31) S. Beuermann and M. Buback, *Prog. Polym. Sci.*, **27**, 191–254 (2002)
32) M. Buback, R. G. Gilbert, R. A. Hutchinson, B. Klumperman, F.-D. Kuchta, B. G. Mandersd, K. F. O'DriscolL, G. T. Russell, and J. Schweer, *Macromol. Chem. Phys.*, **196**, 3267 (1995)
33) S. Beuermann, M. Buback, T. P. Davis, R. G. Gilbert, R. A. Hutchinson, O. F. Olaj, G. T. Russell, J. Schweer, and A. M. van Herk, *Macromol. Chem. Phys.*, **198**, 1545 (1997)
34) S. Beuermann, M. Buback, T. P. Davis, R. G. Gilbert, R. A. Hutchinson, A. Kajiwara, and B. Klumperman, *Macromol. Chem. Phys.*, **201**, 1355 (2000)
35) S. Beuermann, M. Buback, T. P. Davis, N. García R. G. Gilbert, R. A. Hutchinson, A. Kajiwara, M. Kamachi, I. Lacík, and G. T. Russell, *Macromol. Chem. Phys.*, **204**, 1338 (2003)
36) J. M. Ausa, S. Beuermann, M. Buback, P. Castignolles, B. Charleux, R. G. Gilbert, R. A. Hutchinson, J. R. Leiza, A. N. Nikitin. J.-P. Vairon, and A. M. van Herk, *Macromol.*

Chem. Phys., **205**, 2151 (2004)
37) S. Beuermann, M. Buback, P. Hesse, F.-D. Kuchta, I. Lacik, and A. M. van Herk, *Pure Appl. Chem.*, **79**, 1463 (2007)
38) M. Buback, M. Egorov, R. G. Gilbert, V. Kaminsky, O. F. Olaj, G. T. Russell, P. Vana, and G. Zifferer, *Macromol. Chem. Phys.*, **203**, 2570 (2002)
39) C. Barner-Kowollik, M. Buback, M. Egorov, T. Fukuda, A. Goto, O. F. Olaj, G. T. Russell, P. Vana, B. Yamada, and P. B. Zetterlund, *Prog. Polym. Sci.*, **30**, 605–643 (2005)
40) J. Bartoñ, E. Borsig, *Complexes in Free-Radical Polymerization*, Elsevier, Amsterdam (1988)
41) F. A. Bovey, *Polymer Conformation and Configuration*, Academic Press, New York (1969)
42) H. Togo, *Advanced Free Radical Reactions for Organic Synthesis*, Elsevier, Oxford (2006), p.21
43) C. Barner-Kowollik, M. Buback, B. Charleux, M. L. Coote, M. Drache, T. Fukuda, A. Goto, B. Klumperman, A. B. Lowé, J. B. Mcleary, G. Moad, M. J. Monteiro, R. D. Sanderson, M. P. Tonge, and P. Vana, *J. Polym. Sci., Part A: Polym. Chem.*, **44**, 5809 (2006)
44) M. Buback, M. Egorov, and A. Feldermann, *Macromolecules*, **37**, 1768 (2004)
45) J. Barth, M. Buback, P. Hesse, and T. Sergeeva, *Macromolecules*, **42**, 481 (2009)
46) A. A. Gridnev and S. D. Ittel, *Chem. Rev.*, **101**, 3611 (2001)
47) 高分子学会編,共重合(1):反応解析,培風館 (1975)
48) 高分子学会編,共重合(2):反応規則,培風館 (1976)
49) C. Hagiopol, *Copolymerization Toward a Systematic Approach*, Kluwer Academic/Plenum Publishers, New York (1999)
50) D. Braun and F. Hu, *Prog. Polym. Sci.*, **31**, 239–276 (2006)
51) J. M. G. Cowie ed., *Alternating Copolymers*, Plenum Press, New York (1985)
52) Z. M. O. Rzaev, *Prog. Polym. Sci.*, **25**, 163–217 (2000)
53) Y. Gotoh, T. Ihara, N. Kanai, N. Toshima, and H. Hirai, *Chem. Lett.*, **19**, 2157 (1990)
54) H. Hirai, *Polym. Adv. Technol.*, **14**, 266 (2003)
55) C. L. Mero and N. A. Porter, *J. Org. Chem.*, **65**, 775 (2000)
56) R. Arshady, *Colloid. Polym. Sci.*, **270**, 717 (1992)
57) J. Qiu, B. Charleux, and K. Matyjaszewski, *Prog. Polym. Sci.*, **26**, 2083–2134 (2001)
58) M. Okubo ed., *Adv. Polym. Sci.*, **175**, Springer, Berlin (2005)
59) C. Decker, *Prog. Polym. Sci.*, **21**, 593–650 (1996)
60) C. S. Chen, *Prog. Polym. Sci.*, **31**, 443–486 (2006)
61) S. C. Thickett and R. G. Gilbert, *Polymer*, **48**, 6965 (2007)
62) M. Okubo and H. Minami, *Colloid. Polym. Sci.*, **274**, 433 (1996)

63) J. L. Kendall, D. A. Canelas, J. L. Young, and J. M. DeSimone, *Chem. Rev.*, **99**, 543 (1999)
64) P. Kubisa, *Prog. Polym. Sci.*, **29**, 3-12 (2004)
65) M. Szwarc, Carbanions, Living Polymers, and Electron Transfer Processes, Wiley, New York (1968)
66) M. Szwarc, *Nature*, **178**, 1168 (1956)
67) M. Szwarc, M. Levy, and R. Milkovich, *J. Am. Chem. Soc.*, **78**, 2656 (1956)
68) 澤本光男, 高分子, **47**, 78 (1998)
69) T. R. Darling, T. P. Davis, M. Fryd, A. A. Gridnev, D. M. Haddleton, S. D. Ittel, R. R. Matheson Jr., G. Moad, and E. Rizzardo, *J. Polym. Sci., Part A: Polym. Chem.*, **38**, 1706 (2000); and the comments included in the same series issue, *J. Polym. Sci., Part A: Polym. Chem.*, **38**, 1710 (2000)
70) T. Otsu and M. Yoshida, *Makromol. Chem., Rapid Commun.*, **3**, 127 (1982)
71) T. Otsu, *J. Polym. Sci., Part A: Polym. Chem.*, **38**, 2121 (2000)
72) 大津隆行, 松本章一, 吉岡正裕, 季刊化学総説 18：精密重合, 学会出版センター (1993), pp.3-18
73) M. Miyamoto, M. Sawamoto, and T. Higasimura, *Macromolecules*, **17**, 265 (1984)
74) M. Sawamoto, *Prog. Polym. Sci.*, **16**, 111-172 (1991)
75) 東村敏延, 季刊化学総説 18：精密重合, 学会出版センター (1993), pp.19-35
76) R. Faust and J. P. Kennedy, *Polym. Bull.*, **15**, 317 (1986)
77) J. P. Kennedy, B. Iván, *Designed Polymers by Carbocationic Macromolecular Engineering: Theory and Practice*, Haser Publishers, Munich (1992)
78) O. W. Webster, W. R. Hertler, D. Y. Sogah, W. B. Farnham, and T. V. RajanBabu, *J. Am. Chem. Soc.*, **105**, 5706 (1983)
79) O. W. Webster, *J. Polym. Sci., Part A: Polym. Chem.*, **38**, 2855 (2000)
80) M. Kuroki, T. Aida, and S. Inoue, *J. Am. Chem. Soc.*, **109**, 4737 (1987)
81) T. Aida, *Prog. Polym. Sci.*, **19**, 469-528 (1994)
82) H. Sugimoto and S. Inoue, *Adv. Polym. Sci.*, **146**, 39-119 (1999)
83) C. J. Hawker, A. W. Bosman, and E. Harth, *Chem. Rev.*, **101**, 3661 (2001)
84) M. Kamigaito, T. Ando, and M. Sawamoto, *Chem. Rev.*, **101**, 3689 (2001)
85) K. Matyjaszewski and J. Xia, *Chem. Rev.*, **101**, 2921 (2001)
86) G. Moad, E. Rizzardo, and S. H. Thang, *Aust. J. Chem.*, **58**, 379 (2005)
87) A. Jenkins and G. Moad, *Pure Appl. Chem.*, **82**, 483 (2010)
88) D. Mikulásová, V. Chrástová, and P. Crrovcky, *Eur. Polym. J.*, **10**, 551 (1974)
89) K. Horie and D. Mikulásová, *Makromol. Chem.*, **175**, 2091 (1974)
90) A. Goto and T. Fukuda, *Prog. Polym. Sci.*, **29**, 329-385 (2004)
91) B. B. Wayland, G. Poszmik, S. L. Mukerjee, and M. Fryd, *J. Am. Chem. Soc.*, **116**,

7943 (1994)
92) A. Debuigne, J.-R. Caille, and R. Jérôme, *Angew. Chem., Int. Ed.*, **44**, 1101 (2005)
93) G. David, C. Boyer, J. Tonnar, B. Ameduri, P. Lacroix-Desmazes, and B. Boutevin, *Chem. Rev.*, **106**, 3936 (2006)
94) S. Yamago, *J. Polym. Sci., Part A: Polym. Chem.*, **44**, 1 (2006)
95) S. Yamago, *Chem. Rev.*, **109**, 5051 (2009)
96) H. Fischer, *Chem. Rev.*, **101**, 3581 (2001)
97) T. Fukuda, Y.-D. Ma, and H. Inagaki, *Macromolecules*, **18**, 17 (1985)
98) E. Rizzardo and D. H. Solomon, *Polym. Bull.*, **1**, 529 (1979)
99) D. H. Solomon, E. Rizzardo, and P. Cacioli, US Patent, 4,581,429 (1986)
100) M. K. Georges, R. P. N. Veregin, P. M. Kazmaier, and G. K. Hamer, *Macromolecules*, **26**, 2987 (1993)
101) C. J. Hawker, *J. Am. Chem. Soc.*, **116**, 11185 (1994)
102) A. Studer and T. Schulte, *Chem. Rec.*, **5**, 27 (2005)
103) D. Benoit, S. Grimaldi, S. Robin, J.-P. Finet, P. Tordo, and Y. Gnanou, *J. Am. Chem. Soc.*, **122**, 5929 (2000)
104) D. Benoit, V. Chamlinski, R. Braslau, and C. J. Hawker, *J. Am. Chem. Soc.*, **121**, 3904 (1999)
105) E. Drockenmuller, J.-E. Lamps, and J.-M. Catala, *Macromolecules*, **37**, 2076 (2004)
106) A. Studer, K. Harms, C. Knoop, C. Müller, and T. Schulte, *Macromolecules*, **37**, 27 (2004)
107) M. S. Kharasch, E. V. Jensen, and W. H. Urry, *Science*, **102**, 128 (1945)
108) W. A. Waters. ed., *Vistas in Free Radical Chemistry Published in Memoriam to Dr. Morris S. Kharasch*, Pergamon Press, New York (1959)
109) M. Asscher and D. V. Volsi, *J. Chem. Soc.*, 2261 (1961)
110) F. Minisci, *Acc. Chem. Res.*, **8**, 165 (1975)
111) J. Iqbal, B. Bhatia, and N. K. Nayyer, *Chem. Rev.*, **94**, 519 (1994)
112) B. Ameduri and B. Boutevin, *Macromolecules*, **23**, 2433 (1990)
113) C. H. Bamford, G. C. Eastmond, and K. Hargreaves, *Trans. Faraday Soc.*, **64**, 175 (1968)
114) M. Oka, M. Tatemoto (W. J. Bailey, T. Tsuruta, eds.), *Contemporary Topics in Polymer Science, Vol.4*, Plenum Press, New York (1984), pp.763–777
115) 建元正祥，高分子論文集，**49**，765 (1992)
116) M. Kato, M. Kamigaito, M. Sawamoto, and T. Higashimura, *Macromolecules*, **28**, 1721 (1995)
117) J.-S. Wang and K. Matyjaszewski, *J. Am. Chem. Soc.*, **117**, 5614 (1995)
118) V. Percec and B. Barboiu, *Macromolecules*, **28**, 7970 (1995)

119) M. Kamigaito, T. Ando, and M. Sawamoto, *Chem. Rec.*, **4**, 159 (2004)
120) 佐藤浩太郎, 上垣外正己 (触媒学会編), 触媒年鑑 触媒技術の動向と展望 2008 (2008), pp.54-64
121) M. Ouchi, T. Terashima, and M. Sawamoto, *Chem. Rev.*, **109**, 4963 (2009)
122) Y. Watanabe, T. Ando, M. Kamigaito, and M. Sawamoto, *Macromolecules*, **34**, 4370 (2001)
123) H. Tang, N. Arulsamy, M. Rodosz, Y. Shen, N. V. Tsarevsky, W. A. Braunecker, W. Tang, and K. Matyjaszewski, *J. Am. Chem. Soc.*, **128**, 16277 (2006)
124) N. V. Tsarevsky and K. Matyjaszewski, *Chem. Rev.*, **107**, 2270 (2007)
125) M. Wakioka, K.-Y. Baek, T. Ando, M. Kamigaito, and M. Sawamoto, *Macromolecules*, **35**, 330 (2002)
126) K. Koumura, K. Satoh, and M. Kamigaito, *Macromolecules*, **41**, 7359 (2008)
127) V. Percec, A. V. Popov, E. Ramirez-Castillo, M. Monteiro, B. Barboiu, O. Weichold, A. D. Asandei, and C. M. Mitchell, *J. Am. Chem. Soc.*, **124**, 4940 (2002)
128) C. Liu and A. Sen, *J. Polym. Sci., Part A: Polym. Chem.*, **42**, 6175 (2004)
129) K. Koumura, K. Satoh, and M. Kamigaito, *Macromolecules*, **42**, 2497 (2009)
130) T. Ando, M. Kamigaito, and M. Sawamoto, *Macromolecules*, **33**, 2819 (2000)
131) W. A. Braunecker and K. Matyjaszewski, *Prog. Polym. Sci.*, **32**, 93-146 (2007)
132) J.-S. Wang and K. Matyjaszewski, *Macromolecules*, **28**, 7572 (1995)
133) W. Jakubowski and K. Matyjaszewski, *Macromolecules*, **38**, 4139 (2005)
134) W. Jakubowski and K. Matyjaszewski, *Angew. Chem., Int. Ed.*, **45**, 4482 (2006)
135) K. Matyjaszewski, W. Jakubowski, K. Min, W. Tang, J. Huang, W. A. Braunecker, and N. V. Tsarevsky, *Proc. Natl. Acad. Sci., USA*, **103**, 15309 (2006)
136) V. Percec, T. Guilashvili, J. S. Ladislaw, A. Wistrand, A. Stjerndahl, M. J. Sienkowska, M. J. Monteiro, and S. Sahoo, *J. Am. Chem. Soc.*, **128**, 14156 (2006)
137) B. M. Rosen and V. Percec, *Chem. Rev.*, **109**, 5069 (2009)
138) Y. Shen, H. Tang, and S. Ding, *Prog. Polym. Sci.*, **29**, 1053-1078 (2004)
139) T. Yoshitani, Y. Watanabe, T. Ando, M. Kamigaito, M. Sawamoto (K. Matyjaszewski ed.), *Controlled/Living Radical Polymerization, From Synthesis to Materials* (ACS Symp. Ser., Vol.944), American Chemical Society, Washington, D. C. (2006), pp.14-25
140) C. Uchiike, T. Terashima, M. Ouchi, T. Ando, M. Kamigaito, and M. Sawamoto, *Macromolecules*, **40**, 8658 (2007)
141) S. Niibayashi, H. Hayakawa, R.-H. Jina, and H. Nagashima, *Chem. Commun.*, 1855 (2007)
142) Z. Xue, N. T. B. Linh, S. K. Noh, and W. S. Lyoo, *Angew. Chem., Int. Ed.*, **34**, 6426 (2008)

143) K. Satoh, H. Aoshima, and M. Kamigaito, *J. Polym. Sci., Part A: Polym. Chem.*, **46**, 6358 (2008)
144) D. H. R. Barton and S. W. McCombie, *J. Chem. Soc., Perkin Trans.*, **1**, 1574 (1975)
145) P. Delduc, C. Taihan, and S. Z. Zard, *J. Chem. Soc., Chem. Commun.*, 308 (1988)
146) S. Z. Zard, *Angew. Chem., Int. Ed. Engl.*, **36**, 672 (1997)
147) J. Chiefari, Y. K. Chong, F. Ercole, J. Krstina, K. Jeffery, T. P. T. Le, R. T. A. Mayadunne, G. F. Meijs, C. L. Moad, G. Moad, E. Rizzardo, and S. H. Thang, *Macromolecules*, **31**, 5559 (1998)
148) G. Moad, E. Rizzardo, and S. H. Thang, *Aust. J. Chem.*, **62**, 1402 (2009)
149) D. Charmot, A. Corpart, H. Adam, S. Z. Zard, T. Biadatti, and G. Bouhadir, *Macromol. Symp.*, **150**, 23 (2000)
150) 稲継崇宏, 松田光夫, M. Destarac, 高分子論文集, **64**, 863 (2007)
151) E. Le Grognec, J. Claverie, and R. Poli, *J. Am. Chem. Soc.*, **123**, 9513 (2001)
152) A. D. Asandei and I. W. Moran, *J. Am. Chem. Soc.*, **126**, 15932 (2004)
153) Y. Champouret, U. Banisch, R. Poli, L. Tang, J. L. Conway, and K. M. Smith, *Angew. Chem., Int. Ed.*, **47**, 6069 (2008)
154) R. Poli, *Angew. Chem., Int. Ed.*, **45**, 5058 (2006)
155) N. Ueda, M. Kamigaito, and M. Sawamoto, *The 37th IUPAC International Symposium on Macromolecules, Preprints*, Gold Coast, Australia (1998), p.237
156) J. Dao, D. Benoit, and C. J. Hawker, *J. Polym. Sci., Part A: Polym. Chem.*, **36**, 2161 (1998)
157) X. Chen, B. Gao, J. Kops, and W. Batsberg, *Polymer*, **39**, 911 (1998)
158) C. J. Hawker, E. E. Malmström, J. M. J. Fréchet, M. R. Leduc, R. B. Grubbs, G. G. Barclay (K. Matyjaszewski ed.), *Controlled Radical Polymerization* (ACS Symp. Ser., Vol.685), American Chemical Society, Washington, D. C. (1998), pp.433-450
159) S. Kobatake, H. L. Harwood, R. P. Quirk, and D. B. Priddy, *Macromolecules*, **30**, 4238 (1997)
160) B. D. Mather, J. R. Lizotte, and T. E. Long, *Macromolecules*, **57**, 9331 (2004)
161) V. Percec, H.-J. Kim, and B. Barboiu, *Macromolecules*, **30**, 8526 (1997)
162) A. Postma, G. Moad, T. P. Davis, and M. O'Shea, *React. Funct. Polym.*, **66**, 137 (2006)
163) K. Matyjaszewski (K. Matyjaszewski ed.), *Controlled/Living Polymerization, Progress in ATRP, NMP, and RAFT* (ACS Symp. Ser., Vol.768), American Chemical Society, Washington, D. C. (2000), pp.2-26
164) H. Zhang, X. Jiang, and R. van der Linde, *Polymer*, **45**, 1455 (2004)
165) K.-Y. Baek, M. Kamigaito, M. Sawamoto, *J. Polym. Sci., Part A: Polym. Chem.*, **40**, 1937 (2002)
166) V. B. Sadhu, J. Pionteck, D. Voigt, H. Komber, D. Fischer, and B. Voit, *Macromol.*

Chem. Phys., **205**, 2356 (2004)
167) E. Rizzardo, J. Chiefari, R. T. A. Mayadunne, G. Moad, S. H. Thang (K. Matyjaszewski ed.), *Controlled/Living Polymerization, Progress in ATRP, NMP, and RAFT* (ACS Symp. Ser., Vol.768), American Chemical Society, Washington, D. C. (2000), pp.278–296
168) T. P. Le, G. Moad, E. Rizzardo, and S. H. Thang, Int. Patent Appl. WO 9801478 (1998)
169) J. T. Lai, D. Filla, and R. Shea, *Macromolecules*, **35**, 6754 (2002)
170) Y. Z. You, C. Y. Hong, W. P. Wang, W. Q. Lu, and C. Y. Pan, *Macromolecules*, **37**, 9161 (2004)
171) G. Moad, Y. K. Chong, E. Rizzardo, A. Postma, and S. H. Thang, *Polymer*, **46**, 8458 (2005)
172) R. T. A. Mayadunne, E. Rizzardo, J. Chiefari, J. Krstina, G. Moad, A. Postma, and S. H. Thang, *Macromolecules*, **33**, 243 (2000)
173) E. Beyou, P. Chaumont, F. Chauvin, C. Devaux, and N. Zydowicz, *Macromolecules*, **31**, 6828 (1998)
174) E. Harth, C. J. Hawker, W. Fan, and R. M. Waymouth, *Macromolecules*, **34**, 3856 (2001)
175) S. A. F. Bon, S. R. Morsley, C. Waterson, and D. M. Haddleton, *Macromolecules*, **33**, 5819 (2000)
176) T. Ando, M. Kamigaito, and M. Sawamoto, *Macromolecules*, **31**, 6708 (1998)
177) K. Tokuchi, T. Ando, M. Kamigaito, and M. Sawamoto, *J. Polym. Sci., Part A: Polym. Chem.*, **38**, 4735 (2000)
178) V. Coessens, J. Pyun, P. J. Miller, S. G. Gaynor, and K. Matyjaszewski, *Macromol. Rapid Commun.*, **21**, 103 (2000)
179) S. A. F. Bon, A, G, Steward, and D. M. Haddleton, *J. Polym. Sci., Part A: Polym. Chem.*, **38**, 2678 (2000)
180) V. Coessens, Y. Nakagawa, and K. Matyjaszewski, *Polym. Bull.*, **40**, 135 (1998)
181) A. Snijder, B. Klumperman, and R. van der Linde, *J. Polym. Sci., Part A: Polym. Chem.*, **40**, 2350 (2002)
182) V. Coessens and K. Matyjaszewski, *Macromol. Rapid Commun.*, **20**, 127 (1999)
183) A. Muehlebach and F. Rime, *J. Polym. Sci, Part A: Polym. Chem.*, **41**, 3425 (2003)
184) S. Perrier, P. Takolpuckdee, and C. A. Mars, *Macromolecules*, **38**, 2033 (2005)
185) C. L. McCormick and A. B. Lowe, *Acc. Chem. Res.*, **37**, 312 (2004)
186) K. Koumura, K. Satoh, and M. Kamigaito, *J. Polym. Sci., Part A : Polym. Chem.*, **47**, 1343 (2009)
187) D. Benoit, C. J. Hawker, E. E. Huang, Z. Q. Lin, and T. P. Russell, *Macromolecules*, **33**, 1505 (2000)

188) H. De Brouwer, M. A. J. Schllekens, B. Klumperman, M. J. Monteiro, and A. L. German, *J. Polym. Sci., Part A: Polym. Chem.*, **38**, 3596 (2000)
189) D. Benoit, E. Harth, P. Fox, R. M. Waymouth, and C. J. Hawker, *Macromolecules*, **33**, 363 (2000)
190) Y. Koatni, M. Kato, M. Kamigaito, M. Sawamoto, and T. Higashimura, *Macromolecules*, **29**, 6979 (1996)
191) V. Bütün, S. Liu, J. V. M. Weaver, X. Bories-Azeau, Y. Cai, and S. P. Armes, *React. Funct. Polym.*, **66**, 157 (2006)
192) R. K. O'Reilly, C. J. Hwaker, and K. L. Wooley, *Chem. Soc. Rev.*, **35**, 1068 (2006)
193) J. D. Tong, G. Moineau, Ph. Leclère, J. L. Brédas, R. Lazzaroni, and R. Jérôme, *Macromolecules*, **33**, 470 (2000)
194) S. G. Ross, A. H. E. Muller, and K. Matyjaszewski, *Macromolecules*, **32**, 8331 (1999)
195) H. Shinoda, K. Matyjaszewski, L. Okrasa, M. Mierzwa, and T. Pakula, *Macromolecules*, **36**, 4772 (2003)
196) H. Shinoda and K. Matyjaszewski, *Macromol. Rapid Commun.*, **22**, 1176 (2001)
197) R. Venkatesh, L. Yajjou, C. E. Koning, and B. Klumperman, *Macromol. Chem. Phys.*, **205**, 2161 (2004)
198) Y. Miura, K. Satoh, M. Kamigaito, and Y. Okamoto, *Polym. J.*, **38**, 930 (2006)
199) S. S. Sheiko, F. C. Sun, A. Randall, D. Shirvanyants, M. Rubinstein, H. Lee, and K. Matyjaszewski, *Nature*, **440**, 191 (2006)
200) C. J. Hawker, *Angew. Chem., Int. Ed. Engl.*, **34**, 1456 (1995)
201) Y. K. Chong, T. P. T. Le, G. Moad, E. Rizzardo, and S. H. Thang, *Macromolecules*, **52**, 2071 (1999)
202) J. Bernard, A. Favier, L. Zhang, A. Nilasaroya, T. P. Davis, C. Barner-Kowolik, and M. H. Stenzel, *Macromolecules*, **38**, 5475 (2005)
203) D. M. Haddleton and C. Waterson, *Macromolecules*, **32**, 8732 (1999)
204) K. Matyjaszewski, P. J. Miller, E. Fossum, and Y. Nakagawa, *Appl. Organometal. Chem.*, **12**, 667 (1998)
205) D. M. Haddleton, R. Edmonds, A. M. Heming, E. J. Kelly, and D. Kukulj, *New J. Chem.*, **23**, 477 (1999)
206) V. Percec, B. Barboiu, T. K. Bera, M. van der Sluis, R. B. Grubbs, and J. M. J. Fréchet, *J. Polym. Sci., Part A: Polym. Chem.*, **38**, 4776 (2000)
207) J. Ueda, M. Kamigaito, and M. Sawamoto, *Macromolecules*, **31**, 6762 (1998)
208) K. Matyjaszewski, P. J. Miller, J. Pyun, G. Kickelbick, and S. Diamanti, *Macromolecules*, **32**, 6526 (1999)
209) A. Heise, C. Nguyen, R. Malek, J. L. Hedrick, C. W. Frank, and R. D. Miller, *Macromolecules*, **33**, 2346 (2000)

210) K.-Y. Baek, M. Kamigaito, and M. Sawamoto, *Macromolecules*, **34**, 215 (2001)
211) H. Gao and K. Matyjaszewski, *J. Am. Chem. Soc.*, **129**, 11828 (2007)
212) A. W. Bosman, R. Vestberg, A. Heumann, J. M. J. Fréchet, and C. J. Hawker, *J. Am. Chem. Soc.*, **125**, 715 (2003)
213) T. Terashima, M. Kamigaito, K.-Y. Baek, T. Ando, and M. Sawamoto, *J. Am. Chem. Soc.*, **125**, 5288 (2003)
214) H. Gao, S. Ohno, and K. Matyjaszewski, *J. Am. Chem. Soc.*, **128**, 15111 (2006)
215) H. Gao and K. Matyjaszewski, *Macromolecules*, **41**, 4250 (2008)
216) H. Gao and K. Matyjaszewski, *Macromolecules*, **41**, 1118 (2008)
217) Y. Tsujii, K. Ohno, S. Yamamoto, A. Goto, and T. Fukuda, *Adv. Polym. Sci.*, **197**, 1–145 (2006)
218) A. Carlmark and E. Malmstrom, *J. Am. Chem. Soc.*, **124**, 900 (2002)
219) F. Giacalone and N. Martin, *Chem. Rev.*, **106**, 5136 (2006)
220) M. Kamigaito and K. Satoh, *Macromolecules*, **41**, 269 (2008)
221) K. Satoh and M. Kamigaito, *Chem. Rev.*, **109**, 5120 (2009)
222) G. Moad, D. H. Solomon, T. H. Spurling, S. R. Johns, and R. I. Willing, *Aust. J. Chem.*, **39**, 43 (1986)
223) K. Hatada, T. Kitayama, and K. Ute, *Prog. Polym. Sci.*, **13**, 189–276 (1988)
224) A. Matsumoto and T. Odani, *Macromol. Rapid Commun.*, **22**, 1195 (2001)
225) A. Matsumoto, *Prog. React. Kinet. Mech.*, **26**, 59 (2001)
226) K. Takemoto and M. Miyata, *J. Macromol. Sci., Rev. Macromol. Chem.*, **C18**, 83 (1980)
227) R. J. Grisenthwaite and R. F. Hunter, *Chem. Ind.* (London), **433** (1959)
228) M. Minagawa, H. Yamada, K. Yamaguchi, and F. Yoshii, *Macromolecules*, **25**, 503 (1992)
229) M. Farina, G. Audisio, and G. Natta, *J. Am. Chem. Soc.*, **89**, 5071 (1967)
230) S. M. Ng, S.-i. Ogino, and T. Aida, *Macromol. Rapid Commun.*, **18**, 991 (1997)
231) T. Uemura, S. Horike, and S. Kitagawa, *Chem. Asian. J.*, **1–2**, 36 (2006)
232) V. A. Kabanov (C. M. Paleos, ed.), *Polymerization in Organized Media*, Gordon and Breach Science Publishers, Philadelphia (1992), pp.369–454
233) Y. Y. Tan, *Prog. Polym. Sci.*, **19**, 561–588 (1994)
234) S. Polowinski, *Prog. Polym. Sci.*, **27**, 537–577 (2002)
235) V. Y. Baranovsky, I. V. Kotlyarsky, V. S. Etlis, and V. A. Kabanov, *Eur. Polym. J.*, **28**, 1427 (1992)
236) S. Kataoka and T. Ando, *Polym. Commun.*, **25**, 24 (1984)
237) T. Serizawa, K.-I. Hamada, and M. Akashi, *Nature*, **429**, 52 (2004)
238) K.-I. Hamada, T. Serizawa, and M. Akashi, *Macromolecules*, **38**, 6759 (2005)

239) T. Serizawa and M. Akashi, *Polym. J.*, **38**, 311 (2006)
240) F. A. Bovey, *J. Polym. Sci.*, **46**, 59 (1960)
241) T. Nakano, Y. Okamoto, *Chem. Rev.*, **101**, 4013 (2001)
242) T. Nakano, A. Matsuda, and Y. Okamoto, *Polym. J.*, **28**, 556 (1996)
243) T. Nakano, M. Mori, and Y. Okamoto, *Macromolecules*, **26**, 867 (1993)
244) T. Nakano, Y. Shikisai, and Y. Okamoto, *Proc. Jpn. Acad. Ser. B*, **71**, 251 (1995)
245) T. Nakano and Y. Okamoto, *Macromolecules*, **32**, 2391 (1999)
246) N. Hoshikawa, Y. Hotta, and Y. Okamoto, *J. Am. Chem. Soc.*, **125**, 12380 (2003)
247) N. Hoshikawa, C. Yamamoto, Y. Hotta, and Y. Okamoto, *Polym. J.*, **38**, 1258 (2006)
248) H.-G., Elias, M. Riva, and P. Göldi, *Makromol Chem.*, **145**, 163 (1971)
249) J. Suenaga, D. M. Sutherlin, and J. K. Stille, *Macromolecules*, **17**, 2913 (1984)
250) N. A. Porter, R. Breyer, E. Swann, J. Nally, J. Pradhan, T. Allen, and A. T. McPhail, *J. Am. Chem. Soc.*, **113**, 7002 (1991)
251) N. A. Porter, T. R. Allen, and R. A. Breyer, *J. Am. Chem. Soc.*, **114**, 7676 (1992)
252) G. Wulff, *Angew. Chem., Int. Ed.*, **28**, 21 (1989)
253) K. Yokota, O. Haba, T. Satoh, and T. Kakuchi, *Macromol. Chem. Phys.*, **196**, 2383 (1995)
254) T. Kakuchi, H. Kawai, S. Katoh, O. Haba, and K. Yokota, *Macromolecules*, **25**, 5545 (1992)
255) R. Duran and P. Gramain, *Makromol. Chem.*, **188**, 2001 (1987)
256) J. G. Rudick and V. Percec, *Acc. Chem. Res.*, **41**, 1641 (2008)
257) J. B. Lando, J. Semen, and B. Farmer, *Macromolecules*, **3**, 524 (1970)
258) J. B. Lando, M. Litt, N. G. Kumar, and T. M. Shimko, *J. Polym. Sci.: Symp.*, **44**, 203 (1974)
259) S. Habaue and Y. Okamoto, *Chem. Rec.*, **1**, 46 (2001)
260) Y. Okamoto, K. Yamada, T. Nakano(K. Matyjaszewski ed.), *Controlled/Living Polymerization, Progress in ATRP, NMP, and RAFT*(ACS Symp. Ser., Vol.768), American Chemical Society, Washington, D. C. (2000), pp.57‒67
261) Y. Isobe, K. Yamada, T. Nakano, and Y. Okamoto, *J. Polym. Sci., Part A: Polym. Chem.*, **38**, 4693 (2000)
262) T. Hirano, T. Kamikubo, Y. Okumura, and T. Sato, *Polymer*, **48**, 4921 (2007)
263) T. Hirano, H. Miki, M. Seno, and T. Sato, *J. Polym. Sci., Part A: Polym. Chem.*, **42**, 4404 (2004)
264) T. Hirano, H. Ishizu, and T. Sato, *Polymer*, **49**, 438 (2008)
265) A. Matsumoto and S. Nakamura, *J. Appl. Polym. Sci.*, **74**, 290 (1999)
266) Y. Isobe, T. Nakano, and Y. Okamoto, *J. Polym. Sci., Part A: Polym. Chem.*, **39**, 1463 (2001)

267) Y. Isobe, D. Fujioka, S. Habaue, and Y. Okamoto, *J. Am. Chem. Soc.*, **123**, 7180 (2001)
268) B. Ray, Y. Okamoto, M. Kamigaito, M. Sawamoto, K. Seno, S. Kanaoka, and S. Aoshima, *Polym. J.*, **37**, 234 (2005)
269) C. Chovino and P. Gramain, *Makromol. Chem. Phys.*, **197**, 1411 (1996)
270) T. Nakano, Y. Okamoto (K. Matyjaszewski ed.), *Controlled Radical Polymerization* (ACS Symp. Ser., Vol.685), American Chemical Society, Washington, D. C. (1998), pp.451-462
271) Y. Osada, *Makromol. Chem.*, **176**, 1893 (1975)
272) Y. Kaneko, N. Iwakiri, S. Sato, and J.-i. Kadokawa, *Macromolecules*, **41**, 489 (2008)
273) D. Wan, K. Satoh, and M. Kamigaito, *Macromolecules*, **39**, 6882 (2006)
274) T. Hirano, S. Masuda, and K. Ute, *J. Polym. Sci., Part A: Polym. Chem.*, **46**, 3145 (2008)
275) H. Murayama, K. Satoh, M. Kamigaito (K. Matyjaszewski ed.), *Controlled/Living Radical Polymerization : Progress in RAFT, DT, NMP & OMRP* (ACS Symp. Ser., Vol.1024), American Chemical Society, Washington, D. C. (2009), pp.49-63

第Ⅱ編　カチオン重合

1章　カチオン重合とは
2章　カチオン重合の基礎
3章　リビング重合
4章　新しいモノマーのカチオン重合
5章　刺激応答性ポリマー
6章　ブロック共重合体
7章　末端官能性ポリマー
8章　官能基を有する星型ポリマーの精密合成
9章　まとめと展望

1章 カチオン重合とは

　ビニル化合物が付加（連鎖）重合によりポリマーを生成する反応において，生長鎖が炭素カチオン（カルボカチオン）である重合系をカチオン重合という．カチオン重合の歴史を紐解くと，1800年以前にまでさかのぼることになる．テルペン類の化合物を酸性触媒で反応させると樹脂化し固体になるという研究報告が，古い成書に記載されている．また，1800年代中盤にはすでにモノマーとしてスチレン，インデン，ビニルエーテルが登場し，四塩化スズなどのハロゲン化金属や硫酸による重合が報告されている（オレフィンの求電子付加反応に関連する研究は古くから行われており，その中で実は数多くのポリマーが副生成物として得られていたことは想像に難くない）．これらはすべて，Staudingerによる高分子の概念が多くの化学者に承認される1930年前後よりずっと以前のことである．しかし，カルボカチオンの概念が酸触媒重合に適用され（1934年），イソブテンの重合でカチオン重合の概念が確立される（1945年）のはまだその先の話であり，それから考えるとまだ100年も経っていないことになる．その意味では，カチオン重合は新しい分野かもしれない．1950年代以降になると，多くの開始剤・モノマーの開発，速度論的研究がなされたが，生長種であるカルボカチオンが非常に不安定で（活性ではあるが），さまざまな副反応を引き起こすという問題点があった．そのため1980年頃までは，ポリマーの分子量や構造を制御することがきわめて難しく，精密な高分子合成は困難であった．一方その頃，アニオン重合やカチオン開環重合の分野では副反応が完全に制御されたリビング重合が見出され，さまざまなブロック共重合体や末端官能性ポリマーなどが合成され始めた．その結果，これらのポリマー特有のモルフォロジー，物性，機能も見出された．そこで，1980年代にはこの高分子合成にきわめて有用なリビング重合法を目指し，ラジカル重合，配位重合，メタセシス重合などとともに，カチオン重合においてもその可能性が詳細に検討された．この結果，他の多くの重合法とともにこの時期にリビング重合が見出され（リビングラジカル重合が達成されたのは少し先であるが），ようやくカチオン重合でも高分子設計・精密合成がスタートした．これらの経緯については3章で詳しく述べる．

　カチオン重合の反応式を図2.1に示す．ラジカル重合やアニオン重合と比べてみると，基本的にとてもよく似ており，異なる点は開始剤と活性種ぐらいと感じられる．また，2章で詳述する素反応式や反応の制御方法なども似ており，生成される多くのホモポリマーやブロック共重合体の合成法，生成ポリマーの物性・機能に至るまで類似点がかなり多い．しかし一方，実際に重合を行ってみると有効なモノマーの種類や重合挙動は大きく異なることがわかる．たとえば，図2.2はスチレンとメタクリル酸メチルの共重合における組成

第Ⅱ編　カチオン重合

図 2.1　ビニルモノマーのラジカル重合およびイオン重合

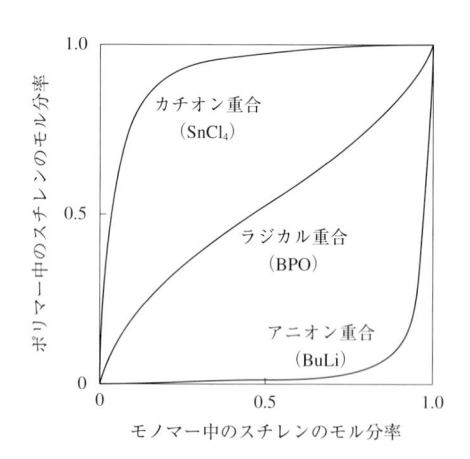

図 2.2　スチレンとメタクリル酸メチルの共重合組成曲線の概念図
括弧内は開始剤.

曲線の概念図であるが，一見してわかるように，生成する共重合体の組成は重合の種類（生長鎖の種類）によりまったく異なる．過酸化ベンゾイル（BPO）を開始剤とするラジカル重合では，モノマー組成とほぼ等しい組成の共重合体が得られるが（逆 S 字型の曲線で，若干交互性が見られる）．n-ブチルリチウム開始剤によるアニオン重合では，いずれの組成でもメタクリル酸メチルを多く含む共重合体が生成する．一方，四塩化スズを開始剤にするカチオン重合では，メタクリル酸メチルはほとんど反応せず，スチレンの重合が優先的に起こる．このように，生長鎖の種類により共重合体の組成が大きく異なり，共重合体

の分析から重合機構を推定できるほどである.

　さらに,活性種自体の性質もかなり異なっている.たとえば,表2.1に各種重合の反応性の違いについてMatyjaszewskiらがまとめたものを抜粋する(これらの数値は多くの仮定を含んだ概算値であり,ここから何らかの定量的な議論をするのは乱暴である.しかし,傾向を知るためには非常に有用な表である).この表を見ると,カチオン重合の活性種である生長カルボカチオンの活性が,他の活性種と比べて非常に大きいことがわかる.もちろん,その高い反応性ゆえの副反応の多さも示唆しているが,制御さえ可能になれば大きな武器になる.たとえば,筆者らの研究で恐縮であるが,「1秒」で完結するリビング重合なども可能となる.

　一方,最近まで,カチオン重合には次のような問題点があるとされてきた.
(1) 生成ポリマーの構造や分子量の制御が困難
(2) 高分子量体を得るために低温での重合が必要
(3) 水中での重合が不可能

ただし,本編を読み終えるとわかるが,これらの大部分は解決に向かっている.リビングカチオン重合により,(1)の問題点を解決した系が数多く見られるようになり,多くのブロック共重合体などが合成されている.(2)は(1)と関連するが,副反応を制御する方法が増え,温度を下げてそれらを制御する必要がなくなった.最近の研究では,特殊なモノマーや反応条件でない限り0°C付近で重合が行われることが多くなっている(従来は−100°Cから−80°Cでの重合が珍しくなかった).(3)の問題点に関しても,水中での重合や乳化重合などの系が徐々に増えている.このように,これまで解決が困難と考えられてきた問題点は,確実に減ってきているといえる.

　しかし,まだ多くの問題点が残っている.たとえば,立体規則性ポリマーの合成や不均一系での表面グラフト重合などはその代表であろう.もちろん,これらの解決を目指した研究は多くあり,確実に成果があがっているように見受けられるが,アニオン重合や配位重合による99%以上の立体構造制御やラジカル重合の表面リビング重合による超高密度ポリマーブラシ生成などの例と比較すると,まだこれからという感が否めない.また工業

表2.1　連鎖重合の特徴
[K. Matyjaszewski ed., *Cationic Polymerizations: Mechanism, Synthesis, and Applications*, Marcel Dekker, New York(1996)より抜粋]

	ラジカル重合	アニオン重合	カチオン重合	開環重合
k_p (L mol^{-1} s^{-1})	約 $10^2 \sim 10^4$	約 $1 \sim 10^4$	約 $10^4 \sim 10^6$	約 $10^{-3} \sim 10^{-1}$
生長種濃度 (mol L^{-1})	約 10^{-7}	約 10^{-4}	約 10^{-5}	約 $10^{-3} \sim 10^{-2}$
反応時間	約1時間	約1分	約1秒	>1時間

的に見ても，ポリイソブテンや石油樹脂などを除くポリマーに関しては，材料・分野・用途が非常に限られており，これも今後の大きな課題であると考えられる．重合反応の制御ができれば，カチオン重合は活性種の反応性が高いという特長だけでなく，他の重合系に比べ特殊な装置を使う必要が少なく，酸素と反応しにくい，カチオン重合でのみ得られるポリマーも多いなどメリットも少なくない．ようやく (1) 〜 (3) の問題点が解決され始めた現在，汎用材料，機能性材料を目指して多くの研究が進められることを期待したい．

本編では，まず2章でカチオン重合の基礎を素反応別に詳細に説明する．その後，3章ではリビングカチオン重合に関して，その考え方や特徴，具体例だけでなく，見出された経緯や応用例までを記述した．4章以降の後半部分に関しては，最近の例，特に2000年以降を中心にこの10年での動きが感じられるようなレビュー的な構成にした．4章では新しいモノマー類の重合，5章ではその中でも最近注目を集めている刺激応答性ポリマーについてまとめた．種々のブロック共重合体に関しては6章にまとめたが，4, 5章に関連するブロック共重合体に関しては，各章で適宜触れることにした．7, 8章では，最近多くの方法が見出された末端官能性ポリマーの合成や星型ポリマーの合成について具体例を挙げて紹介する．

本編を読んでいただく前に断らなければいけないことは，今回は生成したポリマーの物性に関する記述を極力減らしたこと，ビニル化合物の重合に特化しヘテロ環状化合物などの開環重合に関しては割愛したこと（ヘテロ環化合物のカチオン開環重合については，下巻「第Ⅳ編 開環重合」参照），速度論も詳細に検討されているがその内容の記述が非常に少ないこと，である．また，本編を執筆するにあたり，以下のような多くの成書，レビューを参考にさせていただいた．

i) 東村敏延，講座 重合反応論3：カチオン重合，化学同人(1973)
ii) J. P. Kennedy, *Cationic Polymerization of Olefins: A Critical Inventory*, John Wiley and Sons, New York(1975)
iii) M. Sawamoto, *Prog. Polym. Sci.*, **16**, 111-172(1991)
iv) 鶴田禎二編，東村敏延，澤本光男，高分子の合成と反応(1)，共立出版(1992)
v) K. Matyjaszewski ed., *Cationic Polymerizations: Mechanism, Synthesis, and Applications*, Marcel Dekker, New York(1996)
vi) J. E. Puskas and G. Kaszas, *Prog. Polym. Sci.*, **25**, 403-452(2000)
vii) P. De, R. Faust (K. Matyjaszewski, Y. Gnanou, L. Leibler eds.), *Macromolecular Engineering. Precise Synthesis, Material, Applications, Vol.1*, Wiley-VCH, Weinheim (2007), Chapter 3

特に，文献 i は筆者が2人とも学生時代からバイブルのようにしてきた名著であり，2

章ではかなりの部分を参考にさせていただいた．また，本編を作成するにあたり参考にした論文をすべて参考文献として掲載したかったが，紙面の関係もあり，主に 2000 年以降のものを中心に掲載させていただく．失礼をお詫びしたい．

2章 カチオン重合の基礎

1章で述べたように，カチオン重合はラジカル重合やアニオン重合とは異なるいくつかの長所，短所を持ち合わせている．なぜそのような特徴を有するのか，短所はどのように克服できるのかを考えるために，本章ではまず，他の重合法や低分子有機反応との違いを明らかにし，カチオン重合に有効なモノマーに関してもその特異性を示す．さらにその後，基礎となる素反応を詳細に議論する．リビング重合系の設計や新しい機能・モルフォロジーを有するポリマーの合成には，この素反応を徹底的に理解する必要があるからである．最近のリビングカチオン重合に関する情報をすぐに得たい読者は，3章から読み始めていただいても結構であるが，より深い理解のためにもあとでこの基礎編に戻ってきていただきたい．

2.1 ◆ カチオン重合の特徴と他の重合系との比較

2.1.1 ◆ 求電子付加反応とカチオン重合

オレフィン，たとえばスチレンに塩化水素などのプロトン酸（求電子性試薬）を作用させる，いわゆる求電子付加反応を考えてみる（反応式 (2.1)）．まず，炭素-炭素二重結合にプロトンが付加してカルボカチオンが生成し，そのイオンに Cl⁻ が付加して反応が終わる求電子付加型の典型的な反応である．しかし，条件を変えてこの反応を行うとカチオン重合が進行する．すなわち，イオン A⁺ と対イオン B⁻ がある程度安定という条件では，両者の結合が起こる前にカルボカチオンが他のオレフィンに付加するようになる．これはある意味，カチオン重合の本質である．このため，カチオン重合のモノマーはこのような安定なカチオンを生成する必要があり，開始剤にはこのように安定なカチオンを生成するとともに，ある程度安定に存在する対アニオンを与えることが求められる．

$$CH_2=CH\text{-}R \xrightarrow{HCl} CH_3\text{-}\overset{+}{CH}\text{-}R \cdots Cl^{\ominus} \xrightarrow{} \begin{cases} CH_3\text{-}CH(Cl)\text{-}R \\ CH_2=CH\text{-}R \to -(CH_2\text{-}CH(R))_n\text{-} \end{cases} \quad (2.1)$$

2.1.2 ◆ カチオン重合の素反応

カチオン重合は図2.3に示すように，開始反応，生長反応，停止反応，連鎖移動反応の四つの素反応からなる．これは，同じく連鎖重合であるラジカル重合やアニオン重合と同じである．一般に，開始反応としては，ブレンステッド酸（プロトン酸）から直接生成したプロトンないし，ルイス酸の場合は開始剤との反応で生成したカルボカチオンなどがモノマーと反応してモノマーカチオンが生成する．それに続き，生成した生長カルボカチオンがさらにモノマーと反応する生長反応が進行する．通常の条件でのカチオン重合では，これらのポリマーを形成する反応以外に，活性種が失活する停止反応や活性種が他の分子と反応して新しいモノマーに生長カルボカチオンが移る連鎖移動反応が起こる．後者の場合には，再び生長反応が進行するがポリマーの分子量は低くなる．ここで，もしこのような副反応としての停止反応や連鎖移動反応を完全に抑制できれば，開始反応と生長反応だけの，いわゆるリビング重合が進行するようになる．リビング重合については3章にて詳しく述べる．本節では，まずこれらの四つの素反応がいずれも起こる，通常のカチオン重合に関して述べる．素反応の各論は2.3節〜2.6節までの各節にて述べる．

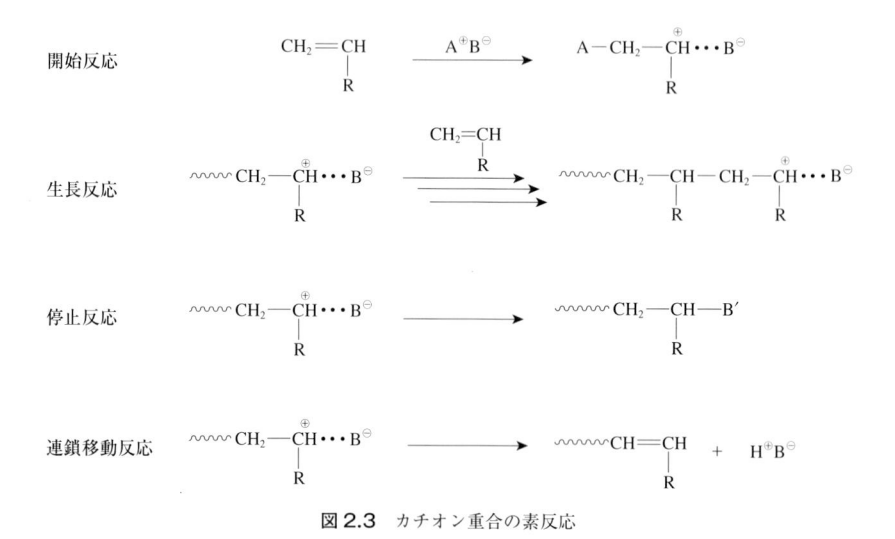

図2.3 カチオン重合の素反応

2.1.3 ◆ ラジカル重合およびアニオン重合との違い

A. ラジカル重合との違い

ビニル化合物のイオン重合をラジカル重合と比較すると，基本的な素反応として図2.3に示すような四つの素反応があるという点では同様であるが，いくつかの相違点が挙げられる．もちろん，これらの相違点は生長鎖がラジカルであるかイオンであるかという違い

から発生するものであるが,現象としても以下のような違いがある.

(1) 重合可能なモノマーの種類が異なる

一般的には,ラジカル重合では二重結合と共役しやすい置換基をもつモノマーが重合しやすい($Q-e$プロットで考えるとQ値の大きなモノマー).アニオン重合ではラジカル重合と同様にQ値の大きなモノマーが重合可能であり,そのうち電子求引性の置換基をもつモノマーの重合活性が高い.一方,カチオン重合はカルボカチオンのモノマーへの付加であるので,電子供与性の置換基をもち二重結合の電子密度が大きい(e値の小さな)モノマーが重合しやすい.

(2) 使用可能な開始剤の種類が異なる

ラジカル重合では,アゾビスイソブチロニトリル(AIBN)のようなアゾ化合物や過酸化ベンゾイル(BPO)のような過酸化物などの熱分解によってラジカルを生成する化合物が開始剤となる.そのため一般には(リビング重合を除くと,ほとんどの場合),開始種となるラジカルの生成が重合反応中,継続して起こる.これに対してカチオン重合では,プロトン酸,ハロゲン化金属などの求電子試薬(アニオン重合では求核試薬)が開始剤として使用される.その結果,イオン重合では(アニオン重合も含めて)反応系中の全部の開始剤が最初から同時に開始反応を引き起こす場合が多い.また,イオン重合では開始剤系から生成する対イオンが生長末端付近に存在し,この対イオンが重合の反応速度や立体規制,副反応などに大きな影響を与える.

(3) 低温での重合が可能である

イオン重合では,ラジカル重合における開始反応(ラジカル生成反応)のように開始種の生成に大きな活性化エネルギーを必要とすることが少ないので,低温でも反応が速やかに進行する.むしろ,副反応を抑制するためにイオン重合は低温で行うことが多い.

(4) 溶媒の選択が重要である

イオン重合ではイオンの解離状態が重合速度や立体構造制御に大きな影響を与えることが多いため,ラジカル重合に比べ溶媒の性質,特にその誘電率による影響が重要になる.

(5) 停止反応,重合速度式が異なる

ラジカル重合の停止反応に見られるような生長種間の二分子停止はイオン重合では存在しない.したがって,ラジカル重合では全重合速度は開始剤濃度の1/2乗に比例するが,イオン重合では停止反応が多くの場合一分子停止であるため全重合速度は開始剤濃度の1乗に比例することが多い.

B. アニオン重合との違い

カチオン重合はアニオン重合と同じくイオン重合であるが,活性種のカルボカチオンがアニオンに比べ高活性であるが「不安定な」点が大きく異なる.このため,アニオン重合では系を精製することによりほとんどの副反応が制御されるのに対して,カチオン重合では通常の条件では頻繁に上記の連鎖移動反応などが起こり,構造や分子量は制御困難とな

る．構造や分子量の制御されたポリマー，たとえばリビングポリマーを作るためには開始反応と生長反応だけからなるリビング重合を行う必要があるが，カチオン重合では頻繁に起こるこの副反応を，さまざまな方法により制御する必要がある．これについては3章で後述する．

2.2 ◆ カチオン重合で用いられるモノマー

前節の素反応式からわかるように，カチオン重合の開始反応，生長反応はいずれもモノマーへのカチオン付加であり，いわゆる求電子付加型の反応である．よって，電子供与性の置換基を有するビニル化合物はカチオン重合しやすいことが予想される．たとえば，アルキル基やアルコキシ基などの電子供与性の置換基はカルボカチオンを安定化するとともに，モノマーの電子密度を増加させ反応性を高める．

2.2.1 ◆ カチオン重合で使用されるビニルモノマー

カチオン重合で使用される代表的なビニルモノマーを図2.4に示す（詳細は図2.6参照）．代表的なものとしてイソブテンなどの脂肪族不飽和炭化水素，スチレン類などの芳香族化合物，ビニルエーテルやN-ビニルカルバゾールなどのヘテロ原子含有化合物が挙げられる．極性官能基を有するモノマーやその他の特徴を有するモノマーに関しては，4章において詳しく述べる．このほかには，カルボニル基やニトリル基を有するヘテロ不飽和化合物も含まれる．また，環状エーテルなどの環状化合物は，下巻「第IV編 開環重合」において詳しく述べるが，カチオン開環重合によりポリマーを生成する．これらの中で高重合体を生成するモノマーは限られているが，オリゴマーを生成するものまで含めるとカチオン重合可能なモノマーは500種類以上あるといわれている．

また，広い意味でのビニル化合物にはα-置換またはβ-置換不飽和化合物，環状不飽和化合物，共役ジエン，アセチレン誘導体などがあり，いずれもカチオン重合することが知られている．置換基の重合挙動に及ぼす影響は2.2.4項にまとめる．

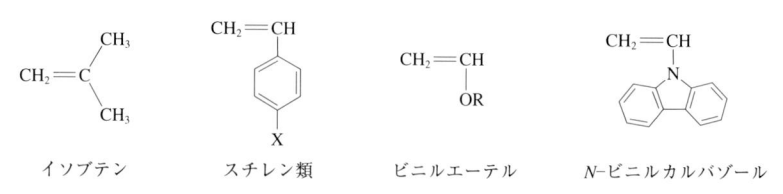

図2.4 カチオン重合する代表的なビニルモノマー

2.2.2 ◆ 各種モノマーの反応性

各種モノマーの反応性に関しておおよその傾向をまとめると，相対反応性の順は高いほうから，N-ビニルカルバゾール，ビニルエーテル，電子供与性置換基のついたスチレン誘導体，スチレン～イソブテン，電子求引性置換基のついたスチレン誘導体，ジエン類となる．また，酢酸ビニル，メタクリル酸メチル，アクリル酸メチルはほとんど重合しないとされている．このように，一般的には，置換基の電子供与性が強いモノマーが高いカチオン重合性を有していることがわかる．

図 2.5 にはいくつかの代表的なモノマーの Q-e プロットを示し，その上にラジカル，アニオン，カチオン機構で単独重合が起こりやすい領域を示した．ラジカル重合では Q 値の大きいモノマーが重合しやすく，アニオン重合でもラジカル重合に似た範囲のモノマーが単独重合しやすいことがわかる（ある程度以上 Q 値が大きい範囲では，e 値の大きなモノマーほど反応性は高い）．一方，カチオン重合ではモノマーの共鳴安定性（Q 値）が反応性に大きく寄与せず，e 値が小さいモノマー（≤ -0.2）から単独重合体が生成している．すなわち，カチオン重合で反応性を支配しているのは，モノマーの極性，二重結合の電荷の偏りであることがわかる．これらのことから，カチオン重合における生長反応の遷移状態は，生長鎖がモノマーと静電的な相互作用をしていると考えられる．この点は，静電的相互作用ではなく軌道の重なりが重要となるラジカル重合とは異なっており，生長鎖とモノマーがより離れていると考えられる．図 2.6 に，カチオン重合可能な化合物の例を反応性の高さで分類して示した．大まかな分類ではあるが，上記の記述と合わせて眺めていただきたい．

e 値以外に，二重結合上の電子密度の大小を示すより直接的な尺度として，Hammett の

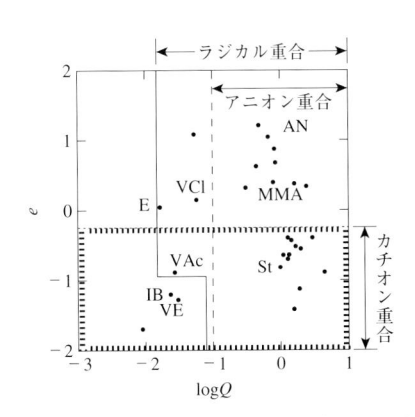

図 2.5 モノマーの Q-e プロットと各重合が起こりやすい領域

図中の略号は，AN：アクリロニトリル，E：エチレン，IB：イソブテン，MMA：メタクリル酸メチル，St：スチレン，VAc：酢酸ビニル，VCl：塩化ビニル，VE：ビニルエーテル．

第Ⅱ編　カチオン重合

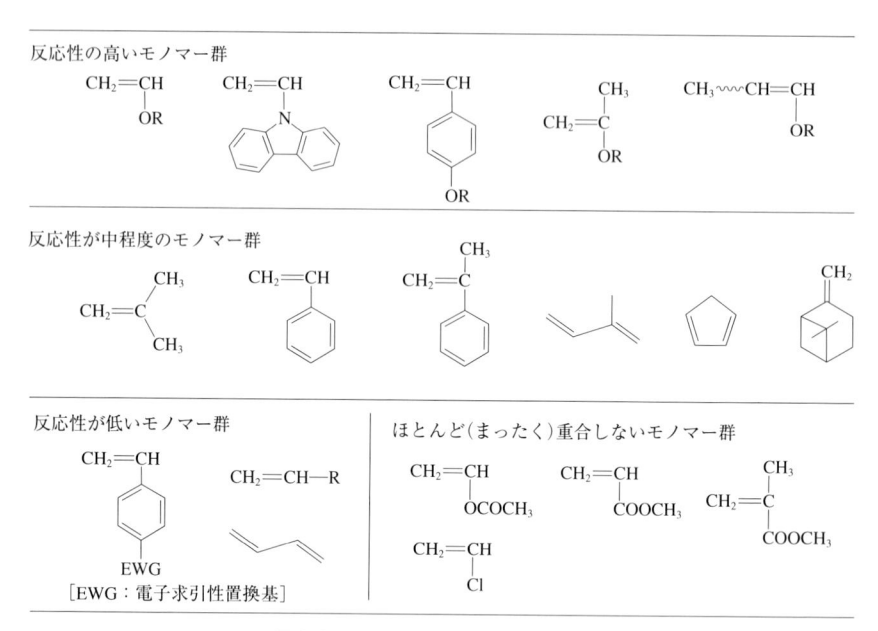

図2.6　カチオン重合可能な化合物の例

σ 値と NMR スペクトルの化学シフト値がある．

(1) Hammett の σ 値

低分子のイオン反応において，反応点の電子状態に与える置換基の影響を調べる方法として，Hammett の式がよく利用されている．実際は，構造の近い化合物に限られるが，e 値と置換基の σ 値との間にはほぼ直線関係がある[1]．同系列のモノマーについて比較すると，e 値と同様に置換基の σ 値とモノマーの反応性の間に良い相関があることがわかる．

(2) NMR スペクトルの化学シフト値

カチオン重合における生長反応は生長カチオンがモノマーの β 炭素に付加する反応なので，β 炭素の電子密度が定量的にわかればカチオン重合性が予想できるはずである．現在のところ電子密度を推定する方法としては，分子軌道法を用いて π 電子密度を計算する方法と NMR の化学シフト値から求める方法が挙げられる．前者からは置換基の電子供与性が増すと β 炭素の電子密度が増大することが明らかになった．また，後者からは実験的にも電子密度の大小を比較することが可能となり，たとえば NMR スペクトルにおける化学シフトおよび結合定数が電子密度と直接関係することが明らかになっている．モノマーの反応性とビニル基の NMR の化学シフトとの関係に関しては，畑田，北山らによる詳細な研究がある[2,3]．

2.2.3 ◆ ビニルモノマーの構造と反応性

ここでは，スチレン誘導体とビニルエーテルを例に，ビニル化合物の構造と反応性に関して検討を行う．

A. スチレン誘導体

フェニル基に置換基を導入した種々のスチレン類を共重合し，その結果から求めた相対反応性とHammettのσ値の関係を調べると明確な相関があり，σ値が大きな負の値を示すモノマーほどカチオン重合性が高いことがわかった．また，電子供与性の置換基をもつスチレン誘導体ほどβ炭素の^{13}C-NMRの化学シフトは高磁場側にあり，電子密度が増大しており，その電子密度とモノマーの反応性の間に良い相関関係が見られた．このようにスチレン誘導体では，フェニル基に電子供与性置換基を導入するとβ炭素の電子密度が増大し，カルボカチオンに対する反応性が増大する．

B. ビニルエーテル

ビニルエーテルについてもアルキル基の種類により単独重合や共重合の反応性が変化することが知られている．大まかには以下のように，反応性は増加する[4]．

メチル基＜エチル基＜n-ブチル基，イソブチル基＜イソプロピル基＜$tert$-ブチル基

極性ビニルエーテルの重合に関しては後述する．

2.2.4 ◆ 多置換不飽和化合物の構造と反応性

これまでは，反応性の検討をビニル基に絞ってきたが，不飽和炭素原子に置換基が導入されたモノマーも多くある．ここでは，α,α-二置換体とα,β-二置換体の結果をまとめる（図2.7）．

A. α,α-二置換不飽和化合物

ビニル化合物のα位にメチル基を導入すると，カチオン重合の反応性は非常に高くなる．たとえばスチレンやビニルエーテルにおいて，α位にメチル基を導入するとモノマーの反応性が数十倍も高くなる．また，プロピレンはカチオン重合では高分子量ポリマーを生成しないが，イソブテンはカチオン重合性の高いモノマーであることが知られている．この反応性増大の理由は，メチル基の電子供与性のためにβ炭素の電子密度が増大し，かつ生成イオンが安定な第三級カルボカチオンになるためであり，メチル基程度の大きさであれば立体障害とはならないこともわかった．ただ，得られるポリマーはビニルモノマーか

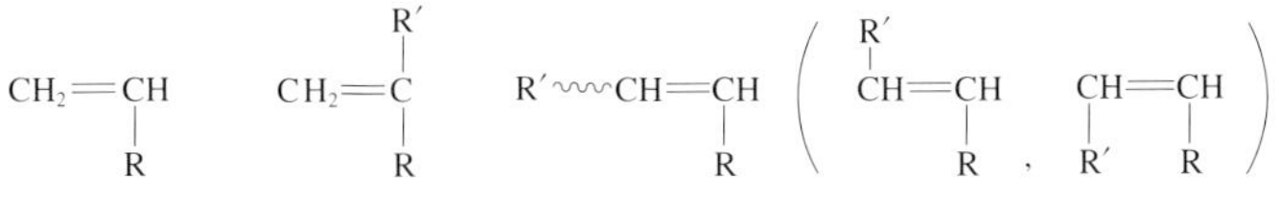

$$CH_2\!\!=\!\!CH \quad CH_2\!\!=\!\!C\underset{R}{\overset{R'}{|}} \quad R'\!\!\sim\!\!CH\!\!=\!\!CH \quad \left(\underset{R}{\overset{R'}{|}}CH\!\!=\!\!CH\underset{R'}{|} \,,\, \underset{R}{|}CH\!\!=\!\!CH\underset{R}{\overset{R'}{|}} \right)$$
$$\underset{R}{|} \qquad \underset{R}{|} \qquad \underset{R}{|}$$

ビニル化合物 　　α,α-二置換体　　α,β-二置換体　　　　$trans$体，　　cis体

図 2.7 多置換不飽和化合物の構造

ら得られるポリマーに比べ，置換基間の反発のため比較的不安定で解重合しやすい．一方，置換基が両方ともメチル基よりもかさ高くなると，生成ポリマーの置換基間の反発が大きくなり，たとえば，α-エチルスチレンは単独カチオン重合で2量体と3量体を生成するのみでポリマーは得られない[5]．

B. α,β-二置換不飽和化合物

α位とβ位に置換基をもつ不飽和化合物は，置換基の立体障害のため，一般にラジカル重合では単独ポリマーを得ることが困難である．これは，遷移状態において生長末端とモノマーのπ軌道の重なりをできるだけ大きくしようとするためと考えられ，モノマーのβ-置換基と生長末端のβ-置換基との間の立体障害によりモノマーの付加が妨げられる．一方，α,β-二置換不飽和化合物がカチオン重合することは古くから知られている．モノマーごとにまとめると以下のようになる．

・スチレン誘導体

β-メチルスチレン類がハロゲン化金属により白色粉末状のポリマーになることが知られているが[6]，生長末端のβ-メチル基とモノマーのβ-メチル基間の立体障害のため反応性は大きく低下する．*cis*体と*trans*体とで反応性に大きな差は認められていない．最近，*p*-メチルスチレンとの共重合を低温で行うことにより，長寿命生長種が得られることが示唆されている．

・イソブテン誘導体

イソブテンのβ炭素にメチル基を導入すると，スチレン誘導体と同様にモノマーの反応性が低下する．

・ビニルエーテル誘導体

スチレン誘導体やイソブテン誘導体と大きく異なり，ビニルエーテル置換体の場合β-メチル基は反応性を増大させる．特に，*cis*体は対応するビニルエーテルより2～4倍反応性が高く，*trans*体はビニルエーテルと同程度かやや高い．また，共重合の詳細な検討結果から，生長末端のβ-メチル基とモノマーのβ-メチル基間の立体的な反発がないことが明らかになった．一方，ビニルエーテルのβ炭素にエチル基やアルコキシ基を導入すると，メチル基と同様に反応性が増大するが，さらにかさ高いイソプロピル基，*tert*-ブチル基や電子求引性のクロロ基を導入すると反応性は低下する．

α,β-二置換不飽和化合物の重合においては，このようにスチレン誘導体，イソブテン誘導体，ビニルエーテル誘導体の挙動に大きな違いが見られた．すなわち，スチレン系ではβ-置換基の立体障害の影響がかなり大きいのに対し，ビニルエーテル系では生長末端とモノマーのβ-置換基間の立体障害の影響が小さいことがわかった．これは遷移状態において，生長末端の位置がスチレン誘導体ではβ炭素の近傍に，ビニルエーテルではβ炭素から離れたところにあるためと推定される．

2.3 ◆ カチオン重合で用いられる開始剤と開始反応

　カチオン重合の開始剤として，非常に多くの種類の求電子試薬（プロトン酸やルイス酸など）が検討されてきた．代表的なプロトン酸（ブレンステッド酸）としては，H_2SO_4，HClなどの無機酸，CF_3COOH，CCl_3COOHなどの有機酸，CF_3SO_3H，$HClO_4$などの超強酸がある．一方，ルイス酸としては，ハロゲン化金属や有機金属化合物があり，これらは最も多くカチオン重合で検討されている開始剤である．ルイス酸では，使用に際してカチオン源（開始剤）の共存が必要なことが多く，上記のプロトン酸と組み合わせることもある．その他に開始剤としては，ハロゲン，光や熱でカチオンを生成する化合物，強酸の塩などが挙げられる．また，放射線による開始などもある．カチオン重合の開始剤に必要な条件は，生成したカチオンがモノマーに付加してカルボカチオンを生成することと，対イオンを安定化してカルボカチオンとの反応（停止反応）を抑制することである．対イオン安定化の手段としては，大きい解離定数を有する強酸の使用によるイオン対（C^+B^-）の解離促進，対イオンと他の化合物との錯体生成による安定化，溶媒の極性の増大による安定化などが挙げられる．

2.3.1 ◆ プロトン酸

　カチオン重合が可能なプロトン酸は，無機酸，有機酸，超強酸，固体酸に大別される．いずれの場合も開始反応はプロトン酸のモノマーへの付加反応である．プロトン酸がイオン化しやすく，生成するカルボカチオンが安定であると，当然開始反応は速くなる．すなわち，酸強度が大きいプロトン酸および電子供与性の置換基をもつモノマーの組み合わせによりカルボカチオンの生成が容易となる．ただ，一般にはプロトン酸による重合では，対イオンが不安定で，停止反応だけでなく連鎖移動反応も起こりやすいため，高分子量のポリマーを得ることが困難である．一方，近年になっていろいろな制御法が見出され，ハロゲン化水素，オキソ酸，固体酸のいずれからもリビングポリマーが得られることが報告されている（詳細は3章に後述する）．ここでは，均一系のハロゲン化水素と有機酸（オキソ酸），超強酸，および不均一系の固体酸に分けて述べる．

A. ハロゲン化水素，有機酸（オキソ酸）

　いわゆるビニルモノマーがハロゲン化水素，有機酸（オキソ酸）で重合する古典的な代表例を表2.2にまとめた[7]．ここに挙げた例以外では脂肪族オレフィンがプロトン酸によってオリゴマー，いわゆる石油樹脂を生成する反応が工業化されている．

　スチレンの重合において，塩化水素を開始剤に用いると，無極性溶媒中では付加体が生成するだけであるが，極性溶媒中ではポリスチレンが生成する（ビニルエーテルでは，後述するが，添加塩基との組み合わせでリビング重合を進行させる）．また，塩化水素と硫

表 2.2 プロトン酸によるビニルモノマーの重合例
〔J. P. Kennedy, *Cationic Polymerization of Olefins: A Critical Inventory*, John Wiley and Sons, New York (1975) より抜粋〕

モノマー	プロトン酸
イソブテン	H_2SO_4
スチレン類	H_2SO_4, $HClO_4$, HCl, HBr, HNO_3, CCl_3COOH, $CHCl_2COOH$, CF_3COOH, $H(CF_2)_6COOH$, $ClSO_3H$, FSO_3H, p-トルエンスルホン酸
インデン	H_2SO_4
クマロン	CCl_3COOH
ビニルエーテル	非常に例が少ない

酸を比較すると，(より強酸である)硫酸のほうが重合活性が高い．有機酸としては，種々のクロロ酢酸類によるスチレンとα-メチルスチレンの重合速度が比較されており，いずれのモノマーにおいても開始剤のクロロ酢酸が強酸になるほど重合速度が大きくなる[8]．また，これらのプロトン酸（またはモノマーとの付加体）は開始種としても重要であり，2.3.2項に示すように，ルイス酸との組み合わせによりさまざまな重合の開始反応に利用される．この系は明確な開始反応が起こりやすいため，最適条件では反応が制御されたリビングカチオン重合が進行することがある．

B. 超強酸

超強酸は「100％硫酸よりも強い酸強度を有する酸」として定義され，カチオン重合の開始剤としてはCF_3SO_3H, $ClSO_3H$, FSO_3H, $HClO_4$（または$AcClO_4$）などが検討されている．

超強酸を用いたさまざまなスチレン誘導体への反応速度定数がストップドフロー法などにより求められ，p-メトキシスチレンへの付加反応では，CF_3SO_3Hを開始剤として用いたときの開始反応速度定数は，CH_3SO_3Hのときの約10^5倍であることがわかった（ジクロロエタン中，30℃）．また，後述するハロゲン化金属を用いた系（H_2O／$SnCl_4$, H_2O／$BF_3 \cdot OEt_2$）と比較すると10^3倍程度，ハロゲン（I_2）に至っては10^6倍程度となる[9]．このように超強酸は，開始反応速度が大きく酸の解離定数が大きいので，(連鎖移動反応は起こっても)停止反応は起こらない例が多い．たとえば，HClやH_2SO_4を開始剤として用いると，すべてのモノマーが消費されるまでに重合が停止してしまうことが多いが（対イオンの求核性が強く生長種が安定な結合を生成），$HClO_4$とスチレンとの反応で生成した生長種では，安定な共有結合を生成しないので低温でない限りは停止反応は起こらない．

C. 固体酸

プロトンを生成する固体酸としては，ヘテロポリ酸，金属酸化物（少量の水が存在する場合），硫酸−硫酸塩錯合体，イオン交換樹脂などが挙げられる．

ヘテロポリ酸は2種類以上の無機酸素酸が縮合して生成した酸の総称である．典型的な

例はリンタングステン酸 $H_3PW_{12}O_{40}$ であり，リンタングステン酸の代表的な構造は Keggin 型である．酸触媒としては，エステル化反応や Friedel-Crafts 反応などの液相均一・不均一反応触媒およびテトラヒドロフラン（THF）の開環重合触媒として用いられている．しかし，ビニル化合物のカチオン重合に関しては，スチレンやイソブテンの重合例が少しあるだけで，活性が非常に高いにもかかわらずほとんど検討例がない．最近，添加塩基系を用いることによりビニルエーテルのリビングカチオン重合が可能になった（3.3.1項参照）．一方，イオン交換樹脂，たとえばポリスチレンスルホン酸を有する樹脂やフルオロアルキルスルホン酸を有する Nafion® はスチレンやビニルエーテルを重合することが報告されている．また，選択的なオリゴマー合成の触媒としても有効である．

シリカ-アルミナなどの酸性金属酸化物および硫化物は，Friedel-Crafts 反応の触媒，異性化反応の触媒として用いられ，カチオン重合の可能性も検討されている．これらの金属酸化物触媒は表面にルイス酸点を有するが，少量の水が存在する場合には吸着水によるブレンステッド酸点が見られ，カチオン重合の開始にはこのブレンステッド酸点が作用していると考えられている．しかし金属酸化物による重合には高温が求められることが多いため，さまざまな副反応が起こり高分子量ポリマーの生成には不都合であったが，最近，添加塩基を用いた系でビニルエーテルのリビング重合が可能となった（3.3.1項参照）．一方，硫酸アルミニウムと硫酸を結合させた開始剤（図2.8）は，吸着した硫酸から生成したプロトンによって重合が開始され，室温においてビニルエーテルから分子量の高い立体規則性ポリマーを与える[10]．Al 以外では，Fe^{3+} や Cr^{3+} の硫酸塩との錯合体の活性が高いようである．図2.8に示すように，対イオンは非局在化により大きく安定化されている．

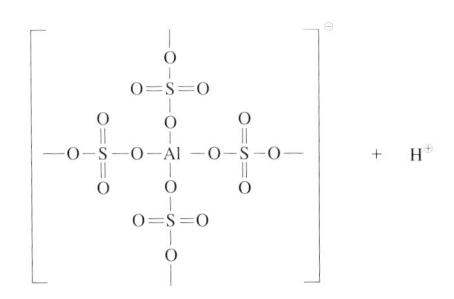

図 2.8 硫酸アルミニウムに H_2SO_4 を結合させた開始剤

2.3.2 ◆ ハロゲン化金属

A. Friedel-Crafts 反応とカチオン重合の触媒としてのハロゲン化金属

主にハロゲン化金属を触媒として用いる Friedel-Crafts 反応（反応式 (2.2)）は芳香環のアルキル化（芳香族求電子置換反応）として知られているが，中間体がカルボカチオンである異性化反応・付加反応や，カチオン重合を類似の反応として考えることができる[11]．

また，ビニル化合物のカチオン重合では，当初，高収率で高分子量ポリマーが得られるのがほとんどハロゲン化金属を用いた場合であったため，ハロゲン化金属によるカチオン重合は古くから詳しく研究されてきた．ごく最近この分野では，添加塩基などを用いることにより数多くのハロゲン化金属を用いたリビングカチオン重合の例が見つかっている．ここではハロゲン化金属による重合の概要にのみ触れ，リビング重合に関する詳細は3.3.1項にて述べる．

$$RX + \text{〈ベンゼン〉} \xrightarrow{\text{ハロゲン化金属} (MtX_n)} R\text{-〈ベンゼン〉} + H^{\oplus} MtX_{n+1}^{\ominus} \quad (2.2)$$

カチオン重合に用いられる代表的なハロゲン化金属としては，B, Al, Ti, Sn, Sb, Zn, Fe, Ga の塩化物および臭化物があり，その他にも希ガスおよびⅠ族を除く周期律表の広い範囲の金属のハロゲン化物が使用されている．また，$AlCl_3$ は活性が高いが有機溶媒に難溶で，また活性が高すぎることがあるため，$EtAlCl_2$, Et_2AlCl, Et_3Al, Me_3Al などの有機金属化合物もハロゲン化金属と同様に使用されている．これらについては本項 E. にてまとめて述べる．

B. 開始剤と触媒：開始剤系

ハロゲン化金属を触媒に用いてカチオン重合を行った場合（たとえば，イソブテン–BF_3，スチレン–$AlCl_3$ またはスチレン–$SnCl_4$ 系），精製したモノマーや溶媒を用いると重合速度が小さくなっていき，さらに精製を続けるとついには重合しなくなることが見出された[12]．しかし，この系に微量の水，アルコール，ハロゲン化アルキルなどを添加すると，再び重合が速やかに進行するようになった．これらの添加物はいずれも，ハロゲン化金属との反応でプロトンあるいはカルボカチオンを生成する化合物（カチオン源）であり，ポリマーの開始末端にこれらのプロトンあるいはアルキル基が結合していることから，図2.9上の機構が推定された．

これらの系ではカチオン源の存在があってはじめて重合が可能となったこともあり，歴史的にはハロゲン化金属を触媒，カチオン源を共触媒とよんでいた時期もあるが，重合機構に合わせて，ここではカチオン源を開始剤，ハロゲン化金属を触媒（あるいは活性化剤），その組み合わせ全体（開始剤／触媒）を開始剤系とよぶことにする．

C. 開始剤の種類，活性および作用機構

開始剤には，ハロゲン化金属との反応によりプロトンまたはカルボカチオンを生成する化合物がある．プロトンを生成する例としては水，アルコールなどのヒドロキシ化合物や塩化水素，酢酸などのプロトン酸が，カルボカチオンを生成する例としては種々のハロゲン化アルキルが挙げられる．ほとんどの場合，これらの開始剤だけでは重合は開始しない．

開始剤の作用機構としては，図2.9に示すように，ハロゲン化金属との反応によるプロ

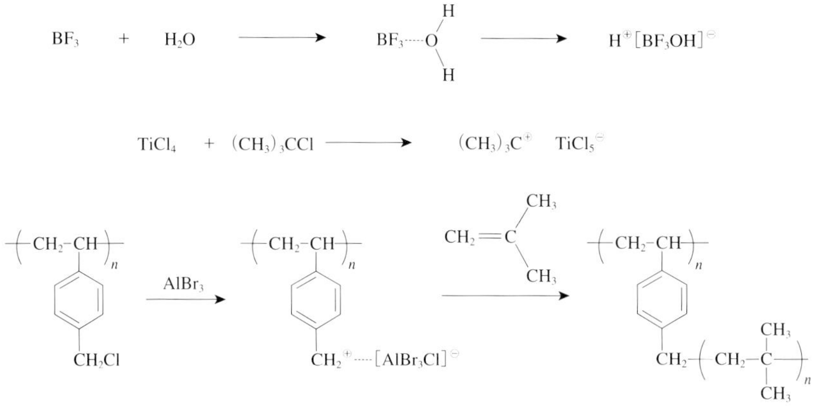

$$BF_3 + H_2O \longrightarrow BF_3 \cdot OH_2 \longrightarrow H^+[BF_3OH]^-$$

$$TiCl_4 + (CH_3)_3CCl \longrightarrow (CH_3)_3C^+ \quad TiCl_5^-$$

図2.9 ハロゲン化金属を触媒にした開始反応の例

トンまたはカルボカチオンの生成およびモノマーへの付加により重合が進行すると考えられる．ただし，開始剤がプロトン酸の場合は，最初にオレフィンと反応して付加体が生成したのち重合が開始されることが多い．いずれの場合でも，生成ポリマーの末端には開始剤から生成したカチオンが結合し，たとえばイソブテンの D_2O/BF_3 系による重合や α-メチルスチレンの $D_2O/SnCl_4$ 系による重合では，ともに生成ポリマー中に C−D 結合が存在する[13]．また，図2.9下に示すように，クロロメチル基を有するポリマーを開始剤に用いるとグラフトポリマーが得られる[14]．

また，開始剤の量と重合速度については，たとえば水が開始剤である場合，少量のときはある範囲で重合速度が極大になり開始剤として作用するが（$SnCl_4$ によるスチレンの重合系では，無極性溶媒中で $[H_2O]_0/[SnCl_4] \leq 0.1$，極性溶媒中では ~ 2.0)[15]，一定以上多くなると生長カルボカチオンと反応して重合を停止してしまうことがある．また，開始剤の活性は酸解離のしやすさと関係があり，強い酸ほど開始剤として活性が高いことがわかっている．イソブテンの重合を，種々の開始剤/$SnCl_4$ 系を用いて，塩化メチル中，−78°C で行った場合には，$H_2O < C_6H_5OH < CH_3NO_2 < C_2H_5NO_2 < CH_3COOH < ClCH_2COOH < CCl_3COOH$ の順に重合活性が増加する[16]．ハロゲン化アルキルを開始剤として用いた場合も，塩化 *tert*-ブチルのようにカルボカチオンを生成しやすい化合物の活性が高い．ただ，無極性溶媒中ではハロゲン化アルキルが十分イオン化（溶媒和）されないため開始剤として作用しないこともある．

これらの系とは若干異なるタイプの開始剤系であるが，トリフェニルメチルカルボカチオン（Ph_3C^+）あるいはトロピリウムイオン（$C_7H_7^+$）のような安定なカルボカチオンの塩もカチオン重合の開始剤系として有効である．たとえば，Ph_3CSbCl_6 や Ph_3CSnCl_5 などは固体結晶として得ることができ，安定で取り扱いも容易である．ただし機構としては，

水素引き抜きや電子の移動により開始反応が起こっていると考えられている.

D. ハロゲン化金属触媒の活性

これまで，さまざまなハロゲン化金属触媒を用いた膨大な数のカチオン重合系が検討されてきた．ルイス酸性の強い化合物ほど活性が高いことは大まかには理解できるが，それらの重合活性に関してこれまで系統的にはまとまっていない．その一つの原因は，酸強度の求め方自体が多数あり，最も良い指標が定まっていないことである．たとえば，以下にはいくつかの方法により酸性度を求めた例を示すが，やはり方法によってばらつきがあることがわかる[11]．

(1) 熱力学的方法（エーテルなど塩基性溶媒への溶解熱）

$$AlCl_3 > TiCl_4 > SnCl_4 > FeCl_3 > ZnCl_2$$

(2) Hammettの指示薬による方法

$$AlBr_3 > AlCl_3 > FeCl_3$$
$$SnCl_4 > SbCl_5 > SbCl_3$$

(3) ケトンとの錯合体生成に伴うカルボニル基の赤外吸収スペクトルのシフト

$$AlBr_3 \gg FeCl_3 > AlCl_3 > SnCl_4 > TiCl_4 > BF_3 > ZnCl_2 > HgCl_2$$

一方，反応機構としてカチオン重合に近いFriedel–Crafts反応の活性と比較するという方法も，研究例が多いこともあり有力な方法の一つであるが[11]，やはり大きな傾向はわかるものの，詳細な検討は困難である．

(1) 芳香族ケトンの生成（トルエン→p-メチルアセトフェノン）

$$AlCl_3 > SbCl_5 > FeCl_3 > TeCl_2 > SnCl_4 > TiCl_4 > TeCl_4 > BiCl_3 > ZnCl_2$$
$$AlBr_3 > FeBr_3 > SbBr_3 > ZnBr_2 > TiBr_4 > TeBr_4 > MoBr_4 > WBr_5 > HgBr_2 > SnBr_4$$

(2) 異性化反応（シクロヘキサン→メチルシクロペンタン）

$$AlBr_3 > GaBr_3 > GaCl_3 > FeCl_3 > SbCl_5 > ZrCl_4 > BF_3, BCl_3, SnCl_4, SbCl_3$$

(3) 芳香核の重水素化（DBrによるHとの交換反応速度）

$$AlBr_3 > GaBr_3 > FeBr_3 > BBr_3 > SbBr_3 > TiBr_4 > SnBr_4$$

これまで，重合結果によりこれらの活性を比較した例は非常に少ない．定性的な重合結果ではあるが，イソブテンの$-78°C$での重合において，活性の順は$BF_3 > AlBr_3 > TiCl_4 > TiBr_4 > BCl_3 > BBr_3 > SnCl_4$と求められている[17]．また，最近見出された添加塩基存在下でのビニルエーテルのリビング重合系では（詳細は3.3.1項で述べる），活性の順は$GaCl_3 \sim FeCl_3 > SnCl_4 > InCl_3 > ZnCl_2 > AlCl_3 \sim HfCl_4 \sim ZrCl_4 > EtAlCl_2 > BiCl_3 > TiCl_4 \gg SiCl_4 \sim GeCl_4 \sim SbCl_3$であることが明らかになった[18]．この場合，各ハロゲン化金属の性質として，親塩素性と親酸素性のいずれが強いかが重要なポイントになると考えられるが，今後この分野の系統的な研究が必要であろう．

ハロゲン化金属開始剤のハロゲンの種類としては，これまで使用されているハロゲン化物は塩化物と臭化物が主であり，フッ化物はBF_3（$BF_3 \cdot OEt_2$）を除いてほとんど用いられ

ていない（BF₃·OEt₂ は最も広く用いられている触媒の一つである）．一方，ヨウ化物は活性は高いが分解しやすいので ZnI₂ 以外，一般にはあまり用いられていない．また，ハロゲン化金属の金属が 2 つ以上の酸化状態をもつときは，最高酸化状態で触媒活性がより高い（たとえば SnCl₄＞SnCl₂）．

E. 有機金属化合物

EtAlCl₂, Et₂AlCl, Et₃Al などのいわゆる有機金属化合物も，適当な条件ではハロゲン化金属と同様にカチオン重合の触媒として作用する．典型的な例を表 2.3 に示す[7]．

Hammett の指示薬から求めた有機金属化合物の酸性度の分類は表 2.4 のとおりである．カルボニル化合物と錯合体を生成させ，赤外吸収スペクトルの吸収位置の変化から酸性度を測定する方法でも同様な結果が得られている．A 群に属する触媒によりイソブチルビニルエーテル，スチレンなどが速やかに重合するが，C 群ではこれらのモノマーはまったく重合しない．B 群に属する触媒ではその中間である．このように Hammett の指示薬やカルボニル化合物との錯合体から求めた酸性度と重合活性は良く一致する．

また，ハロゲン化金属と同様に R_xAlCl_{3-x} も開始剤の共存が必要であることが多く，特に Et₂AlCl, Et₃Al は，プロトンあるいはカルボカチオンを生成する開始剤が存在してはじめてイソブテンやスチレンの重合を開始する．Et₂AlCl によるイソブテンの重合では，プロトン H⁺ を放出しやすい次の順に開始剤の活性が高くなる[19]．

$$CH_3COCH_3 < CH_3OH \ll CCl_3COOH < HF, H_2O \ll HCl, HBr$$

また，ハロゲン化アルキル（RX）開始剤の場合は，反応式 (2.3) のように生成した R⁺

表 2.3 有機金属化合物によるビニル化合物のカチオン重合の例
［J. P. Kennedy, *Cationic Polymerization of Olefins: A Critical Inventory*, John Wiley and Sons, New York（1975）より抜粋］

有機金属化合物	モノマー
RAlCl₂, R₂AlCl	ビニルエーテル，イソブテン，スチレン *o*- および *p*-メトキシスチレン，α-メチルスチレン
R₃Al−H₂O	ビニルエーテル，スチレン，α-メチルスチレン
R₂Zn−H₂O	ビニルエーテル，スチレン，α-メチルスチレン
Grignard 試薬	ビニルエーテル

表 2.4 カチオン重合に用いられる有機金属化合物の分類

分類	有機金属化合物
A 群	EtAlCl₂, Et₂AlCl, Et₃Al−H₂O, R₃Al, BF₃·OEt₂
B 群	Et₂Zn−H₂O, Et₂Zn, γ−Al₂O₃, EtMgBr
C 群	Et₂Al(OEt), EtAl(OEt)₂, BBu₃

がモノマーに付加して重合を開始する.

$$\text{Et}_2\text{AlCl} + \text{RCl} \rightleftarrows \text{R}^{\oplus} + [\text{Et}_2\text{AlCl}_2]^{\ominus} \qquad (2.3)$$

一方,塩化アルキル／Et$_2$AlCl 開始剤系でのイソブテンの重合速度を検討すると,表 2.5 のように R－Cl 結合の切断しやすさと R$^+$ の安定性が重要なことがわかっている[20].たとえば,EtCl のように生成する Et$^+$ は非常に活性であるが Et－Cl の結合が切れにくい場合は重合速度が小さくなり,逆に (C$_6$H$_5$)$_3$CCl のように (C$_6$H$_5$)$_3$C$^+$ は容易に生成するがこのイオンが安定すぎる場合は開始剤としての活性が低くなった.開始剤として適当なものは,それらのバランスの良い (CH$_3$)$_3$CCl や C$_6$H$_5$CH$_2$Cl などであることがわかった.

また,興味深いことにある条件下でのスチレンやイソブテンの重合では,ルイス酸性の弱い R$_2$AlCl, R$_3$Al を触媒に用いると,反応系に存在する微量の水によって重合せず,よりカチオンを生成しやすい開始剤,たとえば RX とのみ反応する.このことを利用すると,ポリマー末端に適当な置換基を導入できる.

表 2.5 Et$_2$AlCl 開始剤(カチオン源)系によるイソブテンの重合におけるポリマー生成量[20](溶媒:塩化メチル,$-50°C$)

分類	カチオン源[a]	ポリマー生成量[b]
A 群	C－C$^+$, C－C$^+$－C, C－C$^+$－C－C	$1 \sim 10^2$
B 群	C$^+$－C(－C)$_2$, C$^+$－C＝C, C$^+$－C(－C)＝C,	$10^3 \sim 10^4$
C 群	C－C$^+$－C＝C, C$^+$－C＝C－C, C－C$^+$(－C)－C, C$^+$－φ	$10^5 \sim 10^6$
D 群	C－C$^+$－φ, φ－C$^+$－φ, φ－C$^+$(－φ)－φ	$10^3 \sim 10^4$

[a] 対応するハロゲン化アルキルを開始剤として使用
[b] g-polymer mol^{-1}-Et$_2$AlCl

2.3.3 ◆ ハロゲン

オレフィンにハロゲンが付加することは有機化学で広く知られた反応であり,臭素添加によるオレフィンの確認法もよく使われている.一方,ヨウ素がビニルエーテルの重合を開始して樹脂状の物質を与えることも,古くから知られていた.この重合系はリビングカチオン重合のきっかけになった重合系であるので,3 章で詳細に記述する.ここでは,ハロゲンによるカチオン重合の一般的挙動について述べる(表 2.6 参照)[21].

重合機構としては,ハロゲンがビニル化合物に付加しカルボカチオンまたはハロニウムイオンを生成し,引き続きモノマーが付加してカチオン重合の開始反応になる.ヨウ素によるビニルエーテルの重合では,反応速度がヨウ素濃度の 2 乗に比例することから,2 分子のヨウ素から生成した I$^+$ がモノマーに付加し,対イオンは I$_3^-$ の形で比較的安定に存在

表2.6 ハロゲンによるビニル化合物のカチオン重合例
[東村敏延, 講座 重合反応論 3：カチオン重合, 化学同人 (1973) より抜粋]

ハロゲン	モノマー
I_2	ビニルエーテル, N-ビニルカルバゾール, p-メトキシスチレン, p-メチルスチレン, α-メチルスチレン, スチレン, ベンゾフラン
Br_2	ビニルエーテル, N-ビニルカルバゾール
Cl_2	N-ビニルカルバゾール
IBr, ICl	ビニルエーテル

していると推定される.

オレフィンに対するハロゲンの付加速度は，ヨウ素，臭素，塩素の順に増大することが知られている．しかしカチオン重合ではまったく異なり，重合速度は n-ブチルビニルエーテルの重合では，I_2＞ICl＞IBr＞Br_2（臭素による重合速度はヨウ素の約 1/1000）[22], N-ビニルカルバゾールでも I_2＞Br_2＞Cl_2 の順である．このように，オレフィンに対するハロゲン付加とカチオン重合の活性が異なる理由は次のように考えられる．カチオン重合では対イオンが安定であれば停止反応（X^- の付加）が起こりにくく重合速度が大きくなるが，この場合，X_3^- の安定性の順序（ハロゲンと X_3^- イオンとの平衡定数）は，Cl＜Br＜I であるため，この順でカチオン重合開始剤として活性が高くなると考えられる．

2.3.4 ◆ 光・熱潜在性触媒：光照射や加熱によるカチオン重合

室温，常圧などの通常の状態では重合活性を示さないが，外部刺激により活性を示すようになる触媒，いわゆる潜在性触媒は，レジスト，インク，塗料，エポキシ樹脂などの熱・光硬化性樹脂の分野において特に興味が持たれ，さまざまな研究がなされている．外部刺激としては，光，熱，超音波，電子線，X線，圧力，磁場などがあるが，実用的な方法は光照射と加熱である．潜在性触媒の特長は，空気，水に対して安定で，長期間の保存が可能，さらに取り扱いが容易なことである．潜在性触媒としてはオニウム塩系と塩構造をもたない有機分子系などがあるが，いずれの系でも，カチオン重合の場合は外部刺激により種々のカチオン開始種を発生し重合を開始させる [23,24].

光カチオン重合用の潜在性触媒としては，図 2.10 に示すようなスルホニウム，ホスホニウム，ジアゾニウム，ヨードニウム，アンモニウム，ピリジニウムなどのオニウム塩開始剤があり，環状エーテル（エチレンオキシド，シクロヘキセンオキシドなど）やビニル化合物（スチレン類，ビニルエーテル類など）の重合が検討されている [25]. これらのオニウム塩は，モノマーと混合してもそのままでは重合しないが，紫外光など（オニウム塩の構造により多種多様な光源が使用可能．通常，300 nm 以下の波長）の照射によりカチオン重合を開始する．これらの開始剤による重合系は，工業的に使用されているものも含

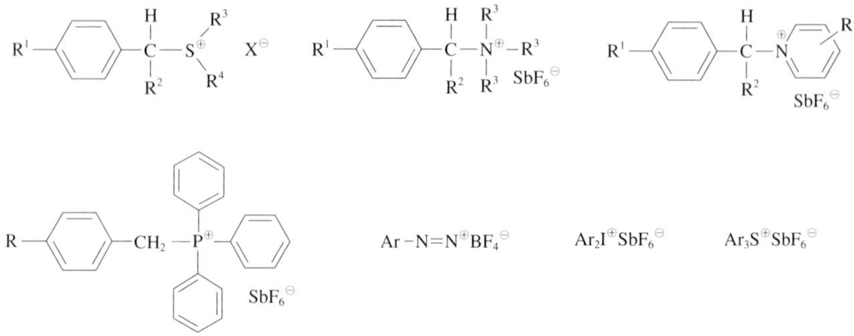

図2.10 さまざまな光・熱潜在性触媒の例

めて非常に多くの種類がある．

このような光カチオン重合では，同種の対イオンを有するカチオン重合と最初の開始反応は異なるが，カチオン重合そのものは類似の挙動を示す．最近報告された興味深い例としては，ヨードニウム塩とハロゲン化亜鉛を用いた系によるイソブチルビニルエーテルの光カチオン重合がある．このような系の中には，リビング生長種の生成が報告されているものがあり，$\bar{M}_w/\bar{M}_n$ が1.2以下のリビングポリマーも得られている[26]．この場合，光照射によって生成したHIがモノマーに選択的に付加し，重合が開始していると考えられる．

一方，熱潜在性触媒として最も詳しく研究されているのは図2.10中のベンジルスルホニウム塩である．分解温度までの高い安定性，モノマーへの高い溶解性，取り扱いの容易さがあり，実用化されているものもある．たとえば，無置換体では反応開始に100℃以上の熱が必要でありラジカル重合も併発するが，p-メトキシ誘導体は40℃以上80℃以下でカチオン重合のみが起こり，ポリスチレンが得られる．開始種はベンジルカチオンと推定されている．また，これらの構造と重合活性の関係も詳細に検討されている．そのほか，ベンジルアンモニウム，ピリジニウム，ホスホニウム塩などが検討されている．また，ベンジルホスホニウム塩の場合，重合開始の活性種はベンジルカチオンではなく脱離するプロトンであることが示唆されている．

一方，非塩系潜在性触媒は，オニウム塩系潜在性触媒の難溶性や生成ポリマーへの残存の問題を解決することを主目的として検討されている．代表例としては，ヘミアセタールエステル[27]，スルホン酸エステル[28]などがあり（図2.11），ビニルエーテルの重合が検討されている．たとえば，ヘミアセタールエステルによるイソブチルビニルエーテルの重合では，室温付近ではまったく重合しないが，100℃に加熱することにより熱分解によりカチオン種を生成し，カチオン重合を開始する．現在のところリビング性は確認されていないが，今後の展開が期待される興味深い系である．

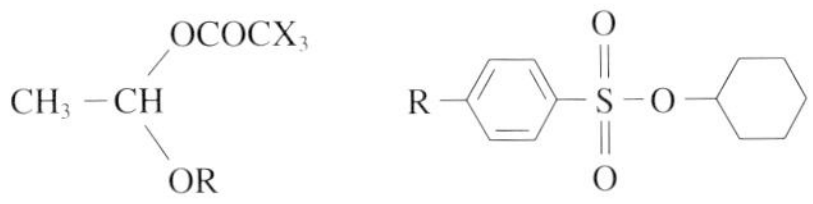

2章 カチオン重合の基礎

```
      OCOCX₃              O
       |                  ‖
CH₃-CH          R-⌬-S-O-⌬
       |                  ‖
       OR                 O
```

図 2.11　非塩系潜在性触媒の例

2.3.5 ◆ その他の開始剤系

上述した以外の興味深い開始剤系として，以下に紹介するγ線照射による重合，マイクロリアクターを用いたカチオンプール法，金属酸化物による重合がある．その他にも，電解重合，光増感電荷移動重合などがあるが，本書では紙面の関係上省略する．

A. γ線照射による開始

これまで述べてきたような開始剤添加により重合が開始する系以外に，モノマーに高エネルギー放射線，たとえばγ線を照射することにより重合を開始する方法がある．これらの放射線重合では，ラジカル重合とカチオン重合の多くの例が報告されている．また一般には，これらの系ではラジカル重合とカチオン重合が混在するが，重合条件を適当に選ぶことによりそのいずれかを優先的に選び出すことができる．

カチオン重合系では，開始段階で触媒を使用することなく，γ線照射によりモノマーから電子を取り除いてラジカルカチオンを生成する．実際，γ線によりイソブテン，スチレン誘導体，ビニルエーテルなどがカチオン重合することが見出されている．ただ，重合挙動や得られた生長種の性質はプロトン酸やルイス酸を用いた系と大きく異なる．これらの重合においては，不純物の影響がきわめて大きく，また，わずかな重合条件の違いでカチオン機構からラジカル機構に変化する場合があるので注意が必要である．

B. カチオンプール法

吉田らは電子移動反応により作製したカチオンプール（N-アシルイミニウムイオン溶液，図 2.12）を開始剤として用い，低温でのビニルエーテルのカチオン重合を検討している．このカチオンプール法は，不安定なカルボカチオンを蓄え反応させる新しい方法として提案されたものである．この重合系で得られたポリマーは比較的分子量分布が狭く，また，重合溶液をアリルトリメチルシランで停止したところ，ポリマー末端にアリル基が定量的に導入されていることから，リビング的な重合であることが示された[29]．

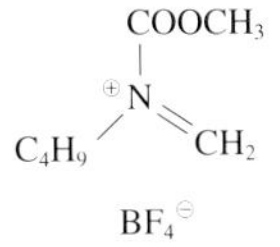

```
            COOCH₃
             |
        C₄H₉-N⁺=CH₂
             
            BF₄⁻
```

N-アシルイミニウムイオン

図 2.12　カチオンプール法での開始剤の例

この重合系のもう一つの特徴は，超高速で効果的な溶液混合が可能なマイクロリアクターを利用している点である．一般に，マイクロリアクターを用いた有機反応は，通常のフラスコや試験管での反応とは異なり，分子拡散距離が小さい，容積当たりの表面積が大きいなどの特徴がある．このようなマイクロリアクターを用いることにより，精密重合する際によく問題となる反応熱の制御，試薬の混合時の拡散，高分子生成に伴う粘度変化などが解決される可能性があり，重合方法としても興味深い．

C. 金属酸化物

　金属酸化物によるカチオン重合は，プロトン酸の項（2.3.1項）で述べたように，少量の水が存在する場合，ブレンステッド酸点が出現し，この点から開始することが多いと報告されている．しかし，金属化合物表面にはルイス酸点も存在し，ビニルエーテルなどのカチオン重合が進行する．古い文献には，酸性金属酸化物によるビニル化合物の重合例として，シリカ－アルミナ，酸化モリブデンと Ni または Mn によるスチレンの重合，アルミナと Mo または Co による α-メチルスチレンの重合，CrO_3，CrO_2Cl_2，MoO_3，MoO_3 と Ni または Mn，V_2O_3，WO_2Cl_2 によるビニルエーテルの重合が挙げられている（これらが，ブレンステッド酸点，ルイス酸点のいずれから重合が開始しているかは不明である）．一方，3.3.1項に詳細を示すように，環境への負荷が小さい触媒系として，酸化鉄をはじめとする種々の酸化金属によるビニルエーテルのカチオン重合，および添加塩基存在下でのリビングカチオン重合が達成されている．

2.4 ◆ 生長反応

　素反応としての生長反応は高分子量体が生成していく反応であり，その挙動を詳細に知ることは，反応を制御し生成するポリマーの構造や分子量を決定するためにとても重要である．カチオン重合における生長反応は，図2.3に示したように，生長鎖がモノマーに付加していく反応で，発熱反応である．モノマーの項（2.2節）でも述べたが，より強い電子供与性置換基を有するモノマーほど反応速度が大きいことから，生長反応ではカルボカチオンとモノマーとの反応が律速段階であることがわかる．また，ラジカル重合とは異なり生長末端付近に対イオンが存在するので，対イオンによって生長反応を規制できる可能性がある．この節では，カルボカチオンの構造と性質に関して簡単に触れた後，ポリマーの一次構造，異性化反応，ポリマーの立体構造，共重合に関して述べる．

2.4.1 ◆ カルボカチオンと生長種の解離状態

A. カルボカチオンに関して

　まず，最も簡単なメチルカチオンを考える．C－H は sp^2 混成軌道で平面構造をしており，

空の p 軌道がこの平面に垂直に存在している．このメチルのカルボカチオン自体は非常に不安定であるが，水素原子が電子を押し出したり正電荷を分散するような基に置換されるとカルボカチオンは安定化される．たとえば，tert-ブチルカチオンは3つのアルキル基で安定化される（脂肪族のカルボカチオンでは，第一級＜第二級＜第三級の順で安定性は増大）．一方，スチレンから生じるベンジル型カチオンは，カルボカチオン上の空の p 軌道とフェニル基の π 軌道との重なりにより正電荷が分散して安定となる．さらに，ジフェニルメチルカチオン，トリフェニルメチルカチオンは複数のフェニル基の共役のために安定になり，各カチオンの存在は種々の分光学的方法によって確認されている．

　カルボカチオンは，低分子の有機反応においても代表的な活性種の一つであり，19世紀末には提唱されていたが，その存在が明確に示されたのは1960年代であった．Olah らによる超強酸（FSO_3H／SbF_5 など）を用いた NMR 測定により直接観測が可能になり構造が明らかになった（1994年ノーベル化学賞）[30]．その後，数多くのカチオンの溶液中での構造がこの方法により検討されてきた．もう一つの大きな手がかりとなったのは，Laube らによる tert-ブチルカチオンやアダマンチルカチオンの $Sb_2F_{11}^-$ 塩の X 線結晶解析であった[31]．これらの功績により，カチオン重合での活性種でもあるカルボカチオンの構造・性質を知ることが可能となった．最近その延長線上として，ホウ素と炭素からなる20面体骨格を有する超安定アニオンのカルボランアニオンが見出され，各種カルボカチオン塩が室温で得られるようになった（図2.13右下）[32]．このアニオンの共役酸は，きわめて強い酸性度をもち，顕著なイオン間相互作用がなく，化学的にも不活性である．その結果，カルボカチオン塩が安定に単離されている．低分子のカルボカチオンの研究においても，このように次々と新しい可能性が見出されており，まだまだ限界に達していない．

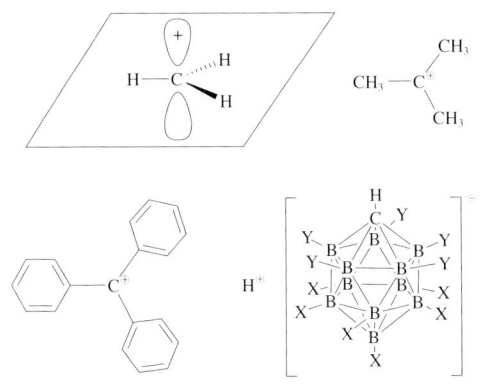

図2.13　さまざまなカチオンの例

B. 生長種の解離状態と重合挙動

溶液中の低分子の電解質を考えてみると，図 2.14 に示すように，一般に共有結合，イオン対，フリー（遊離）イオンなどいくつかの平衡状態にあることが知られている．アニオン重合でも，たとえばスチレンの重合系において，イオン対やフリーイオンが存在することが知られている．興味深いことに，重合条件によってその割合は変化し，それぞれの反応性にも大きな差があることが確認されている（詳細は「第 III 編 アニオン重合」を参照）．

$$PB \rightleftarrows P^+B^- \overset{K}{\rightleftarrows} P^+ + B^-$$

共有結合　　　　　イオン対　　　　　フリーイオン

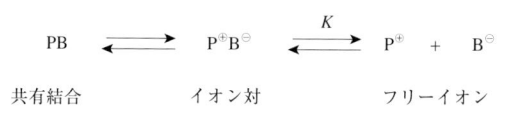

図 2.14 溶液中における生長種の解離状態

カチオン重合においても，生長種の解離状態はイオン対およびフリーイオン（と共有結合）からなり，それらは平衡にあると考えられる．たとえば，スチレンの過塩素酸アセチルや過塩素酸による（ClO_4^- を対イオンとする）重合系においてジクロロメタン溶媒中で得られたポリマーは二峰性の分子量分布であった[33,34]．興味深いことに，極性溶媒のニトロベンゼンを加えると高分子量成分の割合が増加し，ジクロロメタンに対してニトロベンゼンが 7 当量以上という条件では高分子量側のピーク (H) のみの単峰性となった．一方，極性の低いベンゼンを加えると逆に低分子量ピーク (L) の割合が増加し，ジクロロメタンに対してベンゼンが 0.5 当量以上という条件では低分子量側のピークのみとなった．溶媒の組成が変化してもピークの位置はほぼ一定であり，共通イオン塩を添加すると高分子量成分の生成が抑制された（表 2.7）．これらの結果から，高分子量成分は解離した生長種から，低分子量成分は非解離型の生長種から生成したポリマーと考えられた．またこれらの結果は，ClO_4^- を対イオンとする生長種，すなわちカルボカチオンと強い相互作用をする系に特有であり，イオン対とフリーイオンの交換が遅いためと推定される．一方，ハロゲン化金属触媒の系では，対イオンはかさ高く生長種との相互作用も弱いため，イオン対

表 2.7 対イオンとカルボカチオンの相互作用とポリマーの分子量分布

	相互作用が弱い場合 （ハロゲン化金属など）	相互作用が強い場合 （オキソ酸，ハロゲンなど）
重合速度	速い	遅い
イオン対とフリーイオンとの平衡	速い	遅い
分子量分布	単峰性	二峰性 (L と H)
分子量	L と H の平均	L と H

とフリーイオンの交換が速く起こり，両者の中間の分子量の単峰性ポリマーが得られた．このような詳細な検討がさまざまな開始剤系やモノマーについて行われ，生長種の性質や制御法の検討に役立ち，のちのリビングカチオン重合や選択的オリゴメリゼーションの発見につながった．

しかし残念なことに，アニオン重合では素反応の速度定数も詳細に検討されているのに対し，カチオン重合では系統的な速度論が展開されていない．たとえば，生長種が不安定なため生長反応の速度定数が正確に求められた例は非常に少ない．

2.4.2 ◆ ポリマーの構造

これまでは，図 2.15 上に示すように，規則正しく頭－尾結合したモノマーが繰り返し単位となってポリマーを生成するものとして話を進めてきた．特に，置換基 R に電子供与性あるいは共鳴安定化の効果がある場合，ビニル化合物から生成したカルボカチオンを比較すると図 2.15 左下のほうが安定であるので，生長イオンがモノマーの β 炭素を攻撃して規則正しい頭－尾結合からなるポリマーを生成する．この結果は，エネルギー的にも，量子化学的考察など理論的にも支持されている．一般にカチオン重合で得られたポリマーの構造は，ラジカル重合に比べ頭－頭結合や尾－尾結合が少なく，規則正しい頭－尾結合をとりやすいと考えられる．しかし，R がそれほどカルボカチオンを安定化する置換基でない場合，生成ポリマーが少量の頭－頭結合，尾－尾結合を含んでいてもおかしくない．これまで，そのような詳細な検討例はほとんどなく，ポリイソブテンに若干の頭－頭結合，尾－尾結合が含まれているとの報告がある程度である．一方，ポリビニルエーテルに関しては，ポリ（ベンジルビニルエーテル）の脱ベンジル化により得られたポリビニルアルコールの解析が HIO_4 酸化により行われた [35]．その結果，頭－頭結合に対応する 1,2-グリコール結合がきわめて少ない（0.1%）ことがわかった．この値は，通常の酢酸ビニルのラジカル重合で合成したポリビニルアルコール（1～3%）に比べ非常に小さなものであっ

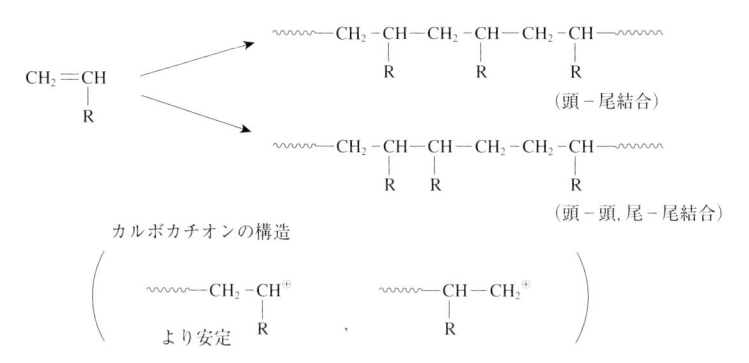

図 2.15 ポリマーの構造：頭－尾結合，頭－頭結合および尾－尾結合からなるポリマー

た[35]．

一方，一次構造制御という面では，ジエン類であるシクロペンタジエンの制御重合の例がある．これまで，この環状ジエンのカチオン重合では，1,2-結合と1,4-結合の両方が主鎖に生じ，位置選択性の制御は困難であった．しかし，ビニルエーテルのリビングカチオン重合と類似の開始剤系を用いてシクロペンタジエンを低温で重合すると，特にヨウ化亜鉛や臭化亜鉛を触媒とした場合，1,4-結合を高選択的（最大76%）に生成させることが可能となった（反応式(2.4)）[36]．また，4.2節で詳述するように，四塩化スズを触媒とする開始剤系ではシクロペンタジエンのリビング重合も可能になった．

$$\text{(2.4)}$$

2.4.3 ◆ 異性化重合

カチオン重合で注意すべきことはカルボカチオンの転位である．すなわち，カチオン重合では生長鎖が不安定なカルボカチオンであり転位を起こしやすく，主鎖の構造が変わる可能性がある．このような重合を異性化重合とよぶ．ほとんどの場合は生長鎖のカルボカチオンの異性化に基づく異性化重合であるが，モノマーが生長鎖に付加する前に異性化してから重合する例（たとえばメチレンシクロアルカン）も若干ある．以下には典型的ないくつかの例を示す．

A. 水素移動重合

プロピレンなどの α-オレフィンを酸性開始剤で重合すると，生成物は非常に複雑な構造のオリゴマーの混合物となることが多い．モノマーから生成した第二級カルボカチオンが他のスチレン誘導体やイソブテンに比べて不安定で，重合中に安定な構造のイオンに転位するためである．

Kennedy らは 3-メチル-1-ブテンを低温で重合すると，2種類の構造のポリマーが得られることを見出した[37]．$AlCl_3$ を触媒として $-130℃$ 付近の温度で重合した場合には 1,3-構造の結晶性ポリマーが得られ，$-100℃$ 以上の温度で重合した場合には通常の 1,2-構造で結合した非晶性ポリマーが得られた．低温で重合すると，カルボカチオンとモノマーとの反応速度が小さくなるため，付加する前に分子内で水素が移動してより安定な第三級カルボカチオンに転位する．その結果，1,3-構造のポリマーを生成する（反応式(2.5)）．一方，$-100℃$ 以上の温度ではイオンが転位する前にモノマーと反応することが多くなり，1,2-構造のポリマーが生成される．また，ポリマーの構造は，溶媒の種類よりも対イオン（開

始剤）の影響を強く受けることもわかった．

$$\text{CH}_2=\text{CH}-\text{CH}(\text{CH}_3)_2 \xrightarrow{\text{H}_2\text{O}/\text{AlCl}_3} \text{CH}_3-\overset{+}{\text{CH}}-\text{CH}(\text{CH}_3)_2 \longrightarrow \text{CH}_3-\text{CH}_2-\overset{+}{\text{C}}(\text{CH}_3)_2 \tag{2.5}$$

3-メチル-1-ブテン

$$\longrightarrow \ \ \text{—}(\text{CH}_2-\text{CH}_2-\underset{\text{CH}_3}{\overset{\text{CH}_3}{\text{C}}})_n\text{—}$$

　類似のモノマーについても転位重合が見出されている．たとえばビニルシクロヘキサンは，反応式 (2.6) に示すように上記と同様に異性化重合する（最近，ルイス酸触媒や溶媒を適当に選択すると，異性化と同時に長寿命生長種が生成することが見出された）．一方，4-メチル-1-ペンテンを $-100 \sim -78°\text{C}$ で AlCl_3 により重合すると，ポリマーは主として1,4-重合体になる．1,2-重合体と1,3-重合体が含まれていることを考えると，カルボカチオンは隣の炭素原子に1つずつ移動して異性化していると考えられる．また，スチレン誘導体では o-イソプロピルスチレンの例（反応式 (2.7)）が，ビニルエーテルではイソプロピルビニルエーテルの例（反応式 (2.8)）が報告されている．

$$\text{CH}_2=\text{CH}-\text{C}_6\text{H}_{11} \ \Longrightarrow \ \text{(polymer structure)} \tag{2.6}$$

ビニルシクロヘキサン

$$o\text{-イソプロピルスチレン} \ \Longrightarrow \ \text{(polymer structure)} \tag{2.7}$$

$$\text{CH}_2=\text{CH}-\text{O}-\text{CH}(\text{CH}_3)_2 \ \Longrightarrow \ \sim\sim\text{CH}_2-\text{CH}_2-\text{O}-\underset{\text{CH}_3}{\overset{\text{CH}_3}{\text{C}}}\sim\sim \tag{2.8}$$

イソプロピル
ビニルエーテル

B. メチル基移動重合

3,3-ジメチル-1-ブテンを-130℃付近の低温で重合すると，下記の構造の高分子量ポリマーが得られた（反応式 (2.9)）．この結果は，水素移動だけでなくメチル基のように大きな基も移動していることを示している．すなわち，生長末端の第二級カルボカチオンがメチル基の移動を伴って安定な第三級カルボカチオンに異性化し，生長反応が進行している．

$$
\begin{array}{c}
CH_2=CH \\
| \\
CH_3-C-CH_3 \\
| \\
CH_3
\end{array}
\xrightarrow{\quad\quad\quad}
\begin{array}{c}
\quad\quad CH_3 \\
\sim CH_2-CH-\sim \\
| \\
CH_3-C-CH_3 \\
| \\
CH_3
\end{array}
\tag{2.9}
$$

3,3-ジメチル-1-ブテン

C. 結合の転位などを伴う重合

(i) 環の生成を伴う重合（環化重合）

非共役ジエンモノマーは，反応式 (2.10) に示すように，生長カルボカチオンが分子内反応で環を形成し，さらにモノマーが付加して生長反応が進行する場合がある．たとえば，置換基 R の炭素数が 2〜4 のモノマーの場合，環化重合しやすくなることが知られている．特に炭素数が3である場合，生成ポリマーが6員環を含むようになり最も環化しやすい[38]．

$$
\begin{array}{c}
CH_2=CH \ CH_2=CH \\
\quad\quad\llcorner\!\!-\!\!R\!\!-\!\!\lrcorner
\end{array}
\xrightarrow{\quad}
\begin{array}{c}
\sim CH_2-\overset{\oplus}{C}H \ CH_2=CH \\
\quad\quad\llcorner\!\!-\!\!R\!\!-\!\!\lrcorner
\end{array}
\xrightarrow{\quad}
\begin{array}{c}
\sim CH_2-CH-CH_2-CH\sim \\
\quad\quad\llcorner\!\!-\!\!R\!\!-\!\!\lrcorner
\end{array}
$$

非共役ジエン

$$\tag{2.10}$$

(ii) ビシクロ化合物の重合

ノルボルナジエンを $AlCl_3$ を開始剤として-100℃以下の低温で重合すると反応式 (2.11) のように有機溶媒に可溶な無定形ポリマーが生成する[39]．反応は分子内環化反応を伴って進行すると推定される．

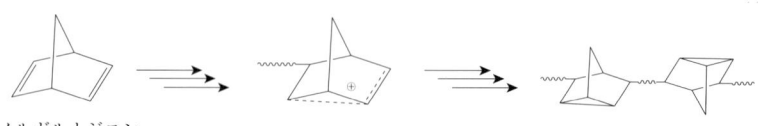

ノルボルナジエン

$$\tag{2.11}$$

(iii) 開環反応を伴う重合

β-ピネンを $AlCl_3$ のようなハロゲン化金属開始剤で重合すると，反応式 (2.12) に示すような開環＋異性化したポリマーがほぼ定量的に得られる[40]．最近，高分子量体の生成，長寿命生長種の生成，ブロック共重合体合成などの研究がなされている（4.1 節参照）．この場合，モノマーから生成した中間体カチオンに含まれる 4 員環のひずみの解消がドライビングフォースとなって反応が進むと考えられる．

$$\text{(2.12)}$$

2.4.4 ◆ ポリマーの立体構造

ビニルモノマーの重合で得られたポリマーは，主鎖に沿ったモノマー単位の立体配置により以下のように区分できる．置換基がすべて同一方向であるイソタクチック（isotactic）構造，規則正しく交互になっている構造のシンジオタクチック（syndiotactic）構造，不規則な立体配置をとる構造のアタクチック（atactic）構造の 3 種類である．このようなポリマーの立体構造は，重合の際に決定するコンフィグレーションが違うため，後に変換することはできない．

アニオン重合や配位重合ではポリマーの立体構造はかなり精密に制御することが可能（たとえば 99％以上）であるが，均一な溶液中でのカチオン重合ではそれほど高度に立体規則性の良いポリマーは得られていない．ただし，重合溶媒，開始剤，重合温度などの重合条件によってポリマーの立体構造をかなり変化させることができる．たとえばメチルビニルエーテル（図 2.16）とトリメチルシリルビニルエーテル（図 2.16）を用いた立体構造制御の例を示す[41]．これらのモノマーを低温で重合すると，無極性溶媒中ではイソタクチック構造に富んだポリマーが生成し，特に置換基のかさ高いトリメチルシリルビニルエーテルでは 90％程度のイソタクチック構造に富んだポリマーが得られる．無極性溶媒中でイソタクチック構造に富んだポリマーが得られるのは低温で重合した場合に限られ，高温になると立体構造は不規則になる．また，トリメチルシリルビニルエーテルを極性の高いニトロエタン中で重合すると，シンジオタクチック構造に富んだポリマーが生成する．まとめると，かさ高いモノマーを用い，低温，無極性溶媒中でイオン対型生長種が生成するような条件で重合を行うとイソタクチック構造に富んだポリマーが得られ，極性溶媒中フリーイオン型の生長種が生成する条件ではシンジオタクチック構造に富んだポリマーが生成することがわかった．

第Ⅱ編 カチオン重合

最近澤本らは，従来困難とされてきたビニルエーテルの立体特異性カチオン重合が，ルイス酸触媒のかさ高さと空間形態を制御することにより可能になることを見出した．たとえば，イソブチルビニルエーテルの重合触媒に汎用な四塩化チタンを用いた場合の立体規則性は，メソ2連子でたかだか70%であるが，両オルト位にイソプロピル基を有するフェノキシ錯体（図2.16右）では92%のポリマーが得られることがわかった[42]．

置換基と対イオンの存在でモノマー付加の方向がどのように規制されるかについて，「カルボカチオンは平面構造をとるのが一番安定である」との考えから提案された図2.17の機構を紹介する[43]．無極性溶媒中では，前末端置換基の立体障害のため対イオンが生長末端の上側に存在するので，その立体障害によりモノマーは生長末端の後方，すなわち対

図2.16 ポリマーの立体構造に関連するポリマーおよび触媒の構造

ポリ(メチルビニルエーテル)　　ポリ(トリメチルシリルビニルエーテル)　　立体特異性カチオン重合に有効なフェノキシ錯体

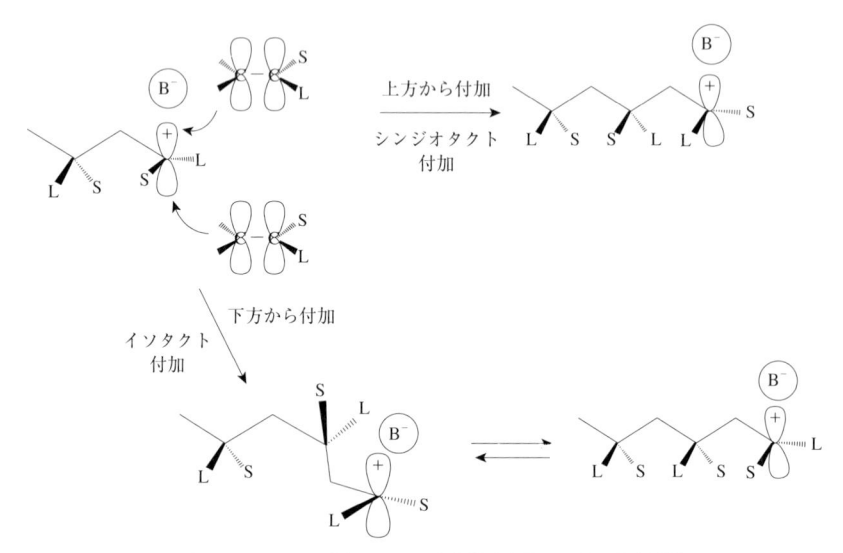

図2.17 カチオン重合における立体構造制御に関する推定機構

イオンの反対側から付加することになる．その際，モノマーの付加方向も図 2.17 のように決まり，この場合の生成ポリマーはイソタクチック構造となる．一方，極性溶媒中の重合で対イオンの影響がない場合は，前末端基が主鎖の下側にあるため，生長末端の前方からモノマーが接近すると考えられる．このようにして生成したポリマーはシンジオタクチック構造が優勢になる．

また，ビニルエーテルの固体触媒を用いた重合において，モノマーを吸着・配向させることにより，高度に立体規則性が制御されたポリマーが生成することも見出されている．

2.4.5 ◆ 共重合

複数種類のモノマーを用いた重合系において，モノマーの組み合わせや重合条件が適当であれば，各モノマーユニットが導入された共重合体が生成する．得られた共重合体はそれぞれのホモポリマーとは異なる特異的な物理的性質を示すため，きわめて多くの組み合わせで検討がなされている．また，シークエンス分布という点から見ると，ランダム共重合体だけでなく，ブロック共重合体，グラフト共重合体，交互共重合体，グラジエント共重合体など多くのパターンの共重合体が得られ，特に最近のリビング重合の発展による影響で盛んに研究が進められている（詳細は 3 章以降を参照）．ここでは主にランダム共重合に関して述べる．

A. 共重合体の組成式

2 種類のモノマー M_1 と M_2 に酸性開始剤を加えると，2 種類の生長鎖―M_1^+ と―M_2^+ が生成する．この反応には，図 2.18 に示すように 4 種類の生長反応が存在する．

ここで，生長イオンの反応性が末端モノマーの構造によって決定されると仮定した場合，モノマーの反応性比 r_1, r_2 は，図 2.18 に示す各速度定数の比で表すことができる（$r_1 = k_{11}/k_{12}$, $r_2 = k_{22}/k_{21}$）．比較的構造が類似したモノマー間のイオン共重合では，モノマー組成（$[M_1]/[M_2]$）と共重合体組成（$d[M_1]/d[M_2]$）の間に，ラジカル重合でよく知られた Mayo‒Lewis の共重合組成式（式 [2.1]）が成立する．

$$\frac{d[M_1]}{d[M_2]} = \frac{[M_1]}{[M_2]} \cdot \frac{r_1[M_1]+[M_2]}{[M_1]+r_2[M_2]} \qquad [2.1]$$

$$\sim\!\!\sim\!\!\sim M_1^+ \ + \ M_1 \ \xrightarrow{k_{11}} \ \sim\!\!\sim\!\!\sim M_1M_1^+$$
$$\sim\!\!\sim\!\!\sim M_1^+ \ + \ M_2 \ \xrightarrow{k_{12}} \ \sim\!\!\sim\!\!\sim M_1M_2^+$$
$$\sim\!\!\sim\!\!\sim M_2^+ \ + \ M_1 \ \xrightarrow{k_{21}} \ \sim\!\!\sim\!\!\sim M_2M_1^+$$
$$\sim\!\!\sim\!\!\sim M_2^+ \ + \ M_2 \ \xrightarrow{k_{22}} \ \sim\!\!\sim\!\!\sim M_2M_2^+$$

図 2.18 M_1 と M_2 のカチオン共重合における 4 種類の生長反応

ただ，この式が成立するためには，モノマーは生長反応だけで消費され，生長鎖の反応性は末端モノマー単位の種類によってのみ決まる，という仮定が必要である．

B. 種々の組み合わせによるカチオン共重合

(i) 類似モノマー間の共重合

ラジカル共重合では r_1 と r_2 がともに 1 より小さく，生長鎖 ⎯M$_1^•$ には M_1 より M_2 が，⎯M$_2^•$ には M_2 より M_1 が付加しやすい．すなわち，ラジカル重合では異種モノマーが付加する傾向があり，交互性の高い共重合体が得られやすい．この原因は，モノマーと生長ラジカル間の電荷の相互作用（たとえば，電子供与性モノマーと電子求引性置換基を有する生長ラジカルの相互作用）によるものと考えられている．一方，カチオン共重合では，生長鎖の電荷は末端のモノマー単位の種類に無関係に常に同じプラスであるため，電子供与性の強い置換基をもつモノマー M_1 が常に生長末端に付加しやすい．すなわち，生長末端 ⎯M$_1^+$ に M_1 と M_2 が付加する速度比と ⎯M$_2^+$ に M_1 と M_2 が付加する速度比が近くなることが多く，ラジカル重合に見られた交互性は存在しない．この結果，構造の似たモノマー間のカチオン共重合では生長鎖の種類に無関係にモノマーの相対反応性が等しく，モノマー反応性比 r_1 と r_2 の積が 1 に近い，いわゆる理想共重合になる．

(ii) 構造の異なるモノマー間の共重合

構造の異なるモノマー間のカチオン共重合，たとえばスチレン誘導体とビニルエーテルや，スチレン誘導体とイソブテンというような系では，r_1, r_2 がともに 1 より大きい例が多く見られる．これらの系では，r_1, r_2 がともに 1 より小さいことが多いラジカル共重合とは異なる傾向を示す．この傾向は，⎯M$_1^+$ には M_1 が，⎯M$_2^+$ には M_2 が付加しやすいことを示しており，同種モノマーが付加しやすいことを意味している．このような系では，単独ポリマーが単に混合している場合もあり，真の共重合体が生成しているかどうか注意する必要がある．また，共重合体が生成していてもブロック性の高い共重合体であることが予想される．構造の異なるモノマー間の共重合の他の例としては，イソブテンとジエン類の系が詳細に検討されている．イソブテンとイソプレンの構造は似ていないが r_1 と r_2 の積は 1 に近く，ランダム共重合体が生成しているものと考えられる[44]．これらの結果は，ブチルゴム製造の際に利用されている．

構造のよく似たスチレン誘導体どうしやビニルエーテル類どうしの共重合では溶媒や開始剤，重合温度によって反応性比はあまり変化しないが，構造の異なるモノマー間の共重合においては重合条件の影響を大きく受ける場合がある．たとえば，α-メチルスチレンと 2-クロロエチルビニルエーテルの共重合では無極性溶媒中では後者の反応性が増大する．このように，溶媒の極性が下がるとビニルエーテルの相対反応性が増大する理由としては，極性による生長イオンの反応性または安定性の変化，モノマーの選択的溶媒和などが考えられている．また，重合温度の影響を大きく受ける場合もある．一方最近，添加塩基存在下でのリビング重合系（3 章参照）でのスチレン誘導体とビニルエーテルの共重合

において，両モノマーを最初から共存させたにもかかわらず分子量分布の狭い「ブロック」共重合体が選択的に得られることがわかった（反応式 (2.13)）．この際，適当な反応性のモノマーの組み合わせ（たとえば，p-アルコキシスチレンとアルキルビニルエーテル，p-メチルスチレンと2-クロロエチルビニルエーテルなど）とリビング重合のための添加塩基や重合条件の選択が重要になる．

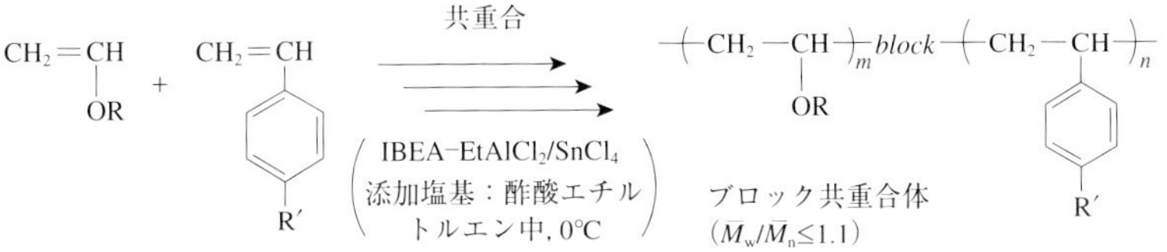

$$\mathrm{CH_2{=}CH\atop |\atop OR} + \mathrm{CH_2{=}CH\atop |\atop \underset{R'}{C_6H_4}} \xrightarrow[\substack{\text{IBEA-EtAlCl}_2/\text{SnCl}_4\\ \text{添加塩基：酢酸エチル}\\ \text{トルエン中, 0℃}}]{\text{共重合}} \underbrace{{-}{\left(\mathrm{CH_2{-}CH\atop |\atop OR}\right)}_m\,block\,{\left(\mathrm{CH_2{-}CH\atop |\atop \underset{R'}{C_6H_4}}\right)}_n{-}}_{\substack{\text{ブロック共重合体}\\ (M_\mathrm{w}/M_\mathrm{n} \leq 1.1)}} \quad (2.13)$$

［IBEA：1-イソブトキシエチルアセテート］

(iii) 交互性のある共重合体を生成する例

上述のようにカチオン重合では交互性のある共重合体が得られにくいが，立体障害が作用する特殊な場合には交互性のある共重合体の生成が可能である．たとえば，スチレンと p-メチル-β-メチルスチレンのカチオン共重合では，$r_1 = 0.75$, $r_2 = 0.36$ であり若干の交互性を示している．β 炭素にメチル基を有する p-メチル-β-メチルスチレンは立体障害のために M_2 の連続付加が困難になり，〜M_2^+ にはスチレンが付加しやすくなる．一方，スチレンカチオンに対しては（p-メチル基のために）反応性が高い p-メチル-β-メチルスチレンが付加しやすく，交互性のある共重合体が得られる．ほぼ完全な交互共重合体の例としては，図 2.19 に示すようなベンズアルデヒド類とビニルエーテルの系（3.3.1 項参照）やアネトールと p-メトキシスチレンの系（4.1 節参照）などが，最近明らかになった．

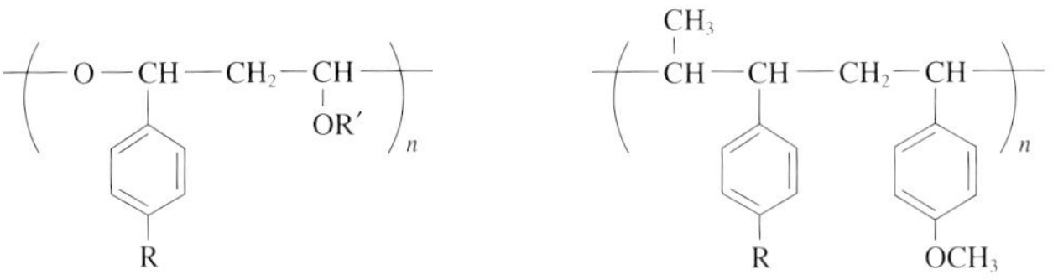

図 2.19　制御カチオン重合で得られる交互共重合体の例

C. 環状化合物とのカチオン共重合

さらに構造の異なる化合物との共重合としては，ビニル化合物と環状化合物との共重合が考えられる．生長種の構造が異なるこれらの共重合が進行すると学術的にも興味深いが，従来知られていない共重合体が得られることになり，工業的にも新しいポリマーの合成法として期待される．環状エーテルや環状ホルマール（図 2.20）との共重合の例では，相手

のビニル化合物の種類によって共重合体を生成する場合としない場合がある．たとえば，α-メチルスチレンやN-ビニルカルバゾールは環状エーテルと共重合させようとしても2種類のモノマーが別々に重合して2種類の単独ポリマーが生成する．一方，エピクロロヒドリンやTHFがビニル化合物と共重合体を生成する例や，トリオキサンや1,3-ジオキソランがスチレンと，1,3-ジオキセパンがビニルエーテルと共重合体を生成する例が知られている．一方，環状化合物ではないが，上で述べたベンズアルデヒド類も最適条件では交互型で共重合する（3.3.1項参照）．

エピクロロヒドリン　　THF　　トリオキサン　　1,3-ジオキソラン　　1,3-ジオキセパン

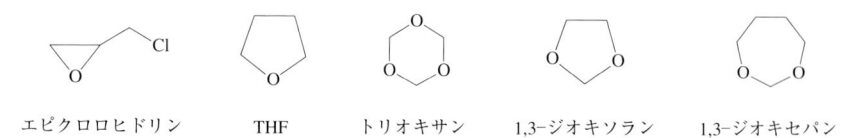

図 2.20　ビニルモノマーとカチオン共重合が可能な環状化合物の例

D.　共重合体の分子量

構造の類似したモノマーどうしの共重合で得られたポリマーの分子量は，（共重合速度の場合と同様に）単独重合体の分子量とあまり変わらない．これに対し，構造が異なるモノマー間の共重合系では単独ポリマーの分子量と比較して共重合体の分子量が低下する．たとえば，イソブテンとスチレンの共重合（$TiCl_4$触媒，ジクロロメタン中，$-78°C$）の系では，単独重合系の重合度がそれぞれ$2×10^3 \sim 3×10^3$であるのに対し，共重合体では組成を変えても$1×10^3$以下であった．また，イソブテンと共役ジエンとの共重合においても生成共重合体の分子量は著しく低下する．これらの結果は，共重合速度の場合と同様に，異種モノマー間の交互移動反応を仮定すると説明できる．すなわち，スチレン系ではフェニル基のアルキル化反応が，共役ジエン系では安定なアリルカチオンからのプロトン脱離型の連鎖移動反応が起こるためと考えられる．このように，相手モノマーが求核性の強い置換基を有する場合や安定なイオンが生成可能な場合には，交互移動ないし交互停止が起こりやすく，共重合速度や共重合体の分子量の低下が起こることが多い．

2.5 ◆ 停止反応

カチオン重合では，ラジカル重合の停止反応のように2分子間の再結合や不均化反応による停止反応は起こらないが，すべてのモノマーが消費される前に反応が停止してしまう系がある．これは重合系に停止反応が存在することを示している．

2.5.1 ◆ カチオン重合における停止反応

A. イオンの中性化による停止

カチオン重合では重合系に強い塩基性物質が存在すると，開始剤または生長種と反応して停止する．たとえば，アミン類やアルコール類がある一定以上系に存在する場合，反応が途中で停止してしまう（これに当てはまらない添加塩基存在下でのリビング重合の例は3.3.1項で後述する）．しかし一般には，これらは精製の段階で系から取り除くことができ，そのような停止反応は抑制することができる．むしろこの方法は，カチオン重合を塩基性化合物で停止する際に起きる反応であり，リビング重合系では末端に官能基を導入する際に利用される．たとえば，ケテンシリルアセタール，置換基を有するアルコール・アミン類はその例である．

一方，カチオン重合では生長種近傍に開始剤系から派生する対イオンが存在しており，それがカルボカチオンに付加（中性化）することにより停止反応が起こることがある．特に単純なプロトン酸による重合（たとえばHClによる重合）では，停止反応が起こりやすい．これらの系では，ハロゲン化金属（$MtCl_x$）と組み合わせることにより対イオンははるかに安定なアニオン $MtCl_{x+1}^-$ になるため，カルボカチオンとの相互作用は小さくなり停止反応は起こりにくくなる．図2.21上に，ハロゲン化金属を用いた開始剤系の例として $CCl_3COOH/TiCl_4$ 系開始剤によるイソブテンの重合系での停止反応の例を示す．開始剤から生じた対アニオンの一部がカルボカチオンに付加して停止することがわかる．また，H_2O/BCl_3 系開始剤による重合系では，対イオンの BCl_3OH^- において B−OH 結合のほうが B−Cl 結合よりも強いため C−OH ではなく C−Cl 結合が定量的に生成して重合が停止する[45]．ただ，これらの停止反応の中にはドーマント種の活性化により重合が再開

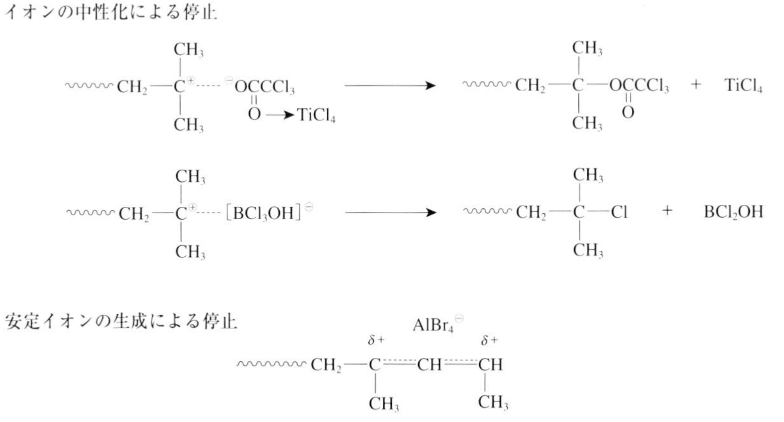

図 2.21 カチオン重合による停止反応の例

始する場合があり，しかもその平衡が非常に速い場合はリビング重合になるケースもある．

B. 安定イオンの生成による停止

重合系でイオンの中性化による停止反応が起こらない場合でも，生長種が安定な構造やかさ高い構造になって重合が停止する場合がある．たとえば，プロピレンの$AlBr_3$による重合系やイソブテンの$AlCl_3$による重合系において安定なアリル型イオン（図2.21下）が生成して停止反応が起こることが知られている[46,47]．一方，重合系にジフェニルエチレンやフラン類を添加した場合，かさ高く安定なイオンが生成しそれ以上重合が進行しなくなる．ただ，リビング重合系でこの反応を選択的に行うことにより，6章で詳細に記述するように種々の末端官能性ポリマーやブロック共重合体が合成されている．

2.5.2 ◆ 停止反応を考慮したカチオン重合の速度式

ラジカル重合では生長鎖間の再結合反応ないし不均化反応で重合が停止する．一方，カチオン重合の停止反応は2つの生長鎖間での反応ではなく，上述のように対イオンなど塩基性化合物の付加およびアリル型イオンの生成などによる生長イオンの安定化であった．このような違いは重合速度式にも影響を与える．

ここでは，素反応が開始反応，生長反応，停止反応だけからなる最も簡単な重合系で考えて重合速度式を求めてみる．定常状態近似を用いて生長鎖濃度を求めると，カチオン重合では $(k_i/k_t)[M][C]$，ラジカル重合では $(k_d f/k_t)^{1/2}[I]^{1/2}$ とそれぞれ表される（[M], [C], [I]はそれぞれ，モノマー，開始剤（カチオン，ラジカル）の濃度，k_d, k_i, k_p, k_t はそれぞれ，解離（ラジカル生成），開始，生長，停止反応速度定数，fは開始剤効率）．これより重合速度を求めると，式 [2.2] および [2.3] が得られる．

$$\text{カチオン重合} \quad -\frac{d[M]}{dt} = \left(\frac{k_i k_p}{k_t}\right)[C][M]^2 \qquad [2.2]$$

$$\text{ラジカル重合} \quad -\frac{d[M]}{dt} = \left(\frac{k_d f}{k_t}\right)^{1/2} k_p [I]^{1/2}[M] \qquad [2.3]$$

式 [2.2] および [2.3] からわかるように，カチオン重合とラジカル重合では重合速度式に大きな差異が見られ，カチオン重合では重合速度は開始剤濃度の1乗に比例するが，ラジカル重合では1/2乗に比例する．この結果は，素反応において停止反応が生長鎖の一分子停止（カチオン）か二分子停止（ラジカル）かの差に基づいている．よって，重合速度における開始剤濃度の次数で重合機構を判断することができる．

2.6 ◆ 連鎖移動反応

　ポリマーの性質を決定する重要な要素は分子の主鎖構造であるが，もう一つ挙げると分子量である．いくら主鎖構造が優れていても，オリゴマー程度の分子量では使用できない場合がある（もちろんオリゴマーにも大切な用途がたくさんあるが）．カチオン重合において，四つの素反応の中で分子量を規制する反応は，実は停止反応，連鎖移動反応であり，特にカチオン重合では連鎖移動反応が重要である（停止反応は起こりにくい条件を選ぶことが可能）．もしこれらが完全に制御できれば，リビング重合への道も拓ける．またこれらの反応は生成ポリマーの末端構造を決める反応でもある．

　約40年ほど前に書かれた成書[21]を見ると，「カチオン重合では室温以上の温度においては低重合体しか生成しない」と書かれており，「残念なことにカチオン重合の素反応の中で現在一番わかっていないのは停止反応および連鎖移動反応である．まず分子量を規制する停止反応および連鎖移動反応を研究して，どのような反応が分子量を規制しているかを知らねばならない」とされていた．一方，本編で説明するように，現在は「停止反応および連鎖移動反応は完全に制御・規制することが可能になり（リビング重合が可能になり），室温以上の温度においても高分子量体が生成できるようになっている」である．

2.6.1 ◆ 連鎖移動反応とは

　カチオン重合では連鎖移動反応が活発であるため，ハロゲン化金属や超強酸を用いて停止反応を抑制しても，室温付近で分子量の高いポリマーを得ることは困難である．連鎖移動反応を大きく分類すると，生長鎖からプロトンを引き抜く反応と移動剤の一部が生長鎖と結合してカチオンを生成する反応の二つがある．以下に，各モノマーにおいてどのような連鎖移動反応が起こるかをまとめる．その機構に関しては次項にて詳細に議論する．

A. スチレン類

　たとえば，オキソ酸である過塩素酸によるスチレンのジクロロエタン中での溶液重合では不飽和末端とインダン構造の末端をもつ2種類のポリマーが得られる．この系では停止反応も溶媒に対する連鎖移動反応もないので，この2種類のポリマーは自己連鎖移動反応とモノマー連鎖移動反応の2種類の連鎖移動反応によるものと考えられる．速度論的な検討により，自己連鎖移動反応は生長鎖からのプロトン引き抜き反応であり，モノマー連鎖移動反応は生長末端が前末端基のフェニル核を攻撃するアルキル化反応であると考えられている（図2.22上）．また，詳細な検討はほとんどなされていないが，ポリマーは生長鎖と反応して枝分かれ構造やポリマー間の橋かけも生成している可能性もある．

B. イソブテン

　重合系には対イオンや電子に富むモノマーが存在するのでこれらがプロトン受容体と

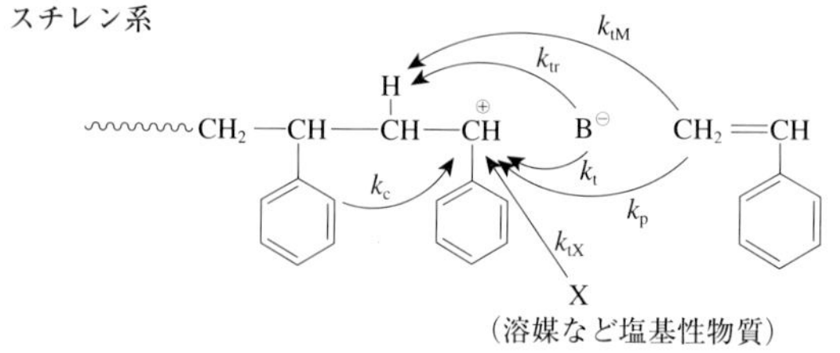

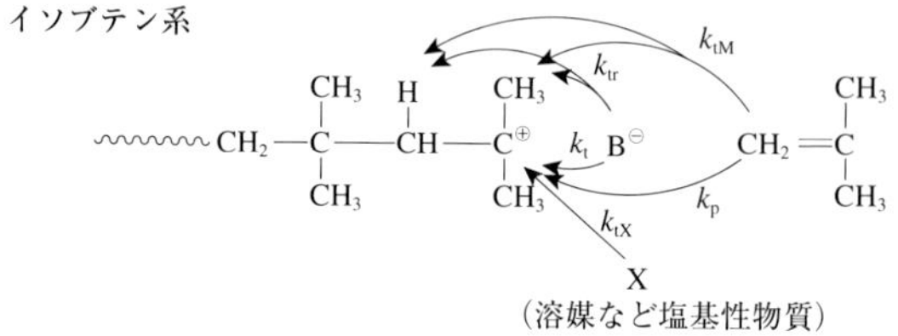

図 2.22 スチレンおよびイソブテンのカチオン重合における連鎖移動反応をはじめとする種々の反応の例

なって連鎖移動反応が起こる．生長末端はカチオンであるため，β位のプロトンは δ+ となり，それらの塩基により容易に引き抜かれる（図 2.22 下）．イソブテンの重合系では，引き抜かれるプロトンは 2 種類あり，重合条件や開始剤系により割合は異なるが，内部オレフィンと外部オレフィン末端のポリマーが生成する．また，カルボカチオンを生成しやすい化合物はカチオン源と同時に連鎖移動剤となり，たとえばイソブテンのカチオン重合では，開始剤がカチオン源と連鎖移動剤（inifer）になることがある[48]．

C. ビニルエーテル類

ビニルエーテルを室温付近でカチオン重合すると，重合の進行とともに重合溶液の色がさまざまに変化する．開始剤添加時は無色透明であるが，しばらくすると徐々に黄色に変わり，その後赤や緑，そして最後は真っ黒になってしまう．また，メタノールで停止すると溶液の色はほぼ消えるものの，ポリマーのやや黄色い色は残ったままとなる．これらの色の変化はすべて重合中における連鎖移動反応に起因するものであり，これらを完全に抑制しないと構造の制御されたポリマーは作ることができない．

図 2.23 に示すように，ビニルエーテルのカチオン重合では，β 水素の脱離が起こった後，脱アルコール反応が連続して起こる[49]．その結果，得られるポリマー末端に共役ポリエン構造が見られるようになる．低温で重合を行うと共役系はそれほど長くないが，高温での重合など連鎖移動反応が多い系では共役系が 8～10 以上続く構造も確認されている．そのため，重合中は生成したポリエンがプロトン化されて発色するようになる．この反応が進行するドライビングフォースは，より安定な共役系ポリエン（またはそのカチオン）

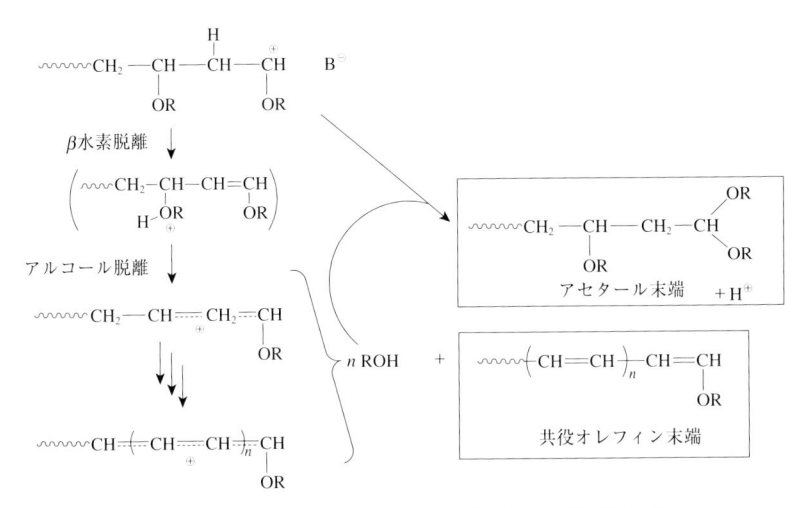

図 2.23 ビニルエーテルのカチオン重合における連鎖移動反応

の生成である．この連鎖移動反応でもう一つの重要な点は，脱離したアルコールがさらに連鎖移動反応を起こすことであり，これにより共役ポリエンと同時にアセタール末端のオリゴマー（ポリマー）も生成する．これらの生成は NMR や MS などによって確認されている．以上をまとめると，ビニルエーテルの重合系では β 水素の脱離，アルコールの脱離，アルコールによる連鎖移動反応の 3 種類の連鎖移動反応が（同時に）起こり，重合系中には，二重結合を 1 つ有する不飽和型，共役ポリエン型，アセタール型の 3 種類の末端が検出される．

以前はこの連鎖移動反応を抑制するため，−80℃ や −100℃ という低温で重合を行っていた．しかし，3.3.1 項にて後述するように求核性の強い対イオン，添加塩基，添加塩などでその連鎖移動反応が完全に制御されるようになった．その結果，現在，重合中の溶液やポリマーの色は無色透明であり，低温にする必要もないため室温やせいぜい氷冷中（0℃）で重合を行うことができるようになっている．

D. 連鎖移動反応の抑制：低温での重合とリビング重合

各種速度論の検討の結果，連鎖移動反応および停止反応の活性化エネルギーは生長反応の活性化エネルギーより大きく，特にモノマー連鎖移動反応の活性化エネルギーは一番大きいことがわかった．連鎖移動反応は脱離反応であるので，この結果は妥当であろう．したがって，高分子量のポリマーを得るためには低温での重合が有効なはずである．実際，イソブテン，ビニルエーテル，スチレン誘導体などいずれのモノマーにおいても，低温での重合により生成ポリマーの分子量は大きくなる．

2.6.2 ◆ 連鎖移動反応の機構

上述のように重合系には特別に塩基性の化合物を加えなくても,対アニオン,モノマーおよび溶媒など塩基性の化合物が多数存在する.これらの試薬それぞれに対して連鎖移動反応が存在する.以下ではこれらをさらに詳細に検討する.

A. 対イオンによる連鎖移動反応,モノマーに対する連鎖移動反応

図2.24 に示すように,カチオン重合における連鎖移動反応には,対イオンに対する1分子的な連鎖移動反応,自己連鎖移動反応がある.この自己連鎖移動反応の起こりやすさは,対イオンすなわち開始剤の種類によって変化する.たとえば,求核性の強いオキソ酸では,特に高温で非常に効率的に連鎖移動反応を起こし,2量体が選択的に生成する系もある(2.7.2 項参照).この系では,対イオンがカルボカチオンとバイデンテート型(二座配位型)に強く相互作用し(図2.26 参照),β水素の引き抜きが頻繁に起こると考えられる.

カチオン重合ではモノマー自身が連鎖移動反応を引き起こす塩基性化合物となる場合がある.このようなモノマーに対する連鎖移動反応が存在することは,モノマー濃度とポリマーの分子量の関係から確かめられた.一般に,モノマー連鎖移動反応が存在しないと生成ポリマーの重合度はモノマー濃度に比例するはずである.しかし多くの場合,モノマー連鎖移動反応が存在するので,モノマー濃度と重合度は比例しない.そこで,重合度の逆数($1/\overline{X}_n$)とモノマー濃度の逆数($1/[M]$)をプロットした直線の切片から,モノマー連

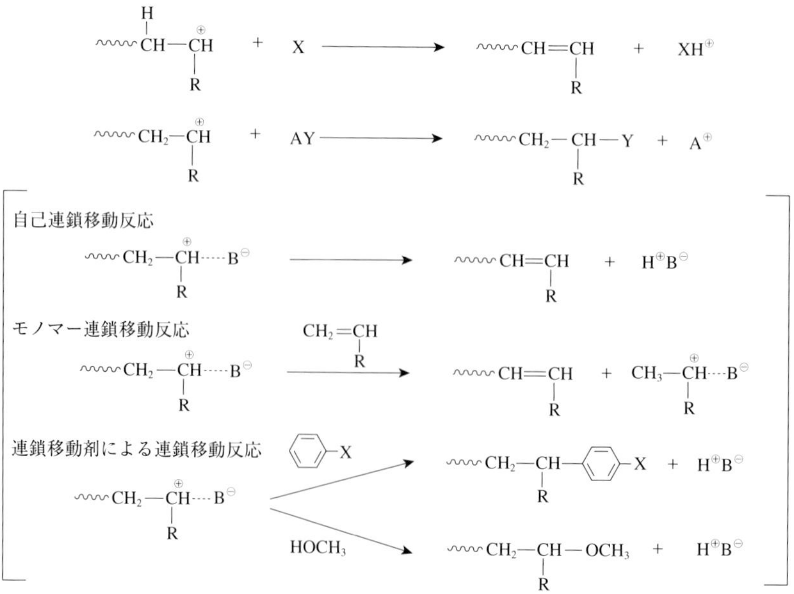

図2.24 カチオン重合における連鎖移動反応機構

鎖移動定数比 (k_{tM}/k_p) が求められている．また，モノマー連鎖移動反応が存在することは，重合の進行に伴うポリマーの分子量変化，生成ポリマーの分子量分布からも確かめられている．

B. 溶媒および連鎖移動剤に対する連鎖移動反応

　カチオン重合では，カルボカチオンと反応しない化合物が溶媒として選ばれる．よく使用されている溶媒は，脂肪族炭化水素，芳香族炭化水素，ハロゲン化炭化水素，ニトロ化合物などである．このほか特別な場合にはエーテル，エステルなどの弱い塩基（リビング重合の項参照）やアセトニトリル，液体亜硫酸が用いられることがある．第三級水素あるいは不飽和結合をもつ溶媒は，重合条件によって生長鎖との間に連鎖移動反応を起こす．たとえば，ベンゼン環に電子供与性の置換基が存在すると，フェニル基に対するアルキル化反応が起こり，連鎖移動反応が起こりやすくなる．スチレンの重合において，溶媒に用いた芳香族炭化水素がポリマー末端に結合する連鎖移動反応の起こりやすさは，連鎖移動定数比 k_{tX}/k_p で比較することができる（k_{tX}/k_p は後述する式 [2.6] を用いて算出可能である）．これを利用した選択的なオリゴマー合成がある（2.7 節参照）．また，アルコール，ケトン，酸，エステルなど極性基を含む化合物をカチオン重合系に加えると連鎖移動反応が起こり，生成ポリマーの分子量が低下することも知られている．しかし，3.2, 3.3 節にて詳細に述べるが，一部の塩基性化合物は生長カルボカチオンを安定化しリビング重合を引き起こす．

C. ポリマーに対する連鎖移動反応

　カチオン重合系にポリマーが存在すると，低分子連鎖移動剤に比べると連鎖移動定数比は小さいものの（立体障害のため），生長鎖と相互作用し連鎖移動反応を引き起こすことがある．特にスチレン誘導体では，電子供与性の置換基が存在するとフェニル基の電子密度は大きくなり連鎖移動反応が頻繁に起こる．たとえば，電子供与性の強いメトキシ基あるいは水酸基をもつスチレンをハロゲン化金属で重合すると，不溶性ポリマーが生成することがある．これは生長鎖がすでに生成したポリマーのフェニル基と反応して枝を生成したり，ポリマー間に橋かけが生じたためと考えられる．しかし，反応の形式としては，フェニル基への生長鎖の付加かポリマー主鎖の第三級水素の引き抜きによる移動か，確定できていない部分がある．一方，この方法を積極的に利用してグラフトポリマーを合成した例もある．

2.6.3 ◆ 連鎖移動反応の速度論：連鎖移動定数比

　連鎖移動剤と生長鎖との反応のしやすさは，連鎖移動反応と生長反応の起こりやすさを比較するのが便利である．図 2.22 や図 2.24 の式を用い，連鎖移動定数比 (k_{tX}/k_p) を求めてみる（k_{tX}, k_{tM} はそれぞれ連鎖移動剤，モノマーへの連鎖移動速度定数）．ポリマーの数平均重合度 $\overline{X}_n$ は，単位時間に重合したモノマー分子の数とその時間に起こった動力学的連鎖の切断反応の数との比で求められるので，式 [2.4] で与えられる．

$$\bar{X}_\mathrm{n} = \frac{k_\mathrm{p}[\mathrm{M}^\oplus][\mathrm{M}]}{k_\mathrm{t}[\mathrm{M}^\oplus] + k_\mathrm{tX}[\mathrm{M}^\oplus][\mathrm{X}] + k_\mathrm{tM}[\mathrm{M}^\oplus][\mathrm{M}]} \quad [2.4]$$

この式において，[M$^\oplus$] を消去して逆数をとると，

$$\frac{1}{\bar{X}_\mathrm{n}} = \frac{k_\mathrm{t}}{k_\mathrm{p}} \frac{1}{[\mathrm{M}]} + \frac{k_\mathrm{tX}}{k_\mathrm{p}} \frac{[\mathrm{X}]}{[\mathrm{M}]} + \frac{k_\mathrm{tM}}{k_\mathrm{p}} \quad [2.5]$$

となる．ここで連鎖移動剤を加えないで得られるポリマーの数平均重合度を $\bar{X}_\mathrm{n0}$ とすると式 [2.6] が導かれる．これは，ラジカル重合で連鎖移動剤濃度とポリマーの重合度の関係を表す Mayo 式と同じである．この式を用いると，異なる連鎖移動剤濃度で得たポリマーの分子量の測定により容易に連鎖移動定数比（$k_\mathrm{tX}/k_\mathrm{p}$）を求めることができる．

$$\frac{1}{\bar{X}_\mathrm{n}} = \frac{1}{\bar{X}_\mathrm{n0}} + \frac{k_\mathrm{tX}}{k_\mathrm{p}} \frac{[\mathrm{X}]}{[\mathrm{M}]} \quad [2.6]$$

またここで，生成したプロトンやカルボカチオンの反応性が元の生長鎖と同じであると仮定すると，ポリマーの分子量が低下するだけで重合速度は低下しないと予想される．しかしカチオン重合では，それらのカチオンの反応性は元の生長鎖より低いことが多く，ポリマーの分子量とともに重合速度も低下する場合が数多く見られる．

2.7 ◆ 選択的オリゴメリゼーションとそれを用いたポリマー合成

　これまで連鎖移動反応を，高分子量ポリマーを得るために抑制しなければいけない副反応として述べてきたが，この反応を積極的に利用することにより各種オリゴマーや機能性ポリマーを選択的に合成することも可能である．本節では最初に，カチオン重合により選択的に合成されたオリゴマーが実際に使われている例として，石油樹脂に関して簡単に触れる．その後，頻繁に起こる連鎖移動反応を制御して選択的に 2 量化やオリゴメリゼーションを行った例を示す．本節の最後には，これらの連鎖移動反応の制御を利用して高分子を合成した例を挙げる．通常は架橋体しか生成しないジビニル化合物から可溶性の鎖状ポリマーが選択的に生成する，学術的にも興味深い系である．この節で強調したいことは，連鎖移動反応の「抑制」ではなく「制御」であり，触媒や重合条件の選択によりそれは可能になった．一方，連鎖移動反応を完全に「抑制」したリビング重合に関しては次の 3 章に

2.7.1 ◆ 石油樹脂

石油樹脂は，プラスチック類とは異なり直接目に触れる機会は少ないが，接着・粘着剤，シーラントやコーティング材料，塗料やインクの成分，ゴムの添加剤などの日用品として我々の身近に使用されている[50]．石油ナフサの熱分解により得られる不飽和炭化水素を含んだいくつかの留分を，それぞれ単離することなく重合させたものが大規模に工業化されている．これらは酸触媒によるカチオン重合で合成されることが多く，分子量としては数千までのオリゴマーが主である．たとえば，インデン-クマロン樹脂やポリスチレン系オリゴマーなどの芳香族系石油樹脂，C_5石油樹脂，ポリテルペン・ポリブテン系オリゴマーなどの脂肪族系石油樹脂が知られている．触媒としてはプロトン酸，ルイス酸，固体酸などを用いて，バッチ重合や連続重合により合成されることが多い．さらに，種々のモノマー・試薬の添加やプロセス法の改良により，用途に応じたさまざまな構造，分子量，物性をもつ石油樹脂が合成されている．

2.7.2 ◆ 選択的2量化および選択的オリゴマー生成

2.4.1項B．で示したように，過塩素酸アセチル CH_3COClO_4 によるスチレンの重合では，溶媒の種類によっては明確な二峰性になり，また極性を下げたり共通イオン塩を加えると低分子量体が選択的に得られることがわかった．その後，これらの重合条件をさらに精査していくとスチレン類から選択的に2量体が得られることが見出された[51]．たとえば，過塩素酸アセチルなどの超強酸のオキソ酸を触媒に用い，無極性溶媒中，高温，低モノマー濃度で重合することにより90%以上の収率で鎖状不飽和型の構造を有する2量体が生成することがわかった．反応機構を図2.25に示す．選択的な2量化のポイントは，無極性溶媒中でオキソ酸から生成した対イオンとカルボカチオンとの強い相互作用（バイデンテート型，図2.26）であり，高温での反応のためβ水素の引き抜きが頻繁に起こったと考えられる．また，その強い相互作用と低いモノマー濃度のためモノマーの付加も抑制される．

一方，スチレンのオリゴメリゼーションをハロゲン化金属触媒を用いたり，極性溶媒中，低温などの重合条件で行うと，不飽和型ではなくインダン型2量体や分子量のやや高いオリゴマーが得られる．また，この反応はさらに種々のスチレン誘導体だけでなく，β-置換スチレン誘導体のオイゲノールやジエン型スチレンのフェニルブタジエンでも選択的に起こることがわかった．

同様な2量化反応や選択的オリゴメリゼーションは，オレフィンの分野でも詳しく検討されている．古くから有機化学において，イソブテン（IB）の2量化反応（図2.27上）は有名かつ有用であるが，上記の連鎖移動反応の制御法により，イソブテンの2量体を出

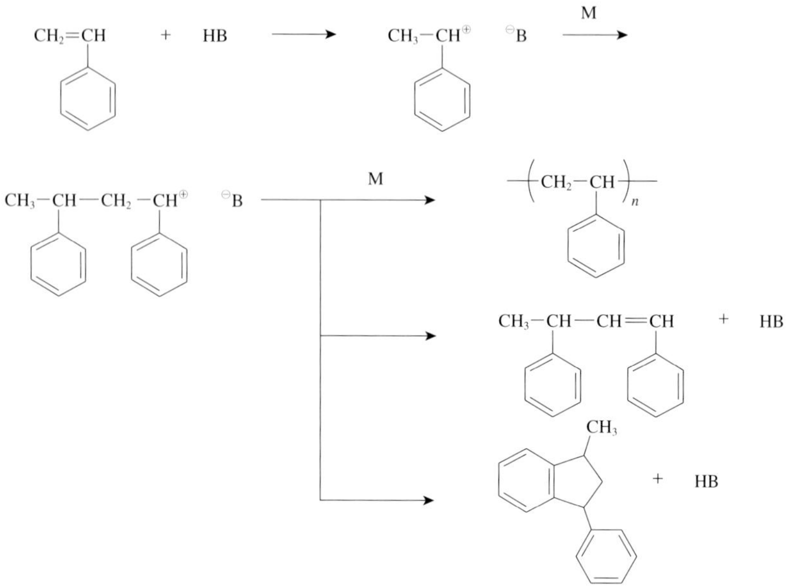

図2.25 スチレンの選択的2量化反応

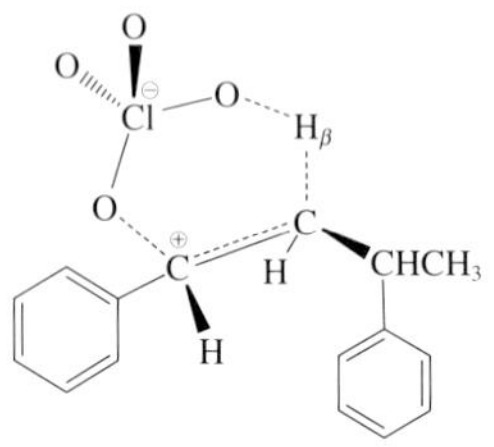

図2.26 スチレンの選択的2量化反応における対イオンとβ水素との強い相互作用

発物質にした3量体や4量体の選択的合成（図2.27下）やα-オレフィンのオリゴメリゼーション，環状オレフィンの異性化オリゴメリゼーションが見出された[51]．たとえば，イソブテンは適当な条件下で硫酸を作用させると，容易に2量体を生成することが知られている．その際，カルボカチオンのβ位のC－Hは2通りあるので，脱離によって生成するC$_8$オレフィンは2種類になる．そこでさらに，超強酸のオキソ酸CF$_3$SO$_3$Hを開始剤に用い0℃付近でイソブテン2量体の重合を行うと，イソブテン2量体の2量化が起こり高収率で4量体が生成することがわかった[52]．さらに3量体は，イソブテン2量体とイソブテン（モノマー）を同様の条件で反応することにより，高収率で得られることがわかった．また，Friedel-Crafts型の連鎖移動反応を利用したスチレンやジビニルベンゼンの選

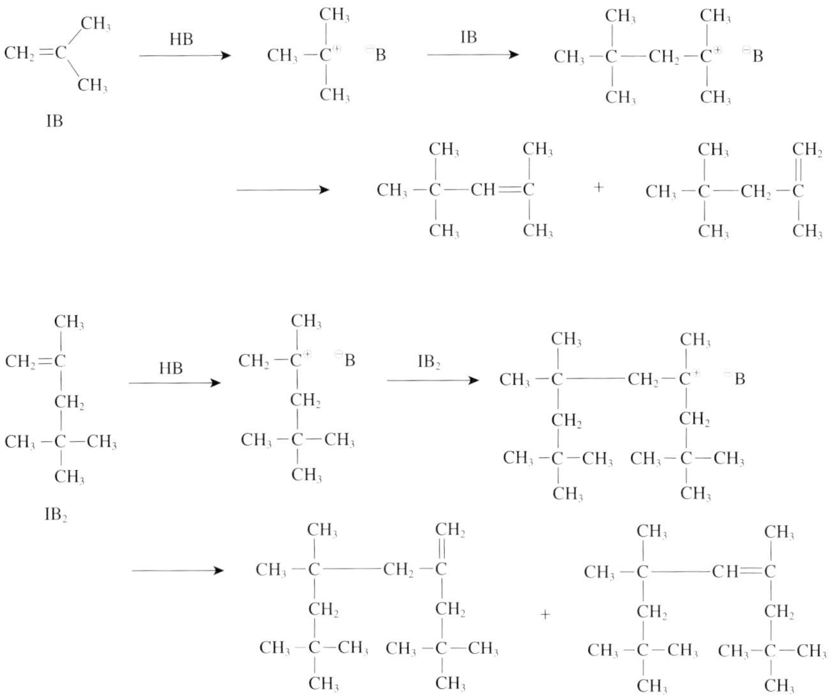

図 2.27　イソブテンの選択的 2 量化および 4 量化反応

択的オリゴメリゼーションを，オキソ酸型の固体酸を用いて芳香族溶媒中（トルエンやキシレン）で行うと，溶媒の芳香族化合物にアルキル化した生成物が高収率で得られた[53]．

2.7.3 ◆ 連鎖移動反応を利用した高分子合成

　ここでは，前述した β 水素脱離や Friedel–Crafts 反応などの連鎖移動反応を積極的に利用して，従来とは異なる構造のポリマー合成を行った例を示す．たとえば，上記のスチレンから不飽和 2 量体が選択的に生成する反応をジビニルベンゼンに利用すると，反応式 (2.14) に示すように，さまざまな有機溶媒に可溶な鎖状不飽和ポリマーが生成する[54]．分子量は反応率とともに増加し，縮合重合や重付加のように反応後期に特に大きくなる．ポリマー構造に架橋部分は見られず，主鎖はスチレン 2 量体が連続したような不飽和構造をとる．さらに，重合時に官能基を有するスチレン誘導体（一官能性）を共存させると，反応式 (2.15) に示すように定量的にテレケリックポリマーが得られることがわかった[55]．

[式 (2.14): ジビニルベンゼンを AcClO₄ 触媒,無極性溶媒中,高温,低モノマー濃度で反応させ,鎖状不飽和ポリ(ジビニルベンゼン)を得る反応式]

[式 (2.15): ジビニルベンゼンとスチレン誘導体 (X置換) との共重合により,テレケリックポリ(ジビニルベンゼン)を得る反応式]

また,末端や主鎖にオレフィン部,また主鎖の各ユニットに活性なプロトンを有するためさまざまな化学修飾が可能で,いくつかの官能基を有する誘導体が合成されている.たとえば,主鎖にはベンジル位でかつアリル位の水素があり,フェニルリチウムのような塩基を反応させると定量的に共役アニオンが生成した[56].また,このスチレンの2量化およびジビニルベンゼンの重合は,Pd触媒系を用いても選択的に進行することがわかった(反応式 (2.16)).この反応の利点は,安定な触媒 ($Pd(PPh_3)_2(BF_4)_2$) でより温和な条件 (40〜70℃),より高いモノマー濃度,極性溶媒中で選択的に鎖状不飽和ポリマーが得られることである[57].一方,これらの反応をジイソプロペニルベンゼンを用いて,天井温度以上の高温,低モノマー濃度で行うと,主鎖にインダン構造を有する鎖状飽和型ポリマーが得られた(反応式 (2.17))[58].これまでに,さまざまな構造のジイソプロペニル型モノマーが検討され,多種類のポリ(インダン)が得られている.

[式 (2.16): ジビニルベンゼンを $Pd(PPh_3)_2(BF_4)_2$ 触媒, CH_3NO_2, $CHCl_3$ 中,40〜70℃で反応させた反応式]

[式 (2.17): p-ジイソプロペニルベンゼンから鎖状飽和ポリ(p-ジイソプロペニルベンゼン)を得る反応式]

2章　カチオン重合の基礎

　また，ビニル基の連鎖反応ではなく Friedel–Crafts 型反応，すなわち芳香環への求電子置換反応を利用した重付加タイプのカチオン重合も多く見られる．たとえば，ベンジルクロライドの重合によるポリベンジル合成（反応式 (2.18)），ビニルアントラセンの重合による主鎖にアントラセンを有するポリマー合成（反応式 (2.19)）などが知られている．フェノール–ホルムアルデヒドポリマーを生成する反応（反応式 (2.20)）も広い意味ではこの反応の一種と考えられる．

$$\text{PhCH(CH}_3)\text{Cl} \xrightarrow{\text{AlCl}_3} {-\!\!\!\left(\text{C}_6\text{H}_4\text{CH(CH}_3)\right)\!\!\!-}_n \tag{2.18}$$

$$\text{9-vinylanthracene} \xrightarrow{\text{H}^+} {-\!\!\!\left(\text{CH}_2\text{-anthracene-CH}_2\right)\!\!\!-}_n \tag{2.19}$$

$$\text{PhOH} + \text{CH}_2\text{O} \xrightarrow{\text{H}_2\text{SO}_4} \text{（フェノール–ホルムアルデヒド樹脂）} \tag{2.20}$$

199

3章 リビングカチオン重合

　リビング重合とは，連鎖移動反応，不可逆的な停止反応がない重合反応と定義されている．前述したように，カルボカチオンは不安定であり，カチオン重合では連鎖移動反応，停止反応が頻発する．これまでに報告されたリビングカチオン重合系の反応機構を検討した結果，いずれの系においてもフリーな状態のカルボカチオン濃度を非常に低くすることにより，副反応の抑制に成功していることがわかっている．また，分子量分布の狭いポリマーを得るには，生長反応に比べて十分に速い定量的な開始反応が必要である．まずここでは，カチオン重合において，この二つの条件を達成するための方法を開始剤系の特徴に基づき分類して概説し，次いでビニルエーテル，イソブテン，スチレン誘導体の順に，リビング重合開始剤系の典型例を紹介する．また3.3.4項では，リビングカチオン重合の反応機構についての理解を深めるうえで重要な研究，主に1960年代から1970年代にかけて行われた反応機構の研究，反応制御に関する研究から主要なものを取り上げ解説する．

3.1 ◆ リビングカチオン重合の反応機構の概略

3.1.1 ◆ 開始反応

　カチオン重合は，プロトンまたはカルボカチオンがモノマーの二重結合を攻撃して開始する．そのため，リビング重合を達成するには，プロトンがモノマーの二重結合と迅速かつ定量的に反応することが可能なプロトン酸，もしくはカルボカチオンを迅速かつ定量的に生成する化合物（カチオン源）が必要となる．カチオン源をカルボカチオンに変換するためには，多くの場合，ルイス酸（主にハロゲン化金属）が触媒として用いられる．ルイス酸などの触媒は，共有結合を切断しカチオンを生成して重合を開始するという役割をはっきりさせるために，リビング重合系に限っては，活性化剤，共開始剤などとよばれることも多い．本編では，混乱を避けるため,触媒または活性化剤という用語を使用する（特に本章では，触媒＝活性化剤として扱う）．カチオン源としては，モノマーのプロトン酸付加体およびそれらと類似の構造を有する化合物が主に用いられる(図2.28)．このように，発生したカルボカチオンが生長末端と類似の構造をとるほうが，迅速かつ定量的な開始反応に有利となる．

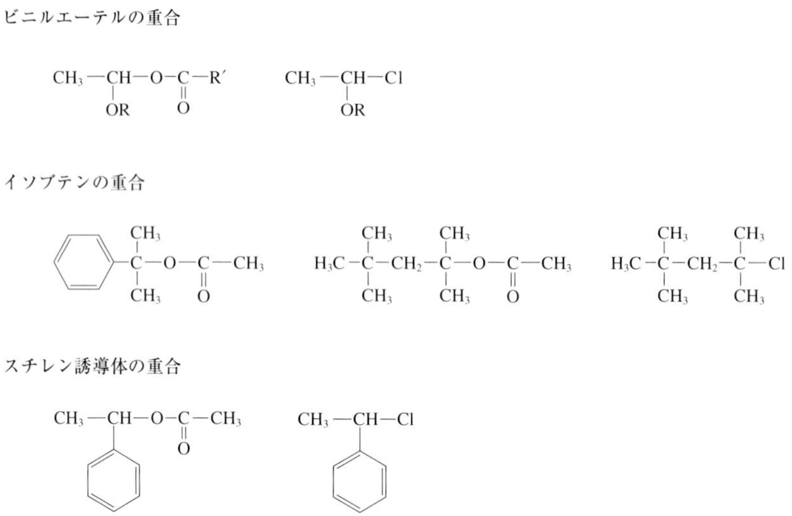

ビニルエーテルの重合

CH₃—CH—O—C—R′   CH₃—CH—Cl
     | ‖ |
     OR   O   OR

イソブテンの重合

[構造式: 1-フェニル-1-メチルエチル アセテート型]

[構造式: H₃C—C(CH₃)₂—CH₂—C(CH₃)₂—O—C(O)—CH₃]

[構造式: H₃C—C(CH₃)₂—CH₂—C(CH₃)₂—Cl]

スチレン誘導体の重合

[構造式: 1-フェニルエチル アセテート]   [構造式: 1-フェニルエチル クロリド]

図 2.28 リビング重合に用いる開始剤の例

3.1.2 ◆ 生長反応[59)]

　活性が高く副反応を起こしやすいカルボカチオン種の濃度を下げるため，反応式 (2.21) に示すように，活性種（イオン種）と，カチオンとなる炭素を他の原子で共有結合によりキャップした形のドーマント種（不活性種）との可逆的な平衡を作り出す手法が用いられる．解離可能な共有結合をもつドーマント種にルイス酸などの触媒が作用し，少量のカチオン生長種が生成し，モノマーと反応する．生成したカルボカチオンは，複数のモノマー分子と反応したのち，再びキャップされドーマント種へ戻る．リビングカチオン重合を達成するには，平衡が大きくドーマント種側に片寄っていることと，活性種とドーマント種の交換が十分に速いことが必要である．このような平衡を達成するための開始剤の組み合わせは，次節で述べるように大きく2種類に分類される．

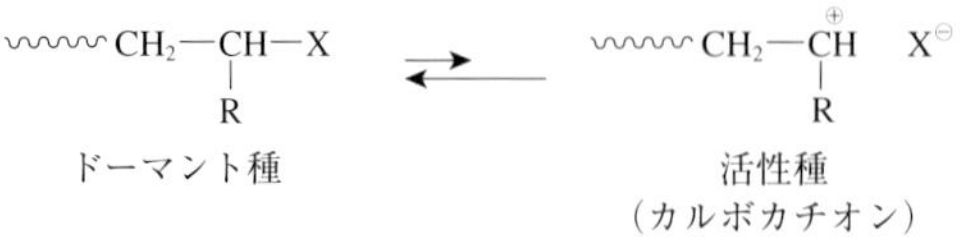

$$\sim\!\!\sim\!\!\sim\!\text{CH}_2\text{-CH-X} \;\rightleftarrows\; \sim\!\!\sim\!\!\sim\!\text{CH}_2\text{-}\overset{+}{\text{CH}}\;\; X^- \tag{2.21}$$
$$||$$
$$RR$$

　　　　ドーマント種　　　　　　　　活性種
　　　　　　　　　　　　　　　（カルボカチオン）

3.2 ◆ リビングカチオン重合の方法論

3.2.1 ◆ 求核性の強い対アニオン＋比較的弱いルイス酸

　最初のリビング重合系であるビニルエーテルの例に見られるように，炭素－ハロゲン結合のドーマント種を，ヨウ素，ハロゲン化亜鉛などの弱いルイス酸により活性化し，カルボカチオンを生成させる（反応式(2.22)）と，リビング重合が進行する．求核性の強い対アニオン（たとえばハロゲン化物イオン）が存在するので，イオン種は速やかにドーマント種に変換される．この方法は，反応性の高いモノマーに適しており，ビニルエーテル類や p-アルコキシスチレン類のリビング重合に多く用いられている．また，イソブテンの重合では，三塩化ホウ素（BCl_3）の系で，同様の反応が進行することがわかっている．

$$\sim\sim\sim CH_2-\underset{R}{CH}-X \quad + \quad MtX'_n \quad \rightleftarrows \quad \sim\sim\sim CH_2-\overset{+}{\underset{R}{CH}} \quad XMtX'_n \tag{2.22}$$

[Mt：金属原子，X, X'：ハロゲン]

$CH_2=\underset{R}{CH}$
生長反応

3.2.2 ◆ 求核性の強い対アニオン＋強いルイス酸＋添加物

　求核性の強いハロゲン化物イオンが対アニオンとなる場合でも，強いルイス酸を用いると，重合の制御が困難となる．これは，触媒の活性が高すぎて，適切な平衡状態を達成できない，つまりイオン種濃度が高くなるためである．しかし，これらの系に適切な添加物（ルイス塩基，第四級アンモニウム塩など）を加えることで平衡が移動し，リビング重合が進行する．

A. 添加塩基（ルイス塩基）

　エステル，エーテルなどのルイス塩基を加えることで，さまざまなルイス酸によりリビング重合が進行する．塩基の役割は，ルイス酸と相互作用して触媒活性を調節し，平衡をドーマント種側に片寄らせることである（反応式(2.23)）．また，生成したカルボカチオンを溶媒和により安定化し，副反応の可能性をより低くしている（反応式(2.23)）．これらの役割を果たすルイス塩基は，カチオン重合，特にリビング重合の分野で添加塩基とよばれる．また，この開始剤系の特筆すべき点は，他の開始剤系に比べて，生長鎖の活性を長く保つことである．さらに，その適用範囲は広く，ビニルエーテル類，種々の反応性を有するスチレン類，イソブテンのリビング重合が可能である．ドーマント種は多くの場合，炭素－ハロゲン結合をもつ．ハロゲン原子をもたない開始剤からの重合の場合も，活性化剤であるハロゲン化金属からハロゲンが供与され，重合開始後，比較的速やかに炭素－ハ

ロゲン結合を形成する.

$$\mathrm{\sim\sim CH_2-CH-X}_{|\,R} + \mathrm{MtX'}_n^{\mathrm{B}} \rightleftarrows \mathrm{\sim\sim CH_2-\overset{+}{\underset{R}{C}H}\cdots X-MtX'}_n^{-} \quad \curvearrowleft \mathrm{CH_2=CH}_{|\,R} \text{ 生長反応} \quad (2.23)$$

[Mt:金属原子, X, X′:ハロゲン, B:添加塩基]

B. 添加塩

第四級アンモニウム塩を添加すると，共通イオン効果により平衡がドーマント種側へ移動し（反応式(2.24)），リビング重合が達成される．このように反応制御に関わる有機塩は，添加塩とよばれる．添加塩としては，テトラ n-アルキルアンモニウム塩（$R_4N^+X^-$, X = Cl, Br, I）のようにアルキル基をもち，有機溶媒に溶解するものが用いられる．この開始剤系では，添加塩の濃度が高くなりすぎると，平衡が完全にドーマント種側に片寄り重合が進行しなくなるので，生長種濃度と塩濃度のバランスが重要である．添加塩はビニルエーテル類，スチレン誘導体の重合に用いられる．これらはスチレンの重合で初めて分子量分布の狭いポリマーを与えた開始剤系である．

$$\mathrm{\sim\sim CH_2-CH-X}_{|\,R} \underset{R'_4N^+X'^-}{\overset{MtX'_n}{\rightleftarrows}} \mathrm{\sim\sim CH_2-\overset{+}{\underset{R}{C}H}\,\,XMtX'}_n^{-} \quad (2.24)$$

[Mt:金属原子, X, X′:ハロゲン, R′:アルキル基]

3.2.3 ◆ その他の開始剤系

以下に示す系もドーマント種を含む平衡によりリビング性を実現しているという点では，これまで説明した系と同じである．反応の制御に添加塩基を必要とするが，系中の不純物による副反応を抑制する，添加塩基が直接カルボカチオンと結合してドーマント種を生成するなど，前述した添加塩基とは役割が異なる．そこで，ここではその他の開始剤系としてまとめた．

A. 添加剤としてのプロトン捕捉剤

重合反応の初期段階などで，反応が完全に制御されず，系中に微量に存在するプロトン（多くの場合は水とルイス酸の反応により発生）から反応し，高分子量副生成物が得られる場合がある．このような場合には，2,6-ジ-*tert*-ブチルピリジンのように，かさ高い置換基をもつ塩基を存在させると，カルボカチオンと反応することなく，プロトンのみを捕

捉するので，副生成物の生成を抑制することができる．

B. 強酸（ブレンステッド酸）＋求核性の強い塩基

スルフィドなどの含硫黄化合物を酸性度の大きなプロトン酸と組み合わせるとリビング重合が進行する．この場合，カルボカチオンとスルフィドから生成したスルホニウム塩がドーマント種となり，適度な解離平衡が達成される（反応式 (2.25)）．この開始剤系はビニルエーテル類でのみ報告されている．

$$\sim\sim\sim CH_2-CH(R^1)-S^+(R^2)(R^3) \; X^- \rightleftarrows \sim\sim\sim CH_2-CH^+(R^1) \; X^- + S(R^2)(R^3) \quad (2.25)$$

ドーマント種

3.3 ◆ リビング重合の開始剤系

3.3.1 ◆ ビニルエーテル

A. リビング重合の発見とその直後の展開

東村，澤本らは，ヨウ化水素とヨウ素を組み合わせた開始剤系（HI／I_2）でリビング重合が進行することを見出した[60,61]．種々のアルキルビニルエーテルを無極性溶媒中，0℃以下の温度で重合すると，分子量分布の狭い（$\bar{M}_w/\bar{M}_n < 1.1$）ポリマーが生成し，その分子量はモノマーの重合率に比例して増加する．また，重合がほぼ終了したところに，新たにモノマーを添加すると再びリビング重合が進行する．これは，ビニル化合物のカチオン重合における理想的なリビング重合の最初の例である．この反応では，まず HI のモノマーに対する付加反応が迅速に起こる[62]．系中で生成した付加体単独では重合を開始することはできない．この付加体の C－I 結合（ドーマント種）を I_2 が活性化して可逆的に低濃度のカルボカチオンを生成し，制御された重合を進行させている（反応式 (2.26)）．生長反応の途中では，C－I 結合のドーマント種が生成しているが，メタノールで反応を停止すると，置換反応が起こり，ポリマーの末端は定量的にアセタール構造に変換される．種々のビニルエーテルを他の開始剤系により重合した場合も同様の停止反応が進行する．

$$CH_2=CH(OR) \xrightarrow{HI} H-CH_2-CH(OR)-I \underset{}{\overset{I_2}{\rightleftarrows}} H-CH_2-CH^+(OR) \; I_3^- \xrightarrow{CH_2=CH(OR)} \text{生長反応} \quad (2.26)$$

ドーマント種 　　　　活性種
（カルボカチオン）

その後，HI／I_2系に基づき，求核性の強い対アニオンと比較的活性の穏やかなルイス酸のさまざまな組み合わせが検討され，リビング重合が報告されている．たとえば，プロトン酸としてハロゲン化水素[63〜67]，酢酸誘導体[68,69]，ルイス酸としてハロゲン化亜鉛[63〜67,69]，トリフルオロ酢酸亜鉛[68]，四臭化スズ[67]を組み合わせるとリビング重合が進行する．また，プロトン酸の代わりに，ビニルエーテルのプロトン酸付加体が開始剤として用いられる[67]．このような付加体は，それ単独では重合を開始しないので，開始反応の制御に有利である．また，最初に発見されたHI／I_2開始剤系の問題点は，反応温度を室温付近にすると，I_2自身によるカチオン重合も進行し，反応の制御が困難であるということであった．この問題を解決するために，ハロゲン化亜鉛が用いられた．その結果，比較的高温でのリビング重合が可能となった．たとえば，HI／ZnI_2開始剤系を用いると，25℃以上でリビング重合が進行する[63]．

リビング重合発見当初は，触媒として活性の比較的低いものを選ぶことがリビング重合実現の鍵と考えられていた．事実，活性の高いルイス酸を用いると，求核性の強い対アニオンが存在しても反応の制御は困難であった．しかし，その後のさまざまな研究により，活性の高いルイス酸を用いた場合でも，第三成分の添加物を適切に選択することで，リビング重合が達成可能なことが明らかとなった．たとえば，添加塩基または有機アンモニウム塩などの添加塩を加えることで，リビング重合が達成されることが示された．

強いルイス酸と添加塩基の組み合わせの典型例は，Et_xAlCl_{3-x}と酢酸エチルなどのエステル[70,71]，または1,4-ジオキサン[72,73]などの環状エーテルである．イソブチルビニルエーテル（IBVE）の酢酸付加体（IBEA）をカチオン源とし，ヘキサン，トルエンなどの無極性溶媒中でエチルアルミニウムジクロリド（$EtAlCl_2$）もしくはエチルアルミニウムセスキクロリド（$Et_{1.5}AlCl_{1.5}$）によりアルキルビニルエーテルの重合を行うと，リビング重合が進行し，分子量分布の狭い（$\bar{M}_w/\bar{M}_n<1.1$）ポリマーを与える．IBEAと$EtAlCl_2$を等量で混合したモデル反応から，IBEAは$EtAlCl_2$を作用させると，イソブチルビニルエーテルのHCl付加体（IBVE-Cl）に定量的に変換されることがわかった（反応式 (2.27)）．このことから，付加体から生成したカチオンが，触媒であるAl化合物から塩化物イオンを受け取り，炭素－塩素結合を有するドーマント種へと交換されることがわかった．またこの結果は，生長反応においても炭素－塩素結合をもつドーマント種が生成していることを示唆している．この開始剤系は，無極性溶媒中，室温以上，最高70℃までリビング重合が可能で[71]，きわめて安定な生長種を生成することが特徴である．これは，室温以上でのリビングカチオン重合の最初の例であり，その後の開始剤系の開発に重要な指針を与えた．発見当時は，エステルはカチオン重合の連鎖移動剤であるというのが常識であり，それまでの既成の概念の枠を打ち破る結果であったといえる．

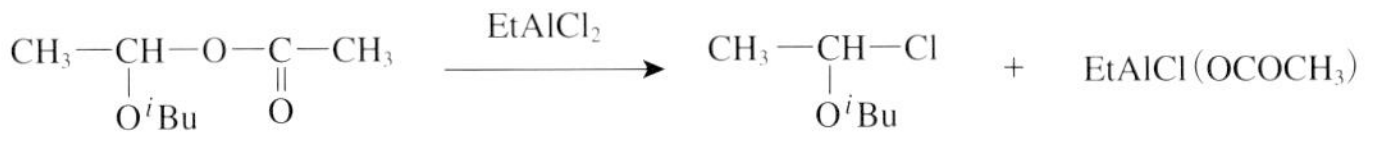

3章 リビングカチオン重合

$$CH_3-CH-O-C-CH_3 \xrightarrow{EtAlCl_2} CH_3-CH-Cl + EtAlCl(OCOCH_3) \quad (2.27)$$
$$\quad\quad |\quad\quad\; ||\quad\quad\quad\quad\quad\quad\quad\quad |$$
$$\quad\; O^iBu\;\; O\quad\quad\quad\quad\quad\quad\quad O^iBu$$

これらの開始剤系により，種々のビニルエーテルのリビング重合が可能となった．代表的なモノマーの構造を図2.29に示す．最初の例であるイソブチルビニルエーテル以外に，温度応答性ポリマーを与えるメチルビニルエーテル[74]，結晶性側鎖を有するオクタデシルビニルエーテル[75~77]など，さまざまなかさ高さの側鎖をもつアルキルビニルエーテルの重合が報告されている．さらに，エステル[78,79]，イミド[80,81]などの極性官能基をもつモノマーのリビング重合が達成されている．ここに示したモノマーは，重合後に生成ポリマーの側鎖官能基を脱保護することにより，水酸基[78]，カルボキシル基[79]，アミノ基[80,81]を有するポリマーに容易に変換できる．

テトラアルキルアンモニウム塩を四塩化スズ（$SnCl_4$）と組み合わせた開始剤系が報告されている[67]．アルキルビニルエーテルのHCl付加体と$SnCl_4$によりジクロロメタン中，−15℃で重合すると，分子量分布の広いポリマーが生成する．しかし，ここにテトラn-ブチルアンモニウムクロリド（Bu_4NCl）を加えると，反応は制御され，リビング重合が進行する．付加体を用いたモデル反応を^1H-NMRにより追跡した結果，Bu_4NClの添加により，イオン種の生成が抑制され，平衡がほぼドーマント側に片寄ることが確認された．また，イオン種とドーマント種の速い交換も示された．

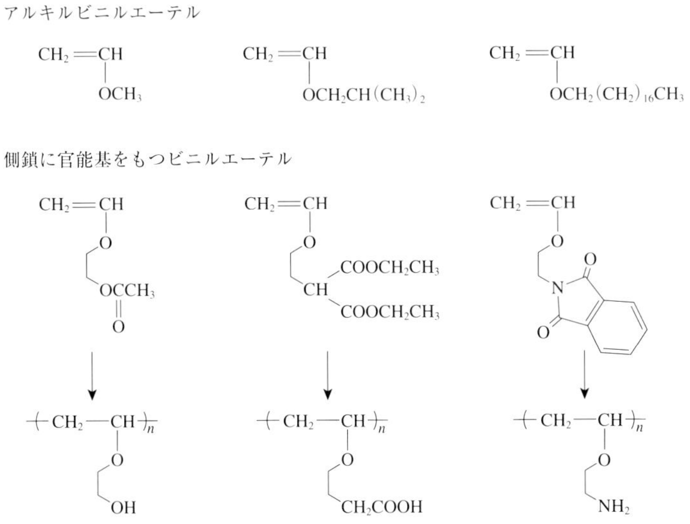

図 2.29 リビング重合可能なビニルエーテルの代表例

一方，強酸とスルフィドを用いて，金属ハロゲン化物などのルイス酸を用いないリビング重合が報告された[82,83]．トリフルオロメタンスルホン酸（CF_3SO_3H）による重合系に，生長種に対して過剰のアルキルスルフィドを添加すると，ジクロロメタン中，-40°Cでリビング重合が進行する．モデル反応より，低温でスルフィドとカルボカチオンが反応して炭素－硫黄結合を生成していることがわかった．

B. 新規開始剤系開発のさらなる展開

ここまで説明してきたように，リビングカチオン重合では，ドーマント種に片寄った平衡を生成させ，イオン種濃度を低く抑えることが必要である．そのため，通常のカチオン重合（非リビング重合系）に比べて反応速度が著しく遅くなる．また，リビング重合発見から1990年代前半までに開発された数種類のハロゲン化金属からなる開始剤系では，極性官能基をもつモノマーを重合すると，中心金属に極性官能基が配位して触媒活性を弱め，重合反応はさらに遅くなる傾向にあった．これらの問題点は，種々の官能基をもつポリマーの精密合成において障害となる．そこで，極性官能基との相互作用が弱く，カチオン重合活性の高い新しい開始剤系の開発が望まれていた．しかし，1990年代後半になると，カチオン重合分野では，種々のポリマーの精密合成に関する研究が主流となり，新規開始剤系の開発に関しては停滞していた．

一方，有効な触媒の多くがカチオン重合と共通しているFriedel–Crafts反応に目を向けると，近年においても，触媒開発の研究が多く報告されている．その主なテーマは，反応生成物とルイス酸が錯体を形成するため，従来用いられていたハロゲン化金属では反応基質と等量の触媒が必要となるアシル化の新規触媒を開発すること，複素環化合物の反応などである．これらの研究に共通する目的は，ヘテロ原子を含む置換基と強く相互作用することなく，反応基質に対して少量で十分な活性を示す触媒を探索することである．その結果，さまざまな金属錯体，ハロゲン化金属による効率的なアシル化[84～88]またはアルキル化反応[89,90]，複素環化合物のアシル化およびアルキル化[91～93]などが報告されている．これらの結果は，リビングカチオン重合の新規開始剤系の可能性を示唆しており，カチオン重合においても2000年以降，新規触媒探索の研究が再び活発になってきた．特に，ビニルエーテルの重合では，さまざまな添加塩基とルイス酸の組み合わせにより新しいリビング重合系が見出されている．以下では，それらの典型的な例を示す．

(i) 種々のルイス酸によるリビング重合

従来，添加塩基を用いる開始剤系にはEt_xAlCl_{3-x}が触媒として用いられてきた．青島らは，$SnCl_4$をエステル，エーテルと組み合わせると，Al触媒に比べて，著しく大きな速度でリビング重合が進行することを見出した[18,94]．酢酸エチル（添加塩基）存在下で，開始剤としてイソブチルビニルエーテルの酢酸付加体と$EtAlCl_2$等量混合物を用い定量的な開始反応を行ったのち，$SnCl_4$によりビニルエーテル類を重合すると，従来の系（$EtAlCl_2$のみを用いる）に比べて1000倍から10万倍の範囲で重合が加速された[95]．たとえば，イソ

3章 リビングカチオン重合

ブチルビニルエーテルの重合は，0°C，トルエン中，2分程度で終了する（同条件下，EtAlCl$_2$による単独重合では約2日を要する）．しかも，得られたポリマーの分子量分布は$\overline{M}_w/\overline{M}_n$が1.05以下ときわめて狭い．この開始剤系は，アルキルビニルエーテルのみならず，O（エステル），N（アゾ基）を側鎖にもつ極性モノマーの重合も1000倍以上に加速する．以上の重合結果は，カルボニル化合物存在下のFriedel–Crafts反応で，ハロゲン化アルキルからカルボカチオンが生成する平衡定数の大きさ（SnCl$_4$>AlCl$_3$）と一致している[96]．

重合速度の違いは，酸–塩基の相互作用の違いから生じていると考えられる．HSAB（hard and soft acids and bases）理論の分類[97,98]では，エステルやエーテルは硬い（hard）塩基で，硬い酸と相互作用しやすいと考えられている．一方，生長末端から生じるCl$^-$はハードとソフトのボーダーラインである．Alを含む有機ハロゲン化金属は硬い酸，SnCl$_4$は軟らかい酸に分類され[97]，Al化合物に比べSnCl$_4$のほうが添加塩基よりも生長末端のCl原子と相互作用しやすくなり，カルボカチオン生成量が増加したと考えられる．また，生成する対アニオンの安定性もカルボカチオンの生成量に大きく影響していると考えられる．SnCl$_4$の場合，塩基が1分子配位した6配位の安定なアニオンが生成する（反応式(2.28)）．これに対して，AlCl$_3$からは4配位の不安定なアニオンが生成する[94,99]．分子軌道計算からも，カルボカチオン生成の活性化エネルギーがSnCl$_4$開始剤系では小さいことが示された[99]．このように安定な対アニオンが生成し，平衡をイオン種側にわずかに動かすことで重合が加速された．

$$\sim\sim\sim\text{CH–Cl} \quad \text{SnCl}_4 \cdot \text{B}_2 \quad \rightleftharpoons \quad \sim\sim\sim\overset{+}{\text{CH}} \quad \text{Cl–SnCl}_4 \cdot \text{B} \quad \left(\text{Cl}_5\text{Sn}\cdot\text{B} \right) \qquad (2.28)$$

ドーマント種　　[B：添加塩基]　　　　　活性種

SnCl$_4$は古くからカチオン重合の研究によく用いられており，触媒活性，触媒として用いた場合の重合挙動などに関する知見が多数ある．しかし，添加塩基と組み合わせることで，これまでにない新たな特徴が生まれた．前述した極性官能基を有するモノマーの重合の加速に加えて，環状エノールエーテル[100]，α-メチルビニルエーテル[101]，環状ジエン[102]のリビング重合を可能にした．α-メチルビニルエーテルの重合では，頻繁にβ水素脱離が起こり，反応の制御が困難であった．事実，添加塩基存在下，0°CでEtAlCl$_2$により重合すると，オリゴマーのみが生成する．一方，SnCl$_4$を用いると，分子量は低いものの，高収率でポリマーが生成する．さらに，重合温度を−78°Cにすると，リビング重合が進行する[101]．環状ジエンの重合としては，ビシクロ[4.3.0]ノナ-2,9-ジエン（テトラヒドロインデン）のリビング重合が報告されている[102]．酢酸エチル存在下，トルエン中，−78°Cでテトラヒドロインデンを重合すると，制御された重合が進行し，比較的分子量

209

分布の狭い（$\bar{M}_w/\bar{M}_n = 1.1 \sim 1.4$）ポリマーが得られる（4.2節参照）．

Sn^{4+}と同様にAl^{3+}より軟らかい金属イオンとしてFe^{3+}がある[103]．また，$FeCl_3$は，上述のFriedel–Craftsアルキル化反応において$AlCl_3$だけでなく$SnCl_4$よりも高い活性を示す[96]．また，$FeCl_3$はアルミニウム化合物，スズ化合物に比べて取り扱いが容易で[104]，経済性に優れ[105]，環境への負荷も小さい．そのため$FeCl_3$による重合が検討された．イソブチルビニルエーテルのHCl付加体を用い，トルエン中，1,4-ジオキサン存在下，0℃で重合すると，重合完了まで15秒と，反応はかなり速いうえに$\bar{M}_w/\bar{M}_n$が1.05以下のポリマーが得られた[106]．$FeCl_3$によるビニルエーテル類[107]，スチレン類[108]，ジエン類[109]のカチオン重合例は報告されていたが，リビング重合の例は初めてである．

$SnCl_4$および$FeCl_3$の結果を受けて，さまざまなルイス酸を添加塩基と組み合わせてイソブチルビニルエーテルの重合が検討された．適切な塩基を組み合わせることで，多くのハロゲン化金属（$MtCl_x$; Mt = Fe, Ga, Sn, In, Zn, Al, Hf, Zr, Bi, Ti, Si, Ge, Sb）によるリビング重合が可能となった[110]．いずれも分子量分布の非常に狭いポリマーを与えるが，重合速度は大きく異なる．$FeCl_3$のように非常に速く重合が進行する系がある一方で，$SiCl_4$や$GeCl_4$のように1ヶ月近くかかるものがある．ポリマーの立体規則性に関しては，触媒による大きな変化は見られない（メソ2連子 $m \sim 70\%$）．

トルエン中，0℃，酢酸エチル存在下での反応で比較すると，重合活性は以下のとおりである．

$$GaCl_3 \sim FeCl_3 > SnCl_4 > InCl_3 > ZnCl_2 > AlCl_3 \sim HfCl_4 \sim ZrCl_4 > EtAlCl_2 > BiCl_3 > TiCl_4 \gg SiCl_4 \sim GeCl_4 \sim SbCl_3$$

この順序は，カルボニル化合物中でトリチルクロリドからトリチルカチオンを生成する反応における，ハロゲン化金属の活性の順序と一致している．

C_6H_5COCl 中[96]

$$FeCl_3 > SnCl_4 > ZnCl_2 > TiCl_4 > AlCl_3$$

酢酸エチル中

$$FeCl_3 \sim GaCl_3 > InCl_3 > AlCl_3$$

以上の結果は，ハロゲン化金属の中心金属の性質により，添加塩基存在下でのリビング重合における触媒活性が決定されていることを示している．$FeCl_3$などのように生長末端のCl原子（Clアニオン）と相互作用しやすい（親塩素性が大きい）ものは活性が高く，$TiCl_4$などのように添加塩基のO原子と相互作用しやすい（親酸素性が大きい）ものは活性が低い傾向にある．ここで注意が必要なのは，単純に親塩素性の大きい順に活性が高いわけではないということである．中心金属の親塩素性と親酸素性のバランスが活性を決定する重要な因子である．

(ii) 超高速リビング重合

ハロゲン化金属/添加塩基の系では，添加塩基の塩基性を弱めると，重合速度が増大す

ることがわかっていた[111]．青島らは，塩基性のより弱い添加塩基を用いて，$SnCl_4$ または $FeCl_3$ によるイソブチルビニルエーテルの超高速リビング重合に成功している．たとえば，$SnCl_4$ とクロロ酢酸エチルを組み合わせた場合，トルエン中，$-78°C$ という条件で，わずか1～2秒で反応が終了する[112]．著しく重合が加速され，反応溶液の温度も $30°C$ 以上急激に上昇するが，生成ポリマーの分子量分布は非常に狭く（$\overline{M}_w/\overline{M}_n < 1.1$），非常に制御された反応が超高速で進行する．$FeCl_3$ の場合も，1,4-ジオキサンより塩基性の弱い1,3-ジオキソランと組み合わせて重合すると，トルエン中，$0°C$ で，重合は3秒で完了し，分子量分布の非常に狭いポリマーを与える[106]．

(iii) 触媒設計の可能性：配位子のデザイン

適切な塩基を組み合わせることで，さまざまなハロゲン化金属によりリビング重合が可能となったが，5族，6族の五塩化物では反応は制御されなかった．$NbCl_5$ および $TaCl_5$ に関しては，アンモニウム塩（Bu_4NCl）の添加により反応が制御可能となる[110]．しかし，$MoCl_5$ の重合では塩基も塩も反応の制御に効果がなかった[110]．青島らは，添加塩基存在下で $MoCl_5$ にアルコールを添加することでリビング重合が進行することを見出した[113]．たとえば，$MoCl_5$ に対して等量のメタノールを加えると，酢酸エチル存在下，トルエン中，$0°C$ でイソブチルビニルエーテルのリビング重合が進行し，分子量分布の非常に狭いポリマー（$\overline{M}_w/\overline{M}_n < 1.1$）が生成する．その他のルイス酸についても検討されている．その結果，重合挙動は以下の三つに分類されることがわかっている．リビング重合が進行するグループ（$MoCl_5$, $NbCl_5$, $ZrCl_4$ など），制御されない重合が進行するグループ（$GaCl_3$, $FeCl_3$ など），活性を示さないグループ（$ZnCl_2$, $InCl_3$ など）である．リビング重合が進行する反応系では，メタノールのメトキシ基とハロゲン化金属の Cl^- との交換が起こる（反応式(2.29)）．この交換により放出されたプロトンから重合が開始される．アルコールとしては，メタノールの他に2-プロパノール，$tert$-ブタノール，エチレングリコールなどが有効である[114]．反応生長種のNMR観察により，リビング重合系でも生長末端の構造が2種類に分かれることがわかっている．より親酸素性の大きな $NbCl_5$ などでは，交換により金属に結合したメトキシ基は，再び解離することはなく，ドーマント種の構造はC-Cl末端である．一方，$NbCl_5$ に比べて親酸素性が小さくなると，金属上のメトキシ基と生長末端のC-Cl結合の塩素原子が交換し，ドーマント種としてC-Cl構造とアセタール構造が混在する．このようにアセタール構造を活性化することのできるハロゲン化金属を用いると，低分子のアセタール化合物を用いてのリビング重合が可能である．たとえば，$TiCl_4$ と1,1-ジメトキシエタン（DME）を組み合わせた開始剤系を用いると，種々のビニルエーテル，p-アルキルスチレンおよび p-アルコキシスチレンのリビング重合が進行する[115]．

$$MoCl_5 + CH_3OH \longrightarrow MoCl_4(OCH_3) + HCl \qquad (2.29)$$

上記のアルコール／ハロゲン化金属の系とほぼ同時期に，メタノールと BF$_3$・エーテル錯体（BF$_3$・OEt$_2$）によるリビング重合が澤本らにより報告されている[116]．ジクロロメタン中，−15°C，ジメチルスルフィド存在下でイソブチルビニルエーテルの重合を行うと，反応は制御され分子量分布の狭いポリマーが生成する（$\bar{M}_w/\bar{M}_n = 1.1 \sim 1.25$）．種々の第一級，第二級，第三級アルコールを用いても同様に構造の制御されたポリマーが生成する．また，この系では，種々のビニルエーテルに加えて，p-アルコキシスチレンのリビング重合も可能なことが示された．

ハロゲン化金属のハロゲン原子が交換して，異なる配位子が導入される例として，SnCl$_4$／アセチルアセトン開始剤系が報告されている[18]．酢酸エチル存在下，トルエン中 0°C で SnCl$_4$ に対して等量のアセチルアセトンを加えると，速やかにアセチルアセトンが 1 分子だけ配位し，プロトンを放出する．ここにイソブチルビニルエーテルモノマーを添加すると重合が開始され，リビングポリマーを与える．この重合系のドーマント種−イオン種の平衡では，アセチルアセトンが反応式 (2.30) のように配位して安定な対アニオンを形成していると考えられる．アルコール，アセチルアセトンいずれの開始剤系においても，配位子の交換とともに放出されるプロトンから重合が進行する．また，配位子の交換でルイス酸の活性が調節されることもリビング重合達成の鍵となっている．

$$\text{(2.30)}$$

(iv) 芳香族アルデヒドとビニルエーテルの共重合

さまざまなハロゲン化金属での重合が可能になり，これまで困難であったモノマーの重合も可能になった．ここでは，ビニルモノマー以外の例を挙げる．芳香族アルデヒドとビニルエーテルの共重合が GaCl$_3$ により初めて成功した[18,117]．ベンズアルデヒドとイソブチルビニルエーテルの 1：1 混合物をトルエン中，1,4-ジオキサン存在下，−78°C で，開始剤にエタンスルホン酸を用い，GaCl$_3$ により重合すると共重合が進行し，しかも分子量分布の狭い（$\bar{M}_w/\bar{M}_n < 1.1$）ポリマーが得られる．一方，EtAlCl$_2$ を用いると，選択的に環状オリゴマー（ベンズアルデヒド 2 分子，イソブチルビニルエーテル 1 分子からなる 3 量体）が生成する．この環状オリゴマーは GaCl$_3$ の重合でも少量ではあるが副生成物として生成する．GaCl$_3$ は，AlCl$_3$ と異なり軟らかい酸に分類されている[97,98]．また，有機合成

3章　リビングカチオン重合

の分野でも，GaCl₃ は極性官能基存在下での反応で高活性を示し，AlCl₃ の場合，化学量論量必要な反応で，GaCl₃ では触媒量で反応が進むことが報告されている[118]．ここに示した共重合でも，硬い塩基であるカルボニル基（ベンズアルデヒド），エーテル酸素（1,4-ジオキサン）への相互作用の違いにより，共重合挙動が大きく異なったと考えられる．

　イソブチルビニルエーテルとベンズアルデヒドの共重合で得られたポリマーは，ベンズアルデヒド連鎖が存在しない．つまり，ベンズアルデヒド単位が生長末端にある場合，必ずイソブチルビニルエーテルモノマーが反応する（図 2.30）．ここで，ビニルエーテルカルボカチオンに対してアルデヒド類のほうがビニルエーテルモノマーよりも反応性が高ければ（$k_{12} \gg k_{11}$），ポリマーは交互構造となる可能性がある．事実，ベンズアルデヒドとイソブチルビニルエーテルより反応性の低い 2-クロロエチルビニルエーテル（CEVE），ベンズアルデヒドより反応性の高い p-メトキシベンズアルデヒドとイソブチルビニルエーテルの共重合を上記と同条件で行うと，いずれの場合も交互共重合が進行し，分子量分布の狭いポリマーが得られる[119]．これらの交互共重合体は穏やかな酸性条件下で加水分解され，ほぼ定量的にシンナムアルデヒド誘導体を生成する．さらに，シンナムアルデヒドとイソブチルビニルエーテルからも制御された交互共重合が進行する．これらの一連の反応は，新たなケミカルリサイクルの可能性を示している．

　共重合とは異なるが，芳香族アルデヒドを開始剤としたビニルエーテルの重合が報告さ

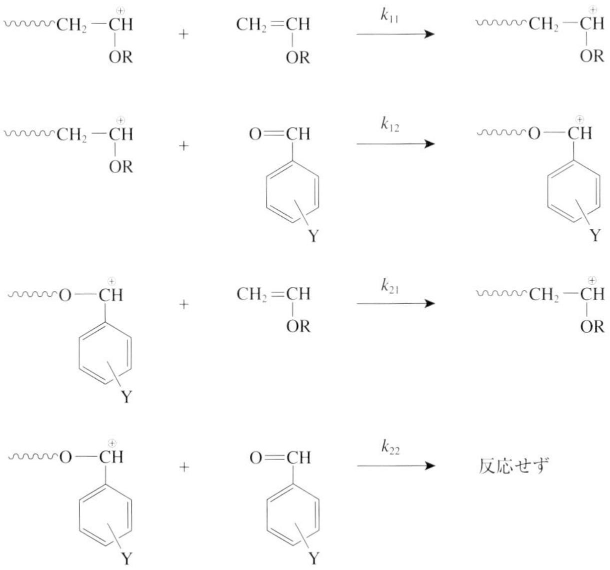

図 2.30　ベンズアルデヒド誘導体とビニルエーテルの共重合における素反応

れている．上垣外らは，ヨウ化トリメチルシリルとベンズアルデヒドを混合して生成するアルデヒド由来のカルボカチオンからイソブチルビニルエーテルを重合し，リビングポリマーを得ている[120]．また，Sogah らは，ベンズアルデヒドを開始剤として，トリアルキルシリルビニルエーテルのリビング重合に成功している[121]．この重合では，アルデヒドとアルデヒドのエノラート等価体であるシリルビニルエーテルとのアルドール型縮合が繰り返され，比較的分子量分布の狭いポリマーが生成する．触媒にはハロゲン化亜鉛，特に $ZnBr_2$ が有効である．ビニルエーテル側鎖のトリアルキルシリル基が，開始剤もしくはポリマー末端のアルデヒド酸素と新たに結合し移動することから，アルドール型グループトランスファー重合（基移動重合，GTP）とよばれる．生成ポリマーの側鎖を加水分解することにより，構造の制御されたポリビニルアルコールが得られる．さらに，平林らは1-ブタジエニルオキシトリメチルシラン（$CH_2=CH-CH=CH-O-Si(CH_3)_3$）を同様の方法で重合し，置換ポリブタジエン構造のポリマーを合成した[122]．このポリマーを接触水素添加，次いで脱シリル化すると，エチレン－ビニルアルコールの交互共重合体が得られる[123]．Sogah らは，1-ブタジエニルオキシトリメチルシランの2位もしくは3位にメチル基を導入したモノマーを重合し，プロピレン－ビニルアルコールの head-to-head 型，head-to-tail 型の共重合体を合成している[124]．

(v) 不均一リビングカチオン重合

環境に配慮する観点から，固体触媒への興味が各分野で高まっている．カチオン重合の分野でも不均一系触媒（金属酸化物，ヘテロポリ酸，イオン交換樹脂など）[125〜130]による重合の研究は行われていたが，リビング重合は達成されていなかった．最近，金属酸化物と添加塩基を組み合わせた開始剤系によりリビング重合が可能になることがわかった．イソブチルビニルエーテルの HCl 付加体と酸化鉄（Fe_2O_3）を組み合わせ，酢酸エチル，または 1,4-ジオキサン存在下，トルエン中，0℃でイソブチルビニルエーテルを重合すると，約8時間で重合は終了し，分子量分布の狭いポリマーが生成する[131]．また，生成ポリマーの分子量はモノマーの重合率に比例して増加し，理想的なリビング重合挙動を示す．これは，イオン重合における不均一触媒によるリビング重合の初めての例である．生成ポリマーの立体規則性は，均一系触媒によるリビング重合の場合と類似している．Fe_2O_3 以外に，Fe_3O_4 も添加塩基との組み合わせでリビング重合の触媒となる[132]．また，他の金属酸化物では Ga_2O_3，In_2O_3，ZnO などが，添加塩基存在下，アンモニウム塩もしくはプロトン捕捉剤を添加することで反応の制御が可能となる[132]．

上記の固体触媒は，反応後に分離して再利用が可能である．たとえば，Fe_2O_3 の系では，反応終了後に遠心分離により反応溶液から Fe_2O_3 を容易に取り除くことができる．このように分離した触媒は，同様の重合活性を示し，再びリビング重合を進行させる．Fe_2O_3 の例では，少なくとも5回まで活性を保ちながらリビング重合の触媒として作用する[131]．また，Fe_3O_4 は，磁石を利用して分離することが可能である[132]．

(vi) ハロゲン化金属フリー開始剤系

ハロゲン化金属を用いない重合例は，トリフルオロメタンスルホン酸／ジメチルスルフィドによる種々のビニルエーテルの重合[82,83]，HIによるN-ビニルカルバゾールの重合[133]，HIとアンモニウム塩による重合[134]が報告されているのみであった．ごく最近，杉原ら[135]，および青島ら[18]がほぼ同時にHCl／エーテル開始剤系によるリビング重合を報告した．ヘキサン，トルエンなどの無極性溶媒中，HClとジエチルエーテルまたは1,4-ジオキサンを組み合わせると，種々のビニルエーテルのリビング重合が進行する．これまで，0℃以下の低温ではHClは単に付加反応が起こり，重合が進行しないとされていたが，添加塩基の存在によりリビング重合が可能となった．

ハロゲン化金属を用いない新しい開始剤系として，ヘテロポリ酸によるイソブチルビニルエーテルの重合が最近報告された[18]．酢酸エチルを溶媒とし，−30℃，ジメチルスルフィド存在下，Keggin型のヘテロポリ酸$H_3PW_{12}O_{40}$によりイソブチルビニルエーテルを重合すると，リビング重合が進行し，分子量分布の狭いポリマーが得られる（$\bar{M}_w/\bar{M}_n<1.1$）．生成ポリマーの分子量から，ヘテロポリ酸1分子の3つのプロトンすべてにより重合が開始されたことがわかった．ここで用いたヘテロポリ酸は溶媒に溶解せず反応が進行することから，不均一リビングカチオン重合のもう一つの例といえる．また，$H_3PW_{12}O_{40}$から生じる対アニオンはかさ高く配位力が弱く，後述するイソブテンの例と同様，連鎖移動反応，停止反応の抑制に有効に働いていると考えられる．

3.3.2 ◆ イソブテン

A. リビング重合の発見とその直後の展開

イソブテンのリビング重合の可能性を探索する研究も，ビニルエーテルの研究と同時期に盛んに行われていた．その結果，ビニルエーテルのリビング重合から少し遅れてKennedyらが，第三級エステル／BCl_3開始剤系によるイソブテンのリビング重合を報告した[136,137]．塩化メチル中，−30℃で，酢酸クミル（cumyl-OAc）や酢酸2,4,4-トリメチルペンチル（TMP-OAc）から定量的な開始が起こり，リビング重合が進行することを明らかにした．開始剤に塩化$tert$-ブチルを用いると，モノマーは定量的に消費され，リビング的な挙動も見られるが，開始剤効率が25〜50%とかなり低くなる．分子量が約3000以上になるとポリイソブテンは塩化メチル，ジクロロメタンなどに溶解しなくなり，ポリマーが沈殿・析出するために生成ポリマーの多分散性（$\bar{M}_w/\bar{M}_n$）は，1.4〜3.0程度と比較的大きくなる．反応終了まで均一溶液となるように，塩化メチル／ヘキサン，ジクロロメタン／ヘキサンなどの混合溶媒中で反応を行うと分子量分布が狭くなる[137]．また，TMP-OAcのアセチル基部分を異なる構造にすることで，反応速度が大幅に減少し，極性溶媒中でも反応が若干制御される（$\bar{M}_w/\bar{M}_n=1.2〜1.5$）[138]．

BCl_3が効率良く炭素−酸素結合を切断してカルボカチオンを発生させ，カチオン重合

を開始することが明らかとなったので,種々の含酸素化合物を用いた重合が検討された.その結果,第三級エーテル[139],第三級アルコール[140]を用いてもリビング重合が進行することがわかった.たとえば,2-フェニル-2-メトキシプロパン(cumyl-OMe)[139],クミルアルコール(cumyl-OH)[140]などを開始剤に用い,塩化メチル中またはジクロロメタン中,−30℃で重合すると,生成ポリマーの分子量分布はやや広い($\bar{M}_w/\bar{M}_n$は2前後)が,$\bar{M}_n$はポリマー収率に比例して増加する.また,cumyl-OMe, cumyl-OHから得られたポリマーの末端には,フェニル基がほぼ定量的に導入される.このことは,用いた開始剤の炭素−酸素結合が切断されて生成したカルボカチオンから重合反応が開始したことを支持している.

　以上のように,エステル,エーテル,アルコールから重合が開始するが,いずれの開始剤を用いても,生成ポリマーの停止末端構造は炭素−塩素結合を有する.これらの重合反応では,開始剤の酸素にBCl_3が相互作用することで炭素−酸素結合が切断されカルボカチオンが生成する.たとえば,エステル開始剤の場合,カルボニル酸素にまずBCl_3が相互作用してカルボカチオンが生成する(反応式(2.31)).このカルボカチオン,または生長反応のごく初期の段階で生長末端のカルボカチオンがBCl_3から塩素を引き抜いてドーマント種に戻っていると考えられる.また,酸素が配位して活性が調節されたことも重合のリビング性に寄与している可能性はあるが,このあたりの反応機構については,詳細な議論がなされていない.このように,触媒であるハロゲン化金属からハロゲン原子を引き抜いてドーマント種に戻る挙動は,ビニルエーテル(VE)の酢酸付加体(VE-OAc),アセタールを開始剤として用いた重合の場合とよく似ている.

$$\text{R}-\underset{\underset{CH_3}{|}}{\overset{\overset{CH_3}{|}}{C}}-O-\underset{\underset{O}{\|}}{C}-CH_3 \xrightarrow{BCl_3} \text{R}-\underset{\underset{CH_3}{|}}{\overset{\overset{CH_3}{|}}{C^{\oplus}}} \quad {}^{\ominus}O-\underset{\underset{O\cdots BCl_3}{\|}}{C}-CH_3 \qquad (2.31)$$

　上記の最初のリビング重合系により生成するポリマーは,ビニルエーテルの例に比べて分子量分布がやや広かった.そこで次に分布の狭いポリマーの合成が検討された.BCl_3または$TiCl_4$と,少量の強いルイス塩基(ジメチルスルホキシド(DMSO),N,N-ジメチルアセトアミド(DMA)など)を組み合わせると([塩基]<[ルイス酸]),より反応が制御されることがわかった[141].ジクミルクロリド/BCl_3/DMSO,ジクミルアルコール/BCl_3/DMSO,2-クロロ-2,4,4-トリメチルペンタン(TMP-Cl)/$TiCl_4$/DMAによりリビング重合が進行し,分子量分布の狭い($\bar{M}_w/\bar{M}_n \sim 1.1$)ポリマーが得られる.塩基が存在しないと,いずれの重合系も反応は制御されない.塩基にはルイス酸の活性を調節し,カルボカチオンを安定化する役割があると考えられる.

　プロトン捕捉剤も反応の制御に重要な役割を果たす.2,6-ジ-tert-ブチルピリジン

(DTBP) を，BCl$_3$ または TiCl$_4$ と用いると，構造の明確なポリマーのみ得られる[142,143]．生長末端に対して過剰に DTBP を添加しても，重合速度に影響を及ぼさないので，カルボカチオンとの相互作用はなく，系中に混入した水などから生成したプロトンを捕捉し，副反応を抑制していると考えられる．

開始剤（カチオン源）としてはさまざまなものが使用されているが，第三級のカルボカチオンを生成する構造のものがリビング重合に有効である．一般に，芳香環の共鳴効果によりカルボカチオンが安定化されるクミル型，生長末端の構造に似ていることからイソブテンの2量体構造の TMP-OAc, TMP-Cl が使用されている．TMP-Cl は，塩化-*tert*-ブチルと比べるとカルボカチオン生成速度が速い．両者では生成するカルボカチオンの安定性には差がないが，平面構造（カルボカチオン）をとると，かさ高いアルキル基による立体的な混み合いが解消されるので，TMP-Cl のほうがイオン化の速度が速くなる．また一般に，エステル，エーテル，アルコール開始剤は BCl$_3$ と，炭素－塩素結合をもつ開始剤は TiCl$_4$ と組み合わせて用いられる．

B. 新規開始剤系開発のさらなる展開

(i) BCl$_3$, TiCl$_4$ からの脱却：高速リビング重合

イソブテンのリビング重合が発見されたのち，しばらくの間，リビング重合に有効な触媒は BCl$_3$ と TiCl$_4$ のみと考えられていた．1996 年になってようやく Cheradame らがジエチルアルミニウムクロリド（Et$_2$AlCl）によるリビング重合の例を報告した[144]．二官能性アジド化合物を開始剤に，ジクロロメタン中，−50℃で重合するとリビング重合が進行する．この開始剤系では，分子量分布がやや広い（$\overline{M}_w/\overline{M}_n=1.3 \sim 1.4$）ポリマーが得られる．この系のもう一つの特徴は，カチオン源としてハロゲンフリーの化合物を使っていることである．Shaffer らは，ジメチルアルミニウムクロリド（Me$_2$AlCl）と TMP-Cl などの第三級ハロゲン化アルキルにより，イソブテンの重合を検討し，より高分子量で分布の狭い（$\overline{M}_w/\overline{M}_n \sim 1.2$）ポリマーを合成した[145,146]．

Faust らは，Et$_2$AlCl, EtAlCl$_2$, TiCl$_4$ による重合（非リビング重合系，ヘキサン/塩化メチル（60/40, vol/vol），−80℃）の速度を比較し，EtAlCl$_2$ による重合が TiCl$_4$ を用いた場合より速く進行することを示した[147]．続いて，アルミニウム化合物を用いて DTBP 存在下でリビング重合の可能性を検討した[148]．メチルアルミニウムジクロリド（MeAlCl$_2$）を用いると，30 秒以内に反応が完了し，重合は制御されないが，Me$_2$AlCl を用いると，遅くて制御された反応が進行する．メチルアルミニウムセスキクロリド（Me$_{1.5}$AlCl$_{1.5}$）の場合，30 秒で完結するリビング重合が進行する（$\overline{M}_w/\overline{M}_n<1.1$）[148]．また，メチルアルミニウムジブロミド（MeAlBr$_2$），メチルアルミニウムセスキブロミド（Me$_{1.5}$AlBr$_{1.5}$）も高速リビング重合に有効な触媒である[149]．

(ii) 速度論的研究

イソブテンのカチオン重合に関しては，リビング重合も含めて多数の速度論的研究があ

る[150〜152]．しかし，用いた実験手法により速度定数に違いが見られ，なかなか一つの結論にたどり着いていない[151,152]．たとえば，従来はモノマーの消費量を重量法で決定することが多かったが，この手法は反応速度が大きな場合には実験誤差が大きい．この問題の解決にリアルタイム FT–IR 分析が有効な手段であることが近年示された[153,154]．たとえば，5-*tert*-butyl-1,3-bis(2-chloro-2-propyl)-benzene／2,4–ジメチルピリジン／$TiCl_4$（1/2/20）によるヘキサン／塩化メチル（60/40, vol/vol）混合溶媒中，$-80°C$ での重合[153]，TMP-Cl／$TiCl_4$ によるヘキサン／塩化メチル（60/40, vol/vol）混合溶媒中，$-80°C$ での重合[154]について，光ファイバーをプローブとする減衰全反射法フーリエ変換赤外吸収分析（FT–IR ATR）を用いてモノマー消費を追跡している．具体的には，ビニル基の＝CH_2 のはさみ振動（887 cm^{-1}）[153]または C＝C 結合の伸縮振動（1656 cm^{-1}）[154]の消失速度から速度を決定した．この実験で得られたデータは，従来の重量法により求めた結果と良く一致している．また，この手法により，イソブテンとイソプレンの共重合モノマー反応性比を決定している[155]．このように，これまでと異なり 1 回の重合実験でモノマー反応性比を決定できる可能性が拓かれた．

Faust らは，競争反応を用いて，イソブテンのリビング重合系中に存在するイオン対とフリーイオンの絶対速度定数を決定している[156,157]．ヘキサン／塩化メチル（60/40, vol/vol）混合溶媒中，$-80°C$，カルボカチオンと反応するキャッピング剤（アリルトリメチルシランなど）存在下で，重合を行った．生成ポリマーの末端にキャッピング剤と未反応の生長末端，および，副反応により失活した生長末端がないことが，^{1}H–NMR により確認された[157]．イオン対の速度定数は $4.2 \times 10^8 \sim 4.7 \times 10^8$ L mol^{-1} s^{-1}，フリーイオンの速度定数は $6.2 \times 10^8 \sim 6.5 \times 10^8$ L mol^{-1} s^{-1} であった[157]．

(iii) 新しい開始剤（カチオン源）

イソブテンの重合で用いられるカチオン源は，ほとんどハロゲン化アルキルである．Puskas らは，置換エポキシドを開始剤に用い，イソブテンの制御重合に成功している[158]．α–メチルスチレンエポキシドと $TiCl_4$ を組み合わせて，ヘキサン／塩化メチル（60/40, vol/vol）混合溶媒中，$-80°C$ で重合すると，開始剤効率は 35％ と低いものの，制御された反応が進行する．また，六官能性エポキシ開始剤を用いると高い開始剤効率が達成される．開始反応は，$TiCl_4$ の場合，S_N1 と S_N2 が混在し[159]，BCl_3 の場合は S_N1 のみ[160]で進むことがリアルタイム FT–IR 解析により示された（反応式 (2.32)）．

$$\left[\begin{array}{c} R \\ R'-\overset{+}{C}-\\ CH_2\\ |\\ {}^-OMtX_n\end{array}\right] \xleftarrow{S_N1} \underset{R'}{\overset{R}{\triangle}}O \;+\; MtX_n \xrightarrow{S_N2} \left[\begin{array}{c} R \\ \overset{+}{\triangle}\\ R' \quad O\text{—}MtX_n^{-}\end{array}\right] \quad (2.32)$$

(iv) 触媒の設計に向けて

反応を制御し，かつ高分子量ポリマーの生成を可能にするには，ルイス酸または対アニオンのさらなるデザインを考える必要がある．しかし，イソブテンのカチオン重合においても，ビニルエーテルと同様，古典的なルイス酸，主に限られたハロゲン化金属が用いられてきた．そこで最近では，触媒設計の試みがいくつか報告されている．以下に示す開始剤系ではリビング重合は達成されていないが，反応の制御に向けて新たな可能性を含んでいると考えられる．

メタロセン型触媒による重合が Baird らにより 1995 年に報告された[161]．(η^5-$C_5(CH_3)_5)Ti(CH_3)_3$ と $B(C_6F_5)_3$（1：1）をイソブテンのトルエン溶液に添加し，$-78°C$ で反応を行うと，高分子量ポリマーが得られる（$5×10^5$, $\bar{M}_w/\bar{M}_n \sim 2$）．この系では，$-20°C$ まで温度を上げても高分子量ポリマーが得られる[162]．これは，生成する対アニオン（$MeB(C_6F_5)_3^-$）の配位力が非常に小さいためである．重合は $B(C_6F_5)_3$ と水の反応により生じたプロトン，もしくは金属カチオン中心（1, 図 2.31）から開始していると考えられる[162]．カチオン性ジルコノセンヒドリドもイソブテンのカチオン重合を触媒する．カチオン性ジルコノセントリヒドリド 2 $[Cp'_4Zr_2H(\mu-H)_2]^+X^-$（$Cp' = C_5H_4SiMe_3$, $X^- = [CN\{B(C_6F_5)_3\}_2]^-$, 図 2.31）は $-35°C$ における重合で，重量平均分子量で 50 万程度までのポリマーを与える[163]．

上記のメタロセン型触媒の例により，高分子量ポリマーの生成には配位力の小さい対アニオンが有効であることがわかった．そこで，そのような対アニオンを生成し，かつ単純な開始剤系の検討が行われた．トリメチルシリルクロリド（Me_3SiCl）と $Li[B(C_6F_5)_4]$ を反応溶液で混合して生成する $Me_3Si[B(C_6F_5)_4]$ を用いると，$-35°C$ から $-8°C$ というイソブテンの重合にしては非常に高い温度で高分子量ポリマーが生成する[164,165]．$-8°C$ というのはイソブテンの還流温度である．カルボン酸とボランを組み合わせた開始剤系も高い温度での重合を可能にする[166]．$B(C_6F_5)_3$ をさまざまなカルボン酸と混合すると，1：1（[RCOOH] [$B(C_6F_5)_3$]）もしくは 1：2（[RCOOH] [$B(C_6F_5)_3]_2$）の付加物が生成する．それらの中で, n-オクタデカン酸（ステアリン酸）の 1：2 付加物が開始剤として優れている．

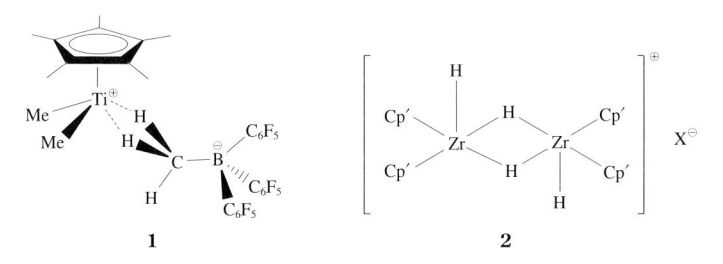

図 2.31 イソブテンのカチオン重合に用いられるメタロセン型触媒の例

ジクロロメタン中 $-50°C$ から $-30°C$ で重合を行うと,分子量が数十万のポリマーが得られる.この場合も $[C_{17}H_{35}COO\{B(C_6F_5)_3\}_2]^-$ のカルボカチオンへの配位力が弱いことで,停止反応,連鎖移動反応が起こりにくく高分子量ポリマーが生成している.

新たな不均一系触媒の重合も報告されている.プロトン交換されたモンモリロナイト（H-Maghnite）は,ヘキサンまたはジクロロメタン中,$-7°C$ で溶液重合,バルク重合の触媒として作用する[167].生成ポリマーの分子量は,溶液重合とバルク重合であまり差がなかったが,分子量分布は溶液重合（$\bar{M}_w/\bar{M}_n < 1.2$）のほうがバルク重合（$\bar{M}_w/\bar{M}_n = 4.2 \sim 4.6$）より狭くなる.H-Maghnite はイソブテンの他に,テトラヒドロフラン,ε-カプロラクトン,オキセタン類の開環重合,α-メチルスチレン（αMeSt）の重合の触媒となる.興味深いことに,α-メチルスチレンの重合では,$0°C$ 以上（重合温度 $18°C$）でも粘度平均分子量が 7000 程度で分子量分布の狭い（$\bar{M}_w/\bar{M}_n \sim 1.2$）ポリマーが生成する.ヘテロポリ酸塩（$Mt_{0.5}H_{0.5}PW_{12}O_{40}$, Mt = Cs, NH_4）は,末端にビニリデン構造を有するポリイソブテン（ビニリデン含量 75〜80%）を選択的に合成する[129].

3.3.3 ◆ スチレン類

一般に,スチレン類のカチオン重合の制御はビニルエーテルやイソブテンに比べて困難とされてきた.その原因は,重合中に生長末端が β 水素脱離だけでなく,分子間/分子内 Friedel-Crafts 反応などの副反応を頻繁に引き起こすためである.その結果,スチレン類のリビングカチオン重合はビニルエーテルやイソブテンに比べて遅れたが,以下に示すように徐々にいくつかのリビング重合系が発展してきた.図 2.32 にモノマーの例を,図 2.33 に開始剤の例を示す.

A. アルコキシスチレン

アルコキシスチレンはスチレン誘導体の中で最も反応性が高く,その重合挙動はビニルエーテルに類似していることが知られている.p-メトキシスチレン（pMOSt）のリビングカチオン重合に関する最初の報告は 1979 年になされた[168].I_2 による重合系で,重合の進行とともに生成ポリマーの分子量が増加する,いわゆる長寿命生長種の生成が見出されたが,分子量分布は広いままであった.1988 年に HI/ZnI_2 系開始剤を用いてトルエン中,$-15°C$ から $+25°C$ で,p-メトキシスチレンのリビングカチオン重合が初めて成功した[169,170].生成したポリマーの分子量分布は非常に狭く,分子量は計算値に一致し,重合率とともに直線的に増加した.一方,ジクロロメタンのような極性溶媒中においては分子量分布の広いポリマーしか得られなかったが,少量の Bu_4NI 塩添加によりリビング重合が進行するようになった[170].さらに数種の官能基を有するビニルエーテルの HI 付加体開始剤を用い,ZnI_2 触媒を組み合わせた開始剤系を用いることにより末端官能性ポリ（p-メトキシスチレン）やマクロモノマーが得られた[171].また,p-メトキシスチレンの 3 本鎖ポリマーは三官能性開始剤/ZnI_2 触媒系を用いて,トルエン中,$0°C$ で検討され,分子

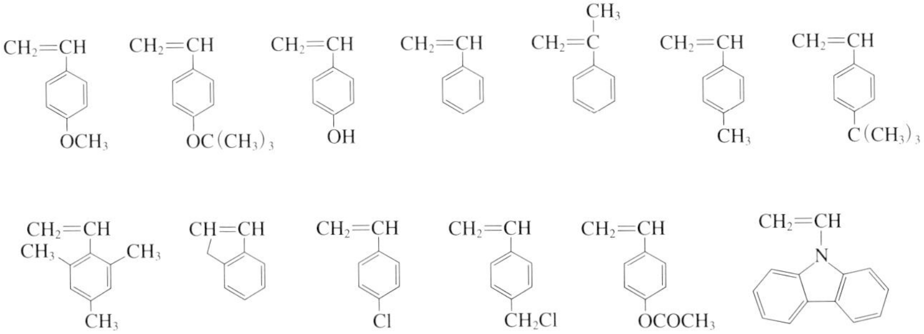

3章 リビングカチオン重合

図 2.32 スチレン類モノマーの例

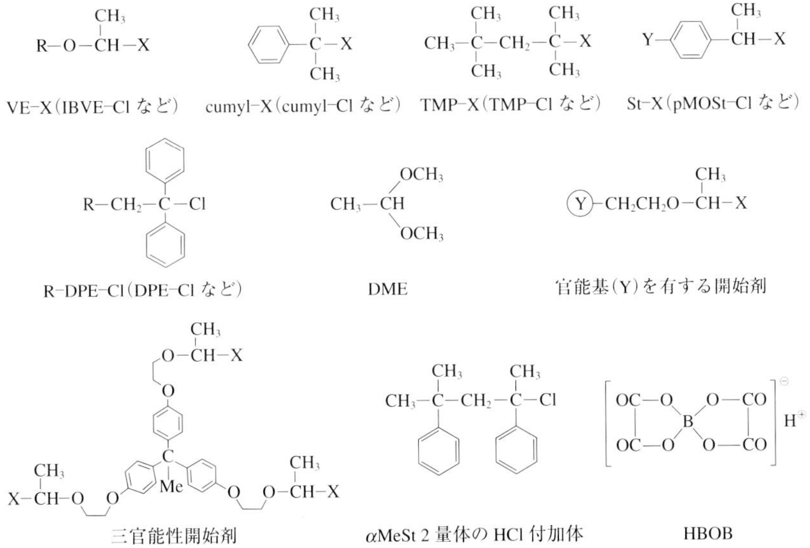

図 2.33 スチレン類のリビングカチオン重合用開始剤の例および新規な酸 HBOB

量分布の狭い星型ポリマーが得られた．さらにメタクリル酸 2-ヒドロキシエチルとの定量的なカップリング反応により 3 つのメタクリル酸エステル基を有する 3 本鎖ポリ(p-メトキシスチレン)も得られた[172]．p-*tert*-ブトキシスチレン（ptBOSt）も同様な条件下でリビングカチオン重合することが見出され，数種の末端官能性ポリマーだけでなく，定量的な加水分解後にポリ(p-ヒドロキシスチレン)が得られた[173]．Sn 系開始剤による重合では，p-メトキシスチレンの HCl 付加体開始剤（pMOSt-Cl）/SnBr$_4$ 触媒系を用いてプロトン捕捉剤 DTBP 存在下，-60°C から -20°C での重合により $\bar{M}_n$ が 12 万で $\bar{M}_w/\bar{M}_n \sim 1.1$ のポリマーが得られた[174]．一方，添加塩基（酢酸エチル）を用いた 1-イソブトキシエチ

ルアセテート（IBEA）−EtAlCl$_2$／SnCl$_4$ 開始剤系でも，ジクロロメタン中，0℃で高速リビング重合（1分以内で完結）が進行することが見出されている[18,175]．生成するポリマーの分子量は重合率ともに直線的に増加し，分子量分布がきわめて狭かった（$\bar{M}_w/\bar{M}_n ≤ 1.05$）．さらにこの系では，Friedel-Crafts 反応が併発する可能性のあるトルエン中や脱離型副反応が起こりやすい高温（+40℃）でもリビング重合が進行した．この開始剤系は重合性のかなり異なる他のスチレンモノマー群においても有効であり，たとえば，p-アルコキシスチレンから p-クロロスチレン（pClSt）まで，重合時間は 20 秒から 200 時間以上と異なっていても，ほぼ同じ開始剤系によりきわめて分子量分布の狭いポリマーが得られることがわかった（$\bar{M}_w/\bar{M}_n = 1.03 〜 1.13$）[18]．また添加塩基系では，新たにアセタール開始剤（TiCl$_4$ 触媒，プロトン捕捉剤存在下）の有用性（p-メチルスチレンも同様）が見出された．

興味深いことに，これらのモノマーの制御カチオン重合は，大量の水が存在している重合系においても，p-メトキシスチレンと水の付加体開始剤（pMOSt-OH）と水に対して比較的安定なルイス酸 BF$_3$·OEt$_2$ を組み合わせた開始剤系により，アセトニトリル／ジクロロメタン／水混合溶媒中，0℃で進行することがわかった[176]．保護基なしのフェノール性水酸基を有する p-ヒドロキシスチレンも，類似の条件下で直接重合による制御カチオン重合が可能であった[177]．いずれの系でも，得られたポリマーの分子量分布は比較的狭く（$\bar{M}_w/\bar{M}_n 〜 1.4$），$\bar{M}_n$ は重合率に比例して直線的に増加することがわかった．この系では，親酸素性の大きなルイス酸 BF$_3$·OEt$_2$ が水中においても生長末端の C−OH 結合のみを選択的に活性化し，重合を進行させている．他の水に安定なルイス酸として，希土類トリフルオロメタンスルホン酸塩（希土類トリフラート），たとえば Yb(OTf)$_3$ はイソブチルビニルエーテルの HCl 付加体開始剤，p-メトキシスチレンの HCl 付加体開始剤やスルホン酸開始剤と組み合わせた開始剤系により，p-メトキシスチレンの制御カチオン重合が水中，室温でも進行することがわかった[178,179]．得られたポリマーの分子量分布は比較的狭く（$\bar{M}_w/\bar{M}_n 〜 1.4$），$\bar{M}_n$ は重合率に比例して直線的に増加した．このように水系で制御カチオン重合が可能になった理由は，まず，この希土類ルイス酸（Yb(OTf)$_3$）と生長末端の炭素−塩素結合がそれぞれ水中（ないし二相系）で比較的安定なことである．そして，水相と有機相との二相系での特徴的な重合機構としては，水相に溶解している Yb(OTf)$_3$ がモノマーを含む有機相に拡散し，ある程度水から隔離された有機相中で生長反応（炭素−塩素結合の可逆的な活性化）が進行していると考えられる．さらに，p-メトキシスチレンと p-$tert$-ブトキシスチレンの水中での乳化重合も種々の希土類トリフラート（Ln(OTf)$_3$；Ln = Yb, Sc, Dy, Sm, Gd, Nd）を用いて達成された[180]．すなわち，大量の界面活性剤の存在下でも，pMOSt-Cl／希土類トリフラート開始剤系は，水中，30℃でこれらのモノマーのカチオン重合を開始し，制御された分子量と狭い分子量分布をもつポリマーが得られた（$\bar{M}_w/\bar{M}_n 〜 1.4$）．最近では，溶液重合，ミニエマルション重合，分散重合などさまざまな

タイプの重合法が検討され，多くの制御/リビングポリマーが得られている[181~183]．

B．スチレン

スチレン（St）は芳香環に電子供与性置換基を有していないので，アルコキシスチレンやビニルエーテルに比べカチオン重合性が低く，初期にはリビングカチオン重合が困難であった．1988年にKennedyら[184]およびMatyjaszewskiら[185]が，p-メチルスチレンの酢酸付加体開始剤（pMSt-OAc）/BCl$_3$ないし類似の開始剤系を用い，塩化メチル中，−30℃以下の温度でリビング重合が進行することを見出した．ただ，$\bar{M}_n$は重合率に比例して増加するものの分子量分布は広かった．制御された$\bar{M}_n$と狭い分子量分布（$\bar{M}_w/\bar{M}_n$ = 1.1～1.2）を有するリビングポリスチレンは，東村らにより，添加塩（Bu$_4$NCl）存在下，CH$_3$SO$_3$H/SnCl$_4$[186]ないしスチレンのHCl付加体開始剤（St-Cl）/SnCl$_4$[187]系によりジクロロメタン中，−15℃で初めて達成された．得られたポリマーの分子量分布は重合中常に狭く，$\bar{M}_n$は計算値に良く一致して重合率に比例して直線的に増加し，モノマー添加実験でもリビング性が確かめられた．この系では，生長カルボカチオンのイオン解離が添加塩使用による共通塩効果で抑制されていると考えられる[188]．後には類似の系で，プロトン捕捉剤存在下（または存在しなくても），溶媒の極性の注意深い選択により同様なリビング重合が可能なことがわかった[189,190]．またSt-Cl/SnCl$_4$開始剤系において，Bu$_4$NClが速度論や生成ポリマーの分子量分布に及ぼす影響が，^{119}Sn-NMRを用いて検討された[191]．これらの系の合成上の展開としては，官能基を有するビニルエーテル型開始剤がSnCl$_4$触媒との組み合わせでスチレンのリビングカチオン重合を開始するようになり，マクロモノマーをはじめとする種々の末端官能性ポリマーが合成された[192]．一方青島ら[94]は，ジメチルアセトアミドとジエチルエーテルの混合添加塩基を用いた系においても，St-Cl/SnCl$_4$開始剤系により，ジクロロメタン中，−15℃で狭い分子量分布（$\bar{M}_w/\bar{M}_n$ = 1.1～1.2）のポリスチレンを得ている．また，Ti系開始剤の検討も行われ，添加塩基（ジメチルアセトアミド，ジブチルエーテル）やプロトン捕捉剤[193]，添加塩存在下でTMP-Cl（図2.33）/TiCl$_4$[194]，St-Cl/TiCl$_3$(O^{i}Pr)[195]，St-Cl/TiCl$_4$[196]開始剤系で検討がなされた．Al系開始剤では，添加塩基（CHCl$_2$COOMe）存在下，IBEA/EtAlCl$_2$開始剤系を用いクロロベンゼン中，−15℃で検討された[197]．この重合系では途中で反応が遅くなったが，構造の制御されたグラフトポリマー，ポリビニルアルコール-*graft*-ポリスチレンの合成に有効であった．

BF$_3$·OEt$_2$は，水存在下においてスチレンの重合にも有効であった[176,198]．たとえば，スチレンの水付加体開始剤（St-OH）やp-メチルスチレンの水付加体開始剤（pMSt-OH）を用いてBF$_3$·OEt$_2$と組み合わせることにより，水存在下でも重合の制御が可能であった．分子量分布は広い（$\bar{M}_w/\bar{M}_n$ ～ 2）ものの，生成ポリマーの$\bar{M}_n$は計算値に良く一致し，重合進行とともに直線的に増加した．機構としては，^{1}H-NMRやMALDI-TOF MSによる検討により，A．項のアルコキシスチレン系と同様と考えられている．

一方，低分子の有機反応やメタロセン型 Ziegler-Natta 重合の触媒として広く使われている $B(C_6F_5)_3$ 触媒を用いた重合も検討されている．この触媒も，比較的水に対して安定である．Ganachaud らはスチレンが（p-メトキシスチレン[199]も同様に）水存在下でも，ジクロロメタン中，20°C，pMOSt-OH／$B(C_6F_5)_3$ 開始剤系により懸濁重合ないし分散重合で重合制御が可能なことを見出した[200]．重合機構としては，OH 基末端を有するポリスチレン生長末端からの $B(C_6F_5)_3$ 触媒による OH^- の選択的な引き抜き反応が起こっていると考えられる．一方，Baird ら[201]と Shaffer ら[162]は，Cp^*TiMe_3（$Cp^* = C_5Me_5$）と $B(C_6F_5)_3$ を組み合わせた開始剤系による重合を検討している．この結果は，非配位型の対アニオン（$MeB(C_6F_5)_3^-$）を生成する開始剤系として興味深い．また，取り扱いが容易で新しい酸の HBOB（図2.33参照）も検討され，比較的温和な条件下，室温，イオン液体中で重合が制御されることを見出している[202]．分子量は低いものの狭い分子量分布のポリマーが得られている．

C. α-メチルスチレン

カチオン重合において α-メチルスチレンは，その立体障害，低い天井温度，脱離可能な 5 つの β 位水素の存在のために重合を制御することが困難であった．リビング重合は低温（$-78°C$）で行われ，2-クロロエチルビニルエーテルの HCl 付加体開始剤（CEVE-Cl）／$SnBr_4$ 系によりジクロロメタン中で達成された[203]．比較的高分子量まで（$\bar{M}_n = 1.1 \times 10^5$），狭い分子量分布のポリマー（$\bar{M}_w/\bar{M}_n = 1.1$）が得られた．重合のリビング性はモノマー添加実験，および開始剤切片のポリマー末端への定量的挿入により確認された．また，プロトン捕捉剤 DTBP 存在下，DPE-capped TMP-Cl（TMP-DPE-Cl）／$SnBr_4$（あるいは $SnCl_4$）[204]および DPE-Cl や α-メチルスチレン 2 量体の HCl 付加体開始剤／BCl_3[205,206]を用い，メチルシクロヘキサン／塩化メチル中，$-80 \sim -60°C$ での重合により，計算値に良く一致した $\bar{M}_n$ と狭い分子量分布（$\bar{M}_w/\bar{M}_n = 1.1 \sim 1.2$）を有するリビングポリマーが得られた．添加塩基存在下でのリビング重合も可能で，CEVE-OAc－$EtAlCl_2$／$SnCl_4$ 開始剤系により，ジクロロメタン中，$-78°C$ での重合が検討されている[175]．この系の興味深い結果として，通常，単独重合ではオリゴマーしか生成しない比較的高温（$0°C$）条件でも，p-tert-ブトキシスチレンとの共重合はリビング的に進行し，狭い分子量分布のポリマーが得られた．

D. 電子供与性基または電子求引性基を有するスチレン，ビニルナフタレン，インデン，N-ビニルカルバゾール

中程度に電子供与性のアルキル置換スチレン（p-メチルスチレン，p-tert-ブチルスチレン，2,4,6-トリメチルスチレン（TMSt）），および電子求引性置換基を有するスチレン誘導体（p-クロロスチレン，p-クロロメチルスチレン，p-アセトキシスチレン）のリビングカチオン重合ないし制御カチオン重合が検討された．初期の研究としては，長寿命生長種の生成が，添加塩存在下（Bu_4NClO_4）での過塩素酸アセチルによる重合[207]や R-OAc

/BCl₃（R-OAc：cumyl-OAc, TMSt-OAc, pMSt-OAc）による重合[208]で見出されている．その後，HI／ZnCl₂ または ZnI₂（トルエンまたはジクロロメタン中，0℃以下）[209]，VE-Cl／SnCl₄（添加塩 Bu₄NCl 存在下，ジクロロメタン中，-15℃）[192]，TMP-Cl／TiCl₄（添加塩基としてジメチルアセトアミドまたはトリエチルアミン存在下）[210]，pMSt-Cl／SnCl₄（プロトン捕捉剤 DTBP 存在下，ジクロロメタン中，-70～-15℃）[211]，TMP-Cl／TiCl₄（*p*-*tert*-ブチルスチレンの重合，プロトン捕捉剤 DTBP 存在下，塩化メチル／メチルシクロヘキサン中，-80℃）[212]においてリビング重合が進行することが見出された．青島らは，SnCl₄系開始剤として，IBEA－EtAlCl₂／SnCl₄（添加塩基酢酸エチル存在下，ジクロロメタン中，0℃）[213]や 1,1-ジメトキシエタン－TiCl₄／SnCl₄（添加塩基の酢酸エチルおよびプロトン捕捉剤 DTBP 存在下，ジクロロメタン中，0℃）[115]での重合において，狭い分子量分布（$\bar{M}_w/\bar{M}_n$ ～ 1.1）のリビングポリマーが得られることを見出した．特に後者のアセタール開始剤系はビニルエーテルにも利用可能であり，再活性化型の重合，たとえば星型ポリマーの定量的な合成が可能である．2,4,6-トリメチルスチレンは，オルト位，パラ位の3つの置換基により分子内・分子間の Friedel-Crafts アルキル化型の連鎖移動副反応が起こらないモノマーであり，リビング重合は cumyl-OAc／BCl₃（塩化メチル中，-30℃）[214]，TMSt-Cl／BCl₃（ジクロロメタン中，-70～-20℃）[215]開始剤系により行われ，狭い分子量分布（$\bar{M}_w/\bar{M}_n$ = 1.02～1.2）のポリマーが得られている．

p-クロロスチレンはクロロ基の影響でカチオン重合性が低いことが知られている．このモノマーのリビングカチオン重合は TMP-Cl／TiCl₄ 開始剤系（ジメチルアセトアミド添加塩基，プロトン捕捉剤 DTBP[216]，添加塩 Bu₄NCl 存在下[217]，塩化メチル／メチルシクロヘキサン中，-80℃），pMSt-Cl／TiCl₄ または *p*-クロロスチレンの HCl 付加体開始剤（pClSt-Cl）／TiCl₄ 開始剤系[218]，St-Cl／SnCl₄（添加塩 Bu₄NCl 存在下，ジクロロメタン中，-15～+25℃）[219]，IBEA－EtAlCl₂／SnCl₄（添加塩基 Cl₂CHCOOCH₃ 存在下，ジクロロメタン中，0℃）[18]で行われた．*p*-クロロスチレン以外の電子求引性極性官能基を有するスチレン誘導体のリビング重合は，低いカチオン重合活性と極性官能基とルイス酸との副反応のため困難である．ここでは，*p*-クロロメチルスチレンと *p*-アセトキシスチレンの制御／リビング重合の例を示す．特に前者は，通常の条件ではクロロメチル置換基も重合を開始する可能性がある．たとえばスチレンや *p*-クロロスチレンのリビング重合に有効な St-Cl／SnCl₄ 開始剤系では，非リビング系の枝分かれ型ポリマーが得られ，鎖状のポリマーが得られない．一方，St-OH／BF₃・OEt₂ 開始剤系を用いると，BF₃・OEt₂ 特有の高い親酸素性によりクロロメチル置換基とは反応せずに生長末端の C－O 結合だけを活性化して鎖状のポリマーが得られることがわかった[220]．一方，*p*-アセトキシスチレンのアセトキシ基も同様に副反応を起こしやすい置換基である．いくつかのルイス酸を検討した結果，SnCl₄ を用いると添加塩基存在下で副反応なくリビングポリマーを生成可能であることがわかった[18]．生成ポリマーはアルカリ加水分解によりポリ（*p*-ヒドロキシスチレン）に変

換でき，特に分子量分布の狭いリビングポリマーは高 pH 条件で高感度な相分離挙動を示し，pH 応答性ポリマーとしても興味が持たれる．

ビニルナフタレン類のカチオン重合に関しては最近検討が始められ，スチレン類との比較検討が行われている．たとえば，IBEA-EtAlCl$_2$／SnCl$_4$ 開始剤系（ジクロロメタン中，0℃）を用い添加塩基存在下で 6-アセトキシ-2-ビニルナフタレンの重合を行うと，p-アセトキシスチレンと同様に分子量分布の狭いリビングポリマーが得られたが，重合速度はかなり大きいことがわかった（重合率 90～95％で 6 時間（p-アセトキシスチレン：120 時間））．インデンの重合は生成ポリマーの高いガラス転移温度（T_g～200℃）のため，熱可塑性エラストマーなどとしての利用が可能で興味が持たれている．Sigwalt らと Kennedy らは，cumyl-OCH$_3$ または TMP-Cl／TiCl$_4$ または TiCl$_3$(OBu)（添加物：ジメチルスルホキシド，ジメチルアセトアミド，トリエチルアミン，DTBP），塩化クミル（cumyl-Cl）／BCl$_3$ 系でリビング重合を行い．たとえば cumyl-Cl／BCl$_3$ 開始剤系（塩化メチル中，-80℃）では，$\bar{M}_n=1.3\times10^4$ で狭い分子量分布（$\bar{M}_w/\bar{M}_n \sim 1.2$）のポリマーが得られた．TMP-Cl／TiCl$_4$ 開始剤系からはトリブロック共重合体（ポリインデン-$block$-ポリイソブテン-$block$-ポリインデン）が得られ，優れた熱可塑性エラストマーとしての性質が示された．

N-ビニルカルバゾールは，電子供与性の強い N 置換基と広い共役系のため最もカチオン重合性の高いモノマーとして知られているが，一般には反応性が高すぎ，反応の制御が困難でリビング重合の例は限られている．リビング重合の例としては，I$_2$ やルイス酸触媒なしの HI 開始剤単独によるリビング重合系がある（トルエン中，-40℃，または少量の添加塩 Bu$_4$NI 存在下，ジクロロメタン中，-78℃）[133]．生成ポリマーは比較的狭い分子量分布（$\bar{M}_w/\bar{M}_n=1.2\sim1.3$）を有しており，$\bar{M}_n$ は重合率とともに増加した．最近，青島らは比較的強い添加塩基 THF 存在下，トルエン中，0℃で，ZnCl$_2$ 触媒を用いると重合の制御が可能で，狭い分子量分布のポリマーが得られることを見出した[18]．

3.3.4 ◆ リビング重合発見までの経緯

カチオン重合は比較的古くから研究されてきた．特に 1950 年代以降，反応機構，速度論に関してさまざまな検討がなされてきたが，カルボカチオンの反応性が高いこと，それに隣接する β 水素の酸性度が大きいことで副反応を頻発し，重合反応の制御は困難と考えられていた．そのため，アニオン重合でリビング重合が達成されたのちも，カチオン重合分野では，高分子量ポリマーの生成条件に関する研究，速度論的考察などが主な研究テーマであった．

ところが，1970 年代後半に長寿命生長種が見つかり，1980 年代前半のリビング重合発見につながった．当時，基礎的な研究を展開していた世界中のグループには，すぐにリビング重合につながる研究という意識はなかったかもしれない．しかしながら，現在から振り返ってみると，個々に行われた開始反応の検討，連鎖移動反応を抑制する試みなどの研

3章 リビングカチオン重合

究が1970年代後半から1980年代前半にかけてのリビングカチオン重合発見への道筋を形作っていたと思われる．これらの研究の一部は，すでに1章，2章で述べたが，ここでは，リビングカチオン重合機構についての理解を深めるために，リビング重合達成の基礎となった重要な研究を取り上げ，リビング重合発見に至った経緯について概説する．

副反応を抑制するために，カルボカチオンとの反応（停止反応）が起こりにくい安定な対アニオンを用いる試みは早くから行われていた．たとえば，大きな解離定数を有する強酸を使用し，安定な対アニオンを生成させ，極性溶媒を使用して対アニオンを解離させることにより高分子量ポリマーの合成が可能となった．このように，連鎖移動反応抑制の検討が進むのと並行して，開始反応の詳細な検討および制御の試み，対イオンの求核性を調節することによる選択的オリゴメリゼーションなど，反応の制御に関する研究が報告され始めた．

A. 開始反応の制御―カチオン源の使用

リビング重合には定量的かつ迅速な開始反応が不可欠である．そのため，リビングカチオン重合の開始剤系にはカチオンを発生させることが容易な開始剤（カチオン源）と，解離を促進するルイス酸が用いられる．この開始剤（カチオン源）とルイス酸を用いる系は，イソブテンの重合系で最初に詳細に検討された．

イソブテンのルイス酸による重合では，ルイス酸に水，アルコールなどを少量添加すると重合が進行することが早くから報告されていた[221]．たとえば，触媒にBF_3を用いた場合，モノマーおよびルイス酸を十分精製すると反応は開始しないが，ここへ水，tert-ブチルアルコール，または酢酸を加えると重合が進行する．KennedyはEt$_2$AlCl単独では重合が進行しないが，水，HClなどのブレンステッド酸が共存すると重合することを明らかにした．このことより，開始反応は，水とルイス酸の反応により生じたプロトン，またはブレンステッド酸から放出されたプロトンによると提案された（反応式(2.33)）．この開始反応機構から，塩化tert-ブチルをカチオン源として用いることを考えた[222]．塩化tert-ブチルは，イソブテンのHCl付加体とみなすことができ，生成するカルボカチオンはイソブテンの生長末端カルボカチオンと同様の構造をとる．触媒にEt$_2$AlClを用いて重合を検討したところ，速やかに重合が進行することを見出した．また，種々のハロアルカンを用いて重合が同様に検討された．塩化メチル中，−50°CでEt$_2$AlClにより重合を検討した結果，塩化tert-ブチルを用いた場合，生成ポリマー量が最も多くなることを示し[223]，安定なカルボカチオンを生成するカチオン源が重合の開始種として有効に働くことを示した．

$$H_2O \ + \ Et_2AlCl \longrightarrow H^+[Et_2AlClOH]^- \xrightarrow{IB} CH_3-\overset{CH_3}{\underset{CH_3}{\overset{+}{C}}} \ [Et_2AlClOH]^- \quad (2.33)$$

当時は，触媒（ルイス酸）に対して，ハロアルカンは共触媒という定義がされていたが，

結果的に見ると，その後のリビングカチオン重合の開始剤系において，生長カルボカチオンに類似の構造を有する化合物（多くの場合はモノマーの付加体）に触媒を作用させて生成したカチオン種から重合を開始する方法が一般的となっている．また，この手法はリビングラジカル重合にも応用されている．

B. 選択的2量化反応

オリゴメリゼーションは高分子量ポリマーの合成と相対するものに見えるが，選択的な反応を進行させるには対イオンの選択が重要であり，重合反応の制御に通じるところがある[51]．2.7節で述べているので詳細は省略するが，スチレン，イソブテンの2量体の反応で，対アニオンを選択する（スチレン：過塩素酸アニオン，イソブテン2量体：スルホン酸アニオン）ことで選択的2量化が進行する．

C. 長寿命生長種の発見

(i) スチレン誘導体の I_2 による重合

カチオン重合の生長末端はカルボカチオンと対アニオンからなり，溶液中でフリーイオンとイオン対の平衡にある（反応式 (2.34)）．溶媒などの条件により平衡状態は変化する．また，この解離状態が変化することで，生成ポリマーの分子量が異なることがカチオン重合初期の研究で明らかとなっていた．たとえば，ハロゲン化金属を用いたスチレンの重合で，溶媒の極性を上げると，分子量が高くなる．

$$\sim\sim\sim CH_2-\overset{\oplus}{\underset{R}{CH}} + B^{\ominus} \rightleftarrows \sim\sim\sim CH_2-\overset{\oplus}{\underset{R}{CH}} \ B^{\ominus} \qquad (2.34)$$

フリーイオン　　　　　　　　　　イオン対

初期の研究では，生成ポリマーの分子量を，粘度測定などにより決定していたため，分子量分布に関する詳細な情報を得るのは困難であった．1970年代に入り，ゲル浸透クロマトグラフィー（GPC，サイズ排除クロマトグラフィー；SEC）の進歩・普及に伴い，分子量分布の決定が容易となり，各種反応条件と生成ポリマーの分子量分布の関係を調べることが可能となった．

種々の開始剤を用いて溶媒の極性を変化させて重合反応を検討したところ，過塩素酸アセチルを用いたスチレンのジクロロメタン中での重合では，生成ポリマーの分子量分布が二峰性となった[224]．この系に，ニトロベンゼンを加えると高分子量部分の割合が増加し，ベンゼンを添加していくと低分子量部分の割合が増加した．これは，平衡状態にあるフリーイオンとイオン対の交換が遅く，両方の生長種から独立にポリマーが生成しており，溶媒の極性により平衡が移動したことを表している（反応式 (2.35)）．さらに，p-メチルスチレン，p-メトキシスチレンからは，過塩素酸アセチルを用いた場合，溶媒の極性によらず単峰性のポリマーが得られるが，I_2 を用いると二峰性のポリマーが生成することがわ

かった[225]．

$$\underset{\text{高分子量ポリマー}}{\overset{\text{フリーイオン}}{\sim\sim\sim CH_2-\overset{+}{C}H + B^{\ominus}}} \underset{\text{遅い}}{\rightleftarrows} \underset{\text{低分子量ポリマー}}{\overset{\text{イオン対}}{\sim\sim\sim CH_2-\overset{+}{C}H \; B^{\ominus}}} \qquad (2.35)$$

（フェニル基がCHに結合）

電子供与性置換基により生長カルボカチオンが安定化され，連鎖移動反応の抑制が容易になるかもしれないとの予測から，I_2 を用いた p-メトキシスチレンの重合がさらに詳細に検討された．その結果，四塩化炭素中，0℃で I_2 により重合すると，単峰性のポリマーが生成し，しかも，重合率に対してSECのピーク分子量が直線的に増加することが明らかとなった[226]．このように，カチオン重合で初めて長寿命生長種が確認された．

さらに，低温（-15℃）でのモノマー添加実験が検討された[168]．モノマー添加後の生成ポリマーの $\overline{M}_n$ が重合率に比例して増加し，この重合系での生長反応のリビング性が高いことが明らかとなった．さらに，ブロック効率は低いもののイソブチルビニルエーテルとのブロック共重合体が生成することが示された[168]．これは，リビングカチオン重合におけるビニルモノマーからの逐次添加法によるブロック共重合体の初めての合成例である．さらに，ビニルエーテルの重合においても，長寿命生長種の生成が確認された[227]．

(ii) I_2 を触媒に用いた場合の重合機構

I_2 による重合の反応機構は，1950年代以降に報告され始めた．長寿命生長種が生成する重合を考えるうえで重要であるので，いくつかの代表的な例を紹介する．Eleyらは，n-ブチルビニルエーテルの重合を検討し[228,229]，モノマーとヨウ素の π 錯体形成を提案し，紫外・可視吸収スペクトル，赤外吸収スペクトルなどを用いて，錯体形成を確認した．さらに，Ledwith と Sherrington は，ビニルエーテルモノマーと I_2 を混合すると速やかにジヨード付加物が生成することを確認した[230]．

一方，スチレン誘導体についても，種々の報告がされている．スチレンと I_2 を混合するとジヨード付加物が生成することは1800年代後半には報告されていた．I_2 によるスチレンの重合に関しては，Bartlett らが1950年代に報告している[231]．Giusti らは，1,2-ジクロロエタン中，30℃におけるスチレンの I_2 による重合において，スチレンのジヨード付加物が生成したのちに，HI が脱離することを滴定により明らかにした．また，同じ論文の中で，脱離したHIがスチレンへ付加し，C－I 結合を I_2 が活性化して重合が開始する機構を提案している[232]．これは，前述したビニルエーテルのHI / I_2 開始剤系によるリ

ビング重合における反応機構そのものであり,リビング重合発見より10年以上も前に,このような反応機構の提案がなされていたことは興味深い.

　以上のように,I_2 によるスチレン誘導体およびビニルエーテル類の重合は,ビニル化合物でリビングカチオン重合の可能性を示した初めての例であった.しかし,遅い開始反応などが影響し,アニオン重合のように非常に分子量分布の狭いポリマーを得ることはできず,さらなる反応の制御は困難であった.

　(iii) イソブテン,スチレン誘導体の重合— quasiliving polymerization

　スチレン誘導体,ビニルエーテル類の重合で長寿命生長種が確認されたのと同時期に,Kennedyらにより,リビング重合につながる重要な研究が行われていた.高真空下,ジクロロメタン中,−78℃,微量の水存在下で BCl_3 を用いてイソブテンの重合を行うと,連鎖移動反応がほとんど起こらなかった[233].重合は,H_2O と BCl_3 との反応で生じたプロトンから開始する.さまざまな速度論的考察から,重合中は生長反応以外に停止反応のみが起こっていることがわかった.しかし,条件を選ぶと重合率は90％程度に達している.この論文中で,ホウ素上の塩素原子が,カルボカチオンと反応して共有結合を生成する停止反応(反応式 (2.36))を提案している.開始剤として cumyl-Cl と BCl_3 を組み合わせると,ポリマー収率が100％に達し,C−Cl 結合の末端構造を有するポリマーが得られた[45].続いて,ポリマー末端の C−Cl 結合を Et_2AlCl により再活性化し,スチレンとのブロック共重合体の合成を検討している[234].

$$\sim\!\sim\!\sim\!CH_2-\underset{CH_3}{\overset{CH_3}{\underset{|}{\overset{|}{C}}}}{}^{\oplus} + [BCl_3OH]^{\ominus} \longrightarrow \sim\!\sim\!\sim\!CH_2-\underset{CH_3}{\overset{CH_3}{\underset{|}{\overset{|}{C}}}}-Cl + BCl_2OH \qquad (2.36)$$

　上述のイソブテンの重合結果から,Kennedyらは可逆的な停止反応もしくは連鎖移動反応が達成できれば,停止反応,連鎖移動反応がまったくない場合(リビング重合)と同様の重合挙動が実現できると考えた.そこで,開始剤に cumyl-Cl／BCl_3 を用い,ジクロロメタン／メチルシクロヘキサン (25/75) 混合溶媒中で α-メチルスチレンの重合を検討した[235].この反応では,−50℃ 以下でインダン環の生成がほぼ完全に抑制されることがわかった.また,モノマーへの移動を抑えるために,段階的にモノマーを添加する方法を用いた.その結果,加えたモノマー量に対して生成ポリマーの分子量が,反応初期に限られているが,直線的に増加した.また,生成ポリマーの多分散性も 1.3〜1.6 程度と比較的狭かった.この論文中で,初めて可逆的な停止反応の概念,すなわち C−Cl 結合の解離と生成の平衡が成立している反応スキームを提案し(反応式 (2.37)),quasiliving という用語を用いた.

$$\mathrm{\sim\sim CH_2-\underset{\underset{C_6H_5}{|}}{\overset{\overset{CH_3}{|}}{C}}-Cl} + \mathrm{BCl_3} \rightleftarrows \mathrm{\sim\sim CH_2-\underset{\underset{C_6H_5}{|}}{\overset{\overset{CH_3}{|}}{C^+}}} + [\mathrm{Cl-BCl_3}]^- \qquad (2.37)$$

引き続き検討されたイソブテンの重合では[236]，モノマーを連続添加し，ヘキサン／塩化メチル（60/40）混合溶媒中で，cumyl-Cl／TiCl$_4$ 開始剤系を用いると，生成ポリマーの分子量分布は広いものの，分子量と消費モノマー量の関係は原点を通る直線となった．これはイソブテンのカチオン重合で長寿命生長種が確認された最初の例であり，イソブテンのリビング重合への重要なステップとなった．

D. リビングカチオン重合の発見―ブレークスルー

I$_2$ による無極性溶媒中での重合では，モノマーのジヨード付加物からの開始反応速度が生長反応速度に比べて大きくないために，分子量分布が狭くならなかった．この点を改善するために，ビニルエーテルの重合において，ヨウ化水素を開始剤として検討された．その結果，アルキルビニルエーテルの重合にHI／I$_2$ 開始剤系を用いると，ヘキサン中，$-15°C$ で理想的なリビングカチオン重合が可能になり，カチオン重合で初めて分子量分布の狭いポリマーやブロック共重合体が得られた[60,61]．

一方，Kennedyらが開発したquasiliving系は，連鎖移動反応を完全に抑制することが困難であった．そこで，安定な対アニオンを生成する開始剤系の模索が行われた．ここでKennedyらは，エステルとルイス酸の錯体形成に関する研究に着目した．その中に，BCl$_3$ と種々の第二級または第三級エステルを混合すると，ある温度で分解し始め，生成物の中にハロアルカンが得られるという報告があった[237]．この反応がカチオン機構で進んでいると考えたKennedyらは，イソブテンの第三級エステル／BCl$_3$ 開始剤系よる重合を検討した．その結果，塩化メチル中，ジクロロメタン／ヘキサン（80/20）混合溶媒などの極性溶媒中，$-30°C$ で，cumyl-OAcやTMP-OAc（構造は図2.33参照）から定量的な開始が起こり，リビング重合が進行した[136,137]．

上記二つのブレークスルーにより，カチオン重合の分野において，リビング重合の研究が世界中で展開された[59,238~241]．その後の開始剤系の開発，種々のポリマーの精密合成に関する研究は，3.1～3.3節，4章以降に記したとおり，膨大な報告がなされている．

3.4 ◆ リビングカチオン重合のまとめと展望

　リビングカチオン重合の進展により，多種多様な開始剤系により種々のモノマーのリビング重合が可能となった．本章では，リビング重合発見直後の開始剤系開発の基本的なコンセプト，および最近の進展に重点を置いて紹介したが，それでも多数の例が出てくるので，最後に簡単にまとめを記して終わりにしたい．リビング重合の方法，反応機構については，冒頭で簡素化して述べているので，ここでは触媒，特にハロゲン化金属の性質という観点からリビング重合の開始剤系について，ビニルエーテルとイソブテンを比較しながら考察する．

　3.3.1項で述べたように，添加塩基存在下での種々のハロゲン化金属によるビニルエーテルのリビング重合の結果から，触媒の親塩素性と親酸素性のバランスが重要であることがわかってきた．リビング重合を進行させる能力，重合活性を考慮すると，図2.34に示すように，親塩素性の大きな触媒（$FeCl_3$, $SnCl_4$ など），親酸素性の大きな触媒（BCl_3, $TiCl_4$ など），それらの中間に位置すると考えられるもの（Et_xAlCl_{3-x}）の3つのグループに大きく分類することができる．

　リビングカチオン重合の反応は多くの場合，炭素－ハロゲン結合からなるドーマント種を介して進行している．そのため塩素原子と親和性のある金属をもつ触媒を用いると生長反応が促進されると考えられる．事実，ビニルエーテルの場合，親塩素性の大きな $FeCl_3$ または $SnCl_4$ を用いると高速リビング重合が進行する（図2.34中の太線）．また，イソブテンに関しても，親酸素性のグループの触媒より中間グループの触媒で著しい反応の加速が実現されている（図2.34中の太線）．より親塩素性が大きくなると反応の制御が困難と

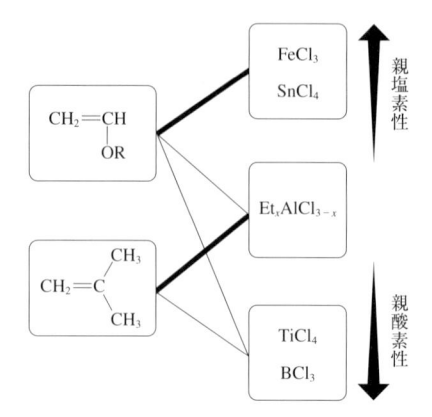

図2.34 ハロゲン化金属の性質とリビング重合能の関係

なる．親塩素性の大きなグループのイソブテンとビニルエーテルに対する重合制御能の違いは，ビニルエーテル酸素が塩基として触媒に作用する可能性があるためかもしれない．スチレンに関しては，ビニルエーテルとイソブテンの中間に位置する挙動と思われるが，スチレンの重合では副反応のタイプも異なる（Friedel–Crafts型の副反応）ので，単に親塩素性，親酸素性だけで議論するのではなく，Friedel–Crafts反応に対する活性など別のパラメーターを考慮する必要があると考えられる．

　このように触媒であるハロゲン化金属の性質の特徴を生かすことで，さまざまなリビング重合系が開発されている．モノマーの適用範囲もずいぶん広がっている．2章の図2.6に示したモノマー群で，反応性が高いものから低いものまで，ほぼ網羅する形になっている．反応性が高く連鎖移動反応の制御が困難であったα-メチルビニルエーテル，反応性は中程度で付加の位置選択性の制御が困難であった環状ジエン類のリビング重合，アルデヒド類とビニルエーテルの制御共重合などが達成され，ここ数年でカチオン重合の可能性が大きく広がった．さらに，ハロゲン化金属と塩基の適切な組み合わせを考えれば，まったく重合しないと考えられているモノマーの重合も可能になるかもしれない．

4章 新しいモノマーのカチオン重合

3章までにカチオン重合の基礎やリビングカチオン重合の考え方，開始剤系の特徴について述べてきた．後半部分では，いよいよそれらを使用した高分子合成の各論に入る．まず4章では，新しいモノマーの重合に関して述べる．2，3章においてはモノマーとして，主にアルキル基やアルコキシ基などの置換基を有するものに限られていた．本章では，自然界に存在する化合物やその誘導体，ジエン類，メソゲン基や官能（反応性）基などを有するモノマーのリビングカチオン重合を中心に紹介する．

4.1 ◆ 自然界に存在する化合物およびその誘導体

自然との共生や持続可能な社会を考えるうえで，自然界に存在する化合物やその誘導体を使用した高分子合成は重要なポイントである．たとえばリグニンの構成物質であるアネトールやイソオイゲノール（図2.35）のカチオン重合が検討されている．これらのβ-メチルスチレン誘導体は単独重合が進行しなかったが，アルコール／$BF_3 \cdot OEt_2$開始剤系を用いたp-メトキシスチレンとの共重合では比較的狭い分子量分布の交互共重合体が得られた（2.4.5項B.参照）[242]．生成したポリマーは鎖状のリグニン誘導体とも考えられる．また，松脂や柑橘類の皮に多く含まれるイソプレノイド（テルペン類）のβ-ピネンやα-フェランドレン（図2.35）のカチオン重合も検討された[243]．異性化を含むこの重合系（2.4.3項C.参照）は古くから検討されており生成ポリマーは樹脂としても利用されてきたが，これまで高分子量体やリビングポリマーは得られていなかった．$EtAlCl_2$／添加塩基を用いると，数万以上の高分子量のポリマーが得られるようになり，その構造も明確に示された．また，水素添加により得られた飽和型ポリマーのT_gは130℃になり，400℃以上までは熱分解は起こらなかった．このポリマーの性質として，非晶性，低誘電率，低吸湿性，良好な透明性を有しているので，光学材料への展開も期待される．このように，植物由来のバイオマスの有効利用が検討され始めている．

一方，カチオン重合によるグライコポリマーの合成も検討されている[244]．図2.36に示すいくつかの糖（保護基のついた）を有するビニルエーテルモノマーが設計され，リビングカチオン重合が試みられた．モノマーの種類により最適な開始剤系，重合条件は異なるが，いずれのモノマーからも構造や分子量の制御されたポリマーやブロック共重合体が得られるようになった[245〜249]．

図 2.35　新しいモノマーの例：自然界に存在する化合物や誘導体

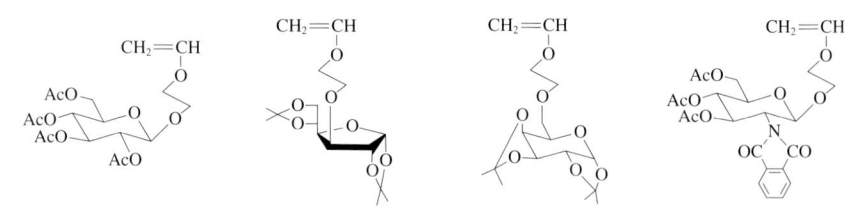

図 2.36　新しいモノマーの例：糖を側鎖に有するビニルエーテル

4.2 ◆ ジエン類

　1,3-ペンタジエンなどの鎖状ジエン類は，古くから速度論などの詳細な研究がなされてきたが，環化や異性化などの副反応が併発し生成ポリマーの構造や分子量を制御することができなかった．一方，シクロペンタジエン，テトラヒドロインデン，ノルボルナジエンなどの環状ジエン類（図 2.37）は，最近，制御カチオン重合が可能になってきた．シクロペンタジエンのカチオン重合は 1920 年代から検討例があるが[7]，構造の制御，たとえば 1,2-結合と 1,4-結合の位置選択性や分子量の制御が困難であった（2.4.2 項参照）．$ZnCl_2$ や $ZnBr_2$ を用いると 1,4-結合を高選択的に有するポリマーが得られ[250]，添加塩や添加塩基を使用した $SnCl_4$ 開始剤系を用いることによりリビング重合が可能になった[36]．ごく最近，p-メトキシスチレンの水付加体開始剤（pMOSt-OH）／$B(C_6F_5)_3$ 系（3.3.3 項 A. および B. 参照）による，より温和な条件（室温，空気中）での制御カチオン重合も可能になってき

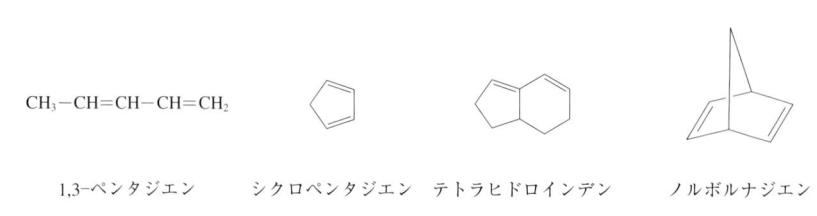

図 2.37　ジエン類モノマーの例

た[251].

　5員環と6員環の脂環式骨格を有する共役ジエンであるテトラヒドロインデン（ビシクロ[4.3.0]ノナ-2,9-ジエン）のカチオン重合は，新しい耐熱性脂環式炭化水素ポリマーを目指して検討された．テトラヒドロインデンの重合は $SnCl_4$ や $EtAlCl_2$ を用いて低温で行うと高分子量体が得られ，添加塩基を用いた $SnCl_4$ 開始剤系ではリビングポリマーが得られた[102,252]．また，得られたポリマーを水素添加すると T_g が165℃から220℃に上がり，熱分解温度も大幅に上昇した．この水素添加したポリマーは，耐熱性，透明性，絶縁性，低誘電率，低吸湿性などが優れており，電子・光学材料として期待される．また，軟らかいビニルエーテルセグメントと組み合わせたブロック共重合体は熱可塑性エラストマーとして興味深い．

　ノルボルナジエンのカチオン重合は，特異的な重合機構（2.4.3項C.参照）と生成ポリマーの物理的な性質（高い T_g ～320℃など）に興味が持たれる．$^tR-Cl/TiCl_4$ 開始剤系をプロトン捕捉剤や添加塩基と組み合わせることにより，リビング的なカチオン重合が進行するようになった[253]．ミクロ構造では，エキソ／エンド型とエキソ／エキソ型がほぼ等量含まれていた．さらに，イソブテンとの3本鎖ブロック共重合体が合成された[254].

4.3 ◆ 種々の官能基を有するビニルエーテル，スチレン誘導体

4.3.1 ◆ 官能基を有するビニルエーテル[255]

　通常のカチオン重合では，エステルやエーテルなどの極性官能基がしばしば連鎖移動反応を引き起こすことが知られていた．しかし，前述のリビングカチオン重合の特長の一つとして，側鎖にこれらの極性置換基を有していても，最適な条件を選ぶと副反応なく構造や分子量の制御されたポリマーを得ることがわかった（3.3.1項A.参照）．その結果，ビニルエーテルでは，種々の官能基（保護基があるものも含め）を有するモノマーのリビング重合により，エステル，アルコール，カルボン酸，アミン，アミド，糖鎖，液晶性置換基などを有するリビングポリマーが合成可能になった．たとえば，図2.38に示すような酸に対して分解しやすいウレタン[256]や環状アセタール構造[257]を側鎖に有するビニルエーテル，櫛型エチレンオキシド鎖を有するビニルエーテル[258]，含フッ素ビニルエーテル[259～261]のリビングカチオン重合が検討され，置換基の設計や重合条件の選択により構造や分子量の制御されたポリマーやさまざまなブロック共重合体が合成された．従来ないタイプのモノマーのカチオン重合としては，TEMPO（2,2,6,6-テトラメチル-4-ピペリジン-1-オキシル）ラジカルを有するビニルエーテルが，$BF_3・OEt_2$ によりジクロロメタン中，-25℃で直接重合された[262]．その結果，リビング重合系ではないが，種々の溶媒に可溶な赤色のポリマーが得られた．得られたポリマーは，室温，大気下で1年以上安定であり，

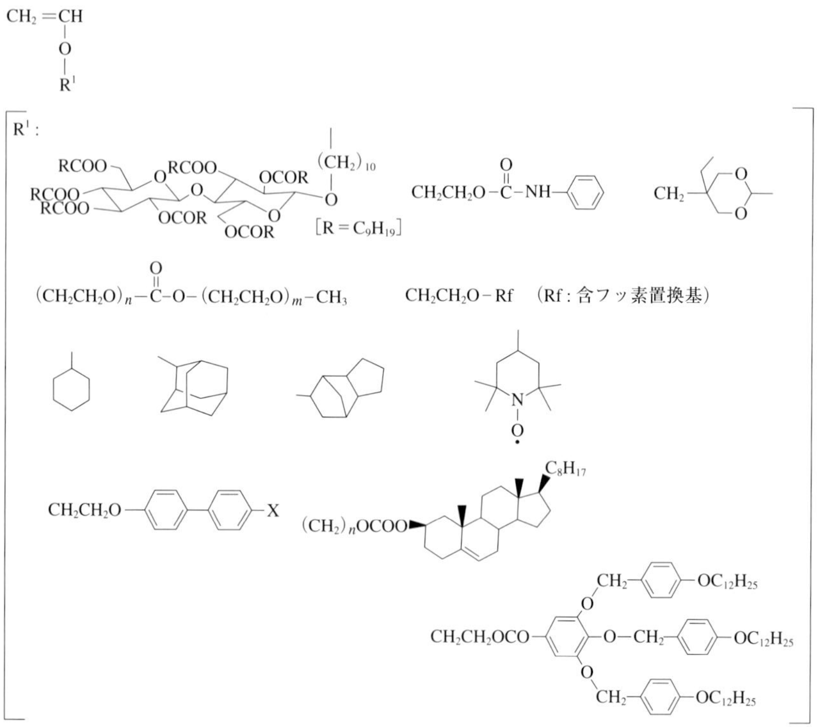

図 2.38　官能基を有するビニルエーテルの例

　高いスピン濃度および放電容量を有することがわかった.
　一般に, アルキルビニルエーテルのポリマーは低い T_g のため, 長鎖アルキルのポリマーを除いて室温では粘性体であることが多く, 利用・応用の範囲が限られていた. しかし, 高い T_g を有し高い熱安定性を有するポリマーを目指して, いくつかの環状飽和炭化水素側鎖, たとえば, シクロヘキシル基[18,263,264], アダマンチル基[265], トリシクロデカン基[266,267], トリシクロデセン基[266]を有するビニルエーテルのカチオン重合が検討され, いずれの系からも高分子量体やリビングポリマーが得られるようになった. それらの T_g と分解温度 T_d は, アダマンチル基を有するポリマーではそれぞれ 178℃ と 323℃, トリシクロデカン基を有するポリマーでは 95℃ と 346℃ であった. また, これらのポリマーは自立性のフィルムに製膜可能であり, たとえばブロック共重合体やヘテロアーム型星型ポリマーから刺激応答性を示す種々のスマートフィルムが創製されている[18,264,267].
　長鎖アルキル基, ビフェニル基, コレステリル基は, 特に水中で通常の疎水性基とは異なる強い置換基間相互作用を有しているため, これらを用いた集合体, 組織体の形成も検

討されている．特に，液晶形成基を有するビニルエーテルが種々の開始剤系（HI／I_2, HI／ZnI_2, CF_3SO_3H／$S(CH_3)_2$, $EtAlCl_2$／添加塩基）によりリビング重合可能になり，構造の制御された多くの単独，ブロック共重合体が得られている[75〜77, 268〜272]．それらのモノマーの例を図2.38にまとめる．たとえば，ビフェニル基を有するモノマーはスメクチック液晶を形成するポリマーを生成し，分子量や分子量分布と液晶相転移との関係も検討されている[269]．Percecらは，生成ポリマーの重合度や側鎖におけるスペーサーの長さの効果を詳細に検討している[270〜272]．また，デンドリマー型のビニルエーテル末端マクロモノマーを用いて構造や分子量の揃ったポリマーを合成し，その液晶挙動やタバコモザイクウイルスに似た自己組織化を検討した[273]．

4.3.2 ◆ 官能基を有するスチレン誘導体

ビニルエーテルに比べ数は少ないが，スチレン誘導体でもいくつかの官能基を有するポリマーが合成されている．側鎖にOH基を有するスチレン誘導体の直接重合ないし保護基（$tert$-ブトキシ基，$tert$-ブトキシカルボニル（t-BOC）基，アセトキシ基など）を有する誘導体のカチオン重合が検討された．側鎖にOH基を有するスチレン誘導体の直接重合の例は，3.3.3項A.で述べた．保護基を有するスチレン誘導体では，$BF_3 \cdot OEt_2$などによる高分子量体の合成および種々の開始剤系でリビングカチオン重合が可能で[274]，生成ポリマーはプロトン酸（CF_3SO_3H, HBr）や光酸発生剤（$(CH_3C_6H_4)_2I^+CF_3SO_3^-$／$h\nu$, $(C_6H_5)_3S^+SbF_6^-$／$h\nu$）を用いた高分子反応により定量的にポリビニルフェノールに変換された[275, 276]．また，カチオン開環重合性を有するエポキシ基を有するスチレン誘導体も制御（リビング）カチオン重合する．一方，反応性のクロロメチル基を有するクロロメチルスチレンは，最適条件下（1-フェニルエタノール／$BF_3 \cdot OEt_2$開始剤系）ではビニル基側だけで重合が進行するようになり，枝分かれのない鎖状ポリマーが得られている[220]．

5章 刺激応答性ポリマー

　刺激応答性ポリマーとは，外部からの刺激（たとえば，温度（昇温，降温），pH，電場，磁場，圧力の変化や，光照射，化合物添加などの物理的・化学的刺激）に応答して，性質や形態を変化させるポリマーのことであり，学術的な面だけでなくさまざまな応用まで非常に注目を集めている[277~279]．さらにその分野も，ポリマーの設計・合成から，モルフォロジーの変化や自己組織化などの物理化学，スマートゲルや生物医学分野まで多岐にわたっている．古くから研究されてきたポリマーとしては，セルロース誘導体，ポリエチレンオキシド誘導体（図2.39），ポリ酢酸ビニル（部分けん化物）がある．カチオン重合系でも古くからポリ(メチルビニルエーテル)（図2.39）の例があり，化学架橋による刺激応答性ゲルの生成や人工筋肉などを目指した研究がなされてきた．最も研究の進んでいるポリマーはポリ(N-イソプロピルアクリルアミド)(ポリ(NIPAM)，図2.39)である[280,281]．しかし残念なことに，これらほとんどのポリマーにおいてリビング重合が困難で，ポリマーの構造や分子量を自由に設計できなかったため，系統的な研究は限られていた．リビング重合が可能になると，①刺激応答の感度が高くなり，②高分子の特定位置に官能基が導入されるようになり，③特異的な機能を有するブロック共重合体やグラフト共重合体が合成可能になる．ごく最近NIPAMのリビングラジカル重合が可能になり[282]，急速に応用研究が進められるようになった．本章では，このようなリビング重合による刺激応答性ポリマーの研究の初期に，いち早くリビング重合の有用性・可能性をアピールしたオキシエチレン基を有するビニルエーテルのリビングカチオン重合の例を中心に述べる．現在，世界中で研究が進められているNIPAMのリビングラジカル重合系およびその応用検討例は，他の総説を参照されたい[283]．また，刺激応答性ポリマーの物理化学や応用面に関しての記述も，紙面の関係上最小限度に絞った．

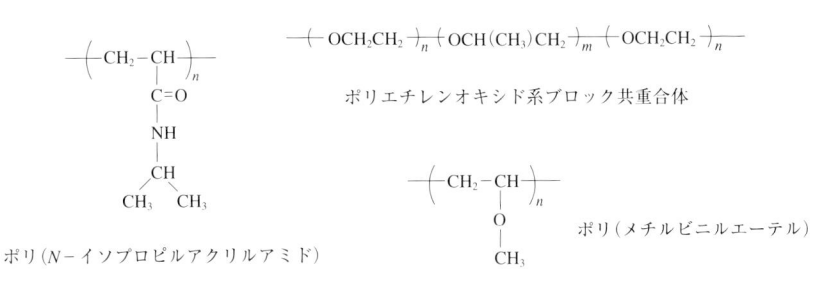

図2.39　古くから研究されている温度応答性ポリマーの例

5.1 ◆ 温度応答性ポリマー

　最も系統的研究例が多い，温度（昇温，降温）に応答する種々のポリマーの精密合成がリビング重合を用いて，検討された．図2.40に示すような構造のオキシエチレン側鎖を有するビニルエーテルのリビングカチオン重合が検討され[284,285]，得られたポリマーが水中で下限臨界溶液温度（lower critical solution temperature：LCST）型相分離挙動を示すことが見出された[286～288]．LCST型相分離とは，低温で水に溶けているポリマーが昇温により析出する現象であり，現在最も詳細に検討されている刺激応答挙動である．機構としては，低温ではポリマーは水和して水に溶解しているが，昇温とともに脱水和が起こり疎水性となり，その結果疎水性相互作用によりポリマーが凝集し相分離が起こる．リビング重合で得られた分子量分布の狭いポリマーは水中で昇温すると，非常に高感度な相分離挙動を示した．ポリマーの相分離温度には分子量依存性があり高分子量体と低分子量体では相分離温度が異なるが，リビング重合で分子量分布の狭いポリマーを作ることにより高感度な相分離挙動を示すことがわかった．また，相分離温度はモノマーの側鎖構造の選択やランダム共重合により自由に（たとえば1℃刻みに）設定できる．

　側鎖構造の選択としては適度な疎水性部と親水性部のバランスが重要であり，たとえばアルコール型側鎖ではヒドロキシプロピル基およびヒドロキシペンチル基を有するポリマーはそれぞれ水に可溶性および不溶性のポリマーとなるが，ヒドロキシブチル基含有ポリマーは温度応答性を示す（図2.41）[289]．一方，親水性モノマーと疎水性モノマーのランダム共重合により温度応答性ポリマーを合成することもできる（図2.41）[290]．この方法では，上記のような特殊な構造のモノマーを合成することなく温度応答性ポリマーを合成することができ，たとえば，水溶性のヒドロキシエチルビニルエーテルと各種アルキルビニルエーテルの幅広い組み合わせで温度応答性ポリマーの生成が可能である．その際，相分離温度は親水性モノマーと疎水性モノマーの組成比で決まる．また興味深いことに，シー

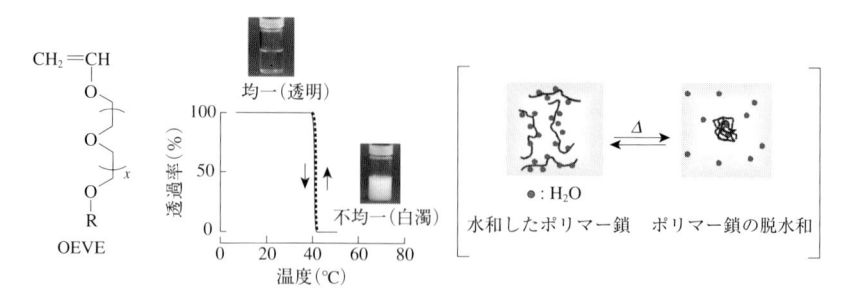

図2.40　オキシエチレン側鎖を有するLCST型温度応答性ポリビニルエーテル

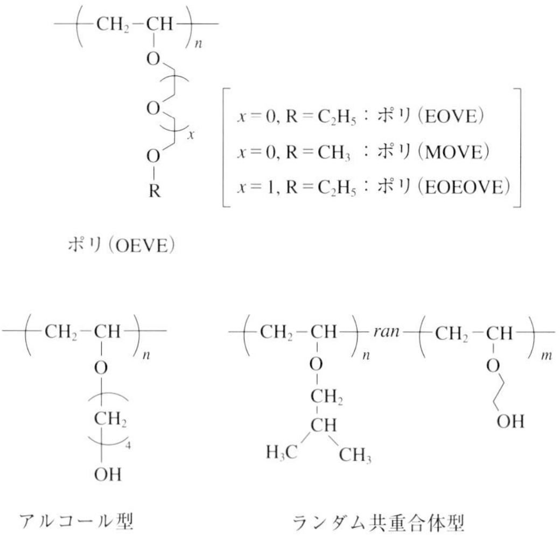

図 2.41 温度応答性を示すポリビニルエーテルの例

クエンスのランダム性が高ければ温度応答性は高感度であるが，シークエンスのブロック性が高くなると徐々に感度が鈍くなり相分離挙動にヒステリシスが見られるようになる．

さらに，さまざまな末端構造や組成分布などを有するポリマーの相分離挙動が検討され，大きな影響を及ぼしていることが明らかになった[291]．その中でも共重合体における組成分布の依存性，特にランダム共重合体とブロック共重合体との違いは顕著であった（ブロック共重合体の特異的な刺激応答挙動に関しては次節で詳述する）．それらの結果に基づき，構造の異なるさまざまなブロック共重合体（ジブロック，トリブロック），星型ポリマー，グラジェントポリマー，末端官能性ポリマーなどが精密合成され，各々特有な刺激応答挙動が示された．

一方，水中で降温により相分離挙動を示すいわゆる上限臨界溶液温度（upper critical solution temperature：UCST）型相分離をするポリマーは非常に例が少なく，これまでカチオン重合では合成できなかった．実際，筆者らも 15 年以上探索してきた．ごく最近，側鎖にイオン性液体のようなイミダゾリウム塩型置換基を有するビニルエーテルポリマーが，最適な対アニオンを選ぶと UCST 型温度応答性を示すことが見出された．たとえば，図 2.42 右上のリビング重合により合成された分子量分布の狭いポリマーは，約 5℃ で非常に高感度かつ可逆的に相分離することがわかった．また，前述の LCST 型ポリマーとのブロック共重合体の合成，ポリマー構造や分子量，濃度や添加物の影響も詳細に検討された[292]．

有機溶媒中で温度応答性を示すポリマーの合成も，刺激応答ゲル化や有機反応における

243

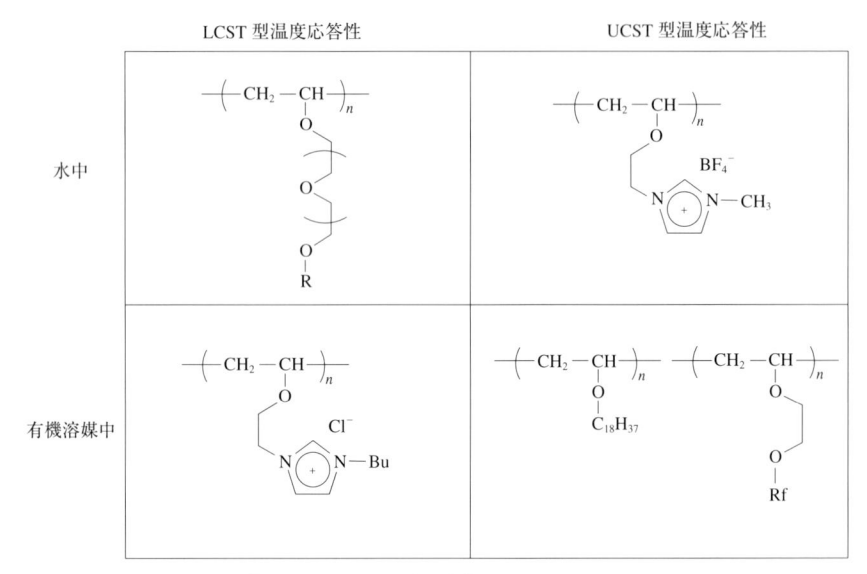

図 2.42 種々のパターンの温度応答性リビングポリビニルエーテル

機能性触媒系などさまざまな応用があり興味が持たれる．まず，前述のイミダゾリウム塩を有するポリマーの対イオンの構造を変えることにより，有機溶媒中，たとえばクロロホルム中でLCST型相分離をすることがわかった（図2.42左下）[293]．この構造のポリマーは，クロロホルム中で，40℃以上で高感度なLCST型相分離を起こす．

一方，有機溶媒中でのUCST型相分離も興味が持たれる．このUCST型相分離自体は一般的なポリマーの現象であるが，強い疎溶媒性相互作用がある場合は，高感度応答や多数の溶媒中での相分離が可能になった．たとえば，そのような相互作用として，長鎖アルキル基の結晶化を用いるとほとんどの有機溶媒においてUCST型相分離挙動を示し[77]，含フッ素置換基を有するポリマーでは撥水性，撥油性を有するため，長鎖アルキル型とは異なる特徴的なUCST型相分離挙動を示すことがわかった（図2.42右下）．いずれの系からも，リビング重合を利用してさまざまなブロック共重合体，星型ポリマーが合成され，今までにない温度応答性の機能も見出された．同様な目的で，コレステリルやビフェニル置換基のポリマーも合成された[77,294]．

温度以外のpH[294]，光[295〜297]，添加物（水[288,298]，有機化合物[299]），圧力[300,301]などに応答して相分離するビニルエーテルポリマーも図2.43に示すように検討されている．たとえば，pHに応答するカルボキシル基やアミノ基を有するポリマーでは，特にカルボキシル基に隣接してアルキル基やフェニル基を導入すると，水中でわずかなpH変化に応答して鋭敏に相分離するようになる．その臨界pHは側鎖のpK_a値やポリマーの溶解性に依

5章　刺激応答性ポリマー

温度応答性

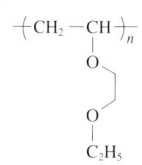

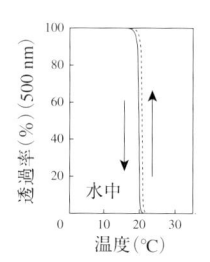

pH応答性

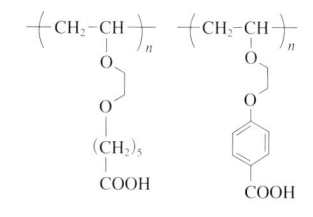

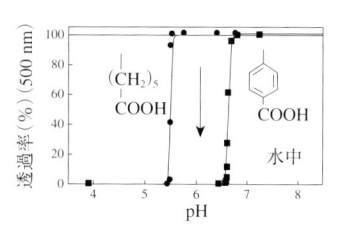

光応答性

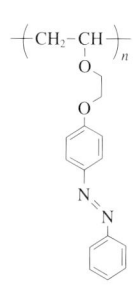

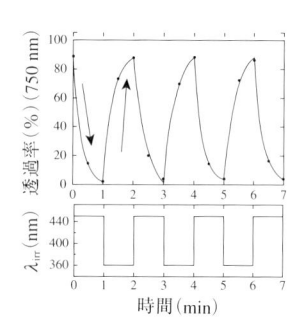

添加物応答性

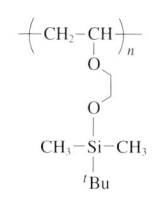

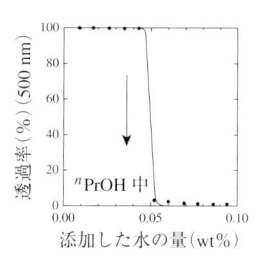

図2.43　刺激応答性を示すビニルエーテルポリマー

存し，側鎖がフェニル基およびナフチル基のポリマーではそれぞれ約6.5および7.0であった．一方，アゾベンゼン基を有するポリマーは光照射により cis-trans 異性化し，その溶解性の違いを利用すると，光の照射による可逆的な相分離挙動を示す．その他，添加物（水，有機化合物），圧力などに応答して相分離するビニルエーテルポリマーも検討された．また，極性官能基を有するポリマーは分子間でもイオンコンプレックス，水素結合を利用した錯体形成などが可能であり，多くの構造の異なる集合体が形成されている．

5.2 ◆ 刺激応答性ブロック共重合体

　リビング重合により合成された種々の刺激応答性ポリマーを用いて，さまざまな構造や分子量（分布）の相分離挙動に及ぼす効果が検討された[18, 283, 288]．その中で最も大きな影響が見られたのは，シークエンス分布の効果であった．たとえば，ランダム共重合体とブロック共重合体では分子量や分子量分布，組成比がまったく同一でも刺激応答挙動はまったく異なった．ランダム共重合体では，各ホモポリマーの中間の性質，たとえば，20℃と63℃でLCST型相分離が起こる系では約40℃で一段階の高感度相分離が見られ，ブロック共重合体では20℃と63℃の各温度で二段階の相分離が起こることがDSCやUVなどで確認された．これらの結果は機構として興味深いだけでなく，高分子に多くの機能を導入するための高分子設計としても重要である．たとえば，温度応答性セグメントと親水性セグメントとのジブロック共重合体の水溶液では（≥20 wt％），低温では低粘度の溶液が，温度応答性セグメントの相分離温度以上で物理ゲル化することがわかった（図2.44）[302〜305]．この転移は高感度かつ可逆的であり，セグメントの種類によりさまざまな温度・パターンで同様な挙動が見られた．また，中性子散乱，動的光散乱をはじめとする多くの分析により，その温度範囲ではまず大きさの揃ったミセルが生成し，ある濃度以上でそのミセルがbcc型に充填（クローズパッキング）して，ゲル化することが明らかになった．また，このLCST型温度応答性セグメントをUCST型相分離するイミダゾリウム塩構造を含むセグメントと組み合わせたブロック共重合体が合成された．それぞれ，水中において，高温および低温領域で相分離するセグメントである．得られたブロック共重合体は，高温および低温領域でそれぞれ異なるコアを有するミセルを形成することが示され，興味深いことに，高濃度では温度の上昇とともにゲル–ゾル–ゲルの二段階相転移が起こることがわかった．

　このようなジブロック共重合体のミセル化やゲル化は，他の構造の温度応答性ポリマー（たとえばメチルビニルエーテルのブロック共重合体，図2.45）や他の刺激に応答するジブロック共重合体でも同様に見られた．たとえば，図2.46に示すように，セグメントの種類により，降温[76]，水や有機化合物の添加[298, 299]，pH変化[294]，紫外光照射[295, 296]，圧

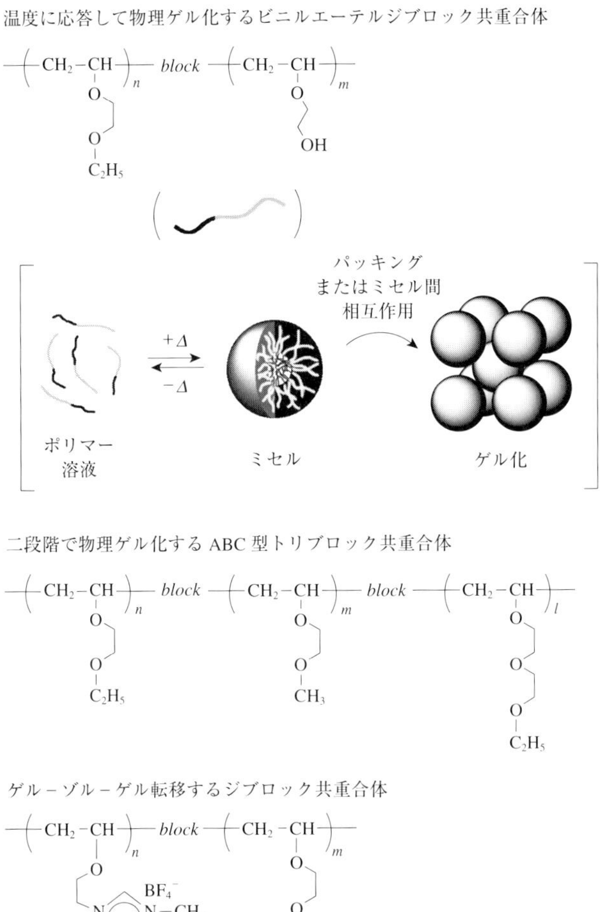

温度に応答して物理ゲル化するビニルエーテルジブロック共重合体

[化学構造式: -(CH₂-CH)ₙ-block-(CH₂-CH)ₘ- with OC₂H₅ and OH side groups]

[模式図: ポリマー溶液 ⇌(+Δ/-Δ) ミセル → パッキングまたはミセル間相互作用 → ゲル化]

二段階で物理ゲル化するABC型トリブロック共重合体

[化学構造式: -(CH₂-CH)ₙ-block-(CH₂-CH)ₘ-block-(CH₂-CH)ₗ- with OC₂H₅, OCH₃, and O-CH₂CH₂-OC₂H₅ side groups]

ゲル–ゾル–ゲル転移するジブロック共重合体

[化学構造式: -(CH₂-CH)ₙ-block-(CH₂-CH)ₘ- with imidazolium BF₄⁻ side group and O-CH₂CH₂-OCH₃ side group]

図 2.44 温度に応答して物理ゲル化するビニルエーテルポリマーの例

力[300,301)]などによりゲル化（ミセル化）する系が見出された．さらに，2種類の異なる刺激応答セグメントを有するジブロック共重合体[294)]，トリブロック共重合体（ABA型，ABC型）[306)]，グラジエント共重合体，星型ポリマー（詳細は8章参照）なども合成され，さまざまなパターンのミセル化，物理ゲル化，自己組織化が起こることがわかった．またその性質を利用して，温度応答性リポソームの創製やドラッグデリバリーシステムへの応用，細胞培養用の温度応答性基材，刺激応答性フィルムなどへの展開が検討されている．アゾ基を有するブロック共重合体は特定波長の光に応答して相分離またはゲル化するだけ

図 2.45　メチルビニルエーテルを用いたジブロック共重合体の例

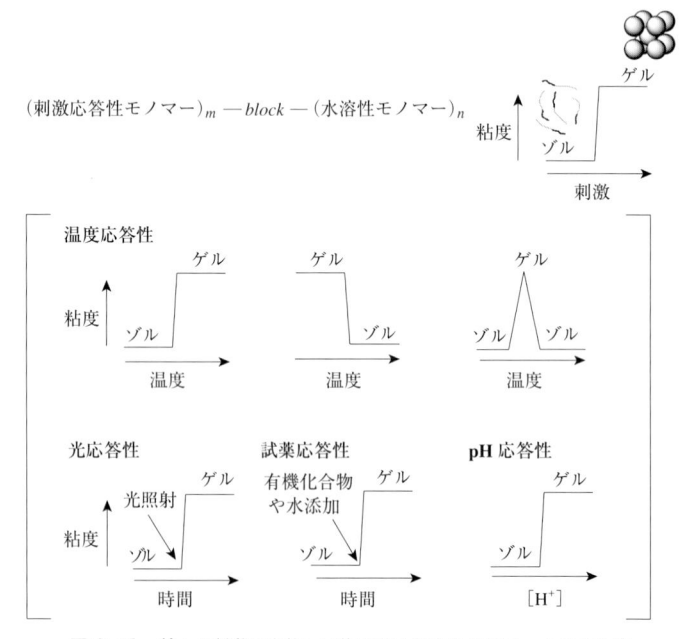

図 2.46　種々の刺激に応答して物理ゲル化するジブロック共重合体

でなく，ポリマーの表面改質が可能なブロック共重合体として有用である．

6章 ブロック共重合体

　4, 5章では，高分子材料合成各論の前半部として，新しいモノマーの重合や刺激応答性ポリマーの合成について述べた．本章では，さまざまなリビング重合法を用いたブロック共重合体の合成に関して述べる．一般に，ブロック共重合体は従来にない機能の発現や新しい構造体創製が期待されているが，その合成はリビング重合法を用いても決して容易ではない．本章の1, 2節では，それらを解決するさまざまな手法・工夫について述べる．また, 3, 4節では新しい潮流として，連続重合によるセグメント長分布やシークエンスの制御されたポリマーの合成，および多分岐ポリマーの合成を紹介する．

6.1 ◆ ブロック共重合体の合成法

　リビング重合の大きな特長の一つは構造の制御されたブロック共重合体が自由に設計できることであり，リビングカチオン重合においても，非常に多くの組み合わせで種々のブロック共重合体（ジブロック共重合体，ABA型，ABC型トリブロック共重合体など）が得られている．合成方法としては，モノマーの連続添加による重合（第一のモノマーの重合の終了時に第二のモノマーを添加する重合方法）が主であるが，それ以外にもキャッピング剤を用いた前駆体を経る手法[307]や，カチオン重合から他の重合法に生長末端変換して合成する方法が検討された（図2.47）[308]．また，グラジエントポリマーなどのシークエ

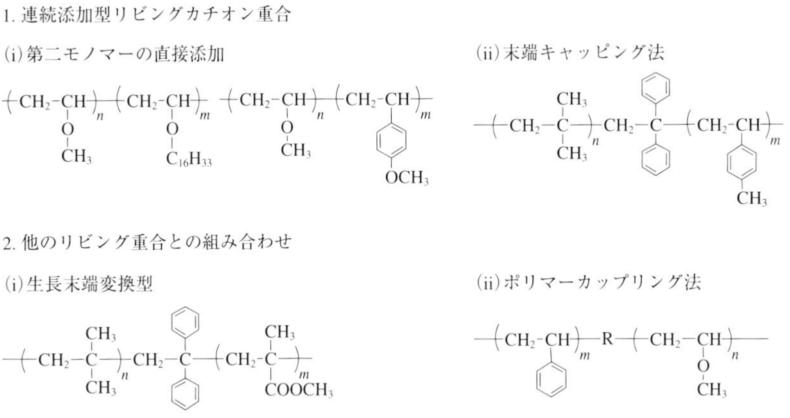

1. 連続添加型リビングカチオン重合
   (i) 第二モノマーの直接添加
   (ii) 末端キャッピング法

2. 他のリビング重合との組み合わせ
   (i) 生長末端変換型
   (ii) ポリマーカップリング法

図 2.47　カチオン重合によるブロック共重合体の合成法

ンスや分子量分布の制御されたポリマーや新規分岐ポリマーの合成に関しても本章でまとめて示す.

6.1.1 ◆ ビニルエーテルを有するブロック共重合体

　最も古い分子量分布の狭いジブロック共重合体の合成は HI/I$_2$ 開始剤系を用い，イソブチルビニルエーテル，メチルビニルエーテル（A群）とセチルビニルエーテル，p-メトキシスチレン（B群）との組み合わせによる，いわゆるモノマー連続添加型合成法で行われた[61]. 生成したポリマーの分子量分布は狭く，ホモポリマーに比べて明確に高分子量側にシフトした. また, ホモポリマーの残存や低分子量オリゴマーの副生もなく定量的なジブロック共重合体の合成が確認された. ビニルエーテルのブロック共重合体を合成するためには，このような連続添加型の合成法が非常に適している. 一般的な操作，完全なブロック効率，容易なセグメント長の制御だけでなく，この系の特徴としてモノマー添加の順序にほぼ制限がなく，重合系への触媒などの試薬添加や重合条件の変更を組み合わせるとほとんどのシークエンスの並び方に対応できる. これは，スチレン類とイソブテンの重合系やアニオン重合などの場合とは大きく異なる点である[307]. 図2.48にビニルエーテルを有するブロック共重合体の典型的な例を示す. さまざまな極性官能基を有するビニルエーテルのブロック共重合体が合成されている. その中でも，両親媒性ポリマーの合成においては，親水性セグメントとして，水酸基[309,310]，カルボキシル基[311]，アミノ基[312]を有するセグメントが検討されている. これらの場合，対応する極性モノマーの直接重合は困難であり，保護基を用いたモノマーの重合が行われる. たとえば，HI/I$_2$, HI/ZnI$_2$, HCl/ZnCl$_2$ などの開始剤系や添加塩基を用いたアセトキシ基[309]やトリアルキルシリル基[313]で保護したビニルエーテルのリビング重合系に, アルキルビニルエーテルが添加され, 定量的にブロック共重合体が合成されている. 脱保護した後のポリマーは優れた両親媒性や界面活性を有していた[309]. ポリビニルアルコールセグメントを有するブロック共重合体はベンジルビニルエーテル[35]や$tert$-ブチルビニルエーテル[314]を用いて合成されている. 他の組み合わせとしては, 反応性の2-クロロエチルビニルエーテル[315]やケイ皮酸

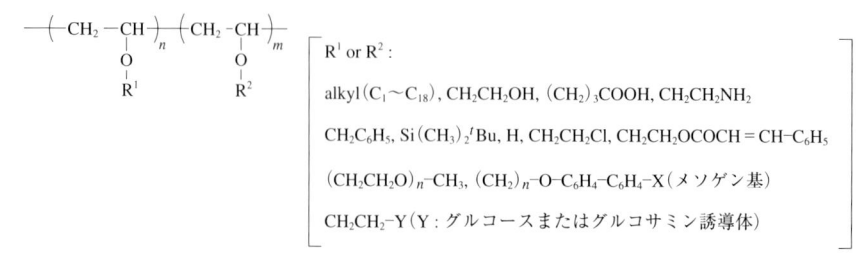

$$\mathrm{+CH_2-CH}_{\overline{n}}\mathrm{+CH_2-CH}_{\overline{m}}$$
$$\quad\quad\ \ \ |\quad\quad\quad\quad\ \ |$$
$$\quad\quad\ \ \ O\quad\quad\quad\ \ O$$
$$\quad\quad\ \ \ |\quad\quad\quad\quad\ \ |$$
$$\quad\quad\ \ \ R^1\quad\quad\quad\ \ R^2$$

R^1 or R^2 :

alkyl (C$_1$〜C$_{18}$), CH$_2$CH$_2$OH, (CH$_2$)$_3$COOH, CH$_2$CH$_2$NH$_2$

CH$_2$C$_6$H$_5$, Si(CH$_3$)$_2^t$Bu, H, CH$_2$CH$_2$Cl, CH$_2$CH$_2$OCOCH=CH-C$_6$H$_5$

(CH$_2$CH$_2$O)$_n$-CH$_3$, (CH$_2$)$_n$-O-C$_6$H$_4$-C$_6$H$_4$-X (メソゲン基)

CH$_2$CH$_2$-Y (Y : グルコースまたはグルコサミン誘導体)

図2.48 ビニルエーテル類のみからなるジブロック共重合体の例

エステルを有するビニルエーテル[316]，液晶性ビニルエーテル[35,317]，糖を有するビニルエーテル[318]などを有するブロック共重合体が合成された．

図2.49に示すようなビニルエーテルとスチレン類とのブロック共重合は，ほとんどのスチレン類がビニルエーテルに比べて反応性が非常に低いため[235]，ビニルエーテルどうしのブロック共重合に比べ若干の工夫が必要になる．たとえばポリ(メチルビニルエーテル)-block-ポリスチレンの系では，Bu₄NCl存在下HCl／SnCl₄開始剤系による-78℃でのメチルビニルエーテルの重合系に，第二のモノマーのスチレンが添加されるが，反応性を上げるために少量のSnCl₄の添加と-15℃への昇温およびBu₄NClの添加が必要となる[319]．また，2.4.5項B.にも記述したように，添加塩基存在下でのリビング重合を用いると，適当な反応性のモノマーの組み合わせの際に，最初からモノマーを共存させたにもかかわらずブロック共重合体が選択的に得られることがわかった．

いくつかのトリブロック共重合体の合成は，逐次モノマー添加や多官能性開始剤を用いた数種のリビングカチオン重合系で行われている．たとえば，図2.49に示すように親水性を有するビニルエーテルと疎水性のアルキル基，含フッ素置換基を有するビニルエーテルとの両親媒性トリブロック共重合体が合成され，ジブロック共重合体とは異なる種々の性質が示されている[320]．また，全ビニルエーテル型の熱可塑性エラストマーを目指して，トリブロック共重合体(図2.49右下)が合成された．環状飽和炭化水素などを側鎖に有するビニルエーテルは比較的高いT_gをもつので，それらを組み合わせたトリブロック共重合体は熱可塑性エラストマーの性質を示した[321]．

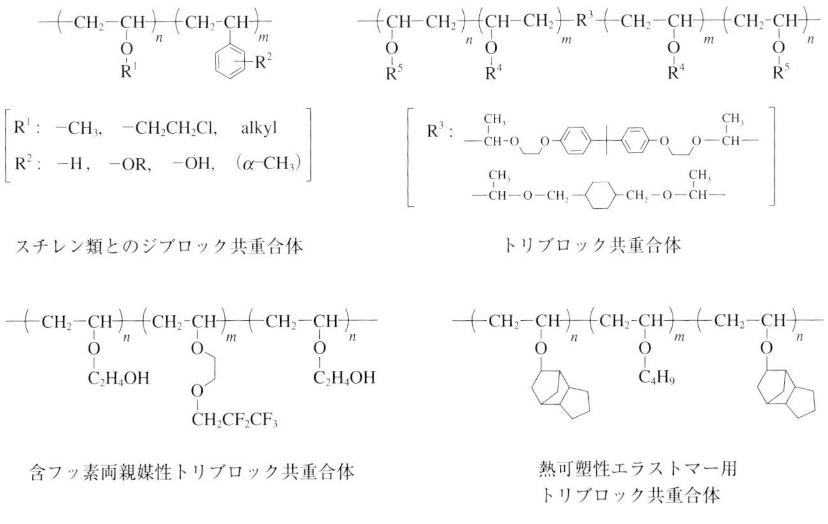

スチレン類とのジブロック共重合体

トリブロック共重合体

含フッ素両親媒性トリブロック共重合体

熱可塑性エラストマー用トリブロック共重合体

図2.49 ビニルエーテルを有する種々のブロック共重合体

6.1.2 ◆ イソブテンを有するブロック共重合体

多くの研究者が，イソブテンとスチレン類，ビニルエーテル，イソプレンなどとのブロック共重合体を検討している[165,322]．そのいくつかの例を図2.50に示す．ポリスチレン-*block*-ポリイソブテン-*block*-ポリスチレン型のトリブロック共重合体はその代表例であり，熱可塑性エラストマーとして市販されている[322]．たとえば，軟質コンパウンド，樹脂改質剤，粘弾性ダンパー，多層成形体，粘着剤として用いられている．最近は，狭心症の治療に用いられるステントの薬剤放出型被覆材など生医学材料として展開が進んでいる．このポリマーは，ポリイソブテンに由来する柔軟性，ガスバリア性，制振性に優れるという特性があり，従来のポリスチレン-ポリジエン系熱可塑性エラストマーに比べ耐熱老化性や耐候性が良好である．これらのポリスチレン-ポリイソブテン系ブロック共重合体の合成法は1990年代にほぼ確立している．典型的な例としては，二官能性開始剤と$TiCl_4$触媒からなる開始剤系を用い，低温でイソブテンを重合し，反応終了後にスチレンを添加する．その際，適当な極性の溶媒の選択やプロトン捕捉剤などの添加が重要である．ポリ(α-メチルスチレン)-*block*-ポリイソブテンのような反応性の高いモノマーから低いモノマーへのブロック重合の際は，より弱いルイス酸のBCl_3によるα-メチルスチレンの重合および定量的なクロスオーバー反応の後，より強いルイス酸の$TiCl_4$を添加してイソブテンの重合を進行する[323,324]．

イソブテンから反応性の高いモノマーの順に重合する例としては，α-メチルスチレ

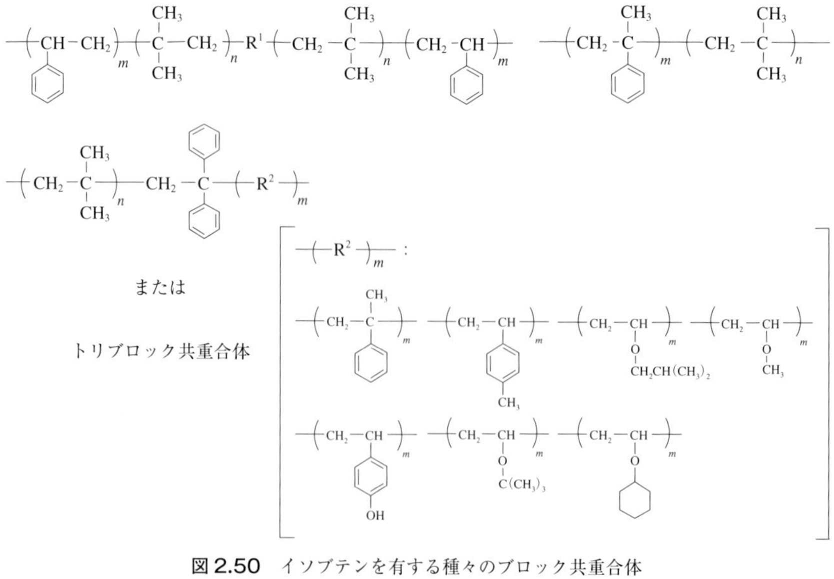

図2.50 イソブテンを有する種々のブロック共重合体

ン[325], p -メチルスチレン[326], ビニルエーテル[327〜329] などが検討された．これらの場合，上記と同様の方法では定量的にブロック共重合体を得ることができない．そこで，たとえば1,1-ジフェニルエチレン類（DPE，DTE，図2.61参照）のように定量的な付加はするがそれ自身は単独重合しない化合物を重合系に添加してカップリング反応させ，その後，種々の方法で生長末端の反応性を変化させてブロック共重合体を合成している．これらの方法により，イソブテンと α -メチルスチレン，スチレン誘導体[325,326,330]，アルキルビニルエーテル類[327〜329,331]との種々のジブロック共重合体，トリブロック共重合体が合成された．一方，ポリイソブテンの生長種はフラン誘導体などの芳香族化合物とFriedel-Crafts反応をする．この反応を利用し，ブロックや多分岐型のポリイソブテンの合成，ハイパーブランチ型のポリスチレンを用いた星型ポリイソブテンの合成が検討されている．

6.2 ◆ 重合末端変換によるブロック共重合体合成

最近，多くの重合法により新しいリビング／制御重合が達成され，他の重合法では合成できない個性的な構造のポリマーが数多く設計・合成されている．これらのセグメントを有するブロック共重合体を合成する方法として，生長末端種の変換，言い換えると重合法を途中で転換する方法があり，カチオン重合から他の重合に，または逆に，他の重合法からカチオン重合に転換する両方の例がある．ここでは，ラジカル重合，アニオン重合，開環メタセシス重合，グループトランスファー重合，カチオン開環重合などの例を示す．

6.2.1 ◆ ラジカル重合

構造の精密制御という面では，最近のリビング／制御ラジカル重合以降の研究が中心となるが，それ以前の検討としては，次のような例があった．開始剤を利用する方法としては，ラジカル重合を開始するアゾ化合物に酸クロリドやビニルエーテルのHI付加体を導入した開始剤を用いている．活性化剤を添加してカチオン重合を行ったのち，熱などでその高分子開始剤からラジカル重合を開始してブロック共重合体を得ている[332]．イソブテン系でも同様な高分子開始剤を用いた例がある[333]．重合の停止反応を用いる方法としては，アゾ化合物を有するアルコールを停止剤に用いてカチオン重合を停止した後，熱などによりラジカル重合が行われた[334]．また，ビニルエーテルのリビングカチオン重合により末端にトリチル基を有するポリマーを合成し[335]，その後，initer機構（トリチル基末端から生じたラジカルのモノマーへの付加，トリチルラジカルによる停止を繰り返す）[336]でのメタクリル酸メチルのラジカル重合によりブロック共重合体を合成する例もある[335]．

その後，1990年代になるとカチオンだけでなくラジカルのリビング／制御重合も可能になり，全リビング型の重合変換法が検討され，図2.51に代表例を示すように，多くのブロッ

第Ⅱ編　カチオン重合

ク共重合体が合成された．カチオン重合－ラジカル重合の順で合成する例としては，たとえば，スチレンを添加塩存在下，SnCl₄ 開始剤によりリビングカチオン重合し，末端クロロ基を有するポリスチレンを合成し，その後 CuCl／dNbipy（dNbipy＝4,4′－ジ－5－ノニル－2,2′－ビピリジン）触媒系の添加による原子移動ラジカル重合（ATRP）でメタクリル酸メチルなどをブロック共重合した[337]．得られたポリマーの分子量分布は狭く単峰性であり，定量的にブロック共重合体が生成していることが確認された．一方，クロロ基を有するポリイソブテンの場合，ATRP を直接開始することが困難なため，あらかじめ数ユニットのスチレンをカチオン重合で導入しておく方法が用いられ，その後，他のモノマーのラジカル重合によりブロック共重合体合成が行われた[338]．また，ATRP を開始する置換基としてブロモプロピオニル基を高分子反応により導入し，メタクリル酸メチルやアクリル酸エステルの重合を開始する系も検討されている[339,340]．7章で詳述するが，イソブテンの重合系にブタジエンを添加することによりポリマー末端にハロゲン化アリル基を定量的に導入する方法が見出され，この高分子開始剤を用いたブロック共重合も報告されている[341]．

逆の順序（ラジカル重合－カチオン重合）で合成する系も検討されている．たとえば，ATRP 法でスチレンの重合を行うとポリマー末端にクロロ基を導入することができるの

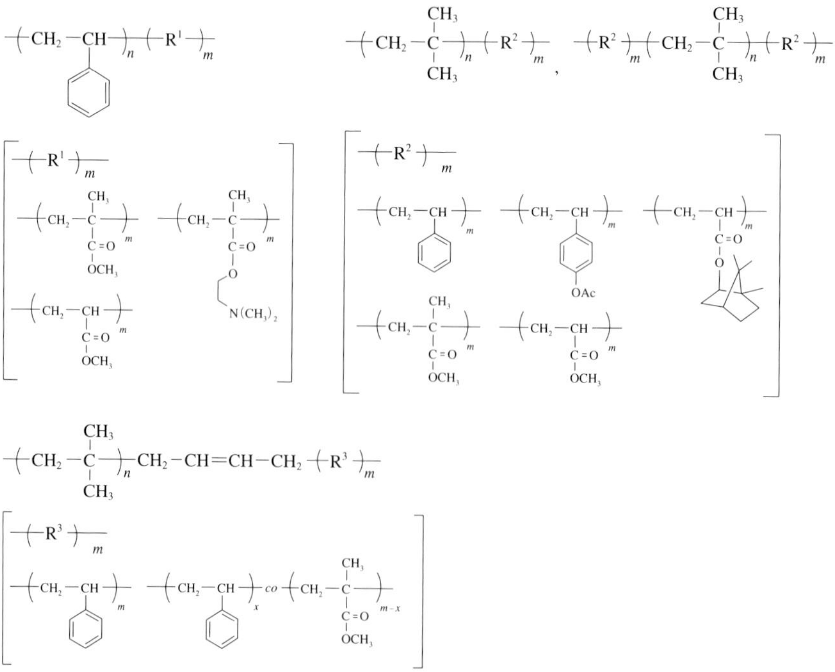

図 2.51　ラジカル重合との組み合わせで得られたブロック共重合体(1)

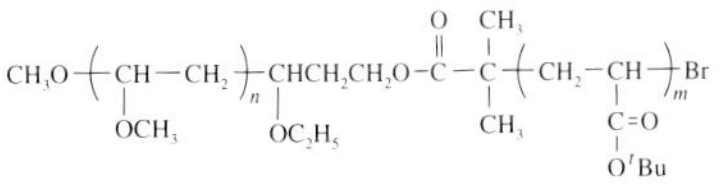

図2.52 ラジカル重合との組み合わせで得られたブロック共重合体(2)

（上段左）ヘテロ型二官能性開始剤を用いた合成法
（上段右）アクリル酸エステル，スチレン，イソブテンを有するブロック共重合体
（下段左）クロロメチル基からのグラフト鎖
（下段右）シリカ表面からのブロック型ポリマーブラシ

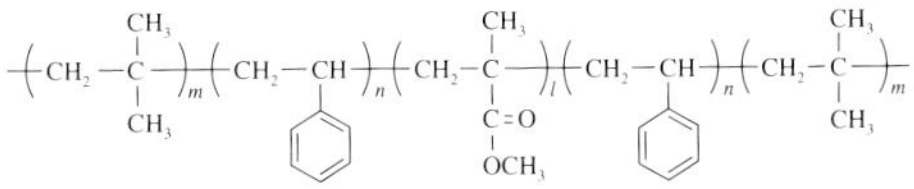

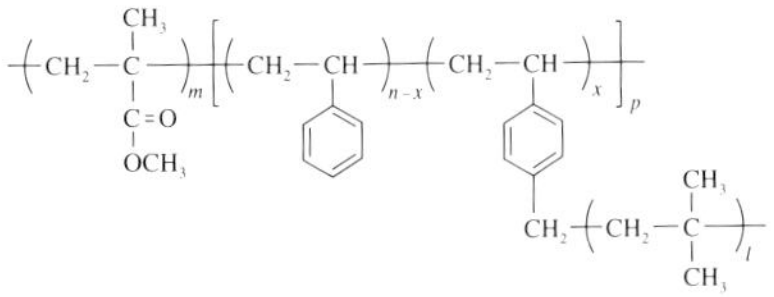

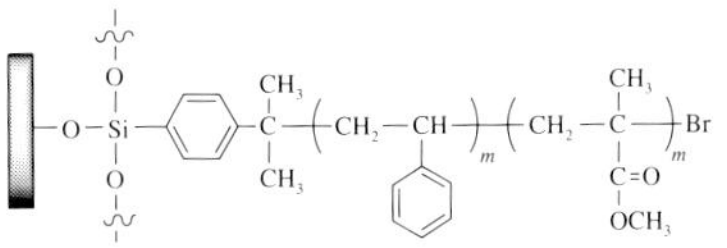

で，その後 BCl_3 などのルイス酸を添加しイソブテンのリビングカチオン重合を行っている．その結果，ポリアクリル酸エステル－ポリスチレン－ポリイソブテン鎖からなるペンタブロック共重合体（図2.52）が得られる[342,343]．

また，その他の系として，ビニルエーテル重合系ではヘテロ型二官能性開始剤として，アセタール（ヨウ化トリアルキルシリルを用いたカチオン重合の開始）およびブロモイソブチレート（ATRPによるラジカル重合開始）を有する開始剤が合成され，メチルビニルエーテルとアクリル酸ブチルとのブロック共重合体が得られている（図2.52）[344]．また，シリカ表面に開始剤を導入し，スチレンのリビングカチオン重合（表面グラフト重合）を行いクロロ末端基を有するポリスチレンを合成した後（$TiCl_4$ 触媒／プロトン捕捉剤 DTBP／ジクロロメタン中，$-78°C$），ATRPによりメタクリル酸系モノマーの重合を行いジブロック型のポリマーブラシが得られた[345〜347]．

6.2.2 ◆ アニオン重合，グループトランスファー重合

初期のカチオン重合－アニオン重合転換例としては，図2.53のようなリチオ化したポリイソブテン高分子開始剤を用いたメタクリル酸メチルのリビングアニオン重合による熱可塑性トリブロック共重合体の例がある[348〜350]．新しい活性基転換法としては，イソブテンのリビングカチオン重合を1,1-ジフェニルエチレン（DPE）でキャッピング（停止）したのち，K／Naアロイなどでメタル化（またはさらにリチオ化）しメタクリル酸エステルモノマーのリビングアニオン重合を行う方法がある[351,352]．この系ではDPEによりキャッピングした際，2種類の末端構造が生成するが，そのいずれもがメタル化され同じ構造の開始種になり，アクリル酸ブチルなどの定量的なリビングアニオン重合が進行する．

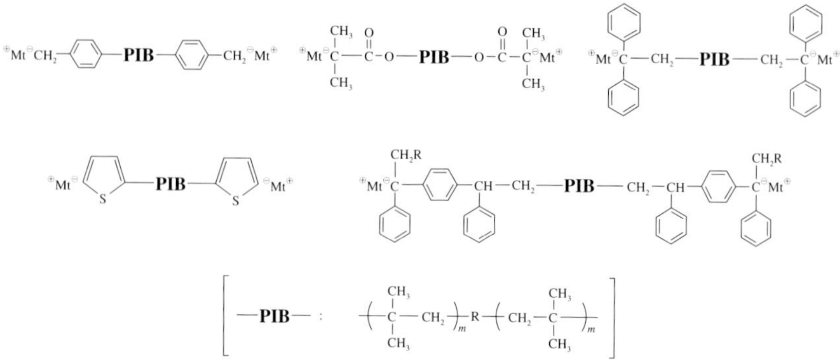

図 2.53 種々のリビングアニオン重合を開始するポリイソブテン高分子開始剤の例

　また，DPE の代わりにチオフェン類や p-ダブル DPE（DDPE）（図 2.61 参照）を用いた場合も同様に，メタクリル酸 tert-ブチルなどのリビングアニオン重合によりブロック共重合体が合成されている[353〜356]．またグラフト重合の例としては，メタクリル酸エステル基を有するビニルエーテルを用いてアニオンとカチオンの両重合を行う方法がある．

　その他の合成法としては，図 2.54 に示すように，カチオン重合とアニオン重合で得られた 2 種類のリビングポリマーをカップリングする方法がある[357〜365]．たとえば，ポリイソブテン-*block*-ポリメタクリル酸メチルとポリイソブテン-*block*-ポリ（ビニルフェロセン）はポリイソブテン－アリル－X（X：ハロゲン）または DPE-capped ポリイソブテンと対応するアニオン重合またはグループトランスファー重合で得られたリビングポリマーとのカップリングにより合成されている[357〜359]．また，非対称な星型ポリマー A_2B, A_4B, A_8B（A：ポリメタクリル酸メチル，B：ポリイソブテン）や末端"多"官能性ポリマー A_2BA_2, A_4BA_4, A_8BA_8 がリビングポリメタクリル酸メチルと多官能性ポリイソブテンとのカップリング反応により合成された[360]．2, 4, 8 個の臭化ベンジル基を有する多官能性ポリイソブテンはポリイソブテン－アリル－X あるいは X－アリル－ポリイソブテン－アリル－X を用いた繰り返し divergent 法により合成された．また，ポリ（メチルビニルエーテル）-*block*-ポリスチレン，ポリ（メチルビニルエーテル）-*block*-ポリスチレン-*block*-ポリイソプレンはリビングカチオン重合による末端クロロ基を有するポリ（メチルビニルエーテル）とリビングアニオン重合によるポリスチレンまたはポリスチレン-*block*-ポリイソプレンとのカップリング反応により合成された[363,364]．また，グラフト重合の例としては，2-クロロエチルビニルエーテルのポリマーを用いてアニオン重合を停止する各種方法が知られている[365]．

6章　ブロック共重合体

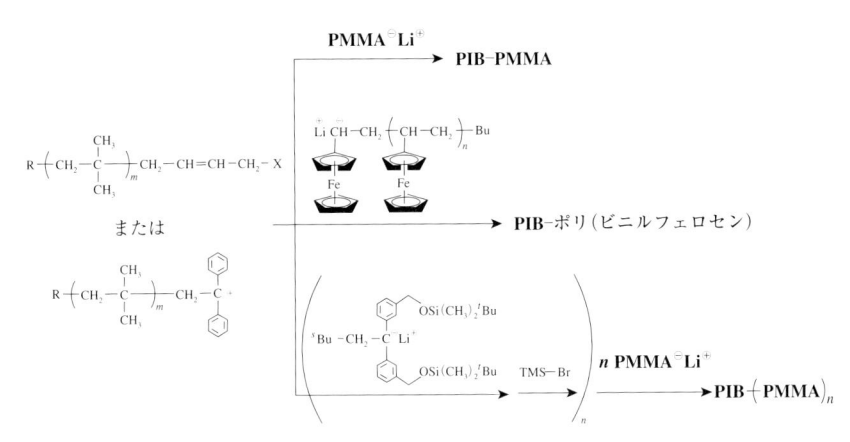

図 2.54　リビングポリマー（アニオン）とのカップリングによる PIB ブロック共重合体合成

6.2.3 ◆ 開環重合

　Grubbs らは，リビング開環メタセシス重合からカチオン重合（アルドール型グループトランスファー重合）への重合転換を用いて，ノルボルネンないしジシクロペンタジエンのポリマーとポリビニルアルコールをセグメントとするジブロック共重合体（図 2.55）を合成した[366,367]．まず，チタナシクロブタン型触媒による開環メタセシス重合を行い，その後過剰のテレフタルアルデヒドと反応させアルデヒド末端の前駆体ポリマーを合成した．精製後，*tert*-ブチルジメチルシリルビニルエーテルと $ZnCl_2$ 触媒を添加してアルドール型グループトランスファー重合を行い，分子量分布の狭いブロック共重合体を選択的に合成した．得られたポリマーは高分子反応によりポリビニルアルコールセグメントを有する両親媒性ブロック共重合体に変換された[366,367]．

リビング開環メタセシス重合との組み合わせ

アニオン開環重合との組み合わせ(1)

アニオン開環重合との組み合わせ(2)　　カチオン開環重合との組み合わせ

図 2.55　開環重合との組み合わせで得られたブロック共重合体

ポリイソブテンと結晶性のポリ（ピバロラクトン）セグメントからなるブロック共重合体，ポリイソブテン-*block*-ポリ（ピバロラクトン）はアニオン開環重合との組み合わせにより合成された．まず，プロトン捕捉剤 DTBP 存在下で TiCl$_4$ によるイソブテンのリビングカチオン重合を進行させた後，DTE（図 2.61 参照）を用いた末端官能基化により高分子開始剤となる末端にカルボキシル基を有するポリイソブテンを合成した[368]．その後ポリ（ピバロラクトン）を THF 中，18-クラウン-6 存在下で重合させ，ブロック共重合体を得た．同様の方法を用いて，ガラス状（ポリ($α$-メチルスチレン））．ゴム状（ポリイソブテン），結晶性（ポリ（ピバロラクトン））と，異なる性質のセグメントからなる ABC 型トリブロック共重合体も選択的に合成されている[369]．ポリイソブテン-*block*-ポリエチレンオキシドは OH 末端のポリイソブテンの合成とフォスファゼン型塩基を用いたエチレンオキシドのアニオン開環重合を組み合わせて合成された[370]．

オキサゾリン[371,372]や環状スルフィド[373]のカチオン開環重合とのコンビネーションも検討された．たとえば，イソブチルビニルエーテルと 2-メチル-2-オキサゾリンのブロック共重合体は，まずイソブチルビニルエーテルのリビングカチオン重合を HI／I$_2$ 開始剤系を用いジクロロメタン中，-30°C で行い，その際生成した末端の C－I 結合を開始種にし，アセトニトリル溶媒の添加と 80°C への昇温によりオキサゾリンの開環重合を行っている．小林らは，このように one-pot 合成法を用いて，優れた界面活性を有するいくつかの両親媒性ポリマーを合成している[371]．

6.3 ◆ 分子量分布とシークエンスの制御されたポリマーの合成：連続重合を用いた方法

6.3.1 ◆ 分子量分布の制御

分子量分布はポリマーの種々の物性に大きな影響を与える要因の一つであり，基礎的な溶液物性から応用までの広い分野で長い間検討されてきた．最近，畑田，北山らは分子量分布のない（$\bar{M}_w/\bar{M}_n = 1.0$），つまり，分子量が単一のポリマーをリビング重合と特殊な精製法を組み合わせることにより生成し，ガラス転移温度，粘度などの性質が分子量分布のあるポリマーと異なることを明らかにした[374,375]．また，松下ら[376]，Hillmeyer ら[377]はセグメントの分子量の異なるブロック共重合体を用いてバルクでの相分離状態に及ぼす影響を調べ，Eisenberg ら[378]は溶液中での自己組織化挙動を詳細に検討している．それらに対する多くの理論的研究も多くなされてきた．このように，ブロック共重合体における分子量分布の重要性が明らかになってきたが，分子量分布が自由に制御されたポリマー，特にブロック共重合体を合成する手法はこれまでほとんど報告されていない．

青島らは，重合溶液を徐々に停止剤やモノマー溶液に連続添加するセミクローズ系の連

続重合法で，セグメント長分布の任意に制御されたブロック共重合体の合成を行った（図2.56）[379]．たとえば，温度応答性ブロック共重合体，ポリ(2-エトキシエチルビニルエーテル(EOVE))-*block*-ポリ(2-メトキシエチルビニルエーテル(MOVE))(20℃以上で親水性から疎水性に変化するポリ(EOVE)セグメントと63℃以下で親水性を示すポリ(MOVE)セグメントからなるジブロックポリマー）を合成するために，MOVEとEOVEのブロック共重合（添加塩基存在下でのリビングカチオン重合）をガスタイト型シリンジの中で行い，その溶液を停止剤溶液に滴下した．滴下の際には，望んだ分子量分布になるよう滴下速度を計算し，マイクロフィーダーを用いて一定速度ないしプログラムされた速度で，重合溶液を停止剤溶液に滴下した．この方法で得られた共重合体はいずれもブロック型の構造であり，ポリ(EOVE)ないしポリ(MOVE)のいずれかのセグメント長は揃っているが，通常のブロック共重合体と異なり，残りのセグメントはプログラムどおりの分布を有する（図2.56）．

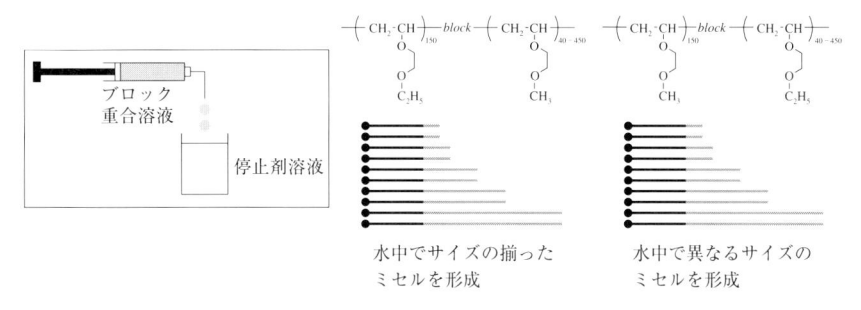

図2.56 分子量分布の制御されたブロック共重合体合成

上記で得られた2種類の刺激応答性ブロック共重合体の水中における溶液挙動を分子量分布の揃った通常のジブロック共重合体と比較したところ，セグメント長の分布がミセル形成挙動に大きな影響を及ぼすことがわかった．今回生成したいずれのポリマーも通常のジブロック共重合体同様にある温度（20℃）以上でミセルを形成するが，そのミセルの大きさの分布に違いが見られた．コアにあたるポリ(EOVE)セグメントが揃ったEOVE$_{150}$-*block*-MOVE$_{40-450}$は，35℃，水中で，$D_H = 86$ nm，$D_w/D_n = 1.05$の大きさの揃ったミセルを生成した（D_H：流体力学的直径，D_w/D_n：粒子径分布）．これは，通常の両セグメントの分子量分布の狭いブロック共重合体と同様の挙動（$D_H = 59$ nm，$D_w/D_n = 1.01$）であった．一方，コロナにあたるポリ(EOVE)セグメントが揃ったMOVE$_{150}$-*block*-EOVE$_{40-450}$からは，$D_H = 114$ nm；$D_w/D_n = 1.11$の大きさのやや揃っていないミセルが生成した．すなわち，大きさの揃ったミセルを生成するためには，コアとなるセグメント長の分布が狭い必要があり，コロナになるセグメント分布はそれほど重要ではないことがわかった．

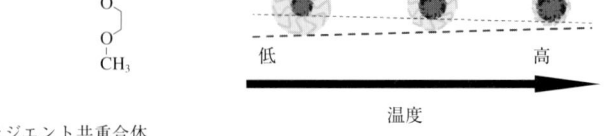

6.3.2 ◆ 組成分布の制御：グラジエント共重合体の合成

組成分布の異なるポリマーとして，これまでリビング重合によって得られたランダム共重合体とブロック共重合体がそれぞれ特有の物理的性質を有することを示してきた．一方，第三の組成分布を有するポリマーとして，1本のポリマー鎖中の瞬間組成が徐々に変化するグラジエント共重合体があり，上記2種類のポリマーとは異なる性質が期待される．

ここでは，6.3.1項と同様な連続重合を用い，分子量分布ではなく組成分布を制御する方法を検討した．すなわち，マイクロフィーダーを用いて一定速度ないしプログラムされた速度で，モノマー溶液を重合溶液に滴下していく連続重合法を行った[380〜383]．重合方法としては添加塩基を用いたビニルエーテル類のリビングカチオン重合系を用いた．この重合系のメリットは，リビング性が高く分子量の制御された分子量分布の狭いポリマーを合成できるだけでなく，さまざまな親水性モノマー，疎水性モノマー，刺激応答性モノマーの組み合わせが設計可能なことである．たとえば，6.3.1項と同様なモノマーの組み合わせ（MOVE と EOVE）の重合系で得られたポリマー（図 2.57）は，狭い分子量分布をもち（$\bar{M}_n = 4.5 \times 10^4$, $\bar{M}_w/\bar{M}_n = 1.15$, EOVE/MOVE = 260/340），^{1}H-NMR で調べたポリマー鎖中の MOVE と EOVE の瞬間組成は，計算値どおり徐々に変化しているグラジエント型であることが示された．

この系で特に興味深いことは，MOVE と EOVE を使用した場合，温度により親水部と疎水部の割合が変化する両親媒性ポリマーとなることである．ジブロック型ではある一定温度でミセルが形成され，ランダム共重合体では異なる温度で沈殿が起こったが（5章参照），グラジエント共重合体では温度により連続的にミセル形成挙動が変化することがわかった[382,383]．動的光散乱や濁度測定で検討した結果，水中でいったん生成したミセルが昇温により連続的に大きさが小さくなっていくことがわかった．すなわち，昇温とともにグラジエント共重合体の疎水部が徐々に長くなり，ミセルのコアとコロナの割合の変化に対応してミセルの大きさが変わったことが示された．また，これ以外の組み合わせで，さまざまな親水性モノマー，疎水性モノマー，刺激応答性モノマーとのグラジエント共重合体が合成された[381]．

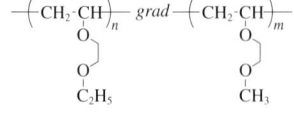

図 2.57 温度応答性グラジエント共重合体の例と水中でのミセル化挙動

6.4 ◆ 新規多分岐ポリマーの合成

　リビングカチオン重合を利用してブロック共重合体だけではなく，新しいモルフォロジーを有する種々の多分岐ポリマー（図 2.58）が設計された．Fréchet，青島，辺見らは，開始部位と重合部位をあわせもつ AB 型モノマー（最近は "inimer" とよばれることが多い）を用い，ハイパーブランチポリマーを合成した[384]．このモノマーによる重合は，従来の AB_2 型モノマーの重合とは異なるタイプであり，その後多くの inimer により数々の多分岐ポリマーが設計・合成されている[385,386]．また，ベンゼン環やフランへの Friedel–Crafts 型連鎖移動反応を利用した種々の星型ポリイソブテンの合成[387]，他のリビング重合との組み合わせによる複雑なグラフト型ポリマーの合成が行われた[388,389]．一方，杉原，池田らは架橋性モノマーを選択的に導入したリビングポリマーを合成した[390]．このポリマーは水中での光架橋により，温度応答性でかつ大きさの揃ったミクロ微粒子を生成する．また，Zhao と Brittain はシリカ表面に開始剤を導入し，基板からの表面グラフト重合を行いポリマーブラシを作製した[391]．

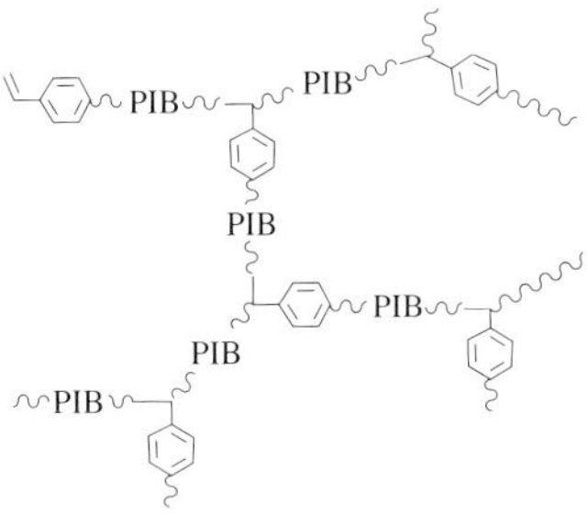

ハイパーブランチ型 PIB

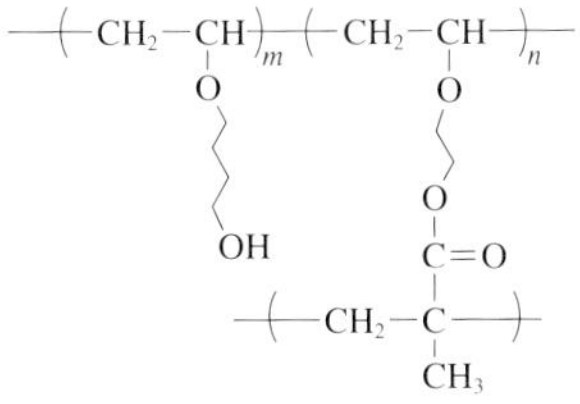

ハイドロゲル型ナノ微粒子

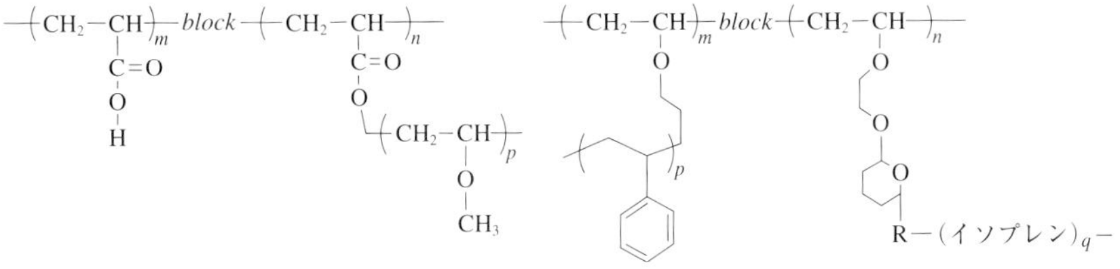

グラフト鎖を有するブロック共重合体

図 2.58　種々の多分岐ポリマー合成の例

7章 末端官能性ポリマー

> マクロモノマーやテレケリックポリマーのような末端官能性ポリマーは，その潜在的な応用のために多くの分野で注目を集めている．特に最近のリビング/制御重合の整備により多くの末端官能性ポリマーが合成されるようになった．カチオン重合においても，リビング重合を利用した (i) 官能基を有する開始剤を用いる方法, (ii) 官能基を有する停止剤を用いるキャッピング法, (iii) (i) と (ii) を組み合わせたテレケリックポリマー合成という3種類の方法により合成されている．

7.1 ◆ 官能基を有する開始剤を用いる方法

リビングカチオン重合における最初の例は，官能基を有するビニルエーテルと HI の反応により系中で作られたビニルエーテルの HI 付加体開始剤 (図 2.59) を用いたものであった．この官能性開始剤は I_2 や ZnI_2 触媒の存在下，ビニルエーテル[308,392]だけでなく p-メトキシスチレン[171]のリビング重合も開始し，カルボキシル基，水酸基，アミノ基など多くの官能基を末端に有するポリマーを選択的に合成した．またこの方法を利用して，メタクリル酸エステル基[393]，アリル基[392]，エポキシ基[392]末端を有するマクロモノマーも合成された．たとえば，メタクリル酸エステル型マクロモノマーはカチオン重合において不

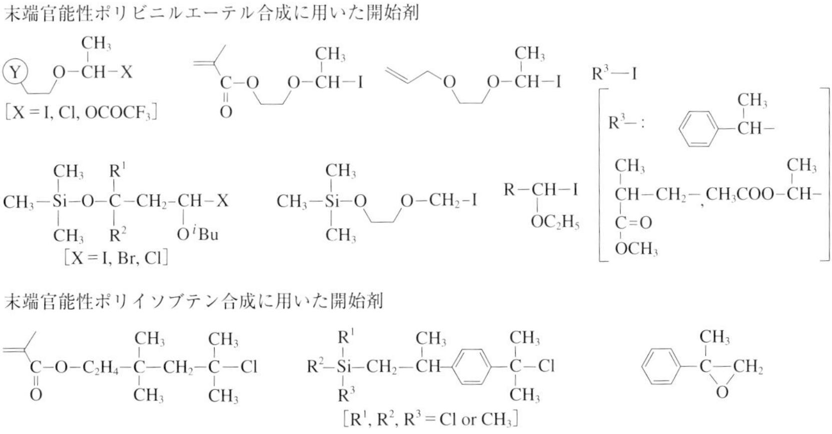

図 2.59　末端官能性ポリマー合成に用いられる開始剤の例

活性なメタクリル酸エステル基を側鎖に有する開始種から合成された．重合はリビング的に進行し狭い分子量分布のポリマーが得られ，さらに，定量的な末端基の導入（ファンクショナリティー：$F_n \sim 1$）が確認された．これを用い水溶性マクロモノマーなどが合成されている[312]．他の開始剤系として，アセタールやケトンと$(CH_3)_3SiI$の組み合わせ[394〜396]や他のモノマー（スチレン，メタクリル酸メチル，メタクリル酸 tert-ブチル，酢酸ビニル）のHI付加体開始剤と種々のルイス酸触媒の組み合わせ[397]によるリビング重合系が見出され，水酸基やエステル基末端のポリビニルエーテルが得られている[392]．

同様な末端官能性ポリビニルエーテル[398]やポリスチレン[192]，ポリスチレン誘導体[173,203,219,399]がビニルエーテルのHCl付加体やカルボン酸付加体[400]を開始剤（図2.59）に用い，添加塩基や添加塩存在下のリビングカチオン重合によっても合成された．たとえば，α-メチルスチレン[203]，スチレン[192]，p-クロロスチレン[219]のリビングカチオン重合が2-クロロエチルビニルエーテルのHCl付加体開始剤と$SnBr_4$ないし$SnCl_4$触媒からなる開始剤系を用い，Bu_4NCl存在下で検討された．また，メタクリル酸エステル基を有する開始剤およびルイス酸触媒として$TiCl_3(O^iPr)$を用い，Bu_4NCl存在下，ジクロロメタン中−40℃で重合は行われ，ポリスチレン[192]，ポリ(p-メチルスチレン)[192]，ポリ(α-メチルスチレン)[399]やポリ(β-ピネン)[401]のマクロモノマーが合成されている．

いくつかの末端官能性ポリイソブテンも図2.59下に示す開始剤を用い，ルイス酸触媒との組み合わせにより合成された[402,403]．たとえば，メタクリル酸エステル型のマクロモノマーは，対応する開始種を用いたイソブテンのリビングカチオン重合を行い合成された．得られたマクロモノマーの単独重合を行うとオリゴマーしか得られなかったが，メタクリル酸メチルとのグループトランスファー共重合では，構造の制御されたポリマーが得られた．一方，クロロシリル基（モノクロロ，ジクロロ，トリクロロ）を末端に有するポリイソブテンが$TiCl_4$開始剤系によりヘキサン／塩化メチル中−80℃で合成された．いずれのクロロシリル基もルイス酸やカルボカチオンと反応しないことが知られており[402]，これらを用い，"grafting from" 法により，シリコンウェハ上にポリイソブテンブラシを創製することが可能になった．Puskasらは，ユニークなエポキシ開始種と$TiCl_4$触媒を用いて，DTBP存在下，イソブテンを重合しOH末端基と第三級塩素を有するポリイソブテンを合成している．

7.2 ◆ 官能基を有する停止剤を用いたキャッピング法

末端キャッピング法によるポリビニルエーテルへの官能基導入は，リビング重合系へ官能基を有する求核剤を添加することにより行う[74]．極性官能基と生長末端との反応やβ水素脱離が副反応になるが，最適条件ではリビング末端への付加反応だけが選択的に起こ

7章　末端官能性ポリマー

り定量的に図2.60に示すような末端官能性ポリマーが得られる．最初の例として，ビニルエーテルのHI／I_2開始剤系による重合系にヘキサメチレンジアミンを添加することにより，ポリビニルエーテルへの末端アミノ基の導入が行われた[74]．その後求核剤として，マロネートアニオン[404]，シリルケテンアセタール[362]，シリルエノールエーテル[405]，アミン類[74]，アニリン類[406]，アルコール類[407]，ポリ酢酸ビニルの部分けん化物[408]などを用いることにより，種々の末端官能性ポリマーが合成された．たとえば，マロネートアニオンのNa塩はHI／I_2またはHI／ZnI_2開始剤系によるビニルエーテルの重合系に添加され，カルボキシル基を有するポリビニルエーテルが合成された[404]．メタクリル酸エステル基やアリル基末端の種々のマクロモノマーは対応するアルコール誘導体を用いて合成されている[409,410]．たとえば前者は，CF_3SO_3H開始剤系，含硫黄化合物（添加塩基）存在下，ジクロロメタン中−30℃でのビニルエーテルの重合系にメタクリル酸2-ヒドロキシエチルを添加して合成する．また，図2.60に示した水溶性で末端にC_{60}を有するポリビニルエーテルもキャッピング法を応用して合成されている[411,412]．

　スチレン誘導体の系では，HI／ZnI_2開始剤系（ジクロロメタン中，−15℃）によるp-メトキシスチレンのリビング重合系にメタクリル酸2-ヒドロキシエチルなどを反応させることにより末端官能性ポリマーが合成された．しかし，ビニルエーテルで可能であったマロネートアニオンのNa塩やかさ高いアルコールとの反応は起こらなかった[171]．Bu_4NCl存在下での$SnCl_4$開始剤系（ジクロロメタン中，−15℃）によるスチレンの重合では，メタノール，ベンジルアミン，マロネートアニオン，アルコキシドのNa塩との反応は起

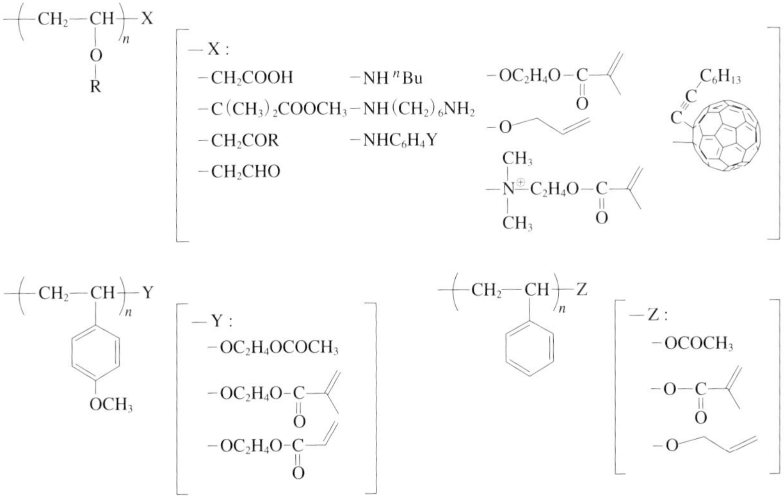

図2.60　官能基を有する停止剤を用いて合成した末端官能性ポリマーの例

265

こらなかったが，メタクリル酸エステル基，アセトキシ基，アリル基を有するトリメチルシリル化合物との反応は選択的に進行し，種々の末端官能性ポリスチレンが合成された[413]．また，添加塩基を用いた系では前述のポリ酢酸ビニルの部分けん化物との反応を経て，ポリビニルアルコール主鎖でポリスチレンをグラフト鎖に有するポリマーも合成された[197]．2-クロロエチルビニルエーテルのHCl付加体/$SnBr_4$開始剤系（ジクロロメタン中，$-78°C$）による$α$-メチルスチレンの重合系では多官能性のシリルエノールエーテルとの反応により多分岐型のポリ($α$-メチルスチレン)が得られた．

　イソブテンの系では，リビングポリイソブテンとアリルトリメチルシランとの反応によりアリル末端のポリイソブテンが合成され[414]，その後の高分子反応によりエポキシ基，水酸基末端のポリイソブテンに変換された．2-フェニルアリルトリメチルシランとの反応では$α$-メチルスチレン型のマクロモノマーが得られた[415]．イソブテン系において，図2.61に示すような1,1-ジフェニルエチレン（DPE），フラン誘導体，ブタジエンなどの低分子化合物とのキャッピング反応による末端官能性ポリマーの合成が幅広く研究が行われている．ポイントはそれらの化合物の定量的なキャッピング反応とドーマント種の完全な活性イオン種への変換である．DPEの系では，安定で完全にイオン化されたジアリールカルボカチオンが生成し，多くの末端官能性ポリマー[416]やブロック共重合体[241]が得られている．さらにp-ダブルDPE（DDPE）を用いた系や[417]，他のタイプのキャッピング剤として2-置換フラン類[418]，ビスフラン類[419]，チオフェン[353]，N-メチルピロール[420]の系が検討されている．また，最近FaustらはリビングポリイソブテンをTV適当な条件下（ヘキサン/塩化メチル中，$-80°C$，$TiCl_4$または$Me_{1.5}AlBr_{1.5}$触媒，[ブタジエン]/[活性末端] $≤1.2$）でブタジエンと反応させることにより，ハロアリル末端を有するポリイソブテンが

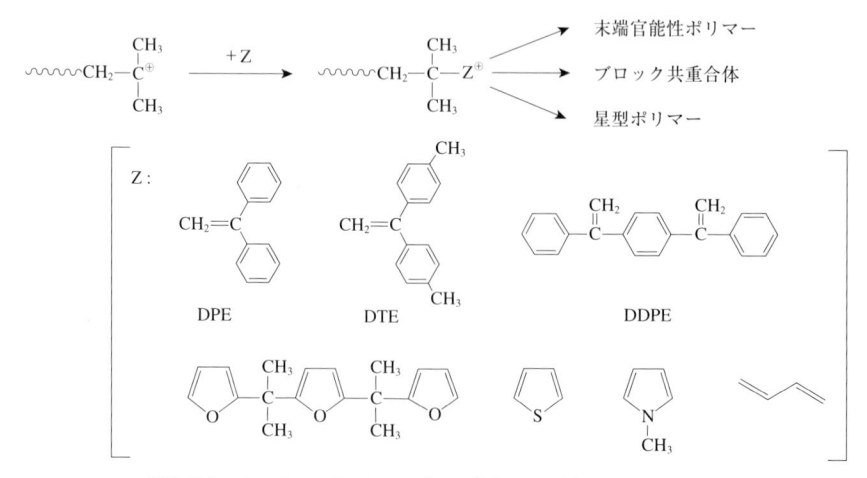

図2.61　イソブテン系でキャッピング法を用いた種々のポリマー合成

定量的に得られることを見出した[421]. さらに,その後のS_N2反応により水酸基,アミノ基,カルボキシル基,アジド基,プロパルギル基,チミン基末端へと変換され[422],^{1}H-NMR,^{13}C-NMR, FT-IR, MALDI-TOF MS により定量的な反応であることが確認されている. また,このようなキャッピング法を利用したポリエチレンオキシドとのブロック共重合体や水酸基末端のテレケリックポリマーの合成も行われている[370].

7.3 ◆ テレケリックポリマーの合成

$α,ω$-末端二官能性(テレケリック)ポリマーや末端多官能性ポリマーは,一般には上述の 7.1 節および 7.2 節の組み合わせ,たとえば多官能性開始剤によるリビング重合と官能基を有する停止剤のキャッピング反応[423〜428]や官能基を有する開始剤によるリビング重合と多官能性停止剤のキャッピング反応[430](図 2.62)により合成されている. Kennedy らは最近,シアノアクリル酸エステル基を末端に有する 3 本鎖またはテレケリックポリイソブテン(図 2.62 下)の合成を行った[426]. シアノアクリル酸エステル基は空気中の水分などで容易に重合するため,瞬間接着剤などに用いられている官能基である. 合成上のポイントは,高反応性のシアノアクリル酸エステルの保護であり,最終的には OH 末端ポリイソブテンと反応させることにより定量的に合成された. このポリマーは生医学用の材料として開発中であり,生体内に注入されると,水分または別途添加するアミン末端ポリイソブテンなどと反応して瞬時に架橋弾性体が形成される.

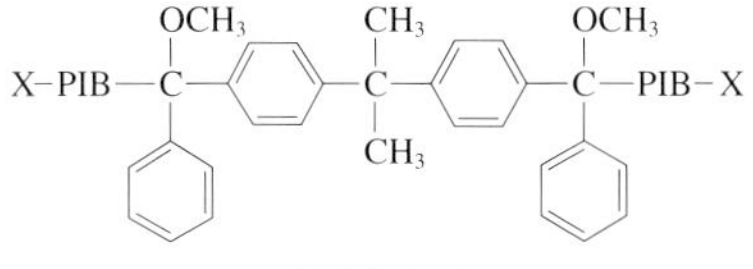

DDPE 誘導体を用いた系

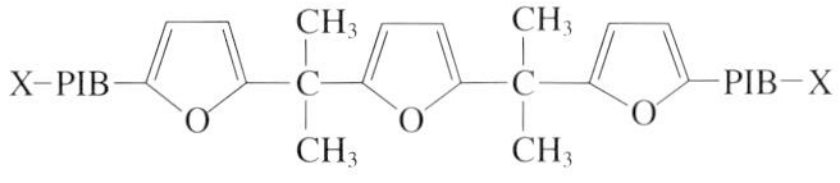

フラン誘導体を用いた系

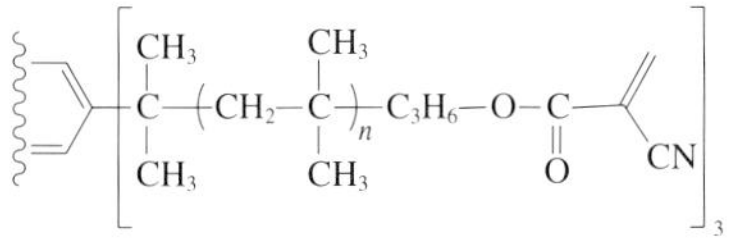

シアノアクリル酸エステル基を末端に有する 3 本鎖ポリイソブテン

図 2.62 テレケリックポリイソブテンの例

8章 官能基を有する星型ポリマーの精密合成

　デンドリマーに代表されるように，均一サイズで多数の官能基をもつナノ微粒子はさまざまな分野で注目されている[430,431]．星型ポリマーは，中心のコアとなる構造から多数の枝が放射状に伸びており，ナノ微粒子の一つとしてとらえることができる．星型ポリマーは，球状に近い形態と高密度な構造をもつため，対応する直鎖状ポリマーとは異なる性質，機能を発現することが知られている[432~435]．星型ポリマーの合成法は，リビングアニオン重合の発見ののちに確立され，その合成法は大きく三つに分類される[432,436,437]．図 2.63 に示すように，(i) 多官能性開始剤によるリビング重合，(ii) 多官能性停止剤によるカップリング反応，(iii) リビングポリマーとジビニル化合物の反応によるポリマー結合反応である．方法 (i)，(ii) に関しては，他章で述べているので，ここでは方法 (iii) に焦点を当てる．方法 (iii) はアニオン重合により合成法が確立されてから，さまざまな星型ポリマーが合成された[433,438,439]．しかし，極性官能基をもつ星型ポリマーは 1990 年以前にはほとんど研究されていない．メタクリル酸エステルポリマーを枝とする星型ポリマーは合成されていたが[440~442]，官能基をもつ星型ポリマーとしての研究対象ではなかった．1990 年にようやくフリーラジカル重合を用いた両親媒性多分岐ポリマー（星型様形状）の合成が報告されている[443,444]．ジビニルベンゼンを架橋して得たミクロゲルと，アクリル酸もしくはメタクリル酸を共存させ，ラジカル重合開始剤を添加すると，重合反応と同時に，ミクロゲルに存在する二重結合への攻撃が起こり，さまざまな長さの枝をもつ分岐ポリマーが生成する．

8.1 ◆ 精密構造を有する星型ポリマーの高選択的合成

　構造の明確な極性官能基を有する星型ポリマーは，リビングカチオン重合を用いて初めて合成された[432]．金岡らは，リビングカチオン重合で生成したアルキルビニルエーテルポリマーと，二官能性ビニルエーテルを反応させ，星型ポリマーを合成した（図 2.64）[445]．これは，カチオン重合による星型ポリマーの初めての例である．さらに，種々の極性官能基を有するポリマーと，二官能性ビニルエーテルを反応させ，種々の機能性星型ポリマーを高収率で合成している[446,447]．たとえば，水酸基[446]，カルボキシル基[447]を枝の側鎖に有する両親媒性星型ブロック共重合体（図 2.65）を合成し，その溶解性が枝ポリマーの配列により大きく変化することを明らかにした．外側のセグメントの性質が，星

第Ⅱ編　カチオン重合

多官能性開始剤からのリビング重合

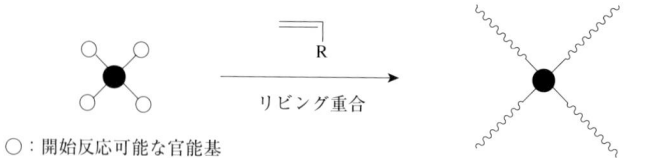

○：開始反応可能な官能基

多官能性停止剤とリビングポリマーのカップリング反応

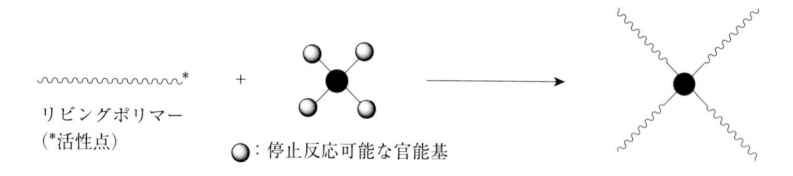

リビングポリマー
(*活性点)

●：停止反応可能な官能基

リビングポリマーとジビニル化合物によるポリマー結合反応

リビングポリマー
(*活性点)

架橋によるミクロゲルコアの形成

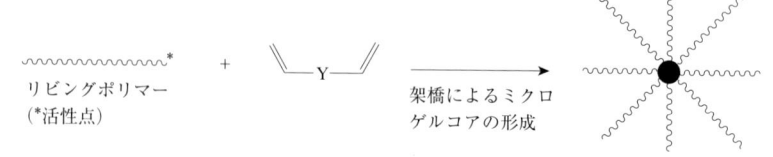

図 2.63 リビング重合による星型ポリマーの合成法

ジビニル化合物の例

星型ポリマー　←　ポリマー結合反応

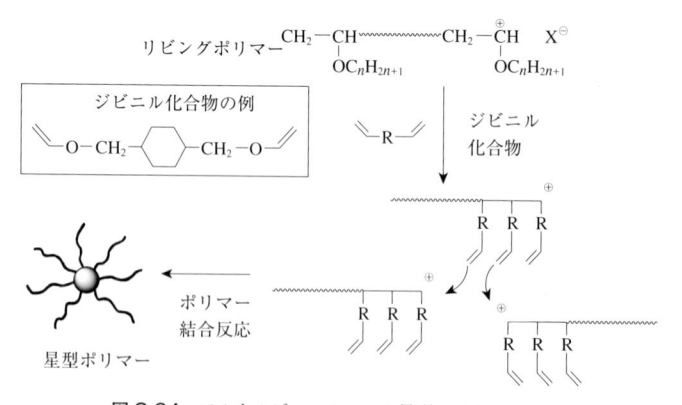

図 2.64 アルキルビニルエーテル星型ポリマーの合成

型ポリマー分子全体の溶解性を決定する重要な因子となる．これらのポリマーに続いて，ヘテロアーム型[448]，コア官能基含有型[449]の星型ポリマーが合成された．さらに，さまざまな星型ポリマーの低分子化合物（安息香酸など）捕捉能が明らかとなった[450,451]．同時

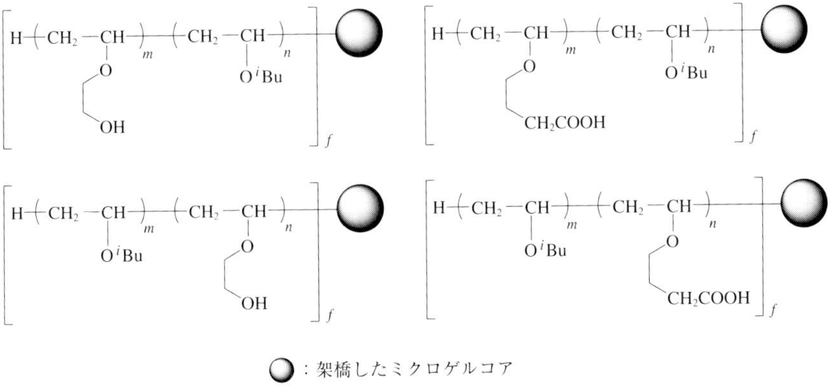

8章　官能基を有する星型ポリマーの精密合成

図2.65　両親媒性星型ブロック共重合体
●：架橋したミクロゲルコア

期にカルボキシル基を含むノルボルネン誘導体の両親媒性星型ポリマーが，開環メタセシス重合により合成された[452]．これらの進展にもかかわらず，官能基を有する星型ポリマーの研究は，それほど増加しなかった．アニオン重合の分野では，より複雑な構造の星型ポリマーの合成を目指す研究が盛んに行われた[433, 438, 439, 453, 454]．

以上の状況は，リビングラジカル重合の発見とその後の進展により一変した．多官能性の開始剤[455~458]，連鎖移動剤[455, 459, 460]による分子量分布の狭い星型ポリマーの合成が報告されている．しかし，枝数の多い星型ポリマーの合成には，複雑な構造の開始剤，連鎖移動剤が必要となるという欠点がある．多数の枝をもつ星型ポリマーの合成にはリビングポリマーとジビニル化合物の反応（方法 (iii)）が適している．

しかし一般に，リビングポリマーと二官能性ビニル化合物との反応では，出発のリビングポリマーが未反応のまま残存するという欠点がある[445, 456, 461~473]．また，生成する星型ポリマーの枝の数は統計的な分布をもち，そのサイズ，分子量分布の制御などは困難であった．最近，分子量分布の非常に狭い星型ポリマーの合成が，初めて達成された．酢酸エチル，ジオキサンなどの添加塩基存在下におけるリビングカチオン重合を用いると，非常に狭い分子量分布を有する星型ポリマーが生成する[474]．たとえば，$EtAlCl_2$ により合成したアルキルビニルエーテルのリビングポリマーに，二官能性ビニルエーテルを反応させると，出発のリビングポリマーは定量的に消費され，100％の収率で星型ポリマーが生成する．しかも，生成した星型ポリマーの多分散性は 1.1 ～ 1.2 と，従来に比べて非常に狭い．このような大きさの揃った星型ポリマーの簡便かつ定量的な合成は，今までに例がない．このようなサイズの揃った星型ポリマーの簡便な合成は，星型ポリマーの機能材料への新たな可能性を広げると考えられる．以下では，明確な構造で，かつサイズが揃った星型ポリマーが必要とされる分野の研究を把握するために，カチオン重合以外の方法で合成された例がほとんどであるが，主要な研究について紹介する．

8.2 ◆ ナノカプセルとしての星型ポリマー

　ドラッグデリバリーの研究には，両親媒性ブロック共重合体（高分子ミセル），デンドリマー，星型ポリマーが用いられることが多い．研究例としては前者二つのポリマーが圧倒的に多いが，高分子ミセルは濃度依存性がある．デンドリマーはサイズの大きなものを合成するには手間がかかるといった問題点がある．一方，星型ポリマーは，デンドリマーに比べてさまざまなサイズの分子の合成が比較的容易である．また，当然ではあるが，いかなる濃度においても，枝ポリマーの密度は一定，つまり星型分子内の官能基濃度は一定となる．そこで，近年，星型ポリマーが薬物，遺伝子，タンパク質などの輸送媒体（ナノキャリヤーとよばれる）として注目されている[475]．

　上記の用途には特に，リビングポリマーとジビニル化合物を反応させて得られるコア架橋型星型ポリマーが期待されている．これは，物質を内包するミクロゲル核のサイズを調整することが可能なためである．しかし，星型ポリマーのミクロゲル核は共有結合で架橋しているため，薬剤を内包したのち，一度に放出させることが困難である．そこで最近，コア部分に分解性の結合をもつ星型ポリマーが合成されている[476]．たとえば，リビングラジカル重合を用いた反応で，メタクリル酸エステル型ジビニル化合物のスペーサー部分にエステル[477,478]，シリルオキシ結合[479]，アセタール結合[480]，ジスルフィド結合[481]を導入した（図2.66）星型ポリマーが合成されている．これらのジビニル化合物を用いると，いったん架橋してポリマーどうしを結合させるが，加水分解などの反応により容易にコア部分の結合を切断することができる．また，ε-カプロラクトンやラクチドの開環重合により，枝，核ともに分解可能な星型ポリマーの合成も報告されている[482~484]．

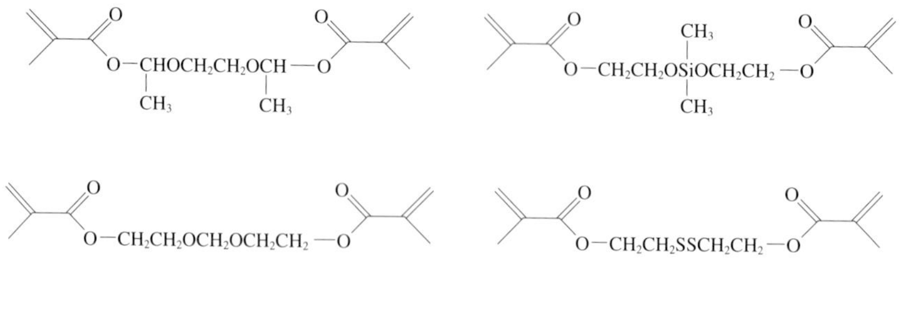

図2.66 分解可能なジビニル化合物の例

8.3 ◆ ナノ反応場としての星型ポリマー：触媒金属微粒子の担持

金ナノ微粒子はバルク状態とは異なり，触媒能を有することが知られている[485]．しかし，溶液中では不安定で凝集しやすいため，その表面をポリマーや低分子有機化合物で覆う必要がある．佃，櫻井らはポリビニルピロリドンを保護剤に用い，水中において安定で，かつ大きさの揃った金ナノ微粒子の創製に成功した[486]．さらに，いくつかの反応で，金ナノ微粒子のサイズが小さくなると，飛躍的に触媒活性が向上することを明らかにした[486〜491]．しかし，反応中または，反応後の処理段階で微粒子が凝集し，触媒の再利用は困難であった．この問題は，親水性の枝ポリマーと疎水性のコア部分をもつ星型ポリマーを用いることで解決された．添加塩基存在下でのリビングカチオン重合で合成したオキシエチレン側鎖ビニルエーテルセグメントを有する星型ポリマーが，金ナノ微粒子の安定化に非常に有効であることが示された[492]．

星型ポリマー水溶液中で撹拌しながら，塩化金酸に $NaBH_4$ を添加し，還元する簡便な方法で，3〜4 nm で大きさの揃った金ナノ微粒子が得られる．このようにして得られた星型ポリマー担持微粒子は非常に安定で，長期にわたって自発的な凝集が起こらない[492]．得られた微粒子は，水中，大気下，室温付近という穏やかな条件で，種々のアルコールの酸化反応触媒として働くことが示された．たとえば，ベンジルアルコールは1時間でほぼ定量的に安息香酸に変換される（[benzyl alcohol] = 16.7 mM, [Au] = 0.33 mM, [KOH] = 50.0 mM, 27℃，水溶媒中）．反応中も反応後の精製段階でも金ナノ微粒子の凝集は起こらない．このような高い安定性は初めての例である．

高い安定性とオキシエチレンビニルエーテル星型ポリマーの温度応答性を組み合わせることにより，触媒の再利用が可能となった．オキシエチレンビニルエーテル星型ポリマーは，室温付近では水に溶けているが，温度を上げると析出・沈殿（相分離）する性質（温度応答性）がある．この溶解，相分離は可逆的に何回も繰り返すことができる．アルコール酸化反応後に，溶液の温度を上げると（たとえば60℃以上），星型ポリマー担持微粒子が沈殿し，容易に回収できる（図2.67）．回収後の触媒は，最初と同様の触媒活性を保ち，少なくとも6回，反応触媒として利用可能であることが示された[492]．このように，溶液中で再生・再利用可能な金ナノ微粒子触媒は初めての例である．

その他，星型ポリマーを用いた金ナノ微粒子の創製の例としては，Shubert らが，ポリエチレンオキシドとポリ（ε-カプロラクトン）のブロック共重合体を枝に有する5本鎖星型ポリマー存在下で金ナノ微粒子を生成させ安定化することを報告している[493]．また，この星型ポリマーは安定なパラジウム微粒子の合成にも用いられている．この触媒（0.1 mol%）によりスチレンと4-ブロモアセトフェノンのHeck反応が24時間で進行する[494]．安定なパラジウム微粒子は，上述の温度応答性ビニルエーテル星型ポリマーを用

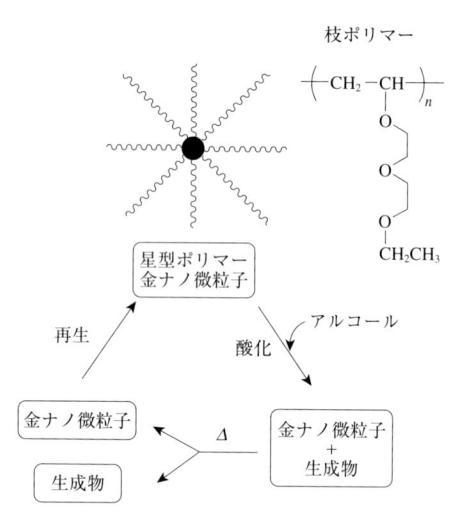

図 2.67 温度応答性星型ポリマー金ナノ微粒子触媒の反応・回収・再利用

いても合成され，ヨードベンゼンとアクリル酸エチルの Heck 反応に有効なことが示された[18]．これらの反応系では，高価で毒性のあるホスフィン配位子を使う必要がない．また，0 価のパラジウムを使用しているので，反応機構の面でも新たな見解を与えることが期待される．

9章 まとめと展望

　本編では，カチオン重合の基礎から説明が始まり，次にリビング重合の考え方・検討例を詳細に述べ，後半では新しいモノマーの重合や刺激応答性ポリマーの合成，ブロック・末端官能性・星型ポリマーの合成などをまとめた．まず最初の部分では，求電子付加反応や Friedel-Crafts 反応とも関わりが深い各素反応の詳細な検討がなされ，その長所・短所が明らかになった．特に，カチオン重合において頻繁に起こる副反応が複雑でわかりにくく，いかに制御困難であるかが示されている．またそれと同時に，反応機構の詳細な検討と厳密な制御により出現してきたリビング重合に関しては，ダイナミックな流れが感じられたと思う．また，後半部分では，着実に増加してきた各種ポリマーの精密合成例から新しい傾向や今後の展開が見えてきた．たとえば，一つの代表例として挙げた温度応答性ポリマーでは，両親媒性ポリマーの新しい性質の発見から始まり，リビング重合検討や分子設計を経て新しいブロック共重合体や星型ポリマーが得られるようになり，その結果，ドラッグデリバリーシステムや金属ナノ微粒子触媒へとつながった．

　しかし一方，客観的にカチオン重合を評価してみると，重合機構の検討はまだアニオン重合ほど系統的ではなく，新しい材料が次から次へと得られているラジカル重合のようなスピードや汎用性も少ないと感じられる．他の重合法と比較する必要はないのかもしれないが，少々不本意な気もする．ただ本編のように整理し直してみると，カチオン重合はよく検討されていない部分が多いだけで，ポテンシャル自体は高いことがわかる．まだ能力を出しきれていない「大器晩成型の次男坊」といったところか．とらえ方によっては，とても魅力的な存在である．たとえば，カチオン重合には他の重合法では合成できない多くの種類のモノマーがあり，しかもそれらのほとんどがまだ制御法が確立できていない．また，立体規則性やモノマーシークエンスの完全な制御も，きっかけとなる研究こそ始まっているものの大きな課題として残されている．

　カチオン重合の今後の展開を考えるうえで大きなポイントとなることは，触媒系の設計と生成高分子の材料としての検討であろう．前者について述べると，これまでの重合系では，ほとんどの系でルイス酸をそのまま触媒として使用している．もちろん現段階ではそれだけでも十分興味深いのであるが，たとえば，低分子の有機反応，ラジカル重合・配位重合などを見ると，新しい触媒系がどんどん設計され従来にない生成物が得られるようになっている．実際，ハロゲン化金属によるリビングカチオン重合においても，金属の種類を変えるとそれぞれの個性が現れてくることがわかってきており，親塩素性や親酸素性という性質だけではないより多くの特徴が見出されるはずである．さらにそれを利用すると

配位子や添加物の設計も容易になり，立体規則性や超高活性な触媒，従来重合しなかったモノマー（たとえば酢酸ビニル）の重合にも有効な触媒が設計できるようなるであろう．もう一つの課題は，生成ポリマーの高分子材料としての検討である．カチオン重合で得られるポリマーを材料として見てみると，現在広範囲に市販されているものはブチルゴムや石油樹脂などに限られている．その理由は，つい最近まで構造や分子量の制御などが困難であったためと，プロセス的には，反応を制御するために低温が必要であったり触媒の除去などが問題であった．しかしそれらは解決し始めている．室温以上の高温でもリビング重合が十分進行するようになり，超高速の系もある．また，たとえば砂鉄などを用いた不均一リビング重合系では，触媒は環境への負荷が小さいだけでなく磁石で容易に除去可能になっている．もともと，カチオン重合は特別な装置を必要としないシンプルなプロセスの場合が多く工業化には適していると考えられているだけに，今後の再検討が望まれる．

最後になるが，カルボカチオンの化学はバッチや試験管内のカチオン重合としてだけでなく，生体内で生成するポリマー（たとえば天然ゴムなど）の生成過程に深く関与しており，それらを解明しようとするロマンのある研究も進められている．もちろん，低分子有機反応の中間体としても有用であり，本編で述べたようなカチオン重合の成果が，今後それらに有効に結びつくことを期待したい．

参考書

- 村橋俊介，小高忠男，蒲池幹治，則末尚志編，高分子化学 第 5 版，共立出版（2007）
- 伊勢典夫，今西幸夫，川端季雄，砂本順三，東村敏延，山川裕巳，山本雅英，新高分子化学序論，化学同人（1995）
- 高分子学会編，基礎高分子科学，東京化学同人（2006）
- 高分子学会編，新高分子実験学 2：高分子の合成・反応(1)，共立出版（1995）

文　献

1) J. Furukawa and T. Tsuruta, *J. Polym. Sci.*, **36**, 275（1959）
2) K. Hatada, T. Kitayama, T. Nishiura, and W. Shibuya, *Current Org. Chem.*, **6**, 121（2002）
3) K. Hatada, T. Kitayama, T. Nishiura, W. Shibuya, *J. Polym. Sci., Part A: Polym. Chem.*, **40**, 2134（2002）
4) C. E. Schildknecht, A. O. Zoss, and F. Grosser, *Ind. Eng. Chem.*, **41**, 2891（1949）
5) C. G. Overberger, D. Tanner, and E. M. Pearce, *J. Am. Chem. Soc.*, **80**, 1761（1958）
6) H. Staudinger and E. Dreher, *Ann.*, **517**, 73（1935）
7) J. P. Kennedy, Cationic Polymerization of Olefins: A Critical Inventory, John Wiley and Sons, New York（1975）
8) C. P. Brown and A. R. Mathieson, *J. Chem. Soc.*, 3445（1958）
9) M. Sawamoto and T. Higashimura, *Macromolecules*, **12**, 581（1979）
10) 山岡仁史，東村敏延，岡村誠三，高分子化学，**18**, 561（1961）
11) G. A. Olah, *Friedel-Crafts and Related Reactions*, Interscience（1964）
12) A. G. Evans, D. Holden, P. H. Plesch, M. Polanyi, H. A. Skinner, and M. A. Weinberger, *Nature*, **157**, 102（1946）
13) F. S. Dainton and G. B. B. M. Sutherland, *J. Polym. Sci.*, **4**, 37（1949）
14) G. Kockelbergh and G. Smets, *J. Polym. Sci.*, **33**, 227（1958）
15) R. O. Colclough and F. S. Dainton, *Trans. Faraday Soc.*, **54**, 886（1958）
16) D. C. Pepper（G. A. Olah ed.），*Friedel-Crafts and Related Reactions*, Interscience, New York（1964），Chapter 30
17) P. H. Plesch and M. Polanyi, H. A. Skinner, *J. Chem. Soc.*, 257（1947）
18) S. Aoshima and S. Kanaoka, *Chem. Rev.*, **109**, 5245（2009）
19) J. P. Kennedy, *J. Polym. Sci., Part A-1: Polym. Chem.*, **6**, 3139（1968）
20) J. P. Kennedy, *International Symposium on Macromolecules*, Tokyo-Kyoto, I-47（1966）
21) 東村敏延，講座 重合反応論 3：カチオン重合，化学同人（1973）
22) D. D. Eley and J. Saunders, *J. Chem. Soc.*, 1668（1954）

23) M. Shirai and M. Tsunooka, *Prog. Polym. Sci.*, **21**, 1-45 (1996)
24) Y. Yagci and T. Endo, *Adv. Polym. Sci.*, **127**, 59-86 (1997)
25) Y. Yagci, Y. Y. Durmaz, and B. Aydogan, *Chem. Rec.*, **7**, 78 (2007)
26) S. Kwon, Y. Lee, H. Jeon, K Han, and S. Mah, *J. Appl. Polym. Sci.*, **101**, 3581 (2006)
27) T. Moriguchi, T. Endo, T. Takata, and Y. Nakane, *Macromolecules*, **28**, 4334 (1995)
28) S. Lee, T. Takata, and T. Endo, *J. Polym. Sci, Part A: Polym. Chem.*, **37**, 293 (1999)
29) A. Nagaki, K. Kawamura, S. Suga, T. Ando, M. Sawamoto, and J. Yoshida, *J. Am. Chem. Soc.*, **126**, 14702 (2004)
30) G. A. Olah, *J. Org. Chem.*, **66**, 5943 (2001)
31) T. Laube, *Chem. Rev.*, **98**, 1277 (1998)
32) C. A. Reed, *Chem. Commun.*, 1669 (2005)
33) T. Masuda and T. Higashimura, *J. Polym. Sci., Part B: Polym. Lett.*, **9**, 783 (1971)
34) T. Higashimura and O. Kishiro, *J. Polym. Sci., Polym. Chem. Ed.*, **12**, 967 (1974)
35) S. Aoshima, S. Iwasa, and E. Kobayashi, *Polym. J.*, **26**, 912 (1994)
36) M. Ouchi, M. Kamigaito, and M. Sawamoto, *Macromolecules*, **34**, 3176 (2001)
37) J. P. Kennedy and R. M. Thomas, *Makromol. Chem.*, **53**, 28 (1962)
38) N. D. Field, *J. Org. Chem.*, **25**, 1006 (1960)
39) J. P. Kennedy and J. A. Hinlicky, *Polymer*, **6**, 133 (1965)
40) W. J. Roberts and A. R. Day, *J. Am. Chem. Soc.*, **72**, 1226 (1950)
41) 鷲見正雄，野櫻俊一，村橋俊介，高分子化学，**24**, 424 (1967)
42) M. Ouchi, M. Kamigaito, and M. Sawamoto, *Macromolecules*, **32**, 6407 (1999)
43) T. Kunitake and C. Aso, *J. Polym. Sci., Part A-1: Polym. Chem.*, **8**, 665 (1970)
44) J. P. Kennedy and N. H. Canter, *J. Polym. Sci., Part A-1: Polym. Chem.*, **5**, 2455 (1967)
45) J. P. Kennedy, S. Y. Huang, and S. C. Feinberg, *J. Polym. Sci., Polym. Chem. Ed.*, **15**, 2869 (1977)
46) C. M. Fontana, G. A. Kidder, and R. J. Herold, *Ind. Eng. Chem.*, **44**, 1688 (1952)
47) C. M. Fontana, R. J. Herold, E. J. Kinney, and R. C. Miller, *Ind. Eng. Chem.*, **44**, 2955 (1952)
48) J. P. Kennedy and M. Hiza, *Polym. Bull.*, **8**, 557 (1982)
49) S. Aoshima and T. Higashimura, *Polym. J.*, **16**, 249 (1984)
50) R. Mildenberg, M. Zander and G. Collin, *Hydrocarbon Resins*, Wiley-VCH, New York (1997)
51) T. Higashimura and M. Sawamoto, *Adv. Polym. Sci.*, **62**, 49-94 (1984)
52) H. Hasegawa and T. Higashimura, *J. Appl. Polym. Sci.*, **27**, 171 (1982)
53) H. Hasegawa and T. Higashimura, *Polym. J.*, **12**, 407 (1980)
54) H. Hasegawa and T. Higashimura, *Macromolecules*, **13**, 1350 (1980)
55) T. Higashimura, S. Aoshima, and H. Hasegawa, *Macromolecules*, **15**, 1221 (1982)

56) S. Aoshima and T. Higashimura, *J. Polym. Sci., Part A: Polym. Chem.*, **26**, 393 (1988)
57) Z. Jiang and A. Sen, *J. Am. Chem. Soc.*, **112**, 9655 (1990)
58) O. Nuyken, G. Maier, D. Yang, and M. B. Leitner, *Makromol. Chem., Macromol. Symp.*, **60**, 57 (1992)
59) K. Matyjaszewski, M. Sawamoto (K. Matyjaszewski ed.), *Cationic Polymerizations: Mechanism, Synthesis, and Applications*, Marcel Dekker, New York (1996), Chapter 4 and 5
60) M. Miyamoto, M. Sawamoto, and T. Higashimura, *Macromolecules*, **17**, 265 (1984)
61) M. Miyamoto, M. Sawamoto, and T. Higashimura, *Macromolecules*, **17**, 2228 (1984)
62) T. Higashimura, M. Miyamoto, and M. Sawamoto, *Macromolecules*, **18**, 611 (1985)
63) M. Sawamoto, C. Okamoto, and T. Higashimura, *Macromolecules*, **20**, 2693 (1987)
64) K. Kojima, M. Sawamoto, and T. Higashimura, *Macromolecules*, **22**, 1552 (1989)
65) M. Schappacher and A. Deffieux, *Macromolecules*, **24**, 2140 (1991)
66) M. Schappacher and A. Deffieux, *Macromolecules*, **24**, 4221 (1991)
67) M. Kamigaito, Y. Maeda, M. Sawamoto, and T. Higashimura, *Macromolecules*, **26**, 1643 (1993)
68) Y. H. Kim and T. Heitz, *Makromol. Chem., Rapid Commun.*, **11**, 525 (1990)
69) M. Kamigaito, M. Swamoto, and T. Higashimura, *Macromolecules*, **24**, 3988 (1991)
70) S. Aoshima and T. Higashimura, *Polym. Bull.*, **15**, 417 (1986)
71) S. Aoshima and T. Higashimura, *Macromolecules*, **22**, 1009 (1989)
72) Y. Kishimoto, S. Aoshima, and T. Higashimura, *Macromolecules*, **22**, 3877 (1989)
73) T. Higashimura, Y. Kishimoto, and S. Aoshima, *Polym. Bull.*, **18**, 111 (1987)
74) M. Miyamoto, M. Sawamoto, and T. Higashimura, *Macromolecules*, **18**, 123 (1985)
75) T. Yoshida, K. Seno, S. Kanaoka, and S. Aoshima, *J. Polym. Sci., Part A: Polym. Chem.*, **43**, 1155 (2005)
76) T. Yoshida, S. Kanaoka, H. Watanabe, and S. Aoshima, *J. Polym. Sci., Part A: Polym. Chem.*, **43**, 2712 (2005)
77) K. Seno, A. Date, S. Kanaoka, and S. Aoshima, *J. Polym. Sci., Part A: Polym. Chem.*, **46**, 4392 (2008)
78) S. Aoshima, T. Nakamura, N. Uesugi, M. Sawamoto, and T. Higashimura, *Macromolecules*, **18**, 2097 (1985)
79) T. Higashimura, T. Enoki, and M. Sawamoto, *Polym. J.*, **19**, 515 (1987)
80) T. Hashimoto, H. Ibuki, M. Sawamoto, and T. Higashimura, *J. Polym. Sci., Polym. Chem. Ed.*, **26**, 3361 (1988)
81) Y. Oda, S. Kanaoka, and S. Aoshima, *J. Polym. Sci., Part A: Polym. Chem.*, **48**, 1207 (2010)
82) C. G. Cho, B. A. Feit, and O. W. Webster, *Macromolecules*, **23**, 1918 (1990)

83) C. G. Cho, B. A. Feit, and O. W. Webster, *Macromolecules*, **25**, 2081 (1992)
84) J. Izumi and T. Mukaiyama, *Chem. Lett.*, 739 (1996)
85) I. Hachiya, M. Moriwaki, and S. Kobayashi, *Bull. Chem. Soc. Jpn.*, **68**, 2053 (1995)
86) S. Kobayashi and S. Iwamoto, *Tetrahedron Lett.*, **39**, 4697 (1998)
87) A. Fürstner, D. Voigtländer, W. Schrader, D. Giebel, and M. T. Reetz, *Org. Lett.*, **3**, 417 (2001)
88) S. Gmouh, H. Yang, and M. Vaultier, *Org. Lett.*, **5**, 2219 (2003)
89) T. Tsuchimoto, K. Tobita, T. Hiyama, and S. Fukuzawa, *J. Org. Chem.*, **62**, 6997 (1997)
90) M. Noji, T. Ohno, K. Fuji, N. Futaba, H. Tajima, and K. Ishii, *J. Org. Chem.*, **68**, 9340 (2003)
91) K. Mertins, I. Iovel, J. Kischel, A. Zapf, and M. Beller, *Angew. Chem., Int. Ed.*, **44**, 238 (2005)
92) M. Bandini, P. G. Cozzi, P. Melchiorre, and A. Umani-Ronchi, *J. Org. Chem.*, **67**, 5386 (2002)
93) M. Bandini, A. Melloni, S. Tommasi, and A. Umani-Ronchi, *Synlett*, 1199 (2005)
94) S. Aoshima, T. Yoshida, A. Kanazawa, and S. Kanaoka, *J. Polym. Sci., Part A: Polym. Chem.*, **45**, 1801 (2007)
95) T. Yoshida, T. Tsujino, S. Kanaoka, and S. Aoshima, *J. Polym. Sci., Part A: Polym. Chem.*, **43**, 468 (2005)
96) M. Baaz, V. Gutmann (G. A. Olah ed.), *Friedel-Crafts and Related Reactions, Vol. 1*, Interscience, New York (1963), Chapter 5
97) R. G. Pearson, *J. Am. Chem. Soc.*, **85**, 3533 (1963)
98) T.-L. Ho, *Chem. Rev.*, **75**, 1 (1975)
99) M. Yonezumi, S. Okumoto, S. Kanaoka, and S. Aoshima, *J. Polym. Sci., Part A: Polym. Chem.*, **46**, 6129 (2008)
100) M. Yonezumi, S. Kanaoka, and S. Aoshima, *J. Polym. Sci., Part A: Polym. Chem.*, **46**, 4495 (2008)
101) M. Yonezumi, R. Takaku, S. Kanaoka, and S. Aoshima, *J. Polym. Sci., Part A: Polym. Chem.*, **46**, 2202 (2008)
102) N. Mizuno, K. Satoh, M. Kamigaito, and Y. Okamoto, *Macromolecules*, **39**, 5280 (2006)
103) Y. Zhang, *Inorg. Chem.*, **21**, 3886 (1982)
104) N. Aoyama, K. Manabe, and S. Kobayashi, *Chem. Lett.*, **33**, 312 (2004)
105) C. Bolm, J. Legros, J. L. Paih, and L. Zani, *Chem. Rev.*, **104**, 6217 (2004)
106) A. Kanazawa, Y. Hirabaru, S. Kanaoka, and S. Aoshima, *J. Polym. Sci., Part A: Polym. Chem.*, **44**, 5795 (2006)
107) K. Matsuzaki, M. Hamada, and K. Arita, *J. Polym. Sci., Part A-1: Polym. Chem.*, **5**,

1233 (1967)
108) Y. Sakurada, T. Higashimura, and S. Okamura, *J. Polym. Sci.*, **33**, 496 (1958)
109) J.-M. Santarella, E. Rousset, S. Randriamahefa, A. Macedo, and H. Cheradame, *Eur. Polym. J.*, **36**, 2715 (2000)
110) A. Kanazawa, S. Kanaoka, and S. Aoshima, *Macromolecules*, **42**, 3965 (2009)
111) S. Aoshima, K. Shachi, and E. Kobayashi, *Makromol. Chem.*, **192**, 1759 (1991)
112) T. Yoshida, A. Kanazawa, S. Kanaoka, and S. Aoshima, *J. Polym. Sci., Part A: Polym. Chem.*, **43**, 4288 (2005)
113) A. Kanazawa, S. Kanaoka, and S. Aoshima, *Macromolecules*, **43**, 2739 (2010)
114) A. Kanazawa, S. Kanaoka, and S. Aoshima, *J. Polym. Sci., Part A: Polym. Chem.*, **48**, 3702 (2010)
115) H. Yoshida, S. Kanaoka, and S. Aoshima, *Polym. Prep., Jpn.*, **58**, 295 (2009)
116) K. Nakatani, M. Ouchi, and M. Sawamoto, *J. Polym. Sci., Part A: Polym. Chem.*, **47**, 4194 (2009)
117) Y. Ishido, R. Aburaki, S. Kanaoka, and S. Aoshima, *J. Polym. Sci., Part A: Polym. Chem.*, **48**, 1838 (2010)
118) N. Chatani, M. Oshita, M. Tobisu, Y. Ishii, and S. Murai, *J. Am. Chem. Soc.*, **125**, 7812 (2003)
119) Y. Ishido, R. Aburaki, S. Kanaoka, and S. Aoshima, *Macromolecules*, **43**, 3141 (2010)
120) M. Kamigaito, M. Sawamoto, and T. Higashimura, *Makromol. Chem.*, **194**, 727 (1993)
121) D. Y. Sogah and O. W. Webster, *Macromolecules*, **19**, 1775 (1986)
122) T. Hirabayashi, T. Itoh, and K. Yokota, *Polym. J.*, **20**, 1041 (1988)
123) Y. Mori, H. Sumi, T. Hirabayashi, Y. Inai, and K. Yokota, *Macromolecules*, **27**, 1051 (1994)
124) J. Shen and D. Y. Sogah, *Macromolecules*, **27**, 6996 (1994)
125) 青木修三，中村英之，大津隆行，高分子化学, **25**, 835 (1968)
126) 東村敏延，渡辺俊経，岡村誠三，高分子化学, **20**, 680 (1963)
127) E. J. Vandenberg, *J. Polym. Sci., Part C: Polym. Symp.*, **1**, 207 (1963)
128) J. D. Burrington, J. R. Johnson, and J. K. Pudelski, *Topics in Catalysis*, **23**, 175-181 (2003)
129) V. Touchard, R. Spitz, C. Boisson, and M.-F. Llauro, *Macromol. Rapid Commun.*, **25**, 1953 (2004)
130) M. T. Bryk, N. N. Baglei, and O. D. Kurilenko, *Vysokomol. Soedin., Ser. A*, **17**, 1034 (1975)
131) A. Kanazawa, S. Kanaoka, and S. Aoshima, *J. Am. Chem. Soc.*, **129**, 2420 (2007)

132) A. Kanazawa, S. Kanaoka, and S. Aoshima, *J. Polym. Sci., Part A : Polym. Chem.*, **48**, 916 (2010)
133) M. Sawamoto, J. Fujimori, and T. Higashimura, *Macromolecules*, **20**, 916 (1987)
134) O. Nuyken and H. Kröner, *Makromol. Chem.*, **191**, 1 (1990)
135) S. Sugihara, Y. Tanabe, M. Kitagawa, and I. Ikeda, *J. Polym. Sci., Part A: Polym. Chem.*, **46**, 1913 (2008)
136) R. Faust and J. P. Kennedy, *Polym. Bull.*, **15**, 317 (1986)
137) R. Faust and J. P. Kennedy, *J. Polym. Sci., Part A: Polym. Chem.*, **25**, 1847 (1987)
138) R. Faust and J. P. Kennedy, *J. Macromol. Sci. Chem.*, **A27**, 649 (1990)
139) M. K. Mishra and J. P. Kennedy, *J. Macromol. Sci. Chem.*, **A24**, 933 (1987)
140) M. K. Mishra, C. C. Chen, and J. P. Kennedy, *Polym. Bull.*, **22**, 455 (1989)
141) G. Kaszas, J. E. Puskas, C. C. Chen, and J. P. Kennedy, *Polym. Bull.*, **20**, 413 (1988)
142) L. Balogh and R. Faust, *Polym. Bull.*, **28**, 367 (1992)
143) M. Gyor, H.-C. Wang, and R. Faust, *J. Macromol. Sci. Chem.*, **A29**, 639 (1992)
144) B. Rajabalitabar, H. A. Nguyen, and H. Cheradame, *Macromolecules*, **29**, 514 (1996)
145) T. D. Shaffer, U.S. Patent 5,350,819 (1994), assigned to Exxon Chemical Patents, Inc.
146) M. Bahadur, T. D. Shaffer, and J. R. Ashbaugh, *Macromolecules*, **33**, 9548 (2000)
147) L. Sipos, P. De, and R. Faust, *Macromolecules*, **36**, 8282 (2003)
148) S. Hadjikyriacou, M. Acar, and R. Faust, *Macromolecules*, **37**, 7543 (2004)
149) P. De and R. Faust, *Macromolecules*, **39**, 7527 (2006)
150) P. H. Plesch, *J. Polym. Sci., Part A: Polym. Chem.*, **40**, 2537 (2002)
151) J. E. Puskas, S. W. P. Chan, K. B. McAuley, S. Shaikh, and G. Kaszas, *J. Polym. Sci., Part A: Polym. Chem.*, **43**, 5394 (2005)
152) P. Sigwalt and M. Moreau, *Prog. Polym. Sci.*, **31**, 44–120 (2006)
153) R. F. Storey, A. B. Donnalley, and T. L. Maggio, *Macromolecules*, **31**, 1523 (1998)
154) J. E. Puskas and M. G. Lanzendörfer, *Macromolecules*, **31**, 8684 (1998)
155) S. Shaikh, J. E. Puskas, and G. Kaszas, *J. Polym. Sci., Part A: Polym. Chem.*, **42**, 4084 (2004)
156) H. Schlaad, Y. Kwon, L. Sipos, R. Faust, and B. Charleux, *Macromolecules*, **33**, 8225 (2000)
157) P. De and R. Faust, *Macromolecules*, **38**, 9897 (2005)
158) J. E. Puskas, L. B. Brister, A. J. Michel, M. G. Lanzendörfer, D. Jamieson, and W. G. Pattern, *J. Polym. Sci., Part A: Polym. Chem.*, **38**, 444 (2000)
159) A. J. Michel, J. E. Puskas, and L. B. Brister, *Macromolecules*, **33**, 3518 (2000)
160) S. H. Soytaş, J. E. Puskas, and K. Kulbaba, *J. Polym. Sci., Part A: Polym. Chem.*, **46**, 3611 (2008)
161) F. Barsan and M. C. Baird, *J. Chem. Soc., Chem. Commun.*, 1065 (1995)

162) T. D. Shaffer and J. R. Ashbaugh, *J. Polym. Sci., Part A: Polym. Chem.*, **35**, 329 (1997)
163) S. Garratt, A. G. Carr, G. Langstein, and M. Bochmann, *Macromolecules*, **36**, 4276 (2003)
164) S. Jacob, J. P. Kennedy, (J. E. Puskas ed.) *Ionic Polymerizations and Related Processes. NATO Sci. Ser., Ser. E: Applied Sciences, Vol. 359*, Kluwer, Dordrecht, The Netherlands (1999), pp.1-12.
165) S. Jacob, Z. Pi, and J. P. Kennedy, *Polym. Bull.*, **41**, 503 (1998)
166) C. K. W. Tse, A. Penciu, P. J. McInenly, K. R. Kumar, M. J. Drewitt, and M. C. Baird, *Eur. Polym. J.*, **40**, 2653 (2004)
167) A. Harrane, R. Meghabar, and M. Belbachir, *Int. J. Mol. Sci.*, **3**, 790 (2002)
168) T. Higashimura, M. Mitsuhashi, and M. Sawamoto, *Macromolecules*, **12**, 178 (1979)
169) T. Higashimura, K. Kojima, and M. Sawamoto, *Polym. Bull.*, **19**, 7 (1988)
170) K. Kojima, M. Sawamoto, and T. Higashimura, *Macromolecules*, **23**, 948 (1990)
171) H. Shohi, M. Sawamoto, and T. Higashimura, *Macromolecules*, **25**, 53 (1992)
172) H. Shohi, M. Sawamoto, and T. Higashimura, *Makromol. Chem.*, **193**, 2027 (1992)
173) H. Shohi, M. Sawamoto, and T. Higashimura, *Makromol. Chem.*, **193**, 1783 (1992)
174) P. De and R. Faust, *Macromoleules*, **37**, 7930 (2004)
175) J. Ashida, H. Yamamoto, M. Yonezumi, S. Kanaoka, and S. Aoshima, *Polym. Prepr. (ACS Div. Polym. Chem.)*, **50**, 156 (2009)
176) K. Satoh, M. Kamigaito, and M. Sawamoto, *Macromolecules*, **33**, 5830 (2000)
177) K. Satoh, M. Kamigaito, and M. Sawamoto, *Macromolecules*, **33**, 5405 (2000)
178) K. Satoh, M. Kamigaito, and M. Sawamoto, *Macromolecules*, **32**, 3827 (1999)
179) K. Satoh, M. Kamigaito, and M. Sawamoto, *J. Polym. Sci., Part A: Polym. Chem.*, **38**, 2728 (2000)
180) K. Satoh, M. Kamigaito, and M. Sawamoto, *Macromolecules*, **33**, 4660 (2000)
181) S. Cauvin, F. Ganachaud, V. Touchard, P. Hémery, and F. Leising, *Macromolecules*, **37**, 3214 (2004)
182) V. Touchard, C. Graillat, C. Boisson, F. D'Agosto, and R. Spitz, *Macromolecules*, **37**, 3136 (2004)
183) S. Cauvin, A. Sadoun, R. Dos Santos, J. Belleney, F. Ganachaud, and P. Hémery, *Macromolecules*, **35**, 7919 (2002)
184) R. Faust and J. P. Kennedy, *Polym. Bull.*, **19**, 21 (1988)
185) K. Matyjawszewski, *Makromol. Chem., Macromol. Symp.*, **13/14**, 433 (1988)
186) Y. Ishihama, M. Sawamoto, and T. Higashimura, *Polym. Bull.*, **23**, 361 (1990)
187) Y. Ishihama, M. Sawamoto, and T. Higashimura, *Polym. Bull.*, **24**, 201 (1990)
188) T. Higashimura, Y. Ishihama, and M. Sawamoto, *Macromolecules*, **26**, 744 (1993)
189) O.-S. Kwon, Y.-B. Kim, S.-K. Kwon, B.-S. Choi, and S.-K. Choi, *Makromol. Chem.*,

194, 251 (1993)
190) O.-S. Kwon, C. G. Gho, B.-S. Choi, and S.-K. Choi, *Macromol. Chem. Phys.*, **195**, 2187 (1994)
191) C.-H. Lin, J. S. Xiang, and K. Matyjawszewski, *Macromolecules*, **26**, 2785 (1993)
192) K. Miyashita, M. Kamigaito, M. Sawamoto, and T. Higashimura, *Macromolecules*, **27**, 1093 (1994)
193) Z. Fodor, M. Gyor, H.-C. Wang, and R. Faust, *J. Macromol. Sci., Part A: Pure Appl. Chem.*, **30**, 349 (1993)
194) G. Kaszas, J. E. Puskas, J. P. Kennedy, and W. G. Hager, *J. Polym. Sci., Part A: Polym. Chem.*, **29**, 421 (1991)
195) T. Hasebe, M. Kamigaito, and M. Sawamoto, *Macromolecules*, **29**, 6100 (1996)
196) S. V. Kostjuk, F. N. Kapytsky, V. P. Mardykin, L. V. Gaponik, and L. M. Antipin, *Polym. Bull.*, **49**, 251 (2002)
197) S. Aoshima, Y. Segawa, and Y. Okada, *J. Polym. Sci., Part A: Polym. Chem.*, **39**, 751 (2001)
198) K. Satoh, J. Nakashima, M. Kamigaito, and M. Sawamoto, *Macromolecules*, **34**, 396 (2001)
199) S. V. Kostjuk, A. V. Radchenko, and F. Ganachaud, *Macromolecules*, **40**, 482 (2007)
200) S. V. Kostjuk and F. Ganachaud, *Macromolecules*, **39**, 3110 (2006)
201) Q. Wang, R. Quyoum, D. J. Gillis, M.-J. Tudoret, D. Jeremic, B. K. Hunter, and M. C. Baird, *Organometallics*, **15**, 693 (1996)
202) R. Vijayaraghavan and D. R. MacFarlane, *Macromolecules*, **40**, 6515 (2007)
203) T. Higashimura, M. Kamigaito, M. Kato, T. Hasebe, and M. Sawamoto, *Macromolecules* , **26**, 2670 (1993)
204) D. Li, S. Hadjikyriacou, and R. Faust, *Macromolecules*, **29**, 6061 (1996)
205) Y. Kwon, X. Cao, and R. Faust, *Macromolecules*, **32**, 6963 (1999)
206) Z. Fodor and R. Faust, *J. Macromol. Sci., Part A: Pure Appl. Chem.*, **35**, 375 (1998)
207) A. Tanizaki, M. Sawamoto, and T. Higashimura, *J. Polym. Sci., Part A: Polym. Chem.*, **24**, 87 (1986)
208) R. Faust and J. P. Kennedy, *Polym. Bull.*, **19**, 29 (1988)
209) K. Kojima, M. Sawamoto, and T. Higashimura, *J. Polym. Sci., Part A: Polym. Chem.*, **28**, 3007 (1990)
210) Y. Tsunogae and J. P. Kennedy, *Polym. Bull.*, **27**, 631 (1992)
211) P. De and R. Faust, *Macromolecules*, **38**, 5498 (2005)
212) J. P. Kennedy, N. Meguriya, and B. Keszler, *Macromolecules*, **24**, 6572 (1991)
213) J. Ashida, S. Kanaoka, and S. Aoshima, *Polym. Prep., Jpn.*, **56**, 191 (2007)
214) R. Faust and J. P. Kennedy, *Polym. Bull.*, **19**, 35 (1988)

215) P. De, L. Sipos, R. Faust, M. Moreau, B. Charleux, and J.-P. Vairon, *Macromoleules*, **38**, 41 (2005)
216) J. P. Kennedy and J. Kurian, *Macromolecules*, **23**, 3736 (1990)
217) A. Nagy, I. Majoros, and J. P. Kennedy, *J. Polym. Sci., Part A: Polym. Chem.*, **35**, 3341 (1997)
218) P. De and R. Faust, *Macromoleules*, **37**, 9290 (2004)
219) S. Kanaoka, Y. Eika, M. Sawamoto, and T. Higashimura, *Macromoleules*, **29**, 1778 (1996)
220) M. Kamigaito, J. Nakashima, K. Satoh, and M. Sawamoto, *Macromolecules*, **36**, 3540 (2003)
221) A. G. Evans and G. W. Meadows, *J. Polym. Sci.*, **4**, 359 (1949)
222) J. P. Kennedy, *J. Polym. Sci., Part A: Polym. Chem.*, **37**, 2285 (1999)
223) J. P. Kennedy, E. Maréchal, *Carbocationic Polymerization*, John Wiley and Sons, New York (1982), pp.104–107
224) T. Higashimura and O. Kishiro, *J. Polym. Sci., Polym. Chem. Ed.*, **12**, 967 (1974)
225) T. Higashimura, O. Kishiro, and T. Takeda, *J. Polym. Sci., Polym. Chem. Ed.*, **14**, 1089 (1976)
226) T. Higashimura and O. Kishiro, *Polym. J.*, **9**, 87 (1977)
227) T. Ohtori, Y. Hirokawa, and T. Higashimura, *Polym. J.*, **11**, 471 (1979)
228) D. D. Eley, F. L. Isack, and C. H. Rochester, *J. Chem. Soc. A*, 872 (1968)
229) D. D. Eley, F. L. Isack, and C. H. Rochester, *J. Chem. Soc. A*, 1651 (1968)
230) A. Ledwith and D. C. Sherrington, *Polymer*, **12**, 344 (1971)
231) D. S. Trifan and P. D. Bartlett, *J. Am. Chem. Soc.*, **81**, 5573 (1959)
232) P. Giusti and F. Andruzzi, *J. Polym. Sci., Part C*, **16**, 3797 (1968)
233) J. P. Kennedy, S. Y. Huang, and S. C. Feinberg, *J. Polym. Sci., Polym. Chem. Ed.*, **15**, 2801 (1977)
234) J. P. Kennedy, S. C. Feinberg, and S. Y. Huang, *J. Polym. Sci., Polym. Chem. Ed.*, **16**, 243 (1978)
235) R. Faust, A. Fehervari, and J. P. Kennedy, *J. Macromol. Sci. Chem.*, **A18**, 1209 (1982)
236) J. Puskas, G. Kaszas, J. P. Kennedy, T. Kelen, and F. Tudos, *J. Macromol. Sci. Chem.*, **A18**, 1229 (1982–83)
237) W. Gerrard and M. A. Wheelans, *J. Chem. Soc.*, 4196 (1956)
238) M. Sawamoto, *Prog. Polym. Sci.*, **16**, 111–172 (1991)
239) J. P. Kennedy and B. Iván, *Designed Polymers by Carbocationic Macromolecular Engineering: Theory and Practice*, Oxford University Press, New York (1992)
240) J. E. Puskas and G. Kaszas, *Prog. Polym. Sci.*, **25**, 403–452 (2000)
241) P. De, R. Faust (K. Matyjaszewski, Y. Gnanou, L. Leibler eds.), *Macromolecular Engi-*

neering. Precise Synthesis, Material, Applications, Vol.1, Wiley-VCH, Weinheim (2007), Chapter 3

242) K. Satoh, S. Saito, and M. Kamigaito, *J. Am. Chem. Soc.*, **129**, 9586 (2007)
243) K. Satoh, H. Sugiyama, and M. Kamigaito, *Green Chem.*, **8**, 878 (2006)
244) M. Okada, *Prog. Polym. Sci.*, **26**, 67–104 (2001)
245) M. Minoda, K. Yamaoka, K. Yamada, A. Takaragi, and T. Miyamoto, *Macromol. Symp.*, **99**, 169 (1995)
246) K. Yamada, K. Yamaoka, M. Minoda, T. Miyamoto, *Polym. Int.*, **50**, 531 (2001)
247) K. Yamada, K. Yamaoka, M. Minoda, and T. Miyamoto, *J. Polym. Sci., Part A: Polym. Chem.*, **35**, 255 (1997)
248) F. D'Agosto, M. -T. Charreyre, F. Delolme, G. Dessalces, A. Cramail, A. Deffieux, and C. Pichot, *Macromolecules*, **35**, 7911 (2002)
249) K. Yamada, M. Minoda, and T. Miyamoto, *J. Polym. Sci., Part A: Polym. Chem.*, **35**, 751 (1997)
250) M. Ouchi, M. Kamigaito, and M. Sawamoto, *Macromolecules*, **34**, 6586 (2001)
251) S. V. Kostjuk, A. V. Radchenko, and F. Ganachaud, *J. Polym. Sci., Part A: Polym. Chem.*, **46**, 4734 (2008)
252) N. Mizuno, K. Satoh, M. Kamigaito, and Y. Okamoto, *J. Polym. Sci., Part A: Polym. Chem.*, **44**, 6214 (2006)
253) R. M. Peetz, A. F. Moustafa, and J. P. Kennedy, *J. Polym. Sci., Part A: Polym. Chem.*, **41**, 732 (2003)
254) R. M. Peetz, A. F. Moustafa, and J. P. Kennedy, *J. Polym. Sci., Part A: Polym. Chem.*, **41**, 740 (2003)
255) As a review, see: W. G. S. Reyntjens and E. J. Goethals, *Polym. Adv. Technol.*, **12**, 107 (2001)
256) T. Namikoshi, T. Hashimoto, and T. Kodaira, *J. Polym. Sci., Part A: Polym. Chem.*, **42**, 2960 (2004)
257) T. Namikoshi, T. Hashimoto, and M. Urushisaki, *J. Polym. Sci., Part A: Polym. Chem.*, **45**, 4855 (2007)
258) B.-A. Feit and B. Halak, *J. Polym. Sci., Part A: Polym. Chem.*, **40**, 2171 (2002)
259) K. Matsumoto, M. Kubota, H. Matsuoka, and H. Yamaoka, *Macromolecules*, **32**, 7122 (1999)
260) K. Matsumoto, H. Mazaki, R. Nishimura, H. Matsuoka, and H. Yamaoka, *Macromolecules*, **33**, 8295 (2000)
261) K. Matsumoto, H. Mazaki, and H. Matsuoka, *Macromolecules*, **37**, 2256 (2004)
262) M. Suguro, S. Iwasa, Y. Kusachi, Y. Morioka, and K. Nakahara, *Macromol. Rapid Commun.*, **28**, 1929 (2007)

263) H. Cramail and A. Deffieux, *Macromol. Chem. Phys.*, **195**, 217（1994）
264) H. Tsujimoto, S. Kanaoka, and S. Aoshima, *Polym. Prepr.*（ACS Div. Polym. Chem.）, **50**, 110（2009）
265) T. Hashimoto, Y. Makino, M. Urushisaki, and T. Sakaguchi, *J. Polym. Sci., Part A: Polym. Chem.*, **46**, 1629（2008）
266) T. Namikoshi, T. Hashimoto, and T. Kodaira, *J. Polym. Sci., Part A: Polym. Chem.*, **42**, 3649（2004）
267) 塩野翔平，金岡鐘局，青島貞人，高分子論文集，**62**, 92（2005）
268) V. Héroguez, A. Deffieux, and M. Fontanille, *Makromol. Chem., Macromol. Symp.*, **32**, 199（1990）
269) T. Sagane and R. W. Lenz, *Macromolecules*, **22**, 3763（1989）
270) J. M. Rodriguez-Parada and V. Percec, *J. Polym. Sci., Part A: Polym. Chem.*, **24**, 1363（1986）
271) V. Percec and M. Lee, *Macromolecules*, **24**, 2780（1991）
272) V. Percec and M. Lee, *Macromolecules*, **24**, 4963（1991）
273) V. Percec, J. Heck, M. Lee, G. Ungar, and A. Alvarez-Castillo, *J. Mater. Chem.*, **2**, 1033（1992）
274) T. Higashimura, K. Kojima, and M. Sawamoto, *Makromol. Chem., Suppl.*, **15**, 127（1989）
275) D. A. Conlon, J. V. Crivello, J. L. Lee, and M. J. O'Brien, *Macromolecules*, **22**, 509（1989）
276) H. Ito, C. G. Willson, J. M. J. Fréchet, M. J. Farrall, and E. Eichler, *Macromolecules*, **16**, 510（1983）
277) A. S. Hoffman, *Macromol. Symp.*, **98**, 645（1995）
278) A. S. Hoffman and P. S. Stayton, *Macromol. Symp.*, **207**, 139（2004）
279) N. Nath and A. Chilkoti, *Adv. Mater.*, **14**, 1243（2002）
280) H. G. Schild, *Prog. Polym. Sci.*, **17**, 163-249（1992）
281) B. Jeong and A. Gutowska, *Trends in Biotechnol.*, **20**, 305（2002）
282) As a review, see: K. Matyjaszewski ed., *Controlled/Living Radical Polymerization: From Synthesis to Materials*（ACS Symp. Ser. 944）, American Chemical Society, Washington DC（2006）
283) S. Aoshima and S. Kanaoka, *Adv. Polym. Sci.*, **210**, 169-208（2008）
284) T. Nakamura, S. Aoshima, and T. Higashimura, *Polym. Bull.*, **14**, 515（1985）
285) T. Higashimura, T. Nakamura, and S. Aoshima, *Polym. Bull.*, **17**, 389（1987）
286) S. Aoshima, H. Oda, and E. Kobayashi, *J. Polym. Sci., Part A: Polym. Chem.*, **30**, 2407（1992）
287) S. Aoshima and E. Kobayashi, *Macromol. Symp.*, **95**, 91（1995）

288) S. Aoshima, S. Sugihara, M. Shibayama, and S. Kanaoka, *Macromol. Symp.*, **215**, 151 (2004)
289) S. Sugihara, K. Hashimoto, Y. Matsumoto, S. Kanaoka, and S. Aoshima, *J. Polym. Sci., Part A: Polym. Chem.*, **41**, 3300 (2003)
290) S. Sugihara, S. Kanaoka, and S. Aoshima, *Macromolecules*, **37**, 1711 (2004)
291) H. Shimomoto, S. Kanaoka, and S. Aoshima, *Polym. Prepr., Jpn.*, **56**, 4716 (2007)
292) H. Yoshimitsu, Y. Oda, K. Seno, S. Kanaoka, and S. Aoshima, *Polym. Prepr., Jpn.*, **58**, 2464 (2009)
293) K. Seno, S. Kanaoka, and S. Aoshima, *J. Polym. Sci., Part A: Polym. Chem.*, **46**, 5724 (2008)
294) 青島貞人, 金岡鐘局, 高分子論文集, **63**, 71 (2006)
295) T. Yoshida, S. Kanaoka, and S. Aoshima, *J. Polym. Sci., Part A: Polym. Chem.*, **43**, 4292 (2005)
296) T. Yoshida, S. Kanaoka, and S. Aoshima, *J. Polym. Sci., Part A: Polym. Chem.*, **43**, 5138 (2005)
297) T. Yoshida, S. Kanaoka, and S. Aoshima, *J. Polym. Sci., Part A: Polym. Chem.*, **43**, 5337 (2005)
298) C. Fuse, S. Okabe, S. Sugihara, S. Aoshima, and M. Shibayama, *Macromolecules*, **37**, 7791 (2004)
299) S. Sugihara, S. Matsuzono, H. Sakai, M. Abe, and S. Aoshima, *J. Polym. Sci., Part A: Polym. Chem.*, **39**, 3190 (2001)
300) N. Osaka, S. Okabe, T. Karino, Y. Hirabaru, S. Aoshima, and M. Shibayama, *Macromolecules*, **39**, 5875 (2006)
301) N. Osaka, S. Miyazaki, S. Okabe, H. Endo, A. Sasai, K. Seno, S. Aoshima, and M. Shibayama, *J. Chem. Phys.*, **127**, 094905 (2007)
302) S. Aoshima and K. Hashimoto, *J. Polym. Sci., Part A: Polym. Chem.*, **39**, 746 (2001)
303) S. Sugihara, K. Hashimoto, S. Okabe, M. Shibayama, S. Kanaoka, and S. Aoshima, *Macromolecules*, **37**, 336 (2004)
304) S. Okabe, S. Sugihara, S. Aoshima, and M. Shibayama, *Macromolecules*, **35**, 8139 (2002)
305) S. Okabe, S. Sugihara, S. Aoshima, and M. Shibayama, *Macromolecules*, **36**, 4099 (2003)
306) S. Sugihara, S. Kanaoka, and S. Aoshima, *J. Polym. Sci., Part A: Polym. Chem.*, **42**, 2601 (2004)
307) Y. Kwon and R. Faust, *Adv. Polym. Sci.*, **167**, 107-135 (2004)
308) M. A. Tasdelen, Y. Yagci (K. Matyjaszewski, ed.), *Macromolecular Engineering. Precise Synthesis, Mateial, Applications*, Wiley-VCH Verlag (2007), pp.541-604.

309) M. Minoda, M. Sawamoto, and T. Higashimura, *Macromolecules*, **20**, 2045 (1987)
310) M. Minoda, M. Sawamoto, and T. Higashimura, *Macromolecules*, **25**, 2796 (1992)
311) M. Minoda, M. Sawamoto, and T. Higashimura, *Macromolecules*, **23**, 1897 (1990)
312) S. Kanaoka, M. Minoda, M. Sawamoto, and T. Higashimura, *J. Polym. Sci., Part A: Polym. Chem.*, **28**, 1127 (1990)
313) T. Higashimura, K. Ebara, and S. Aoshima, *J. Polym. Sci., Part A: Polym. Chem.*, **27**, 2937 (1989)
314) S. Aoshima, K. Shachi, and E. Kobayashi, *Polym. J.*, **26**, 335 (1994)
315) O. Nuyken and S. Ingrisch, *Macromol. Chem. Phys.*, **199**, 607 (1998)
316) G. Liu, N. Hu, X. Xu, and H. Yao, *Macromolecules*, **27**, 3892 (1994)
317) V. Percec and M. Lee, *J. Macromol. Sci., Part A: Pure Appl. Chem.*, **29**, 723 (1992)
318) K. Yamada, M. Minoda, T. Fukuda, and T. Miyamoto, *J. Polym. Sci., Part A: Polym. Chem.*, **39**, 459 (2001)
319) T. Ohmura, M. Sawamoto, and T. Higashimura, *Macromolecules*, **27**, 3714 (1994)
320) K. Matsumoto, R. Nishimura, H. Mazaki, H. Matsuoka, and H. Yamaoka, *J. Polym. Sci., Part A: Polym. Chem.*, **39**, 3751 (2001)
321) T. Hashimoto, T. Namikoshi, S. Irie, M. Urushisaki, T. Sakaguchi, T. Nemoto, and S. Isoda, *J. Polym. Sci., Part A: Polym. Chem.*, **46**, 1902 (2008)
322) R. M. Peetz and J. P. Kennedy, *Macromol. Symp.*, **215**, 191 (2004)
323) X. Cao, L. Sipos, and R. Faust, *Polym. Bull.*, **45**, 121 (2000)
324) L. Sipos, X. Cao, and R. Faust, *Macromolecules*, **34**, 456 (2001)
325) D. Li and R. Faust, *Macromolecules*, **28**, 1383 (1995)
326) Z. Fodor and R. Faust, *J. Macromol. Sci., Part A: Pure Appl. Chem.*, **31**, 1985 (1994)
327) S. Hadjikyriacou and R. Faust, *Macromolecules*, **29**, 5261 (1996)
328) S. Hadjikyriacou and R. Faust, *Macromolecules*, **28**, 7893 (1995)
329) Y. Zhou, R. Faust, S. Chen, and S. P. Gido, *Macromolecules*, **37**, 6716 (2004)
330) L. Sipos, A. Som, R. Faust, R. Richard, M. Schwarz, S. Ranade, M. Boden, and K. Chan, *Biomacromolecules*, **6**, 2570 (2005)
331) Y. Zhou and R. Faust, *Polym. Bull.*, **52**, 421 (2004)
332) O. Nuyken, H. Kröner, and S. Aechtner, *Makromol. Chem., Rapid Commun.*, **9**, 671 (1988)
333) M. K. Mishra (M. K. Mishra, O. Nuyken, S. Kobayashi, Y. Yagci, B. Sar eds.), *Recent Advances in Macromolecular Engineering*, Plenum Press, New York (1995), pp.143
334) O. Nuyken, H. Kröner, and S. Aechtner, *Makromol. Chem., Macromol. Symp.*, **32**, 181 (1990)
335) M. H. Acar and M. Küçüköner, *Polymer*, **38**, 2829 (1997)
336) P. Demircioglu, M. H. Acar, and Y. Yagci, *J. Appl. Polym. Sci.*, **46**, 1639 (1992)

337) S. Coca and K. Matyjaszewski, *Macromolecules*, **30**, 2808 (1997)
338) S. Coca and K. Matyjaszewski, *J. Polym. Sci., Part A: Polym. Chem.*, **35**, 3595 (1997)
339) K. Jankova, J. Kops, X. Chen, B. Gao, and W. Batsberg, *Polym. Bull.*, **41**, 639 (1998)
340) B. Keszler, Gy. Fenyvesi, and J. P. Kennedy, *J. Polym. Sci., Part A: Polym. Chem.*, **38**, 706 (2000)
341) W. Jakubowski, N. V. Tsarevsky, T. Higashihara, R. Faust, and K. Matyjaszewski, *Macromolecules*, **41**, 2318 (2008)
342) L. Toman, M. Janata, J. Spěváček, P. Vlček, P. Látalová, B. Masař, and A. Sikora, *J. Polym. Sci., Part A: Polym. Chem.*, **42**, 6098 (2004)
343) L. Toman, M. Janata, J. Spěváček, P. Vlček, P. Látalová, A. Sikora, and B. Masař, *J. Polym. Sci., Part A: Polym. Chem.*, **43**, 3823 (2005)
344) K. V. Bernaerts and F. E. Du Prez, *Polymer*, **46**, 8469 (2005)
345) B. Zhao and W. J. Brittain, *Macromolecules*, **33**, 342 (2000)
346) B. Zhao and W. J. Brittain, *Macromolecules*, **33**, 8813 (2000)
347) B. Zhao and W. J. Brittain, *J. Am. Chem. Soc.*, **121**, 3557 (1999)
348) J. P. Kennedy, J. L. Price, and K. Koshimura, *Macromolecules*, **24**, 6567 (1991)
349) T. Kitayama, T. Nishiura, and K. Hatada, *Polym. Bull.*, **26**, 513 (1991)
350) T. Nishiura, T. Kitayama, and K. Hatada, *Polym. Bull.*, **27**, 615 (1992)
351) J. Feldthusen, B. Iván, and A. H. E. Müller, *Macromolecules*, **31**, 578 (1998)
352) J. Feldthusen, B. Iván, and A. H. E. Müller, *Macromolecules*, **30**, 6989 (1997)
353) N. Martinez-Castro, M. G. Lanzendörfer, A. H. E. Müller, J. C. Cho, M. H. Acar, and R. Faust, *Macromolecules*, **36**, 6985 (2003)
354) D. Feng, T. Higashihara, and R. Faust, *Polymer*, **49**, 386 (2008)
355) D. Feng, T. Higashihara, G. Cheng, J. C. Cho, and R. Faust, *Macromol. Symp.*, **245/246**, 14 (2006)
356) D. Feng, A. Chandekar, J. E. Whitten, and R. Faust, *J. Macromol. Sci., Part A: Pure Appl. Chem.*, **44**, 1141 (2007)
357) T. Higashihara, D. Feng, and R. Faust, *Macromolecules*, **39**, 5275 (2006)
358) T. Higashihara and R. Faust, *Macromolecules*, **40**, 7453 (2007)
359) A. Takács and R. Faust, *Macromolecules*, **28**, 7266 (1995)
360) T. Higashihara, R. Faust, K. Inoue, and A. Hirao, *Macromolecules*, **41**, 5616 (2008)
361) S. Creutz, C. Vandooren, R. Jérôme, and Ph. Teyssié, *Polym. Bull.*, **33**, 21 (1994)
362) A. Verma, A. Nielsen, J. E. McGrath, and J. S. Riffle, *Polym. Bull.*, **23**, 563 (1990)
363) T. Hashimoto, H. Hasegawa, T. Hashimoto, H. Katayama, M. Kamigaito, M. Sawamoto, and M. Imai, *Macromolecules*, **30**, 6819 (1997)
364) K. Yamauchi, H. Hasegawa, T. Hashimoto, N. Kohler, and K. Knoll, *Polymer*, **43**, 3563 (2002)

365) M. Schappacher and A. Deffieux, *Macromol. Chem. Phys.*, **198**, 3953 (1997)
366) W. Risse and R. H. Grubbs, *Macromolecules*, **22**, 1558 (1989)
367) W. Risse and R. H. Grubbs, *J. Mol. Catal.*, **65**, 211 (1991)
368) Y. Kwon, R. Faust, C. X. Chen, and E. L. Thomas, *Macromolecules*, **35**, 3348 (2002)
369) Y. Kwon and R. Faust, *J. Macromol. Sci., Part A: Pure Appl. Chem.*, **42**, 385 (2005)
370) M. Groenewolt, T. Brezesinski, H. Schlaad, M. Antonietti, P. W. Groh, and B. Iván, *Adv. Mater.*, **17**, 1158 (2005)
371) S. Kobayashi, H. Uyama, D. R. Liu, and T. Saegusa, *Macromolecules*, **23**, 5075 (1990)
372) G. Volet, C. Amiel, and L. Auvray, *Macromolecules*, **36**, 3327 (2003)
373) N. H. Haucourt, L. Peng, and E. J. Goethals, *Macromolecules*, **27**, 1329 (1994)
374) K. Hatada, T. Kitayama, K. Ute, and T. Nishiura, *Macromol. Rapid Commun.*, **25**, 1447 (2004)
375) K. Hatada, T. Kitayama, K. Ute, and T. Nishiura, *J. Polym. Sci., Part A: Polym. Chem.*, **42**, 416 (2004)
376) For example: A. Noro, D. Cho, A. Takano, and Y. Matsushita, *Macromolecules*, **38**, 4371 (2005)
377) For example: N. A. Lynd and M. A. Hillmyer, *Macromolecules*, **38**, 8803 (2005)
378) For example: O. Terreau, C. Bartels, and A. Eisenberg, *Langmuir*, **20**, 637 (2004)
379) K. Seno, S. Kanaoka, and S. Aoshima, *J. Polym. Sci., Part A: Polym. Chem.*, **46**, 2212 (2008)
380) K. Seno, I. Tsujimoto, S. Kanaoka, and S. Aoshima, *J. Polym. Sci., Part A: Polym. Chem.*, **46**, 6151 (2008)
381) K. Seno, I. Tsujimoto, T. Kikuchi, S. Kanaoka, and S. Aoshima, *J. Polym. Sci., Part A: Polym. Chem.*, **46**, 6444 (2008)
382) S. Okabe, K. Seno, S. Kanaoka, S. Aoshima, and M. Shibayama, *Macromolecules*, **39**, 1592 (2006)
383) S. Okabe, K. Seno, S. Kanaoka, S. Aoshima, and M. Shibayama, *Polymer*, **47**, 7572 (2006)
384) J. M. J. Fréchet, M. Henmi, I. Gitsov, S. Aoshima, M. R. Leduc, and R. B. Grubbs, *Science*, **269**, 1080 (1995)
385) C. Paulo and J. E. Puskas, *Macromolecules*, **34**, 734 (2001)
386) J. E. Puskas, P. Antony, Y. Kwon, C. Paulo, M. Kovar, P. R. Norton, G. Kaszas, and V. Alstädt, *Macromol. Mater. Eng.*, **286**, 565 (2001)
387) J. Yun and R. Faust, *Macromolecules*, **35**, 7860 (2002)
388) K. V. Bernaerts, C.-A. Fustin, C. B.-D'Haese, J.-F. Gohy, J. C. Martins, and F. E. Du Prez, *Macromolecules*, **41**, 2593 (2008)
389) D. Lanson, M. Schappacher, R. Borsali, and A. Deffieux, *Macromolecules*, **40**, 5559

(2007)
390) S. Sugihara, M. Ohashi, and I. Ikeda, *Macromolecules*, **40**, 3394 (2007)
391) B. Zhao and W. J. Brittain, *Macromolecules*, **33**, 342 (2000)
392) M. Sawamoto, S. Aoshima, and T. Higashimura, *Makromol. Chem., Macromol. Symp.*, **13/14**, 513 (1988)
393) S. Aoshima, K. Ebara, and T. Higashimura, *Polym. Bull.*, **14**, 425 (1985)
394) K. Van Durme, B. Van Mele, K. V. Bernaerts, B. Verdonck, and F. E. Du Prez, *J. Polym. Sci., Part B: Polym. Phys.*, **44**, 461 (2006)
395) M. Kamigaito, M. Sawamoto, and T. Higashimura, *Macromolecules*, **23**, 4896 (1990)
396) N. Haucourt, E. J. Goethals, M. Schappacher, and A. Deffieux, *Makromol. Chem., Rapid Commun.*, **13**, 329 (1992)
397) S. Chakrapani, R. Jérôme, and Ph. Teyssié, *Macromolecules*, **23**, 3026 (1990)
398) T. Hashimoto, S. Iwao, and T. Kodaira, *Makromol. Chem.*, **194**, 2323 (1993)
399) M. Sawamoto, T. Hasebe, M. Kamigaito, and T. Higashimura, *J. Macromol. Sci., Part A: Pure Appl. Chem.*, **31**, 937 (1994)
400) H. Shohi, M. Sawamoto, and T. Higashimura, *Macromolecules*, **25**, 58 (1992)
401) J. Lu, M. Kamigaito, M. Sawamoto, T. Higashimura, and Y.-X. Deng, *J. Polym. Sci., Part A: Polym. Chem.*, **35**, 1423 (1997)
402) A. Takács and R. Faust, *J. Macromol. Sci., Part A: Pure Appl. Chem.*, **33**, 117 (1996)
403) I.-J. Kim and R. Faust, *J. Macromol. Sci., Part A: Pure Appl. Chem.*, **40**, 991 (2003)
404) M. Sawamoto, T. Enoki, and T. Higashimura, *Macromolecules*, **20**, 1 (1987)
405) H. Fukui, M. Sawamoto, and T. Higashimura, *Macromolecules*, **26**, 7315 (1993)
406) M. Sawamoto, T. Enoki, and T. Higashimura, *Polym. Bull.*, **18**, 117 (1987)
407) W. G. S. Reyntjens, L. Jonckheere, E. J. Goethals, and F. E. Du Prez, *Macromol. Symp.*, **164**, 293 (2001)
408) S. Aoshima, M. Ikeda, K. Nakayama, E. Kobayashi, H. Ohgi, and T. Sato, *Polym. J.*, **33**, 610 (2001)
409) E. J. Goethals, N. H. Haucourt, A. M. Verheyen, and J. Habimana, *Makromol. Chem., Rapid Commun.*, **11**, 623 (1990)
410) V. Percec, M. Lee, and D. Tomazos, *Polym. Bull.*, **28**, 9 (1992)
411) H. Okamura, M. Minoda, K. Komatsu, and T. Miyamoto, *Macromol. Chem. Phys.*, **198**, 777 (1997)
412) H. Okamura, K. Miyazono, M. Minoda, K. Komatsu, T. Fukuda, and T. Miyamoto, *J. Polym. Sci., Part A: Polym. Chem.*, **38**, 3578 (2000)
413) K. Miyashita, M. Kamigaito, M. Sawamoto, and T. Higashimura, *J. Polym. Sci., Part A: Polym. Chem.*, **32**, 2531 (1994)
414) B. Iván and J. P. Kennedy, *J. Polym. Sci., Part A: Polym. Chem.*, **28**, 89 (1990)

415) S. Hadjikyriacou and R. Faust, *Polym. Bull.*, **43**, 121 (1999)
416) S. Hadjikyriacou, Z. Fodor, and R. Faust, *J. Macromol. Sci., Part A: Pure Appl. Chem.*, **32**, 1137 (1995)
417) Y. C. Bae and R. Faust, *Macromolecules*, **31**, 9379 (1998)
418) S. Hadjikyriacou and R. Faust, *Macromolecules*, **32**, 6393 (1999)
419) S. Hadjikyriacou and R. Faust, *Macromolecules*, **33**, 730 (2000)
420) R. F. Storey, C. D. Stokes, and J. J. Harrison, *Macromolecules*, **38**, 4618 (2005)
421) P. De and R.Faust, *Macromoleules*, **39**, 6861 (2006)
422) U. Ojha, R. Rajkhowa, S. R. Agnihotra, and R. Faust, *Macromolecules*, **41**, 3832 (2008)
423) 西川佳菜, 金岡鐘局, 青島貞人, 高分子論文集, **62**, 87 (2005)
424) Y. Kwon and J. P. Kennedy, *Polym. Adv. Technol.*, **18**, 800 (2007)
425) Y. Kwon and J. P. Kennedy, *Polym. Adv. Technol.*, **18**, 808 (2007)
426) S. K. Jewrajka and J. P. Kennedy, *J. Polym. Sci., Part A: Polym. Chem.*, **46**, 2612 (2008)
427) V. Bennevault, F. Larrue, and A. Deffieux, *Macromol. Chem. Phys.*, **196**, 3075 (1995)
428) V. Bennevault, F. Peruch, and A. Deffieux, *Macromol. Chem. Phys.*, **197**, 2603 (1996)
429) S. Hadjikyriacou, R. Faust, and T. Suzuki, *J. Macromol. Sci., Part A: Pure Appl. Chem.*, **37**, 1333 (2000)
430) D. A. Tomalia and J. M. J. Fréchet, *J. Polym. Sci., Part A: Polym. Chem.*, **40**, 2719 (2002)
431) S.-E. Stiriba, H. Frey, and R. Haag, *Angew. Chem., Int. Ed.*, **41**, 1329 (2002)
432) M. Sawamoto, S. Kanaoka, T. Higashimura (H. Sasabe ed.), *Hyper-Structured Molecules I: Chemistry, Physics and Applications*, Gordon and Breach Science Publisher, Amsterdam (1999), pp.43-61
433) N. Hadjichristidis, *J. Polym. Sci., Part A: Polym. Chem.*, **37**, 857 (1999)
434) Y. Matsushita, *Polym. J.*, **40**, 177 (2008)
435) Z. Li, M. A. Hillmyer, and T. P. Lodge, *Langmuir*, **22**, 9409 (2006)
436) B. J. Bauer and L. J. Fetters, *Rub. Chem. Technol.*, **51**, 406 (1978)
437) S. Bywater, *Adv. Polym. Sci.*, **30**, 89-116 (1979)
438) R. P. Quirk, T. Yoo, Y. Lee, J. Kim and B. Lee, *Adv. Polym. Sci.*, **153**, 67-162 (2000)
439) N. Hadjichristidis, M. Pitsikalis, S. S. Pispas, and H. Iatrou, *Chem. Rev.*, **101**, 3747 (2001)
440) F. A. Taromi and P. Rempp, *Makromol. Chem.*, **190**, 1791 (1989)
441) C. Tsitsilianis, P. Chaumont, and P. Rempp, *Makromol. Chem.*, **191**, 2319 (1990)
442) C. Tsitilianis, P. Lutz, S. Graff, J. Ph. Lamps, and P. Rempp, *Macromolecules*, **24**, 5897 (1991)
443) R. Yin, X. Cha, X. Zhang, and J. Shen, *Macromolecules*, **23**, 5158 (1990)
444) X. Cha, R. Yin, X. Zhang, and J. Shen, *Macromolecules*, **24**, 4985 (1991)

445) S. Kanaoka, M Sawamoto, and T. Higashimura, *Macromolecules*, **24**, 2309 (1991)
446) S. Kanaoka, M. Sawamoto, and T. Higashimura, *Macromolecules*, **24**, 5741 (1991)
447) S. Kanaoka, M. Sawamoto, and T. Higashimura, *Makromol. Chem.*, **194**, 2035 (1993)
448) S. Kanaoka, T. Omura, M. Sawamoto, and T. Higashimura, *Macromolecules*, **25**, 6407 (1992)
449) S. Kanaoka, M. Sawamoto, and T. Higashimura, *Macromolecules*, **26**, 254 (1993)
450) S. Kanaoka, M. Sawamoto, and T. Higashimura, *Macromolecules*, **25**, 6414 (1992)
451) S. Kanaoka, S. Nakata, and H. Yamaoka, *Macromolecules*, **35**, 4564 (2002)
452) R. S. Saunders, R. E. Cohen, S. J. Wong, and R. R. Schrock, *Macromolecules*, **25**, 2055 (1992)
453) A. Hirao, M. Hayashi, S. Loykulnant, K. Sugiyama, S.-W. Ryu, N. Haraguchi, A. Matsuo, and T. Higashihara, *Prog. Polym. Sci.*, **30**, 111–182 (2005)
454) A. Hirao, K. Sugiyama, Y. Tsunoda, A. Matsuo, and T. Watanabe, *J. Polym. Sci., Part A: Polym. Chem.*, **44**, 6659 (2006)
455) A. Narumi and T. Kakuchi, *Polym. J.*, **40**, 383 (2008)
456) A. Blencowe, J. F. Tan, T. K. Goh, and G. G. Qiao, *Polymer*, **50**, 5 (2009)
457) J. L. Hedrick, M. Trollsås, C. J. Hawker, B. Atthoff, H. Claesson, A. Heise, R. D. Miller, D. Mecerreyes, R. Jêrôme, and Ph. Dubois, *Macromolecules*, **31**, 8691 (1998)
458) Y. Miura, A. Narumi, S. Matsuya, T. Satoh, Q. Duan, H. Kaga, and T. Kakuchi, *J. Polym. Sci., Part A: Polym. Chem.*, **43**, 4271 (2005)
459) Q. Zheng, C.-Y. Pan, *Macromolecules*, **38**, 6841 (2005)
460) C.-Y. Hong, Y.-Z. You, J. Liu, and C.-Y. Pan, *J. Polym. Sci., Part A: Polym. Chem.*, **43**, 6379 (2005)
461) X. Zhang, J. Xia, and K. Matyjaszewski, *Macromolecules*, **33**, 2340 (2000)
462) K.-Y. Baek, M. Kamigaito, and M. Sawamoto, *Macromolecules*, **34**, 215 (2001)
463) K.-Y. Baek, M. Kamigaito, and M. Sawamoto, *J. Polym. Sci., Part A: Polym. Chem.*, **40**, 1972 (2002)
464) T. Terashima, M. Kamigaito, K.-Y. Baek, T. Ando, and M. Sawamoto, *J. Am. Chem. Soc.*, **125**, 5288 (2003)
465) T. Terashima, M. Ouchi, T. Ando, M. Kamigaito, and M. Sawamoto, *J. Polym. Sci., Part A: Polym. Chem.*, **44**, 4966 (2006)
466) T. Terashima, M. Ouchi, T. Ando, M. Kamigaito, and M. Sawamoto, *Macromolecules*, **40**, 3581 (2007)
467) A. W. Bosman, A. Heumann, G. Klaerner, D. Benoit, J. M. J. Fréchet, and C. J. Hawker, *J. Am. Chem. Soc.*, **123**, 6461 (2001)
468) K. Ishizu and A. Mori, *Macromol. Rapid Commun.*, **21**, 665 (2000)
469) K. Ishizu, J. Park, T. Shibuya, and A. Sogabe, *Macromolecules*, **36**, 2990 (2003)

470) G. Deng and Y. Chen, *Macromolecules*, **37**, 18 (2004)
471) H. Kaneko, S. Kojoh, N. Kawahara, S. Matsuo, T. Matsugi, and N. Kashiwa, *J. Polym. Sci., Part A: Polym. Chem.*, **43**, 5103 (2005)
472) S. Asthana and J. P. Kennedy, *J. Polym. Sci., Part A: Polym. Chem.*, **37**, 2235 (1999)
473) A. W. Bosman, R. Vestberg, A. Heumann, J. M. J. Fréchet, and C. J. Hawker, *J. Am. Chem. Soc.*, **125**, 715 (2003)
474) T. Shibata, S. Kanaoka, and S. Aoshima, *J. Am. Chem. Soc.*, **128**, 7497 (2006)
475) S. Seidlits, N. A. Peppas (N. A. Peppas, J. Z. Hilt, J. B. Thomas eds.), *Nanotechnology in Therapeutics*, Horizon Bioscience, Wymondham (2007), pp.317−348.
476) J. T. Wiltshire and G. C. Qiao, *Aust. J. Chem.*, **60**, 699 (2007)
477) E. Ruckenstein and H. Zhang, *Macromolecules*, **32**, 3979 (1999)
478) D. Kafouris, E. Themistou, and C. S. Patrickios, *Chem. Mater.*, **18**, 85 (2006)
479) E. Themistou and C. S. Patrickios, *Macromolecules*, **37**, 6734 (2004)
480) E. Themistou and C. S. Patrickios, *Macromolecules*, **39**, 73 (2006)
481) H. Gao, N. V. Tsarevsky and K. Matyjaszewski, *Macromolecules*, **38**, 5995 (2005)
482) J. T. Wiltshire and G. C. Qiao, *Macromolecules*, **39**, 4282 (2006)
483) J. T. Wiltshire and G. C. Qiao, *Macromolecules*, **39**, 9018 (2006)
484) T. Biela and I. Polanczyk, *J. Polym. Sci., Part A: Polym. Chem.*, **44**, 4214 (2006)
485) A. Arcadi, *Chem. Rev.*, **108**, 3266 (2008)
486) H. Tsunoyama, H. Sakurai, Y. Negishi, and T. Tsukuda, *J. Am. Chem. Soc.*, **127**, 9374 (2005)
487) H. Tsunoyama, H. Sakurai, and T. Tsukuda, *Chem. Phys. Lett.*, **429**, 528 (2006)
488) H. Tsunoyama, T. Tsukuda, and H. Sakurai, *Chem. Lett.*, **36**, 212 (2007)
489) H. Tsunoyama, H. Sakurai, N. Ichikuni, Y. Negishi, and T. Tsukuda, *Langmuir*, **20**, 11293 (2004)
490) H. Sakurai, H. Tsunoyama, and T. Tsukuda, *J. Organometal. Chem.*, **692**, 368 (2007)
491) H. Sakurai, H. Tsunoyama, and T. Tsukuda, *Trans. MRS-J.*, **31**, 521 (2006)
492) S. Kanaoka, N. Yagi, Y. Fukuyama, S. Aoshima, H. Tsunoyama, T. Tsukuda, and H. Sakurai, *J. Am. Chem. Soc.*, **129**, 12060 (2007)
493) F. Filali, M. A. R. Meier, U. S. Schubert, and J.-F. Gohy, *Langmuir*, **21**, 7995 (2005)
494) M. A. R. Meier, F. Filali, J.-F. Gohy, and U. S. Schubert, *J. Mater. Chem.*, **16**, 3001 (2006)

第Ⅲ編　アニオン重合

1章　アニオン重合とは
2章　アニオン重合に用いられるモノマー, 開始剤, および溶媒
3章　アニオン重合の素反応
4章　ポリマーの構造規制と立体制御
5章　アニオン重合の工業的利用
6章　リビングアニオン重合
7章　リビングアニオン重合を用いたarchitectural polymerの精密合成
8章　ポリマーの表面構造
9章　ミクロ相分離構造を利用したナノ材料
10章　まとめと展望

1章 アニオン重合とは

　高分子を合成する重合反応は，その反応機構により逐次重合と連鎖重合に大別される．逐次重合では，一般に二官能性モノマーを用い，その官能基が反応して結合を繰り返すことで重合反応が進行する．反応とともに低分子成分（たとえば，水や塩酸など）が副生する場合は重縮合反応，それに対して副生しない場合は重付加反応として分類している．詳細については，下巻「第Ⅴ編　重縮合」を参照いただきたい．

　これに対して，連鎖重合の反応機構はまったく異なる（図3.1）．まず，少量の開始剤（一般にモノマーに対して1 mol％以下）によりモノマーが活性化される．次いで，活性化されたモノマーが別のモノマーと反応して両者が結合し，同時に結合されたモノマーが活性化される．さらに，活性化されたモノマーとさらに別のモノマーの反応（結合と活性化）が連鎖的に起こることで重合が進行してポリマーが得られる．光や熱によってもモノマーの活性化が可能であるため，それらも開始剤の一種であると考えられている．ここでポリマー鎖末端の反応活性点に着目した場合，活性点が電子1個のラジカル，電子が不足しているカチオン，逆に過剰のアニオンの三つに分類される．本編で述べるアニオン重合とは，活性点がアニオンである連鎖重合反応である．

　連鎖重合の反応機構は，ラジカル，カチオン，アニオンによらず，以下に示す四つの素反応から成り立っている（図3.2）．まず，開始剤によるモノマーの活性化が行われる①開始反応，次いで，活性化されたモノマーが別のモノマーと反応し，結合と活性化を繰り返す②生長反応，そして，活性点が消失する③停止反応，さらに活性点が系中のモノマー以外の物質（たとえば溶媒）に移動した後，活性化された物質がモノマーを活性化し，再び生長反応が進行する④連鎖移動反応である．開始反応と生長反応により，モノマーが次々と活性化され結合を繰り返してポリマーが生成する．ではここで停止反応が起こると，いったいどうなるのであろうか？　活性点がなくなるため，これ以上はモノマーが反応しなくなり，ポリマーの分子量はこれ以上増加せず，比較的低い段階で止まる．そして当然，ポ

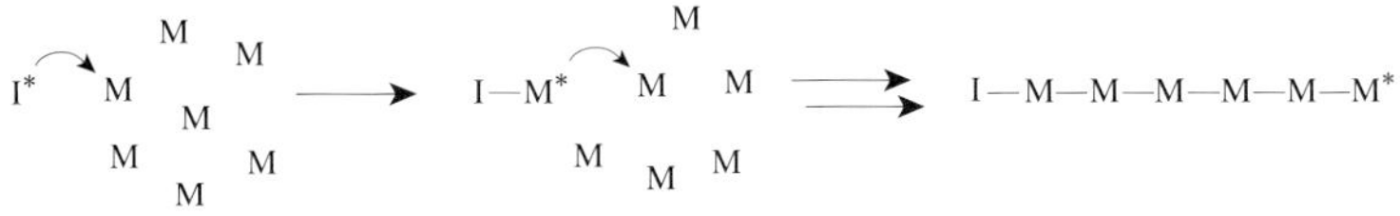

I*：開始剤　　M：モノマー　　M*：活性化されたモノマー

図3.1　連鎖重合

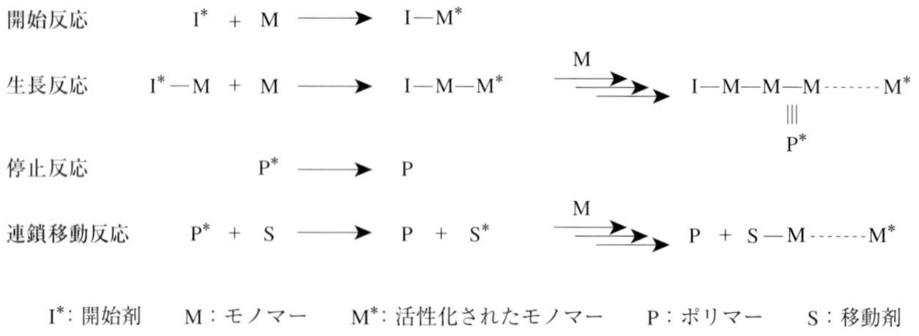

第Ⅲ編　アニオン重合

```
開始反応       I* + M  ⟶  I—M*

生長反応       I*—M + M  ⟶  I—M—M*  ⟹(M)  I—M—M—M······M*
                                                        ‖
                                                        P*

停止反応       P*  ⟶  P

連鎖移動反応   P* + S  ⟶  P + S*   ⟹(M)  P + S—M······M*
```

I*：開始剤　　M：モノマー　　M*：活性化されたモノマー　　P：ポリマー　　S：移動剤

図 3.2　連鎖重合の素反応

リマーの収率が下がる．連鎖移動反応が起きれば，ポリマー鎖末端の活性点は移動してしまい，ポリマー上の活性点が消失するために，これ以上はポリマー鎖が生長せず，停止反応と同様に，その分子量は低い段階で止まってしまう．しかしながら，移動した活性点から再び生長反応が進行するため，ポリマーの収率は下がらない．連鎖重合では上記の四つの反応が同時に起こるため，生成するポリマーの分子量は，停止反応と連鎖移動反応がどの程度起こるかによって大きく左右され，広い分布をもつことになる．以上より，停止反応や連鎖移動反応は，高分子量のポリマーを得るためには問題となることがわかる．

それでは，素反応が開始反応と生長反応だけである場合，重合反応はどのような結果になるだろうか？　まず開始反応でモノマーが活性化され，生長反応で活性化されたモノマーが未反応モノマーと反応して，次々と結合と活性化を繰り返す．停止反応や連鎖移動反応がないため，ポリマーの分子量はどんどん大きくなる．図 3.2 から明らかなように，生成したポリマーの開始点には開始剤残基が結合しており，加えたモノマーはすべて結合してポリマーになっている．したがって，ポリマーの重合度（モノマーが結合した個数）は，開始剤とモノマーの分子数の比，すなわちモル比と一致する．そしてポリマーの分子量は，モル比にモノマー単位の分子量を掛けた値になる．言い換えれば，ポリマーの分子量は開始剤とモノマーのモル比によって決まることになる．また生長反応によりモノマーがすべてポリマーになった後，その活性点がそのまま保たれている場合は，活性末端が"生きている"ため，"リビング"重合と称される．リビング重合に関しては，6.1 節で詳細に述べる．リビング重合の存在は，Flory により 1940 年代にはすでに予言されていたが，実験的には 1956 年 Szwarc によりスチレンのアニオン重合において初めて報告された[1,2]．1960 年から 1970 年代には，リビングアニオン重合を基にした重合反応の動力学解析やブロックやグラフト共重合体，さらに星型（スター）ポリマーなど分岐形状を有するポリマーの合成が多数報告されている．その後，1980 年代に入り，リビングカチオン重合やリビングラジカル重合が相次いで報告され，さらに遷移金属触媒を用いた配位重合やメタセシス反応を利用した開環重合（ring-opening methathesis polymerization, ROMP）が見出され，

さらなる発展を遂げつつ現在に至っている．

　本編では，まず高分子合成の観点からアニオン重合の基礎を述べる．次いで，リビングアニオン重合の紹介と最近の進歩，そしてリビングアニオン重合によって得られる構造や組成が厳密に制御されたブロック共重合体やグラフト共重合体，さらに星型ポリマーをはじめとした分岐ポリマーなど，ポリマー分子がいくつか組み合わさったポリマーの精密合成について述べる．本編の終盤では，異相系ポリマーのミクロ相分離構造が構築するナノ物質やナノ微細加工に関する研究を紹介する．結論からいえば，基礎は大きな進歩がないため，その内容の多くは成書と重複する．一方，複雑な構造や特異な形状を有するポリマー合成は大きな進歩を遂げており，最近の報告はそのようなポリマーの精密合成やそれらのナノ材料への応用が花盛りであるため，そちらに多くのページを割いている．また，本編では合成に重きを置き，物性は最小限に留めてある．

.

2章 アニオン重合に用いられるモノマー，開始剤，および溶媒

　アニオン重合性モノマーは，多重結合を有する化合物と環状構造を有する化合物に大別される．さらに前者は炭素-炭素二重結合からなるビニル化合物とヘテロ多重結合を有するモノマーに分類される．特にビニル化合物のアニオン重合性は，重合性基であるビニル基上の置換基によって大きく異なることが特徴的である．したがって，ビニルモノマーのアニオン開始剤は，モノマーの反応性に応じて，塩基性や求核性の異なるさまざまな試薬が用いられている．

　一方，ヘテロ多重結合を有するモノマーや環状モノマーからは，酸素，窒素，硫黄などのヘテロ原子や，エーテル結合，エステル結合，アミド結合が主鎖に導入されたポリマーが得られることから，生成ポリマーの構造において逐次重合と連鎖重合を結ぶ役割を果たしている．

　本章では，アニオン重合性モノマーを化学構造，反応性に着目して分類し，それらの特徴について述べる．

2.1 ◆ モノマーの分類

2.1.1 ◆ ビニルモノマー

　アニオン重合が可能なモノマーは，主に多重結合を有する化合物と環状構造化合物に大別される．多重結合を有する化合物の大部分を占めるのは，炭素-炭素二重結合からなるビニル化合物である．ビニル化合物には，無置換のエチレンからビニル基上に1～4つの置換基が導入された誘導体が存在する．置換基の立体障害という点から重合反応を考えると，重合反応に最も望ましいのは一置換体であり，α,α-二置換体がこれに次ぐ．同じ二置換体でもα,β-二置換体の重合は困難であり，さらに三置換体や四置換体では，ほとんど重合が起こらないことがわかっている（図3.3）．また，α,α-二置換体においても，一方の置換基はメチル基のように小さいことが望ましく，エチル基，プロピル基と大きくなるに従い重合が困難になり，tert-ブチル基やフェニル基が置換されると重合はほとんど進行しない．

　次に置換基の種類や性質という点から考えてみる．ビニル化合物におけるアニオン重合のしやすさは，ビニル基上の電子密度が大きく関与しており，電子密度が小さいほどアニオン重合は起きやすい．これは有機化学的には，ビニル基上の電子密度が小さいほど求核

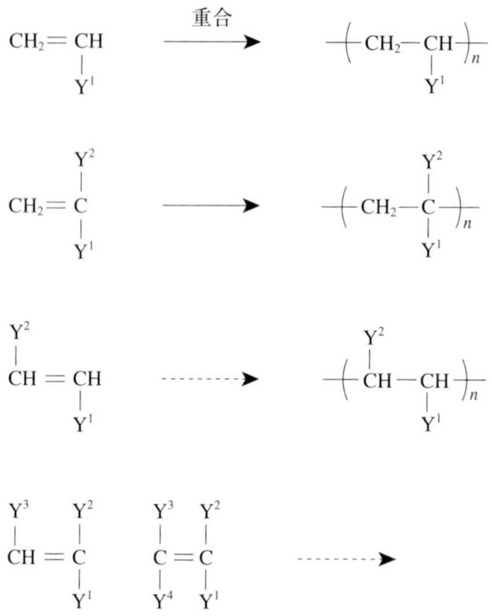

$$CH_2=CH\text{–}Y^1 \xrightarrow{\text{重合}} -(CH_2\text{–}CH(Y^1))_n-$$

$$CH_2=C(Y^2)(Y^1) \longrightarrow -(CH_2\text{–}C(Y^2)(Y^1))_n-$$

$$Y^2\text{–}CH=CH\text{–}Y^1 \dashrightarrow -(CH(Y^2)\text{–}CH(Y^1))_n-$$

$$Y^3(Y^2)CH=C(Y^1) \quad Y^3(Y^2)C=C(Y^4)(Y^1) \dashrightarrow$$

図 3.3 ビニル化合物と重合性

試薬であるアニオン重合の開始剤が攻撃しやすくなるため, と表すことができる. また, 新たに生成したアニオンも, 同様の理由により電子密度の小さいビニル基を攻撃する. 定量的な議論は後述するが, ビニル基の電子密度を下げるためには電子求引性の置換基が望ましい. 最も電子求引性が強い置換基としては, ニトロ基やシアノ基が知られている. 実際, ニトロエチレンやシアノエチレン (アクリロニトリル) は, アニオン重合性が高いモノマーであることがよくわかっている. カルボニル基を有するアルデヒド, ケトン, エステルもまた, アニオン重合を誘起しやすい置換基である. カルボン酸はカルボニル基を含んでいるが, 開始剤とモノマーとの反応より先に酸性プロトンとアニオン開始剤および生長鎖末端アニオンとの反応が起こってしまうため, 重合は進行しない. ハロゲン化ビニルにおいても同様に, ハロゲンアニオンとの反応が重合より優先するが, 塩化ビニルについては条件を選べばアニオン重合がある程度進行する. 電子求引基ではないが, フェニル基が置換されたスチレンやビニル基が置換された 1,3-ブタジエンはアニオン重合ができる. 一方, 電子を供与する性質のあるアルキル基, あるいはアルコキシ基のように酸素原子が電子を求引するが, 酸素原子上の孤立電子対が電子を与えるため, 全体として電子供与基になるような置換基もアニオン重合には不適である. 実際, メチル基が置換されたプロピレンやアルコキシ基が置換されたアルキルビニルエーテルはアニオン重合をせず, 逆にカチオン重合が容易に起こる.

もう一つの重要なポイントとして, 上でアニオン重合できると述べたモノマーはいずれ

も炭素-炭素二重結合やヘテロ多重結合を含んでおり，それらがビニル基と共役しているという点がある．この共役のため，置換基による電子求引効果はビニル基に伝わりやすいことになる．なお，無置換のエチレンや共役していないトリメチルシリル置換のビニルシランは，例外的に条件を選べばアニオン重合が可能である．また α,α-二置換モノマーは重合可能であることを述べたが，2つの置換基がいずれも電子求引性基である α-シアノアクリル酸エステルは，ビニル基上の電子密度が著しく下がり，非常にアニオン重合しやすくなっている．実際，α-シアノアクリル酸エステルのアニオン重合においては中性の水ですらアニオン開始剤として働くことができ，重合させることができる．市販の瞬間接着剤が，このアニオン重合を利用していることはよく知られている．また α,α-二置換モノマーにおいて，一方の置換基が電子供与性であるメタクリル酸メチルやメタクリロニトリルは代表的なアニオン重合性モノマーであり，容易に重合する．さらに，フェニル基やビニル基が置換されたスチレンや1,3-ブタジエンがアニオン重合することを述べたが，それらのメチル置換体である α-メチルスチレンやイソプレンもアニオン重合が可能である．一方，α-フェニル置換体である1,1-ジフェニルエチレンは立体障害のため，重合は困難である．

　ここで，モノマーのアニオン重合のしやすさについて定量的に議論してみる．ビニルモノマーの反応性は，α 位の置換基の共鳴効果，および電子求引効果に大きく依存し，共鳴安定化に関する Q 値と極性効果に関する e 値を用いて定量的な議論ができる[3]．代表的なモノマーの Q 値，e 値を表3.1に示す．Q 値と e 値は，スチレン（$Q=1.0$, $e=-0.8$）を基準とした相対値であり，Q 値が0.2以上の共役モノマーと，0.2以下の非共役モノマー

表3.1　代表的なビニルモノマーの Q 値と e 値

モノマー	Q 値	e 値
共役モノマー（Q 値>0.2）		
アクリロニトリル	0.48	1.23
α-シアノアクリル酸メチル	4.91	0.91
アクリル酸メチル	0.45	0.64
メタクリル酸メチル	0.78	0.40
スチレン（基準値）	1.0	-0.80
1,3-ブタジエン	1.70	-0.50
イソプレン	1.99	-0.55
α-メチルスチレン	0.97	-0.81
非共役モノマー（Q 値<0.2）		
塩化ビニル	0.056	0.16
エチレン	0.016	0.05
酢酸ビニル	0.026	-0.88
プロピレン	0.009	-1.69
イソブテン	0.023	-1.20

に分類される．アニオン重合が可能なモノマーの大部分は Q 値が 0.2 以上の共役モノマー群に属する．一方，e 値は二重結合部分の電子密度に依存し，α-置換基の電子求引効果が大きく，それによりビニル基の電子密度が低下しているモノマーほど e 値は大きくなり，正の値をとる．この値は，有機化学でよく用いられる Hammett 則の σ 値とほぼ相関関係にあり，e 値が大きいほど，モノマーのアニオン重合性は高いと見積もることができる．

鶴田らは表 3.2 に示すように，モノマーを e 値の順に四つの群（A, B, C, D）に分類し，開始剤も反応性の異なる四つの群（a, b, c, d）に分けることで，アニオン重合可能なモノマーと開始剤の組み合わせを体系的にまとめている[4]．たとえば，A 群に属するスチレン，α-メチルスチレン，1,3-ジエン類は e 値が小さく，アニオン重合性が最も乏しい．これら A 群のモノマーをアニオン重合するには，a 群に属する反応性の最も高い開始剤である有機金属試薬やアルカリ金属－ナフタレン錯体を用いる必要がある．次に B 群に属するモノマー類，たとえばアクリル酸エステルやメタクリル酸エステルは電子求引性のエステル基で置換されているため，A 群のモノマーよりアニオン重合はしやすい．そのため，a 群より反応性が低い b 群に属する Grignard 試薬，アルカリ金属から一電子がケトンに移動したケチルアニオンラジカル錯体，エステル基で置換されたエノラートアニオン，$tert$-ブトキシカリウムのようなアルコキシドアニオン（アルコラートアニオン），LiAlH$_4$ な

表3.2 アニオン重合におけるモノマーと開始剤の関係

	モノマー		開始剤
A	CH$_2$=C(CH$_3$)– (−0.81) CH$_2$=CH–Ph (−0.80) CH$_2$=CH–CH=CH$_2$ (−0.50) CH$_2$=C(CH$_3$)–CH=CH$_2$ (−0.55)	a	Li, Na, K RLi [ナフタレン]•⁻ Mt⁺ [Mt = Li, Na, K]
B	CH$_2$=C(CH$_3$)–C(=O)OCH$_3$ (0.40) CH$_2$=CH–C(=O)OCH$_3$ (0.64)	b	RMgX, R$_2$Mg ^{t}BuOK LiAlH$_4$ [ベンゾフェノンケチル] Na⁺ R−CH(OCH$_3$)(C(=O)O⁻)
C	CH$_2$=CH–C(=O)CH$_3$ (1.05) CH$_2$=CH–C≡N (1.23) CH$_2$=C(C≡N)$_2$ (0.68)	c	RONa/ROH R$_3$Al R$_2$Zn NaOH LiZnBuEt$_2$, LiAlBuEt$_3$, CaZnEt$_4$
D	CH$_2$=C(CN)(C(=O)OCH$_3$) CH$_2$=C(CN)$_2$ CH$_2$=CH–NO$_2$	d	Et$_3$N Ph$_3$P ピリジン ROH H$_2$O

どを開始剤を用いることによりアニオン重合ができる．もちろんa群の開始剤を用いれば，B群のモノマーが重合することはいうまでもない．しかしながら反対にb群の開始剤とA群のモノマーの組み合わせでは，アニオン重合は起こらないことに注意していただきたい．

一方，最も反応性の高いD群に属するニトロ基が置換されたモノマーや電子求引性基がα位に2つ置換されているα-シアノアクリル酸エステルなどのモノマー類は，最も反応性の低いd群に属するアミン，さらには中性のアルコールや水を用いてもアニオン重合を開始することが可能である．C群のモノマーとc群の開始剤の関係も同様である．ここで，a群の開始剤は，その高い反応性から原理的にはすべてのモノマーに適用が可能と思われるが，B, C, D群に属するカルボニル基やシアノ基が置換されたモノマーに用いると，これらの極性基との反応が重合に優先して起こってしまい，重合しない場合もあり注意を要する．

C群の代表的なモノマーである，メチルビニルケトン，イソプロペニルケトン，*tert*-ブチルビニルケトン，アクリロニトリル，メタクリロニトリルについてのアニオン重合は古くから行われている．開始剤としてRMgXやRLiを用いると，重合中にカルボニル基，シアノ基，α位のプロトンへの求核攻撃が頻繁に起こることが報告されている．ビニルケトン類は，弱いルイス酸であるジエチル亜鉛（Et_2Zn）やトリアルキルアルミニウム（R_3Al），あるいはそれらのアート錯体を開始剤に用いるとポリマーが得られる．アクリロニトリルやメタクリロニトリルについては，トリフェニルホスフィン（Ph_3P），アルコラートアニオン，あるいはNaOHを開始剤として用いた重合が報告されているが，分子量や分子量分布に関する記述はいまひとつである．いずれも古い文献が多く，現在のアニオン重合における知識や分析機器類を用いて再検討すべき時期に来ていると考えている．

さて，この見事な体系化により，アニオン重合における代表的な汎用モノマーであるスチレン誘導体，1,3-ジエン類，（メタ）アクリル酸エステル，メチルビニルケトン，アクリロニトリル，ニトロエチレン，α-シアノアクリル酸エステルのアニオン重合における相対的な位置が明確に理解できるようになった．前述したように，無置換のエチレンは，有機リチウム試薬（RLi）をN,N,N',N'-テトラメチルエチレンジアミンで活性化した開始剤を用いてアニオン重合を行うと，数千程度の分子量を有するポリエチレンが得られる[5]．実際の反応から考えると，エチレンはA群に属する最もアニオン重合の反応性が低いモノマーであることがわかる．またB, C, D群に属するモノマー類は，多くが共役モノマーであるためラジカル重合は可能である．一方，それらの置換基が電子求引性のためカチオン重合はできない．それに対して，A群に属するモノマーもまた共役モノマーであるため，ラジカル重合は可能であるが，アニオン重合性が低いことにより，そのほとんどはカチオン重合も可能である．

重合反応は，開始剤とモノマーの反応性を論じるだけでは十分ではない．つまり，上記の議論では開始剤とモノマーの反応，すなわち開始反応だけを述べていることになる．で

は，開始反応により活性化され，生成したモノマー由来の新たなアニオンのモノマーに対する反応性は，いったいどのようになるのかについて考えてみよう．たとえば，A群に属する代表的なモノマーであるスチレンを例にとり，開始剤として最も反応性の高いa群に属する有機リチウム試薬を用いた場合を考える．有機リチウム試薬は，Liに直接炭素が結合しており，電気陰性度の関係より炭素がLiの電子を引っぱり，Liの電子が炭素にほぼ供与された形をとるため，潜在的にはカルボアニオンであると考えられる．この反応において，RLiは電子密度が小さく立体障害の小さなスチレンのβ炭素を攻撃して，図3.4に示すようなRがβ炭素に付加し，Liがα炭素に結合した形となる．この反応により，スチレン由来の有機リチウム試薬が形成されたことになる．Liの強い電子供与性により，α炭素が潜在的にはカルボアニオンとなる．なお，C–Li結合はCに電子が偏っているため一般に$C^{\delta-}Li^{\delta+}$と表されるが，いくつかの解離状態の異なるイオン対から完全にイオン解離したC^-Li^+の段階まであり，溶媒や温度，化合物の構造によってこの状態は変わる．図3.4ではわかりやすくするために，イオン解離した状態を示す．このカルボアニオンは開始剤のRLiと比較して反応性に大差はない，つまりa群の開始剤とほぼ同じ反応性を示し，容易にスチレンモノマーを重合することができる．このように，最も反応性の低いモノマーが活性化されると，最も高い反応性を有する活性点，すなわちアニオンが生成することになる．この関係がなければ，スチレンのアニオン重合は起こらないことになる．

次にB群のモノマーであるアクリル酸メチルの重合において，もう一度この関係を確かめてみる．エステル基による電子求引性により，スチレンよりアニオン重合が起こりやすいことになり，b群に属するエノラートアニオンがβ炭素を攻撃して図3.5のように付

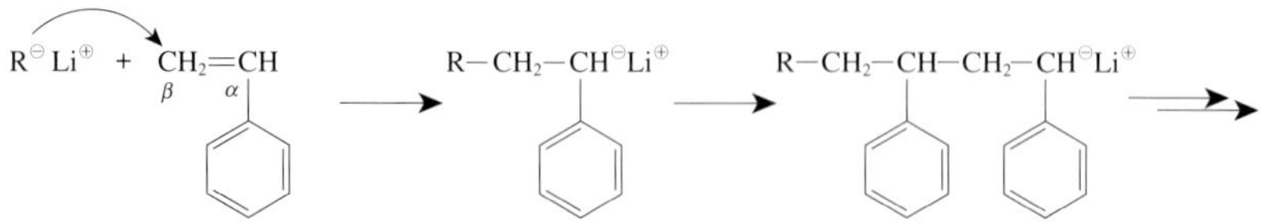

図3.4 有機リチウム試薬(RLi)によるスチレンのアニオン重合

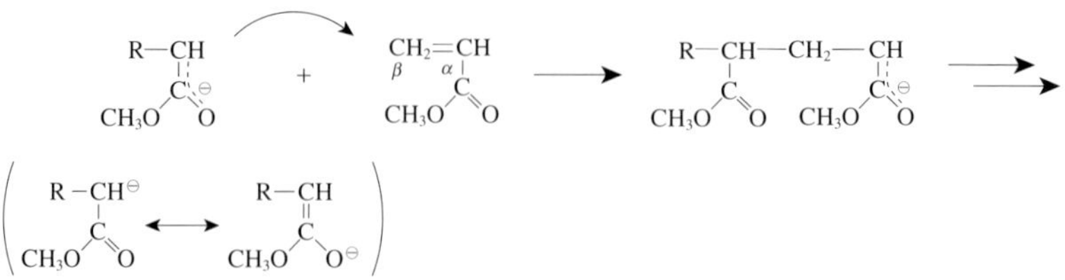

図3.5 エノラートアニオンによるアクリル酸メチルのアニオン重合

加し，アクリル酸メチルから新たなアニオンが生成する．このアニオンもエノラートアニオンであり，開始剤に用いたエノラートアニオンと反応性はほぼ同じである．そのため，アクリル酸メチルと付加反応を繰り返してポリマーを生成する．この場合も，開始剤により活性化されて生成したアニオンの反応性は，b群の開始剤とほぼ同じである．生成したアニオンはエステルの電子求引性により電子密度が下がり，したがって反応性も低下する．要するに電子求引効果はモノマーに対しては，炭素–炭素二重結合の電子密度を下げることでアニオン重合性を高めるが，モノマーから生成したアニオンに対しても同じ効果が働くため，逆にアニオンの反応性を下げる．

以上のように，モノマーの反応性と重合中の活性末端アニオンの反応性の序列は，完全に逆転した関係になっている．繰り返しになるが，この原因はモノマーの置換基の電子求引効果が強いとビニル基の電子密度が大きく下がるためにアニオン重合性は高くなるが，同じ理由で生成した鎖末端アニオンの電子密度も低下するためである．そのため，A群に属するスチレンモノマーから生成したアニオン（カルボアニオン）の活性は最も高く，B群に属するメタクリル酸メチルモノマーから生じるアニオンは，エステルの電子求引性のため，その反応性はスチレンモノマーから生じるアニオンより低いことになる．C群とD群のモノマーについても同様の関係，すなわちモノマーから生成したアニオンの反応性は，C群，D群の順で低下する．このため，最も反応性の高いモノマーから最も反応性の低いアニオンが生成することになる．このモノマーと生成したアニオンの絶妙な関係が，アニオン重合を可能とするとともに，モノマーの分子設計をするうえで非常に重要な点であり，しっかり理解しておく必要がある．

1種類のモノマーを用いた単独重合では，上記の絶妙な関係が重合を進行させるが，群の異なる2種類以上のモノマーを共重合する場合は，きわめて注意が必要である．たとえば，A群に属するスチレンの生長鎖末端アニオンからB群のメタクリル酸メチルの重合は可能であるが，メタクリル酸メチルから生成したエノラートアニオンの反応性はb群の開始剤と同等であるため，スチレンの重合はできない．この事実は，後述するブロック共重合体を合成する際には，モノマーの添加順序が規制されることを示している．また，異なる群のモノマーを組み合わせると，上記の理由より共重合よりも単独重合が優先するため，目的の共重合体は得られない．

ここでA群のモノマーであるスチレンとB群のモノマーであるメタクリル酸メチルを例にとり，もう少し詳しく説明してみる．図3.6に示すように，a群の開始剤を用いると，開始段階ではスチレンとメタクリル酸メチルはどちらも反応してアニオンになる．それぞれのアニオンをS^-およびM^-で表す．次の生長段階において，S^-はスチレン，メタクリル酸メチルの両方のモノマーと反応し，$S-S^-$と$S-M^-$になる．一方，M^-はメタクリル酸メチルとしか反応せず，$M-M^-$となり，これ以降もメタクリル酸メチルだけと反応して，単独重合体が生成する．$S-S^-$と$S-M^-$についても，前者は両方のモノマーと反応が可

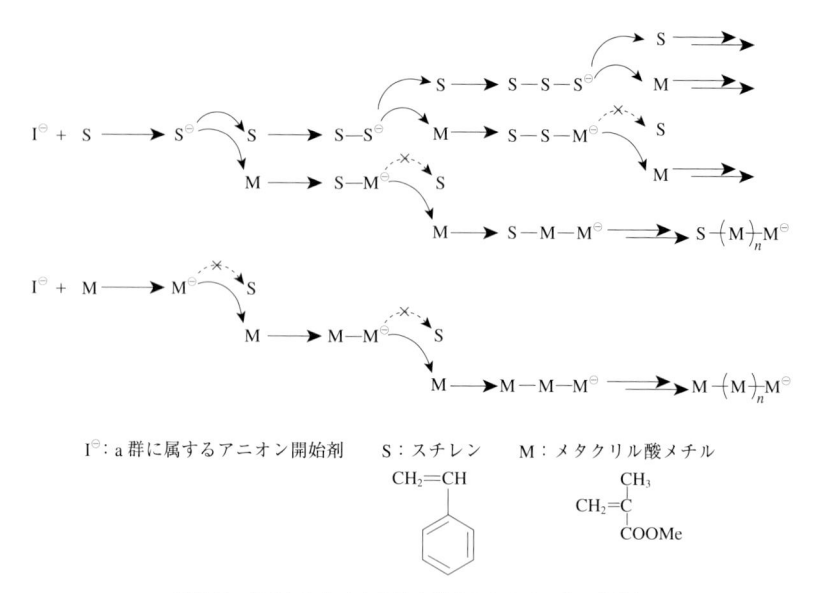

図3.6 スチレンとメタクリル酸メチルのアニオン共重合

能であるが,後者はメタクリル酸メチルとしか反応できず,開始末端にスチレンを1単位だけ含んだほぼメタクリル酸メチルの単独重合体になる.つまり,いったん生長鎖末端がM⁻となるとメタクリル酸メチルしか重合できないため,時間の経過とともにM⁻が生長鎖末端である割合が増加する.また,B群のモノマーであるメタクリル酸メチルのほうがA群のモノマーであるスチレンよりも反応しやすいため,ポリマー鎖末端がM⁻になる割合は大きくすべての生長鎖末端がM⁻となり,最終的にはごくわずかのスチレン単位を含んだブロック共重合体とメタクリル酸メチルの単独重合体の混合物になる.このような理由から,ラジカル重合で得られるランダム共重合体は,群の異なるモノマー間のアニオン重合ではまったく得られないことになる.

一方,同じ群に属するモノマーどうし,たとえば,スチレンとα-メチルスチレン,1,3-ブタジエンではお互いのアニオンへの反応が可能であるため,ブロック共重合やランダム共重合が行える.実際にはモノマーが同じ群であっても生成したアニオンの反応性はわずかに異なるため,ランダムではなくブロック的に両モノマー単位が分布している場合が多い.

2.1.2 ◆ ヘテロ多重結合を有するモノマー

ビニル基に加えて,炭素-炭素三重結合,炭素-酸素二重結合,炭素-窒素二重結合な

2章 アニオン重合に用いられるモノマー，開始剤，および溶媒

ど，ヘテロ多重結合を有するモノマーのアニオン重合がいくつか報告されている．たとえば，C＝O二重結合を有するアセトアルデヒドのアニオン重合により，C－O結合からなる主鎖を有するポリアセタールが生成する（反応式 (3.1)）．

$$\text{CH}_3\text{CH}=O \longrightarrow \text{—(CH(CH}_3\text{)—O)}_n\text{—} \tag{3.1}$$

この反応は，条件によっては高重合度で立体規則性の高いポリマーを与える場合がある[6]．トリクロロアセトアルデヒド（クロラール）はキラルなアニオン開始剤により，右巻きや左巻きのヘリックス（らせん）構造を有するポリ(クロラール)を与える．そのためアルデヒド類の重合では，比較的詳細な研究が行われている[7]．

C＝N二重結合を有する1-フェニル-2-アザ-1,3-ブタジエンのアニオン重合は可能であるが，得られるポリマーの分子量は低い（反応式 (3.2)）[8]．

$$\text{CH}_2=\text{CH}-N=\text{CH}-\text{Ph} \xrightarrow{\text{BuLi}} -\text{CH}_2-\text{CH}(N=\text{CHPh})\sim\sim-\text{CH}_2\text{CH}=N-\text{CH}-\text{Ph} \tag{3.2}$$

C＝S二重結合を有するチオアセトン，フルオロチオカルボニル，ヘキサフルオロチオアセトンもアニオン重合が可能である（反応式 (3.3) ～ (3.5)）[9, 10]．

$$(\text{CH}_3)_2\text{C}=S \longrightarrow -[\text{C}(\text{CH}_3)_2-S]_n- \tag{3.3}$$

$$\text{F}_2\text{C}=S \longrightarrow -[\text{CF}_2-S]_n- \tag{3.4}$$

$$(\text{CF}_3)_2\text{C}=S \longrightarrow -[\text{C}(\text{CF}_3)_2-S]_n- \tag{3.5}$$

ケテン化合物のアニオン重合では，下記の構造のポリマー（反応式 (3.6)）やカルボニル化合物との共重合体（反応式 (3.7)）が報告されている[11]．

$$CH_2=C=O \longrightarrow -(CH_2-\underset{\underset{O}{\|}}{C}-CH_2-\underset{\underset{O}{\|}}{C})_n \Big/ -(CH_2-\underset{\underset{O}{\|}}{C}-O-\underset{\underset{CH_2}{\|}}{C})_n \tag{3.6}$$

$$CH_2=C=O \;+\; \underset{R}{\overset{R}{>}}C=O \longrightarrow -(\underset{\underset{CH_3}{|}}{\overset{\overset{CH_3}{|}}{C}}-\underset{\underset{CH_3}{|}}{\overset{\overset{CH_3}{|}}{C}}-O-C)_n \tag{3.7}$$

アルキルイソシアナート（$R-N=C=O$）は，容易にアニオン重合が進行し，ポリアミドを与えることが古くからよく知られている（反応式 (3.8)）．

$$\underset{R}{N}=C=O \xrightarrow{Na^{\oplus}\text{ナフタレン}^{\ominus}} -(\underset{\underset{R}{|}}{N}-\underset{\underset{O}{\|}}{C})_n \tag{3.8}$$

さらにアルキルイソシアナートについては，近年 Lee らによりリビングアニオン重合が報告されており[12~14]，現在最も詳細に研究されているヘテロ多重結合を有するモノマーである．アニオン開始剤としては，KCN のような中性に近いものから，アルコラートアニオン，アミドアニオン，さらに高反応性のナトリウム－ナフタレン錯体まで用いられている．このように a 群～d 群まですべての開始剤での重合が可能であり，高いアニオン重合活性を有しているモノマーであることがわかる．また，生成するポリマーは，主鎖にヘリックス構造を有する剛直鎖であることも見出されている．一方，対応する硫黄の誘導体であるイソチオシアナート（$R-N=C=S$）のアニオン重合性は低く，上記の条件ではほとんどポリマーが得られない．類似の結合を有するジアルキルカルボジイミド（$R-N=C=N-R'$）のアニオン重合は報告されており，C－N 結合を主鎖に有するポリマーを与える（反応式 (3.9)）[15]．

$$R-N=C=N-R' \xrightarrow{BuLi} -(\underset{\underset{R}{|}}{N}-\underset{\underset{\underset{R'}{|}}{N}}{C})_n \tag{3.9}$$

以上，ヘテロ多重結合を有するモノマーを重合すると，主鎖に酸素，窒素，硫黄などのヘテロ原子が導入されたポリマーが得られる．これらのポリマーは，主鎖が炭素－炭素結

2章 アニオン重合に用いられるモノマー，開始剤，および溶媒

合で構成されているビニルポリマーとは大きく異なった物性や機能が期待される．

2.1.3 ◆ 環状モノマー

環状化合物は，環構造保持のため結合角がエネルギー的に不利な角度をとり，それにより環ひずみが生じる．そのため熱や光，あるいはラジカルやイオンにより開環してひずみエネルギーを解消し，安定な直鎖状の構造になることはよく知られている．環状化合物をモノマー（環状モノマー）としてとらえると，連続的に開環して結合させることでポリマーを合成することができる．このような重合反応は開環重合とよばれている．

一般に環状モノマーのラジカル重合は困難であり，イオン重合が多用されている．アニオン重合が可能な環状モノマーは，環状エーテル，スルフィド，エステル（環状化合物はラクトンとよぶ），アミド（同様にラクタム），カーボネート，α-アミノ酸無水物（NCA），シロキサンなどきわめて多種に及び，想像以上に多いことがわかる（図3.7）．

開始剤とモノマーの関係は，ビニルモノマーほど明確な体系づけがなされていないが，a群〜d群の広範囲のアニオン開始剤が用いられており，反応性に応じて使い分けられている．開環重合で得られるポリマーの大きな特徴は，主鎖中にN, O, Sなどのヘテロ原子やエーテル結合，エステル結合，アミド結合が導入されることである．図3.7に示した代表的な環状モノマーが開環重合をした場合に生成するポリマーの構造を反応式 (3.10) 〜 (3.15) に示しておく．

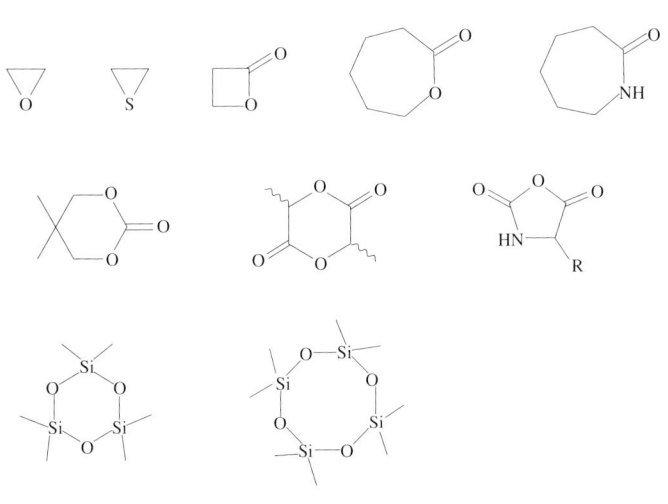

図 3.7 アニオン重合が可能な環状モノマー

第Ⅲ編　アニオン重合

(3.10)

(3.11)

(3.12)

(3.13)

(3.14)

(3.15)

　一目でわかるように，いずれのポリマー構造においても，逐次重合で得られるポリマーの主鎖構造，たとえばポリエーテル，ポリエステル，ポリアミドなどと同じ，あるいは酷似した構造である．したがって，開環重合はポリマー構造を通じて逐次重合と連鎖重合を結ぶ重要な重合系となっている．

　ここで，α-アミノ酸であるアラニンの酸無水物（NCA）を例にとり，その開環重合，すなわち連鎖重合と逐次重合の関係を説明する．NCA は反応式 (3.16) に示すように，第一級アミンにより容易にアニオン開環重合をする[16]．

(3.16)

314

2章 アニオン重合に用いられるモノマー，開始剤，および溶媒

重合は開環とともに二酸化炭素を発生しながら進行し，主鎖にアミド結合を有するポリマーが生成する．ここでポリマーの名称について説明する．連鎖重合で得られるポリマーはポリ(モノマーの名称)で表すことが一般的である．実際，ポリエチレンやポリスチレンを思い浮かべるとよくわかる．モノマーがきわめて一般的な場合は，上の例のように括弧がないが，通常はポリ(メタクリル酸メチル)のように，モノマー名を括弧で閉じることになっている．したがって，この反応により得られるポリマーはポリ(アラニン NCA)とよばれることになる．それに対して，逐次重合で得られるポリマーは，ポリの後に結合の名称を付けるのが一般的である．たとえば，ジカルボン酸とジアミンおよびジカルボン酸とジオールより得られるポリマーは，それらの結合によりそれぞれ，ポリアミドおよびポリエステルとよばれる．α-アミノ酸であるアラニンでは，アミノ基とカルボキシル基による逐次重合からもポリマーが得られる．そのポリマーはアミド結合によりつながっているため，ポリアミドとよばれる（反応式 (3.17)）．

$$\text{H-N-CH-C-OH} \longrightarrow -(\text{N-CH-C})_n- \tag{3.17}$$

ただし，α-アミノ酸をモノマーとして用いた場合に限り，ポリアミドは慣用的にポリペプチドとよばれる．このように同じ構造のポリマーが，モノマー，重合機構が異なるNCAの開環重合（連鎖重合）とアラニンの逐次重合により得られることに注目していただきたい．

以上より，連鎖重合と逐次重合の密接な関係がよくわかる．また，ポリマーの名称から重合法が断定できることになる．上と同様な例として，$HO(CH_2)_5COOH$ の逐次重合より得られるポリエステルと7員環の ε-カプロラクトンの開環重合から合成されるポリ(ε-カプロラクトン)もよく取り上げられる（反応式 (3.18), (3.19)）．

$$HO-(CH_2)_5-C-OH \longrightarrow -(O-(CH_2)_5-C)_n- \tag{3.18}$$

$$\longrightarrow -(O-(CH_2)_5-C)_n- \tag{3.19}$$

6.5節で述べるが，エチレンオキシド，プロピレンスルフィド，環状シロキサン，ラクトン，ラクタム，NCAなどの多くの環状モノマーは，リビングアニオン重合が可能であり，分子量や分子量分布の制御ができるため，それらの制御ができない逐次重合の大きな欠点

を補うことができる．最近では，ラクチドや ε-カプロラクトンの開環リビングアニオン重合によって，分子設計が可能な生分解性のポリ乳酸やポリエステルが合成され大きな注目を集めている[17~19]．環状スルフィド，6員環のヘキサメチルシクロトリシロキサンや8員環のオクタメチルシクロテトラシロキサンの開環重合により，ポリチオエーテルやポリジメチルシロキサンが得られ，それらを基とした高機能性ゴムの開発も行われている．環状モノマーの重合の詳細は下巻「第 IV 編 開環重合」を参考にされたい．

2.2 ◆ 開始剤の分類

アニオン重合の開始剤は，反応性により a, b, c, d の四つの群に分けられることはすでに述べた．本節では開始剤についてもう少し詳しく述べてみる．アニオン重合では，開始剤が求核試薬としてモノマーと反応して重合が始まるため，開始剤が塩基，モノマーが酸として働くことになる．したがって，主な開始剤は，(1) 負に荷電しているアニオン種と，(2) 孤立電子対を有するルイス塩基である．

まずアニオン種としては，炭素アニオンであるカルボアニオン（C^-）が最もよく使用されているが，それ以外にも H^-, Si^-, O^-, S^-, N^-, P^-, X^-（ハロゲンのアニオン）などのさまざまなアニオン種が用いられている．なかでもカルボアニオンは反応性がきわめて高い．そのなかで最も一般的な試薬は，炭素とアルカリ金属（Li, Na, K, Cs）が結合した有機アルカリ金属試薬である．合成のしやすさ，安定性，溶解度から，それらの中でも有機リチウム試薬（RLi）が圧倒的に用いられており，特にブチルリチウム（BuLi）に関しては，^{n}BuLi に加え，^{s}BuLi や ^{t}BuLi が市販されている．これらの有機アルカリ金属試薬では電気陰性度の関係により炭素側に電子が強く引っぱられており，炭素は高い電子密度，すなわちカルボアニオンとなっている．非極性溶媒中では C－Mt 結合（Mt：アルカリ金属）をしているが，実際は電子が偏った $C^{\delta-}Mt^{\delta+}$ の状態になっており，溶媒の極性が上がるにつれてイオンへの解離が促進され，いくつかの解離状態の異なるイオン対を経由していき，完全に解離したフリーイオン C^-Mt^+ になることもある．いうまでもないが，アニオンの反応性はイオン解離が進むほど高くなる．化合物の構造に加え，溶媒，温度，濃度などがイオン解離に大きな影響を与えている．

アルカリ金属と多核芳香族化合物（ナフタレンやアントラセンなど）を反応させると，アルカリ金属の電子が多核芳香族化合物へ1個移動し収容されることで，アニオンラジカル錯体が形成される（反応式 (3.20),(3.21)）．

2章 アニオン重合に用いられるモノマー，開始剤，および溶媒

$$\text{Na} + e^- + \text{(naphthalene)} \longrightarrow [\text{naphthalene}]^{\cdot -} \text{Na}^+ \qquad (3.20)$$

$$\text{K} + e^- + \text{Ph}_2\text{C=O} \longrightarrow [\text{Ph}_2\text{C–O}^\cdot]^- \text{K}^+ \qquad (3.21)$$

代表例としてはナトリウム–ナフタレン錯体があり，その反応性はきわめて高く有機アルカリ金属試薬に匹敵し，A 群のモノマーであるスチレンや 1,3-ジエン類の開始剤になる．アルカリ金属自体もアニオン重合の開始剤として同様の高い反応性を示すが，有機溶媒に溶解しないため定量的な反応が困難であり，今日ではあまり使用されていない．また芳香族ケトンもアルカリ金属から電子を受容して，ケチルアニオンラジカル錯体を形成する．スチレンの重合はできないが，B 群以下のモノマーの重合には，有効な開始剤として働く．

炭素とアルカリ土類金属（Ba, Mg, Ca）が結合した有機金属試薬もアニオン開始剤として頻繁に用いられており，RMgX で表される Grignard 試薬がその代表的な試薬である．しかしながら上記の有機アルカリ金属試薬よりは反応性が低く，アルカリ金属試薬が A 群のモノマーのアニオン重合を開始できるのに対して，Grignard 試薬はより重合反応性が高い B 群のモノマーから重合が可能である．

カルボアニオンの炭素上に電子求引性基を置換すると，電子密度が下がりアニオンの反応性が低下する．電子求引性の強さにより反応性が異なるが，カルボニル基を置換すると，一般に A 群のモノマーのアニオン重合ができなくなる．図 3.8 に示したエステル基が置換

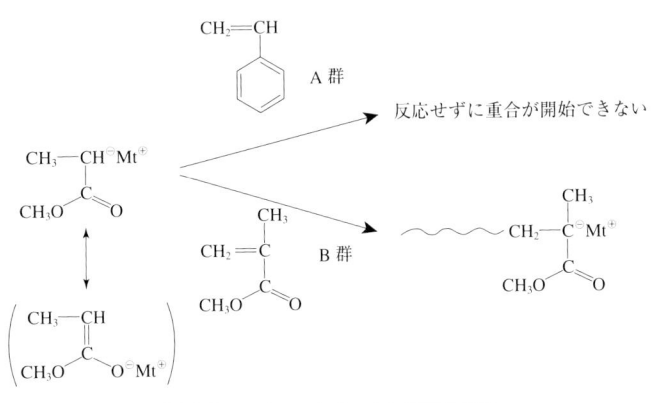

図 3.8 エノラートアニオンの重合活性

されたアニオンは，エステルのカルボニル基により電子が求引されるため，電子密度が下がり反応性が低下する．また炭素上のアニオンがカルボニル基と共鳴することで，より安定なエステルエノラートアニオンとなる．そのため，B群のモノマーには有効な開始剤となるが，スチレンを含むA群のモノマーの重合を開始することができない．シアノ基とエステル基を置換すると，シアノ基の強い電子求引効果によりカルボアニオンの反応性はさらに低下して，B群のモノマーの重合さえもできなくなる（図3.9）．言い換えれば，電子求引性基を置換することでカルボアニオンの反応性を調節できる．逆に，電子供与性基を置換すると反応性は上がる．たとえば，^{t}BuLiはMeLiや^{n}BuLiより反応性が高いことはよく知られている．ここでTHFなどのルイス塩基を加えると，カチオンに強く配位してイオン解離を促進するため，アニオンの反応性は格段に上がる．なかでも特に強くカチオンに配位する化合物としては，N,N,N',N'-テトラメチルエチレンジアミン（TMEDA），18-クラウン-6に代表されるクラウンエーテル，さらに非プロトン性極性溶媒のN,N-ジメチルホルムアミドやN,N,N',N',N'',N''-ヘキサメチルホスホルトリアミド（HMPT）が知られている．実際にスチレンを重合することのできない$C_6H_5CH_2MgBr$にHMPTを加えると，スチレンのアニオン重合が開始されること，またアルコラートアニオン（RO$^-$Mt$^+$）に18-クラウン-6が配位するとメタクリル酸メチルのアニオン重合が可能になることが報告されている（図3.10）．重合ではないが，BuLiにTMEDAを加えると，ベンゼンのプロトンを引き抜き，定量的にフェニルリチウムが生成する．これは，BuLiのLi$^+$にTMEDAのN原子が協同的に強く配位して，イオン解離を著しく促進するからである．もちろんTMEDAが存在しなければ，BuLiはベンゼン中で安定である．クラウンエーテルも同

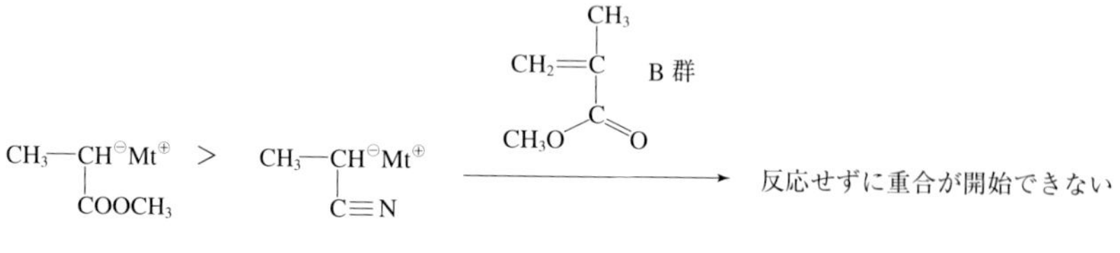

図3.9 シアノ基置換アニオンの重合活性

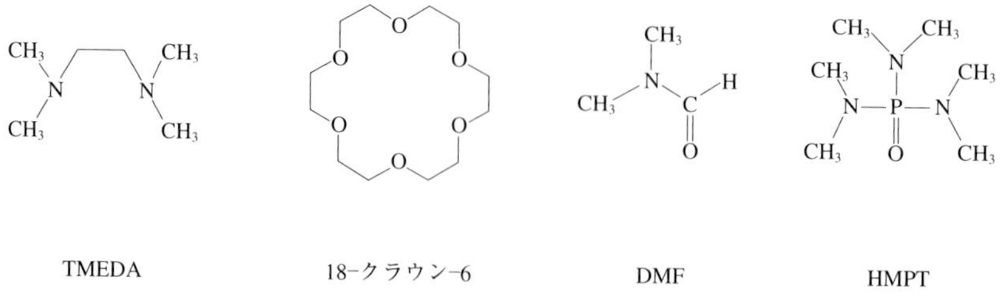

図3.10 カチオンに強く配位する化合物

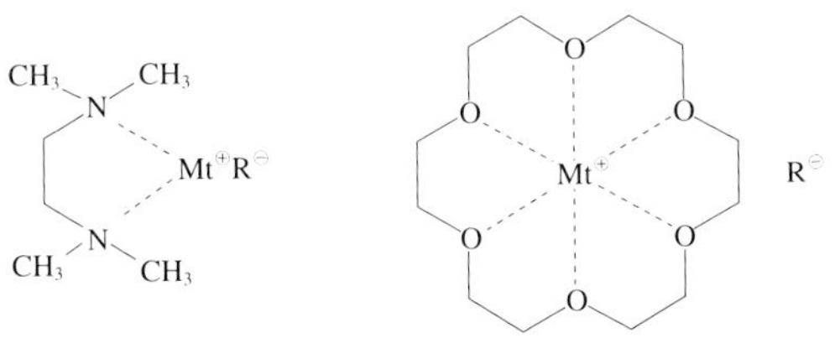

RMt：有機アルカリ金属試薬

図 3.11 有機アルカリ金属試薬にTMEDAや18-クラウン-6が配位することによるイオン解離状態

様に，O原子が協同的にカチオンに配位することでイオン解離を強く促進することが知られている（図3.11）．

　水素，ケイ素，リンより生成するアニオン種も高い反応性であるが，カルボアニオンよりはやや低い．条件によるが,開始剤の分類ではa群からb群に属する．アミンやアルコールから生成するアミドアニオンやアルコラート（あるいはアルコキシド）アニオン，さらに無機塩基より生成する水酸化物イオンもアニオン重合の開始剤としてよく用いられる．それらはb群からd群に分類されるが，カルボアニオン同様，結合した置換基や上記の配位能のある化合物の添加で反応性を変えることができる．

　孤立電子対を有するルイス塩基のアミン，エーテル，ホスフィン，中性とされているアルコールや水も条件によってはアニオン開始剤として働く．アニオン種に比べて反応性は低く，通常はd群に属する開始剤である．

　以上，これらの開始剤は求核性や塩基性にきわめて大きな差があるため，モノマーの反応性に応じて使い分ける必要がある．

2.3 ◆ 溶媒の選択

　アニオン重合に用いる溶媒は，開始剤や生長鎖末端アニオンの反応性に密接に関連しているが,それに加えて生成ポリマーの溶解性についても考慮する必要がある．A群モノマーの重合では，開始剤や生長鎖末端カルボアニオンの反応性がきわめて高いため，プロトン性溶媒やカルボニル基，シアノ基などのカルボアニオンと反応する官能基を含む溶媒の使用はできない．このような溶媒には，たとえばアルコール，ケトン，エステル，ニトリルが相当する．脂肪族炭化水素および芳香族炭化水素であるヘキサン，ヘプタン，シクロヘキサン，ベンゼン，トルエンなどもよく使用されている．ただしトルエンの場合は，メチルプロトンの引き抜きに注意する必要がある．また比較的極性があるエーテル類や第三級アミンは使用可能である．エーテルとしてはTHFがよく使われているが，それ以外にも

ジエチルエーテル,アニソール(メチルフェニルエーテル),テトラヒドロピラン,1,2-ジメトキシエタン,1,4-ジオキサンが,また第三級アミンとしてはトリエチルアミンが用いられている.これらの溶媒中ではカルボアニオンのイオン解離が促進されるため,極低温で用いるのが普通である.

　B群のモノマーの重合においても,開始剤や鎖末端アニオンの反応性を考えると,上記の溶媒が一般的に用いられているが,第三級アミンとしてピリジンも使用できる.またN,N-ジメチルホルムアミドやアセトアミドなどの非プロトン性極性溶媒も用いられている.特殊な溶媒としては,ジクロロメタンのように比較的安定なハロゲン化アルキルを使用した例が報告されている.C群やD群のモノマーの重合では,上記溶媒に加え,アセトン,酢酸エチル,エタノールなども用いることができる.特にD群のモノマーの重合では,水やアルコールを含め,カチオン重合でよく用いられるニトロメタン,ニトロベンゼン,アセトニトリル,ベンゾニトリルなど広範囲の溶媒が使用可能である.むしろ生成ポリマーの溶解性を考慮すべきであろう.このように溶媒の使用は,重合系で用いる開始剤や生成するポリマー鎖末端のアニオンの反応性に強く依存するので,それらが安定に存在できる溶媒を選択すればよい.また,モノマーと生成ポリマーで溶解性が大きく変わることが多いので,溶媒選択においてはこの点についても考慮する必要がある.

3章 アニオン重合の素反応

　アニオン重合の反応機構に関する研究は，A群に属するモノマーであるスチレン，1,3-ブタジエン，イソプレンの重合に関する報告が群を抜いて多い．リビング重合の発見者であるSzwarcを中心とした研究グループにより，1960年から1970年代にかけて膨大な成果が積み重ねられてきた．いずれのモノマーもリビング重合で進行する．生長鎖末端のカルボアニオンが安定であることが大きな理由であろう．数ある成果の中で重要なものは，生長鎖末端カルボアニオンの状態はいくつかの解離状態の異なるイオン対から完全に解離したフリーイオンまで存在すること，および，各々の反応性を明らかにしたことであろう．

　その後やや遅れて，B群に属するモノマーであるメタクリル酸メチルやメタクリル酸 $tert$-ブチルの重合に関する速度論に関する研究が1970年代より始まった．これらの重合系の生長鎖末端であるエノラートアニオンの安定性はやや低いが，低温でリビング重合が進行するため，A群に属するモノマーの研究と同様，生長鎖末端のイオン状態に関する議論が中心に行われた．その後，開始反応における開始剤のエステルへの求核攻撃の実態や前々末端基まで含めた分子内バックバイティング反応による停止反応が見出され，重合の全貌が明らかになってきた．それらの研究成果は書籍や総説にまとめられており，現時点では議論に大きな進歩はないため，本編では重複を避け概説に留める．一方，C群やD群に属するモノマー類の重合の研究例はきわめて少なく，大部分はスチレンやメタクリル酸エステルの重合に関する研究や有機化学的な反応機構からの推定が多い．このように，C群やD群に属するモノマーのアニオン重合に関する研究例が少ないことは，アニオン重合における今後の大きな課題であると筆者は考えている．本章では，まとまった報告がないことよりこれらについては省略する．

　環状モノマーに関しては，工業的な生産が行われているエチレンオキシドや6員環や8員環のモノマーからのジメチルシロキサンの重合機構が，比較的詳細に検討されている．また反応機構の特殊性と生成ポリマーの興味から，NCAの重合機構の研究や速度論も一時期盛んに行われていた．下巻「第IV編 開環重合」を参考にされたい．

3.1 ◆ 開始反応

　アニオン重合の開始反応は，開始剤がモノマーを攻撃し，モノマーの活性化（アニオン化）が起こる反応である．有機化学的には，開始剤は求核試薬として働く塩基であり，モ

第Ⅲ編　アニオン重合

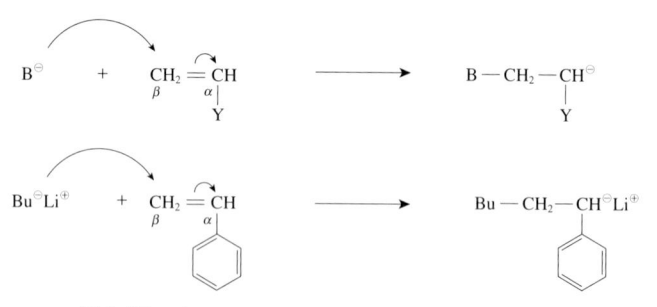

図3.12　ビニルモノマーのアニオン重合における開始反応

ノマーは酸に相当する．したがって，開始剤の塩基性が強いほど，またモノマーの酸性が強いほど反応は速く進行する．モノマーがビニル化合物である場合，図3.12に示すように，開始剤は立体障害の小さい無置換のβ炭素を攻撃し，炭素－炭素二重結合の中でエネルギー準位の高いπ結合が開裂して，α炭素上にアニオンが生成する．スチレンのBuLiによる開始反応を例にとると，開始剤残基のブチル基がβ炭素を攻撃して結合することでα炭素上にアニオンが生成する．そしてLi$^+$が対カチオンとしてアニオン近傍に存在する．

　まず，A群に属するモノマーの開始反応から述べると，開始剤としては市販されているBuLiが用いられることが多い．ブチル基の構造によって反応性（開始能）は異なり，電子供与効果と立体障害により反応性は，$^sBu > {}^tBu > {}^nBu$の順になっている．BuLiをはじめとして有機リチウム試薬は，炭化水素系溶媒中で2〜6量体の会合体を形成しており，その会合体を考慮した動力学的考察が過去に多く行われてきている．一般に反応速度は，$k_i \cdot [RLi]^{1/(会合数)}$（$k_i$：開始反応の速度定数）で表されるが，溶媒，濃度，温度，モノマーの影響を強く受けるため，単純な比較は困難である．有機リチウム試薬は炭化水素系溶媒では室温，あるいはそれ以上の温度でも安定であるが，THFなどの極性溶媒中ではイオン解離が促進されて反応性が上がり，THFと反応し分解してしまうので注意が必要である（反応式 (3.22)）[20]．

(3.22)

BuLiの代わりにアルカリ金属と多核芳香族化合物（ナフタレンがよく使われる）から得られるアニオンラジカル錯体を開始剤として用いると，開始反応は2段階になる（反応

式 (3.23)).

$$[ナフタレン]^{\cdot-} Na^+ + CH_2=CH(Ph) \longrightarrow {}^\cdot CH_2-CH(Ph)^- Na^+ \quad (3.23)$$

$$2\ {}^\cdot CH_2-CH(Ph)^- Na^+ \xrightarrow{\text{ラジカルカップリング}} Na^+{}^-CH(Ph)-CH_2-CH_2-CH(Ph)^- Na^+$$

　ここでも比較のためにスチレンを例にとると，まず第1段階でナフタレン上の電子がスチレンに移動して，スチレンのアニオンラジカルが生成する．次いで，ラジカルどうしのカップリング反応が優先して起こり2量化してジアニオンとなる．このジアニオンは開始反応において二官能性の開始剤として働き，続いて起こる生長反応が両末端より進行する．このような二官能性開始剤はブロック共重合体合成に重要な役割を果たすので，アニオンラジカル錯体の存在価値は高い．なお，アルカリ金属自体もモノマーに電子を与えアニオンラジカルとし，さらにカップリングによりジアニオンとする能力を有している．しかしながらアルカリ金属自体が溶媒に不溶であるため，定量的にジアニオンが生成する前に，一部生成したジアニオンからの重合反応が優先して起こってしまうため，一般的には用いられていない．

　一方，エラストマーの合成を目的としたブロック共重合では，1,4-構造を保つために炭化水素系の溶媒中で重合が行われる．アルカリ金属－ナフタレン錯体を合成するには，THFのような比較的極性のある溶媒が必要であり，錯体自体も炭化水素系溶媒には不溶である．このような事情から炭化水素系溶媒に可溶な二官能性開始剤の開発が始まった．最初は，二官能性の有機リチウム試薬 Li－R－Li の合成が行われたが，合成や精製が予想外に困難であったことに加えて，対応する有機リチウム試薬とは異なり炭化水素に不溶であった．そこで，反応式 (3.24), (3.25) に示すように，二官能性のジイソプロペニルベンゼンや1,1-ジフェニルエチレンに有機リチウム試薬や金属リチウムを反応させて，ジリチウム化合物を合成する方法が採られるようになってきた [21〜25]．このようにして合成されたジリチウム試薬は炭化水素系溶媒に可溶であり，かつ二官能性であるため，目的に良く合致している．

$$\text{1,3-ジイソプロペニルベンゼン} \xrightarrow{2\ RLi} \text{ジリチウム付加体} \quad (3.24)$$

第Ⅲ編　アニオン重合

$$\text{(構造式)} \xrightarrow{2\ \text{RLi}} \text{(構造式)} \tag{3.25}$$

　B群に属するモノマーであるメタクリル酸エステルは，エステル基の電子求引性によりアニオン重合性が高くなるため，上述したようにa群とb群の開始剤が用いられる．b群に属する開始剤は反応性から主に炭素－炭素二重結合と反応するが，a群の開始剤を用いる場合は注意が必要である．実際，有機リチウム試薬を開始剤として用いると，条件にもよるが多かれ少なかれカルボニル基への求核攻撃が起こっている．たとえば，開始剤としてBuLiを用いてメタクリル酸メチルの重合を試みると，エステルのカルボニル基への求核攻撃が一部起こり，ブチルイソプロペニルケトンが生成する（反応式(3.26)）．

$$\text{BuLi} + \text{CH}_2=\text{C(CH}_3\text{)C(=O)OCH}_3 \longrightarrow \cdots \longrightarrow \text{CH}_2=\text{C(CH}_3\text{)C(=O)Bu} + \text{CH}_3\text{OLi} \tag{3.26}$$

　さらにやっかいなことに，ブチルイソプロペニルケトンは重合に関与して，ポリマー中に導入される[26~29]．開始剤としてRMgXを用いても，同様のエステルのカルボニル基への求核攻撃が起こっていることが明らかにされている[30]．ここで，重合前に有機リチウム試薬に1,1-ジフェニルエチレンを反応させて立体的にかさ高い有機リチウム試薬に変換すると，その立体障害に加え，アニオンが2つのフェニル基との共鳴により安定化されるため，カルボニル基への求核攻撃は完全に抑えられる（反応式(3.27)）．あるいは，生長鎖末端と類似のエノラートアニオンを反応式(3.28)に示すように別途合成して開始剤に用いることで，カルボニル基への求核攻撃を防ぐ工夫もなされている．これについては優れた総説が報告されているので，詳細はそれらを参照されたい[31~35]．

$$\text{RLi} + \text{CH}_2=\text{C(Ph)}_2 \longrightarrow \text{R-CH}_2-\text{C}^{-}\text{(Ph)}_2\ \text{Li}^{+} \tag{3.27}$$

$$\text{(3.28)}$$

　B群に加え，C群やD群のモノマーの重合において重大な問題となるのは，開始剤によるα位のプロトンの引き抜きである（反応式 (3.29)）．これらのモノマーではビニル基のα位に電子求引性基が置換されているため，α位の水素原子が活性プロトンとなり，プロトンの引き抜き反応が起こりやすくなる．アクリル酸エステルのアニオン重合が困難な理由はここにある．そのため，立体障害や電子供与効果によりアニオン重合には不利に働くメチル基がα位に置換したメタクリル酸メチル，メタクリロニトリル，イソプロペニルメチルケトンなどのモノマーが多数合成され，アクリル酸エステル類似のモノマーとしてアニオン重合に用いられている．

$$\text{(3.29)}$$

[EWG：電子求引性基]

3.2 ◆ 生長反応

　生長反応は，ポリマー鎖末端に生じたアニオンが未反応のモノマーへ求核攻撃を繰り返すことで進行する．スチレンや1,3-ジエン類の炭化水素系溶媒中におけるアニオン重合の動力学は，前述の開始反応の場合と同様，有機リチウム試薬が会合体を形成するため複雑となる．基本的には，生長鎖末端が不活性な会合体を形成しており，その会合体と平衡にある会合していない鎖末端アニオンが生長反応に関わっているという考え方に基づいている（図3.13）．たとえば，炭化水素系溶媒中におけるポリスチリルリチウム（PSLi）の会合数は2であるため，生長反応速度は末端濃度の1/2に比例する．一方，ポリ(1,3-ブタジエニル)リチウム（PBLi）の会合数は，溶媒，濃度，ポリマーの分子量に依存して2あるいは4となる[36,37]．このため見かけの生長反応速度は，末端濃度，非会合体と2量体および4量体の平衡定数，さらに2量体と4量体の間の平衡定数を含む式で表される．なお少量のルイス塩基，たとえばTHFやグライム類（$CH_3O(CH_2CH_2O)_nCH_3$で表され，

第Ⅲ編　アニオン重合

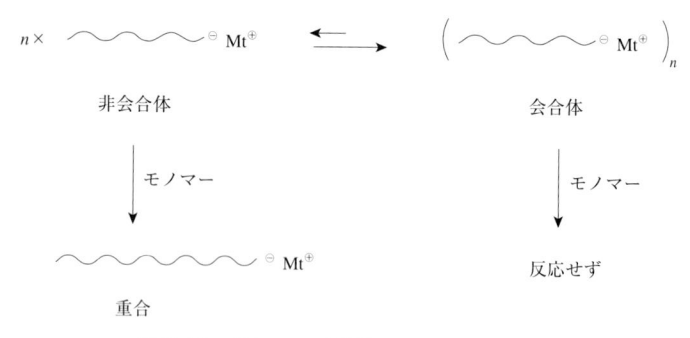

図3.13　ポリマーの生長鎖アニオンの会合と平衡

$n=1, 2, 3, \cdots$ となるに従い，モノグライム，ジグライム，トリグライム，…とよばれる直鎖状エーテル）を添加すると，炭化水素系溶媒中でも会合体の解離が促進され，生長反応速度が著しく上がる[38]．

極性溶媒中の重合では生長鎖末端の会合体が形成されず，その動力学は，生長鎖末端アニオンと対カチオンが形成するイオン対の影響を強く受ける．THF 中でスチレンのアニオン重合を行い，見かけの生長反応速度定数を求めたところ，その値は末端アニオンの濃度が低いほど増大することが見出された[39,40]．この現象を説明するために，リビングポリマー末端のイオン対のごく一部が解離しフリーイオンとして存在するという機構が考えられた．すなわち，接触イオン対とフリーイオンとの間に平衡が存在し，その解離定数が繰り込まれることで見かけの生長反応速度定数に濃度依存性が現れることとなる．さらに，接触イオン対の生長反応速度定数に注目すると，その値は対カチオンの影響を受け，Li^+ の場合が最も大きく（反応性が最も高い），対カチオンが大きくなるにつれて減少し，$Li^+>Na^+>K^+>Cs^+$ の順であることが見出されている．一方，同じくエーテル系溶媒である1,4-ジオキサン中でスチレンの重合を行うと，見かけの生長反応速度定数は末端アニオンの濃度と無関係であり，したがって，フリーイオンがほとんど存在していないことが確かめられている．さらに，接触イオン対の生長反応速度定数における対カチオン依存性は，$Li^+<Na^+<K^+<Cs^+$ の順でありTHF中とは逆の順序で，対カチオンのイオン半径の順になっている．以上のことからSzwarcは，THFが1,4-ジオキサンと比べてカチオンに対する配位能力が高く，溶媒和することで接触イオン対より高い反応性のアニオン種が生成していることを考え，接触イオン対とフリーイオンの間に溶媒分離イオン対（solvent-separated ion pair）が存在していることを提唱した（図3.14）．そして，溶媒分離イオン対の生長反応速度定数は接触イオン対の数百〜数千倍ほどの大きな値であることが示されている．このような溶媒和イオン対の存在は分光学的にも確かめられている[41]．

スチレンやジエン類と比べ，メタクリル酸エステル類についての研究は，分子内に含ま

~~~C⁻Mt⁺ ⇌ ~~~C⁻ // Mt⁺ ⇌ ~~~C⁻   Mt⁺

接触イオン対　　　　　溶媒分離イオン対　　　　　フリーイオン

図 3.14　各種イオン対

れるエステル基が関与する副反応の存在のため比較的困難であったが，1980 年頃より相次いで発見された開始剤や添加剤によって重合制御が可能となってからは大きな発展を遂げている．メタクリル酸エステル類の重合活性種はエステルのエノラートアニオンであり，通常は対カチオンとイオン対を形成している．このイオン対の平衡が溶媒分離イオン対やフリーイオン側に傾くことで生じる活性アニオンから重合が進行する．THF 中におけるメタクリル酸メチルの重合においても，スチレンの場合と類似の対カチオンの生長反応速度定数への影響，および THF による対カチオンへの溶媒和が報告されている．また一方で，THF 中，極低温で対カチオンが Li⁺ であるエステルエノラートアニオンが前々末端エステル基と分子内で会合体を形成していることが示されており，後述の立体規則性重合やバックバイティング反応の一つの根拠となっている[42,43]．

3.3 ◆ 停止反応

アニオン重合の停止反応は，ラジカル重合とは異なり，イオンどうしの反発のため生長鎖末端どうしのカップリング反応は起こらない．A 群に属するスチレンや 1,3-ジエン類の重合では，生長鎖末端アニオンは反応性の高いカルボアニオンであるため，空気中のわずかな水分，酸素，さらに炭酸ガスとの反応が容易に起こり，アニオンは失活する．したがって，モノマーや溶媒をはじめ重合に必要な試薬はすべて厳密に精製・脱水し，重合は不活性ガス雰囲気下か高真空下で行う必要がある．この精製や重合操作のためにアニオン重合の難しさが強調されているが，カチオン重合や有機金属試薬を扱う実験においても同様の注意や操作が必要であり，特別ではないことを述べておく．

スチレンや 1,3-ジエン類の重合においては，温度の上昇あるいは反応系を長時間放置することにより，β-ヒドリドアニオンの脱離が起こり，その結果鎖末端に炭素－炭素二重結合を有するポリマーが生成する．そして生成した末端の炭素－炭素二重結合に，他のポリマーの生長鎖末端アニオンが求核攻撃することで，ポリマーどうしの 2 量化がしばしば起こる（反応式 (3.30)）[44]．また，ポリ(α-メチルスチリル)アニオンは，高温において前末端基のフェニル基を攻撃してインデン環が生成する（反応式 (3.31)）[45]．

第Ⅲ編　アニオン重合

(3.30)

(3.31)

ポリ(1,3-ジエン)の場合は，主鎖や側鎖に炭素－炭素二重結合が存在するため，条件によっては生長鎖末端アニオンが求核付加反応をする（反応式 (3.32)）[46]．

(3.32)

また末端アニオンが溶媒，生成ポリマー，あるいは添加物よりプロトンの引き抜きを起こす場合もある．さらに極性溶媒としてよく用いる THF では，3.1 節で述べたように有機リチウム試薬との反応と同様，THF と生長鎖末端アニオンの反応が起きる可能性がある．反応式 (3.33) で示すように，THF の β 位プロトンの引き抜きによりビニルオキシリチウムが生成し，これは最終的にはアセトアルデヒドになる．

3章 アニオン重合の素反応

$$\text{(反応式)} \tag{3.33}$$

　スチレンや1,3-ジエン類からの生長鎖末端アニオンの反応性が高いことは何度も述べているが，末端アニオンはベンジルアニオンあるいはアリルアニオンであり，アニオンは非局在化により共鳴安定化されている．一方，開始剤に用いられるBuLiのような有機リチウム試薬は共鳴安定化されておらず，生長鎖末端アニオンよりさらに反応性が高い．したがって，THF中で重合する場合は，BuLiとTHFの混合時にも注意が必要である．実際，BuLiとTHFは，室温では容易に反応してしまい，最も反応性の高い ^{s}BuLi は $-78°C$ という極低温下でもTHFとゆっくり反応することが，多数の研究グループにより報告されている．やや古いが，Glasseにより，末端アニオンの停止反応がうまくまとめられているので参考にされたい[47]．

　開始反応の節でも述べたが，B, C, D群の反応性が高いモノマー類は，いずれも電子求引性基が置換されているため，生長鎖末端アニオンの置換基への求核反応が考えられる．実際，エステル，ケトン，アルデヒドのカルボニル基，イミノ基，シアノ基，ニトロ基などのヘテロ多重結合とアニオン種の反応は，有機化学の教科書を紐解けば多数のページを割いて述べられている反応である．したがって，これらのアニオン重合では，そのような副反応が避けられないため，開始剤の選択や重合条件の設定が重要になってくる（反応式 (3.34), (3.34′)）．

$$\text{(反応式)} \tag{3.34}$$

$$\text{(反応式)} \tag{3.34′}$$

3.1節で述べたが，これらのモノマー類は，電子求引性によりα位の水素原子がプロトンとしてアニオンと反応しやすく，副反応の大きな原因となっている（反応式(3.35)，(3.35')）．そのため，α位がメチル基で置換されたモノマーが多数合成されている．メタクリル酸メチルやメタクリロニトリルが代表的なモノマーであり，実際，メチル基が置換されていないアクリル酸メチルやアクリロニトリルに比べ，メチル基の立体障害や電子供与効果による不利な影響にもかかわらず，アニオン重合が円滑に進行する．

$$\sim\sim\sim\sim\text{CH}_2^{\ominus}\text{Li}^{\oplus} + \text{CH}_2=\underset{\text{EWG}}{\overset{\text{H}}{\text{C}}} \longrightarrow \sim\sim\sim\sim\text{H} + \text{CH}_2=\underset{\text{EWG}}{\text{C}}\text{Li}^{\oplus} \tag{3.35}$$

$$\sim\sim\sim\sim^{\ominus}\text{Li}^{\oplus} + \underset{\text{EWG}}{-(\text{CH}_2-\overset{\text{H}}{\text{C}})_n-} \longrightarrow \sim\sim\sim\sim\text{H} + \underset{\text{EWG}}{-(\text{CH}_2-\overset{\text{Li}^{\oplus}}{\text{C}^{\ominus}})_n-} \tag{3.35'}$$

[EWG = COOR, CN など]

ポリマーの停止反応は，多くの場合有機化学からの類推であり，厳密に実験により証明された例は少ない．ポリマーの分子量が高いことおよび停止反応が起きたとしてもわずかであることを考えれば，検出が困難なことは容易に想像がつく．しかしながら，メタクリル酸エステル類のアニオン重合で起きる副反応，すなわち，生長鎖末端のエノラートアニオンが同一分子内の前々末端カルボニル炭素への求核攻撃を起こし，鎖末端に6員環構造が形成されるバックバイティング反応とよばれる停止反応は，モデル反応を含め生成した構造も検出・同定されている（反応式(3.36)）[48,49]．

$$\text{(3.36)}$$

この反応が起こるためには，繰り返し単位が3つ存在する必要があり，ポリマーでないと起こらない特有な反応であることに着目していただきたい．言い換えればポリマーの副反応を考えるうえで，繰り返し単位も考慮すべきであることを初めて指摘した重要な停止反応である．

3.4 ◆ 連鎖移動反応

　連鎖移動反応では，生長鎖末端アニオンが系中の他の物質（一般に連鎖移動剤とよばれる）に移ることでそのポリマーの生長反応は停止し，新たに生成したアニオンから再び重合が開始される．連鎖移動剤になりうる化合物は，アニオンと反応して新たなアニオンを生じる必要があるため，酸性度が高い置換基を有しており，共役塩基性度が鎖末端のアニオンと同程度かやや低い場合に限られる．酸性度が高すぎる場合，つまり，共役塩基性度が低すぎる場合は，新たに生成したアニオンは反応性が低くモノマーの重合を再開始できず，停止反応になるからである．

　スチレンのアニオン重合において，トルエンはしばしば重合溶媒として使われる．トルエンは，ポリスチレンの生長鎖末端アニオンの共役酸とほぼ同じ構造なので，重合温度が高い場合や THF などの極性溶媒が共存している場合は，トルエンのメチル基よりプロトンの引き抜きが起こり，重合が停止する（反応式 (3.37)）．

$$(3.37)$$

　一方，プロトンが引き抜かれたトルエンはベンジルアニオンとなり，スチレンの重合を開始することができる．特に N,N,N',N'-テトラメチルエチレンジアミン（TMEDA）のようなアニオンに配位して活性化する試薬を添加すると，スチレンやジエン類のポリマー鎖末端アニオンとトルエンの反応は，より頻繁に起こることがわかっている．連鎖移動反応が起こると，ポリマーの停止反応と新しい重合反応が起こるため，生成するポリマーの分子量は予想より低い値を示し，分子量分布の広がりが観察される．トルエン以外にも活性なプロトンを有する化合物やアルケンなどが連鎖移動剤として知られている．メタクリル酸エステル類の重合においても，同様に活性プロトンを有するエステルやケトン，またシアノ基やニトロ基の置換された化合物が連鎖移動剤になる．C 群や D 群のモノマーは酸性が強く，一方共役塩基の塩基性が弱いため，水やアルコールでも十分に連鎖移動剤になる．連鎖移動反応は頻繁に起きても停止反応とは異なり，ポリマーの収量は変わらないた

め，分子量の調節や分子量数千程度のオリゴマーを合成する目的で積極的に使われる場合がある．

連鎖移動反応を巧みにポリマー合成に用いた例が水素移動重合である[50〜52]．反応式(3.38) に示すアクリルアミドのアニオン重合では，比較的高温での重合においてはビニル重合が起こらず，二重結合にアミドが付加した形のポリアミド（この場合はポリ(β-アラニン））が生成する．

$$(3.38)$$

反応機構としては，開始剤が直接アミドからプロトンを引き抜きアミドアニオンが生成する機構か，ビニル基に付加した後にアニオンがアミドプロトンを引き抜く機構の2通りある．生成したアミドアニオンがビニル基に付加し，プロトンの引き抜きによるアニオンの転位を繰り返す．興味深いのは，同様の水素移動重合により，アクリル酸よりポリエステルが得られることである（反応式 (3.39)）．さまざまなモノマーが合成され重合されているが，水素移動重合とビニル重合が併発する場合が多い．

$$(3.39)$$

長崎らは，4-(トリメチルシリルメチル)スチレンをリチウムイソプロピルアミドを開始剤としてジイソプロピルアミン存在下で重合すると，反応式 (3.40) に示すように付加とトランスメタル化を繰り返し，重付加型の新しいポリマーが生成することを報告している．連鎖移動を巧みに用いた新しいポリマー合成である[53]．

[式 (3.40) の反応スキーム]

(3.40)

　トリメチルビニルシランは，有機リチウム試薬を開始剤として用いるとアニオン重合が進行して，数万の分子量を有するポリマーが得られる．得られたポリマーを解析すると，ビニル重合に加え，生長鎖末端カルボアニオンのプロトン移動を伴うアニオンの異性化が起きており，反応式 (3.41) に示すような共重合体が得られていた．N,N,N',N'-テトラメチルエチレンジアミンの添加により，ほぼ 100% の異性化が起こり，主鎖に Si 原子が導入されたポリマーが得られている[54]．

[式 (3.41) の反応スキーム]

(3.41)

4章 ポリマーの構造規制と立体制御

　ポリマーの構造を考える場合，ポリマー全体としては，分子量，分子量分布，さらに分岐構造があり，モノマー単位では，化学構造，結合位置，立体構造，環化構造，さらに末端構造などさまざまな因子がある．そして，ポリマーの物性や機能は，それぞれの因子により大きな影響を受けることがわかっている．しかしながら，同じ重合で得られたポリマーにおいても，異なった構造が多数含まれているのが現状である．これが繰り返し単位の多いポリマーの特徴であり，また固有の問題でもある．高分子合成はある意味ではさまざまな構造規制の歴史であるといえるかもしれない．一方では，同じモノマーから出発しても異なった物性や機能を有するポリマーが合成できることは，高分子の大きな魅力にもなっている．本章ではアニオン重合において，特に重要なモノマーである1,3-ブタジエン，イソプレン，メタクリル酸メチルに焦点を当て，モノマー単位の化学構造の規制と立体制御について述べる．

4.1 ◆ 1,3-ブタジエンとイソプレンのアニオン重合

　1,3-ブタジエンとイソプレンから得られるポリマーは，合成ゴムとして工業規模で大量生産されている．これは天然ゴムがほぼ100%の*cis*-1,4-構造を有するポリイソプレンからできているからである．ところで1,3-ブタジエンを連鎖重合してみると，1,4-結合と1,2-結合のポリマーが得られる．また1,4-結合で得られたポリマーには，*cis*体と*trans*体の立体異性体が存在する（図3.15）．

　イソプレンの場合はもう少し複雑であり，1,4-結合と1,2-結合に加えて，3,4-結合によるポリマーが考えられる．この場合も1,4-結合には，*cis*体と*trans*体があるため，合計4種類の構造を有するポリマーが得られることになる（図3.16）．

　ここで重要なことは，上で示した結合の中でエラストマー特性を示すのは，ポリ(1,3-

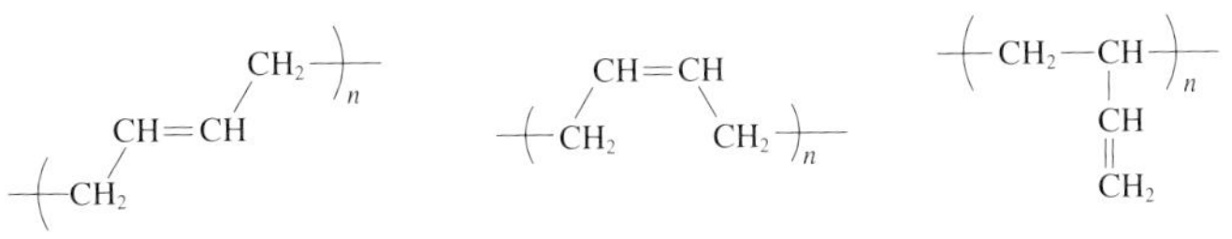

trans-1,4-ポリブタジエン　　*cis*-1,4-ポリブタジエン　　1,2-ポリブタジエン

図3.15　ポリ(1,3-ブタジエン)の立体構造

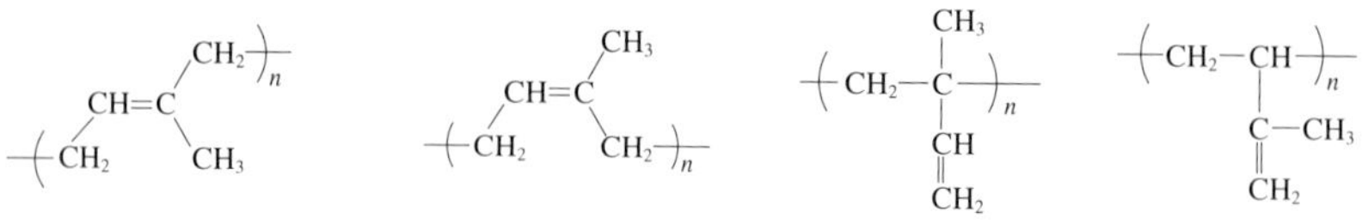

第Ⅲ編　アニオン重合

trans-1,4-ポリイソプレン　　　cis-1,4-ポリイソプレン　　　1,2-ポリイソプレン　　　3,4-ポリイソプレン

図3.16　ポリイソプレンの立体構造

ブタジエン），ポリイソプレンのいずれの場合も，1,4-結合，望ましくは cis-1,4-結合からなるポリマーである．現在までに，アニオン重合に加え，ラジカル重合やカチオン重合，さらに配位重合が研究されているが，cis-1,4-構造が完全に100％であるポリマーは得られていない．配位重合により，触媒を選べば100％に限りなく近いポリマーを得ることができる．アニオン重合では，有機リチウム試薬を開始剤として，20～25℃，バルク重合によって，ポリ(1,3-ブタジエン)で86％[55]，ポリイソプレンで97％[56]の cis-1,4-構造を有するポリマーが合成されている．アニオン重合を用いると分子量の厳密な制御や正確な組成を有するブロック共重合体の合成ができるため，エラストマー合成では非常に重要な位置を占めている．

　もう少し詳しく結合様式を述べると，1,3-ブタジエン，イソプレンともにエーテルやTHFのような極性溶媒中，有機リチウム試薬を開始剤として重合すると，温度にもよるが，ポリ(1,3-ブタジエン)では1,2-結合が70～80％を占め，1,4-結合が20％程度となり，この1,4-結合はほとんど trans 体となる[57]．ポリイソプレンの場合は，60～90％が1,2-結合と3,4-結合であり，残りの10～30％が trans-1,4-結合である[58～60]．開始剤の対カチオンを Na^+ や K^+ に変えても大きな変化はない．このように得られたポリマーは cis-1,4-結合をほとんど含んでおらず，エラストマーに用いるにはほど遠いことになる．一方，炭化水素系の溶媒，特にヘキサンのような脂肪族炭化水素中で，有機リチウム試薬を開始剤として重合を行うと，90～95％の1,4-構造のポリブタジエン（cis 体と trans 体の比はほぼ1：1）が合成できる[55,61,62]．また同じ条件下では，90～97％の cis-1,4-構造のポリイソプレンが得られる[55,56,63]．開始剤の対カチオンを Li^+ から Na^+ や K^+ に変えると，1,4-結合は大きく減少して，上記の極性溶媒中で得られたポリマーの構造に近くなる．このようにポリ(1,3-ブタジエン)やポリイソプレンの立体構造は，溶媒や開始剤に大きく依存しており，アニオンのイオン解離が進む条件では，制御が困難で1,4-結合は難しいようである．

　イソプレンの重合では，炭化水素系溶媒中では1,4-機構ではなく4,1-機構で進行していることがさまざまな解析結果よりわかっている（図3.17(a)）．そして末端には cis 体と trans 体が存在し，両者の間には平衡が存在している．イソプレンモノマーの付加反応の

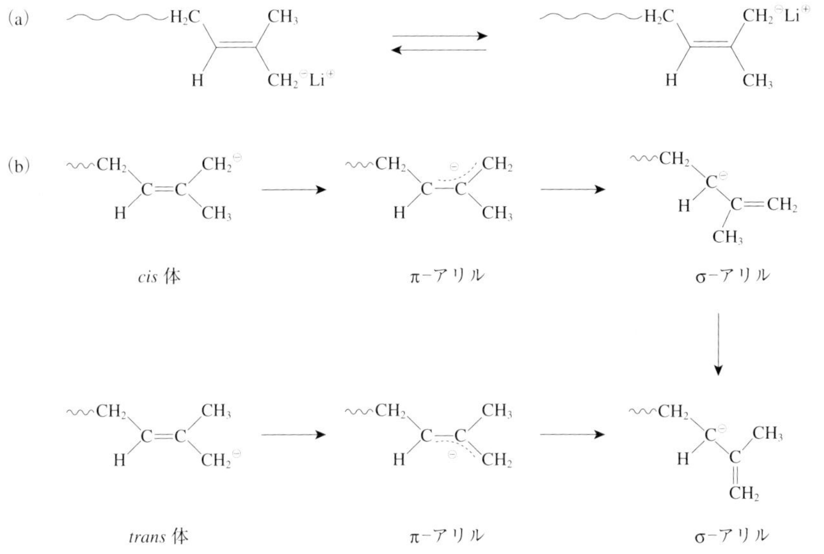

(a), (b) の構造図

図 3.17 ポリイソプレニルリチウムの末端アニオン構造

　反応速度も測定されており，*cis* 付加が *trans* 付加の 8 倍以上であることが推定されている．また末端構造としては，π-アリルアニオンと σ-アリルアニオンが存在し，*cis* 体から *trans* 体に変換する機構も提案されている（図 3.17(b)）．極性溶媒中ではイオン解離が促進されているため，対カチオンはアニオンより遠くにあり，モノマーの挿入に制限が少なくなり，1,2-構造や 3,4-構造が増加すると考えられている．対カチオンも Li^+ より大きくなると，イオン解離が進み同じ状況になるようである．

　立体規制では配位重合には及ばないが，リビングアニオン重合の特性を生かすことで，単独重合体だけではなく，スチレンとブタジエンの共重合体である SBR，さらにイソプレンを加えた SIBR，熱可塑性エラストマーであるトリブロック共重合体の SBS（ポリスチレン-*block*-ポリブタジエン-*block*-ポリスチレン）や SIS（ポリスチレン-*block*-ポリイソプレン-*block*-ポリスチレン）が合成できる．リビングアニオン重合の特性は，特徴あるエラストマーを合成する際に重要な役割を果たす．

　ここで機能性をあわせもった興味深い 1,3-ブタジエン誘導体のアニオン重合について紹介する．2-トリメトキシシリル-1,3-ブタジエンは，驚いたことに対カチオンが Na^+ や K^+ である開始剤を用い，極性溶媒である THF 中でアニオン重合を行っても，100% 1,4-結合からなるポリマーが得られる（反応式 (3.42)）[64〜66]．得られるポリマーの立体構造は，*cis* 体：*trans* 体比（この場合は正確には *E* 体：*Z* 体比）9 : 1 である．メトキシ基をイソプロポキシ基に変えると，同条件下のアニオン重合では，100% *cis*-1,4-構造（すなわち 1,4

−*E* 体）のポリマーが得られた．このポリマーはガラス転移温度が低くエラストマー特性も有している（反応式 (3.43)）．

$$CH_2=CH-\underset{Si(OCH_3)_3}{C}=CH_2 \xrightarrow{RLi(Na,K)}{THF} \quad \cdots \quad (3.42)$$

$$CH_2=CH-\underset{Si[OCH(CH_3)_2]_3}{C}=CH_2 \xrightarrow{RLi(Na,K)}{THF} \quad \cdots \quad (3.43)$$

このような位置と立体構造の同時規制に成功した例は，アニオン重合では初めてである．しかも重合はリビング的に進行するため，分子量や分子量分布の制御も可能であり，ブロック共重合体を含め，多彩な分子設計と精密合成ができる．さらに Si−OR を用いた架橋が可能であり，金属や無機表面との反応ができるため，多方面に応用可能な機能性ポリマーである．1,3−ブタジエンとイソプレンのアニオン重合の研究成果や工業化に触発されたためか，多くの 1,3−ジエン誘導体の合成とアニオン重合が行われている．表 3.3 にジエン誘導体からアニオン重合により得られた *cis*-1,4-構造（1,4-構造の合計）の割合をまとめて示しておく[67,68]．まだ完全に構造が制御された報告はないようである．

表 3.3 1,3-ブタジエン誘導体のアニオン重合と生成ポリマーの立体構造

モノマー	溶媒	温度 (℃)	*cis*-1,4	*trans*-1,4	1,2	3,4
1-フェニル-1,3-ブタジエン	ヘキサン	20	28	49	—	23
2-フェニル-1,3-ブタジエン	トルエン	30	92	—	8	—
2-エチル-1,3-ブタジエン	ヘプタン	40	78	14	—	8
2-*n*-プロピル-1,3-ブタジエン	ヘプタン	40	91	4	—	5
2-イソプロピル-1,3-ブタジエン	ヘプタン	40	86	10	—	4
2-*n*-ブチル-1,3-ブタジエン	ヘプタン	40	62	35	—	3
2-(トリメトキシシリル)-1,3-ブタジエン	THF	−78	90	10	—	—
2-(トリイソプロポキシシリル)-1,3-ブタジエン	THF	−78	100	—	—	—
2-(トリエチルシリル)-1,3-ブタジエン	ヘキサン	25	100	—	—	—
2-[(トリメチルシリル)メチル]-1,3-ブタジエン	ヘキサン	25	47	23	—	30
2,3-ジメチル-1,3-ブタジエン	ベンゼン	30	87	—	13	—

4.2 ◆ メタクリル酸メチルの立体規則性重合

　生長鎖末端アニオンは，その近傍に正電荷の対カチオンが常に存在するため，次に導入されるモノマーが立体的な制限を受け，生成ポリマーの立体構造に大きな影響を受けることが考えられる．α-置換ビニルモノマーより生成するポリマーの繰り返し単位中のα炭素は不斉炭素となるため，dまたはlの立体配置をとって配列している．隣り合う2つの繰り返し単位（2連子，diad）が同じ立体配置（ddまたはll）を，メソ（m），異なる立体配置（dlまたはld）をラセモ（r）と定義する．さらに3つの繰り返し単位（3連子，triad）に着目した場合，立体配置がdddまたはlllである場合をイソタクチック3連子（isotactic triad, mm），dldまたはldlである場合をシンジオタクチック3連子（syndiotactic triad, rr），ddl, dll, lld, lddである場合をヘテロタクチック3連子（heterotactic triad, mr）と表記する．α-置換ビニルポリマーの置換基（側鎖）が同じ側（mmmm…）であるポリマーをイソタクチックポリマー，交互（rrrr…）であるポリマーをシンジオタクチックポリマーとよぶ．いずれも立体規則性ポリマーである．さらにmrmrmr…のように配列したポリマーをヘテロタクチックポリマーとよんでいる．これに対して不規則な配列を有し，立体規則性のないポリマーがアタクチックポリマーである（図3.18）．得られたポリマーの立体規則性が高いと，ガラス転移温度や融点，溶解性などのポリマー物性に大きな影響を及ぼすことがわかっており，ポリマーの物性制御に重要な意味をもつ．このような理由から，現在まで立体規則性重合に関しては膨大な数の研究が行われている．

　ここでは古くから最も研究が盛んに行われ，立体規則性の高いポリマーが得られるメタクリル酸エステル，特にメタクリル酸メチルのアニオン重合について述べる．一般に，かさ高い有機リチウム試薬を用いてTHF中，低温で重合すると，シンジオタクチック構造に富んだ（～80％）ポリマーが得られる[69]．畑田，北山らは，開始剤，溶媒，温度，さらにエステル基をさまざまに変えたメタクリル酸エステル類のアニオン重合を1970年代より継続して研究しており，立体規則性の高いポリマー合成に数多く成功している[31,34,70~73]．その中でメタクリル酸メチルの重合において得られた立体規則性の高いポリマー重合の結果を紹介すると，^{t}BuMgBrを開始剤として得られたポリマーでは，イソタクチック構造の割合が97％となる[74,75]．^{t}BuLiにBu$_3$Alを加えた開始剤系を用いると，今度はシンジオタクチック構造が92％のポリマーが得られる[76,77]．また，^{t}BuLi／ビス(2,6-ジ-tert-ブチルフェノキシ)メチルアルミニウムを開始剤とすると，ヘテロタクチック構造が68％のポリマーが得られている[78]．これらは，メタクリル酸メチルの重合結果であるが，エステル基の構造を変えると得られるポリマーの立体規則性が大きな影響を受けることはいうまでもない．たとえば，メチルエステルをエチル基やブチルエステルに変えると，上の開始剤で得られたポリマーのヘテロタクチック構造の割合は，それぞれ91％お

図 3.18 ポリメタクリル酸メチルの立体構造

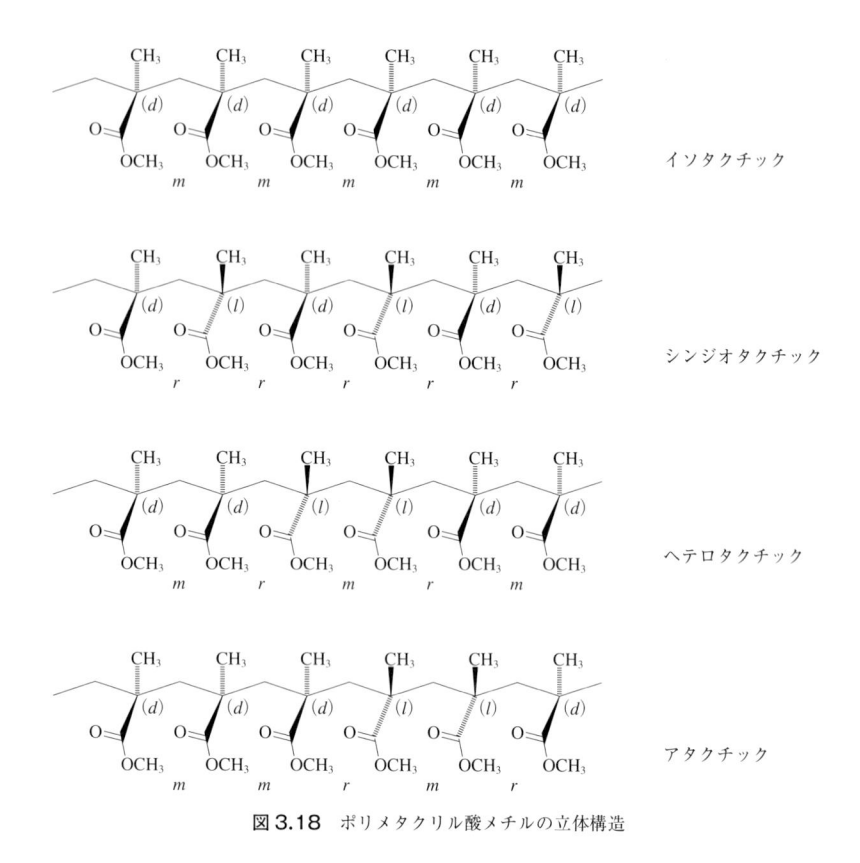

よび 87% まで上がる[79]。さらにメタクリル酸アリールでは 96% とさらに上昇している[80]。

立体的にかさ高いメタクリル酸トリフェニルメチルをキラルな開始剤を用いてアニオン重合すると，高度にイソタクチックで，左右どちらか一方に偏ったヘリックス構造を有するキラルポリマーが得られる[81]。得られたキラルポリマーをカラムに充塡すると，広い範囲のラセミ体を効率良く光学分割できる．これは，現在では市販されており，全世界で使われているきわめて優秀なキラルカラムである．総説を参考にされたい[82,83]。

最近，石曽根らは N,N-ジアルキルアクリルアミド誘導体のリビングアニオン重合において立体規制を試み，開始剤や添加剤を工夫することで高度なイソタクチック，シンジオタクチック，ヘテロタクチックポリマーの合成に成功している[84〜86]．たとえば，1,1-ジフェニル-3-ペンチルリチウムを開始剤に用い，LiCl 存在下 THF 中，−78℃ で N,N-ジエチルアクリルアミドを重合すると，イソタクチックポリマー (mm = 88%) が得られる．同

条件下で，LiClに変えてEt₂Znを加えて重合すると，シンジオタクチックポリマー（$rr=78\%$）が生成する．さらにジフェニルメチルカリウムとEt₂Znを組み合わせると，得られたポリマーは高ヘテロタクチックポリマー（$mr=98\%$）となる．ここで興味深いことは，シンジオタクチック構造に富んだポリマーが水に不溶なことである．ラジカル重合で得られたポリマーが水溶性であるため，ポリ(N,N-ジエチルアクリルアミド)は，水溶性ポリマーとして認知されている．しかしこの結果より，立体規則性によって同じポリマーでも溶解性がまったく変わることを再認識させられる．したがって，現在報告されている多くの水溶性ビニルポリマーについても，今後は立体規則性によって水に不溶となる可能性があり注意が必要と思われる．さらに驚いたことに水溶液中での曇点がイソタクチックポリマーでは38℃であるのに対し，ヘテロタクチックポリマーでは28℃と大きく異なることが見出された．このように立体規則性を考慮した，感温性ポリマーの新しい分子設計や応用に興味が持たれる．

5章 アニオン重合の工業的利用

　アニオン重合の工業的利用の歴史は意外に古く，1930年代初頭には金属ナトリウムを用いたポリブタジエン，さらにはスチレンと1,3-ブタジエンの共重合体（SBR）が生産されている．1950年代に1,3-ブタジエンやイソプレンのリビングアニオン重合とミクロ構造の制御が達成され，それらの成果を受けて，1960年代には溶液重合によるスチレンと1,3-ブタジエンのブロック共重合体が工業規模で製造されるようになった．
　現在では，ミクロ構造の異なるブタジエンゴム（BR），化学組成やモノマーの配列が異なる溶液重合SBR，さらに第三のモノマーとしてイソプレンを導入したスチレン，イソプレン，1,3-ブタジエンの共重合体（SIBR），そして，ポリスチレンとポリ(1,3-ブタジエン)，あるいはポリイソプレンのABA型トリブロック共重合体である熱可塑性エラストマー，SBSやSISなど，目的に合わせたさまざまな物性・機能を示すエラストマーが生産されている．また，リビングポリマーの鎖末端アニオンの反応性を利用して，ポリブタジエンの末端に水酸基をはじめとしたさまざまな官能基を導入した末端官能性ポリブタジエンが合成されている．それらの末端官能基の反応を利用して架橋することで，硫黄加硫とは性質の異なるエラストマーを得ている．また，末端官能基の反応性を生かしたエラストマーの変性も行われている．スチレンと1,3-ブタジエンのAB型ブロック共重合体において，ポリスチレンの含量が60%を超えるとエラストマーではなく透明なプラスチックとなる．このポリマーにはポリブタジエンが含まれているため，非常に強い耐衝撃性があり，プラスチック製品やポリマーブレンドとして幅広い用途があり，需要が高い．何より驚くべきことは，これらの機能性エラストマーやポリマーは，いずれもリビングアニオン重合によって合成されている点である[87]．
　リビングアニオン重合を用いると，ポリマーの分子量や分子量分布の厳密な制御ができる．また，1,3-ジエンポリマーのミクロ構造もかなりの程度まで制御できる．なかでもリビングアニオン重合の特性を最大限生かした例は，すでに紹介した工業生産されている熱可塑性エラストマーであるSBSやSISである．4.1節で述べているため重複するが，SBSやSISが熱可塑性エラストマーとなる理由をここで詳細に述べる．スチレンと1,3-ブタジエンより合成される共重合体を考えた場合，トリブロック共重合体であるSBSは，ランダム共重合体であるSBRとは大きく物性が異なり，硫黄加硫しなくても一定の温度範囲でエラストマー特性を発揮する．そしてある温度を超えると急に流動性となりエラストマー特性を失うが，温度が下がると再びエラストマー挙動が戻ってくる．このように熱（温度）により可逆的にエラストマー状態と流動状態を行き来できることから，熱可塑性エラ

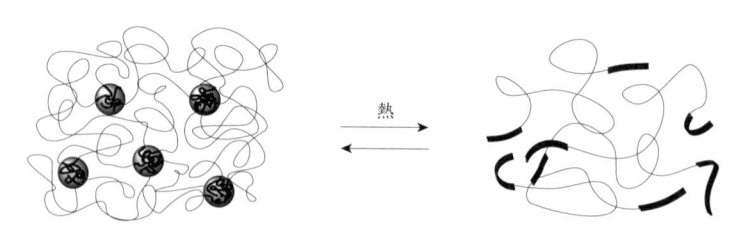

図 3.19 SBS の熱によるミクロ相分離構造の可逆性

ストマーと称されている．この事実は，SBSにおいてポリスチレンブロックとポリブタジエンブロックが分子レベルでミクロ相分離をすることに起因している．すなわち，ガラス転移温度 T_g が 105℃ と高いポリスチレンがミクロ相分離した後に集合してナノサイズの球状ドメインとなり，一方組成比が大きいポリブタジエンのマトリックス中に規則正しく周期的に分布している（図 3.19）．

室温かそれ以上の温度（ただし T_g 以下）範囲では，ポリスチレンの球状ドメインはガラス状態で固定されている．そのため，ポリブタジエンの架橋点として働くことになり，ポリブタジエンの流動性が抑えられ，加硫したエラストマーと同じ挙動が発現する．温度が上がり T_g 以上になると，ポリスチレンドメインも動き始めるため，全体として流動状態になり，エラストマーとしての特性が失われる．温度が T_g 以下に下がると，再びポリスチレンドメインは動かなくなり架橋点の役割を果たす．このように架橋点は，加硫のような化学架橋ではなく，集合したポリマーの状態変化であるため，物理架橋とよばれ，温度（熱）により可逆的に変化することにより，熱可塑性エラストマーとして機能を発現している．

これは高次構造であるミクロ相分離構造を利用し，ポリスチレンを可逆的な架橋点に用いたナノテクノロジーを先取りした高機能性材料とみなすことができる．最近では，分子量分布が狭いことを生かしたポリ(4-*tert*-ブトキシスチレン)のレジスト材料や(メタ)アクリル酸エステル系のポリマーやブロック共重合体の工業生産も行われている．

6章 リビングアニオン重合

　リビング重合の歴史は，Szwarc のナトリウム−ナフタレン錯体によるスチレンのアニオン重合の研究に端を発している．彼はこの重合系において，重合活性種であるスチリルアニオンが長時間活性を保ち"生きている"ことよりリビング重合と命名し，リビングポリマーの存在を提唱した．リビング重合は，その素反応が開始反応と生長反応のみで成り立ち，停止反応や連鎖移動反応がない理想的な重合系である．したがって，モノマーと開始剤のモル比に応じて分子量の制御が可能であること，多くの場合において分子量分布の狭いポリマーが得られることが特徴である．さらに，活性種が"生きている"ことを利用し，ブロック共重合体や末端官能性ポリマーのみならず，星型ポリマーに代表されるさまざまな分岐高分子を精密に合成できる優れた高分子合成法である．アニオン重合に始まったリビング重合の発展は現在でも精力的に行われており，カチオン重合，ラジカル重合，開環メタセシス重合など，さまざまな重合系へと展開されている．

6.1 ◆ リビング重合とは

　何度も述べているように連鎖重合は，開始反応で始まり，生長反応，停止反応，連鎖移動反応からなる．重合中はこれらの反応が同時に起こるため，ポリマーの分子量の制御は難しく，分子量分布がきわめて広くなる．したがって，ポリマーは単一の分子量をもつ化合物ではなく，広い範囲の分子量を有する個々の化合物の混合物である．そして，各々の化合物の構造は結合位置や立体構造が必ずしも均一ではなく，さらに分岐構造などが含まれている場合もあり，均一な構造とは言い難い．分子量を含めたそれらの構造因子は，ポリマーの物性に大きな影響を与えることがわかっているにもかかわらず，個々の化合物を分離することが難しい．したがって，機能や特性は個々の分子量を有する化合物の合計として現れることになる．

　連鎖反応によるポリマー合成では，開始反応と生長反応が必要不可欠の反応である．その一方で，停止反応や連鎖移動反応により，生長しつつあるポリマー鎖の活性点が途中でなくなり，ポリマーの分子量は低い段階で止まる．また停止反応が起きればポリマーの収量が低下する．このことからわかるように，高分子量のポリマーを高収率で得たい場合は，停止反応や連鎖移動反応は存在しないことが望ましい．すでに 1940 年代に Flory はこの点を指摘しており，もし開始反応と生長反応だけの重合系があれば分子量が制御されることを予言している．そして 1956 年に Szwarc らにより，ナトリウム−ナフタレン錯体を

開始剤に用いたスチレンのアニオン重合は開始反応と生長反応だけからなっており，停止反応と連鎖移動反応が存在しない重合系であることが見出された．さらに新たにスチレンモノマーを加えると，重合が再び開始してポリマーの分子量が増加した．この事実は，生長鎖末端アニオンの活性が失われることなく「生きている（living）」ことの証明となり，リビング重合が提唱された．

本章では，リビング重合では何が起きているのか，そして一般の重合と比較してどこが違うのかを詳しく説明する．まず開始段階で，すべての開始剤がモノマーを活性化する．次いで生長反応では，活性化されたモノマーと未反応のモノマーの反応によるモノマーどうしの結合と活性化が起こり，それを繰り返してポリマー鎖を生長させていく．リビング重合では停止反応や連鎖移動反応が存在しないため，モノマーが完全になくなるまで生長反応が続く．このような機構により，ポリマーの開始末端には必ず開始剤残基が結合されている．そして繰り返して結合されたモノマー単位の数は，最初に加えた開始剤1個当たりのモノマーの個数に相当する（図3.20）．したがって，生成したポリマーの数平均重合度はモノマーと開始剤のモル比であり，数平均分子量はその重合度にモノマー単位の分子量を掛けた値で表される（式 [3.1]）．

$$\bar{M}_n = \frac{[M]_0}{[I]_0} \times p \times M_i \qquad [3.1]$$

ここで，$[M]_0$ はモノマーの初期モル濃度，$[I]_0$ は開始剤の初期モル濃度，p は転化率，M_i はモノマーの分子量である．もし重合途中でポリマーを取り出し，その分子量とモノマーからポリマーへの転化率を求めると，転化率と生成ポリマーの分子量の間には，比例関係が成り立つことになる（図3.21）．言い換えれば，ある重合系で転化率と生成ポリマーの分子量の間で比例直線が描ければ，その重合系がリビング的に進行している証明になる．また，重合終了後にポリマーの収量が100%であり，生成ポリマーの数平均分子量がモノマーと開始剤のモル比にモノマー単位の分子量を掛けた値と一致すれば，その重合はリビング重合である（式 [3.1]）．この場合は，転化率を1と考えればよい．以上の事実より，

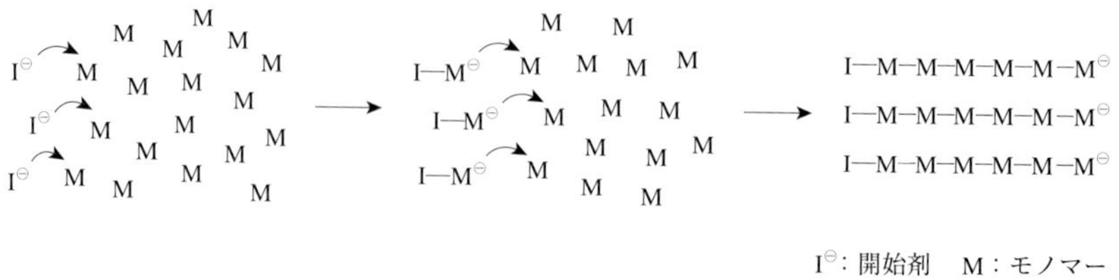

$I^{\ominus}$：開始剤　　M：モノマー

図 3.20　リビングアニオン重合

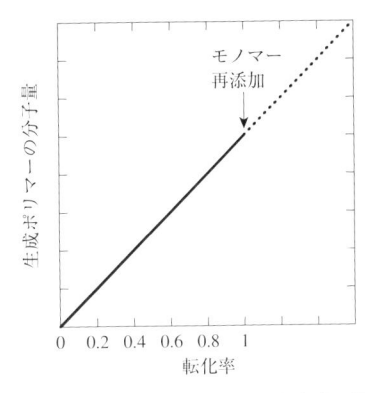

図 3.21 生成ポリマーの分子量と転化率の関係

生成したポリマーの分子量は，分子量がモノマーと開始剤のモル比で制御できることになる．これがリビング重合で分子量制御ができる所以である．

重合が完結した後に再びモノマーを添加し，生成ポリマーの分子量が比例増加していることが確かめられれば，重合終了後もポリマーの生長鎖末端はすべて生きており，再びリビング重合が進行していることになる．ここで同種のモノマーを再添加する場合をポスト重合とよぶ．一方，異種のモノマーを添加した場合はブロック共重合体が得られる．このようにモノマーと開始剤の化学量論比で分子量が制御できること，ポスト重合により分子量を望みどおりに増加させることができること，さらにブロック共重合体が合成できることは，リビング重合系の証明であると同時に，リビングポリマーの大きな特長となっている．

リビング重合において，開始反応が生長反応よりも十分に速い場合は，生成ポリマーの分子量分布はポアソン分布となり，重量平均分子量と数平均分子量の比（$\bar{M}_w/\bar{M}_n$）は，$1 + 1/\bar{X}_n$（$\bar{X}_n$：数平均重合度）で表され，分子量が増加するにつれて1に近づいていく．理論的には，重合度が100であれば$\bar{M}_w/\bar{M}_n = 1.01$，重合度が1000であれば$\bar{M}_w/\bar{M}_n = 1.001$となる．実際にこれらの値をほぼ実現できる場合もあるが，生長速度と開始速度の比や生長速度がすべて同じであるとはかぎらず，さらに微量の不純物を完全に取り除くことはきわめて困難であるため，最も理想的に進行するスチレンのリビングアニオン重合においても，分子量数万のポリスチレンの$\bar{M}_w/\bar{M}_n$値は1.02～1.05であり，高分子量ポリマーを注意深く合成しても$\bar{M}_w/\bar{M}_n = 1.01$がほぼ限界に近い．しかしながら，この$\bar{M}_w/\bar{M}_n$値は一般の連鎖重合では2～5，逐次重合で得られるポリマーでは10を超える場合も少なくないことを考えると，リビング重合で得られるポリマーの分子量は非常によく揃っており，単分散に近い分子量分布であることがよくわかる．

リビング重合では停止反応がないため，平衡モノマー濃度を考慮しない条件では，反応

は定量的に起こる．この事実は実験室レベルではそれほど重要視されないが，工業規模の生産を考えると非常に大きな利点となる．また，開始反応と生長反応しかないため，重合反応の動力学が容易になり，開始反応と生長反応の速度定数（それぞれ k_i および k_p）の値を正確に測定できる．k_i よりモノマーの反応性，k_p より生長鎖末端の反応性がわかるので，モノマーの位置づけや重合性の定量的な議論が可能になる．このことは重合の化学においてきわめて重要な意味をもつ．

　以上，リビング重合においては，生成するポリマーの分子量の厳密な制御が実現できること，その分子量分布がきわめて狭く単分散に近いこと，および，反応におけるいくつかの大きな利点について述べてきた．高分子合成におけるリビング重合のもう一つの重要な点は，先にブロック共重合体合成の可能性を示したように，モノマーが完全に消費された後も重合活性種が「生きている」ことを利用した複数のポリマー鎖を組み合わせた多彩な形状を有するポリマーの精密合成ができることである．次章ではこれらのポリマー合成の詳細を述べる．

　本章では，リビングアニオン重合が可能なモノマー類に焦点を当てる．そして，どのような官能基がリビングアニオン重合で共存が可能なのか，保護基の導入とともに言及する．

6.2 ◆ 炭化水素系モノマー類

　すでにアニオン重合が可能なビニルモノマーについては，その反応性によりA群〜D群までの四つに分類した．この中でリビングアニオン重合が可能なモノマー類は，1980年まではA群に属するスチレン，1,3-ブタジエンやイソプレンの1,3-ジエン類およびB群に属する2-ビニルピリジンとメタクリル酸エステル類に限られていた．特にA群に属するモノマーから生成したリビングポリマーは，その生長鎖末端カルボアニオンの反応性がきわめて高いため，ほとんどの官能基は共存できないとされてきた．実際，アルキル基，アリール基，アルコキシ基，第三級アミンが置換された α-メチルスチレン，ビニルナフタレン，p-メトキシスチレン，p-ジメチルアミノスチレンのリビングアニオン重合が報告されている程度であった（図3.22）．

　最近になり重合条件の工夫や新しい添加物の発見により，B群のモノマーにおいても，

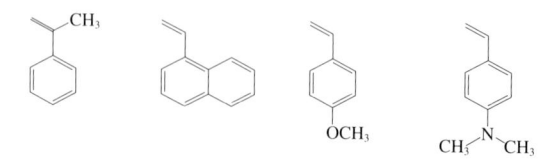

図3.22 リビングアニオン重合が可能なスチレン誘導体

2-ビニルピリジンとメタクリル酸エステル類に加え，リビング重合が困難とされたアクリル酸エステル，N,N-ジアルキルアクリルアミド，フェニルビニルスルホキシド，さらに条件を選べばC群モノマーであるメタクリロニトリルもリビングアニオン重合が可能となってきた．また後述するように，保護基の使用や重合条件を検討することで，予想以上に多くの官能基を有するモノマー類のリビングアニオン重合ができるようになってきた．以下，これらについて順を追って述べる．

スチレンは，1956年のリビングアニオン重合の発見以来，最も古くから研究されたモノマーであるため，まずそのリビング重合から述べる．開始剤としてはa群に属する有機アルカリ金属試薬，なかでも有機リチウム試薬が最もよく使われている．^{n}BuLi，^{s}BuLi，^{t}BuLiは市販されていることに加え，炭化水素系溶媒であるペンタン，ヘキサン，シクロヘキサン，ベンゼン，さらにはTHFなどのエーテル類やトリエチルアミンのような第三級アミン類に溶解するため，多くの研究者に用いられている．一方，有機ナトリウム試薬や有機カリウム試薬などの有機リチウム試薬以外の有機アルカリ金属試薬はほとんどの溶媒に不溶であり，不安定であるためあまり使用されていない．例外的に，ベンジルカリウム，クミルカリウムおよびクミルセシウムがTHFに溶解するため，しばしば使用されている．いずれの有機アルカリ金属試薬もTHF中ではイオン解離をしており，ベンジル型アニオン特有の鮮やかな赤色を呈している．図3.23にイオン解離した状態として示した．

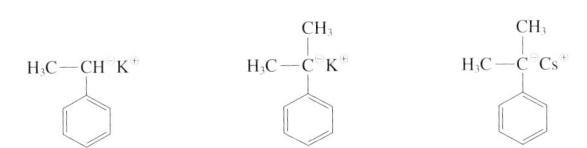

図3.23 ベンジルカリウム，クミルカリウムおよびクミルセシウムの構造

アルカリ金属（Li, Na, K）とナフタレンに代表される多核芳香族化合物より形成されるアニオンラジカル錯体は，合成が容易で比較的安定であるため，有機リチウム試薬に次いでよく使われている．これらの錯体を開始剤としてリビングアニオン重合を行うと，両末端生長のアニオンリビングポリマーが得られる点が魅力的である．ただし，これらのアニオンラジカル錯体はTHFには溶解するが，炭化水素系溶媒には溶解しない．アルカリ金属自体も重合開始能はあるが，溶媒に不溶なので初期の研究では使用されたが，現在ではあまり使用されていない．

重合溶媒は開始剤の溶解性に大きく依存するが，炭化水素系溶媒であるシクロヘキサン，ベンゼン，条件によってはアニオンによるプロトンの引き抜きがあるトルエン，あるいは環状エーテルであるTHFが一般に使用されている．ヘキサンをはじめとする脂肪族アルカンは，ポリスチレンを溶解しないためスチレンの重合には使用できないが，1,3-ジエン類のポリマーは溶解できるため1,3-ジエン類の重合にはよく使用されている．各種エー

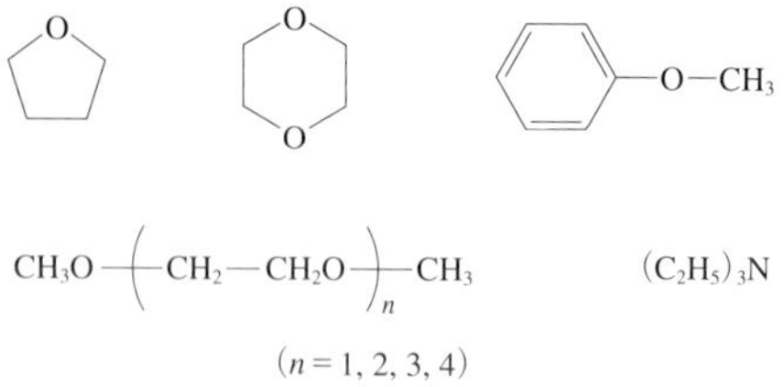

図3.24 アニオン重合に用いる各種エーテルやトリエチルアミン

テル，オキシエチレン単位をいくつか有するグライム類，第三級アミンなどが添加物として使用されている（図3.24）．

重合は炭化水素系溶媒中では，室温から驚いたことに60℃，あるいはそれ以上の温度でも可能である．これらの溶媒中では，リビングポリスチレンの鎖末端アニオンが共有結合から低反応性のイオン対に偏っている．一方，THF中では鎖末端アニオンのイオン解離が促進され，反応性の高い溶媒分離イオン対やフリーイオンになっているので，−30℃あるいはそれ以下の極低温で反応を行う必要がある．これは，高い反応性を有する末端アニオンがTHFを求核攻撃してしまうためである（3.3節参照）．

リビングポリスチレンの鎖末端アニオンは，ベンジル型のカルボアニオンであるためきわめて反応性が高く，空気中のわずかな水分や酸素，二酸化炭素とすぐに反応してしまう．したがって，重合は不活性ガス雰囲気下，あるいは高真空下で行う必要がある．そして高分子量のポリマーを得るためには，モノマーであるスチレンのみならず，溶媒や添加物の厳密な精製が必須である．詳細は成書を参照されたい．

スチレンのリビングアニオン重合が報告されてまもない1963年に，Mortonらにより，イソプレン，さらに前後して1,3-ブタジエンのリビングアニオン重合が報告されている[88]．これら1,3-ジエン類からリビングアニオンポリマーを合成するだけであれば，重合条件はスチレンとほぼ同じでよい．しかしながら，前述したように1,3-ジエン類は，重合溶媒，重合温度，濃度，対カチオンにより，ミクロ構造の異なるポリマーを与える．このようなミクロ構造の違いは，エラストマーとしての利用を考えた場合はきわめて重要である．そのため，1,3-ジエン類のリビングアニオン重合に関する研究の多くは1,4-結合形成に主眼をおいて，有機リチウム試薬を開始剤とした炭化水素系溶媒中のアニオン重合に集中している．

スチレン，1,3-ブタジエン，イソプレンのリビングアニオン重合は，現在報告されているリビング重合の中で，最も理想どおりに進行する．生成するポリマーの分子量は，数百から数十万まではきわめて厳密に制御できる．分子量分布はきわめて狭く，通常は$\bar{M}_w/\bar{M}_n=1.05$以下で，1.01, 1.02という値も実現されている．分子量の理論値と実測値の正確な一致を考えなければ，分子量数百万で，$\bar{M}_w/\bar{M}_n=1.03$以下の単分散に近いポリマーの

合成も可能である．また，これらの重合では，生長鎖末端カルボアニオンは非常に高い反応性を有するにもかかわらず，条件を選べばきわめて安定となる．したがって，多彩な分子設計と複雑な構造のポリマーの精密合成に最も適したリビング重合系である．

炭化水素系モノマーの最後の例として，ジビニルベンゼンとその誘導体のリビングアニオン重合について述べたい．ジビニルベンゼンのアニオン重合では，リビング重合以前に架橋反応が優先してしまい，得られたポリマーは溶媒に不溶となる[89,90]．長崎らは，図3.25に示すようなアミドアニオン（N⁻）を用いると，リビング重合ではないが，ビニル基の一方だけと選択的に反応して溶媒に可溶なポリビニルベンゼンが得られることを報告している[91]．アミドアニオンは条件によるが，b群あるいはc群に属する開始剤であり，スチレンのアニオン重合はできないことがわかっている．一方，ジビニルベンゼンはスチレンより1つのビニル基の分だけ共役系が伸びているため，反応性が上がりアミドアニオンと反応したようである．次いで，重合するとモノマー単位はエチルスチレンの形になり，そのビニル基はエチル基の電子供与効果により電子密度が上がる．一方，生長鎖末端アニオンはビニル基と共鳴して安定化するため，側鎖のビニル基を攻撃しない．このように，この重合系は開始剤とモノマーに対して，非常に巧妙な分子設計がされていることがわかる．

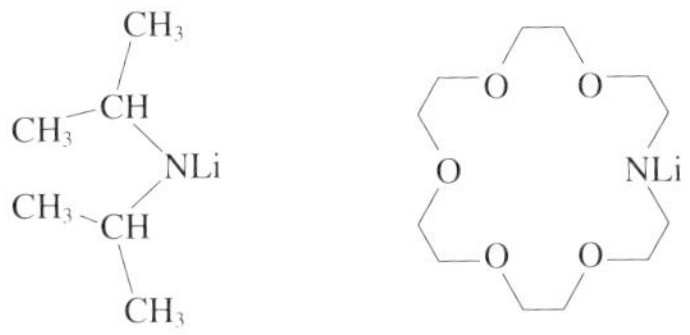

図3.25 ジビニルベンゼンのアニオン重合が可能なアミドアニオン開始剤

ジビニルベンゼンに比べ，1,2-および1,4-ジイソプロペニルベンゼンのアニオン重合は，注意深く条件を選び，転化率を70％程度に抑えれば，可溶性の分子量分布が比較的狭いポリマーを与えることが報告されている[92,93]．反応はリビング的に進行しているようであるが，転化率が100％に近づくと架橋反応を併発して溶媒に不溶となる．ジビニルベンゼンの例と同様に，この例もまた，モノマーの反応性，重合後の側鎖イソプロペニル基，生長鎖末端アニオンにおける反応性の絶妙なバランスによることがわかる．

ごく最近になり，杉山らにより重合条件を工夫することで，α-アルキルビニル基置換のスチレン誘導体のリビングアニオン重合が進行することが報告された（図3.26）[94,95]．彼らはα-アルキル基をメチル基，エチル基，ブチル基，イソプロピル基，tert-ブチル基と変え，リビングアニオン重合が進行する条件について詳細な検討を行った．その結果，極性溶媒であるTHF中，極低温（-78℃），対カチオンがカリウムである開始剤を用いることでリビングポリマーが生成することが見出された．α-アルキル基がエチル基以上になれば有機リチウム試薬を開始剤に用いてもリビング重合が実現される．さらに，その

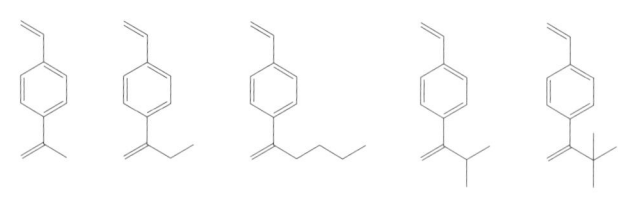

図 3.26　4-(α-アルキルビニル)スチレン類の構造

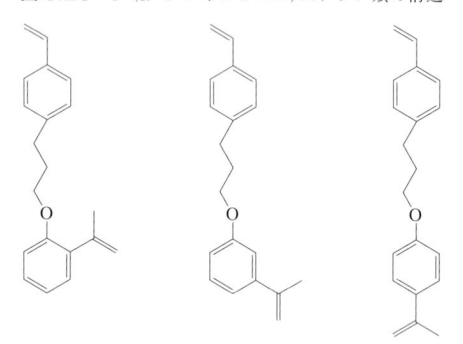

図 3.27　側鎖に α-メチルスチリル基を有するスチレン誘導体

　安定性は予想どおり α-アルキル基の立体障害と電子供与効果に依存し，メチル基≪エチル基＝ブチル基＜イソプロピル基≪tert-ブチル基の順に向上することが明らかとなった．特に，tert-ブチル基が置換されると得られたポリマーはきわめて安定に存在できることも見出されている．また，炭化水素系溶媒であるベンゼン中，対カチオンがリチウムである開始剤を用いると重合系は副反応を伴い，tert-ブチル置換体のみがリビング重合可能であった．

　平尾らは，図 3.27 に示す α-メチルスチリル基を側鎖に有するスチレン誘導体のアニオン重合について検討している[96]．上の例とは異なり，2つのスチリル基は共役していないため，共鳴効果による末端アニオンの安定化は期待できない．そこで彼らは，アルコキシ基の強い電子供与効果に着目し，側鎖 α-メチルスチリル基の安定化を試みた．その結果，オルトおよびパラ置換体の重合はリビング的に進行したのに対し，メタ置換体の重合は副反応を併発していた．これは，ベンゼン環の共鳴効果によって説明される．このように，ジビニルベンゼンのリビングアニオン重合が困難であるのに対し，反応性の高いベンゼン環に置換された炭素-炭素二重結合を有するリビングアニオンポリマーが得られたことは驚きであり，この知見はきわめて大きな意味をもつ．

6.3 ◆ 極性モノマー類

　A 群に属するモノマーは，主に炭素と水素で構成されている炭化水素系モノマーであり，分子全体として無（低）極性モノマーに属する．それに対して，B 群から D 群に属するモノマーは，多かれ少なかれ電子求引性基が置換されているため，極性モノマーとよばれている．6.1 節で述べたように，1980 年代までリビングアニオン重合が可能なモノマーは，B 群に属する 2-ビニルピリジンとメタクリル酸エステル類に限られていた．

　2-ビニルピリジンは，有機マグネシウム化合物を用い，ベンゼン中，25°C で重合を行うと，安定なリビングポリマーが得られることはすでに 1970 年代に報告されている[97]．また開始剤モデルである 1-(2-ピリジルエチル)リチウムや 1,1-ジフェニルアルキルリチウムを用いてもリビング重合が可能であり，分子量が十数万で分子量分布の狭いポリマーが得られる[98,99]．また同じような条件下で，4-ビニルピリジンや 2-イソプロペニルピリジンがリビングアニオン重合することも報告されている[100,101]．

　一方，メタクリル酸エステルのリビングアニオン重合も報告されているが，スチレンや 1,3-ジエン類に比べると問題点が多々あり，必ずしも信頼できない例も当時多く報告されている．その原因は，モノマーや生成ポリマー中にアニオンと反応するエステルカルボニル基を有しており，それらに対するアニオンの求核攻撃を完全に防ぐことが難しいからである．最近になり，重合条件の工夫や添加剤の選択により，再現性のある安定なリビングアニオン重合系が次々に見出されている．その進歩に伴い，アクリル酸エステル，N,N-ジアルキルアクリルアミド，フェニルビニルスルホキシド，さらにメタクリロニトリルまでリビングアニオン重合が可能になってきた．

　現在では，THF 中，立体的にかさ高い 1,1-ジフェニルアルキルリチウム試薬およびカリウム試薬を開始剤に用いて $-60°C$ 以下の極低温の条件下，メタクリル酸エステルの重合を行えば，分子量 30 万程度までは厳密に制御でき，$\bar{M}_w/\bar{M}_n = 1.1$ 前後の分子量分布の狭いポリマーが得られる．この系に，開始剤に対してモル比にして数倍の LiCl を添加すると，分子量分布はさらに狭くなり $\bar{M}_w/\bar{M}_n = 1.05$ 以下のポリマーが得られることがわかっている（表3.4）[102]．また，カチオン配位能を有するクラウンエーテルやエチレンオキシド（CH_2CH_2O）単位をいくつか有するアルコキシドを加えると，厳密に分子量が制御された分子量分布の狭いポリマーが得られることに加え，重合温度をある程度上げることも可能になってきた[103,104]．これは，これらの開始剤が鎖末端のエノラートアニオンの対カチオンに配位することで，アニオン近傍での立体障害として働き，停止反応である末端アニオンの分子内カルボニル攻撃（3.3 節参照）を抑えているためと推定されており，NMR や X 線解析により証拠も示されている．

　さらに最近の大きな進歩として，重合系にジアルキル亜鉛，トリアルキルボラン，トリ

表3.4 LiCl存在下でのアニオンリビング重合によって得られたポリメタクリル酸メチル

$\bar{M}_n$ 計算値	$\bar{M}_n$ 実測値	$\bar{M}_w/\bar{M}_n$
4500	4700	1.03
11000	12000	1.04
24000	29000	1.05
35000	37000	1.04
50000	55000	1.05

アルキルアルミニウムなど弱いルイス酸の添加が挙げられる．ルイス酸は直接末端アニオンに配位することで，アニオンの反応性を下げて安定化し，また同時に立体障害を与えることで，上記の副反応を抑制できるとされている．比較的強い塩基である鎖末端エノラートアニオンにルイス酸を加える方法は画期的な逆転の発想であり，エノラートアニオンの反応性の制御と立体障害付与により，安定なリビング重合系が実現している．−78℃，トルエン中で ^{t}BuMgBr を開始剤としたメタクリル酸メチルの重合は，リビング的に進行するうえに，イソタクチックポリマー（$mm>96\%$）を与える興味深い重合系である[75]．また図3.28に示す Yb, Sm, Eu の錯体を用いると，メタクリル酸エステル類の重合は，開始効率は低いがリビング的に進み，分子量が数十万の分子量分布の狭いポリマーを与えることが報告されている（表3.5）[105,106]．

LiCl，ルイス塩基，エチレンオキシド単位をいくつか有する配位可能なリチウムアルコキシド，あるいは弱いルイス酸を添加した重合系は，各種のメタクリル酸アルキルエステルに加え，α位の活性プロトンの引き抜きが起こるとされたアクリル酸エステル[107,108]や N,N-ジアルキルアクリルアミド[84〜86]，さらにはメタクリロニトリル[109]のリビングアニオン重合にもきわめて有効であり，分子量十数万程度まで正確に制御でき，$\bar{M}_w/\bar{M}_n = 1.05$〜1.1 の分子量分布が狭いポリマーが得られる（表3.6）．さらにこれらの配位子を添加することで，立体構造の制御につながることも見出されている．メタクリル酸エステルや N,N-ジアルキルアクリルアミドの重合で顕著であることはすでに4.2節で述べた．リビング

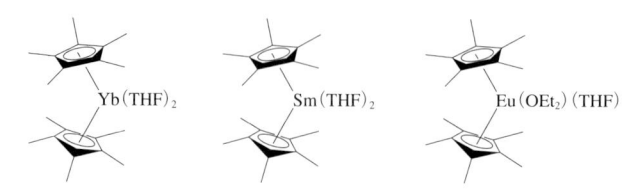

図3.28 メタクリル酸エステル類のリビングアニオン重合に有効な有機ランタニド錯体
（Yb(THF)$_2$，Sm(THF)$_2$，Eu(OEt$_2$)(THF)）

表 3.5 有機ランタニド錯体を用いて得られたポリメタクリル酸メチル

重合温度(°C)	$\bar{M}_n$	$\bar{M}_w/\bar{M}_n$
40	55000	1.03
0	58000	1.02
0	215000	1.03
0	563000	1.04
−78	82000	1.04
−95	187000	1.04

表 3.6 ジアルキル亜鉛存在下でのアクリル酸 *tert*-ブチル，N,N-ジメチルアクリルアミド，メタクリロニトリルのアニオン重合

モノマー	$\bar{M}_n$ 計算値	$\bar{M}_n$ 実測値	$\bar{M}_w/\bar{M}_n$
CH₂=CH−COOC(CH₃)₃	14000	18000	1.04
	54000	55000	1.09
CH₂=CH−CON(CH₃)₂	9600	11000	1.12
	—	53000	1.18
CH₂=C(CH₃)−C≡N	17000	18000	1.06
	32000	31000	1.11

アニオン重合と立体構造制御を組み合わせることで可能となる高度な機能性材料の分子設計に有用な指針を与えたことになる．

Hogen-Esch らにより，フェニルビニルスルホキシドのリビングアニオン重合が 1989 年に報告されている[110,111]．得られたポリマーは，150°C で熱処理をするとフェニルスルフェン酸を脱離して，定量的にポリアセチレンに変換されるきわめて興味深いポリマーである（反応式 (3.44)）．

$$\text{(3.44)}$$

　しかしながら，生成ポリマーの分子量の正確な制御は難しく，$\bar{M}_\mathrm{w}/\bar{M}_\mathrm{n}=1.2\sim1.4$ と分子量分布がやや広いことが問題であった．杉山らは，重合系にモル比にして 10 倍以上の LiCl を加えることで，分子量が制御された，狭い分子量分布（$\bar{M}_\mathrm{w}/\bar{M}_\mathrm{n}=1.1\sim1.2$）をもつポリマーの合成が可能になることを見出している[112,113]．モノマーの反応性は確かめられていないが，C 群に属すると推定される．フェニルビニルスルホキシドのリビングアニオン重合と熱処理を組み合わせることにより，ポリアセチレンを有する構造が厳密に規制されたブロック共重合体や星型ポリマーの合成も報告されている[114]．

　C 群や D 群に属するモノマーに関しては，信頼できるリビングアニオン重合の例はメタクリロニトリルやフェニルビニルスルホキシドを除き，まだ報告がない．これらのモノマー類のアニオン重合では，まだ基礎的な研究自体がきわめて少ないのが現状である．ビニル基上の置換基の構造はよく似ていることから，重合挙動が明らかになるにつれて，上記の工夫を参考にすればリビングアニオン重合が期待できるものと筆者は考えている．

　1983 年に Du Pont 社により，グループトランスファー重合（group transfer polymerization，基移動重合）とよばれる極性モノマーのリビング重合系が提唱された[115,116]．この重合機構はアニオン重合に類似しているため，概略を述べておく．メタクリル酸メチルの重合でジフロリドアニオン（$\mathrm{HF_2^-}$）を求核種に用いると，開始剤であるケテンシリルアセタールからトリメチルシリル基が生長末端に移動し，ケテンシリルアセタール構造を再生しながら次々にモノマーと反応していく．この機構で重合がリビング的に進行し，分子量が制御されたポリマーが生成する（反応式 (3.45)）．この重合系はメタクリル酸エステルに加え，C 群に属するビニルケトンやメタクリロニトリルという極性モノマーにも適用可能な点できわめて魅力的であるが，分子量や分子量分布の厳密な制御に関しては十分ではなく，重合条件の最適化や工夫がまだまだ必要であろう．

(3.45)

6.4 ◆ 官能基を有するモノマー類

　6.2節で述べたように,スチレンや1,3-ジエン類のリビングアニオン重合は,現在まで報告されているすべてのリビング重合のうちで最も理想的に進行する重合系である.一方,ポリマー鎖末端のカルボアニオンの反応性が非常に高いため,ほとんどすべての有用な官能基との共存が難しく,官能基をリビングポリマー上に導入できないという大きな問題があった.ここではスチレン誘導体に焦点を当て,高い反応性の末端カルボアニオンを有するリビングポリマーと官能基の共存を図るため,いかにしてこの問題を解決したかについて論じる.

　ポリスチレンの鎖末端カルボアニオンは,活性プロトンを有する水酸基,アミノ基,メルカプト基,カルボキシル基,あるいはカルボニル基を有するアルデヒド,ケトン,エステル,さらにC＝N結合を有するイミノ基やシアノ基と直ちに反応し,失活することがわかっている.そのため,これらの官能基を有するスチレン誘導体のリビングアニオン重合は,1980年のはじめまで不可能と考えられていた.中浜,平尾らは,保護基の概念をリビングアニオン重合に導入することで,この問題の解決を試みた[117~123].図3.29に示したように,スチレンに置換された官能基を保護した後,リビングアニオン重合を行い,重合後に脱保護することで官能基を再生する方法である.もしこの経路が予想どおりに進行すれば,保護した官能基を有するリビングアニオンポリマーが生成することになり,スチレンのリビングアニオン重合におけるすべての利点と官能基導入ができるという特徴を兼ね備えた非常に画期的な方法となる.

　この方法における保護基の使用法は,保護と脱保護をそれぞれ1回ずつ行うだけという

第Ⅲ編　アニオン重合

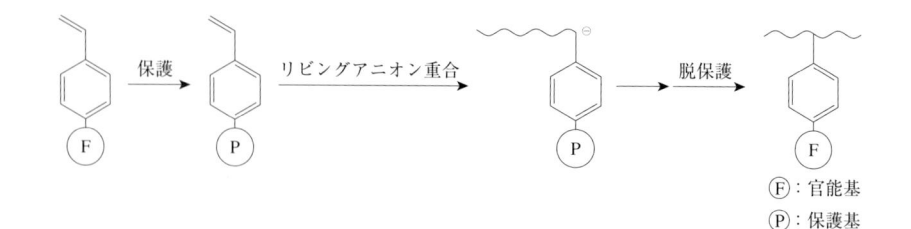

図3.29 官能基を置換したスチレン誘導体の保護とリビングアニオン重合

Ⓕ：官能基
Ⓟ：保護基

最も簡単な部類に入るが，中間体に高活性なカルボアニオンの存在があり，さらに有機合成では遭遇しないポリマー合成特有の問題が存在するため，必ずしも容易ではない．たとえば，現在まで開発されている多くの保護基は天然物合成を目的としており，高活性なカルボアニオンを対象とした保護基はわずかな種類に限られており，さらに保護した部分の安定性に関する情報がきわめて少ない．リビングアニオン重合を問題なく進行させるためには，保護した官能基が生長鎖末端カルボアニオンに対しては完全に安定であり，重合中と重合後も反応しないことが必要である．この間にわずかでも副反応が起こると，末端カルボアニオンの失活が起こり，生成するポリマーの分子量やその分布に重大な影響を与えるからである．そして重合終了後には脱保護が定量的に行われる必要がある．もし脱保護が完全に行われないと，1本のポリマー鎖上に再生した官能基と保護されたままの部分の両方が存在することになり，分離が不可能になるからである．これは保護基をポリマーに用いる際に起こる特有の問題であり，脱保護を定量的に起こすこと以外に解決法はなく，非常にやっかいな問題である．また，ポリマー鎖の切断や架橋反応に注意する必要があり，脱保護反応は温和な条件で行うことが要求される．さらに脱保護前後でポリマーの溶解性が大きく変化する場合が多々あり，反応溶媒の選択も重要になってくる．

以上のように，保護基をリビングアニオン重合に導入するためには多くの問題を解決する必要があるが，現在では代表的な官能基である水酸基，アミノ基，メルカプト基，アルデヒド，ケトン，カルボン酸，アルキンに対して，いずれも完全に条件を満たす保護基が見出され，これらの官能基を有するスチレン誘導体のリビングアニオン重合が可能になっている．官能基と対応する保護基を表3.7にまとめてある．この保護基を用いる方法は，単糖類のような分子にも応用でき，アセタールによる保護，リビングアニオン重合，次いで脱保護することで，図3.30のようなグルコースやガラクトース置換の水溶性ポリスチレンが得られる[124,125]．ポリスチレンとのブロック共重合体を合成すると両親媒性ポリマーとなり，水中でミセルを形成する．実際の重合で得られた代表的なポリマーの分子量と分子量分布の結果を表3.8に示した．分子量の計算値と実測値が実験誤差範囲内で一致しており，分子量分布がきわめて狭いことがよくわかる．もちろん，どの場合もポリマーの収率は100％である．このように有用な官能基をほぼ網羅しており，これらの官能基を

表 3.7 スチレン誘導体のリビングアニオン重合が可能な官能基と保護基

官能基	保護基	官能基	保護基
—OH	—O—SiMe₂Buᵗ	—C(=O)—H	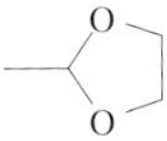 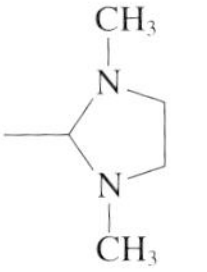 ジオキソラン / ジメチルイミダゾリジン / —C=N—R
—SH	—S—SiMe₂Buᵗ	—C(=O)—CH₃	ジメチルジオキソラン / —C(=CH₂)—OSiMe₂Buᵗ
—NH₂	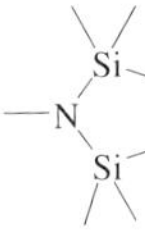 テトラメチルジシラアザシクロペンタン	—C(=O)—OH	—C(=O)—OBuᵗ	オキサゾリン / オルトエステル
		—C≡CH	—C≡C—SiMe₃	

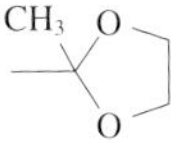

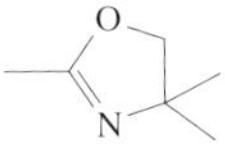

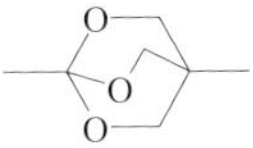

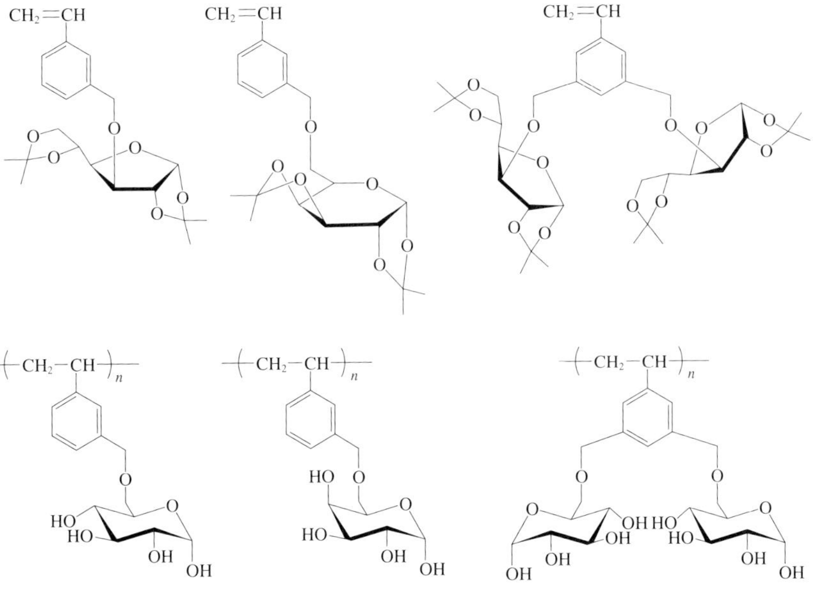

図 3.30 リビングアニオン重合可能な糖残基を保護したモノマーと生成する水溶性ポリマー

有する安定なリビングアニオンポリマー合成の成功は，機能性材料の分子設計や精密合成の路を新たに拓いたことになり，きわめて大きな意味をもつ．

表 3.8 官能基を保護したスチレン誘導体のリビングアニオン重合

ⓟ-〈=〉-ⓟ	$\bar{M}_n$ 計算値	$\bar{M}_n$ 実測値	$\bar{M}_w/\bar{M}_n$
—O—SiMe₂Buᵗ	10000	11000	1.05
	20000	20000	1.07
	45000	51000	1.03
Me₃Si-N(|)-SiMe₃	16000	15000	1.04
—S—SiMe₂Buᵗ	19000	19000	1.05
CH₃-N⌐⌐N-CH₃	39000	40000	1.07
—C=CH₂, OSiMe₂Buᵗ	38000	39000	1.06
—COOBuᵗ	21000	20000	1.06
—C≡C—SiMe₃	25000	25000	1.04

さらに保護基とリビングアニオン重合の研究を通じて，スチレンのパラ位に電子求引性を有する一連の官能基が置換された場合，それらの官能基をアニオンに対して保護しなくても，官能基への求核攻撃が起こらず，リビングアニオン重合が進行するという新しい事実が見出されてきた[126]．具体的なモノマーとしては，イミン，第三級アミド，オキサゾリン，エステル，第三級スルホンアミド，およびシアノ基などの電子求引性基を有する一連のスチレン誘導体である（図 3.31）．これは，電子求引性基によりベンゼン環の共鳴効果を通してモノマーの反応性が高められ，アニオン開始剤がビニル基のみに選択的に反応したため，および，その一方で同じ電子求引性基による効果で，生成した生長末端カルボアニオンの電子密度が低下しており，官能基自体を攻撃することができず，鎖末端カルボアニオンと官能基が共存可能となったためと説明されている．モノマーのアニオン重合性が高いことは，いずれのモノマーについてもビニル基のβ炭素の^{13}C化学シフトがスチレンのそれに比べて，低磁場側にシフトしていることから明らかである（図 3.32）．したがって，これらのモノマーから生成したカルボアニオンの反応性が低下していることは，容易に推定できる．また無置換のリビングポリスチレンの鎖末端カルボアニオンは，上のいずれの電子求引性基とも反応するため，上のモノマーより生成したリビングポリマーの鎖末端カルボアニオンの反応性が低くなっていることも明らかである（図 3.33）．図 3.31 に示したモノマーのアニオン重合の代表的な結果を表 3.9 に示しておく．分子量が厳密に制御

図3.31 リビングアニオン重合可能な電子求引性基が置換されたスチレン誘導体

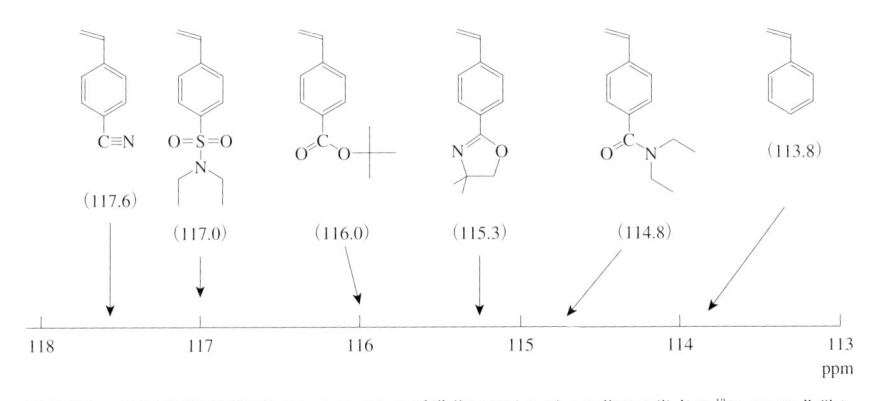

図3.32 電子求引性基が置換されたスチレン誘導体におけるビニル基のβ炭素の^{13}C−NMR化学シフト値

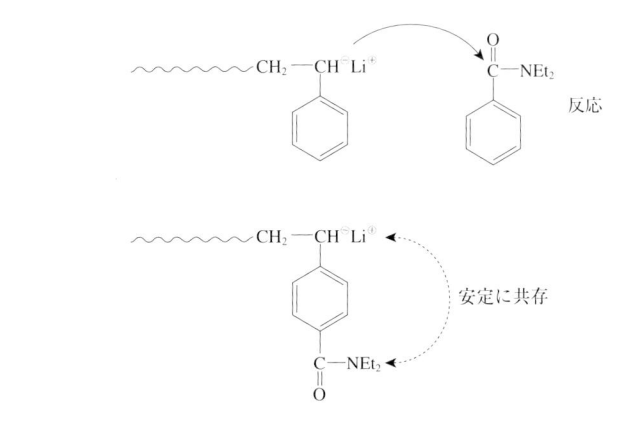

図3.33 リビングポリスチレンと第三級アミドの反応と第三級アミド置換リビングポリスチレンの安定性

表 3.9 電子求引性基をもつスチレン誘導体のリビングアニオン重合

EWG (CH₂=CH-C₆H₄-EWG)	$\bar{M}_n$ 計算値	$\bar{M}_n$ 実測値	$\bar{M}_w/\bar{M}_n$
—CH=N—CH(CH₃)₂	22000	24000	1.06
—C(=O)—N(CH₃)₂	20000	17000	1.07
—C(オキサゾリン,4,4-ジメチル)	33000	35000	1.05
—C(=O)—O—(2,6-ジイソプロピルフェニル)	21000	20000	1.06
—S(=O)₂—N(CH₃)₂	33000	38000	1.09
—C≡N	19000	20000	1.07

された分子量分布が狭いポリマーの合成が示されており、いずれのモノマーにおいても、リビングアニオン重合が進行していることは明らかである。シアノ基のようなアニオンに対して高い反応性を示す官能基が、安定化されているとはいえ鎖末端カルボアニオンと共存していることは驚きである。なお、生成したリビングポリマーの存在と安定性は、ブロック共重合体の定量的な合成から確かめられている[127]。

ここで用いられた電子求引性基は、それら自体が有用な官能基であるが、別の官能基へ定量的に変換することが可能である。イミンはアルデヒドの保護基、アミド、オキサゾリン、エステルはカルボン酸の保護基であるため、脱保護によりアルデヒド、およびカルボン酸に再生できる。さらにアルデヒドは還元により水酸基に、カルボン酸は酸塩化物やアミドに変換可能である。シアノ基は、酸化すればカルボン酸、還元すればアミンに変換される（図3.34）。

議論は少しもとに戻るが、表3.7で示したように水酸基やアミノ基の保護にシリル基を用いると、リビングアニオン重合が可能である。したがって、Si−OR結合やSi−NR₂結合が鎖末端カルボアニオンに対して安定であることがわかる。さらに、この安定性を利用すると、Si−OR結合やSi−NR₂結合をスチレン側に導入した一連の新規シリルスチレン誘導体のリビングアニオン重合が予想どおり進行することが見出されている（図3.35）[113,123,128]。さらに、アニオンに対して不安定であると考えられていたSi−H結合、Si−Si結合、Si−Si−Si結合が置換されたスチレン誘導体からも、安定なリビングポリマーが得られることが報告されている。Si−OR結合やSi−NR₂結合は容易に加水分解してSi

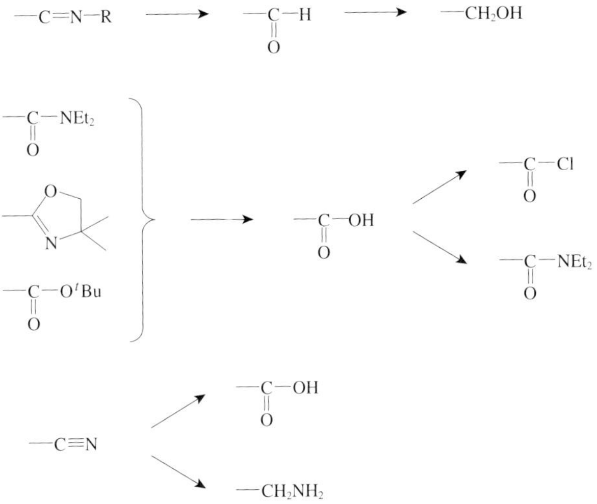

6章 リビングアニオン重合

図 3.34 官能基変換反応

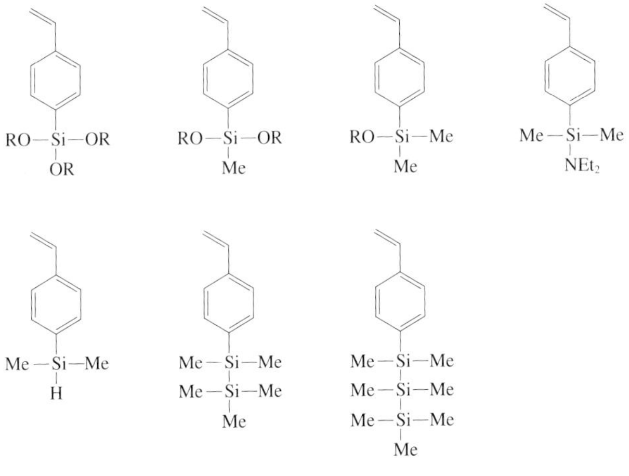

図 3.35 リビングアニオン重合可能なシリル基置換スチレン誘導体

−OH となり，さらに縮合して Si−O−Si 結合となることや無機物および金属表面と反応することが知られている．また Si−H ではビニル基やカルボニル基に対するヒドロシリル化反応，Si−Si 結合，Si−Si−Si 結合では光によるラジカル開裂が起こるため，得られたポリマーはリビングアニオンポリマーの利点と反応特性をあわせもった新しい機能性材料として大きな期待が寄せられる．Si 以外にも，Ge, Sn, P が置換されたスチレン誘導体のリビングアニオン重合が進行することが報告されている（図 3.36）[123]．

363

第Ⅲ編　アニオン重合

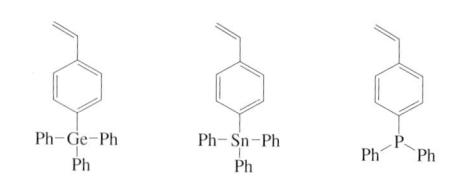

図 3.36 リビングアニオン重合可能な Ge, Sn, P が置換されたスチレン誘導体

表 3.10 シリル基をもつスチレン誘導体のリビングアニオン重合

R–⟨⟩–R	$\bar{M}_n$ 計算値	$\bar{M}_n$ 実測値	$\bar{M}_w/\bar{M}_n$
—Si(OMe)₃	16000	17000	1.09
—Si(Me)(OEt)₂	22000	21000	1.07
—Si(Me)₂(O^iPr)	30000	29000	1.07
—Si(Me)₂NEt₂	49000	45000	1.08
—Si(Me)₂H	49000	44000	1.10
—Si(Me)₂–Si(Me)₃	76000	81000	1.02
—Si(Me)₂–Si(Me)₂–Si(Me)₃	26000	28000	1.03

　表 3.10 に，シリルスチレン類のリビングアニオン重合の代表的な結果をまとめておく．いずれも分子量の厳密な制御と狭い分子量分布が実現されていることがよくわかる．ここでは参考文献として総説と書籍を引用した．個々の詳細は，その中の引用文献を参照されたい．

スチレンのリビングアニオン重合では，生長鎖末端カルボアニオンの高い反応性が強調されすぎたため，官能基を有するスチレン誘導体の重合はほとんど試みられなかった．しかしながら本節で紹介したように，予想以上に多くの官能基がリビングアニオンポリマーと共存できることがわかってきた．ごく一部を除き，ここで紹介したスチレン誘導体のリビングアニオン重合では，分子量が十数万程度までは厳密に制御され，狭い分子量分布（$\overline{M}_w/\overline{M}_n<1.1$）を有するポリマーやブロック共重合体の合成が可能である．さらにリビングポリマー鎖末端カルボアニオンは長時間安定に存在するため，それを用いた分子設計や複雑な構造を有するポリマーの精密合成が期待できる．最後に本節ではスチレン誘導体に焦点を当てたが，生成する鎖末端のスチリルアニオンは，アニオン重合では最も高い反応性に属する．したがって，ここで紹介した官能基（あるいは保護した官能基）は，最も苛酷なアニオン重合の条件で存在できることを意味し，環状モノマーを含め，原則としてリビングアニオン重合可能なモノマー類すべてに用いることができるはずである．言い換えれば，（官能基の数）×（リビング重合可能なモノマーの種類（6.2〜6.5節参照））＝リビング重合可能な含官能基モノマー，となり，これは膨大な数になる．たとえば，メタクリル酸エステルを例にとると，ここで紹介した保護した官能基はまったく問題なく使用できる．さらに鎖末端のエノラートアニオンはポリスチレンの鎖末端カルボアニオンより反応性が低いため，ポリスチレンの鎖末端カルボアニオンとは共存できない官能基もリビングアニオン重合に使用可能なことが報告されている（図3.37）．

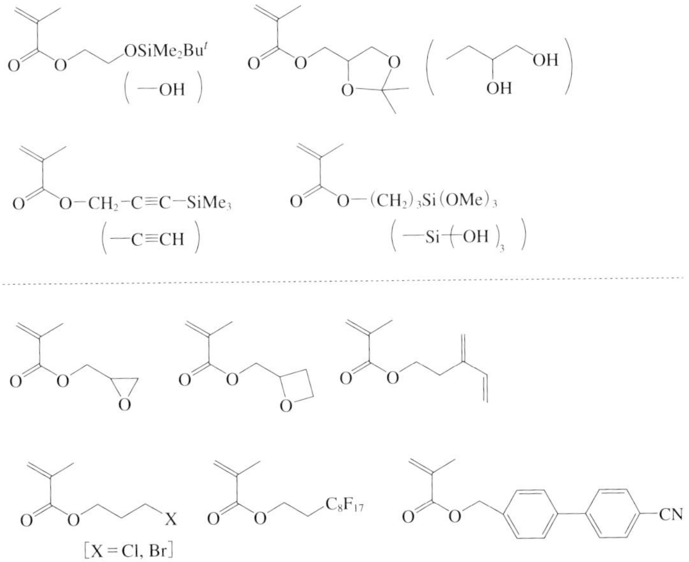

図 3.37 リビングアニオン重合可能な官能基含有メタクリル酸エステル誘導体

6.5 ◆ 環状モノマー類

多くの環状モノマー類がアニオン重合可能であることはすでに述べた．そしてその中で，環状エーテルおよびチオエーテルであるエポキシド，エピスルフィド，環状シロキサン，α-アミノ酸無水物である NCA のリビングアニオン重合がよく知られている．またある種のラクトン，ラクタム，ラクチド，カーボネートについてもアニオン機構によりリビング的に進行する重合系が報告されている．図 3.38 にリビングアニオン重合が可能な環状モノマーをまとめておく．詳細は下巻「第Ⅳ編 開環重合」に述べられているので，ここでは代表的なモノマーについてのみ概説しておく．

3 員環エーテルであるエチレンオキシドのリビングアニオン重合は，1960 年代から知られている．生成するポリエチレンオキシドは水溶性ポリマーであるため，特許を含め膨大な研究がなされている．開始剤としては a 群や b 群に属する開始剤や鎖末端と同じ構造のアルコラートアニオンが用いられるが，対カチオンが Li^+ の場合は重合が進行しないので注意が必要である．プロピレンオキシドやアルキル置換体は，連鎖移動反応により重合は

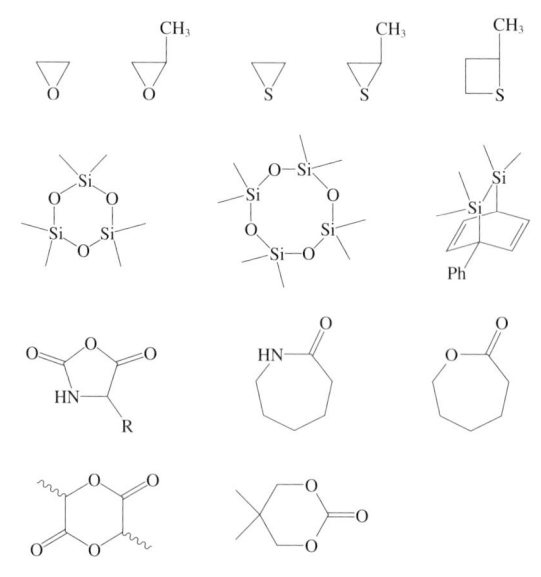

図 3.38 リビングアニオン重合可能な環状モノマー

リビング的には進行しないとされていたが，最近開発された新しい開始剤やクラウンエーテルなどの添加剤の利用により副反応が抑えられ，少なくとも分子量数万までは分子量が制御された狭い分子量分布のポリマーが得られることが報告されている[129～132]．さらに最近では，エピクロロヒドリンのリビング重合も報告されている[133]．3員環のスルフィドであるエチレンスルフィド[134]やプロピレンスルフィド[135,136]，さらに4員環の2-メチルチアシクロブタンがリビングアニオン重合することも報告されている[137,138]．いずれもポリチオエーテル系のエラストマー合成を目的としている．

6員環や8員環のジメチルシロキサンのアニオン重合は，リビング的に進行することが報告されているが，対カチオンにK$^+$を有する開始剤を用いるとポリマーの主鎖への求核攻撃が起こり切断されるため，対カチオンがLi$^+$である開始剤を使用する必要がある．それでも，鎖末端のシラノラートアニオンによるポリマー鎖切断が起こりやすいため，高分子量のポリマーの合成は難しい[139]．ビシクロ環である1-フェニル-7,8-ジシラビシクロ[2.2.2]オクタ-2,5-ジエンは，THF中で有機リチウム試薬を開始剤として重合すると，ビフェニルを脱離しながらリビング的に重合し，分子量が十万程度で比較的分子量分布の狭い（$\bar{M}_w/\bar{M}_n \sim 1.3$）ポリシランを与える（反応式(3.46)）[140]．

$$\text{R}^-\text{Li}^+ + \underset{\text{Ph}}{\text{Me}_2\text{Si-SiHex}_2} \xrightarrow{-\text{Ph-Ph}} \text{R}-(\text{SiMe}_2-\text{SiHex}_2)-\text{H} \qquad (3.46)$$

スチレンとのブロック共重合体も合成されている．ポリシランが導電性ポリマーであるという価値に加え，モノマーに特別な分子設計がされており，新しい重合を展開するうえで大きな示唆を与える興味深い方法である．

NCAは重合するとポリペプチドを与えるため，興味深いモノマーである．第一級アミンを開始剤に用いるとリビングアニオン重合が進行する．以前は分子量分布に問題があったが，最近モノマーの精製度を上げて重合することで，分子量が十数万程度に制御され，狭い分子量分布（$\bar{M}_w/\bar{M}_n<1.1$）をもつポリマーの合成が報告された[141～143]．主鎖にαヘリックスやβシート構造を有しており，さらにキラルなポリマーが得られる．

最近，フェロセンの2つのシクロペンタジエン環をSiで結合させたモノマーの開環リビングアニオン重合が報告されている（反応式(3.47)）[144,145]．主鎖にフェロセンを有する興味深い構造に加え，フェロセンのさまざまな機能が利用できる新しい機能性ポリマーとして注目されている．

$$\text{(構造式)} \xrightarrow{\text{RLi}} \text{(ポリマー構造式)} \quad (3.47)$$

6.6 ◆ リビングアニオン重合の特色とまとめ

　本章では，リビングアニオン重合が可能なモノマーについて述べた．1980年代に端を発したリビングカチオン重合やリビングラジカル重合（正確には living/controlled polymerization である），さらに遷移金属を用いた配位機構で進行するリビング重合が，リビングアニオン重合と比較されるほど，近年大きな進歩を遂げてきた．そしてそれらを用いたブロック共重合体やグラフト共重合体，櫛型ポリマー，星型ポリマー，さらに複雑な形状のポリマー合成が報告されるようになってきた．1956年に見出されたスチレンのリビングアニオン重合は，1,3-ジエン類，メタクリル酸エステル類，2-ビニルピリジン，エチレンオキシドへと展開されたが，その後は，多くの研究が動力学解析やブロック共重合体，星型ポリマーをはじめとした分岐ポリマーの合成に焦点が置かれていた．しかしながら1980年代に入ると，保護基を用いた官能基を有するモノマー類のリビングアニオン重合の出現，メタクリル酸エステルの重合における無機塩類，ルイス塩基，クラウンエーテル，弱いルイス酸の添加によるリビングアニオン重合の質的および量的な著しい進歩，さらにイソシアナート（R－N＝C＝O）の新しいリビングアニオン重合（後述）など，最近に至るまで着実に進歩を続けていることがわかる．

　ここでリビングアニオン重合の特色をもう一度まとめておく．現在では上記のリビング重合に加え，グループトランスファー重合，イモータル重合，開環メタセシス重合，さらに逐次重合をモノマーの活性化と加える順序の工夫により連鎖重合法に変える新しい方法が報告されるなど，多彩なリビング重合系が登場してきた．いずれのリビング重合系においても，その重合系にしか適用できないモノマーや官能基が存在するため，さまざまな機構のリビング重合の開発はきわめて重要である．一方，リビングアニオン重合は，スチレンや1,3-ジエン類の重合が代表的であるため，モノマーや溶媒の厳密な精製が強調されすぎ，重合操作が非常に煩雑で困難である印象を与えている．また含官能基モノマーの使用ができないことや適用可能なモノマーの種類が限定されていることも強調されすぎているように思われる．それに対して，一般のラジカル重合が非常に多くのモノマーに適用できるため，リビングラジカル重合にもそれらすべてのモノマーが適用できるように思われ

ている節がある．これらは，教科書に書いてあるリビングアニオン重合の古い知識が一人歩きをし，一方では最近の進歩と全体像が十分に理解されていないために生じた誤解に基づいているようである．

　本章で述べたように，リビングアニオン重合は，実際にきわめて多くのビニルモノマーや環状モノマーの適用が可能であり，さまざまな骨格を有するポリマーの合成が可能である．さらに広範囲の官能基が使用できることも紹介してきた．それらの多種多彩さは，リビングラジカル重合を含む他のリビング重合系をはるかに凌いでいることは意外と知られていない．リビング重合では，生成する分子量の制御と狭い分子量分布に加え，生長鎖末端の活性種の安定性が求められる．しかしながら現在まで報告されているリビング重合では，これらがすべて満足しているとはかぎらず，むしろ完全に達成されている例のほうがはるかに少ないのが現状である．多くの場合，分子量制御の範囲はせいぜい数千から多くても2～3万程度であり，分子量分布が狭いと報告されていても$\bar{M}_w/\bar{M}_n = 1.5$を超える場合さえあり，このような分子量分布でも"狭い分子量分布"と記述している論文が多々あるのには驚かされる．6.2節で述べたが，スチレンと1,3-ジエン類のリビングアニオン重合では，分子量が数百から百万にわたる広い範囲で正確に制御でき，分子量分布が$\bar{M}_w/\bar{M}_n = 1.05$以下と単分散に近いポリマーが得られる．またここで紹介した極性モノマー，環状モノマー，含官能基モノマー類においても，リビングアニオン重合で得られる大部分のポリマーの分子量は十数万程度までは容易に制御可能であり，分子量分布は$\bar{M}_w/\bar{M}_n = 1.05$前後まで狭くすることができる．したがって，現在まで報告されているリビング重合系ではいずれも最優秀の部類に属する．

　使用可能な官能基についても6.4節で述べたように，ほぼすべての有用な官能基を網羅している．またラジカル重合が困難な環状モノマーが使えることは，主鎖に官能基が導入できることを意味している．この事実もリビングアニオン重合の際立った特長である．ポリマー鎖末端には，高反応性のカルボアニオンをはじめ広い範囲の反応性を有するアニオンが存在しているが，アニオン種は一般にカチオンやラジカルに比べると安定である．そのため，続いての重合や反応に用いるにはきわめて適している．

　以上，長々と述べてきたが，要は，リビングアニオン重合は分子量と分子量分布の厳密な制御，多種多彩なモノマー群や官能基の使用，鎖末端アニオンの際立った安定性と反応性，というリビングポリマーの特性をほぼすべて備えている重合であるということである．

7章 リビングアニオン重合を用いた architectural polymerの精密合成

　リビング重合が高分子合成において重要な役割を果たすのは，分子量が制御された分子量分布が単分散に近いポリマーが得られることに加え，モノマーが完全に消費された後も重合活性種が"生きている"こと，すなわちポリマーの生長鎖末端の活性が保たれていることに起因する．これに加えて重要な点は，この生きている活性点を利用して構造が制御されたブロック共重合体，末端官能性ポリマー，環状ポリマー，さらにグラフトポリマー，櫛型ポリマー，星型（スター）ポリマーなどの分岐高分子が合成できることである．これらのポリマーは，複数のポリマー鎖が組み合わされて構築されており，各々を結合するために活性点が使われている．このような一連のポリマーを，本章では一括して"architectural polymer"とよぶ．いずれのポリマーも一般の重合法では合成ができない．このことからリビング重合が高分子合成にきわめて重要な位置を占めることがわかるであろう．

　我々にとって非常に幸運であったことは，リビング重合の発見時および研究初期に見出されたスチレンや1,3-ジエン類のリビングアニオン重合において，分子量が厳密に制御され，狭い分子量分布を有するポリマーが生成すること，および，鎖末端カルボアニオンが高反応性であるにもかかわらず安定であるという理想的な特長を備えた"最も優れた"リビングポリマーであったことである．そのために，それらのリビングポリマーを構成単位（ビルディングブロック）として用いて構築されたarchitectural polymerもまた，その構造が厳密に制御されていることになる．

7.1 ◆ architectural polymer 合成とは

　リビンクアニオンポリマーに第二のモノマーを加えることで，ブロック共重合体が得られる．ここでモノマーの代わりに親電子試薬を反応させれば，ポリマー末端に官能基を導入することができる．主鎖に反応点を有するポリマーにリビングポリマーを反応させれば，グラフト共重合体や櫛型ポリマーとなる．三官能性以上の化合物とリビングポリマーの反応では，中心部より3本以上のポリマー鎖が放射状に伸びた星型ポリマーが得られる．また二官能性の化合物と両末端生長のリビングポリマーを反応させれば，希釈条件では環状ポリマーが，通常の条件では鎖延長が起きて高分子量のポリマーが得られる．図3.39に1970年代に合成された代表的なポリマーを示しておく．これらのポリマーは，いずれも

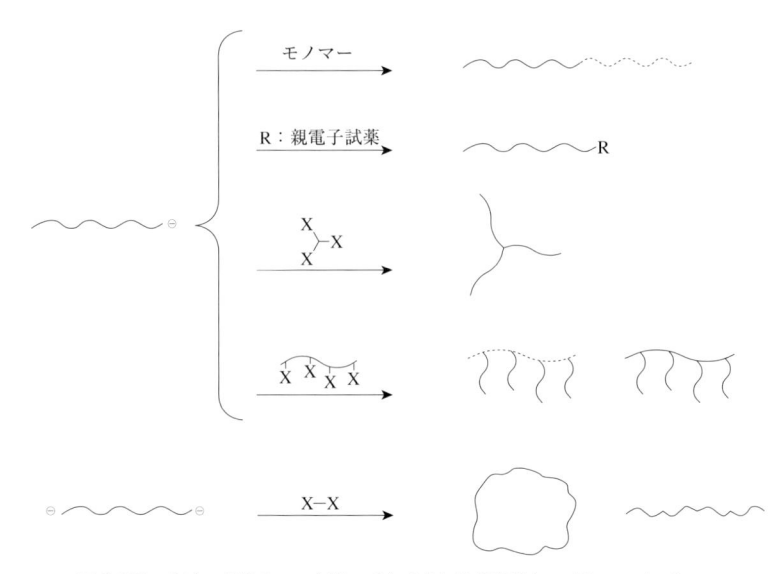

図 3.39 リビングポリマーを用いて合成される代表的な architectural polymer

　1960～1970年代に集中的に合成されており，多くの成書に書かれているので詳細は省略する．現在，リビングラジカル重合やリビングカチオン重合の発展とともに，同様のポリマーが多数合成されつつあるが，まったく同じ合成法を用いており，当時の研究レベルの高さがうかがえる．1990年代に入ると，各種のリビング重合の進歩もあり，また新しい分子設計の展開による，より精密で複雑な構造のポリマーの合成が再び盛んになってきた．本章では主に最近の合成に焦点を当てて紹介する．

　architectural polymer の骨格は，リビングポリマーが組み合わさって構築されており，複雑な構造になればなるほど，構成ポリマーの数は多くなる．したがって，構成単位であるリビングポリマーの分子量が厳密に制御され，よく揃っていることが必須の条件である．さらに鎖末端の活性点は，重合後に組み合わせて結合に用いるため，反応性が高く安定であることも重要である．

　さてここで，"architectural polymer" の合成について，リビング重合を用いた精密合成の観点から見てみよう．本章で紹介する architectural polymer は，いずれも図 3.40 に示すような二つの合成法にほぼ大別される．ここでは4本腕の星型ポリマーを例にとって考えてみる．第一の方法は四官能性の開始剤を用い，そこからリビング重合を行うことで腕セグメントを導入する "core-first 法" である．第二の方法は四官能性の試薬（停止剤）を合成しておき，あらかじめリビング重合により合成したリビングポリマーと反応させることで腕ポリマーを導入する "arm-first 法" である．このように，いずれも4本の腕セグメン

7章 リビングアニオン重合を用いたarchitectural polymerの精密合成

core-first 法

```
         モノマー
*I  I*  ─────→
 ×      リビング重合
*I  I*
四官能性開始剤
```

arm-first 法

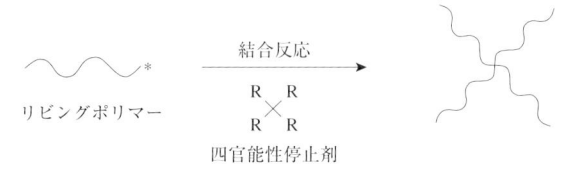

```
           結合反応
～～～*  ─────→
        R  R
         ×
        R  R
     四官能性停止剤
   リビングポリマー
```

図 3.40 4本腕星型ポリマーの合成

トはリビングポリマー由来である．二つの方法のポイントは，リビング重合を開始させるか，別途あらかじめ合成したリビングポリマーを反応させるかという点であり，開始法と停止法として分ける場合もある．

ではさらに詳しく二つの方法について検討してみる．core-first 法では，重合が進むにつれて外側にポリマー鎖が広がっていくため，立体障害は軽減していき，腕ポリマーの分子量が高い場合は好都合である．一方，この方法で得られる最終ポリマーの分子量はリビング重合から予想される分子量と一致しても，4個の開始点がすべて開始しているかどうか，また重合が均一で進行しているかどうかについては，まったく保証されていない．もし開始点の1個が重合に関与せず残ったとしても，全体のポリマーの分子量を考えると，未反応の開始点の検出は不可能である．また重合がすべての開始点より均一に進行しているがどうかを調べるには，最終生成ポリマーを開始点で切断しすべてを回収した後に，サイズ排除クロマトグラフィー（SEC）で解析する以外は同定が困難である．それに対して，第二の arm-first 法では，あらかじめリビングポリマーを合成しておくため，導入されたポリマー鎖の不均一性は解消される．また最終ポリマーの分子量を用いたリビングポリマーの分子量で割れば，結合点数はわかる．もし結合数が4となれば，得られた最終の4本腕の星型ポリマーの分岐構造が保証され，厳密な構造を有するポリマーが合成できたことになる．

以上の事実は，architectural polymer の精密合成を考えるうえでは，arm-first 法を用いることが必須であり，core-first 法により合成されたポリマーは最後まで構造については

疑問が解決できないことを意味する．またこの問題は，2箇所以上の開始点よりリビング重合を開始するすべての合成法に当てはまり，星型ポリマーにかぎらず，二官能性開始剤を用いた ABA 型ブロック共重合体，グラフトポリマー，櫛型ポリマー，分岐構造を繰り返すポリマーあるいはさまざまな分岐が組み合わさった多分岐構造を有するポリマーなどについても同様である．複雑な architectural polymer の合成においては，core-first 法と arm-first 法の二つの方法が用いられている場合があり，構造の明確さと精密合成に関しては注意を要する．構成される各々のポリマー鎖にリビングポリマーを用いていることはすでに述べた．最終ポリマーの構造が厳密に制御されるためには，個々のポリマー鎖も制御されていること，結合反応が定量的に進行することが必要である．現在，スチレン，1,3-ブタジエン，イソプレン，2-ビニルピリジン，メタクリル酸メチルのリビングアニオン重合で得られるリビングポリマーは，分子量が数千から数十万の広い範囲で制御でき，分子量分布は $\overline{M}_w/\overline{M}_n = 1.05$ 以下ときわめて狭い．また活性末端が反応性の高いカルボアニオンやエノラートアニオンであるため，結合反応にも好都合である．したがって，信頼のおけるほとんどの architectural polymer は，上記モノマーのリビングアニオンポリマーより構築されている．本章ではそれらに焦点を当てて紹介する．前章で紹介したさまざまなリビングポリマーや含官能基リビングポリマーを用いる architectural polymer の合成は，現在の方法や技術で可能であるが，実際に実現されるにはもう少し時間がかかると思われる．

7.2 ◆ 末端官能性ポリマー

リビングアニオン重合が発見されると，すぐに，生成したリビングポリマーに親電子試薬を反応させ，ポリマー鎖末端に官能基を導入することが試みられた．有機リチウム試薬を開始剤として重合したスチレンや 1,3-ジエン類のリビングポリマーの鎖末端アニオンは，ベンジルリチウムやアリルリチウムとほぼ同じ構造をしている．これらのリチウム試薬と親電子試薬の反応はよく知られているため，それに類した反応が数多く試みられた．代表的な例として，エチレンオキシド，アルデヒド，CO_2，Br_2，S_8，DMF との反応により，鎖末端へそれぞれ OH，COOH，Br，SH，CHO の導入が報告された[146]．しかしながら，当時の分析機器の限界および不十分な解析のため，報告されている結果の多くは，定量性に関して問題を残していた．

1990 年代に入り，Quirk らは導入反応の最適化を含めて，高分解能 NMR や MALDI-TOF MS を用いて再検討した結果，多くの官能基の定量的な導入が可能であることを報告した[147]．ほぼ同じ時期に，中浜，平尾らは，スチレンや 1,3-ジエン類のリビングポリマー末端のカルボアニオンとアルキルブロミドや 1,1-ジフェニルエチレンが定量的に反応す

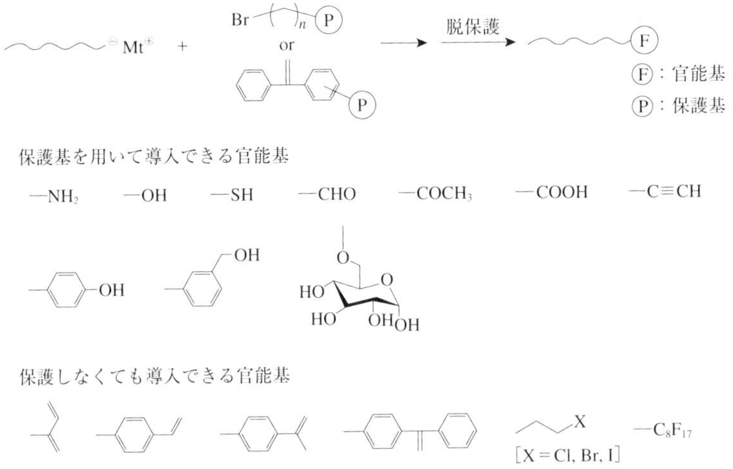

図 3.41 保護した官能基を置換したアルキルブロミドや 1,1-ジフェニルエチレン誘導体を用いたリビングアニオンポリマーの末端官能基化反応

ることに着目し，さまざまな保護基により保護した官能基（6.4 節参照）を置換した誘導体を合成し，リビングポリマーと反応させることで官能基の定量的な導入に成功し，より一般的な導入法を確立した[148〜150]．この方法で導入された代表的な官能基を図 3.41 にまとめた．さらに導入した官能基を定量的に変換することで，高反応性のベンジルハライドや酸無水物の導入も可能になった（反応式 (3.48), (3.49)）．

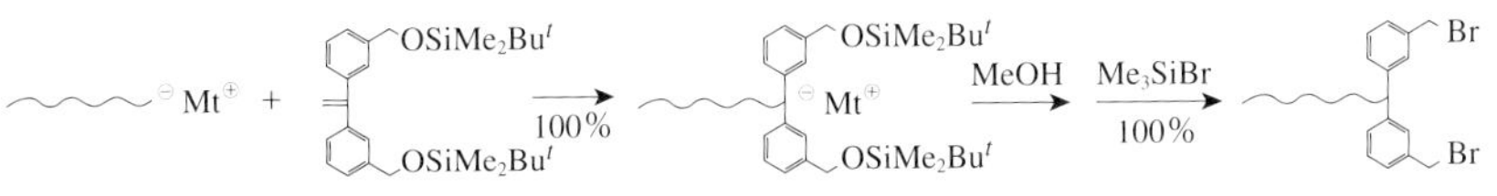

(3.48)

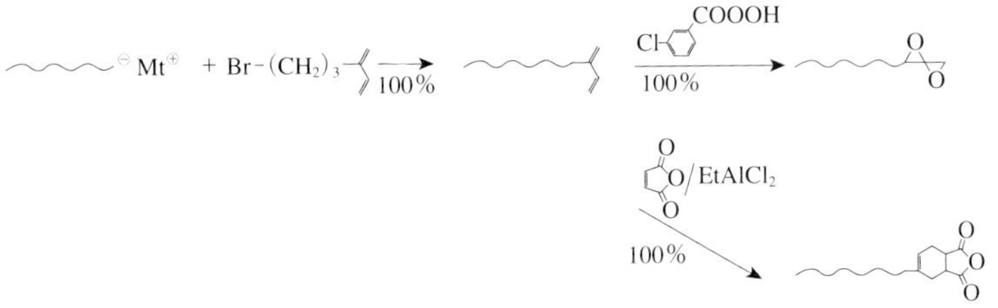

(3.49)

鎖末端に官能基を導入するもう一つの方法として，官能基を含むアニオン開始剤を調製

して，それらを用いて重合する方法がある（反応式 (3.50), (3.51)）.

$$^tBuMe_2SiO(CH_2)_3Li \xrightarrow{重合} {^tBuMe_2SiO}\text{———}^{\ominus}Li^{\oplus} \xrightarrow{MeOH} \xrightarrow{脱保護} HO\text{———} \quad (3.50)$$

$$\begin{matrix}Me_3Si\\Me_3Si\end{matrix}N\text{—}\bigcirc\text{—}Li \xrightarrow{重合} \begin{matrix}Me_3Si\\Me_3Si\end{matrix}N\text{———}^{\ominus}Li^{\oplus} \xrightarrow{MeOH} \xrightarrow{脱保護} H_2N\text{———} \quad (3.51)$$

反応式 (3.48), (3.49) に代表される方法は停止法，反応式 (3.50), (3.51) に代表される方法は開始法とよばれている．たとえば，保護した水酸基やアミノ基を含む有機リチウム試薬を新たに合成して，スチレンや 1,3-ブタジエンのリビングアニオン重合を行うことで，開始末端に水酸基やアミノ基の定量的な導入が報告されている[151,152]．1,1-ジフェニルエチレンは有機リチウム試薬と反応すると，定量的に 1,1-ジフェニルアルキルリチウムになり，スチレンや 1,3-ジエン類のみならず，2-ビニルピリジン，メタクリル酸エステルをはじめとした B 群のモノマー，さらに C 群や D 群のモノマーに対しても開始剤として働く（図 3.42）．ここで 1,1-ジフェニルエチレンに官能基を導入し保護して用いれば，ポリマー鎖の開始末端に官能基が導入できる[150,153]．

末端官能性ポリマーは，セグメント化ブロック共重合体の前駆体，鎖延長剤や架橋剤，グラフト共重合体のグラフトセグメントとして利用されており，工業的にも広く用いられている．末端にアミノ基，水酸基，カルボキシル基などの極性基を導入したスチレン-ブタジエン共重合体（SBR）は，末端変性ゴムとして知られる代表的な高機能化エラストマーである．鎖末端に重合性基が導入された場合は，マクロモノマーとよばれ，末端官能性ポリマーの中でも特別な位置を占める[154]．これはマクロモノマーを直接重合するか，あるいはモノマーと共重合することで，図 3.43 に示すように，櫛型ポリマーやグラフト共重合体が得られるためであり，工業的にも重要な位置を占める．

さて末端変性ゴムのように，末端に導入されたわずか 1 つの官能基によってもポリマーの材料特性が大きく影響を受けるように，複数個の官能基を導入できれば，ポリマー機能のさらなる拡張が期待される．しかしながら，末端に導入できる官能基の数は，合成上の困難さのため従来ほぼ 1 個に限られていた．平尾らは系統的に複数の官能基をポリマーに導入することを目的として，1,1-ビス(3-*tert*-ブチルジメチルシリルオキシメチルフェニル)エチレン（(SMP)$_2$DPE）を用いた新しい末端"多"官能性ポリマーの合成法を確立している[150]．反応式 (3.52) に示すように，(SMP)$_2$DPE をリビングポリスチレンと反応させ，SMP 基を鎖末端に 2 個導入する．次いで，Me$_3$SiCl/LiBr で処理すると，SMP 基は定量的に臭化ベンジル基に変換される．そして，(SMP)$_2$DPE と有機リチウム試薬の反応で得ら

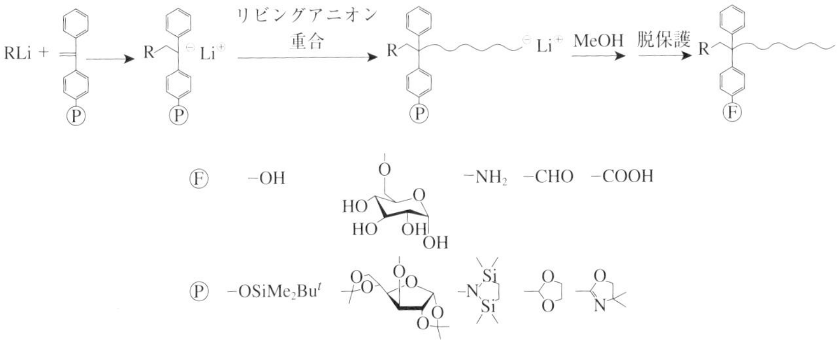

7章　リビングアニオン重合を用いたarchitectural polymerの精密合成

図 3.42　保護された官能基を含む1,1-ジフェニルエチレン誘導体を用いた末端官能性ポリマーの合成

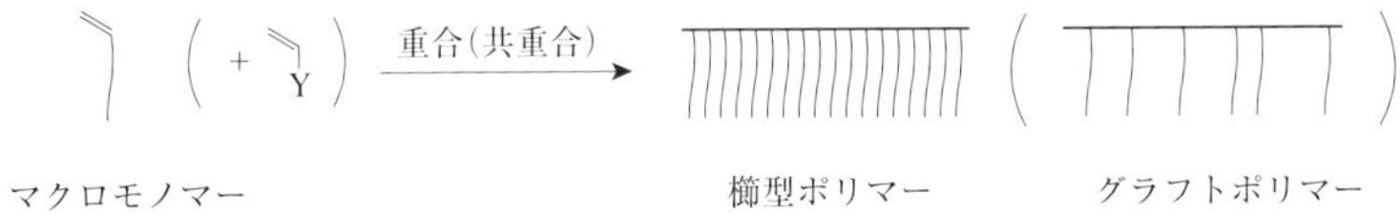

図 3.43　マクロモノマーを用いた櫛型ポリマーあるいはグラフトポリマーの合成

れるリチウム試薬を臭化ベンジル基と反応させると，SMP基が4個導入され，さらに同様の処理で4個の臭化ベンジル基に変換される．この反応を繰り返せば，厳密に2個，4個，8個，16個，…と多数の臭化ベンジル基が導入される．実際，ポリスチレン末端に臭化ベンジル基を64個まで導入した末端多官能性ポリスチレンの精密合成に成功している（反応式 (3.53)）[155]．

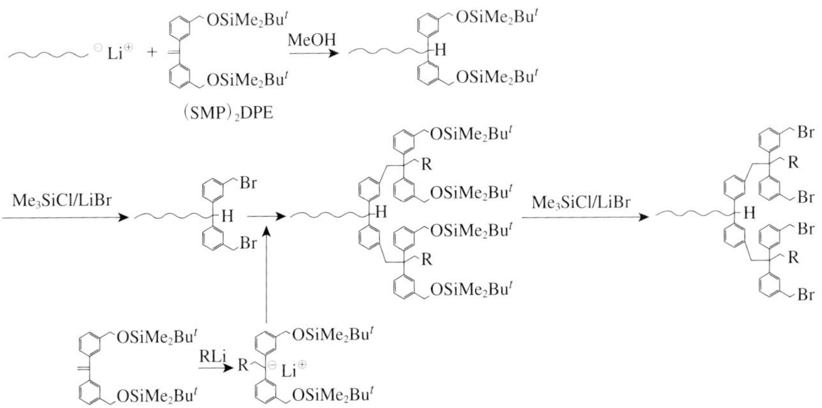

(3.52)

377

第Ⅲ編　アニオン重合

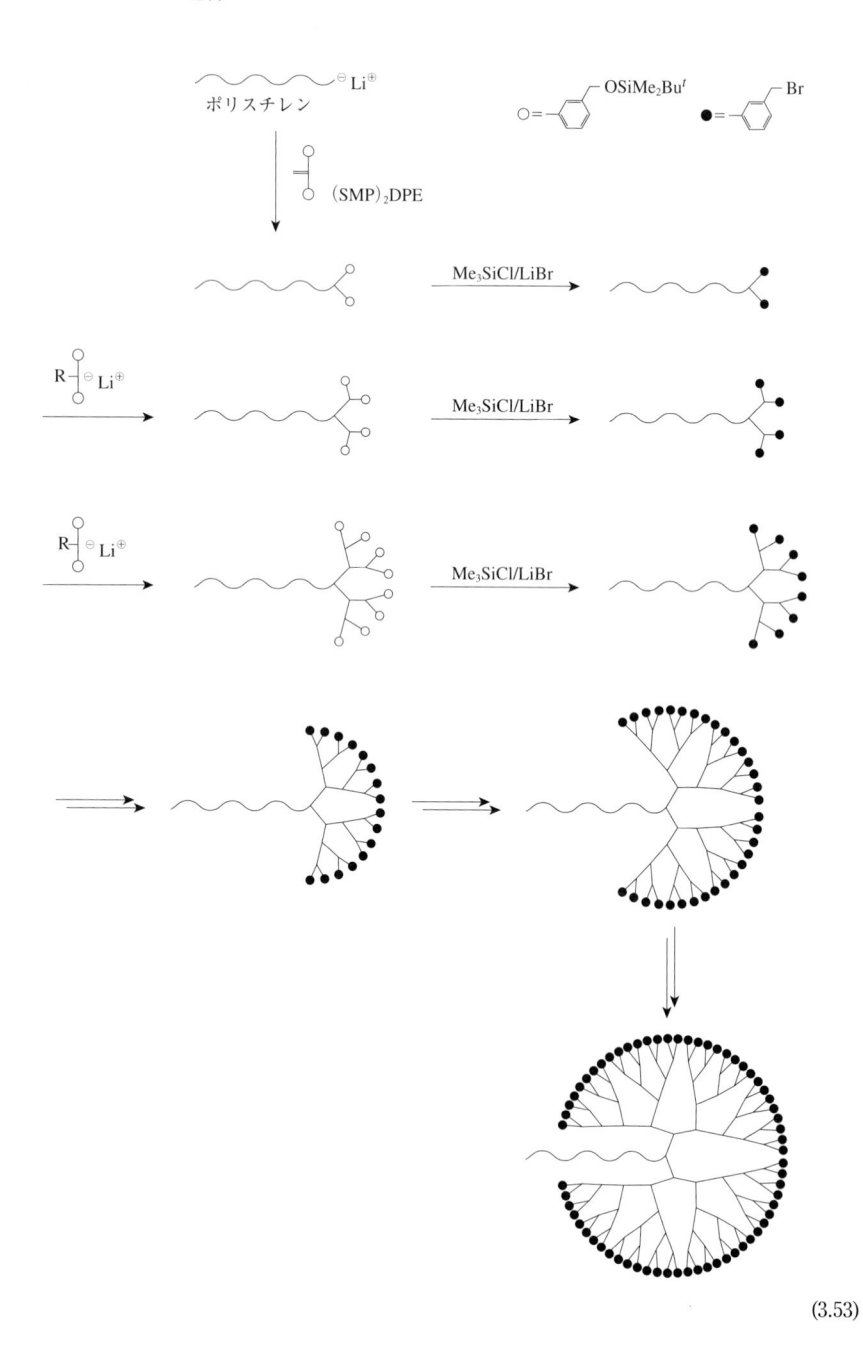

(3.53)

7章 リビングアニオン重合を用いたarchitectural polymerの精密合成

ここで SMP 基を Me₃SiCl/LiBr の代わりに Bu₄NF で処理すると，脱保護により水酸基が再生されるため，水酸基を 64 個まで導入できる方法にもなる．さらに導入された水酸基を利用して，各段階でパーフルオロアルキル（R_F）置換のハライドやカルボン酸を反応させると，水酸基の数と同数のパーフルオロアルキル基が導入できる[156]．また臭化ベンジルとアニオンの反応を利用して，保護した別の官能基が 2 つ置換された 1,1-ジフェニルエチレンと有機リチウム試薬の反応で得られるリチウム試薬を反応させれば，その官能基を臭化ベンジルに対して 2 倍導入できる（反応式 (3.54)）．この方法の確立により，広範囲の官能基が望みどおりの個数で導入可能になった．この他に，グルコースなどの単糖類分子を複数個導入することに成功した例も報告されている[157]．

(3.54)

(SMP)₂DPE はメタクリル酸メチルのリビングポリマーとは反応しないため，そのままでは SMP 基を導入できないが，(SMP)₂DPE と有機リチウム試薬より得られるリチウム試薬を開始剤に用いることで，開始末端に SMP 基，臭化ベンジル基が導入でき，同じ方法で官能基を倍増できる（反応式 (3.55)）[158]．

第Ⅲ編　アニオン重合

(3.55)

　この含官能基開始剤は，メタクリル酸エステルに加え，アクリル酸エステルや N,N-ジアルキルアクリルアミドの重合に用いることができるため，それらのリビングポリマーの末端"多"官能基化が可能である．

　上記の方法で得られた複数個の糖残基やパーフルオロアルキル基を有する官能性ポリマーを用いることで，それらの溶液挙動やポリマーフィルムの表面構造が官能基の導入個数に大きく依存することが初めて明らかになってきた（8.2節を参照）．さらに，高反応性の臭化ベンジル基を複数導入したポリマーを用いることで，構造の明確な星型ポリマーや樹木状多分岐ポリマーの合成にも成功している（7.7節および7.8節）．

　以上のように，末端"多"官能性ポリマーを用いることで，末端基の数が物性や機能に与える影響が明確になり，さらに新しい機能材料への展開が期待される．

7.3 ◆ ブロック共重合体

　ブロック共重合体の歴史は古くさまざまな合成法が開発されているが，分子量と組成が厳密に制御されたブロック共重合体合成は，リビング重合に限られる．2章で述べたように，リビングアニオン重合によるブロック共重合体合成では，通常2種類（あるいはそれ以上）の異なったモノマーを順次重合していくため，それらのモノマーの組み合わせに注意が必要である．その理由は，最初のモノマーの反応性とそれより生成した生長鎖末端アニオンの反応性が異なること，すなわち，反応性の高いモノマーからは，反応性の低い生長鎖末端アニオンが生成するため，次のモノマーが重合できるかどうかが問題になるからである．

　ではもう少し具体的に考察してみよう．リビングアニオン重合が可能なビニルモノマーの組み合わせは，ほぼA群とB群のモノマーに限られている．A群のモノマーどうしあるいはB群のモノマーどうしの組み合わせは，いずれの場合でもブロック共重合体が合成できる．これは，反応性の低いA群のモノマーから反応性の高いアニオンが生成するため，別のA群のモノマーの重合ができるためである．B群のモノマーの場合も，反応性は違うが，同じ関係である．一方，A群のモノマーとB群のモノマーを組み合わせる場合，A群のモノマーを重合した後にB群のモノマーを加えると，A群のモノマーより生成したアニオンの反応性が高く，B群のモノマーの重合性も高いため，重合は問題なく進行し目的のブロック共重合体が得られる．それに対して，B群のモノマーを重合した後にA群のモノマーを加えると，ブロック共重合体は得られない．これはB群のモノマーから生成したアニオンの反応性が，A群のモノマーを重合するには低すぎるからである．したがって，A群のモノマーの次にB群のモノマーという重合の順序は，必ず守らなければならない．

　なお，A群のモノマーやB群のモノマーが重合して生成したリビングポリマーにC群のモノマーやD群のモノマーを加えることでも，ブロック共重合体は生成する．ただし，それらのモノマーではリビングアニオン重合ができないため，生成するポリマーの分子量や組成は制御されておらず，さらに単独重合体をはじめとした副生成物を含んでいるため，ブロック共重合体の単離・精製が必要となる．

　さて，ここでスチレンを用いたブロック共重合を考えてみる（図3.44）．相手モノマーとして同じA群の1,3-ブタジエンを用いると，両者の反応性はほぼ等しいため，スチレンあるいは1,3-ブタジエンの一方を重合し，次いでもう一方のモノマーを生成したリビングポリマーに加えて重合することで，目的のブロック共重合体が得られる．一方，B群のメタクリル酸メチルを用いた場合，生成するポリマー鎖末端のエノラートアニオンは，低反応性のスチレンのアニオン重合を開始することができない．したがって，ブロック共

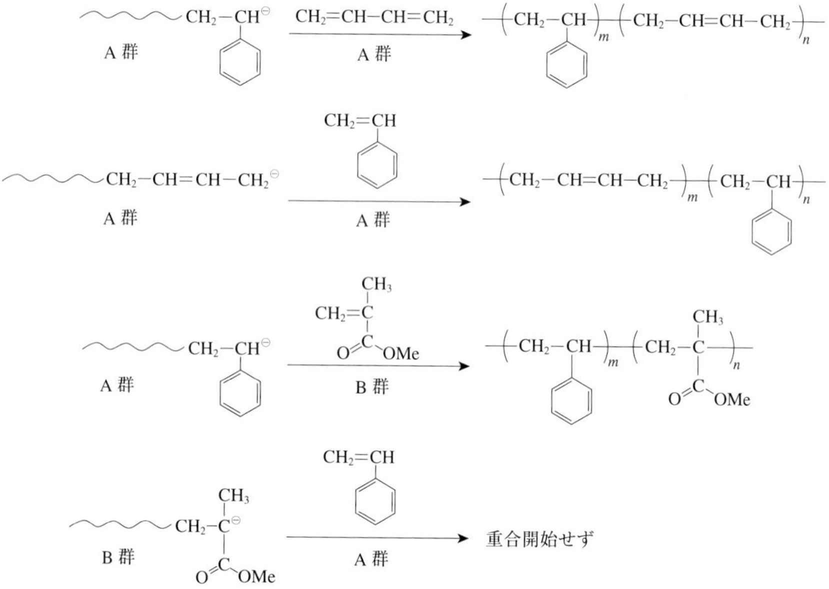

図3.44 A群モノマーとB群モノマーを用いたブロック共重合体の合成

重合体を得るためには，必ず最初にスチレンの重合を行い，反応性の高いアニオンを生成させてから，メタクリル酸メチルを加えて重合を行う必要がある．これらの点を踏まえてブロック共重合体合成を考えると，AB型ジブロック共重合体に比べて，ABA型やBAB型トリブロック共重合体や(AB)$_n$で表されるマルチブロック共重合体の合成は，同じ群のモノマー間では可能であるが，異なる群に属するモノマーを用いる場合は，ほぼ不可能であることがわかる（ここで用いたAやBという表記は異なるポリマーセグメントを示し，A群やB群のモノマーの表示ではないことに注意）．

　次に，トリブロック共重合体について考えてみる．AB型とBA型ジブロック共重合体は同じ構造であるため，シークエンスを考える必要はない．たとえば，PS-*block*-PMMAとPMMA-*block*-PSは同じポリマーである．上で述べたように，PMMAの末端アニオンからはスチレンの重合は進行しないため，PMMA-*block*-PSの合成はできないが，同じ構造のPS-*block*-PMMAは合成できるので問題にはならない．しかしトリブロック共重合体（あるいはマルチブロック共重合体）においては，シークエンスは重要である．これは，ABA型ブロック共重合体とBAB型ブロック共重合体は構造が異なるからである．ここでAがPS，BがPMMAの場合，大きな問題が出てくる．この組み合わせでは，PS-*block*-PMMAしか合成できず，停止前のPS-*block*-PMMAの鎖末端アニオンにスチレンを加えても重合しない．したがって，順番に重合する方法では，ABA型に相当するPSblock-PMMA-block-PS は合成できないことになる．ここで，PS-block-PMMAアニオンの鎖末端どうしを二官能性の親電子試薬と反応させると，図3.45に示したようにPS-block-PMMA-block-PSが合成できることになる．一方，BAB型に相当するPMMA-block-PS-block-PMMAは，PMMA-block-PSが合成できないため，合成は問題外である．ただしこのポリマーは，二官能性のアニオン開始剤を用いて，スチレン，次いでメタクリル酸メチルを重合すれば得られる．逆に二官能性開始剤を用いても，PMMAアニオンからスチレンが重合できないので，PS-block-PMMA-block-PSは得られない（図3.46）．このように異なる群に属するモノマーの組み合わせでは，トリブロック共重合体の合成では特に注意が必要である．

ビニルモノマーと環状モノマー，あるいは，環状モノマーどうしの場合は，もう少し複雑である．一般に環状モノマーの重合活性は，環のひずみと環が開く反応性により決まるが，定量的に用いる数値はない．また，生成したポリマー鎖末端の多くはヘテロ原子のアニオンとなり，モノマー構造により異なる反応性を示すので，組み合わせや重合順序がさらに難しくなる．最も高い反応性を有するA群のモノマーから生成したリビングポリマー，たとえばリビングポリスチレンを用いると，ほぼすべての環状モノマーの重合およびブロック共重合体の合成が可能である．他の組み合わせについては他章を参考にされたい．

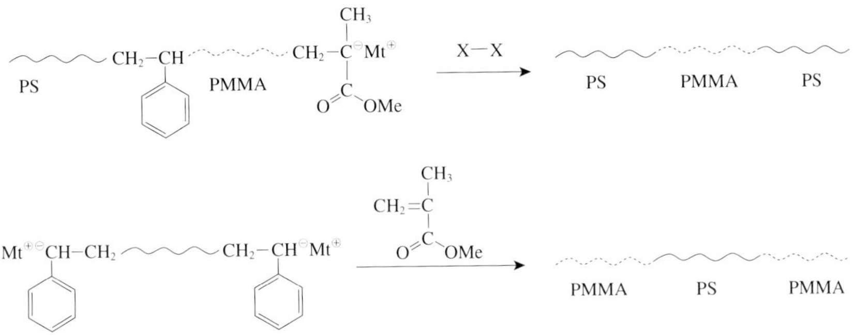

図3.45 ポリスチレンとポリメタクリル酸メチルからなる ABA 型および BAB 型トリブロック共重合体の合成

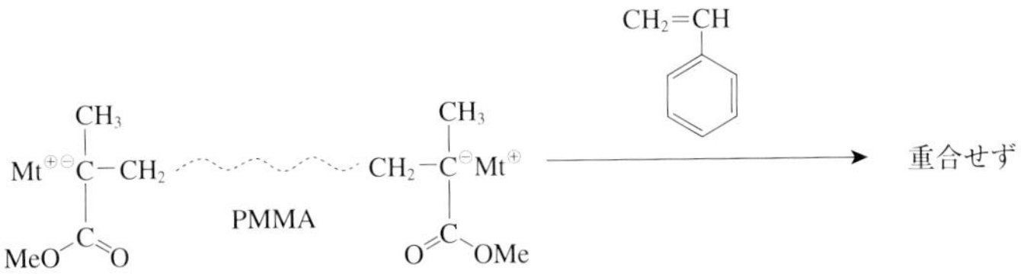

図3.46 リビングアニオン PMMA によるスチレンの重合

現在まで報告されているブロック共重合体の多くは，AB 型ジブロック共重合体である[159]．工業的に生産されている SBS（PS-*block*-PB-*block*-PS）や SIS（PS-*block*-PI-*block*-PS，PI：ポリイソプレン）は，ABA 型トリブロック共重合体であるが，この種のブロック共重合体の合成や物性研究は，必ずしも多くないのが現状である．また (AB)$_n$ で示されるマルチブロック共重合体は，セグメント化ポリウレタンなどが工業生産されているが，リビングアニオン重合で直接合成された例は，筆者が知っている限りは過去に数例報告されているだけである．一方，1980 年代から現在まで，3 種類の異なったセグメントからなる ABC 型トリブロック共重合体（copolymer ではなく terpolymer）は，非常に特異なミクロ相分離構造の発現や溶液中での興味深い分子集合体（ミセル）の形成により，多くのグループによる研究がなされている．いくつかの代表例を挙げておく[160〜171]．ABC 型ブロック共重合体は，同じ群のモノマー（A 群，A 群，A 群あるいは B 群，B 群，B 群）を組み合わせれば，どの重合順でも合成できるが，それ以外は，A 群，A 群，B 群，あるいは，A 群，B 群，B 群の重合順に限られる．図 3.47 に，代表的な合成例を示しておく．いずれもモノマーの重合順を注意することで，目的の ABC 型トリブロック共重合体を得ている．

たとえば，PS-*block*-PB-*block*-PMMA[170]は，各々のブロックが A 群，A 群，B 群のモノマーより作られているので，この順で重合すれば合成できる．PI-*block*-PS-*block*-P(2VP)[162]（P(2VP)＝ポリ(2-ビニルピリジン)）も同様である．一方，PB-*block*-PS-*block*-PEO[168]（PEO＝ポリエチレンオキシド）では，PB-*block*-PS 末端アニオンの反応性が高いため，エチレンオキシドが開環重合できる．さらに PB ブロックをフッ素化して，別の ABC 型ブロック共重合体に変換している例も報告されている．これらの例では，モノマーの反応性による制約のため，シークエンスの異なる ACB 型ポリマーや BCA 型ポリマー

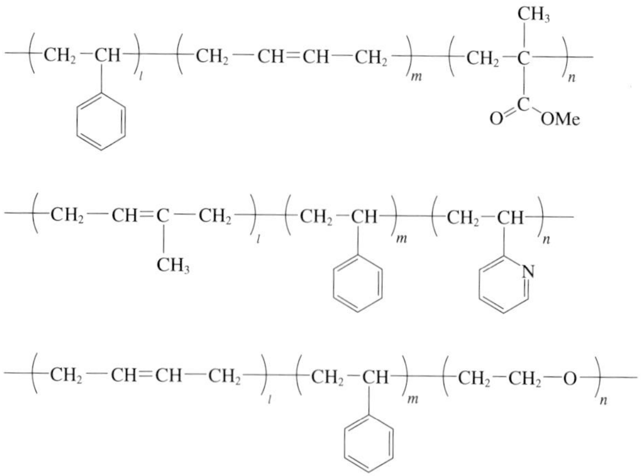

図 3.47 リビングアニオン重合で合成された ABC 型トリブロック共重合体

の合成は，一部を除き困難である．

興味深い例として，杉山，長谷川らは，メタクリル酸エステルの側鎖アルキル基が異なる3種類のモノマーを用い，シークエンスの異なる3種類のブロック共重合体の合成を報告している[172,173]．モノマーはいずれもB群に属し同じ反応性を有しているため，B群，B群，B群の組み合わせとなり，重合順は制限されない．3種類の側鎖は，親水性の2-ヒドロキシエチル基，親油性の tert-ブチル基，撥水性で撥油性の2-パーフルオロブチルエチル基が置換されており，各々が異なった性質を示すように設計されている．ここで2-ヒドロキシエチル基は，そのままではアニオン重合に適用できないため，トリメチルシリル基で保護してある．以上，用意した3種類のメタクリル酸エステルを順次リビングアニオン重合することで，ABC 型トリブロック共重合体の合成に成功している．またモノマーの加える順序を変えることで，シークエンスが異なる残り2種類のポリマー（ACB, BAC）も問題なく合成できている（図3.48）．そして，これらのポリマーの異なるミクロ相分離構造に加え，溶液中でのミセル形成や表面構造がシークエンスの順番に大きく影響されるという新しい事実を見出している[173]．

各種モノマーのリビングアニオン重合の節において一部述べたが，メタクリル酸トリフェニルメチル，アルキルイソシアネート，および γ-ベンジル-α-グルタメートの NCA より得られたポリマーは，通常のビニルポリマーのようにランダムコイルをとらず，ヘリックス構造を有する．さらにキラルな開始剤を用いると，右巻きと左巻きのヘリックスが得られる．そして，NCA のリビングアニオン重合を利用して，コイル-ヘリックスやヘリックス-ヘリックス構造を有する AB 型ジブロック共重合体，さらにヘリックス-ヘリックス-ヘリックスとなる ABA 型トリブロック共重合体が合成されている[141,143,174~176]．フェニルビニルスルホキシドのリビングアニオン重合では，分子量が制御されたポリ（フェニルビニルスルホキシド）が得られる．次いでポリマーを150℃で熱処理すると，フェニルスルフェン酸が脱離して，定量的にポリアセチレンに変換される（図3.49）[110,111]．ポリアセチレンは導電性を示す π 共役ポリマーであり，きわめて剛直な棒状（rod-like）構造をとる．リビングアニオン重合により，コイル-ロッド構造を有する新しい AB 型ジブロック共重合体，PS-block-PA（PA：ポリアセチレン）が合成されている[110]．最近 Lee らにより，リビングアニオン重合を用いたイソシアネートとスチレンや2-ビニルピリジンからなるヘリックス-コイル-ヘリックス構造を有するブロック共重合体が合成され，興味深いミクロ相分離構造や分子集合体が報告されている[177~179]．ヘリックス構造や棒状構造を有するポリマーは剛直な特有の形状をしていることから，新規な溶液物性，固体物性，機能が期待されている．それに加え，キラリティーや導電性を生かした新しい機能性高分子としてさまざまな応用が考えられ，興味深い材料となりうる．π 共役系ポリマーを導入したブロック共重合体は，分子レベルでの相分離，自己組織化により，共役系ポリマーセグメントによる独特の nm オーダーの超構造ドメインや分子集合体を形成する．そして，

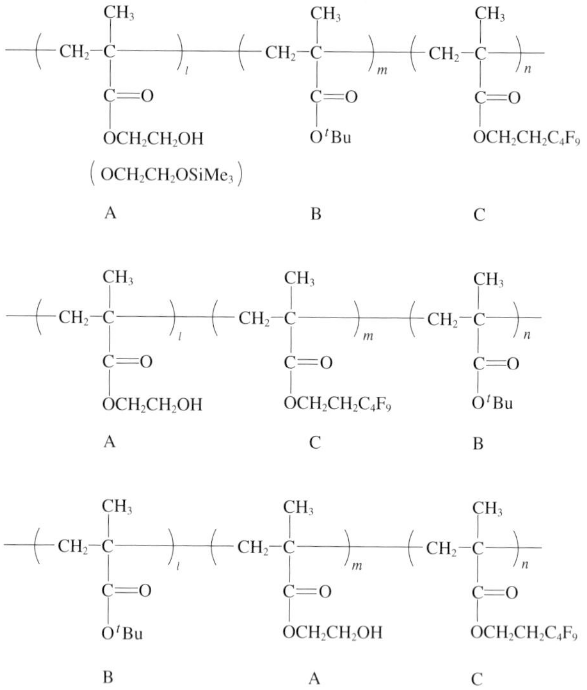

図 3.48 ABC 型, ACB 型および BAC 型ブロック共重合体の合成

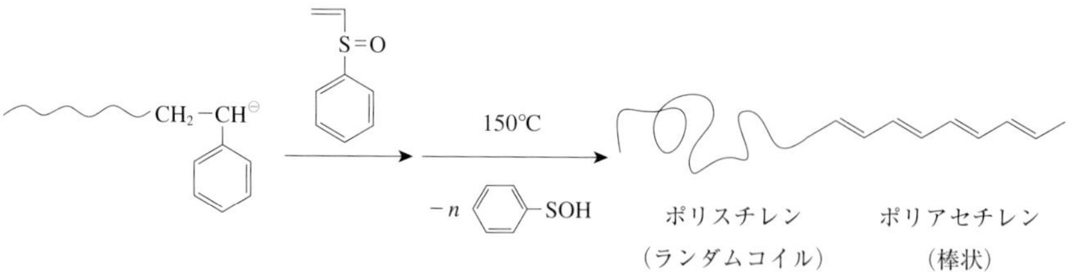

図 3.49 リビングアニオン重合を用いたコイル-ロッド構造を有するブロック共重合体の合成

それらの光特性や電子特性を生かしたナノデバイスの研究も近年盛んになっている．現在まで多数のブロック共重合体が報告されているが，ほぼすべてを網羅している最近の総説を参考にされたい[180]．

7.4 ◆ グラフトポリマー

　グラフトポリマーをはじめ，後述する櫛型ポリマー，星型ポリマー，さらに樹木状多分岐ポリマーでは，溶液中や溶融状態のポリマー鎖の広がりが分岐構造によって大きく制限される．実際，同一分子量の直鎖状ポリマーと比べると，溶液粘度や溶融粘度が大きく低下することおよびポリマー鎖の広がりが小さいことがサイズ排除クロマトグラフィーや光散乱測定などで観察される．グラフトポリマーは，古くより枝分かれポリマーのモデルとして合成が試みられてきたが，リビングアニオン重合が発見されるとすぐに，スチレン，1,3-ブタジエン，イソプレンのリビングポリマーをさまざまなポリマーに反応させて導入することで，それらを枝（グラフト）セグメントとするグラフトポリマーやグラフト共重合体が多数合成された[181]．

　主鎖と枝セグメントの分子量が制御されたグラフトポリマーは，主鎖にリビングアニオン重合で合成したポリマーを用い，リビングポリマーを枝セグメントとして反応させることで合成できる．実際にリビングアニオン重合で合成したポリスチレンをクロロメチル化したポリマー，1,2-構造を多く有するポリ(1,3-ブタジエン)，ポリメタクリル酸メチルを主鎖ポリマーとして用い，スチレンや1,3-ジエン類のリビングポリマーと反応させることでグラフト共重合体が合成されている．一方，グラフトセグメント間の制御はきわめて難しく，現在でも方法は確立されていない．Hadjichristidisの研究グループを中心として，最小単位であるπ型，H型，スーパーH型のポリマーが合成されている（図3.50）[182]．彼らは，それ以上のグラフト分岐単位を有するポリマーを合成するため，反応式(3.56)に示すように1,1-ジフェニルエチレン基（DPE）を2つ有する1,4-ビス(1-フェニルエチニル)ベンゼン（PEB）をリビングポリイソプレンと反応させ，ポリマー末端にDPEを導入し，導入したDPEとリビングポリスチレンを反応させて結合させた後，生成したアニオンよりイソプレンを重合した．さらにポリマー鎖末端アニオンにPEBを反応させて，再びDPEをポリマー鎖末端に導入した．この反応を繰り返すことで，H型のグラフト共重合体を合成した[183]．原理的にはさらに反応を進めることは可能であるが，実際の合成では反応式(3.56)で示した時点で，各段階の中間ポリマーが混合しており，これ以上の分岐単位を伸ばすことは困難であった．

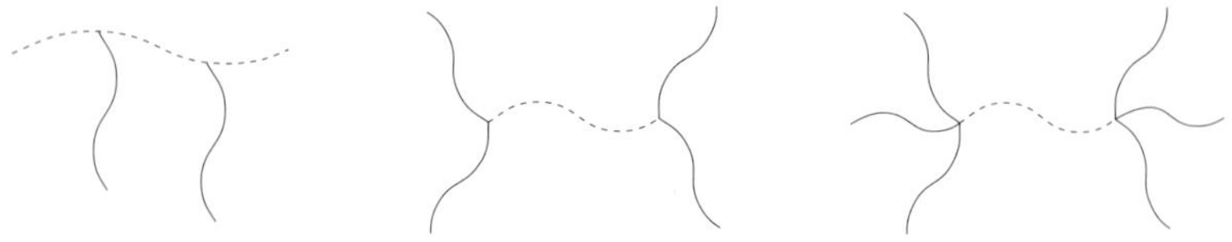

第Ⅲ編　アニオン重合

図 3.50　π 型ポリマー，H 型ポリマー，スーパー H 型ポリマー

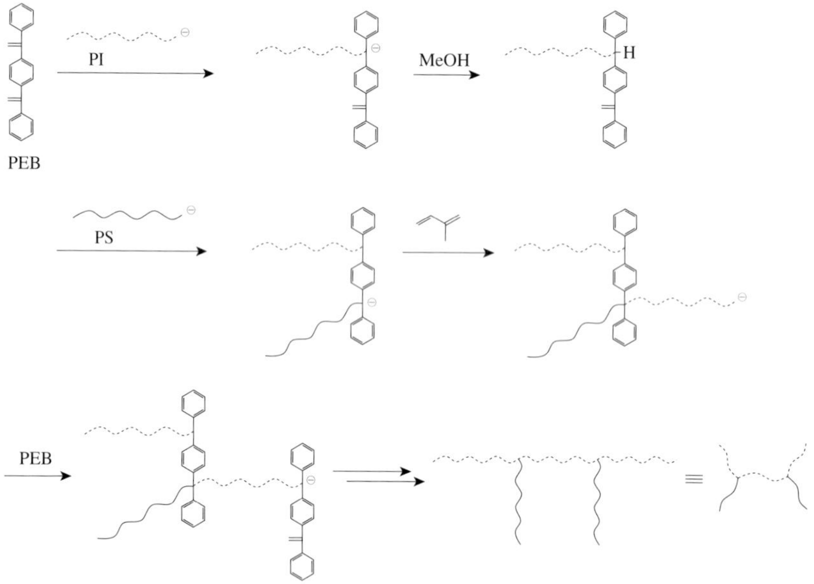

(3.56)

　最近平尾らは，繰り返し法を用いて，主鎖，グラフト鎖，さらにグラフト間の距離がすべて制御された "perfect graft polymer" の合成の確立を行っている（反応式 (3.57)）[184]．

7章　リビングアニオン重合を用いたarchitectural polymerの精密合成

(3.57)

手順は次のとおりである．まずシリル基で保護した水酸基を有するリチウム試薬を用い，スチレンをリビング重合する．次いで上で述べた PEB を反応させることで，開始末端に保護した水酸基，停止末端に DPE が 1 つ導入されたリビングポリマーを合成する．このリビングポリマーと末端ブロモ化ポリスチレンを反応させると，鎖末端に保護した水酸基，鎖中央に DPE が導入されたポリスチレンが得られる．さらにリビングポリスチレンをDPE と反応させることで，3 本腕の星型ポリマーに導く．そして，鎖末端のシリル基を脱保護，次いでブロモ化する．このポリマーを構成単位として用い，再び開始末端に保護した水酸基，停止末端に DPE が 1 つ導入されたリビングポリマーを合成し，末端ブロモ基と反応，リビングポリマーと DPE との反応，さらに脱保護，ブロモ化を繰り返すことで，最小単位の perfect graft polymer の合成に成功した．このようにして得られたポリマーをジアニオンでカップリングすると，4 単位の perfect graft polymer が得られた（反応式 (3.58)）．

(3.58)

第III編 アニオン重合

　この方法では，構成ポリマーとしてすべてリビングポリマーを使っているため，主鎖，グラフト鎖に加え，グラフト間の距離も自在に規制できる．したがって，長年未解決であったグラフトポリマーの構造と物性や性質の関係が明らかにされることが期待される．また主鎖とグラフト鎖に異なったポリマーセグメントを導入すれば，さまざまな組み合わせの共重合体が合成できるため，それらから形成されるミクロ相分離構造や分子集合体にも興味が沸く．

7.5 ◆ 櫛型ポリマー

　グラフトポリマーの中で，主鎖のモノマー単位のほぼすべてにグラフト鎖が導入され高密度にグラフト鎖が密集しているポリマーは，その形状より櫛型（comb）ポリマー，あるいはポリマーブラシとよばれている．これらのポリマーは，その高密度な分岐構造から興味が持たれていたが，実際には合成はきわめて困難であった．厳密に構造が制御された櫛型ポリマーの合成は，マクロモノマーの出現により初めて可能となった．塚原らは，リビングポリスチレンの末端にスチリル基を導入した構造が明確なマクロモノマーを合成し，次いでそのスチリル基を用いてリビングアニオン重合を行うことで，側鎖に加え主鎖の分子量が制御された櫛型ポリマーの合成に成功した（反応式 (3.59)）[185]．

$$\text{(3.59)}$$

　マクロモノマーの分子量が5000の場合，主鎖の重合度が34で分子量18万の櫛型ポリスチレンが得られた．また主鎖の重合度を上げることはマクロモノマーの精製や反応時の立体障害により困難とされていたが，末端メタクリロイル化マクロモノマー（分子量は数千）を高濃度の条件でラジカル重合することにより，分子量500万の高密度ポリマーの合成が報告されている[186]．したがって，立体障害の影響はそれほど大きくはなさそうである．しかしながら，その後もマクロモノマーのリビングアニオン重合は試みられているが，マクロモノマーの側鎖ポリマーの分子量は数千以下であっても，主鎖の分子量分布が狭く，かつ高重合度のポリ（マクロモノマー）を得ることは困難なようである[187]．

　本節の最初の部分で述べたように，反応性基を有する主鎖ポリマーにリビングポリマー

を反応させることで，グラフトポリマーが多数合成されてきた．この方法では，導入された枝セグメントの排除体積のために，繰り返し単位すべてに枝セグメントを導入することは困難であるとされ，実際理論式も提唱されていた．ところが 1997 年に Deffieux らは，ポリ(2-クロロエチルビニルエーテル)にリビングポリスチレンを反応させた結果，グラフト化反応は定量的に進行し，モノマー単位すべてにポリスチレンが導入された櫛型ポリマーの合成に成功したことを報告している（反応式 (3.60)）[188]．

(3.60)

彼らが主鎖に用いたポリ(2-クロロエチルビニルエーテル)は，リビングカチオン重合で合成しているため，分子量が正確に制御でき，分子量分布が狭いポリマーである．したがって得られた櫛型ポリマーは，主鎖，側鎖ともに分子量が揃っていることになり，グラフト化反応により構造が制御されたポリマーが合成された初めての例になった．その後まもなく，平尾と Ryu は，リビングアニオン重合より合成したポリ(m-ハロメチルスチレン)とリビングポリスチレンとの反応により，グラフト化反応が定量的に進行することを明らかにした（反応式 (3.61)）[189]．

(3.61)

第Ⅲ編　アニオン重合

　さらにこのグラフト化反応では，分子量数万までの枝ポリマーが導入可能であり，高反応性のポリ(m-ブロモメチルスチレン)を主鎖に用いると，イソプレン，2-ビニルピリジン，メタクリル酸メチル，エチレンオキシドのアニオンリビングポリマーも定量的に反応して導入できることがわかってきた[190]．以上の結果より，グラフト化反応によっても構造が制御された櫛型ポリマーが合成できることは，確かであることが証明された．

　さらに反応式 (3.62), (3.63) に示したように，主鎖のモノマー単位に2つのブロモメチル基を有するポリマーを用いた場合や特別に合成した鎖中央にアニオンがあるリビングポリマーを用いた場合は，モノマー単位に2本のポリマー鎖の導入も可能であることが見出された[191,192]．

(3.62)

(3.63)

　分子量が5～9万という高分子量の枝ポリマーでも導入できるという驚くべき結果も示されている．得られた櫛型ポリマーの分子量は数百万と巨大である．グラフト化反応による櫛型ポリマーの合成では，枝ポリマーより主鎖ポリマーの分子量が大きな影響を与え，その重合度が200を超えると主鎖は完全に伸びきってしまい，それ以上は枝ポリマーを導入する空間は確保できないようである．一方，重合度が低い場合は，主鎖は導入空間をかせぐために曲がっており，全体としては星型ポリマーに近い形態をとっていることが明らかになってきた（反応式 (3.64)）．

						   低重合度　　　　　　　　　　　　　高重合度 　　　　　　　　　　　　　　　　　(3.64)

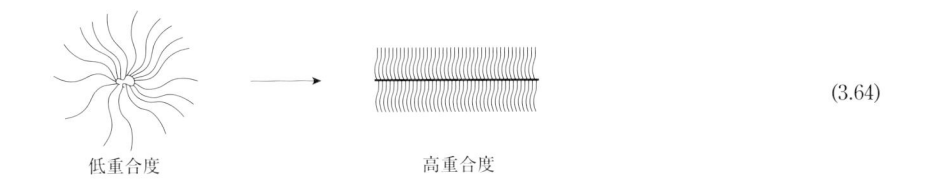

7.6 ◆ 環状ポリマー

　環状ポリマーは，分岐構造を有するポリマーではないが，ポリマー鎖末端が存在しないことから，その溶液挙動や物性に興味が持たれているポリマーである．一般にポリマーの分解は鎖末端より始まるとされており，鎖末端のない環状ポリマーは分解しにくいことが期待される．また分子運動に制限があるため，直鎖状ポリマーとはガラス転移温度や溶解性が異なるとされている．さらに環状ポリマーは，直鎖状ポリマーより溶液中の広がりの小さいことが理論的に証明されており，実験的にも明らかになっている．

　逐次重合をはじめ連鎖重合においても条件によっては，環状ポリマーが副生するとされているが，構造が明確で分子量が正確に規制されたポリマーは，両末端リビングアニオンポリマーに二官能性の親電子試薬を反応させることで，初めて合成された（反応式 (3.65)）．

(3.65)

　現在まで，リビングアニオンポリマーとしては，安定で反応性が高いスチレン，1,3-ブタジエン，イソプレン，2-ビニルピリジンのリビングポリマーが用いられており，停止剤には $(CH_3)_2SiCl_2$, $Br(CH_2)_nBr$, $BrCH_2-C_6H_4-CH_2Br$ が使われている[193〜203]．合成反応においては，リビングポリマーと停止剤をゆっくりと滴下していき，常に非常に希釈した条件を保持するという方法が採られている．それでも，環状ポリマーの収率は30〜60%程度であり，残りは鎖延長により高分子量ポリマーとなる．結合した複数のポリマー分子が環状となる場合もある．類似の方法であるが，1,3-ビス(1-フェニルエテニル)ベンゼンに2当量の ^{s}BuLi を反応させて得た二官能性開始剤を用い，スチレンをリビングアニオン重合し，最後に再び1,3-ビス(1-フェニルエテニル)ベンゼンで閉環する合成法も報告されている（反応式 (3.66)）．この方法では 40〜55% の収率で環状ポリマーが得られている[204]．

第Ⅲ編　アニオン重合

(3.66)

1990年代に入りDeffieuxらにより，別々の末端官能基を有する非対称の両末端ポリマーを合成した後に，その末端基どうしの反応により閉環させるというまったく新しい合成法が報告された[205,206]．反応式(3.67)に示すように，アセタールを有するリチウム試薬を用いてスチレンのリビングアニオン重合を行い，鎖末端にスチリル基を導入する．Me₃SiI，次いでSnCl₄で処理することにより，中間にカチオンを生成させスチリル基と反応させることで，閉環させるという方法である．環状ポリマーの収率が80～85%と，従来法に比べてきわめて高いことが大きな特長である．この研究に続いて，伊藤らは，アミノ基とカルボキシル基を鎖両末端に有するポリスチレンを合成し，縮合反応により閉環することで，62%の収率で環状ポリスチレンを得ている[207]．

(3.67)

ほぼ同じ時期に手塚らは反応式(3.68)で示したような方法を報告した．まず二官能性開始剤でリビングポリスチレンを合成し，その両末端に水酸基を導入する．次いでp-トルエンスルホン酸エステルに変換し，第三級アミンとの反応により四級化した後に，二官能性のカルボン酸のナトリウム塩との交換反応を経由して環化する．最後に熱処理により，イオン結合をエステル結合に変える．環状ポリマーの収率が良く，90%に達する場合がある[208,209]．同様にして，2つの環状ポリマーが結合した8字型のポリスチレンも合成している．前駆体になるポリマーの合成が容易で安定であり，環状ポリマーの収率も高い，非

常に優れた方法である．

$$(3.68)$$

彼らはこの方法を拡張し，さまざまな組み合わせの多環状ポリマー合成に成功している[210,211]．最近の総説を参照されたい[212]．

このようにして得られた環状ポリマーは，柔軟な主鎖から構成されているため，特に期待されたような環状の構造による「形」の効果は観察されなかった．Deffieux は，環状ポリマーにグラフト鎖を導入して，全体の鎖構造を硬くすることを提案している（反応式 (3.69)）[213,214]．

$$(3.69)$$

7.7 ◆ 星型ポリマー

星型（star-branched：スター）ポリマーは，中心部より3本以上の腕ポリマーが放射状に分岐しているポリマーの総称である．分岐点が1個であることから，分岐ポリマーの中では最も簡単な構造をしている．一方，分岐点が1点に集中されているため，最も分子鎖の広がりが制限されている分岐ポリマーでもある．1960年代にはすでに，リビングアニオンポリマーを用いて星型ポリマーが盛んに合成され始め，1970年代には明確な構造の

星型ポリマーが数多く合成されていた．そのため，1970年代後半には溶液中における腕数とポリマー鎖の広がりの関係が理論的にも実験的にも明らかにされてきた．その間星型ポリマーの合成法は数多く報告されているが，厳密な構造制御の観点からは，リビングアニオンポリマーと多官能性停止剤を用いる方法が最も優れている．スチレン，1,3-ブタジエン，イソプレンのリビングアニオンポリマーを用いた星型ポリマーの合成では，さまざまな多官能性停止剤が開発されてきたが，Hadjichristidisらの研究グループにより開発されたSi－Cl結合を多数有する多官能性のシリルクロリド化合物が最も有効である[182, 215]．リビングアニオンポリマーとの反応では，ほとんど副反応がなく定量的に進行することが証明されており，3本から18本の腕を有する構造の明確な星型ポリマーが1980年代までに合成されている．

さらに彼らは，ヒドロシリル化とGrignard反応を繰り返すことで，多数のシリルクロリドを有するデンドリマーを合成し，それらを核化合物として用い，リビングポリ(1,3-ブタジエン)と反応させることで，32本，64本，次いで128本の腕を有する星型ポリ(1,3-ブタジエン)の合成を報告している．その後の研究で，腕は完全には導入されておらず，29本と54本程度であることが確認されたが，それでも驚くべき腕数である[182]．

導入する腕の本数を増加させる方法として，リビングポリマーと二官能性モノマーを反応させる方法がある．重合反応と架橋反応が同時に起きるため，核部分がミクロゲルとなり，数十本〜数百本の腕を有する星型ポリマーの合成ができる．きわめて簡便な方法であるためよく使われているが，導入された腕数は厳密には制御されておらず，かなり分布があるため，精密合成とはいえない．しかしながら，一段階の反応で多くの腕を有する星型ポリマーが合成できるため目的に応じて使い分けがなされている．二官能性モノマーとしては，ジビニルベンゼンやジエチレングリコールジメタクリレートがよく用いられている[182]．

シリルクロリド法が開発されている時期に，多官能性のハロゲン化アルキルとリビングポリマーの結合反応も検討されたが，金属－ハロゲン交換反応の併発や反応点の立体障害の問題から不完全な結果しか得られなかった．最近になり平尾，林らは，反応性の高い臭化ベンジルを用い，フェニル基1個当たり反応点を1個に限定し，さらに反応をTHF中極低温（－40℃）で行うと，スチレン，イソプレンに加え，2-ビニルピリジン，メタクリル酸エステル，さらにエチレンオキシドのリビングアニオンポリマーが定量的に反応して，3本から33本腕の星型ポリマーの精密合成ができることを報告している[216]．なお多官能性の臭化ベンジル化合物は，末端多官能性ポリマーの項（7.2節参照）で紹介した方法で合成している．

星型ポリマーの中で腕セグメントのポリマーの種類が異なる場合は，非対称星型ポリマー，あるいはヘテロアーム星型ポリマーとよばれている．また"mixed arm"星型ポリマーとよばれる場合もある．前述のHadjichristidisはそれをギリシア語で"miktoarm"星型ポ

7章　リビングアニオン重合を用いたarchitectural polymerの精密合成

リマーと称しており，論文では少なからず使われている．腕セグメントが同じ星型ポリマーの合成は，リビングアニオンポリマーと多官能性停止剤の一段階反応で済むが，非対称星型ポリマーの場合は，導入する腕ポリマーの種類に相当する複数の反応が要求され，さらに途中で分離が必要な場合も多々ある．したがって，非対称星型ポリマーの合成は，対応する同じ腕を有する星型ポリマー（regular star polymerとよばれる）の合成より格段に難しい．一方，分岐構造に加えて異相構造を有しているため，各々のセグメントがミクロ相分離し，自己組織化によりナノレベルでの超構造や分子集合体を形成することが予想される．さらに分岐構造を有するため，ブロック共重合体では実現できない構造や集合体が期待されており，注目を集めている．

　前述したように合成上の困難さから，非対称星型ポリマーが初めて合成されたのは1990年である．この合成でもHadjichristidisの研究グループが中心的な役割を果たしてきた[217]．彼らは，リビングポリマー鎖末端のわずかな立体障害（PB$^-$>PI$^-$>PS$^-$）とシリルクロリド化合物との当量比や添加順序を工夫することで，ポリイソプレン，ポリスチレン，ポリ(1,3-ブタジエン)からなる3本腕のABC型非対称星型ポリマーの合成に世界で初めて成功している[218]．反応式(3.70)に合成経路を示す．

$$\text{(3.70)}$$

　立体障害の大きさが中間であるPI$^-$（ポリイソプレニルアニオン）にモル比にして50倍以上のMeSiCl$_3$を反応させ，PI末端にSiCl$_2$を導入する．次いで最も立体障害の大きなPS$^-$（ポリスチリルアニオン）をその特徴である橙色が消えるまでゆっくり加えていく．これにより，Si－Cl結合が1つ反応してPSが結合し，鎖中央に残りのSi－Cl結合を有したPI-*block*-PSが得られる．PS$^-$には立体障害があるため，たとえ加えすぎてももう1本の導入は困難である．最後に最も反応しやすいPB$^-$（ポリブタジエニルアニオン）を反応させることで目的の3本腕ABC型星型ポリマーの合成ができる．さらに，この方法を拡張することで，これまでにA$_2$B型，A$_3$B型，A$_6$B型，A$_8$B$_8$型，ABCD型非対称星型ポリマーが合成されている[182,218]．

　ほぼ同じ時期に，藤本らはリビングポリマー末端に重合性のないDPEを導入した後，

第Ⅲ編　アニオン重合

リビングアニオンポリマーを反応させ，ポリマーを結合させると同時に生成する 1,1-ジフェニルアルキルアニオンをマクロ開始剤としてモノマーを重合することで，3 本腕の ABC 型星型ポリマーの合成に成功している（反応式 (3.71)）[219]．

$$(3.71)$$

上記の Hadjichristidis の方法が A 群のモノマーから生成するリビングポリマーに限られているのに対して，藤本が開発した方法は，最初に DPE を導入したポリマーや最後のモノマーが A 群以外に属しても用いることができるという利点があり，より広範囲の星型ポリマー合成ができる優れた方法である．実際に彼らが合成した星型ポリマーでは，最初のポリマーはポリジメチルシロキサンであり，最後のモノマーとしてはメタクリル酸 tert-ブチルを用いている．その後同様の方法を用いて，モノマーの組み合わせを変えた 3 本腕の ABC 型星型ポリマーが多数合成されている[220〜226]．しかしこの方法では，3 本腕の ABC 型に合成が限られ，それ以上の展開が難しい．

平尾らは，鎖末端に 2〜32 個の臭化ベンジルを有する末端多官能性ポリスチレンと別種のリビングアニオンポリマーを反応させることで，$A_{2n}B$ 型，$A_{2n}B_2$ 型，$A_{2n}BC$ 型で表される多彩な非対称星型ポリマーの合成を報告している[150]．さらに鎖中央にアニオンを有するリビングブロック共重合体や核にアニオンを有するリビング星型ポリマーと鎖末端に複数の臭化ベンジルを有するポリマーを反応させることで，9 本腕 A_5B_4 型，17 本腕 A_9B_8 型，33 本腕 $A_{17}B_{16}$ 型，さらに 7 本腕 $A_2B_2C_2D$ 型，13 本腕 $A_4B_4C_4D$ 型など，多成分で多くの腕を有する非対称星型ポリマーの合成に成功している（図 3.51）[227,228]．

これまでの合成法では，ポリマー鎖を結合させると同時に反応点が消失してしまうため，それ以上新しいポリマーを導入することができない．最近，平尾と東原により，反応点にポリマー鎖を導入するとともに，反応点を再生するまったく新しい方法が開発されている[229]．反応式 (3.72) に示すように，DPE の特異な反応性を利用することで，上記の繰り返し導入に基づく非対称星型ポリマーの新しい合成経路を提唱した．

7章 リビングアニオン重合を用いたarchitectural polymerの精密合成

A_8B_4　　　A_9B_8　　　$A_{17}B_{16}$

$A_2B_2C_2D$　　　$A_4B_4C_4D$

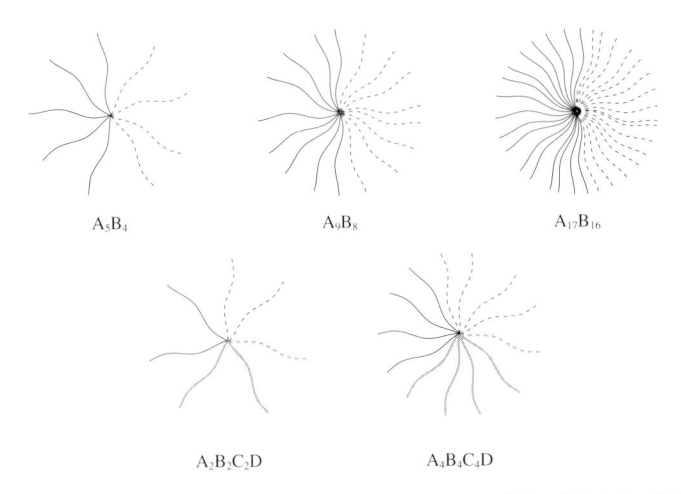

図 3.51　リビングアニオン重合を基にした構造が精密に制御された多数の腕を有する非対称星型ポリマー

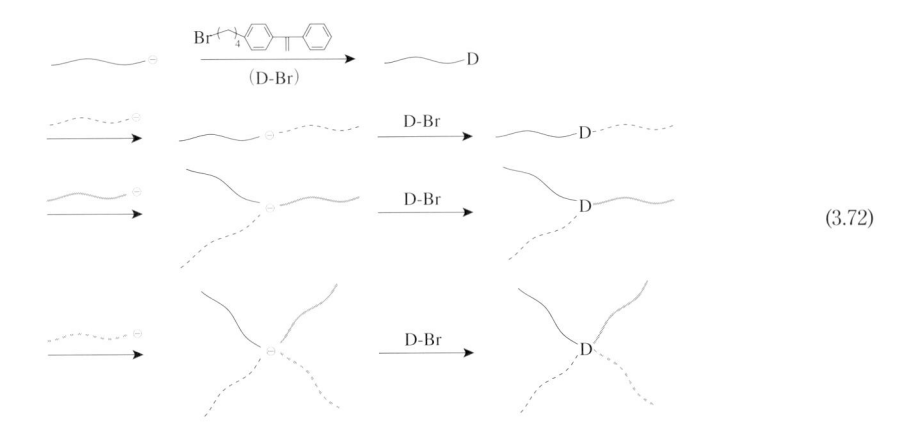

(3.72)

　DPEは，リビングアニオンポリマーと単独付加すると同時に1,1-ジフェニルアルキルアニオンを生成する．このアニオンとアルキルブロミド置換のDPE誘導体（D-Br）を反応させると，再びDPEが導入される．ここで再導入されたDPEに別のリビングポリマーを反応させることで異なる枝セグメントの導入とアニオンの生成を行い，再びD-Brを用いてDPEを導入する．この2つの反応を繰り返すことで，次々とポリマーを連続的に繰り返して導入できることになり，導入ごとにポリマーの種類を変えることで望みどおりの構造を有する非対称星型ポリマーを得ることが可能になる．実際4本腕のABCD型に加え，5本腕ABCDE型，6本腕ABCDEF型，7本腕ABCDEFG型の非対称星型ポリマー

第Ⅲ編　アニオン重合

と続き，さらにこの方法を拡張することで，A_2B_2 型，$A_2B_2C_2$ 型，A_3B_3 型，$A_3B_3C_3$ 型，AB_2C_4 型，$AB_2C_4D_8$ 型，$AB_2C_4D_8E_{16}$ 型非対称星型ポリマーの精密合成に成功している（図3.52）[230～233]．

ここで紹介した繰り返し法は，新しいポリマーを導入した後に必ず反応点であるアニオンが1個から複数個導入されるため，連続的にまた原理的には無限にポリマー鎖を導入できる非対称星型ポリマー合成では画期的な方法である．ここで示したほとんどの非対称星型ポリマーは新規のポリマーであり，多成分に加え多数の腕セグメントを有する非対称星型ポリマーの合成例は，この方法以外ではまだ合成されていない．

ここで反応式(3.72)を見ると，中間ポリマーはブロックポリマーや星型ポリマーを含めいずれもアニオンを有している．これらをマクロ開始剤としてフェニルビニルスルホキシドを重合する．さらに得られた3本腕ABC型，4本腕ABCD型，さらに5本腕ABCDE型の星型ポリマーを熱処理すると，新たに導入されたポリ（フェニルビニルスルホキシド）がポリアセチレンに変換される（反応式(3.73)）[112]．

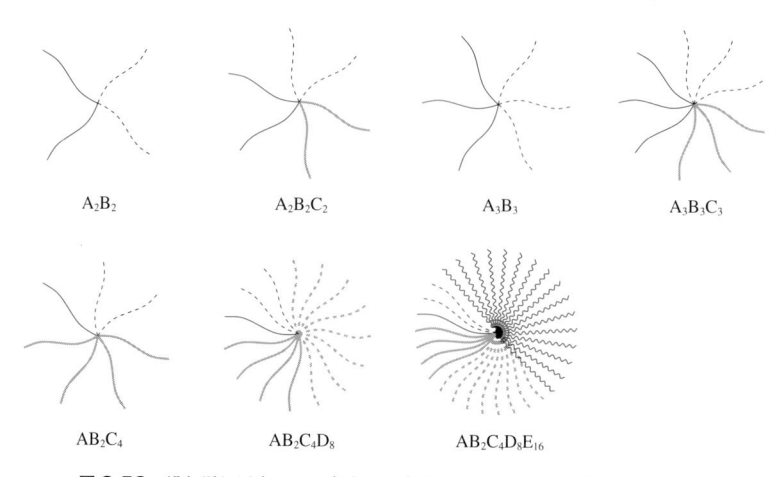

図3.52　繰り返し反応による多成分で多数の腕を有する非対称星型ポリマー

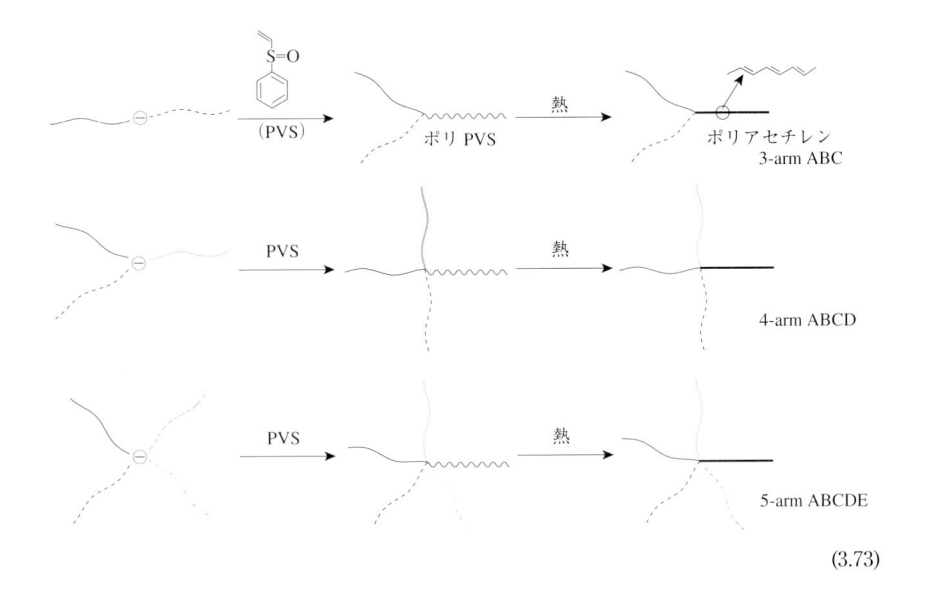

7章　リビングアニオン重合を用いたarchitectural polymerの精密合成

(3.73)

このようにして得られた星型ポリマーは，導電性をもつ剛直鎖が導入された新しい機能を有する非対称星型ポリマーである．最近，ポリスチレンやブロック共重合体の鎖中央にアミノ基を導入したポリマーを開始剤として用いて，NCAのリビングアニオン重合を行うと，ヘリックス鎖が導入された非対称ポリマーが合成できることが報告されている（反応式 (3.74)）[234]．

(3.74)

それ以外に三官能性のイソシアナート (NCO) 置換体とのカップリング，あるいは三官能性アミンを開始剤に用いた星型ポリマーの合成が，最近報告されている[235, 236]．いずれも，機能材料，構造材料として魅力的な星型ポリマーである．

以上，非対称星型ポリマーの最近の進歩を概説してきた．1990年に初めて合成され，まもなく3本腕のABC型，次いで4本腕ABCD型の4成分からなるポリマーが合成され

たが，別のABCD型星型ポリマー合成の報告があったのは，2000年に入ってからである．現在では7成分から構成されたABCDEGF型やAB$_2$C$_4$D$_8$E$_{16}$型のように31本もの腕を有するポリマーの合成が報告されているが，非対称星型ポリマーの精密合成は必ずしも容易ではなく，ポリマーの種類や腕数に大きな制限があるのが現状である．非対称星型ポリマーは，異種セグメントから構成されているブロック共重合体であるが，分岐構造を有している．したがって，対応する直鎖状のブロック共重合体とは大きく異なったミクロ相分離構造や分子集合体の形成や，ブロック共重合体を超える新しい機能が期待される．

7.8 ◆ 樹木状多分岐ポリマー

これまで述べてきたグラフトポリマーや星型ポリマーの合成の発展に伴い，より複雑な多分岐構造を有するポリマーの合成が可能となってきている．次節で述べるが，ブロックポリマー，グラフトポリマー，星型ポリマーの構造を組み合わせた混合型の多分岐ポリマーが，最近になり次々と見出され始めている．ここでは，星型ポリマーの鎖末端が次々と分岐していく樹木状多分岐ポリマー（dendrimer-like hyperbranched polymer）に焦点を当てる．このポリマーは，1998年に初めて合成された多分岐ポリマーのニューフェイスである[237, 238]．

図3.53に代表的なポリマー構造を示すが，その多分岐構造はデンドリマーに類似し，中心から分岐ごとに「世代」として数えていく．したがって，図3.53は第4世代のポリマーを示しており，世代数の増加とともに，分岐点や構成している枝ポリマーの数が指数関数的に増加する．この種のポリマーは，樹木状多分岐ポリマーあるいはデンドリマー型星型ポリマーと称されている．ただしデンドリマーとの大きな違いは，分岐点間がポリマー鎖で結ばれているため，分子量はきわめて大きく数百万から千万に達する場合もあり，分子サイズも数十 nm ～ 100 nm の大きさである．ポリマー分子は nm オーダーの球状形態と推定されており，さまざまな構造上の特徴を有している．

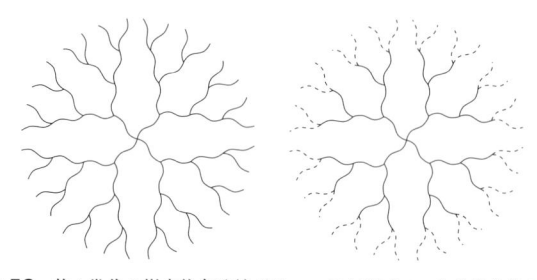

図 3.53 第4世代の樹木状多分岐ポリマーおよびブロック共重合体の構造

まず目に付くのが中心から分岐しているポリマーの鎖末端が，世代ごとに次々に分岐していく特異な多分岐構造を有していることである．この世代の概念は，通常の分岐ポリマーには存在せず，さらに世代ごとにポリマー鎖の分岐数，種類，さらに分子量や組成を変えることができるため，合成における分子設計の自由度がきわめて高い．枝ポリマーの密度は，分子の中心部と外側では大きく異なることが予想される．そして，多数の鎖末端基と結合点が存在しているため，それらを通してさまざまな機能性基の導入が可能である．また世代ごとに異なったポリマー鎖を導入すれば，樹木状の多分岐構造を有した新しいブロック共重合体となる．したがって，ブロック共重合体と同じように，異なったポリマーセグメントが分子レベルで相分離をして，集合，自己組織化することにより，ナノレベルでの超構造形成や分子集合体形成が考えられる．ポリマーの多分岐構造や世代により，予想もしない構造や形態の出現が期待される．また単分子内で世代の層ごとに分離した異なった性質を有する層構造（図3.54）をとる可能性があり，多層積層構造を有する単分子ミセルの形成が期待される．

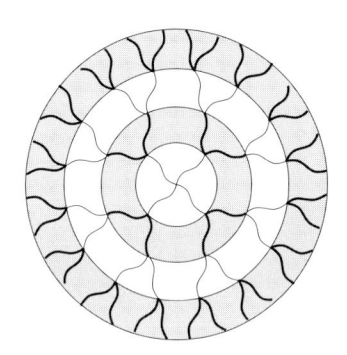

図 3.54 樹木状多分岐ブロック共重合体の多層積層構造

その合成法もデンドリマー合成に倣い，外側に向かって合成していくdivergent法と部品を別途合成していき，最後にそれらを結合させるconvergent法が用いられている．そして結合点間を構成されるポリマーには，分子量が制御できるリビングポリマーが使われている．図3.55に示したように，現在まで報告されているdivergent法は，すべて開始法が採用されている[239〜241]．まず多官能性開始剤を用い，各開始点よりリビング重合を進行させることでポリマーを導入して，星型ポリマーを合成する．次いで，ポリマーの生長鎖末端を複数の開始点に変える．これら2つの反応を繰り返すことで目的のポリマーを合成する．世代ごとに外側に向かって合成していくため，ポリマー鎖導入時の立体障害は小さくなっていく．そのため原理的には，高世代で高分子量のポリマー合成に適していることになる．一方，この方法の致命的欠陥は，多官能性開始剤，あるいは世代とともに多数の

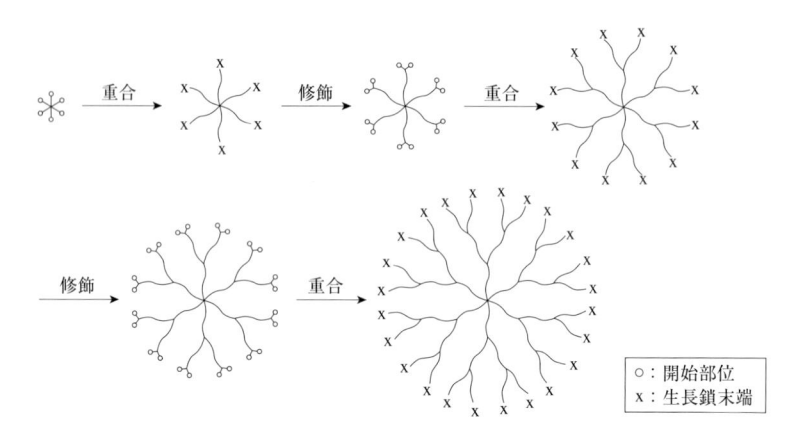

図 3.55 divergent 法による第 3 世代樹木状多分岐ポリマーの合成

開始点よりリビング重合を進行させるため，重合がすべて同じ速度で進行すること，またすべての開始点よりポリマーが生長することに対する保証がまったくないことである．一方，生成ポリマーの情報は全体の分子量だけであるため，上の疑問に答えることができない．ポリマーの構造を正確に調べるためには，ポリマーを世代ごとに分解して各々を解析しなければならないため，分岐数や分岐構造，さらに枝ポリマーの分子量分布を決めることができない．わずかな例ではあるが，合成したポリマーを分解して解析した結果，構造上の欠陥（分岐数が理論値より少ない）や構成ポリマーの分子量分布が広いなど，構造上大きな問題が出ているようである．

それに対して convergent 法では，あらかじめ合成したリビングポリマーで部品を作り，最後にそれらを結合させて目的のポリマーを合成する方法を採用している（反応式 (3.75)）[242〜244]．

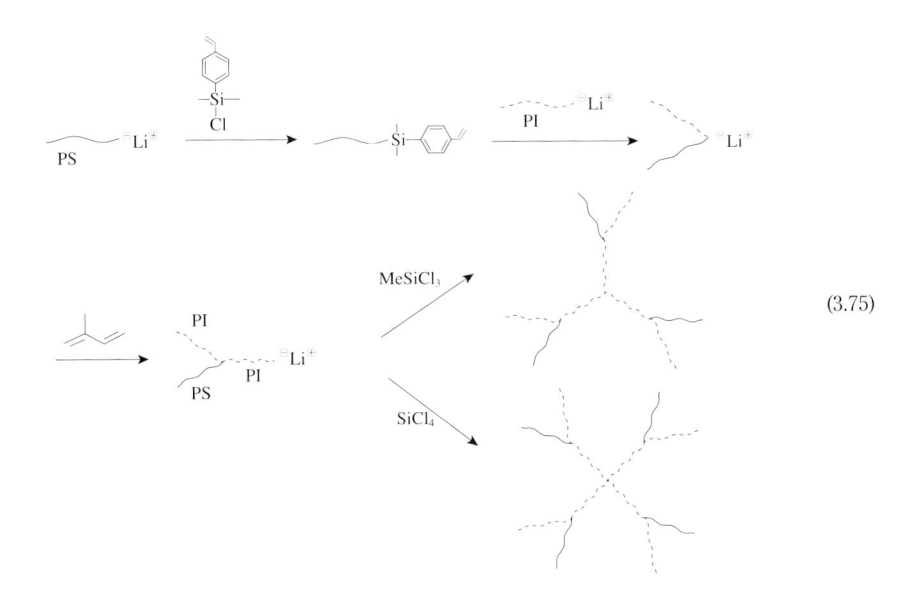

7章　リビングアニオン重合を用いたarchitectural polymerの精密合成

$$(3.75)$$

　したがって，部品と生成ポリマーの分子量を比較すれば，構造は確定できる．また部品の構造も，リビングポリマーの分子量より確かめられる．そしてすでに合成したリビングポリマーを用いているため，不均一な重合の心配はない．実際にこの方法で合成したポリマーは，リビングポリマーや部品のポリマーの分子量の比較から，ほぼ完全に目的のポリマーとなっていることが示されている．ただしこの方法の大きな問題は，部品ポリマーが高分子量であるため結合反応の効率が低いことであり，さらに世代ごとにその分子量が高くなるため，せいぜい第2世代から第3世代が限界であろう．

　以上のように，開始法を基にしたdivergent法，および停止法を用いたconvergent法のどちらにも問題点があるため，高世代で高分子量の樹木状多分岐ポリマーの合成は容易ではなく，満足のいく結果はきわめて少ない．実際に合成されたポリマーの多くは第2世代から第4世代であり，ほとんどの場合が分子量は数十万以下である[237,238]．

　平尾，渡部らは，convergent法では高世代のポリマー合成が困難であるため，divergent法を用い，問題となっている開始法によるポリマー鎖導入の代わりに，世代ごとにあらかじめ合成したリビングポリマーを結合させる停止法を提唱した[245,246]．これにより各世代のポリマー構造は，用いたリビングポリマーの分子量と比較するだけで明らかになり，また導入ポリマーの分子量分布や反応点の問題が解消された．さらに，高分子量ポリマーどうしの結合反応を避けることもでき，高世代ポリマー合成への路を拓いた．彼らはこの方法を用いることで，厳密に構造が制御された高世代で高分子量の樹木状多分岐ポリマーの合成に成功している．反応式 (3.76) に合成経路を示す．

第Ⅲ編　アニオン重合

(3.76)

　まず 7.2 節で述べた (SMP)$_2$DPE を ^{s}BuLi と反応させ，対応する 1,1-ジフェニルアルキルアニオンに変え，これを開始剤としてメタクリル酸メチルのリビングアニオン重合を行う．得られたポリマーは開始末端に 2 つの SMP 基を有するリビングポリマーである．次に，このリビングポリマーと臭化ベンジル基を 4 つ置換した化合物の反応により，各鎖末端に 2 つ，計 8 つの SMP 基を有する 4 本腕の星型ポリマーを合成する．次いで 7.2 節で述べたように，SMP 基を Me$_3$SiCl/LiBr で処理すると，定量的に臭化ベンジル基へ変換される．このようにして得られた鎖末端に臭化ベンジル基を合計 8 つ有する星型ポリマーと上述したリビングポリマーを再び反応させることで，8 本のポリメタクリル酸メチル鎖が導入され，すべての鎖末端に SMP 基（臭化ベンジル基の前駆体に相当）を有する樹木状多分岐ポリマーの合成に成功している．そして，SMP 基から臭化ベンジル基への変換反応とリビングポリマーの結合反応が定量的に進行する条件を見出し，この 2 つの反応を 5 回繰り返すことで，第 7 世代に達する高世代樹木状多分岐ポリマーの合成に成功した（図 3.56）[246]．得られた第 7 世代ポリマーの分子量は 200 万に達し，ポリメタクリル酸メチル鎖 508 本で構成され，末端臭化ベンジル基を 512 個有する超巨大分子である．実際，表 3.11 に各世代のポリマーの分子量と分子量分布を示すが，いずれのポリマーも目的どおりに合成されていることがわかる．特に第 7 世代のポリマーは，光散乱で測定した分子量が 197 万となり理論値の 198 万と完全に一致しており，分子量分布は $\bar{M}_w/\bar{M}_n = 1.02$ とほぼ単分散である．この方法の成功により，リビングアニオンポリマーを正確に組み立てていけば，厳密に制御された巨大高分子が合成できることが証明された．

　ここで用いた合成法の大きな特長は，わずかに 2 つの反応を繰り返して用いるだけで，世代数を増やすとともに枝ポリマーの導入本数と分岐点数の指数関数的な増加を達成して

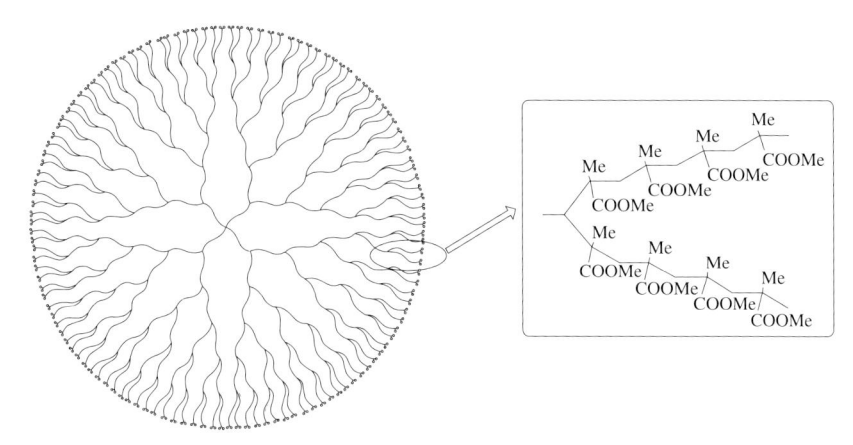

図 3.56 第7世代樹木状多分岐ポリメタクリル酸メチル

表 3.11 樹木状多分岐ポリメタクリル酸メチルの分子量, 分子量分布, および末端基数

世代	$\bar{M}_\mathrm{w}$ 計算値	$\bar{M}_\mathrm{w}$ 実測値	$\bar{M}_\mathrm{w}/\bar{M}_\mathrm{n}$	末端基数
第1世代	14900	14200	1.02	8
第2世代	43900	44200	1.02	16
第3世代	99200	105000	1.02	32
第4世代	223000	230000	1.02	64
第5世代	462000	472000	1.03	128
第6世代	1000000	1060000	1.02	256
第7世代	1980000	1970000	1.02	512

いる点にある. さらに, 最初に用いる化合物の臭化ベンジル基の個数や DPE に置換された SMP 基の個数を変えることで, 中心部の分岐数や各結合部の分岐密度を自在に変えることができる[247,248]. また結合反応において, リビングポリマーの種類を変えることで世代ごとに異種セグメントを導入することにも成功している[238]. 代表的な例を図 3.57 に示す.

最近これらのポリマーについて微小角入射小角 X 線散乱測定 (GISAXS) により分子の大きさと形状を測定した結果, 分子量とともに流体力学的半径 (R_h) や慣性二乗半径 (R_g) から予想した分子の大きさは増加していき, お互いの対数をとると完全に直線関係にあることが示されている (図 3.58). したがって, 世代数や分岐密度は分子の大きさには直接影響していないようである. ポリマーの分子量 200 万で約 40 nm, 400 万で約 60 nm の大きさである[238]. さらに興味深いことは, 分子形状が予想したような球状ではなく, いずれも楕円球体であり, 中心部のポリマー密度が高く, ポリマー密度が 30% 程度の低い部

第Ⅲ編　アニオン重合

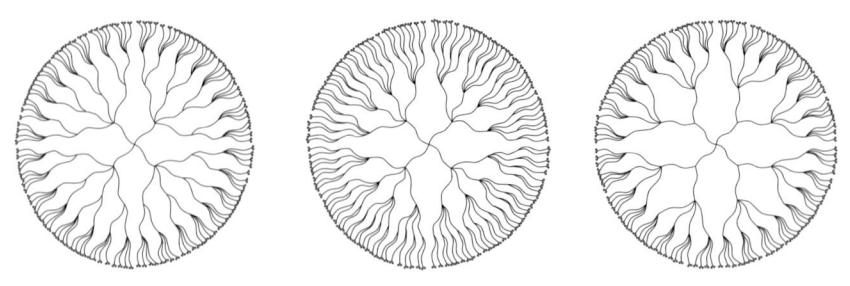

図 3.57　世代により分岐数の異なる第 4 世代の樹木状多分岐ポリマー

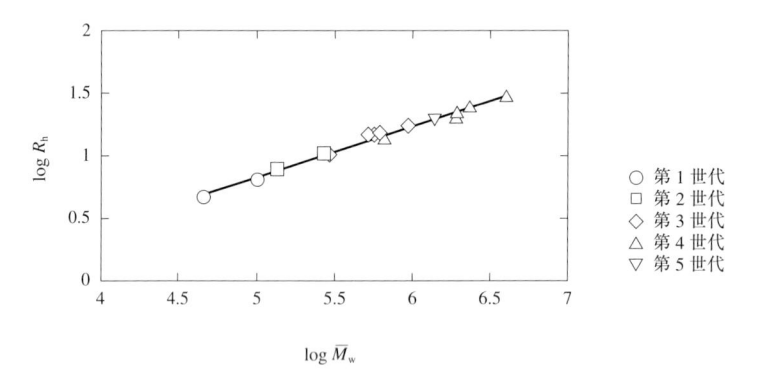

図 3.58　世代，分子量，および分岐構造の異なる樹木状多分岐ポリメタクリル酸メチルの R_h と $\overline{M}_w$ の関係

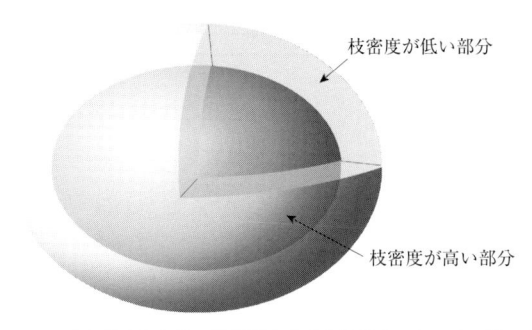

図 3.59　GISAXS より推定した第 4 世代樹木状多分岐ポリメタクリル酸メチルの構造

分で表面が覆われているという新しい事実がわかってきた（図 3.59）[250]．

　ここで紹介した樹木状多分岐ポリマーは，その構造および形態の特異性と，多様な分子設計の可能性のため，将来のナノ材料として大きな可能性を秘めているが，現時点で実用例は報告されていない．

7.9 ◆ 混合型分岐ポリマー

　前節で述べた樹木状多分岐ポリマーは，星型ポリマーがさらに分岐した世代を基にした階層構造を有している．リビング重合や合成法の進歩により，本章で述べてきた分岐ポリマーがさらに組み合わされた混合型のポリマーが見出されてきた．たとえば，2つの星型ポリマーが直鎖状のポリマーで結合されているポリマーは，star-*block*-linear-*block*-star ポリマーあるいは pom-pom ポリマーとよばれている．リビングアニオン重合で合成したポリ(1,3-ブタジエン)-*block*-ポリスチレン-*block*-ポリ(1,3-ブタジエン)を用いてヒドロシリル化反応（HSiMeCl$_2$）を行い，ポリブタジエンのビニル基に SiCl$_2$ を導入した後，リビングポリブタジエンを反応することで合成できることが報告されている[250]．平尾と原口により，より厳密に構造が制御された pom-pom ポリマーが合成された[251]．両末端生長のリビングポリスチレンに (SMP)$_2$DPE を反応させ，臭化ベンジル基への変換反応と (SMP)$_2$DPE と ^{s}BuLi より合成したリチウム試薬との反応を繰り返すことで，両末端に正確に各々16個の臭化ベンジル基を導入した．最後にリビングポリスチレンを反応させることで，16本腕星型ポリスチレンを両末端に有する pom-pom ポリマーの合成に成功している（反応式 (3.77), (3.78)）．

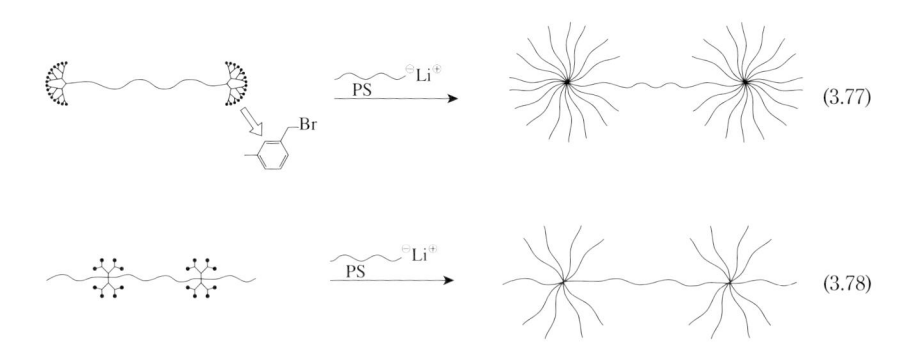

　反応法を拡張することで，同様に厳密に構造が制御された linear-*block*-star-*block*-linear-*block*-star-*block*-linear の合成も報告されている．

　Hadjichristidis らは，2本，3本，4本のポリマー鎖を有するスチレンマクロモノマーを合成し，末端にあるスチレンのリビングアニオン重合を行い，リビングマクロモノマーを得た[252,253]．主鎖の重合度は高くないが，これによりモノマー単位に2本から4本のポリマー鎖が導入された高密度櫛型ポリマーが合成できる（反応式 (3.79), (3.80)）．

(3.79)

(3.80)

　このようにして得られたリビングマクロモノマーと MeSiCl₃ を反応させることで，3本の櫛型ポリマーで構成された3本腕星型ポリマーが合成された．リビングマクロモノマーを開始剤としてモノマーを重合させると，リビングポリマーブラシが得られる．上と同じように MeSiCl₃ を用いてカップリングさせると，ポリマーブラシからなる3本腕星型ポリマーが得られる（反応式 (3.81)）．またポリマーブラシを導入したグラフトポリマーも合成可能である．

(3.81)

　1991 年に Gauthier らは，グラフト化反応を繰り返して（graft on graft），arborescent あるいは dendrigraft と称されている巨大なサイズと分子量を有する多分岐ポリマーの合

成を報告した[254,255)]．その合成法は次のとおりである．まずリビングアニオン重合で得た
ポリスチレンをクロロメチル化して，側鎖にランダムに導入する．次いでスチレンのリビ
ングアニオンポリマーを反応させることで，ポリスチレンが導入される．この段階では，
ポリスチレンのグラフトポリマーである．再度このグラフトポリスチレンをクロロメチル
化し，リビングポリスチレンを反応させる．この2つの反応を繰り返していくと（1回ご
とに得られるポリマーを第1世代，第2世代，…とよんでいる），数世代で1億を超える
超高分子量のポリスチレンが得られる．グラフト化反応は繰り返すごとに，立体障害の小
さな外側で起きやすくなり，分子形状も球状に近づくと思われる．得られたポリマーの溶
液粘度は分子量に依存せず一定となり，お互いの分子どうしの相互侵入がないか，あるい
はきわめて少ない剛体球の挙動をとっている．同様に，リビングアニオン重合で得られた
ポリ(1,3-ブタジエン)を用い，$HSiMe_2Cl$によるヒドロシリル化，リビングポリ(1,3-ブタ
ジエン)のカップリング反応を繰り返すことにより，用いたポリマーの分子量によるが，
わずか3回で7千万を超えるarborescentポリ(1,3-ブタジエン)の合成も報告されてい
る[256)]．

　Deffieuxらは反応式(3.82)に示す合成経路により超巨大なポリマーの合成を報告してい
る．まずリビングカチオン重合でポリ(2-クロロエチルビニルエーテル)を合成した後，
ジエチルアセタールを開始末端に有するポリスチリルリチウムを反応させて，グラフト共
重合体を合成する．次いでアセタール基をMe_3SiIで処理し，$ZnCl_2$を触媒として用いるこ
とで，再び2-クロロエチルビニルエーテル（CEVE）をリビングカチオン重合し，続いて
同様にジエチルアセタールを末端に有するポリスチリルリチウムをカップリングさせる．
最後に，水酸基を保護したビニルエーテル（SiVE）とアセタール保護したグルコース残
基置換ビニルエーテル（GVE）を末端アセタール経由で次々とリビングカチオン重合した．
得られたポリマーを脱保護することで，分子量が1億を超える水溶性の樹木状多分岐ポリ
マーを合成した[257)]．

第Ⅲ編 アニオン重合

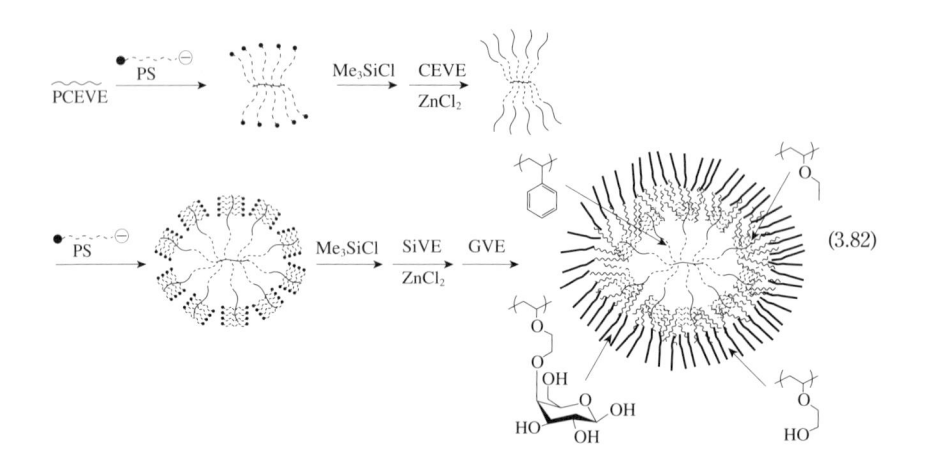

(3.82)

　直径が100 nmを優に超えているため，AFMにより単一分子を直視することができ，さらに分子内で相分離集合した構造まで観察された（図3.60）．これらのポリマーは，内部と外部の化学構造や性質を大きく変えるように設計されているため，分子コンテナーとしてミクロな反応場や環境場を提供でき，薬品や遺伝子の運搬をはじめマイクロリアクターとしての応用が期待される[258]．彼らは，さらに上記のように2-クロロエチルビニルエーテルの重合と末端アセタール化ポリスチリルリチウムを組み合わせる方法を駆使して，櫛型ポリマーに櫛型ポリマーをグラフトさせたポリマー[259]，櫛型ポリマーを腕とした4本腕の星型ポリマー[260]，さらには環状ポリマーにグラフト化反応を行うことで環状

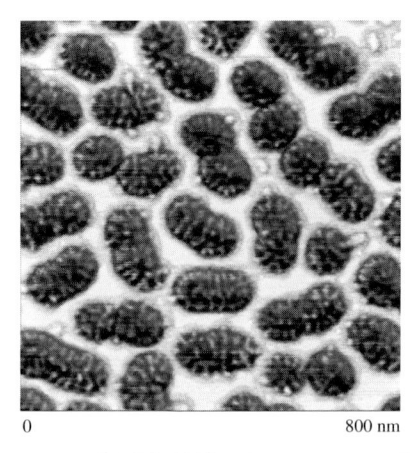

図 3.60 水溶性樹木状多分岐ポリマーのAFM像

7章　リビングアニオン重合を用いたarchitectural polymerの精密合成

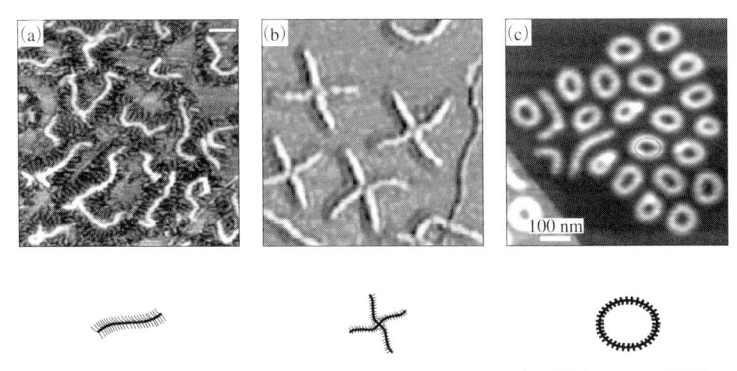

図 3.61　櫛型ポリマーに櫛型ポリマーをグラフトさせたポリマー(a)，櫛型ポリマーを腕とした4本腕星型ポリマー(b)，環状ポリマーにグラフトさせたポリマー(c)のAFM像

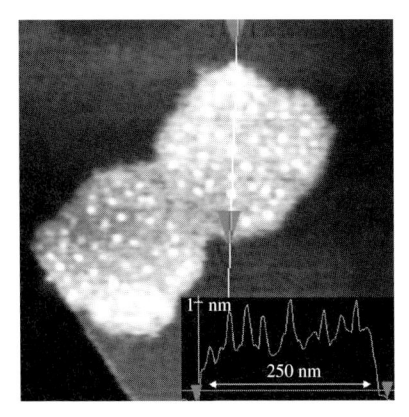

図 3.62　樹木状多分岐ポリマーのAFM像

櫛型ポリマーを相次いで合成している[214]．いずれも鮮明な AFM 画像が得られ，得られたポリマーが見事に想像どおりの形状をしていることが直視されている．この結果は，巨大ポリマーが生成している非常に有力な証明となる（図 3.61）．

7.8節で紹介した樹木状多分岐ポリマーをリビングポリマーブラシを用いて合成すると，3回の組み合わせで分子量1500万，各世代が平均12個に分岐しているポリマーが得られる[261]．分子の直径が光散乱より 100 nm と推定されたため，このポリマーについてもAFMで単一分子の観察が試みられた．ポリマーの硬さが十分でなく，さらに支持台に用いたグラファイトとの強い相互作用のため，残念ながら予想される球体および楕円球ではなく，完全につぶれてしまったモルフォロジーが観察された．それでも AFM 画像により初めてその内部構造，特に結合点（図 3.62，白色の点）が観察されており，きわめて興味深い結果である．

413

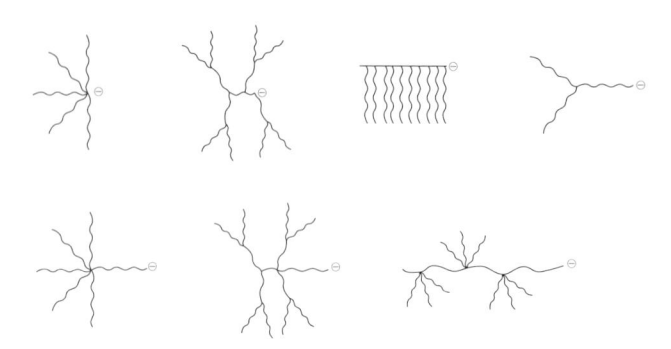

図 3.63 複雑な分岐構造を有するリビングポリマー

　図 3.63 に示したように，現在，星型ポリマー，マクロモノマー，ポリマーブラシの鎖末端が「生きている」リビングポリマーが合成されているため，それらを直鎖状のリビングポリマーと同様に構成単位として用いれば，さらに複雑な構造の architectural polymer の合成が可能になる．すでにいくつかの合成例も報告されているが，今後ますます増えることが予想される[187]．また graft on graft のように，それらのリビングポリマーを繰り返し反応に使うように工夫すれば，数回の反応で分子量が数十億を超えるポリマーが容易に合成できる可能性がある．また，生成したポリマーは AFM や STM により直接形状を観察できる．合成を含めて新しい時代に入ったのかもしれない．

8章 ポリマーの表面構造

　ポリマーフィルムの表面構造解析は，近年めざましい進歩を遂げており，フィルム最表面から数Å～十数Åの深さ方向の化学構造や微細構造をはじめ，さまざまな情報が得られるようになってきている．近年，ポリマーの表面とバルクの性質は想像以上に異なっていることがわかってきている．それを最もよく表す例として，田中らが報告したポリスチレンの表面とバルクの T_g の値がある[262]．BuLiを開始剤としたリビングアニオン重合で得られたポリスチレンは，必ず開始末端に1つのブチル基が導入されている．このポリスチレンよりフィルムを作製し，その表面の T_g を測定すると80℃となり，バルクのポリスチレンの105℃より大きく低下している．ブチル基の表面自由エネルギーが主鎖のポリスチレンより低いため，ブチル基はフィルム表面に濃縮しており，またブチル基が鎖末端に位置しているために運動性が大きくなった結果，バルクのポリスチレンよりはるかに低い T_g を示した．X線光電子分光（XPS）からブチル基の表面濃縮が明らかにされ，この結果を強く支持している．このようにポリマーの表面とバルクは本質的に異なっていることを認識する必要があり，接着をはじめとする表面や界面を利用した現象においては，特に表面近傍に関する情報がきわめて大きな役割を果たすことになる．

　上の例から明らかなように，単独重合体においても末端構造のわずかな違いで，表面とバルクの構造や性質が大きく異なってくる．具体的には，表面に濃縮した成分の構造と性質が強く現れる．そして，その成分が特別な機能をもっていれば，表面構造の機能化ができることになる．表面の定義は目的により異なるが，ここでは最表面より深さ方向で数nm～数十nmと定義する．表面構造を調べることは，同時に表面ナノ構造の制御や機能化につながる．ここで，ポリマー鎖末端を積極的に修飾する場合やブロック共重合体のように最初から異種ポリマー鎖を有している場合は，表面構造がどのようになっているのか，またポリマー鎖中のどの成分が表面に濃縮されるのか，疑問とともに興味が沸いてくる．本章では，親水性セグメントと疎水性セグメントからなるブロック共重合体と表面自由エネルギーが低く表面濃縮しやすいパーフルオロアルキル基が導入された末端官能性ポリマーとブロック共重合体を用いた研究を紹介する．いずれのポリマーもリビングアニオン重合を用いて合成しているため，構造が明確で厳密に制御されている．

8.1 ◆ 親水性セグメントと疎水性セグメントからなるブロック共重合体

ポリマー表面の構造を正確にとらえるためには，用いるポリマーの構造が末端基を含め，明確であることが望ましい，ということは容易に想像がつく．最近になり，各種リビング重合の発展により，親水性セグメントと疎水性セグメントからなるブロック共重合体が多数報告されるようになってきたが，組成や分子量が厳密に制御されたこの種のブロック共重合体を得ることは，必ずしも容易ではない．中浜らは，メタクリル酸2-ヒドロキシエチル（HEMA）の水酸基をシリル基で保護することで，そのリビングアニオン重合を可能にした．実際にスチレンとこの保護したモノマーを用いてリビングアニオン重合を行うことにより，構造が制御されたブロック共重合体の合成に成功している（反応式(3.83)）[263, 264]．

(3.83)

得られたブロック共重合体（PS-*block*-PHEMA）は，予想どおり組成に応じたミクロ相分離構造を形成する．キャスト法によりポリマーフィルムを作製し，その表面について接触角測定やXPS測定を行うと，表面の構造はミクロ相分離構造とはまったく異なっていることがわかってきた．たとえば，空気中で放置したポリマー表面は，疎水性のポリス

チレン (PS) でほぼ覆われている．一方，このポリマーフィルムを水中に浸漬した後は，親水性の PS セグメントとポリ(メタクリル酸 2-ヒドロキシエチル)(PHEMA) セグメントが表面に濃縮して,ほぼ完全に最表面が覆われていることが観察された．この結果より，ブロック共重合体では，PHEMA セグメントがミクロ相分離してラメラとなっているにもかかわらず，表面は空気界面では PS セグメントが，そして水との界面では PHEMA セグメントが現れていることになる．したがって，表面はバルクのラメラではなく，PS あるいは PHEMA の一方で覆われ，外部環境により再構成が起きていることがわかる．さらにポリマーフィルムの乾燥，水への浸漬を繰り返すと，その環境変化に応じて表面の再構成が再現性良く起こっていることも観察された．このような環境応答性は，PS セグメントをより T_g の低いポリイソプレンやポリオクチルスチレンに変えるとさらに顕著に観察される．そして，再構成は XPS 測定より，最表面より 20 Å 以内，すなわちポリマー数分子程度で起きていることも確かめられた（図 3.64）[265, 266]．再構成を利用すれば，環境応答性のポリマー材料が期待される．

このブロック共重合体は，人工血管としてもきわめて高性能であり，長時間血液が凝集せずに流れ続けることも見出された．血液に接触している表面は，PHEMA で覆われているはずであるが，HEMA の単独重合体では血液がすぐに凝集してしまい，さらに複雑なことが起こっているようである[267]．

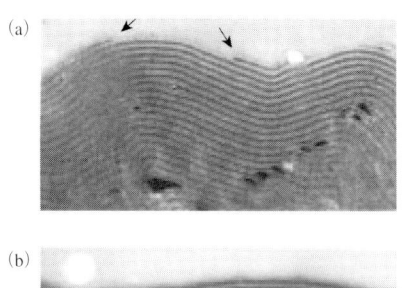

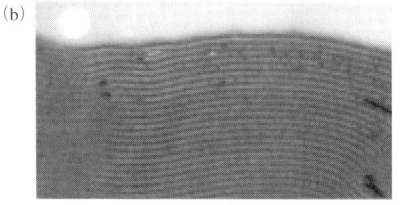

図 3.64 ポリオクチルスチレン-*block*-PHEMA を用いたフィルム表面の再構成をとらえた TEM 像
(a)水に浸漬した 10 秒後．(b)水に浸漬した 30 秒後．図中の矢印は，ポリオクチルスチレンドメイン(黒)の隙間から PHEMA ドメイン(白)がめくり上がっている点．

8.2 ◆ パーフルオロアルキルセグメントを有するブロック共重合体

　一般のポリマーに比べると，含フッ素ポリマーは表面自由エネルギーが低いことが知られている[268]．たとえば，ポリスチレン，ポリメタクリル酸メチル，あるいは，ポリエチレンテレフタラートの表面自由エネルギーが39〜43 mN m^{-1}であるのに対して，代表的な含フッ素ポリマーであるポリテトラフルオロエチレン（テフロン）の表面自由エネルギーは18.5 mN m^{-1}である．したがって，含フッ素ポリマーと一般のポリマーのポリマーブレンド，あるいは，両セグメントからなるブロック共重合体では，含フッ素ポリマーが表面に出てくることになる．実際に含フッ素セグメントが表面に濃縮することで，ポリマーフィルム表面の撥水性・撥油性が大きく向上することとなり，表面改質剤として重要な役割を果たしていることがわかっている．本章のはじめに述べた，BuLiで開始したポリスチレンの開始末端に導入されたブチル基の値は25 mN m^{-1}であり，ポリスチレンの40 mN m^{-1}と比較すると，ブチル基が表面に出やすいことがわかるであろう．さらに注目すべきは，$CF_3(CF_2)_n$で表されるパーフルオロアルキル基（R_F）である．nの数が7以上の場合，表面自由エネルギーは6〜7 mN m^{-1}と著しく低いことがわかっている．そしてパーフルオロアルキル基は，表面自由エネルギーが低いだけでなく，剛直な棒状の形状をしており，表面や界面へ濃縮すると同時にnmオーダーの集合形態をとることもわかっている．特にフッ素系ポリマーの表面特性を効率良く発揮するには，表面に剛直なパーフルオロアルキル基を配向させ，CF_2よりも臨界表面張力の低い末端CF_3基を最表面に配列させることが望ましい．しかしフッ素系ポリマーは，化学的な安定性と引き替えに溶解性が悪く，取り扱いが困難であることがしばしば問題となっている．それに対する一つの解決法として，合成の容易なランダム共重合体が広く用いられてきた．一方，ブロック共重合体は，その合成は困難であるが，ランダム共重合体を大きく上回る優れた表面特性を発揮することが明らかとなってきている．リビング重合による構造が厳密に制御された含フッ素ポリマーの表面構造に関する最近の総説を挙げておく[269〜272]．

　Oberらはリビングアニオン重合でポリスチレン（PS）とポリイソプレン（PI）のAB型ジブロック共重合体を合成し，PIのビニル基をヒドロホウ素化反応により水酸基に変換した後に$CF_3(CF_2)_7$基を導入した，ブロック共重合体（PS-*block*-PI(R_F)）を合成した（反応式 (3.84)）[273〜275]．

8章 ポリマーの表面構造

$$^s\text{BuLi} + \text{CH}_2=\text{CH-C}_6\text{H}_5 + \text{CH}_2=\text{CH-C(CH}_3)=\text{CH}_2 \xrightarrow{\text{リビングアニオン重合}}$$

(構造式: PS-PI-ポリ(イソプレン)型ブロック共重合体)

1) 9-BBN
2) H_2O_2/NaOH
[9-BBN：9-ボラビシクロ[3.3.1]ノナン]

(水酸基を導入した構造式)

$CF_3(CF_2)_7COCl$
THF, pyridine

(フッ素鎖を導入した構造式 $O(CF_2)_7CF_3$)

(3.84)

このポリマーは組成により，ラメラやシリンダー構造をとることが電子顕微鏡より観察されているが，興味深いのはその表面構造である．予想どおり $CF_3(CF_2)_7$ 基が表面に濃縮されるが，お互いが強く相互作用をして，やや傾いてはいるが表面に規則的に密に並びスメクチック B 液晶層を形成する（図 3.65）．そのため，表面の自由エネルギーは

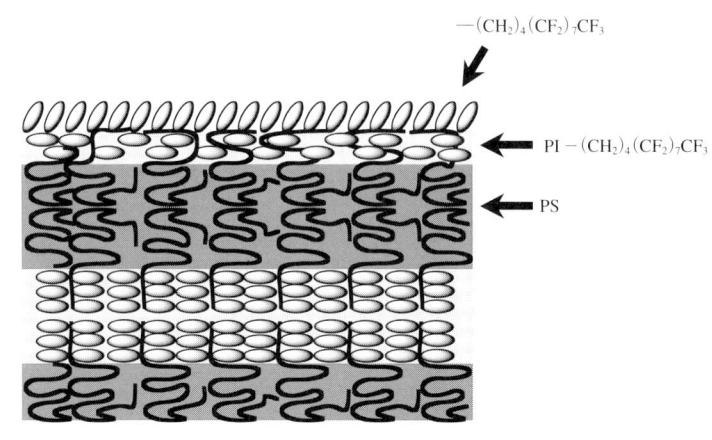

$-(CH_2)_4(CF_2)_7CF_3$

← PI $-(CH_2)_4(CF_2)_7CF_3$

← PS

図 3.65 C_8F_{17} 基が導入されたブロック共重合体(PS-*block*-PI-(C_8F_{17}))におけるフィルム表面の構造

7 mN m^{-1} 程度の値を示し,非常に強い撥水性・撥油性を示すことが報告されている.

横山,杉山らは,スチレンと水酸基を保護した 4-ビニルフェノールをリビングアニオン重合し,脱保護後,C$_8$F$_{17}$(CH$_2$)$_2$Br と反応することで,分子量と組成比が厳密に制御されたパーフルオロアルキル基を含むブロック共重合体の精密合成に成功している(反応式 (3.85))[276].

$$\text{(3.85)}$$

そして,キャスト法により作製したポリマーフィルムの最表面(2～10 nm)を XPS で測定し,nm オーダーの微細な構造解析を定量的に行うことにも成功している.まずポリマー全体のフッ素含有量に対するフィルム最表面で観測されたフッ素原子の割合から,わずか数%のパーフルオロアルキル基で十分に最表面を覆っており,予想どおり,ランダム共重合体よりはるかに高効率で濃縮されていることが見出された.さらにフィルムの深さ方向の検討を行い,フィルム最表面から連続するパーフルオロアルキル基の相の厚みがフッ素含有率に依存して段階的に変化していることが観察された.従来,フッ素含有率が 20%を超えるとパーフルオロアルキル基の表面濃縮が飽和することが報告されていたが,実際は最表面に配向したパーフルオロアルキル基の下にパーフルオロアルキル相が形成されていることが明らかとなった(図 3.66)[277].

杉山,長谷川らはリビングアニオン重合によって合成された構造の明確な含フッ素セグメントを含む ABC 型トリブロック共重合体を用い,表面構造の動的変化について報告している[172,173].各成分は撥水性・撥油性の含フッ素セグメントであるポリ(メタクリル酸 2-パーフルオロブチルエチル)(F),親水性のポリ(メタクリル酸 2-ヒドロキシエチル)(H),そして親油性のポリ(メタクリル酸 tert-ブチル)(B)である.リビングアニオン重合を用いることでシークエンスの異なる構造が制御された 3 種類のトリブロック共重合体が合成されている.

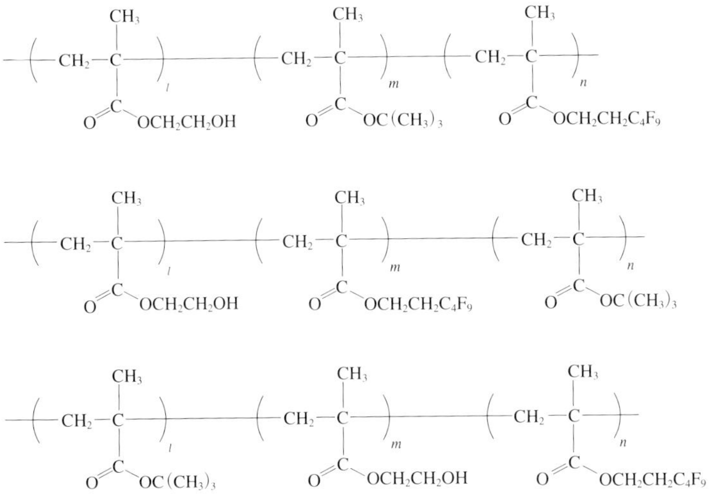

図 3.66 リビングアニオン重合によるシークエンスの異なる ABC 型トリブロック共重合体の合成

　まず，親水性セグメント H とフッ素セグメント F が離れている H－B－F の場合，乾燥条件下では F セグメントが最表面に濃縮した．これは，F セグメントの表面自由エネルギーが最も低いことから予想されるとおりの結果である．興味深いことに，このフィルムを温水に浸漬した条件下では，H セグメントが最表面に濃縮しており，F セグメントが完全にフィルム内部へ移動していることが見出された．これは外部環境変化に伴いフィルム最表面の構造が動的に変化したことを示している．さらに，このフィルムを減圧乾燥するとフィルム表面は再び F セグメントで覆われ，動的なフィルム表面の再構成が繰り返し行われることが明らかとなった．次に，中央に H セグメントを導入した B－H－F，同じく F セグメントを導入した B－F－H の 2 種類のポリマーを用いてシークエンスの影響に関して検討した．B－H－F の場合，乾燥状態では予想どおり F セグメントが最表面に濃縮したが，湿潤状態における H セグメントの濃縮はわずかであった．同様に，乾燥状態の B－F－H における F セグメントの濃縮も低い値を示した．これは，鎖の中央に位置するセグメントのレプテーション運動が両側の異種セグメントによって妨げられるためである．以上の結果から，フィルム表面の構造はシークエンスの影響を強く受けること，また外部環境変化によって，その構造を動的に制御することが可能であることが示された．
　ここまではブロック共重合体について述べてきた．現在まで合成されているポリマーは，含フッ素セグメントの溶解性が悪いため，その分子量は通常のブロック共重合体の基準からすると低い傾向にあるが，それでも重合度にして数十以上はある．しかしながら，パーフルオロアルキル基は非常に表面に出やすく，またポリマー全体のフッ素含有量に対する

図 3.67 鎖末端"多"パーフルオロアルキル化ポリスチレン

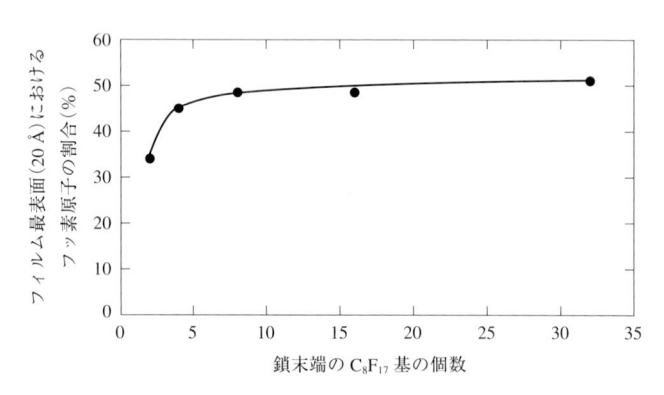

図 3.68 C_8F_{17} 基の導入個数に依存した鎖末端"多"パーフルオロアルキル化ポリスチレンのフィルム最表面におけるフッ素原子の割合

フィルム表面でのフッ素原子の割合はきわめて少ないため，ポリマーの鎖末端にわずか1つのパーフルオロアルキル基が導入されただけでも大きな効果があることが，多数の研究グループによって指摘されている[278〜283]．たとえば，リビングアニオン重合により合成された分子量10000のポリスチレン末端に1つのパーフルオロアルキル基（C_8F_{17}）を導入するだけで，ポリマーの表面自由エネルギーは 40 mN m^{-1} から 20 mN m^{-1} と大きく低下する．これは，テフロンの値に匹敵する結果である．また XPS 測定では，最表面から 20 Å の深さの部分に，バルクの数十倍のパーフルオロアルキル基が濃縮されていることが

観察されている．これらの効果は主鎖ポリマーの分子量に大きく依存しており，上のポリスチレンで分子量が10000の場合でもパーフルオロアルキル基は完全に表面を覆うことはできない[284]．

また，親水性のPHEMAの末端に1つのパーフルオロアルキル基を導入したポリマーは，水中に浸漬すると表面が親水性になり，乾燥すれば再びパーフルオロアルキル基が表面に現れて，疎水性を示す環境応答性ポリマーになることが観察されている[285]．リビングアニオン重合で合成された水溶性のポリエチレンオキシド（PEO）の末端にパーフルオロアルキル基を導入した末端官能性PEOを用いた，水溶液表面で構築されるポリマー単分子膜や水中でのミセルに関する研究も数多く報告されているので，代表的な原報を紹介しておく[286〜290]．

末端に導入できる官能基の個数は，合成上の困難から通常は1つに限られている．しかしながら7.2節で述べたように，平尾らが開発した繰り返し法により，現在までに導入できるパーフルオロアルキル基の個数は，2〜32個（原理的には，32個以上も可能である）まで望みどおり制御することが可能となった．最近，彼らにより，リビングアニオン重合で合成した分子量20000のポリスチレン末端にC_8F_{17}基を2〜32個まで導入し，各々のポリマーのフィルムをキャスト法により作製した後，その表面構造を接触角とXPSで解析された結果が報告されている（図3.67）[291〜293]．予想どおり，末端に導入されたC_8F_{17}基の個数が増えるにつれて，フィルム表面に濃縮するC_8F_{17}基の量が増加し，撥水性・撥油性もそれに従い大きく向上することが観察された．さらにC_8F_{17}基の個数を増やしていくと，ほぼ4〜8個の範囲で表面濃縮は飽和することが明確に見出されてきた（図3.68）．同時にC_8F_{17}基とポリスチレンの結合やC_8F_{17}基が導入される様式（直鎖状と分岐状）の違いにより，表面濃縮に大きな影響が現れる新しい事実が観察され，C_8F_{17}基の導入個数とポリマーの表面構造に関する定量的な議論が可能となってきた．このような定量性に基づいた表面構造の研究は，リビングアニオン重合（あるいは匹敵するリビング重合）によって精密合成されたポリマーの使用により初めて実現できることであり，それらの結果を通じてnmオーダーの表面構造の制御にさらなる発展が望まれる．

9章 ミクロ相分離構造を利用したナノ材料

　一般に高分子はわずかな組み合わせを除き，相溶化しないことが知られている．したがって，異種高分子を混合してもマクロに相分離し，十分な材料特性を発揮することはできない．この問題の解決法として異種高分子を共有結合で結びつけることで，分子レベルでは相分離（ミクロ相分離）するがマクロの分離を防ぎ，各成分の特性を同時に発現できる機能性材料の開発が可能となってきた．ここでは熱力学的に非相溶な異種セグメントから構成されるポリマーを異種系ポリマーと定義し，従来の AB 型ジブロック共重合体に加え，ABC 型トリブロック共重合体や，分岐構造を有し新たな展開が期待される非対称星型ポリマーを例に自己組織化とミクロ相分離構造の発現について述べる．

　このようなミクロ相分離構造は通常，数 nm ～数十 nm スケールの周期構造をとっていることから，ナノテクノロジーと総称されるナノアーキテクチャ分野の発展において注目を集めてきている．本章では，ミクロ相分離構造を反映した特定ドメインの単離とナノ構造体創製に関する最近の進展について紹介する．なお，微細な構造形成を行うためには一次構造の明確な異相系ポリマーが必須であり，それらの大部分はリビングアニオン重合法を用いて合成されていることを付記しておく．

9.1 ◆ 異相系ポリマーのミクロ相分離構造

　一般に 2 種類，あるいはそれ以上の異なるポリマーどうしは，いくつかの組み合わせを除き相溶化しない．それはポリマーが長い分子鎖を有しているため，同種のポリマーどうしの相互作用が強く，それらが集合してしまうからである．したがって，異種のポリマーを混合したポリマーブレンドは，時間とともにポリマーが相分離をしてしまい，両方のポリマーの特性を生かす高機能化を目的とした利用はできない．このような巨視的な材料レベルでの分離は，マクロ相分離とよばれている．ここで互いに非相溶な A ポリマー（PA）と B ポリマー（PB）のブレンド系に PA と PB からなるブロック共重合体（PA-*block*-PB）を少量混合すると，PA ドメインと PB ドメインの界面に各々のブロック鎖が入り込むように PA-*block*-PB が位置することで，PA と PB のマクロ相分離を防ぐことができる．ブロック共重合体が相溶化剤（compatibilizer）とよばれる由縁である．実際にポリマーブレンドに少量のブロック共重合体を加えてマクロ相分離を防ぎ，両ポリマーの機能を生かした高性能化を図ることは，工業的にきわめて重要である．ただし，混合するブロック共重合体の量や各ポリマーの分子量によっては，ブロック共重合体自身が相分離を起こし相

溶化剤として機能しない場合がある．Macosko らは，リビングアニオン重合により鎖末端に反応性基を導入した PA, PB を少量混合しておき，ブレンドと同時に反応性基を結合させることで PA-*block*-PB を生成させ，マクロ相分離を防ぐ "reactive blending 法" を長年研究している．PA と PB の界面でグラフト共重合体を生成させることで，相溶化剤としてきわめてわずかな生成量で効率的に機能することを明らかにしている[294)]．

　異種のポリマー鎖が共有結合で結ばれたブロック共重合体の場合，ポリマー分子レベルで相分離は起きるが，主鎖が互い結合されているため，上記のように材料レベルでのマクロ相分離は抑えられてる．このような相分離は nm レベルであるため巨視的には観察できず，ミクロ相分離とよばれている．通常，ミクロ相分離構造の同定にはさまざまな電子顕微鏡観察や散乱法などが用いられている．ここではリビングアニオン重合より合成され，ミクロ相分離構造の特徴を最大限に利用したポリスチレン（PS）とポリ(1,3-ブタジエン)（PB），あるいはポリイソプレン（PI）とのトリブロック共重合体である PS-*block*-PB-*block*-PS（SBS），および PS-*block*-PI-*block*-PS（SIS）について，5 章に続きもう一度述べる．PB（あるいは PI）に対して PS の体積分率が小さい場合，熱力学的に非相溶な PS セグメントと PB セグメントは互いに分離し，自己組織化により PS が球，PB（PI）がマトリックスになるミクロ相分離構造をとる（図 3.69）．そして T_g が高い PS がガラス状態で固定化されるため架橋点となり，T_g が低い PB（PI）を結合しているため，流動状態を抑えエラストマーとしての特性が現れる．PS の T_g（105℃）を超えるような高温になると，PS 球の部分も流動性をもち，架橋点としての働きはなくなる．温度が下がれば PS が集合，自己組織化により安定な球となるため，再び架橋点として働く．したがって，これらのブロック共重合体は，一般のエラストマーのような化学架橋ではなく，温度（熱）による可逆的な物理架橋であるため，温度（熱）によりエラストマー特性を示す熱可塑性エラストマーとよばれている．さらに両セグメントの体積分率を変えることで相分離形態を変化させ，材料特性を制御することも可能である．T_g の高いポリマーと T_g の低いエラ

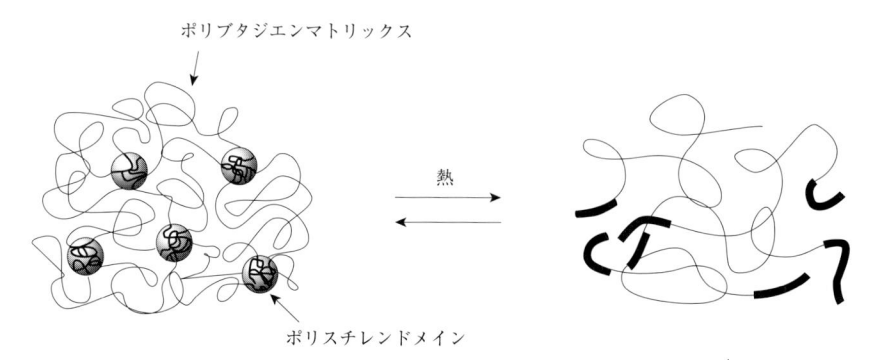

図 3.69 SBS のミクロ相分離構造と熱による可逆的変化

ストマーとしての性質を有するポリマーを組み合わせたブロック共重合体では，同じような挙動が観察される．たとえば，1970年代に合成されたPSとポリ(テトラヒドロフラン)，工業化されているウレタン結合セグメント化ポリエーテル，さらに最近報告されたポリメタクリル酸メチルとポリイソブテンからなるブロック共重合体が相当する．SBSやSISは合成されてまもなく工業化され，現在も生産されている．前後してランダム共重合体である溶液SBRや関連のエラストマー生産にもリビングアニオン重合が用いられている．一方，一般の常識としては，リビングアニオン重合は高価であり，操作は実験室においても困難であり，工業規模の大量生産には到底向かないとされ，長い年月が経っている．しかしながら，すでに40年以上も前にリビングアニオン重合を用いて，構造が厳密に制御されたブロック共重合体が大量生産されていたのである．さらにその特性発現には，現在声を大にしているnmレベルでの超構造を利用していたのである．なぜこれ以降に，精密合成されたポリマーが工業化されていないのか，考えてみれば実に不思議である．また歴史の古いエラストマー製造において，リビングアニオン重合が工業的に用いられているのも不思議である．SBSやSISが合成技術でも機能発現においても時代を超越しているポリマーであることに驚かされる．

さて，ブロック共重合体のミクロ相分離挙動に関する学術的研究は古くから行われており，すでに1960年代には，ポリスチレンやポリイソプレンなどの非晶性セグメントから構成されるAB型ブロック共重合体の相分離形態に関して，Molau則が提唱されている[295]．そこでは，AB型ブロック共重合体の相分離構造が両セグメントの体積分率(A/B)が大きくなるにつれて，Aスフェア(球)，Aシリンダー(棒)，ラメラ(層)，Bシリンダー，Bスフェアの順に大きく分けて5種類の相転移を伴うことが述べられている(図3.70)．1980年代後半からの理論計算の発展や構造解析手段の進歩によって，シリンダーとラメラ間のわずかな領域に共連続構造(OBDG, ordered bicontinuous double gyroid，ジャイロイド構造)が存在することが明らかにされている[296〜299]．また，一方のブロックセグメントが結晶性や液晶性を示す場合はMolau則には従わない．Hillmyerらは，リビングアニオン重合で合成したポリスチレン-*block*-ポリ(1,3-ブタジエン)のポリ(1,3-ブタジエン)

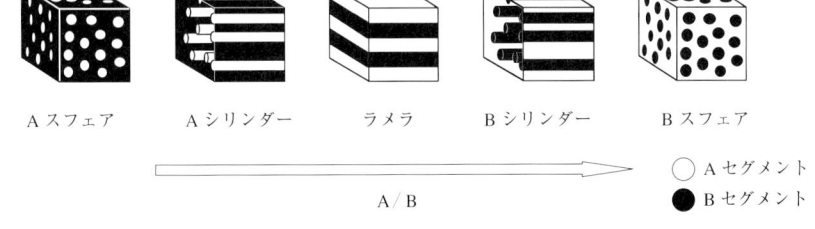

図3.70 非晶性セグメントから構成されるAB型ブロック共重合体のミクロ相分離構造(Molau則)

ブロックを反応式 (3.86), (3.87) のようにフッ素化することで，新しいブロック共重合体に変換した．

(3.86)

(3.87)

フッ素化セグメントとポリスチレンの溶解度パラメーターが大きく違うため，組成とミクロ相分離構造の関係が Molau 則とは異なることを報告している[300,301]．彼の総説を参考にされたい[270]．

最近では，A, B に加え，第三の C 成分を導入した ABC 型トリブロック共重合体から発現するミクロ相分離構造まで興味の対象が広がっている．この場合，相分離構造を決定するパラメーターは，ジブロック共重合体の AB 型のみとは大きく異なり，AB 型，AC 型，BC 型のそれぞれの組み合わせに対応して重合度，体積分率，Flory-Huggins の相互作用パラメーターを用意しなければならない．したがって，予想されるように，はるかに変化に富んだミクロ相分離構造が発現される．いくつかの例を図 3.71 に示す．それらは，3 元ラメラに加え，core-shell cylinder 構造，sphere-at-the-wall 構造，cylinder-at-the-wall 構造などである．一見，複雑に見える構造であるが，同時期に報告された理論計算からもこれらの構造の妥当性が示されている．また，視覚的にとらえるために単純化した模式図を示した（図 3.72）．まず $\chi_{AB}=\chi_{BC}<\chi_{AC}$ の場合，A と B，B と C が平面で隣接したラメラをとる．次に $\chi_{AB}<\chi_{BC}<\chi_{AC}$ の場合，すべての界面自由エネルギーを最小化するために曲面が形成されて core-shell cylinder 構造をとる．最後に $\chi_{AB}=\chi_{BC}\gg\chi_{AC}$ の場合，A と C が隣接した界面上に曲面をとるように B が存在することで sphere-at-the-wall 構造や cylinder-at-

9章　ミクロ相分離構造を利用したナノ材料

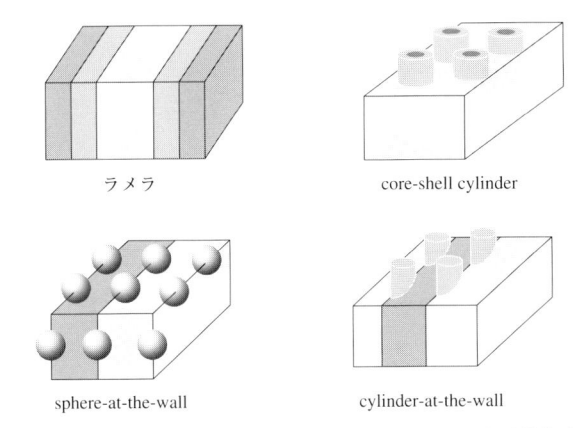

図 3.71　ABC 型トリブロック共重合体から発現するミクロ相分離構造の例

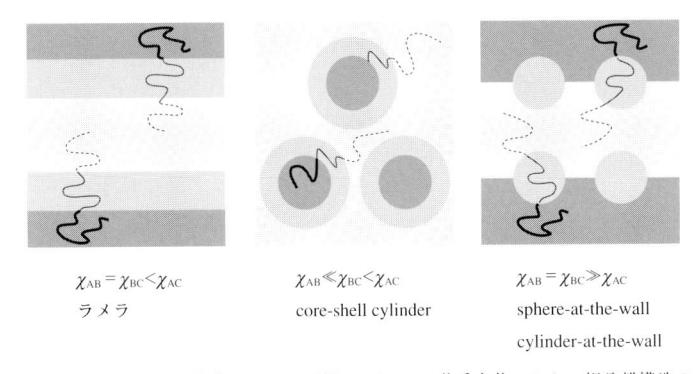

図 3.72　χパラメーターに依存した ABC 型トリブロック共重合体のミクロ相分離構造の模式図

the-wall 構造が形成される．これらの例は，ABC 型トリブロック共重合体の示すミクロ相分離構造の一部にすぎない．興味のある読者のために参考文献を記載する[302〜304]．

　直鎖状ポリマーと比較して，星型ポリマーに代表される分岐ポリマーの精密合成は，より困難であることはすでに述べた．特に異相構造を取り込んだ非対称星型ポリマーの精密合成は，現時点でも種類が限られている．そのために，非対称星型ポリマーから発現する相分離構造の研究は比較的歴史が浅く，1993 年以降にようやく報告されるようになってきた．Hadjichristidis らは，ポリスチレン（S），ポリブタジエン（B），ポリイソプレン（I）からなる 3 本腕非対称星型ポリマー S_2I, SIB, SI_2 の相分離構造を調べた結果，対応する直鎖状ポリマーがラメラを形成していたのに対して，星型ポリマーではシリンダー構造が観察されたことから，分岐構造の影響を見出した．さらに，枝数を増した SI_5 がセグメント比によらずラメラのみを形成していたことから，腕数の効果について議論している[305,306]．

さらに，いくつかの研究グループによって，ABC型非対称星型ポリマーに特徴的な相分離構造が見出されている[221,222,307,308]．たとえば，ポリスチレン，ポリジメチルシロキサン，ポリ(メタクリル酸tert-ブチル)から構成される3本腕のABC型非対称星型ポリマーによる菱形，あるいは六方晶の相分離形態（図3.73），互いに非相溶なポリスチレン，ポリメタクリル酸メチルに第三の成分としてポリイソプレンを導入したABC型非対称星型ポリマーによるホイール状の相分離形態が報告されている（図3.74）．さらに，Abetzらはポリスチレン，ポリブタジエン，ポリ(2-ビニルピリジン)で構成される星型ポリマーを用い，発現するミクロ相分離構造はいずれもシリンダー構造を基本骨格としていること，3本鎖の結合点は常にシリンダーに沿って一列に並んでいることを指摘している（図3.74）[309]．このABC型非対称星型ポリマーから発現する相分離形態に関する研究は松下らによって大きく拡張されている[310〜313]．彼らは，ポリスチレン，ポリイソプレン，ポリ(2-ビニルピリジン)から構成されるABC型非対称星型ポリマーを用いて，アルキメデス・

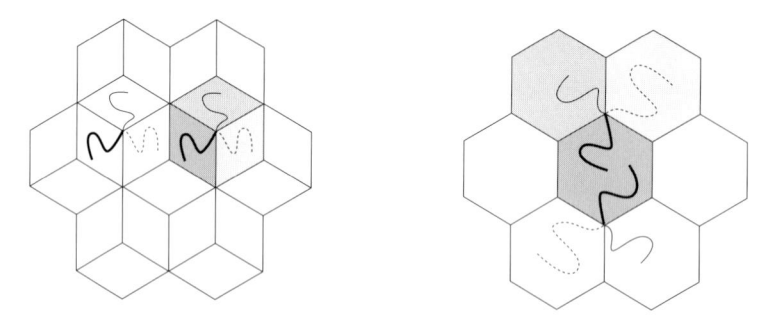

図3.73 ポリスチレン，ポリジメチルシロキサン，ポリ(メタクリル酸tert-ブチル)から構成されるABC型非対称星型ポリマーより発現するミクロ相分離構造の例

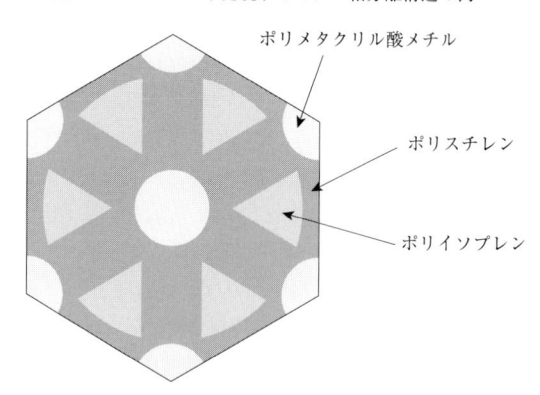

図3.74 ポリスチレン，ポリイソプレン，ポリメタクリル酸メチルから構成されるABC型非対称星型ポリマーから発現するミクロ相分離構造の例

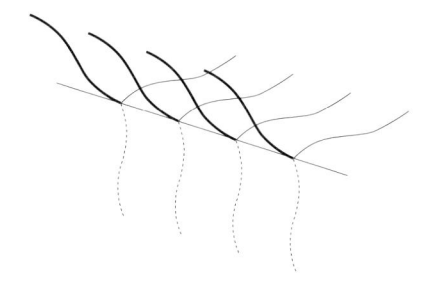

図 3.75 ABC 型非対称星型ポリマー結合点のシリンダーに沿った配列

タイリングとよばれる 2 次元タイルの 3 色塗り分け紋様ができることを小角 X 線散乱 (SAXS), TEM 観察により明らかとしている. さらには, 上述の ABC 型トリブロック共重合体とは異なる階層的なモルフォロジー (cylinders-in-lamella, lamella-in-cylinder, lamella-in-sphere) が見出されている.

このように, 非対称星型ポリマーの相分離挙動に関する研究は緒についたばかりであるが, ブロック共重合体よりはるかに複雑で, 興味深い結果が相次いで報告されている. 非対称星型ポリマーにおいて, 枝ポリマーの種類, 本数, 鎖長の組み合わせは事実上無限といってよく, 未知の相分離構造の発現に期待がもたれる. 現在, グラフト共重合体において, ある程度ミクロ相分離構造が研究されているが, 前章で述べたさまざまな多分岐ポリマーやそれらが混合した構造のポリマーに関しては, まったく研究されておらず, 情報もない. 複雑で不連続の構造をしていることから, まったく新しい構造が見出される可能性が大であり, さらに 1 分子中に複数のミクロ相分離構造をとることも考えられ, 今後の研究に期待したい.

9.2 ◆ ミクロ相分離構造を利用したナノ多孔質材料

横山, 杉山らは, リビングアニオン重合で得た含フッ素ブロック共重合体のミクロ相分離構造と超臨界二酸化炭素 (scCO$_2$) を組み合わせることで, 均一なナノサイズの空孔を有する多孔質膜の新しい合成法を提唱している[276,277,314~318]. THF 中, -78°C, ^{s}BuLi を開始剤として, スチレン (S), 次いでメタクリル酸 2-(パーフルオロオクチル) エチル (FMA) を加えると, 図 3.76 に示す分子量と組成が厳密に制御された分子量分布の狭い AB 型ジブロック共重合体 (PS-*block*-PFMA) が合成できる. ここで用いたブロック共重合体 PS と PFMA の $\bar{M}_n$ は, それぞれ 20000 および 13000 であり, $\bar{M}_w/\bar{M}_n$ は 1.05 である. ポリマーフィルムを作製すると PFMA ドメインが球, PS ドメインがマトリックスのミクロ相分離構造が形成される. これを超臨界二酸化炭素中で PFMA の T_g 以上に加熱すると, 超臨

二酸化炭素が親和性の高い PFMA ドメインに溶解することで，ドメインの膨潤が起こる．次いで系を T_g 以下に冷却してドメインを固定した後，圧力を低下させ二酸化炭素を除去すると，球状の PFMA ドメインは膨潤した状態で維持され，そのドメイン中に空孔が残ることになる（図 3.77）．こうして形成された PFMA ドメイン中の空孔は，直径 30 nm（大きさは分子量や組成で制御される）の独立したクローズドセル構造をとっていることが

図 3.76 ポリスチレン-*block*-ポリ（メタクリル酸 2-（パーフルオロオクチル）エチル）

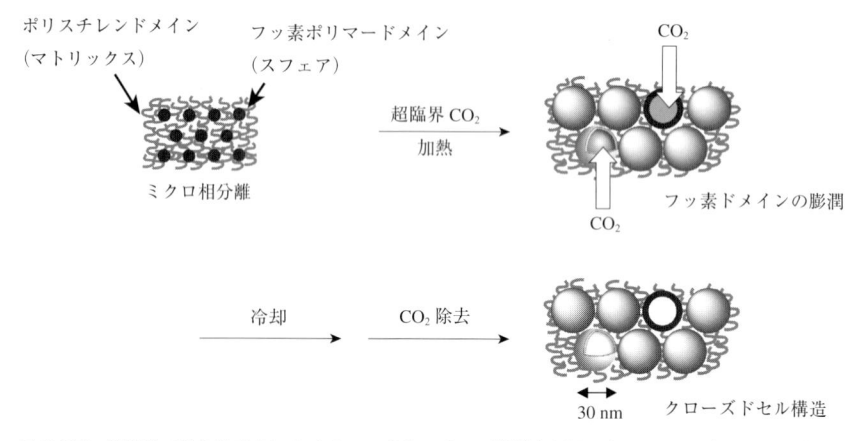

図 3.77 超臨界二酸化炭素中におけるフッ素ドメインの膨潤を利用したナノサイズのクローズドセル構造の構築

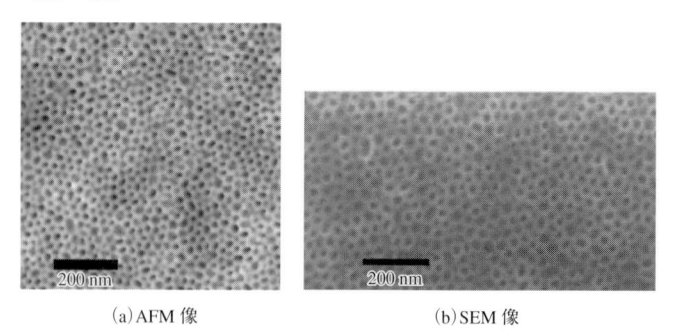

図 3.78 クローズドセル構造の AFM 像(a)および SEM 像(b) エッチング処理後．黒い部分が空孔．

SEM測定やAFM測定より確かめられた（図3.78）．このようにして作製されたPFMAで取り囲まれた中空孔は，元のミクロ相分離構造で形成された球状ドメインの均一で周期的な分布を維持しており，一方では球状ドメインの大きさに応じた均一のナノサイズを有している．この方法は，パーフルオロアルキルポリマーと超臨界二酸化炭素の親和性を利用した点ではやや特殊ではあるが，ミクロ相分離構造を生かし，そのナノ形態を反映させていること，さらに操作が非破壊性であることがナノテクノロジーを見据えたうえで魅力的である．またミクロ相分離構造を変えると新しい形態の多孔質構造が期待され，すでに一部検討されている．ここで展開している発想は，さまざまな系に適用が可能であり，今後の発展が待たれる．

9.3 ◆ ミクロ相分離構造とナノ微細加工を用いたナノ物質

　非相溶な複数のポリマーセグメントからなる異相系高分子が，多種多様なミクロ相分離構造を発現することはすでに述べた．これらのミクロ相分離構造は通常，数nm〜数十nmの規則正しい周期構造をとっている．ここで形成されるミクロドメインを固定化し，ナノ微細加工により単離できれば，新たなナノ物質開発のブレークスルーとなることが大いに期待される．実際にこのような微細加工により，ナノ物質創製に成功した報告がなされるようになり，将来のナノデバイス用の材料として大きな注目を集めている．ここでは，異種セグメントからなるブロック共重合体のミクロ相分離構造の発現と，それに続くナノ微細加工を用いた，特定ドメインの単離に関するいくつかの研究を紹介する．

　研究の発端になったのは，1988年に報告された中浜，Leeによるブロック共重合体のミクロ相分離構造を利用し，その形状を反映したナノサイズの多孔質膜を作製した研究である[319,320]．図3.79にその概略を示す．彼らはリビングアニオン重合を用いて，アルコキシシリル基を有するスチレン誘導体（A）とイソプレン（B）のABA型トリブロック共重合体を合成し，キャスト法によりフィルムを調製した．フィルム内部では，両ポリマーセグメントがミクロ相分離して，ラメラが形成される．この状態を保持したままで，側鎖アルコキシシリル基の加水分解を行い，生成したシラノールの縮合によるシロキサン結合形成により，ポリスチレンブロックを分子間で架橋させ，そのラメラ状ミクロドメインを固定化した．次いで，オゾンによりポリイソプレン主鎖の二重結合を酸化切断することで，選択的にポリイソプレンドメインを取り除くと，架橋固定化したポリスチレンより構成されたラメラ状のミクロドメインが残る．このようにして，ミクロ相分離により生成したnmオーダーの微細構造を保持したポリマー集合体を取り出すことに成功した．得られた多孔質膜は，元のブロック共重合体のラメラをほぼ保持したまま，相当する均一のナノサイズの空孔を有しており，その大きさは分子量や組成によって，10〜30 nmの範囲で制

第Ⅲ編　アニオン重合

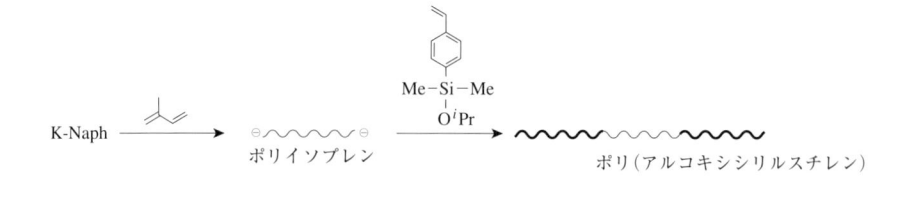

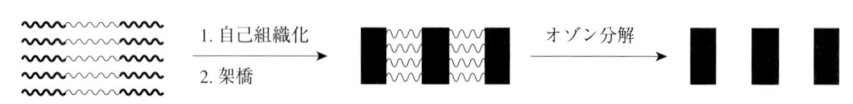

図 3.79 ABA 型ブロック共重合体のミクロ相分離構造の固定化と B セグメントの除去によるナノレベルの多孔質膜の作製

御可能であった．架橋前に TEM により測定したラメラ中のポリイソプレンドメインと，ナノ微細加工によりポリイソプレンドメインを取り除いた構造の SEM 観察より，加工前に存在していたポリイソプレンドメインが加工によりなくなり，その空間の周期幅がほぼ完全に一致している見事な結果が得られている．この研究の成功により，初めてリビング重合により合成された厳密に構造が制御されたブロック共重合体のミクロ相分離構造から，それを反映した nm オーダーの特異な形状のポリマー集合体単離ができることが示された．

　彼らは，さらに空孔のナノサイズとオゾン酸化により孔内部に生成したアルデヒドに着目し，グルコースオキシダーゼを導入・固定化することで，多孔性酵素膜を調製し，この膜のグルコースセンサーとしての高い能力を明らかにした[321]．これは，ナノ微細加工によるナノデバイス作製に相当する．

　この領域における研究は中浜らの報告よりほぼ 10 年経過した後に，Hillmyer により大きく展開され，ミクロ相分離構造を反映したポリマー集合体単離に加え，それらを鋳型とした新しいナノ物質の創製に発展していった．リビングアニオン重合を用いて合成した AB 型ブロック共重合体，ポリスチレン（PS）-*block*-ポリ(D,L-ラクチド)（PLA）を用いた一連の研究について紹介する[322〜324]．反応式 (3.88) に示したように，リビングアニオン重合によって鎖末端に水酸基を導入したポリスチレン（PS－OH）を合成した後，その末端水酸基をアルコラートアニオンに変換し，ラクチドの重合を行うことで PS-*block*-PLA を得た．

9章 ミクロ相分離構造を利用したナノ材料

$$\text{}^{s}\text{BuLi} \longrightarrow \cdots\cdots\text{CH}_2\text{–CH}^{\ominus} \xrightarrow{\triangle_O} \xrightarrow{H^+} \cdots\cdots\text{CH}_2\text{–CH–CH}_2\text{CH}_2\text{OH}$$

$$\xrightarrow[\text{Et}_3\text{Al}]{} \xrightarrow{H^+} \left(\text{CH}_2\text{–CH}\right)_m \left(\text{C–CH–O–C–CH–O}\right)_n$$

(3.88)

　次に，PSマトリックス，PLAシリンダーとなるミクロ相分離構造を形成し，その後加熱してシリンダーを一方向に配向させた．最後にNaOHによる処理を行い，シリンダードメインを構成しているPLA主鎖のエステル基を加水分解により切断除去することで，PSドメインを単離し，ナノ多孔質PS膜を調製した（図3.80）．また，PSセグメントを水素添加反応することでポリ(シクロヘキシルエチレン)(PCHE)へと変化させ，化学的により安定なナノ多孔質膜を得ている．このようにして得られた多孔質膜は，いずれもナノサイズで均一なシリンダー状の空洞が規則正しく，一定の間隔で並んでいる．その微細構造は，電子顕微鏡で観察することができる（図3.81）．nmオーダーの多孔質膜としての用途に加え，マイクロリアクターへの応用が考えられる．いうまでもないが，孔径サイズはPLAの分子量で制御できる．

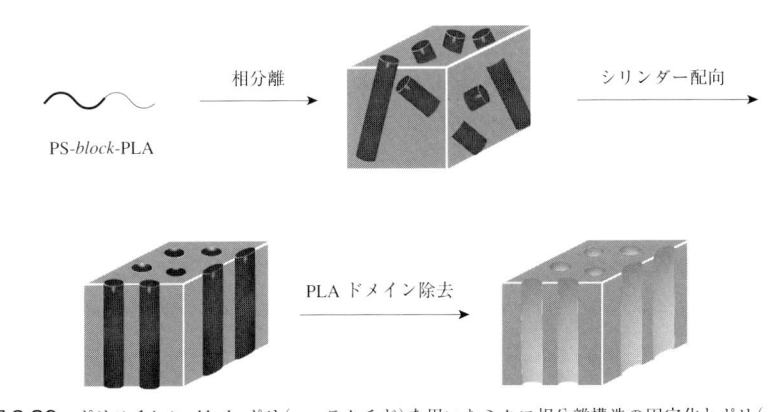

図3.80　ポリスチレン-*block*-ポリ(D,L-ラクチド)を用いたミクロ相分離構造の固定化とポリ(D,L-ラクチド)ドメインの除去によるナノサイズのシリンダー型多孔質膜の作製

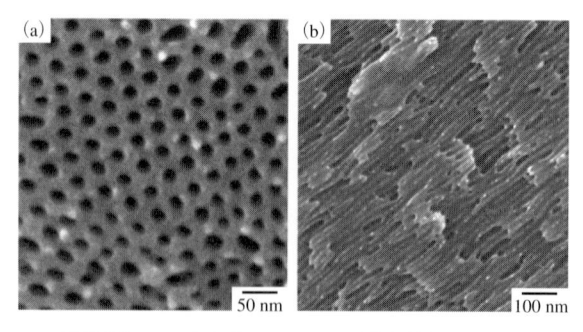

図 3.81 ナノサイズのシリンダー型多孔質膜の SEM 像
(a) シリンダーに垂直方向, (b) シリンダーに水平方向.

図 3.82 シリンダー型多孔質膜をテンプレートとして合成されたポリピロールナノワイヤーの SEM 像

　このようにして得られた多孔質膜を鋳型（テンプレート）として，シリンダー状の空孔内にピロールを入れてその重合を行うと，ポリピロール（PPY）が得られる．最後に，PCHEドメインを有機溶媒で溶解除去することで，溶媒に不溶の PPY が単離され，シリンダー径に対応した 19～48 nm の導電性 PPY ナノワイヤーが得られた（図 3.82）[325]．同様にシリンダー内部で Cd^{2+} と Na_2S を反応させることで，無機半導体の CdS ナノ粒子の生成にも成功している．以上の操作は，ミクロ相分離構造を反映したナノサイズのミクロドメインの単離に加え，それを鋳型とした新しいナノ物質創製の経路を拓いたことになる．
　さらに興味深いナノ微細加工が報告されている[326]．リビングアニオン重合を基にして，鎖末端に水酸基を導入した PI-*block*-PS-OH を用いラクチドを重合することで，PI-*block*-PS-*block*-PLA で表される ABC 型トリブロック共重合体を合成した後に，ヘキサメチルジシラザンで処理した Si ウェハ上にスピンコートしてフィルムを作製する．この場合，PLA の周りを PS が取り囲んだシリンダーが PI マトリックス中に，規則正しく分布しており，Si ウェハに対して垂直に立っている．これを，オゾン，次いで NaOH によ

9章　ミクロ相分離構造を利用したナノ材料

る処理を行うと，PI, PLA が切断除去され，中空の PS シリンダーが Si に対して垂直に立って規則正しく並んでいるナノ材料が得られたことが AFM により示されている．図3.83に模式図を示す．

　Abetz らは，リビングアニオン重合により合成した ABC 型トリブロック共重合体を用いた Janus 型のシリンダー構造の単離に成功している．まず，PS-*block*-PB-*block*-PMMA を合成し，PS と PMMA ラメラの界面に PB ドメインがシリンダーの存在する cylinder-at-the-wall 構造を形成した後，S_2Cl_2 で PB ブロックを架橋させる．架橋前後で構造が保たれていることを TEM 観察により確かめている．次に，架橋後のポリマーの希薄溶液を Si ウェハ上にキャストすることで，PB シリンダーを中心とし PS, PMMA ドメインが分離した Janus 型シリンダー構造が単離されたことを SEM, AFM 観察より明らかにしている（図3.84）[169]．

　Ho らはキラルなポリ(L-ラクチド)(PLLA) と PS から構成されるブロック共重合体を用い，PLLA セグメントの体積分率が 0.35 のときに PLLA ドメインが直径 25.3 nm，ピッチ 43.8 nm のナノヘリックス構造を発現していることを見出した[327]．そして，PLLA ドメインを塩基性条件下で加水分解し，除去することでナノヘリックス構造の空洞をもつ PS

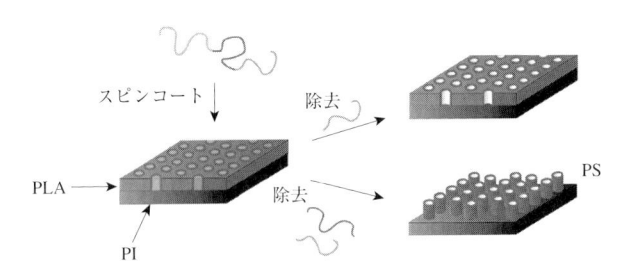

図3.83　PI-*block*-PS-*block*-PLA を用いたミクロ相分離構造の固定化と PI ドメイン，PLA ドメインの除去による PS シリンダーの単離

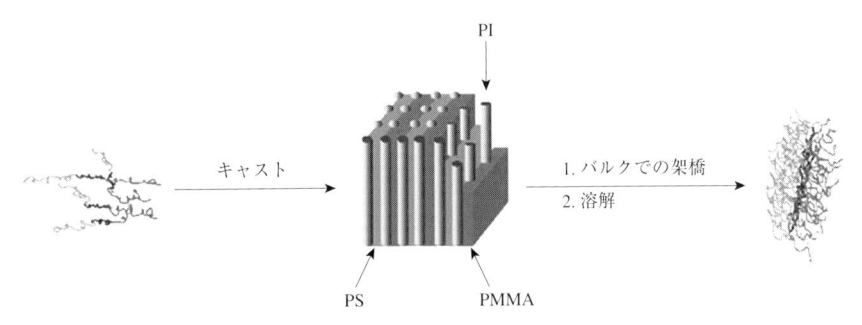

図3.84　PS-*block*-PB-*block*-PMMA を用いた Janus 型シリンダー構造の単離

多孔質膜を得ている．光学分割剤への応用が期待される興味深いナノ機能材料である．

Hillmyerらの研究に加え，上述のAbetz, Hoを含め，多数の研究グループによりミクロ相分離とナノ微細加工に関するさまざまな研究が行われている．しかしながら発想がほぼ同じであることに加え，本章の目的でないので詳細は省略する．興味のある方は，Hillmyerの最近の総説を参照されたい[328]．

これまで述べてきたブロック共重合体は，共有結合により2種類のポリマーセグメントが結ばれているものである．一方，イオン結合を経由してもブロック共重合体の合成は可能である．1993年に中浜らにより，イオン結合によるブロック共重合体を用いたミクロドメイン単離に関する研究が報告されている[329,330]．彼らは，末端アミノ化ポリスチレン（PS－NH$_2$）と末端カルボキシ化ポリエチレンオキシド（PEO－COOH）の混合系，および末端カルボキシ化ポリスチレン（PS－COOH）と末端アミノ化ポリエチレンオキシド（PEO－NH$_2$）の混合系におけるブロック共重合体の形成とそれらのミクロ相分離構造について検討している．いずれの組み合わせにおいても，アミノ基とカルボキシル基のイオン結合を通じてPS-*block*-PIを形成し，広範囲の組成比でラメラが発現することが電子顕微鏡やSAXSより確認されている．さらに塩基性条件下でカルボン酸をイオン解離させ，メタノールに可溶なPEOドメインを溶解させることで除去し，PSドメインで構成されたラメラを基本とした多孔質膜の単離に成功している．

最近，イオン結合を利用した星型ポリマーの合成が報告されている．Hadjichristidisらは鎖末端に3つのジメチルアミノ基を導入したPSと，末端にスルホ基を導入したPIをアニオンリビング重合法により合成し，ジメチルアミノ基とスルホ基のイオン結合によるAB$_3$型非対称星型ポリマーの合成，およびモルフォロジー観察を行った[331]．詳細な検討の結果，得られたポリマーはミクロ相分離を形成していたが，目的のAB$_3$型星型ポリマー中に，AB$_2$型のポリマーが混在していることが示された．これはポリマー鎖の片末端で同時に3つのイオン結合を形成することの限界を示唆している．

彼らの報告に対し，杉山らはアニオンリビング重合法により得られた末端に1つのジアルキルアミノ基を有するポリ（フェニルビニルスルホキシド）（PPVS）と鎖中央にカルボキシル基を有するPS，および核にカルボキシル基を導入した3本腕の星型ポリスチレンを用い，アミノ基とカルボキシル基の1つのイオン結合形成によって，A$_2$B型およびA$_3$B型星型ポリマーの合成に成功した（反応式(3.89)）[94]．

$$
\begin{array}{c}
\text{PS—COOH} + \text{R}_2\text{N}\cdots\text{PPVS} \longrightarrow \text{PPVS} \xrightarrow{\text{熱}} \text{ポリアセチレン} \\
\text{A}_2\text{B 型星型ポリマー}
\end{array}
$$

$$
\begin{array}{c}
\text{PS—COOH} + \text{R}_2\text{N}\cdots\text{PPVS} \longrightarrow \xrightarrow{\text{熱}} \\
\text{A}_4\text{B 型星型ポリマー}
\end{array}
$$

(3.89)

さらに，加熱処理によって PPVS セグメントをポリアセチレンへと定量的に変換することで，導電性のポリアセチレンセグメントを含む星型ポリマーの合成を行った．得られたポリマーのキャストフィルムの TEM 観察を行った結果，A_2B 型星型ポリマーでは直線状に規則正しく配列したラメラが観察された．さらに導電性ポリアセチレンで構成されているミクロドメインの単離を試みたが，単離には成功していないことが報告されている．このように，イオン結合によるブロックポリマーおよび星型ポリマーの合成の報告例はまだ限られているが，ポリマーの末端官能基化ができれば，アニオン重合では直接困難な組み合わせも可能となる．したがって，異相系ポリマーの合成の範囲が大きく広がることになる．さらに pH により容易にイオン結合が切断でき，そのドメインを除くことができるため，特異な形状を有するミクロドメイン単離において，非常に有用な方法といえる．最近，多重水素結合を利用したブロック共重合体の生成とミクロ相分離構造発現が報告されている[332]．同じ目的で使える可能性がある．

以上，ブロック共重合体をはじめとする異相系ポリマーのミクロ相分離構造の研究について示してきた．ミクロドメインの一方を除去することで，もう一方のミクロドメイン形態を温存したナノ高分子集合体の単離へとつながる．ここでは一部を紹介したが，Molau 則で示されたミクロ相分離構造を反映するナノ高分子集合体だけでも，ナノ球，ナノロッド，ナノシート，あるいは球やシリンダー部分が抜けた構造ができる（図 3.85）．それらの大きさは，元のミクロドメインを構成しているポリマーの分子量で制御でき，構造はポリマーの組成で決まる．そして，このようにして作り出したナノ高分子集合体を鋳型とすることによる，さらに新しい機能を有するナノ構造体の創製についても紹介してきた．ナノ高分子集合体は，元の構造を反映した特異形態を生かした新しいナノ機能性材料として応用できるだけでなく，ポリマー集合体を構成しているセグメントに，導電性ポリアセチ

図3.85　ミクロドメインの単離を利用したナノ構造体の例

レンのようなさまざまな機能性を付与することができれば，すぐにでも新規のナノデバイス作製へとつながる．前章でさまざまな形状のarchitectural polymerの合成の進歩を述べてきたが，いずれも対応する構造の異相系ポリマーを合成することができることから，無限のミクロ相分離構造，さらに同一分子内に複数のミクロ相分離構造が発現できる可能性を考えると，これからのこの分野の研究の興味は尽きない．

10章 まとめと展望

　本編では，前半にアニオン重合の基礎を述べ，後半でリビングアニオン重合の最近の進歩とそれを用いた architectural polymer の合成，さらにミクロ相分離構造を基にしたナノ物質への展開を述べてきた．前半の部分は成書で何度も述べられており，大部分の内容はそれらと重複している．一部は最近の話題を加えたが，基礎に関してはあまり進歩してないことがよくわかる．このような理由から，本編では最近のアニオン重合の研究で集中している後半の部分に多くの頁を割いた．

　ビニルモノマーのアニオン重合についていえば，反応性によりおおよそA群～D群の四つの群に分けられる．A群やB群のモノマー類に比べ，アニオン重合性の高いC群やD群のモノマーを扱っている研究は以前から少ないが，最近は特に少ない．またビニルモノマーと環状モノマー，さらにそれらの成長鎖末端アニオンの反応性に関する情報もまだ十分に整理されていないように感じている．動力学を扱っている研究についても，最近はほとんど報告されていない．立体規制に関しては，畑田，北山らにより，メタクリル酸エステル類できわめて高い立体制御がなされており，大きく進歩している．また N,N-ジアルキルアクリルアミド誘導体のアニオン重合においても，石曽根らによる一連の立体規制に関する報告があり，情報が集められつつある．一方，1,3-ジエン類の位置選択性や立体選択性については，特に目立った成果はなく，モノマーによる結果は報告されているが，積極的に位置や立体規則性の規制に関する研究はない．

　リビングラジカル重合やリビングカチオン重合，さらに配位重合におけるリビング重合が相次いで見出されるためあまり目立たないが，リビングアニオン重合も着実に進歩している．モノマーに関しては保護基の使用により，広い範囲の官能基の使用が可能になってきた．本文中でも述べたように，リビング重合を見据えて開発された保護基は，最も厳しい重合条件が要求されるスチレンのリビングアニオン重合に耐えられるため，原則としてリビングアニオン重合が可能なモノマー類すべてに適用できることになる．したがって，官能基とリビングアニオン重合の組み合わせは，将来機能材料の分子設計と精密合成を展開するうえで，大きな意味をもつことを強調しておきたい．一方，1960年代からB群のモノマーであるメタクリル酸エステルのリビングアニオン重合は多く報告されているが，その大部分は再現性に乏しく信頼性に欠ける．1980年代に報告された立体的にかさ高い開始剤，たとえば，1,1-ジフェニルアルキルリチウムを用い，極低温（$<-40°C$），THFのような非プロトン性の極性溶媒中で重合すれば，リビングアニオン重合は問題なく進行する．最近，この分野のリビングアニオン重合の進歩は著しく，LiClなどの無機塩，ルイ

ス塩基に次いで弱いルイス酸の添加効果が見出され，リビングアニオン重合の適用条件が広がった．メタクリル酸エステルに比べ，困難とされたアクリル酸エステルのリビングアニオン重合も可能になってきた．さらに N,N-ジアルキルアクリルアミド誘導体やメタクリロニトリルにまで，リビングアニオン重合の範囲が広がってきた．C 群や D 群のモノマーに関してはリビングアニオン重合が報告されていないが，置換基の大部分は，ケトンやエステルのカルボニル基，シアノ基，ニトロ基などの電子求引性基であることから，上記開始剤系の工夫次第で可能と思われる．

リビングアニオン重合で強調されるのは，本文でも述べているが，分子量のきわめて広い範囲での制御が可能であり，得られたポリマーの分子量分布が非常に狭い点である．少なくとも $\overline{M}_w/\overline{M}_n = 1.05$ 以下のポリマーは，現時点ではリビングアニオン重合以外ではきわめて困難である．実際に上記の事実が満たされるのは，A 群のモノマーに加え，2-ビニルピリジン，メタクリル酸エステル，さらにエチレンオキシドのリビングアニオン重合でしかないが，他のリビング重合系ではまだ実現できないため，現時点ではリビングアニオン重合の特長と考えてもよいようである．もう一つの強調すべき点は，リビングアニオン重合が可能なモノマー群にはスチレン，1,3-ジエン類，2-ビニルピリジン，メタクリル酸エステル，アクリルアミドなどのビニルモノマーに加え，イソシアナート，環状モノマーであり，さらに導入可能な官能基の種類の豊富さを考えると，対象モノマーはラジカル重合よりはるかに多いことであり，この事実は意外と知られていない．

工業的な規模でポリマーを合成する場合，ラジカル重合が最も多く用いられている．しかしながら本文中で述べたように，SBS や SIS で代表される熱可塑性エラストマーや溶液 SBR が工業規模でリビングアニオン重合によって合成されていることに着目したい．さらにレジスト材料用のポリマーやポリメタクリル酸エステルが，工業的にリビングアニオン重合で生産されていることも付け加えておく．

リビングアニオン重合を用いることで分子量や分子量分布の厳密な制御に加え，鎖末端のアニオンの反応を駆使することで，さまざまな形状の分岐構造や異相構造を有するポリマーが合成できる．特に近年この分野の著しい発展により，従来考えられていた以上の複雑な分子設計と精密合成が実現されており，近い将来 nm オーダーに至る機能性高分子材料として大きな期待がもたれる．また将来のナノテクノロジーやナノデバイス作製で重要な役割を果たす例として，異相系ポリマーのミクロ相分離構造により形成されるナノ超構造体を用いた，ナノ微細加工について述べてきた．筆者は，最近報告されている複雑な構造を有するポリマーとナノ微細加工を組み合わせれば，ナノテクノロジーの分野で大きな将来性が期待できると思っている．アニオン重合に加え，他のリビング重合系の新展開を考えると，精密に合成されたポリマーを中心とした新規産業創出へのブレークスルーとなる材料開発が期待される．逆に，物性面から材料特性が分子設計へとフィードバックされることにより，新たなポリマー合成の指針となり，より高度な性能や機能を発現する高分

子材料の開発へと結び付き，今後もさらなる発見，改良が続けられていくだろう．

参考書

- 高分子学会高分子実験学編集委員会編，高分子実験学 4：付加重合・開環重合，共立出版（1983），pp.104-174
- 鶴田禎二編，中浜精一，平尾明，長崎幸夫，北山辰樹，高分子の合成と反応(1)，共立出版（1990），pp.177-251
- 高分子学会編，新高分子実験学 2：高分子の合成・反応(1)付加系高分子の合成，共立出版（1995），pp.135-236
- 浅見柳三，新実験化学講座 19：高分子化学 I，丸善（1978），pp.59-73
- D. E. Hudgin ed., H. L. Hsieh, R. P. Quirk, *Anionic Polymerization*, Marcel Dekker, New York（1996）
- 日本化学会編，第 5 版実験化学講座 26：高分子化学，丸善（2005），pp.61-90

文　献

1) M. Szwarc, *Nature*, **178**, 1168（1956）
2) M. Szwarc, M. Levy, and R. Milkovich, *J. Am. Chem. Soc.*, **78**, 2656（1956）
3) R. Z. Greenley（J. Brandrup, E. H. Immergut eds.）, *Polymer Handbook, 3rd Ed.*, John Wiley & Sons, New York（1989），p.II/267
4) 鶴田禎二，講座 重合反応論 4：アニオン重合，化学同人（1973），p.12
5) M. Aldissi, F. Schué, H. Liebich, and K. Geckeler, *Polymer*, **26**, 1096（1985）
6) O. Vogl ed., *Polyaldehydes*, Marcel Dekker, New York（1967）
7) L. S. Corley and O. Vogl, *Polym. Bull.*, **36**, 211（1980）
8) T. Kitayama and H. K. Hall, Jr., *Macromolecules*, **20**, 1451（1987）
9) R. D. Lipscomb and W. H. Sharkey, *J. Polym. Sci., Part A-1*, **8**, 2187（1970）
10) W. J. Middleton, H. W. Jacobson, R. E. Putnam, H. C. Walter, D. G. Rye, and W. H. Sharkey, *J. Polym. Sci., Part A*, **3**, 4115（1965）
11) G. F. Pregaglia and G. Pozzi, *Chem. Ind.*（Milan）, **45**, 160（1963）
12) J.-S. Lee and S.-W. Ryu, *Macromolecules*, 32, 2085（1999）
13) Y.-D. Shin, S.-Y. Kim, J.-H. Ahn, and J.-S. Lee, *Macromolecules*, **34**, 2408（2001）
14) J.-H. Ahn, T.-D. Shin, G. Y. Nath, S.-Y. Park, M. S. Rahman, S. Samal, and J.-S. Lee, *J. Am. Chem. Soc.*, **127**, 4132（2005）
15) G. C. Robinson, *J. Polym. Sci., Part B*, **323**（1970）
16) K. J. Ivin, T. Saegusa eds., *Ring-Opening Polymerization, Vol.2*, Elsevier, London（1984），p.523
17) C. Jacobs, Ph. Dubois, R. Jérôme, and Ph. Teyssié, *Macromolecules*, **24**, 3027（1991）
18) M. Möller, R. Kånge, and J. L. Hedrick, *J. Polym. Sci., Part A: Polym. Chem.*, **38**, 2067

(2000)
19) K. Hashimoto, *Prog. Polym. Sci.*, **25**, 1411-1462 (2000)
20) R. B. Bates, L. M. Kroposky, and D. E. Potter, *J. Org. Chem.*, **37**, 560 (1972)
21) B. J. Bauer and L. Fetters, *Rub. Chem. Tech.*, **51**, 406 (1978)
22) P. Lutz, E. Franta, and P. Rempp, *Polymer*, **23**, 1953 (1982)
23) C. G. Bredeweg, A. L. Glatzke, G. Y.-S. Lo, and L. H. Tung, *Macromolecules*, **27**, 2225 (1994)
24) G. Y.-S. Lo, E. W. Otterbacher, A. L. Gatzke, and L. H. Tung, *Macromolecules*, **27**, 2233 (1994)
25) G. Y.-S. Lo, E. W. Otterbacher, R. G. Pews, and L. H. Tung, *Macromolecules*, **27**, 2241 (1994)
26) K. Hatada, T. Kitayama, and H. Yuki, *Polym. J.*, **12**, 535 (1980)
27) K. Hatada, T. Kitayama, S. Okahata, and H. Yuki, *Polym. J.*, **13**, 1045 (1981)
28) K. Hatada, T. Kitayama, and E. Masuda, *Polym. J.*, **17**, 985 (1985)
29) K. Hatada, T. Kitayama, and E. Masuda, *Polym. J.*, **18**, 395 (1986)
30) B. O. Bateup and P. E. M. Allen, *Eur. Polym. J.*, **13**, 761 (1977)
31) H. Yuki and K. Hatada, *Adv. Polym. Sci.*, **31**, 1-45 (1979)
32) M. Szwarc, *Adv. Polym. Sci.*, **49**, 1-177 (1983)
33) A. H. E. Müller (T. E. Hogen-Esch, J. Smid eds.), *Recent Advance in Anionic Polymerization*, Elsevier, New York (1987), p.205
34) K. Hatada, T. Kitayama, and K. Ute, *Prog. Polym. Sci.*, **13**, 189-276 (1988)
35) A. H. E. Müller (G. Allen, J. C. Bevington eds.), *Comprehensive Polymer Science*, Vol.3, Pergamon Press, Oxford (1989), p.387
36) M. Morton, L. J. Fetters, R. A. Pett, and J. F. Meier, *Macromolecules*, **3**, 327 (1970)
37) D. J. Worsfold and S. Bywater, *Macromolecules*, **5**, 393 (1972)
38) M. Shinohara, J. Simd, and M. Szwarc, *J. Am. Chem. Soc.*, **90**, 2175 (1968)
39) D. N. Bhattacharyya, C. L. Lee, J. Smid, and M. Szwarc, *Polymer*, **5**, 54 (1964)
40) D. N. Bhattacharyya, C. L. Lee, J. Smid, and M. Szwarc, *J. Phys. Chem.*, **69**, 612 (1965)
41) T. E. Hogen-Esch and J. Smid, *J. Am. Chem. Soc.*, **88**, 307 (1966)
42) T. P. Davis, D. M. Haddleton, and S. N. Richards, *J. Macromol. Sci., Rev. Macromol. Chem. Phys.*, **C34**, 243 (1994)
43) D. Baskaran, *Prog. Polym. Sci.*, **28**, 521-581 (2003)
44) J. W. Burley and R. N. Young, *J. Chem. Soc., B*, 1018 (1971)
45) D. Margerison and V. A. Nyss, *J. Chem. Soc., C*, 3065 (1968)
46) R. W. Pennisi and L. J. Fetters, *Macromolecules*, **21**, 1094 (1988)
47) M. D. Glasse, *Prog. Polym. Sci.*, **9**, 133-195 (1983)
48) F. J. Gerner, H. Höcher, A. H. E. Müller, and G. V. Schulz, *Eur. Polym. J.*, **20**, 349

（1984）
49) A. H. E. Müller, L. Lochmann, and J. Trekoval, *Makromol. Chem.*, **187**, 1473 (1986)
50) 井本稔，宇野敬吉，講座 重合反応論 8：重付加と付加縮合，化学同人 (1972)，p.91
51) T. Saegusa, S. Kobayashi, and Y. Kimura, *Macromolecules*, **7**, 256 (1974)
52) 山田文一郎，安田裕，松下敏郎，大津隆行，高分子論文集，**35**，607 (1978)
53) Y. Nagasaki and T. Tsuruta, *Makromol. Rapid Commun.*, **10**, 403 (1989)
54) R. Asami, J. Oku, M. Takeuchi, K. Nakamura, and M. Takaki, *Polym. J.*, **20**, 699 (1988)
55) M. M. F. Al-Jarrah, R. L. Apikian, and E. Ahmed, *Polym. Bull.*, **12**, 433 (1984)
56) M. Morton, J. R. Rupert (F. E. Bailey, Jr., E. J. Vandenberg, A. Blumstein, M. J. Bowden, J. C. Arthur, J. Lal, R. M. Ottenbrite eds.), *Initiation of Polymerization* (ACS Symp. Ser., Vol.212), American Chemical Society, Washington, D. C. (1983), pp.283-289
57) S. Bywater, Y. Firat, and P. E. Black, *J. Polym. Sci., Polym. Chem. Ed.*, **22**, 669 (1984)
58) R. Salle and Q. T. Pam, *J. Polym. Sci., Polym. Chem. Ed.*, **15**, 1799 (1977)
59) E. Essel and Q. T. Pam, *J. Polym. Sci., Part A-1*, **10**, 2793 (1972)
60) C. J. Dyball, D. J. Worsfold, and S. Bywater, *Macromolecules*, **12**, 819 (1979)
61) D. J. Worsfold, S. Bywater, and G. Hollingsworth, *Macromolecules*, **5**, 389 (1972)
62) R. Milner and R. N. Young, *Polymer*, **23**, 1636 (1982)
63) W. Gerbert, J. Hinz, and H. Sinn, *Makromol. Chem.*, 29-30, 291 (1973)
64) H. L. Hsieh, R. P. Quirk (D. E. Hudgin ed.), *Anionic Polymerization, Principle and Practical Applications*, Marcel Dekker, New York (1996), p.208
65) K. Takenaka, A. Hirao, T. Hattori, and S. Nakahama, *Macromolecules*, **20**, 2034 (1987)
66) K. Takenaka, A. Hirao, T. Hattori, and S. Nakahama, *Macromolecules*, **22**, 1563 (1989)
67) K. Takenaka, A. Hirao, T. Hattori, and S. Nakahama, *Macromolecules*, **25**, 96 (1992)
68) H. L. Hsieh, R. P. Quirk (D. E. Hudgin ed.), *Anionic Polymerization, Principle and Practical Applications*, Marcel Dekker, New York (1996), p.210
69) 曹俊奎，岡本佳男，畑田耕一，高分子論文集，**43**，857 (1986)
70) 高分子学会編，高分子の合成と反応 (1)，共立出版 (1992)，pp.215-251
71) 日本化学会編，第 4 版実験化学講座 28：高分子合成，丸善 (1992), pp.120-160
72) K. Hatada, *J. Polym. Sci., Part A: Polym. Chem.*, **37**, 245 (1999)
73) K. Hatada and T. Kitayama, *Polym. Int.*, **49**, 11 (2000)
74) K. Hatada, K. Ute, K. Tanaka, T. Kitayama, and Y. Okamoto, *Polym. J.*, **17**, 977 (1985)
75) K. Hatada, K. Ute, K. Tanaka, Y. Okamoto, and T. Kitayama, *Polym. J.*, **18**, 1037 (1986)
76) T. Kitayama, T. Shinozaki, E. Masuda, M. Yamamoto, and K. Hatada, *Polym. Bull.*, **20**, 505 (1988)
77) T. Kitayama, T. Shinozaki, T. Sakamoto, M. Yamamoto, and K. Hatada, *Makromol.*

Chem., Supplement, **15**, 167 (1989)

78) T. Kitayama, Y. Zhang, and K. Hatada, *Polym. J.*, **26**, 868 (1994)
79) T. Kitayama, T. Hirano, and K. Hatada, *Polym. J.*, **28**, 61 (1996)
80) T. Hirano, T. Kitayama, J. Cao, and K. Hatada, *Polym. J.*, **32**, 961 (2000)
81) Y. Okamoto and E. Yashima, *Prog. Polym. Sci.*, **15**, 263-298 (1990)
82) Y. Okamoto and T. Nakano, *Chem. Rev.*, **94**, 349 (1994)
83) C. Yamamoto and Y. Okamoto, *Bull. Chem. Soc. Jpn.*, **77**, 227 (2004)
84) M. Kobayashi, T. Ishizone, A. Hirao, S. Nakahama, and M. Kobayashi, *J. Macromol. Sci., A: Pure Appl. Chem.*, **34**, 1845 (1997)
85) M. Kobayashi, S. Okuyama, T. Ishizone, and S. Nakahama, *Macromolecules*, **32**, 6466 (1999)
86) M. Kobayashi, T. Ishizone, and S. Nakahama, *J. Polym. Sci., Part A: Polym. Chem.*, **38**, 4677 (2000)
87) H. L. Hsieh, R. P. Quirk, *Anionic Polymerization: Principles and Applications. V. Commercial Applications of Anionically Prepared Polymers*, Marcel Dekker, New York (1996), pp.395-619
88) M. Morton, E. E. Bostick, and R. G. Clarke, *J. Polym. Sci., Part A*, **1**, 475 (1963)
89) D. J. Worsfold, J. G. Zilliox, and P. Rempp, *Can. J. Chem.*, **47**, 3379 (1969)
90) H. Eschwey and W. Burchard, *Polymer*, **16**, 180 (1975)
91) Y. Nagasaki and T. Tsuruta, *J. Macromol. Sci. Chem.*, **A26**, 1043 (1989)
92) A. Okamoto and I. Mita, *J. Polym. Sci., Polym. Chem. Ed.*, **16**, 1187 (1978)
93) P. Lutz, G. Beinert, and P. Rempp, *Makromol. Chem.*, **183**, 2787 (1982)
94) A. Hirao, T. Imai, K. Watanabe, M. Hayashi, and K. Sugiyama, *Chem. Month.*, **137**, 855 (2006)
95) K. Sugiyama, K. Watanabe, M. Hayashi, and A. Hirao, *Macromolecules*, **41**, 4235 (2008)
96) A. Hirao, M. Kitamura, and S. Loykulnant, *Macromolecules*, **37**, 4770 (2004)
97) A. H. Soum, M. Fontanille, and P. Sigwalt, *J. Polym. Sci., Polym. Chem. Ed.*, **15**, 659 (1977)
98) W. Toreki, T. E. Hogen-Esch, and G. B. Butler, *Polym. Prepr.*(ACS Div. Polym. Chem.), **28**, 343 (1987)
99) M. Fisher and M. Szwarc, *Macromolecules*, **3**, 23 (1970)
100) K. Ishizu, Y. Kashi, T. Fukutomi, and T. Kakurai, *Makromol. Chem.*, **183**, 3099 (1982)
101) A. H. Soum, C.-F. Tien, T. E. Hogen-Esch, N. B. D'Accorso, and M. Fontanille, *Makromol. Chem., Rapid Commun.*, **4**, 243 (1983)
102) A. Hirao, Private Communication
103) J.-S. Wang, R. Jérôme, P. Bayard, L. Baylac, M. Patin, and P. Teyssie, *Macromolecules*,

27, 4615（1994）

104) D. Baskaran, *Macromol. Chem. Phys.*, **201**, 890（2000）
105) H. Yamamoto, H. Yasuda, Y. Yokota, A. Nakamura, Y. Kai, and N. Kasai, *Chem. Lett.*, 1963（1988）
106) H. Yasuda, H. Yamamoto, K. Yokota, S. Miyake, and A. Nakamura, *J. Am. Chem. Soc.*, **114**, 4908（1992）
107) S. K. Vashney, J.-P. Hautekeer, R. Fayt, and R. Jérôme, *Macromolecules*, **23**, 2618（1990）
108) T. Ishizone, K. Yoshimura, A. Hirao, and S. Nakahama, *Macromolecules*, **31**, 8706（1998）
109) T. Ishizone, E. Yanase, T. Matsushita, and S. Nakahama, *Macromolecules*, **34**, 6551（2001）
110) R. S. Kanga, E. T. Hogen-Esch, E. Randrianalimanana, and A. Soum, *Macromolecules*, **23**, 4235（1990）
111) R. S. Kanga, E. T. Hogen-Esch, E. Randrianalimanana, A. Soum, and M. Fontanille, *Macromolecules*, **23**, 4241（1990）
112) Y. Zhao, T. Higashihara, K. Sugiyama, and A. Hirao, *J. Am. Chem. Soc.*, **127**, 14158（2005）
113) K. Sugiyama, Y. Karasawa, T. Higashihara, Y. Zhao, and A. Hirao, *Chem. Month.*, **137**, 869（2006）
114) Y. Zhao, T. Higashihara, K. Sugiyama, and A. Hirao, *Macromolecules*, **40**, 228（2007）
115) O. W. Webster, W. R. Hertler, D. Y. Sogah, W. B. Farnham, and T. V. RajanBabu, *J. Am. Chem. Soc.*, **105**, 5706（1983）
116) D. Y. Sogah, W. R. Hertler, O. W. Webster, and G. M. Cohen, *Macromolecules*, **20**, 1473（1987）
117) S. Nakahama and A. Hirao, *Prog. Polym. Sci.*, **15**, 299–335（1990）
118) 高分子学会編，新高分子実験学2：高分子の合成・反応(1)付加系高分子の合成，共立出版（1995），pp.150–155
119) 高分子学会編，高分子の合成と反応(1)，共立出版（1992），pp.188–192
120) A. Hiraoand S. Nakahama, *Trends Poym. Sci.*, **2**, 267（1994）
121) A. Hirao（R. Archady ed.）, *Desk Reference of Functional Polymers*, American Chemical Society, Washington, DC（1996）, p.19
122) A. Hirao and S. Nakahama, *Acta Polym.*, **49**, 133（1998）
123) A. Hirao, S. Loykulnant, and T. Ishizone, *Prog. Polym. Sci.*, **27**, 1399–1471（2002）
124) S. Loykulnant, M. Hayashi, and A. Hirao, *Macromolecules*, **31**, 9121（1998）
125) S. Loykulnant and A. Hirao, *Macromolecules*, **33**, 4757（2000）
126) 石曽根隆，平尾明，中浜精一，高分子論文集，**54**, 829（1997）

127) T. Ishizone, A. Hirao, and S. Nakahama, *Macromolecules*, **26**, 6964 (1993)
128) A. Hirao and S. Nakahama, *Prog. Polym. Sci.*, **17**, 283–317 (1992)
129) C. Billouard, S. Carlotti, P. Desbois, and A. Deffieux, *Macromolecules*, **37**, 4038 (2004)
130) V. Rejsek, D. Sauvanier, C. Billouard, P. Desbois, A. Deffieux, and S. Carlotti, *Macromolecules*, **40**, 6510 (2007)
131) A. Labbe, S. Carlotti, C. Billouard, P. Desbois, and A. Deffieux, *Macromolecules*, **40**, 7842 (2007)
132) J. Allgaier, S. Willbold, and T. Chang, *Macromolecules*, **40**, 518 (2007)
133) S. Carlotti, A. Labbe, V. Rejsek, S. Doutaz, M. Gervais, and A. Deffieux, *Macromolecules*, **41**, 7058 (2008)
134) S. Boileau and P. Sigwalt, *J. Polym. Sci., Part C*, **16**, 3021 (1967)
135) P. Hemery, S. Boileau, P. Sigwalt, and B. Kaempf, *J. Polym. Sci., Part B*, **13**, 49 (1975)
136) P. Hemery, S. Boileau, and P. Sigwalt, *J. Polym. Sci., Polym. Symp.*, **15**, 189 (1975)
137) M. Morton and R. Kammeveck, *J. Am. Chem. Soc.*, **92**, 3217 (1970)
138) M. Morton, R. Kammeveck, and L. J. Fetters, *Bull. Polym. Soc.*, **3**, 120 (1971)
139) V. Bellas, H. Iatrou, E. N. Pitsinos, and N. Hadjichristidis, *Macromolecules*, **34**, 5376 (2001)
140) K. Sakamoto, K. Obata, H. Hirata, M. Nakajima, and H. Sakurai, *J. Am. Chem. Soc.*, **111**, 7641 (1989)
141) I. Dimitrov and H. Schlaad, *Chem. Commun.*, 2944 (2003)
142) T. Aliferis, H. Iatrou, and N. Hadjichristidis, *Biomacromolecules*, **5**, 1653 (2004)
143) H. Lu and J. Cheng, *J. Am. Chem Soc.*, **129**, 14114 (2007)
144) R. Rulkens, Y. Ni, and I. Manners, *J. Am. Chem. Soc.*, **116**, 12121 (1994)
145) Y. Ni, R. Rulkens, and I. Manners, *J. Am. Chem. Soc.*, **118**, 4102 (1996)
146) M. Morton, *Anionic Polymerization: Principles and Practice*, Academic Press, New York (1983), p.233
147) H. L. Hsieh, R. P. Quirk, *Anionic Polymerization: Principles and Applications*, Marcel Dekker, New York (1996), p.261
148) K. Ueda, A. Hirao, and S. Nakahama, *Macromolecules*, **23**, 939 (1990)
149) A. Hirao, H. Nagahama, T. Ishizone, and S. Nakahama, *Macromolecules*, **26**, 2145 (1993)
150) A. Hirao, M. Hayashi, S. Loykulnant, K. Sugiyama, S.-W. Ryu, N. Haraguchi, A. Matsuo, and T. Higashihara, *Prog. Polym. Sci.*, **30**. 111–182 (2005)
151) D. N. Schulz, A. F. Halasa, and A. E. Oberster, *J. Polym. Sci., Polym. Chem. Ed.*, **12**, 153 (1974)
152) D. N. Schulz and A. F. Halasa, *J. Polym. Sci., Polym. Chem. Ed.*, **15**, 2401 (1977)
153) R. P. Quirk, T. Yoo, Y. Lee, J. Kim, and B. Lee, *Adv. Polym. Sci.*, **153**, 67–162 (2000)

154) P. F. Rempp and E. Franta, *Adv. Polym. Sci.*, **58**, 153 (1984)
155) A. Hirao and N. Haraguchi, *Macromolecules*, **35**, 7224 (2002)
156) A. A. El-Shehawy, H. Yokoyama, K. Sugiyama, and A. Hirao, *Macromolecules*, **38**, 8285 (2005)
157) M. Hayashi and A. Hirao, *Macromol. Chem. Phys.*, **202**, 1717 (2002)
158) A. Hirao and A. Matsuo, *Macromolecules*, **36**, 9742 (2003)
159) H. L. Hsieh, R. P. Quirk, *Anionic Polymerization: Principles and Applications*, Marcel Dekker, New York (1996), p.307
160) Y. Matsushita, H. Choshi, T. Fujimoto, and M. Nagasawa, *Macromolecules*, **13**, 1053 (1980)
161) M. Shibayama, H. Hasegawa, T. Hashimoto, and H. Kawai, *Macromolecules*, **15**, 274 (1982)
162) Y. Mogi, K. Mori, H. Kotsuji, Y. Matsushita, I. Noda, and C. C. Han, *Macromolecules*, **26**, 5169 (1993)
163) S. P. Gido, D. W. Schwark, E. L. Thomas, and M. C. Goncalves, *Macromolecules*, **26**, 2636 (1993)
164) Y. Mogi, M. Nomura, H. Kotsuji, K. Ohonishi, Y. Matsushita, I. Noda, and C. C. Han, *Macromolecules*, **27**, 6755 (1994)
165) U. Breiner, U. Krappe, V. Abetz, and R. Stadler, *Macromol. Chem. Phys.*, **198**, 1051 (1997)
166) T. Goldacker, V. Abetz, R. Stadler, I. Erukhimovich, and L. Leibler, *Nature*, **398**, 137 (1999)
167) J.-F. Gohy, N. Willet, J.-X. Zhang, and R. Jérôme, *Angew. Chem., Int. Ed.*, **40**, 3214 (2001)
168) Z. Zhou, Z. Li, Y. Ren, M. A. Hillmyer, and T. P. Lodge, *J. Am. Chem. Soc.*, **125**, 10182 (2003)
169) Y. Liu, V. Abetz, and A. H. E. Müller, *Macromolecules*, **36**, 7894 (2003)
170) R. Erhardt, M. Zhang, A. Boeker, H. Zettl, C. Abetz, P. Frederik, G. Krausch, V. Abetz, and A. H. E. Müller, *J. Am. Chem. Soc.*, **125**, 3260 (2003)
171) L. Lei, J.-F. Gohy, N. Willet, J.-X. Zhang, S. Varshney, and R. Jérôme, *Macromolecules*, **37**, 1089 (2004)
172) T. Ishizone, K. Sugiyama, Y. Sakano, H. Mori, A. Hirao, and S. Nakahama, *Polym. J.*, 31, 983 (1990)
173) Y. Tanaka, H. Hasegawa, T. Hashimoto, A. Ribbe, K. Sugiyama, A. Hirao, and S. Nakahama, *Polym. J.*, **31**, 989 (1999)
174) T. Aliferis, H. Iatrou, and N. Hadjichristidis, *Biomacromolecules*, **5**, 1653 (2004)
175) P. Papadopoulos, G. Floudas, I. Schnell, T. Aliferis, H. Iatrou, and N. Hadjichristidis,

Biomacromolecules, **6**, 2352 (2005)

176) S. Hanski, N. Houbennov, J. Ruokolainen, D. Chondronicola, H. Iatrou, N. Hadjichristidis, and O. Ikkala, *Biomacromolecules*, **7**, 3379 (2006)

177) M. S. Rahman, S. Samal, and J.-S. Lee, *Macromolecules*, **40**, 9279 (2007)

178) M. S. Rahman, M. Changez, S. Samal, and J.-S. Lee, *J. Nanosci. Nanotechnol.*, **7**, 3892 (2007)

179) M. Shshinur Rahman, S. Samal, and J.-S. Lee, *Macromolecules*, **39**, 5009 (2006)

180) F. J. M. Hoeben, P. Jonkheijm, E. W. Meijer, and A. P. H. J. Schenning, *Chem. Rev.*, **105**, 1491 (2005)

181) H. L. Hsieh, R. P. Quirk, *Anionic Polymerization: Principles and Applications*, Marcel Dekker, New York (1996), pp.369-392

182) N. Hadjichristidis, M. Pitsikalis, S. Pispas, and H. Iatrou, *Chem. Rev.*, **101**, 3747 (2001)

183) S. Paraskeva and N. Hadjichristidis, *J. Polym. Sci., Part A: Polym. Chem.*, **38**, 931 (2000)

184) R. Kurokawa, T. Watanabe, and A. Hirao, *Polym. Prepr., Jpn.*, **57**, 3037 (2008)

185) Y. Tsukahara, J. Inoue, Y. Ohota, S. Kojiya, and Y. Okamoto, *Polym. J.*, **26**, 1013 (1994)

186) S. S. Seiko, M. Gerle, K. Fisher, M. Schmidt, and M. Möller, *Langmuir*, **13**, 5368 (1997)

187) N. Hadjichristidis, M. Pitsikalis, H. Iatrou, and S. Pispas, *Macromol. Rapid Commun.*, **24**, 979 (2003)

188) M. Schappacher and A. Deffieux, *Macromol. Chem. Phys*, **198**, 3953 (1997)

189) S.-W. Ryu and A. Hirao, *Macromolecules*, **33**, 4765 (2000)

190) S.-W. Ryu and A. Hirao, *Macromol. Chem. Phys.*, **202**, 1727 (2001)

191) S.-W. Ryu, H. Asada, and A. Hirao, *Macromolecules*, **35**, 7191 (2002)

192) S.-W. Ryu, H. Asada, T. Watanabe, and A. Hirao, *Macromolecules*, **37**, 6291 (2004)

193) G. Hild, A. Kohler, and P. Rempp, *Eur. Polym. J.*, **16**, 525 (1980)

194) D. Geiser and H. Hocker, *Macromolecules*, **13**, 653 (1980)

195) B. Vollmert and J. X. Huang, *Makromol. Chem., Rapid Commun.*, **2**, 467 (1981)

196) J. Roovers and P. M. Toporowski, *Macromolecules*, **16**, 843 (1983)

197) G. Hadziioannou, P. M. Cotts, G. ten Brinke, C. C. Han, P. Lutz, C. Strazielle, P. Rempp, and A. J. Kovacs, *Macromolecules*, **20**, 493 (1987)

198) J. Roovers and P. M. Toporowski, *J. Polym. Sci., Part B: Polym. Phys.*, **26**, 1251 (1988)

199) G. B. McKenna, B. J. Hostetter, N. Hadjichristidis, L. J. Fetters, and D. J. Plazek, *Macromolecules*, **22**, 1834 (1989)

200) A. El Madani, J.-C. Favier, P. Hemery, and P. Sigwalt, *Polym. Int.*, **27**, 353 (1992)

201) Y. Gan, D. Dong, and T. E. Hogen-Esch, *Macromolecules*, **28**, 383 (1995)
202) H. Ohtani, H. Kotsuji, H. Momose, Y. Matsushita, and I. Noda, *Macromolecules*, **32**, 6541 (1999)
203) Y. Gan, D. Dong, S. Carlotti, and T. E. Hogen-Esch, *J. Am. Chem. Soc.*, **122**, 2130 (2000)
204) B. Lepoittevin, M.-A. Dourges, M. Masure, P. Hemery, K. Baran, and H. Cramail, *Macromolecules*, **33**, 8218 (2000)
205) L. Rique-Lurbet, M. Schappacher, and A. Deffieux, *Macromolecules*, **27**, 6218 (1994)
206) H. Pasch, A. Deffieux, R. DGhahary, M. Schappacher, and L. Rique-Lurbet, *Macromolecules*, **30**, 98 (1997)
207) M. Kubo, T. Hayashi, H. Kobayashi, and T. Ito, *Macromolecules*, **31**, 1053 (1998)
208) H. Oike, S. Kobayashi, T. Mouri, and T. Tezuka, *Macromolecules*, **34**, 2742 (2001)
209) H. Oike, M. Hamada, S. Eguchi, Y. Danda, and T. Tezuka, *Macromolecules*, **34**, 2776 (2001)
210) Y. Tezuka and H. Oike, *Prog. Polym. Sci.*, **27**, 1069−1122 (2002)
211) Y. Tezuka and K. Fujiyama, *J. Am. Chem. Soc.*, **127**, 6266 (2005)
212) K. Matyjaswewski, A. Deffieux, R. Borsali eds., *Macromolecular Engineering: Precise Synthesis, Material Properties, Applications, Vol.2*, Wiley-VCH, Weinhelm (2007), pp.875−908
213) M. Schappacher and A. Deffieux, *Macromolecules*, **34**, 5827 (2001)
214) M. Schappacher and A. Deffieux, *Science*, **319**, 1512 (2008)
215) M. Pitsikalis, H. Iatrou, J. W. Mays, and N. Hadjichristidis, *Adv. Polym. Sci.*, **135**, 1−137 (1998)
216) A. Hirao, M. Hayashi, Y. Tokuda, N. Haraguchi, T. Higashihara, and S.-W. Ryu, *Polym. J.*, **34**, 633 (2002)
217) N. Hadjichristidis, M. Pitsikalis, H. Iatrou, and C. Vlahos, *Adv. Polym. Sci.*, **142**, 71−127 (1999)
218) H. Iatrou and N. Hadjichristidis, *Macromolecules*, 25, 4649 (1992)
219) T. Fujimoto, H. Zhang, T. Kazama, Y. Isono, H. Hasagawa, and T. Hashimoto, *Polymer*, **29**, 6076 (1992)
220) H. Hückstädt, V. Abetz, and R. Stadler, *Macromol. Rapid Commun.*, **17**, 599 (1996)
221) S. Sioula, N. Hadjichristidis, and E. L. Thomas, *Macromolecules*, **31**, 5272 (1998)
222) S. Sioula, N. Hadjichristidis, and E. L. Thomas, *Macromolecules*, **31**, 8429 (1998)
223) V. Bellas, H. Iatrou, and N. Hadjichristidis, *Macromolecules*, **33**, 6993 (2000)
224) S. Reutenauer, G. Hurtrez, and P. Dumas, *Macromolecules*, **34**, 755 (2001)
225) K. Yamaguchi, K. Takahashi, H. Hasegawa, H. Iatrou, N. Hadjichristidis, T. Kaneko, Y. Nisizawa, H. Jinnai, T. Matsui, H. Nishioka, M. Shimizu, and H. Furukawa, *Macro-

molecules, **36**, 6962 (2003)
226) A. Takano, S. Wada, S. Sato, T. Araki, K. Hirahara, T. Kazama, S. Kawahara, Y. Isono, A. Ohono, N. Tanaka, and Y. Matsutita, *Macromolecules*, **37**, 9941 (2004)
227) A. Hirao and Y. Tokuda, *Macromolecules*, **36**, 6081 (2003)
228) A. Hirao, K. Kawasaki, and T. Higashihara, *Macromolecules*, **37**, 5179 (2004)
229) A. Hirao, K. Inoue, T. Higashihara, and M. Hayashi, *Polym. J.*, **40**, 923 (2008)
230) A. Hirao, M. Hayashi, and T. Higashihara, *Macromol. Chem. Phys.*, **202**, 3165 (2001)
231) A. Hirao and T. Higashihara, *Macromolecules*, **35**, 7238 (2002)
232) A. Hirao, T. Higashihara, M. Nagura, and T. Sakurai, *Macromolecules*, **39**, 6081 (2006)
233) A. Hirao, K. Inoue, and T. Higashihara, *Macromolecules*, **41**, 3579 (2008)
234) A. Karatzas, H. Iatrou, N. Hadjichristidis, K. Inoue, K. Sugiyama, and A. Hirao, *Biomacromolecules*, **9**, 2072 (2008)
235) T. Aliferis, H. Iatrou, and N. Hadjichristidis, *J. Polym. Sci., Part A: Polym. Chem.*, **43**, 4670 (2005)
236) J. Babin, C. Leroy, S. Lecommandoux, R. Borsali, Y. Gnanou, and D. Taton, *Chem. Commun.*, 1993 (2005)
237) A. Hirao, K. Sugiyama, Y. Tsunoda, A. Matsuo, and T. Watanabe, *J. Polym. Sci., Part A: Polym. Chem.*, **44**, 6659 (2006)
238) A. Hirao, K. Sugiyama, Y. Tsunoda, A. Matsuo, and T. Watanabe, *Polym. Int.*, **57**, 554 (2008)
239) M. Trollsås and J. L. Hedrick, *J. Am. Chem. Soc.*, **120**, 4644 (1998)
240) S. Angot, D. Tanton, and Y. Gnanou, *Macromolecules*, **33**, 5418 (2000)
241) V. Percec, B. Barboiu, C. Grigoras, and T. K. Bera, *J. Am. Chem. Soc.*, **125**, 6503 (2003)
242) I. Chalari and N. Hadjichristidis, *J. Polym. Sci., Part A: Polym. Chem.*, **40**, 1519 (2002)
243) K. Orfanou, H. Iatrou, D. J. Lohse, and N. Hadjichristidis, *Macromolecules*, **39**, 4361 (2006)
244) L. R. Hutchings and S. J. Roberts-Bleming, *Macromolecules*, **39**, 2144 (2006)
245) A. Matsuo, T. Watanabe, and A. Hirao, *Macromolecules*, **37**, 6283 (2004)
246) A. Hirao, A. Matsuo, and T. Watanabe, *Macromolecules*, **38**, 8701 (2005)
247) T. Watanabe, Y. Tsunoda, A. Matsuo, K. Sugiyama, and A. Hirao, *Macromol. Symp.*, **240**, 23 (2006)
248) T. Watanabe and A. Hirao, *Macromol. Symp.*, **245**, 5 (2006)
249) S. Jin, T. Higashihara, T. Watanabe, K. S. Jin, J. Yoon, K. Heo, J. Kim, K.-W. Kim, A. Hirao, and M. Ree, *Macromol. Res.*, **16**, 686 (2008)
250) S. Houli, H. Iatrou, N. Hadjichristidis, and D. Vlassopoules, *Macromolecules*, **35**, 6592 (2002)

251) N. Haraguchi and A. Hirao, *Macromolecules*, **36**, 9364 (2003)
252) A. Nikopoulou, H. Iatrou, D. J. Lohse, and N. Hadjichristidis, *J. Polym. Sci., Part A: Polym. Chem.*, **45**, 3513 (2007)
253) P. Driva, D. J. Lohse, and N. Hadjichristidis, *J. Polym. Sci., Part A: Polym. Chem.*, **46**, 1826 (2008)
254) M. Gauthier and M. Möller, *Macromolecules*, **24**, 4548 (1991)
255) S. J. Teertstra and M. Gauthier, *Prog. Polym. Sci.*, **29**, 277–327 (2004)
256) M. A. Hempenius, W. Michelberger, and M. Möller, *Macromolecules*, **30**, 5602 (1997)
257) J. Bernard, M. Schappacher, A. Deffieux, P. Viville. R. Lazzaroni, M.-H. Charles, M.-H. Charreyre, and T. Delair, *Bioconjugate Chem.*, **17**, 6 (2006)
258) M. Schappacher, J. L. Putaux, C. Lefebvre, and A. Deffieux, *J. Am. Chem. Soc.*, **127**, 2990 (2005)
259) M. Schappacher and A. Deffieux, *Macromolecules*, **38**, 7209 (2005)
260) M. Schappacher and A. Deffieux, *Macromolecules*, **38**, 4942 (2005)
261) A. Deffieux, M. Schappacher, A. Hirao, and T. Watanabe, *J. Am. Chem. Soc.*, **130**, 5670 (2008)
262) K. Tanaka, X. Jiang, K. Nakamura, A. Takahara, T. Kajiyama, T. Ishizone, A. Hirao, and S. Nakahama, *Macromolecules*, **31**, 5148 (1998)
263) H. Mori, A. Hirao, S. Nakahama, and K. Senshu, *Macromolecules*, **27**, 4093 (1994)
264) K. Senshu, S. Yamashita, M. Ito, A. Hirao, and S. Nakahama, *Langmuir*, **11**, 2293 (1996)
265) K. Senshu, M. Kobayashi, N. Ikaya, S. Yamashita, A. Hirao, and S. Nakahama, *Langmuir*, **15**, 1763 (1999)
266) K. Senshu, S. Yamashita, H. Mori, M. Ito, A. Hirao, and S. Nakahama, *Langmuir*, **15**, 1754 (1999)
267) C. Nojiri, K. Senshu, and T. Okano, *Artificial Organs*, **19**, 32 (1995)
268) L. A. Wall ed., *Fluoropolymers*, Wiley-Interscience, New York (1972)
269) E. Giannetti, *Polym. Int.*, **50**, 10 (2001)
270) J. J. Reisinger and M. A. Hillmyer, *Prog. Polym. Sci.*, **27**, 971–1005 (2002)
271) S. Krishnan, Y.-J. Kwark, and C. K. Ober, *Chem. Rec.*, **4**, 315 (2004)
272) A. Hirao, K. Sugiyama, and H. Yokoyama, *Prog. Polym. Sci.*, **32**, 1393–1438 (2007)
273) M. Muthukumar, C. K. Ober, and E. L. Thomas, *Science*, **277**, 1225 (1997)
274) J. Wang, G. Mao, C. K. Ober, and E. J. Kramer, *Macromolecules*, **30**, 1906 (1997)
275) T. Hayakawa, J. Wang, M. Xiang, X. Li, M. Ueda, and C. K. Ober, *Macromolecules*, **33**, 8012 (2000)
276) H. Yokoyama, K. Tanaka, A. Takahara, T. Kajiyama, K. Sugiyama, and A. Hirao, *Macromolecules*, **37**, 939 (2004)

277) H. Yokoyama and K. Sugiyama, *Langmuir*, **20**, 10001 (2004)
278) M. O. Hunt, Jr, A. M. Belu, R. W. Linton, and J. M. DeSimone, *Macromolecules*, **26**, 4854 (1993)
279) S. Affrossman, J. M. Hartshorne, T. Kiff, R. A. Pethrick, and R. W. Richards, *Macromolecules*, **27**, 1588 (1994)
280) J. F. Elman, B. J. Jobs, T. E. Long, and J. T. Koberstein, *Macromolecules*, **27**, 5341 (1994)
281) T. F. Schaub, G. J. Kellogg, A. M. Mayes, R. Kulasekere, J. F. Ankner, and H. Kaiser, *Macromolecules*, **29**, 3982 (1996)
282) S. Affrossman, P. Bertrand, J. M. Hartshorne, T. Kiff, D. Leonard, and R. A. Pethrick, *Macromolecules*, **29**, 5432 (1996)
283) C. Yuan, M. Ouyang, and J. T. Koberstein, *Macromolecules*, **32**, 2329 (1999)
284) R. Mason, C. A. Jalbert, P. A. V. O'Rourke Muisener, J. T. Koberstein, J. F. Elman, and T. E. Long, *Adv. Colloid Interface Sci.*, **94**, 1 (2001)
285) K. Sugiyama, A. Hirao, and S. Nakahama, *Macromol. Chem. Phys.*, **197**, 3149 (1996)
286) Y. Ren, M. S. Shoichet, T. J. McCarty, H. D. Stidham, and S. L. Hsu, *Macromolecules*, **28**, 358 (1995)
287) Z. Su, T. J. McCarty, S. L. Hsu, H. D. Stidham, A. Fan, and D. Wu, *Polymer*, **39**, 4655 (1998)
288) G. Tae, J. A. Kornfield, J. A. Hubbel, D. Johannsmann, and T. E. Hogen-Esch, *Macromolecules*, **34**, 6409 (2001)
289) D. Calvet, A. Collet, M. Viguier, J.-F. Berret, and Y. Séréro, *Macromolecules*, **36**, 449 (2003)
290) K. C. Hoang and S. Mecozzi, *Langmuir*, **20**, 7347 (2004)
291) A. Hirao, G. Koide, and K. Sugiyama, *Macromolecules*, **35**, 7642 (2002)
292) A. El-Shehawy, H. Yokoyama, K. Sugiyama, and A. Hirao, *Macromolecules*, **36**, 9742 (2003)
293) K. Sugiyama, S. Sakai, A. El-Shehawy, and A. Hirao, *Macromol. Symp.*, **217**, 1 (2004)
294) C. A. Orr, J. Cernohous, P. Guegan, A. Hirao, H. K. Jeon, and C. W. Macosko, *Polymer*, **42**, 8171 (2001)
295) G. E. Molau, *Block Polymers*, Plenum Press, New York (1970)
296) D. A. Hajduk, P. E. Harper, S. M. Gruner, C. C. Honeker, G. Kim, E. L. Thomas, and L. J. Fetters, *Macromolecules*, **27**, 4063 (1994)
297) D. A. Hajduk, P. E. Harper, S. M. Gruner, C. C. Honeker, G. Kim, E. L. Thomas, and L. J. Fetters, *Macromolecules*, **28**, 2570 (1995)
298) H. Jinnai, Y. Nishikawa, R. J. Spontak, S. D. Smith, D. A. Agard, and T. Hashimoto, *Phys. Rev. Lett.*, **84**, 518 (2000)

299) H. Jinnai, T. Kajihara, H. Watashiba, Y. Nishikawa, and R. J. Spontak, *Phys. Rev. E*, **64**, 010803（2001）
300) Y. Ren, T. P. Lodge, and M. A. Hillmyer, *Macromolecules*, **34**, 4780（2001）
301) Y. Ren, T. P. Lodge, and M. A. Hillmyer, *Macromolecules*, **35**, 3889（2002）
302) M. W. Matsen and F. S. Bates, *Macromolecules*, **29**, 1091（1996）
303) F. S. Bates and G. H. Fredrickson, *Phys. Today*, **52**, 32（1999）
304) N. Hadjichristidis, H. Iatrou, M. Pitsikalis, S. Pispas, and A. Avgeropoulos, *Prog. Polym. Sci.*, **30**, 725–782（2005）
305) N. Hadjichristidis, H. Iatrou, S. K. Behal, J. J. Chludzinski, M. M. Disko, R. T. Garner, K. S. Liang, D. J. Lohse, and S. T. Milner, *Macromolecules*, **26**, 5812（1993）
306) F. L.Beyer, S. P. Gido, G. Velis, N. Hadjichristidis, and N. B. Tan, *Macromolecules*, **32**, 6604（1999）
307) T. Fujimoto, H. Zhang, T. Kazama, Y. Isono, H. Hasegawa, and T. Hashimoto, *Polymer*, **33**, 2208（1992）
308) S. Okamoto, H. Hasegawa, T. Hashimoto, T. Fujimoto, H. Zhang, T. Kazama, and A. Takano, *Polymer*, **38**, 5275（1997）
390) H. Hückstädt, A. Göpfert, and V. Abetz, *Macromol. Chem. Phys.*, **201**, 296（2000）
310) A. Takano, W. Kawashima, A. Noro, Y. Isono, N. Tanaka, T. Dotera, and Y. Matsushita, *J. Polym. Sci., Part B: Polym. Phys.*, **43**, 2427（2005）
311) K. Hayashida, W. Kawashima, A. Takano, Y. Shinohara, Y. Amemiya, Y. Nozue, and Y. Matsushita, *Macromolecules*, **39**, 4869（2006）
312) Y. Matsushita, *Macromolecules*, **40**, 771（2007）
313) K. Hayashida, N. Saito, S. Arai, A. Takano, N. Tanaka, and Y. Matsushita, *Macromolecules*, **40**, 3695（2007）
314) K. Sugiyama, T. Nemoto, G. Koide, and A. Hirao, *Macromol. Symp.*, **181**, 135（2002）
315) H. Yokoyama, L. Li, T. Nemoto, and K. Sugiyama, *Adv. Mater.*, **16**, 1542（2004）
316) L. Li, H. Yokoyama, T. Nemoto, and K. Sugiyama, *Adv. Mater.*, **16**, 1226（2004）
317) H. Yokoyama and K. Sugiyama, *Macromolecules*, **38**, 10516（2005）
318) L. Li, T. Nemoto, K. Sugiyama, and H. Yokoyama, *Macromolecules*, **39**, 4746（2006）
319) J.-S. Lee, A. Hirao, and S. Nakahama, *Macromolecules*, **21**, 274（1988）
320) J.-S. Lee, A. Hirao, and S. Nakahama, *Macromolecules*, **22**, 2602（1989）
321) J.-S. Lee, S. Nakahama, and A. Hirao, *Sensors and Actuators B*, **3**, 215（1991）
322) A. S. Zalusky, R. Olayo-Valles, C. J. Taylor, and M. A. Hillmyer, *J. Am. Chem. Soc.*, **123**, 1519（2001）
323) A. S. Zalusky, R. Olayo-Valles, J. H. Wolf, and M. A. Hillmyer, *J. Am. Chem. Soc.*, **124**, 12761（2002）
324) J. H. Wolf and M. A. Hillmyer, *Langmuir*, **19**, 6553（2002）

325) B. J. S. Johnson, J. H. Wolf, A. S. Zalusky, and A. Hillmyer, *Chem. Mater.*, **16**, 2909 (2004)
326) S. Guo, J. Rzayev, T. S. Bailey, A. S. Zalusky, R. Olayo-Valles, and M. A. Hillmyer, *Chem. Mater.*, **18**, 1719 (2006)
327) R. M. Ho, Y. W. Chiang, C. C. Tsai, C. C. Lin, B. T. Ko, and B. H. Huang, *J. Am. Chem. Soc.*, **126**, 2704 (2004)
328) M. Hillmyer, *Adv. Polym. Sci.*, **190**, 137-181 (2005)
329) K. Iwasaki, A. Hirao, and S. Nakahama, *Macromolecules*, **26**, 2126 (1993)
330) K. Iwasaki, T. Tokiwa, A. Hirao, and S. Nakahama, *New Polym. Mater.*, **4**, 53 (1993)
331) S. Pispas, G. Floudas, T. Pakula, G. Lieser, S. Sakellariou, and N. Hadjichristidis, *Macromolecules*, **36**, 759 (2003)
332) K. Yamaguchi, J. R. Lizotte, D. M. Hercules, M. J. Vergne, and T. E. Long, *J. Am. Chem. Soc.*, **124**, 8599 (2002)

索 引

＊太字のページ数はその語が上巻に掲載されていることを示す

欧文

1,2-結合　**335**
1,2-挿入　756
1,3-双極環化付加重合　718
1,3-挿入　790
1,4-結合　**335**
1,4-付加　860
1,5-シフト　**37**
2,1-付加　756
3,4-結合　**335**
ABS 樹脂　**15**
AGET　**92**
AlCl$_3$　**166**, 590
aluminium-reduced activated 型 TiCl$_3$　751
anti 型　854
arborescent　410
architectural polymer　371
ARGET　**93**
arm-first 法　**372**, **373**
AS　**15**
ATRA 反応　**89**
ATRP　**90**, **254**, 529, 534, 609
Baldwin 則　**38**
B(C$_6$H$_5$)$_3$　224
BCl$_3$　215
BF$_3$・エーテル錯体　212
BR　343
C_1 対称錯体　779, 873
C_2 対称錯体　776, 796
C_{2v} 対称錯体　776, 796
C_s 対称錯体　777, 796
Carothers-Flory 理論　695
CGC　786, 815, 874
chain-shuttling 重合　819
cis 体　**335**
cis-1,4-特異性　846, 848
　　――リビング重合　835
C-O カップリング　592
COC　750

convergent 法　403, 657
core-first 法　**372**, **373**
criss-cross 環化付加反応　678
CuCl／アミン錯体　647
degenerative transfer リビング重合　800, 801, 803, 825
dendrigraft　410
DFT 計算　837
Diels-Alder 反応　704, 716
divergent 法　403, 657
double exponential growth 法　659
double-stage 法　659
e 値　**157**, **159**, 305
EMMA　**15**
EPDM　750
EPR　750
EVA　**15**
EVOH　**15**
FeCl$_3$　210, 590
Fe$_2$O$_3$　214
Fe$_3$O$_4$　214
FI 触媒　786, 794, 821
Fineman-Ross 法　**66**
Flory の理論　573, 603
Friedel-Crafts 反応　**165**, 208
GaCl$_3$　212
graft on graft　410
Grignard 試薬　306, 317, 611
Hammett 則　306
Hammett の σ 値　**160**
Heck 反応　273, 274
HEMA　416
HIPS　**15**, **74**
Hoveyda-Grubbs 触媒　541
HSAB 理論　209
hypermonomer 法　659
ICAR　**93**
inimer　**261**
iso-インデックス　765
iso-選択性　765

iso-特異性　751, 767, 869
　　――重合活性種　765, 782, 784
　　――リビング重合　798
　　低――サイト　765
Jacobson-Stockmayer 理論　696
Kelen-Tüdös 法　**66**
Kharasch 付加　**89**
LCST　242
LDPE　**7**, **78**, 750
LLDPE　750, 774, 834, 845
MADIX　**97**
MAO　750, 774, 834, 845
Mayo 式　**56**
Mayo プロット　**57**
Mayo-Lewis 式　**62**
Michael 型重付加　711
Michael 型付加反応　704
MoCl$_5$　211
Molau 則　427
MS　**15**
Natta 触媒　751
NBR　**15**
NCA　314, 509
NMP　**88**, 613
Norrish-Trommsdorff 効果　**30**
OBDG　427
one-pot 法　667
orthogonal coupling 法　660
PEG　466, 616
perfect graft polymer　388
PET　582
Phillips 触媒　749
PIP　848
PMMA　**11**, 855
P$_2$O$_5$・CH$_3$SO$_3$H　590
pom-pom ポリマー　409
PPO　592, 603, 649
Q 値　**157**, **159**, 305
Q-e スキーム　**69**

001

索引

Q-e プロット **157**, **159**
quasiliving polymerization **230**
RAFT 重合 **57**, **85**, **96**, **524**, **613**
re 面 **756**
regular star polymer **397**
reverse ATRP **92**
SBR **15**, **77**, **337**, **343**, **376**
SBS **337**, **343**
Schultz-Flory 分布型 **818**
SET-LRP **94**
SFRP **88**
si 面 **756**
SIBR **337**, **343**
SIS **337**, **343**
Solvay 型 **751**
syn 型 **854**
syn-特異性 **794**, **834**
　　──重合活性種 **783**
　　──触媒 **792**
　　──リビング重合 **797**
syn-1,2-特異性 **847**
syn-3,4-規則性 **850**
TEMPO **45**, **87**
trans 体 **335**
trans-1,4-特異性 **846**, **850**
TREF **767**
UCST **243**
Wilkinson 触媒 **879**
Yb(OTf)$_3$ **222**
Ziegler 触媒 **749**
Ziegler-Natta 触媒 **747**, **751**, **761**
β 水素脱離 **209**, **780**
β メチル脱離 **781**
γ 線照射 **173**
ε-カプロラクタム **466**, **508**
ε-カプロラクトン **315**
π-アリル種 **853**, **854**
π 共役系高分子 **594**

和文

ア

アクリルアミド **8**, **870**
アクリル酸エステル **8**, **869**
アクリル酸メチル **308**
アクリロニトリル **8**, **871**
　　──-スチレン共重合体 **15**
アジリジン **479**
アシル化 **208**, **639**
アゼオトロープ組成 **64**
アセタール構造 **205**
アセチジノン **508**
アゼチジン **479**, **713**
アセチルアセトン **212**
アセチレン **592**, **877**
　　置換──類のメタセシス重合 **881**
p-アセトキシスチレン **225**
アゾ系開始剤 **20**
α,α'-アゾビスイソブチロニトリル **20**
アタクチック **33**, **339**, **751**
頭-頭結合 **35**, **177**, **617**, **756**
頭-尾結合 **35**, **177**, **617**, **756**
アニオン開環重合 **468**, **497**
アニオン交互共重合 **515**
アニオン重合 **255**, **299**
アニオンラジカル錯体 **316**
アニリン誘導体 **592**
アネトール **235**
アミノ基 **207**
アラニンの酸無水物 **314**
アリルラジカル **49**
亜リン酸エステル-ピリジン系縮合剤 **582**
アルキル化剤 **473**
アルキルボラン **615**
アルコキシアミン **88**
p-アルコキシスチレン **203**
アルドケテン **707**
アルドール型グループトランスファー重合 **214**, **257**
アロハネート生成反応 **705**
安定化剤 **45**
安定フリーラジカル重合 **88**
イオン交換樹脂 **164**
イオン種 **202**
イオン対 **176**
イオンの解離状態 **157**
異性化重合 **178**

イソシアナート **312**
イソタクチック **33**, **181**
　　──ポリマー **339**, **754**
イソブチルビニルエーテル **206**
イソブテン **158**, **203**
イソプレン **12**, **305**, **335**, **848**
　　──の cis-1,4-特異性リビング重合 **850**
位置欠陥 **792**
一次分解 **19**
位置選択性 **178**, **641**, **756**
　　──親電子置換重合 **653**
一分子停止 **44**
イニファータ重合 **24**, **82**, **95**
イミダゾリウム塩 **243**
イミド **207**
イモータル重合 **470**
イリドモノマー **615**
インデン末端 **189**
インデン **226**
ウィスカー **688**, **689**, **690**
液晶形成基 **239**
α-エキソメチレンラクトン **534**
エタンスルホン酸 **212**
エチルアルミニウムジクロリド **166**, **169**, **206**
エチルアルミニウムセスキクロリド **206**
エチレン **7**, **785**
　　──オリゴマー **788**
　　──-α-オレフィン共重合体 **786**
　　──-酢酸ビニル共重合体 **15**
　　──-シクロオレフィン共重合体 **750**
　　──とシクロヘキセンの共重合 **821**
　　──とシクロペンテンの共重合 **821**
　　──とスチレンの共重合 **840**
　　──とノルボルネンの共重合 **822**, **823**, **824**

索　引

──のリビング重合　787, 828
──ビニルアルコール共重合体　15
──プロピレン共重合体　750
──プロピレン−ジエン 3 元共重合体　750
──メタクリル酸メチル共重合体　15
エチレンイミン　479, 715
エチレンオキシド　366
エナンチオ選択性　805
エナンチオマー　756
エノラートアニオン　306
エノラート錯体　864, 869
エピスルフィド　501
エポキシ樹脂　467, 586, 704
エポキシド　475, 714
　　置換──　218
エラストマー　335, 376
塩化水素　155
塩化ビニリデン　11
塩化ビニル　9
塩化 tert-ブチル　227
塩化マグネシウム　763, 769
　　──担持 TiCl$_4$ 触媒　751
エンジニアリングプラスチック　587
尾−尾結合　177, 617, 756
オキサゾリン　480
オキセタン　467, 475, 502, 713
オキセパン　476
オキソ酸　163
1,7-オクタジエン　807, 808
オクタデシルビニルエーテル　207
オニウム塩系　171
オルソゴナル開始剤　609
温度応答性ポリマー　242

カ

開環異性化重合　470
開環重合　257, 463
　　──における熱力学パラメーター　464
開環重付加　704, 713

開環メタセシス重合　257, 469, 538, 747, 809, 813
開始剤　17, 166, 316, 473, 498
　　──効率　18
　　──法　100
開始反応　17, 156, 299, 300, 321, 752
　　──速度　26
開始法　376
解重合　31
塊状重合　74
回転セクター法　27
外部ドナー　751, 767, 770
界面活性　250
界面重合　600
解離−結合機構　47, 84
解離状態　176
解離平衡　205
過塩素酸アセチル　224
化学シフト　160
化学選択的重合　639
可逆的付加−開裂型連鎖移動重合　57, 85, 524, 613
架橋型ジルコノセン錯体　821, 822, 824
　　C_1 対称──　792, 816, 869
　　C_2 対称──　790
　　C_{2v} 対称──　869
　　C_s 対称──　792, 807, 810, 816
拡散律速　41
かご効果　18
かさ高いモノマー　119
過酸化水素　22
過酸化物系開始剤　19
過酸化ベンゾイル　19
カチオン開環重合　258, 467, 473
カチオン共重合　184
カチオン源　166, 201
カチオン重合　149
カチオンプール法　173
活性アミド　581
活性エステル　581
活性化エネルギー　763
活性化剤　166, 201
活性向上効果　763

活性点モデル　768
カップリング位置　641
　　──選択性　643
　　──の精密制御　641
カップリング反応　641
ガラス転移温度　584
カルボアニオン　308, 316
カルボカチオン　149, 174, 591
カルボキシル基　207
カルボニル化合物　209
カルボランアニオン　175
環化重合　180
環化重付加　704, 716
環化反応　806
環境応答性ポリマー　423
還元的脱離反応　595
環状アセタール　477, 529
環状アミン　479
環状イミノエーテル　480
環状エーテル　158, 475, 499, 526, 716
環状エノールエーテル　209
環状カーボネート　483, 505, 550
環状ジエン　209
環状スルフィド　526
環状チオウレア　486
環状チオエーテル　475, 499
環状ポリマー　393, 695
環状モノマー　313, 366
含窒素環状モノマー　508
官能基を有する開始剤　263
官能基を有する停止剤　263
含フッ素ポリマー　244, 418
幾何拘束触媒　786, 815, 874
基準ポリマー　621
擬似リビング機構　470
希土類金属触媒　838, 848
希土類金属メタロセン錯体　856
希土類トリフラート　222
キノジメタン　14
擬不斉　32
逆電子供与　752
キャッピング法　263
求核アシル置換重合　581
求電子置換カップリング　643

003

索引

求電子付加反応 **155**
共重合 **59, 309**
　──組成曲線 **63**
　──組成式 **62, 183**
　──体 **14**
　──連鎖の配列制御 **694**
共鳴効果 **69**
共役モノマー **8, 305**
共有結合距離 **548**
共連続構造 **427**
極性効果 **69**
極性変換 **864**
極性モノマー **353**
曲線合致法 **67**
キラル補助基 **119, 122**
擬リビング重合 **798**
均一系 Ziegler-Natta 触媒 **771, 785, 878**
均一系触媒 **771, 786**
禁止剤 **44**
金属-エノラート種 **860**
金属錯体 **208**
金属酸化物 **164, 174, 214**
金属触媒による重合 **82**
金属触媒リビングラジカル重合 **90**
金ナノ微粒子 **273**
櫛型共重合体 **60**
櫛型ポリマー **390**
熊田-玉尾反応 **594**
クミルアルコール **216**
グライコポリマー **235**
グラジエント共重合体 **60, 104, 260**
グラフト共重合体 **60**
グラフトポリマー **108, 387**
グループトランスファー重合 **255, 256, 356**
クロロ酢酸エチル **211**
p-クロロスチレン **222**
2-クロロ-2,4,4-トリメチルペンタン **216**
クロロプレン **12**
p-クロロメチルスチレン **225**
ケテン **312**
ケトケテン **707**
ケミカルリサイクル **213**
ゲル効果 **30**

原子移動機構 **47, 84**
原子移動ラジカル重合 **90, 254, 529, 534, 609**
原子移動ラジカル付加反応 **89**
減衰全反射法フーリエ変換赤外吸収分析 **218**
懸濁重合 **75**
コア **657**
高 iso-特異性 **767**
　──重合活性種 **769, 770**
　──触媒 **770**
　──リビング重合 **870**
高圧ラジカル重合 **750**
高級 α-オレフィン **802**
　──の高 iso-特異性リビング重合 **803**
　──の立体特異性重合 **802**
　──のリビング重合 **803, 828**
交互規制 **68**
交互共重合 **68, 213, 816**
　──体 **59, 185, 213, 823**
交差カップリング反応 **594**
交差連鎖移動機構 **85**
高密度ポリエチレン **750**
固相重合 **78, 601**
固体酸 **163, 164**
5 連子 **755**
混合酸無水物 **630**
コンビナトリアルケミストリー **795**

サ

再結合 **39**
サイズ排除クロマトグラフィー **228**
酢酸アンチモン **582**
酢酸エチル **206**
酢酸クミル **215**
酢酸 2,4,4-トリメチルペンチル **215**
酢酸ビスマス **583**
酢酸ビニル **9**
酢酸誘導体 **206**
酸塩化物 **581**
三塩化ホウ素 **203, 215**
酸化アンチモン **582**

酸化カップリング重合 **592, 642**
酸化重合 **593**
3 活性中心モデル **783**
酸化鉄 **214**
酸化電位 **642**
酸化ビスマス **583**
酸強度 **168**
3 連子 **754**
ジアステレオ選択性 **805, 806**
ジアステレオマー **754**
シアノアクリル酸エステル基 **267**
α-シアノアクリル酸エステル **305**
N,N-ジアルキルアクリルアミド **353**
ジエチルアルミニウムクロリド **166, 169, 217**
四塩化スズ **207**
ジエン類 **159, 350, 852**
1,3-ジオキサン **477**
1,4-ジオキサン **206**
1,3-ジオキソラン **211, 477**
α,ω-ジオレフィン **805**
シクロアルカン **510, 522**
シクロオレフィン **809**
　──の共重合 **820**
　──の重合形式 **809**
　双環性── **539**
シクロペンタジエン **178, 236**
刺激応答性ブロック共重合体 **246**
刺激応答性ポリマー **241**
自己集積 **674**
自己組織体 **607**
自己連鎖移動反応 **189**
四臭化スズ **206**
持続ラジカル **85**
ジチオエステルを用いた重合 **95**
ジチオール **585**
シード重合 **79**
自発的重合 **25**
ジビニル化合物 **269**
ジビニルベンゼン **197, 351**
1,1-ジフェニルエチレン **253**

索　引

2,6-ジ-*tert*-ブチルピリジン　204
ジブロック共重合体
　AB 型　**382**
脂肪族求核置換重合　585
N,*N*-ジメチルアクリルアミド　870
N,*N*-ジメチルアセトアミド　**216**, 223
ジメチルアルミニウムクロリド　**217**
ジメチルシロキサン　367
ジメチルスルホキシド　**216**
ジャイロイド構造　**427**
重合活性種　765, 771, 772, 776
重合禁止剤　**87**
重合相変化　686
重合度　**300**
重合末端変換　253
10 時間半減期温度　**18**
重縮合　571
修飾 MAO　775
後付加　703
　累積二重結合への――　704
縮合系高分子　608
縮合剤　582, 620
縮合的連鎖重合　571
樹木状多分岐ポリマー　**402**
昇温溶媒分別法　767
触媒　**166**
触媒移動型連鎖縮合重合　610
触媒規制　757, 759, 790, 796
触媒の連鎖移動　**55**
白川触媒　879
シリルビニルエーテル　**214**
親塩素性　**168**, 210
新規多分岐ポリマー　**261**
シングルサイト触媒　750, 840
親酸素性　**168**, 210, 211
シンジオタクチック　**33**, 339, 754
シンナムアルデヒド　**213**
水酸基　**207**
水素移動重合　**178**, 332, 709
数平均重合度　575
鈴木-宮浦カップリング　594, 614
　――重合　612

スズ触媒　582
スチレン　**8**, 300, 304, 308, 349, 833
　高立体特異性――共重合　840
　――の syn-特異性重合　834
　――の syn-特異性リビング重合　835
　――のアニオン重合　300
　――のオリゴメリゼーション　**195**
　――の高立体特異性リビング重合　841
　――の配位重合　841
　――――メタクリル酸メチル共重合体　**15**
　――誘導体　158, 204
ステレオブロック
　――構造　783
　――ポリプロピレン　789, 798, 801
　――マルチ　**801**
　――ポリ(1-ヘキセン)　803
　――ポリマー　784, 799, 864
スピロオルトエステル　**478**, 532
スピロオルトカーボネート　**478**, 532
スピン捕捉剤　**45**
スルフィド　**205**
スルホニウム塩　**205**
生長反応　**156**, 174, 299, 300, 325, 752
　――速度定数　**27**, 47, 762, 763
成分分別重合系　693
石油樹脂　**195**
セグメント長の分布　**259**
接触イオン対　**326**
絶対速度定数　**218**
遷移金属触媒　537
　後周期――　787
　5 族――　869
　10 族――　812
　――重合　594
　前周期――　785
　4 族――　811, 837, 864
潜在性触媒　**171**

選択的オリゴメリゼーション　**194**
選択的 2 量化　**195**
前末端基モデル　**62**
相間移動触媒　579
双極子モーメント　550
相分離温度　**242**
相分離挙動　**242**
相溶化剤　**425**
組成分布の制御　**260**
素反応　**17**, 299, 321, 752

タ

第一世代 Grubbs 触媒　541
対称モノマー　617
体積収縮　**465**
第二世代 Grubbs 触媒　541
第四級アンモニウム塩　**203**, 600
多官能性開始剤　**110**
多官能性停止剤　**110**
タクチシティー　**33**
多置換不飽和化合物　**161**
脱離基　**641**
多分岐ポリマー　584, 675
多分散性　**230**
ターミナル単位　675
炭化水素系モノマー類　**348**
短鎖分岐　**37**
タンデム触媒　816, 818
チイラン　**476**
チエタン　**477**
チオカルボニル化合物による重合　**82**
逐次重合　573
超強酸　**163**, 164, 175, 591
長鎖分岐　820
長寿命生長種　**229**
超臨界二酸化炭素　**431**
直鎖状低密度ポリエチレン　750, 815, 816
直接重縮合　581, 620
直線交差法　**66**
沈殿重合　**77**
停止剤法　**100**, 102
停止反応　**39**, 156, 186, 299, 300, 327
停止法　**376**

005

索引

低収縮性　465
定常状態　40
定序性　617
　　——ポリマー　617
低密度ポリエチレン　7, 78, 750
テトラヒドロインデン　209, 236
テトラヒドロフラン　467
テレケリックポリマー　197, 267, 583
テロマー　53, 89
電荷移動錯体　68
添加塩基　203
電子求引性置換基　360
電子供与　752
電子供与性置換基　159
電子スピン共鳴法　27
天井温度　31
デンドリティック単位　675
デンドリマー　269, 657
　　アミン——　663
　　シロキサン——　662
　　ダッドボール型——　672
　　——型星型ポリマー　402
　　トリアゾールを含む——　666
　　芳香族ポリアミド——　668
デンドロン　614, 657
テンプレート重合　118
銅アミン錯体　592
統計共重合体　59
導電性材料　595
等モル性　576
渡環重合　39
トポケミカル重合　13, 78, 116
トポロジー　657
ドーマント種　82, 202
ドラッグデリバリー　272
トランスメタル化　595
1,3,5-トリオキサン　477
トリチルカチオン　210
トリフルオロ酢酸亜鉛　206
トリフルオロメタンスルホン酸　208, 590
トリブロック共重合体　870
　　ABA型——　382

ABC型——　384
BAB型——　382
2,4,6-トリメチルスチレン　224

ナ

内部ドナー　751, 767, 770
ナイロン6　466, 601
6,6-ナイロン　571, 599
ナイロン塩　599
ナノカプセル　272
ナノキャリヤー　272
ナノ反応場　273
ナノ微粒子　269
ナノファイバー　691
ナノリボン状結晶　690
2活性中心モデル　783
二重結合への重付加　708
α,α-二置換体　161
α,β-二置換体　161
ニトロキシドによる重合　82, 87, 88
ニトロキシド媒介重合　613
乳化重合　76
尿素樹脂　723
2連子　33, 210, 339, 754
熱可塑性エラストマー　226, 251, 343, 426, 799
熱重合　25
熱潜在性触媒　172
粘土鉱物　820
ノボラック　727
ノボラック樹脂　467
ノルボルナジエン　180, 236, 811, 812
　　——の共重合　822

ハ

配位重合　747
　　——機構　860
配位-挿入　752
ハイドロシリル化反応　721
ハイドロボレーション重合　720
ハイパーブランチポリマー　584, 657, 675
破壊的連鎖移動反応　49
バックスキップ　783

バックバイティング反応　37, 327, 330, 470, 476
発光材料　595
バナジウム系触媒　771
ハーフチタノセン錯体　824, 834, 845
ハーフメタロセン触媒　786
　　4族——　772, 773
パーフルオロアルキル基　418
パラジウム微粒子　273
パルスレーザー重合法　27
パルプ状結晶　693
ハロゲン　170
ハロゲン化亜鉛　203
ハロゲン化アルキル　169
ハロゲン化金属　165, 168, 201
ハロゲン化水素　206
反応性ポリオレフィン　808
反応率　573, 575
汎用ポリマー　608
非塩系潜在性触媒　172
光カチオン重合　172
光重合開始剤　23
光・熱潜在性触媒　171
非共役ジオレフィンの環化重合　805
非共役モノマー　8
ビシクロオルトエステル　478
非収縮性モノマー　548, 551
ビスフェノール類　585
ビスマレイミド　711
ひずみエネルギー　464
ヒ素イリド　615
非対称星型ポリマー　396
非対称モノマー　617
非等モル条件　577
p-ヒドロキシスチレン　222
ヒドロキノン　46
ビニルエーテル　158, 203
　　官能基を有する——　237
N-ビニルカルバゾール　158, 215
ビニル環状スルホン　535
ビニルナフタレン類　226
ビニル付加重合　877
β-ピネン　181, 235

索　引

非メタロセン触媒　794, 802, 807
ビュレット生成反応　705
表面改質剤　**418**
表面の官能基　657
非立体特異性　767
　——重合活性種　769, 770
　——触媒　769
　——リビング重合　797
ビルディングブロック　**371**, 657
ファンデルワールス距離　548
フェニルアセチレン　880
2-フェニル-2-メトキシプロパン　**216**
フェノキシイミン錯体　786
フェノキシラジカル　592
フェノール樹脂　723
フェントン試薬　**22**
付加-開裂型連鎖移動　**53**
付加縮合　723
不均一系 Ziegler-Natta 触媒　765, 782, 783, 843, 848
不均一系触媒　765
不均一リビングカチオン重合　**214**
不均化　**39**
複素環化合物　**208**
複素環状ポリマー　583
複素環リン酸アミド縮合剤　582
複素3員環　713, 714
複素4員環　716
不斉サイト規制　757
不斉酸化カップリング重合　648
1,3-ブタジエン　**12**, **266**, **304**, **335**, **350**, 835, 843
ブチルリチウム　316
物理架橋　**344**, **426**
物理ゲル化　**246**
p-tert-ブトキシスチレン　**221**
不飽和末端　**189**
フマル酸エステル　**11**
フリーイオン　**176**, **316**, **326**
フルオロアルコール　**124**
ブレンステッド酸　**156**, **205**

プロキラル　756
　——面　757
　——面の選択性　765, 784
ブロック共重合　857, 861
　——体　**60**, **105**, **347**, **381**, 607, 825, 873, 880
　——マルチ——　**382**, 539, 819
ブロック効率　**229**
プロトン酸　**156**, **163**, **473**
プロトン酸付加体　**206**
プロトン捕捉剤　**204**
プロピレン　789, 792
　——の *syn*-特異性リビング重合　828
　——の共重合　820
　——の重合活性種　783
　——のリビング重合　771, 796
　——-ノルボルネン共重合　824
分岐構造　657
分岐度　675
分散重合　**78**
分子量分布　579, 603
　——の制御　**258**
平衡重合性　554
平衡定数　575
平衡モノマー濃度　**31**
1,5-ヘキサジエン　806
1-ヘキセン
　——の *iso*-特異性リビング重合　804
　——のリビング重合　802
ベークライト　724
ヘテロアーム星型ポリマー　**396**
ヘテロ原子　**208**
ヘテロタクチック　**33**, 754
ヘテロ不飽和化合物　**158**
ヘテロポリ酸　**164**, **215**
1,6-ヘプタジエン　807
　——の環化重合　809
ベルヌーイ統計　**34**, 757, 836
ベンズアルデヒド　**212**
ベンゾオキサジン　480
1,3-ペンタジエン　**236**
ポアソン分布　**86**, 788

芳香族アルデヒド　**212**
芳香族求核置換重合　586
芳香族求電子置換重合　590
包接重合　**79**, **116**
膨張性　465
保護基　**357**
星型ポリマー　**110**, **269**, **395**
ポスト重合　**347**
ポストメタロセン触媒　786
ポリアクリロニトリル　**9**
ポリ(*N*-アシルアミド)　708
ポリアシルチオ尿素　706
ポリアセタール　477
ポリアセチレン　**385**, 878
ポリアニリン　598
ポリアミジン　708
ポリアミド　**315**, 581
ポリアミド-アミン類　710
ポリアミド-スルフィド類　710
ポリアミド-ホスフィン　711
ポリアミン　714
ポリ(*β*-アラニン)　708
ポリ(3-アルキルチオフェン)　645
ポリイソオキサゾリン　719
ポリイソ尿素誘導体　706
ポリイソプレン　848
　3,4-——　850
　cis-1,4-——　848
　trans-1,4-——　848, 850
ポリ(*N*-イソプロピルアクリルアミド)　**241**
ポリイミド　583
ポリイミド-アミン　711
ポリイミド-スルフィド　711
ポリウレタン　704
ポリウレタン-スルフィド　715
ポリエステル　**315**, 581, 707
ポリ(エステル-イミド)　690
ポリエチレンイミン　467
ポリエチレングリコール　466, 616
ポリエチレンテレフタラート　582
ポリエーテル　707
ポリエーテルケトン　587, 675

索引

ポリエーテルスルホン 587
ポリ塩化ビニル 9
ポリ(1,2,4-オキサジアゾール) 719
ポリ(1,3,4-オキサジアゾール) 719
ポリ(p-オキシシンナモイル) 691
ポリ(2-オキシ-6-ナフトイル) 689
ポリ(4'-オキシ-4-ビフェニルカルボニル) 689
ポリ(p-オキシベンゾイル) 687
ポリカーボネート 581, 597, 661
ポリ(N-カルバモイルアミド) 707
ポリグアニジン 706
ポリケトン 707
ポリ酢酸ビニル 9
ポリシラン 514
ポリシロキサン 512
ポリスチレン 9, 609
　　イソタクチック── 833, 839
　　高── 833
　　シンジオタクチック── 833
　　高── 833, 839
ポリスルフィド 585
ポリスルフィドケトン 589
ポリスルフィドスルホン 589
ポリスルホンアミド-スルフィド 715
ポリ(O-チオウレタン) 705
ポリチオエステル 689
ポリチオエーテル 714
ポリチオセミカルバジド 705
ポリチオ尿素 705
ポリチオフェン 598
ポリ(テトラヒドロフラン) 608
ポリテトラフルオロエチレン 12
ポリ(トリフェニルアミン) 649
ポリ(ナフチルエーテル) 646

ポリ乳酸 316
ポリ尿素 704
ポリ尿素-スルフィド 715
ポリノルボルネン 469
ポリビニルアルコール 9, 214
ポリビニルピロリドン 273
ポリピロール 613
ポリフェニレン 612, 613
ポリ(m-フェニレン) 644
ポリ(p-フェニレン) 642, 717
ポリフェニレンオキシド 592, 603, 649
ポリフェニレンスルフィド 589, 603
ポリ(p-フェニレンテレフタルアミド) 693
ポリ(フェニレンビニレンシリレン) 721
ポリ(p-フェニレンピロメリトイミド) 690
ポリブタジエン
　1,2-── 847
　cis-1,4-── 843, 846
　syn-1,2-── 847
　trans-1,4-── 846
ポリフタルイミド 717
ポリ(4-フタルイミド) 690
ポリフルオレン 612
ポリプロピレン 765
　アタクチック── 765, 783
　イソタクチック── 750, 765, 789, 792
　シンジオタクチック── 792
　高── 761, 789
　超高── 793
　トリブロック── 801
　ランダム── 820
ポリ(ヘキシルチオフェン) 614
ポリ(m-ベンズアミド) 608
ポリ(p-ベンズアミド) 608
ポリベンズイミダゾール 583, 691
ポリベンゾオキサゾール 583
ポリホスファゼン 616
ポリホルマール 578

ポリマーの構造 177
ポリマーブラシ 113, 390
ポリマーブレンド 425
ポリメタクリル酸メチル 11, 855
　高イソタクチック── 865
ポリリン酸 590

マ

マイクロエマルション重合 75
マイクロリアクター 173
マクロ開始剤 106, 609
マクロ相分離 425
マクロモノマー 108, 263, 376
末端官能性ポリマー 100, 374
末端規制 757, 795, 836, 857
末端基変換法 102
末端基モデル 61
末端キャッピング法 264
マルチサイト触媒 765
マレイン酸エステル 11
右田-小杉-Stille 反応 594
ミクロゲル 269
ミクロ構造 343
ミクロ相分離 344
ミクロ相分離構造 344, 416
ミクロタクチシチー 757, 790, 792
ミセル化 246
溝呂木-Heck 反応 595
ミニエマルション重合 75, 222
メソ 33, 210, 339, 754
メソポーラスシリカ 652
メタクリルアミド 10
メタクリル酸エステル 10
メタクリル酸 2-ヒドロキシエチル 416
メタクリル酸メチル 10, 305, 855, 856, 864, 869
　──の立体規則性重合 339
メタクリロニトリル 305, 353
メタセシス機構 881
メタセシス重合 877

索　引

メタノール　**205**
メタラシクロブテン中間体　877
メタロセン触媒　**219**, 750, 776, 779, 782, 785, 789, 802, 806, 815, 820
　C_1 対称架橋型——　792
　C_2 対称架橋型——　790
　3族——　776
　——による立体特異性発現機構　776
　4族——　772, 773
メチルアルミニウムジクロリド　**217**
メチルアルミノキサン　750, 774, 834, 845
メチル基移動重合　**180**
α-メチルスチレン　**10, 224**, 305
メチルビニルエーテル　**207**
α-メチルビニルエーテル　**209**
3-メチル-1-ブテン　**178**
p-メトキシスチレン　**220**
メラミン樹脂　**723**
モノマー配列　**617**
モノマー反応性比　**62**
モノマー連鎖移動反応　**189**
モルバランス　**577**
モンモリロナイト　**220**

ヤ

有機アルカリ金属試薬　**316**
有機スズ反応剤　**594**
有機ホウ素反応剤　**594**
有機ホウ素ポリマー　**720**
有機リチウム試薬　**308, 316**

誘導期間　**44**
誘発分解　**19, 50**
溶液重合　**74**, 600
ヨウ化水素　**205**
ヨウ化トリメチルシリル　**214**
ヨウ素　**170, 203, 205**
ヨウ素移動重合　**57, 85, 89**
溶媒　**319**
溶媒分離イオン対　**326**
溶融重合　**584, 599**
抑制剤　**44**
4連子　**755**

ラ

ラクタム　**486**
ラクチド　**316**
ラクトン　**482, 502**
　双環性——　550
ラジカル開環重合　**467, 468**, 521
ラジカルカップリング　**642**
ラジカル重合　**3**
ラジカル捕捉剤　**26**
ラセモ　**33, 339, 754**
ラメラ晶　**689**
ランダム共重合　**60**
　——体　**59, 104, 840**
ランダム配列　**617**
リアルタイム FT-IR 分析　**218**
理想共重合　**63**
立体異性体　**335**
立体規則性　**32, 754**
　——重合　**327, 339**
　——分布　**765**
立体欠陥　**759, 792**
立体構造　**181**

　——制御　**115**
立体選択性　**33**
立体特異性　**751**
　——重合活性種　**782**
　——重合機構　**852**
　——発現機構　**776**
　——ラジカル重合　**115**
　——リビング重合　**796**
リニアー単位　**675**
リビングアニオン重合　**345**
リビングカチオン重合　**90**, **201**
リビング重合　**81, 300, 321**, 464, 476, 604, 825, 856, 862, 864, 869
リビングラジカル重合　**82**
硫化ナトリウム　**585, 589**
硫酸-硫酸塩錯合体　**164**
両親媒性　**250**
リンキング反応　**110**
隣接基関与　**491**
ルイス塩基　**203, 767**
　——の添加効果　**769**
ルイス酸　**126, 156, 201, 473**
レゾール　**724**
レドックス開始剤　**22**
連鎖移動剤　**51, 95, 331, 860**
連鎖移動速度定数　**47**
連鎖移動定数　**47**
連鎖移動反応　**47, 156, 189**, 299, 300, 331, 753, 779, 781, 788
連鎖重合　**299**, 604
連鎖縮合重合　**604**
連続重合法　**258**

編者紹介

遠藤　剛　工学博士

1969年東京工業大学大学院理工学研究科博士課程修了．1986年より東京工業大学資源化学研究所教授，1991年～2000年同所長を併任．2000年から山形大学工学部教授，2001年～2004年山形大学工学部長，2004年～2005年山形大学理事．2005年近畿大学分子工学研究所・副所長，2006年4月より同所長，2007年から近畿大学副学長．2019年4月より九州工業大学分子工学研究所特別教授．

NDC 431　　479 p　　22cm

高分子の合成（上）―ラジカル重合・カチオン重合・アニオン重合―

2010年 4月10日　第1刷発行
2024年 9月20日　第6刷発行

編　者　遠藤　剛

著　者　澤本光男・上垣外正己・佐藤浩太郎・青島貞人・
　　　　金岡鐘局・平尾　明・杉山賢次

発行者　森田浩章
発行所　株式会社　講談社
　　　　〒112-8001　東京都文京区音羽2-12-21
　　　　販　売　(03)5395-4415
　　　　業　務　(03)5395-3615

KODANSHA

編　集　株式会社　講談社サイエンティフィク
　　　　代表　堀越俊一
　　　　〒162-0825　東京都新宿区神楽坂2-14　ノービィビル
　　　　編　集　(03)3235-3701

印刷所　株式会社双文社印刷
製本所　島田製本株式会社

落丁本・乱丁本は，購入書店名を明記のうえ，講談社業務宛にお送り下さい．送料小社負担にてお取替えします．なお，この本の内容についてのお問い合わせは講談社サイエンティフィク宛にお願いいたします．定価はカバーに表示してあります．

© T. Endo, M. Sawamoto, M. Kamigaito, K. Satoh, S. Aoshima,
　S. Kanaoka, A. Hirao, K. Sugiyama, 2010

本書のコピー，スキャン，デジタル化等の無断複製は著作権法上での例外を除き禁じられています．本書を代行業者等の第三者に依頼してスキャンやデジタル化することはたとえ個人や家庭内の利用でも著作権法違反です．

JCOPY　〈(社)出版者著作権管理機構　委託出版物〉
複写される場合は，その都度事前に(社)出版者著作権管理機構(電話 03-5244-5088，FAX 03-5244-5089，e-mail : info@jcopy.or.jp)の許諾を得て下さい．

Printed in Japan
ISBN 978-4-06-154361-4